Johannes W. Rohen

Funktionelle Neuroanatomie

6. Auflage

Funktionelle Neuroanatomie

Lehrbuch und Atlas

Johannes W. Rohen
Prof. em. Dr. med. Dr. med. h. c.
Anatomisches Institut
der Universität Erlangen-Nürnberg

Sechste, neu bearbeitete und erweiterte Auflage

Mit 187 Abbildungen in 271 Einzeldarstellungen, davon 189 mehrfarbig, und 42 Tabellen

Schattauer

Prof. em. Dr. med. Dr. med. h. c. Johannes W. Rohen
Anatomisches Institut (Lehrstuhl II)
Universität Erlangen-Nürnberg
Universitätsstraße 19, 91054 Erlangen

Die Deutsche Bibliothek – CIP-Einheitsaufnahme

Ein Titeldatensatz für diese Publikation ist bei der Deutschen Bibliothek erhältlich

Die ersten fünf Auflagen dieses Buches erschienen unter dem Titel »Funktionelle Anatomie des Nervensystems«.

Verlag für Medizin und Naturwissenschaften
Hölderlinstraße 3, D-70174 Stuttgart
E-Mail: info@schattauer.de
Internet: http://www.schattauer.de

Printed in Germany

Umschlaggestaltung: Bernd Burkart
Satz und Druck: Mayr Miesbach,
Druckerei und Verlag GmbH
Am Windfeld 15, D-83714 Miesbach

Gedruckt auf chlor- und säurefrei gebleichtem Papier

ISBN 3-7945-2128-5

Vorwort zur sechsten Auflage

Wegen der zahlreichen neuen Forschungsergebnisse der rasch expandierenden Gebiete der Neuroanatomie, Neurobiologie und Neurophysiologie mußte der Text in vielen Kapiteln gründlich überarbeitet werden. Dies gab Gelegenheit, auch den Abbildungsteil zu überarbeiten und das Buch insgesamt neu zu gestalten. Ziel dieser Umgestaltung war es, vor allem dem Studierenden bei der Kürze der für die Examensvorbereitungen zur Verfügung stehenden Zeit einen Leitfaden als Grundlage für die anschließend zu erarbeitende Neurophysiologie und klinische Neurologie an die Hand zu geben. Der Abbildungsteil wurde so überarbeitet, daß möglichst viel Anschauungsmaterial für das Selbststudium zur Verfügung steht. Die Bilder sind größtenteils aus sich selbst verständlich, so daß – wenn nicht mehr Zeit z.B. für eine Examensvorbereitung vorhanden ist – eine Wiederholung des Stoffes allein aus dem Studium der Abbildungen möglich erscheint. Neu eingefügt wurden auch kurze, zusammenfassende Kapitel, die als Lernhilfen gedacht sind.

Ergänzt wurden auch die Hinweise auf klinische Bezüge. Damit wird einer Tendenz Rechnung getragen, die sich u.a. auch in den neuen Studienordnungen niederschlägt und im Rahmen des Gesamtstudiums sinnvoll erscheint.

Darüber hinaus hat sich jedoch an dem Gesamtkonzept des Buches nichts geändert. Zentrales Anliegen ist es nach wie vor, die funktionellen Zusammenhänge herauszuarbeiten, d.h. die funktionellen Systeme so zu beschreiben, daß die Sinnzusammenhänge innerhalb der Architektur des Nervensystems im Ganzen erkennbar werden. Was nützen tausend Einzelfakten, wenn man das jeweilige System in seiner Stellung innerhalb der Gesamtarchitektur des Nervensystems nicht verstanden hat. Umgekehrt kann man Einzeltatsachen leichter verstehen, wenn sie sich als Teile eines übergeordneten Funktionssystems erfassen lassen.

Um den Text nicht zu überlasten, wurde an vielen Stellen auf eine ausführlichere Beschreibung der histologischen und ultrastrukturellen Befunde verzichtet, da diese in unserem Lehrbuch der »Funktionellen Histologie« zur Darstellung gekommen sind. Im übrigen möchte ich auf das im Vorwort zur ersten Auflage Gesagte verweisen.

Ich hoffe, daß die »Funktionelle Neuroanatomie« auch in der neuen Form weiterhin ihre Freunde behält und neue hinzugewinnt, und daß sich die »funktionelle Denkweise« weiterverbreitet – kann man doch dadurch grundlegende Fähigkeiten und Kenntnisse für die spätere klinische Tätigkeit gewinnen.

Erlangen, Frühjahr 2001 J. W. Rohen

Danksagung

An der Erstellung der Zeichnungen haben mehrere Mitarbeiter mitgewirkt, denen ich auch an dieser Stelle für ihre unermüdliche und ausgezeichnete Mithilfe herzlich danken möchte. Bei den früheren Auflagen haben mitgewirkt: Frau H. Klose-Baison, Frau E. Ott-Freiberger, Frau Ch. Wittek und Herr B. Küllmer. Die entsprechenden Abbildungen wurden in den früheren Auflagen gekennzeichnet. Die neuen Abbildungen in der fünften Auflage hat Frau Annette Gack mit großem technischen Können gestaltet. Dabei handelt es sich um folgende Abbildungen: Abb. 1, 12, 30, 35, 36, 57, 61, 70, 71, 72, 88, 93, 103, 104, 105, 143, 148, 152, 154, 164, 165 und 168. In der sechsten Auflage hat Herr Jörg Pekarsky, ebenfalls mit großem Engagement und Können, folgende Abbildungen neu erstellt: Abb. 41, 42, 59, 63, 66b, 67, 68a–c, 73, 76, 78, 79a, 81, 83, 89b und 140. Herrn Prof. C. Yokochi möchte ich für die Überlassung einiger seiner ausgezeichneten Makrophotos vom Gehirn und Frau Dr. med. Susanne Engelbrecht-Schnür für die hervorragende Mitarbeit ganz herzlich danken.

Vorwort zur ersten Auflage

Es bedarf einer Begründung, wenn die zahlreichen Lehrbücher über die Anatomie des Nervensystems um ein weiteres vermehrt werden. Nach der überkommenen Unterrichtstradition sind fast alle Darstellungen der Anatomie systematisch aufgebaut. Die systematische Aufzählung von Fakten ist aber beim Nervensystem besonders unbefriedigend, da die Verflechtung der Systeme hier außerordentlich groß ist. Erfahrungsgemäß bereitet daher die »Anatomie III« im Unterricht immer Schwierigkeiten. Geht man bei der Abhandlung des Stoffes nach topographischen Gesichtspunkten vor – und das wird heute allgemein so gehandhabt –, so kann man zwar die einzelnen Hirnabschnitte (Rückenmark, Mittelhirn, Zwischenhirn usw.) relativ vollständig beschreiben; die natürlichen Zusammenhänge der Systeme und Bahnen, die meist durch mehrere Hirnabschnitte hindurchlaufen, werden aber zwangsläufig auseinandergerissen und in der Regel auch nicht recht erkennbar. Die Darstellung wird außerdem ständig durch Vorgriffe auf noch Unbekanntes belastet. So werden üblicherweise z. B. die Augen bei den Sinnesorganen, die verschiedenen optischen Zentren aber bereits bei den jeweiligen Kapiteln über die Hirnabschnitte besprochen. Ähnliches gilt für die Riechschleimhaut und das Riechhirn sowie zahlreiche andere, ihrer Natur nach zusammenhängende Systeme.

Ich hatte nun bereits vor Jahren bei der Abfassung eines Lehrbuchkapitels über das Auge[1] festgestellt, daß es durchaus möglich ist, die aufzählende, deskriptive Beschreibung der anatomischen Verhältnisse durch eine mehr integrierende, vom Ganzen ausgehende Darstellung, die sich an der Existenz der natürlichen funktionellen Systeme orientiert, zu ersetzen, ohne daß dabei wesentliche Details ausgelassen oder beziehungslos angehängt werden müßten. Durch diese Erfahrung ermutigt, habe ich nun auch bei der Beschreibung des Nervensystems versucht, von funktionellen Gesichtspunkten auszugehen. Hierin scheinen mir große didaktische Vorteile zu liegen. Allerdings läßt es sich nicht umgehen, radikal mit der bisher geübten deskriptiv-systematischen Darstellungsweise zu brechen. Dem an die bisherigen Lehrbuchdarstellungen gewöhnten Leser erscheint die neue Anordnung des Stoffes vielleicht unzusammenhängend, eventuell sogar unlogisch oder zerissen. Ich selbst hatte jedoch bei der Abfassung des Textes immer das Gefühl, auf dem richtigen Wege zu sein. Eine Darstellung, die vom Ganzen ausgeht und die im Nervensystem vorhandenen physiologischen Funktionseinheiten zur Grundlage der Beschreibung macht, erschien mir auch zweckentsprechender und organischer zu sein als eine, die sich ausschließlich an der Topographie orientiert. Allerdings läßt sie sich nicht als Nachschlagewerk benützen. Der lexikalische Charakter systematischer anatomischer Lehrwerke geht bei funktionellen Darstellungen weitgehend verloren. Ich habe zwar durch tabellarische Zusammenstellungen versucht, dem Lernbedürfnis der Studierenden entgegenzukommen und die gedächtnismäßige Fixation der Fakten zu erleichtern. Der Schwerpunkt der Beschreibung liegt aber auf den funktionellen Zusammenhängen. Das Verständnis der Systemzusammenhänge ist auch für die Physiologie, Pathophysiologie und Klinik wichtiger als die isolierte Kenntnis beziehungslos nebeneinanderstehender Einzelfakten. Funktionelle Grundbegriffe können anregen und zur Quelle eigenschöpferischen Denkens werden, während ein

[1] Vgl. Velhagen, K.: Der Augenarzt. Bd. I. Thieme, Leipzig 1958, 2. Aufl. 1969.

auswendig gelerntes Faktenwissen tot bleibt und mehr belastet als nützt.

Auch die gewählte Gliederung in drei Hauptsysteme (Sensorik, Sensomotorik und Vegetativum) schien mir den natürlichen Gegebenheiten besser zu entsprechen als die bisherige Zweiteilung in ein animales und ein vegetatives Nervensystem. Die Gegensätzlichkeit der zentralen und vegetativ-peripheren Strukturen, die sich im Laufe der Stammesgeschichte herausgebildet hat, wird dadurch erst wirklich anschaulich.

Gegen die der Darstellung zugrunde gelegte Gliederung in Einzelsysteme lassen sich gewiß Einwendungen erheben. So könnte natürlich sowohl die Zahl der Systeme vermehrt als auch ihre Anordnung modifiziert werden. Es wird immer davon abhängen, was man im einzelnen als wesentlich ansieht. Für den Gesamtzusammenhang sind aber derartige Überlegungen zunächst weniger von Bedeutung als die Tatsache selbst, hier einmal in konsequenter Weise eine *Funktionsmorphologie* zu versuchen. Es ist mir klar, daß sich im Laufe der Zeit mancherlei Korrekturen und Modifikationen ergeben werden. Bei dem Umfang des heute schon vorliegenden Wissens ist es für einen einzelnen kaum noch möglich, das Gesamtgebiet kompetent zu überschauen. Wenn trotzdem dieser Versuch gewagt wurde, dann aus der Empfindung heraus, daß die gewählte Systemgliederung organisch und didaktisch brauchbar ist und heute Bemühungen um das »Universale« ebenso notwendig sind wie Arbeiten zur Vermehrung der Spezialkenntnisse. Bei dem derzeitigen Stand unseres Wissens über den Bau des Nervensystems ist Vollständigkeit kaum noch zu erreichen. Man kann aber andererseits heute auch vom Studierenden nicht mehr verlangen, daß er alle Einzelheiten der nervösen Struktur kennt. Ich habe mich daher auf das Wesentliche zu beschränken versucht. Hat man die elementaren Zusammenhänge einmal erfaßt, so hat man, wie ich glaube, lebendige Begriffe erworben, die sich in vielen Richtungen erweitern und bei einer entsprechenden Intensivierung des Denkens auch vertiefen lassen. Der Zweck des vorliegenden Kurzlehrbuches ist daher nicht so sehr die Vermittlung spezialistischer Detailkenntnisse, sondern vielmehr derjeniger Grundbegriffe, mit denen sich dann weiterarbeiten läßt. In die gegebene begriffliche Rahmenstruktur lassen sich alle weiteren Fakten einfügen.

Bei der gewählten Darstellungsmethode verwischen sich zwangsläufig die Grenzen zur Physiologie ebenso wie die zur Pathologie und Neurologie. Wir haben auf diese Übergänge an den verschiedenen Stellen hingewiesen. Eine scharfe Grenze zwischen den Fachgebieten läßt sich heute nicht mehr ziehen. Dennoch ist der Charakter des Buches morphologisch geblieben. Besondere Schwierigkeiten bereiten erfahrungsgemäß die räumlichen Vorstellungen von den Hirnteilen. Das gilt vor allem für die zentralen Abschnitte und ihre Kerne. Die Lageverhältnisse am erwachsenen Gehirn lassen sich bekanntlich am leichtesten verstehen, wenn man sie aus der Entwicklungsgeschichte, die die Urformen zeigt, ableitet. Dieser pädagogische Kunstgriff ist nicht neu. Fast alle Lehrbuchdarstellungen über das Nervensystem gehen von der Entwicklungsgeschichte aus. Ich habe jedoch, abweichend von den bisherigen Darstellungen, die Embryologie nicht im Ganzen abgehandelt und als ein zusammenhängendes Kapitel an den Anfang gestellt, sondern jeweils in die zugehörigen Abschnitte über die Einzelsysteme eingefügt, um auf diese Weise die räumlichen Vorstellungen über die betreffenden Hirngebiete erst dann zu entwickeln, wenn diese selbst für das Verständnis der funktionalen Gliederungen gebraucht werden. Das schien mir rationeller und vom pädagogischen Gesichtspunkt aus zweckmäßiger.

Aus den genannten Zielsetzungen heraus ergab sich, daß das vorhandene, in den Lehrbüchern tradierte Bildmaterial nicht mehr genügte, um die räumlichen und funktionellen Bezüge voll anschaubar zu machen. Ich habe daher seit einigen Jahren, vor allem in

Zusammenarbeit mit Frau Klose-Baison und Herrn cand. med. Bernd Küllmer, neue, unserem didaktischen Anliegen entsprechende Abbildungen zu schaffen versucht. Vor allem bei der Darstellung der Bahnen sind wir neue Wege gegangen. Meist wurden von selbst hergestellten Originalpräparaten Makrophotos, die Frl. Strittmatter photographiert hat, angefertigt und den halbschematischen Zeichnungen zugrunde gelegt. Besonders Frau Klose-Baison möchte ich sehr herzlich für ihre unermüdliche und qualifizierte Mitarbeit, ohne die das Buch nicht zustande gekommen wäre, danken.

Ob es gelungen ist, den schwierigen Stoff auf diese Weise didaktisch zu bewältigen, ob das Ganze durch die konsequente Anwendung des Funktionsgedankens tatsächlich »lebendiger« und in seinen Wesenszügen verständlicher geworden ist, kann letztlich nur der Leser entscheiden. Man sollte auch nicht vergessen, daß der funktionelle Aspekt nur einer unter vielen möglichen ist. Es ist wichtig, sich dieser primären Einseitigkeit immer bewußt zu bleiben. Man sollte daher, im Anschluß an die Lektüre dieses Buches, das Ganze noch einmal von einem anderen Gesichtspunkt aus durchdenken. Die Beleuchtung eines bekannten Gegenstandes von verschiedenen Seiten aus bereichert das Wissen und regt das Vorstellungsvermögen an – Fähigkeiten, die der angehende Arzt für seinen Beruf dringend benötigt.

Allen, die mir bei der Fertigstellung des Buches geholfen haben, nicht zuletzt auch den kritischen und diskussionsfreudigen Hörern meiner Vorlesung, sei herzlich gedankt. Besonderer Dank gebührt auch dem F. K. Schatter Verlag, insbesondere Herrn Professor Matis, für die jederzeit gewährte großzügige Unterstützung und wohlwollende Förderung meiner Arbeiten.

Marburg a. d. L., Ostern 1971
J. W. Rohen

Abkürzungen

A.	=	Arteria
Aa.	=	Arteriae
ant.	=	anterior
dext.	=	dexter
dors.	=	dorsalis
ext.	=	externus
For.	=	Foramen
Forr.	=	Foramina
Ggl.	=	Ganglion
Gl.	=	Glandula
inf.	=	inferior
int.	=	internus
lat.	=	lateralis
Lig.	=	Ligamentum
M.	=	Musculus
Mm.	=	Musculi
med.	=	medialis
N.	=	Nervus
Nn.	=	Nervi
NS	=	Nervensystem
Nucl.	=	Nucleus
post.	=	posterior
R.	=	Ramus
Rr.	=	Rami
sin.	=	sinister
sup.	=	superior
superf.	=	superficialis
Tr.	=	Tractus
V.	=	Vena
Vv.	=	Venae
ZNS	=	Zentrales Nervensystem

Durch Verdoppelung des letzten Buchstabens wird der Plural eines lateinischen Terminus angedeutet, z. B.
Aa. = Arteriae

Inhaltsverzeichnis

1. Entwicklung und Gliederung des Nervensystems

Das Nervensystem (NS) nimmt innerhalb des menschlichen Organismus eine Sonderstellung ein. Es bildet nämlich die organische Grundlage für unser bewußtes Erleben. Selbstverständlich sind auch die übrigen Organsysteme als biologische Grundlagen für die Entfaltung unserer Persönlichkeit von Bedeutung, aber nur durch die Tätigkeit des Nervensystems werden wir uns nicht nur unseres Selbst, sondern auch unserer Umwelt bewußt. Das NS besitzt die bemerkenswerte Fähigkeit, Informationen aufzunehmen, zu verarbeiten und zu speichern (»Informationswechsel«). Da Information gleich Ordnung (Negentropie) gesetzt werden kann, kann das NS durch den Austausch von Informationen regelnd und steuernd in die Lebensprozesse der Organe und Gewebe unseres Körpers eingreifen und den Organismus als Ganzes zur Umwelt in Beziehung setzen. Man hat daher seit langem innerhalb des NS zwei Abschnitte unterschieden, einmal das *zentrale* NS, das – hauptsächlich durch die großen Sinnesorgane – die Verbindung zur Außenwelt herstellt, und zum andern das *autonome* oder *viszerale* NS, das die innerhalb des Organismus ablaufenden biologischen Prozesse regelt, ohne daß uns diese Vorgänge bewußt werden oder von uns willkürlich beeinflußt werden können.

Zwischen diesen beiden Polen liegt der Bereich der *Sensomotorik.* Hierbei handelt es sich um einen Funktionsbereich, wo körperliche Bewegungen mit Hilfe von Sinnesprozessen so gesteuert werden, daß sie sich einerseits richtig in die Umwelt einpassen, andererseits aber auch unseren bewußten Vorstellungen entsprechen. Während sich nun das autonome NS hauptsächlich in den Eingeweiden, d.h. in den Geweben und Organen, ausbreitet, konzentriert sich das zentrale NS vor allem dort, wo auch die großen Sinnesorgane lokalisiert sind, nämlich im Kopf (Großhirn usw.). Dazwischen liegt der sensomotorische Bereich, dessen Zentren sich in der Hauptsache im Rückenmark und den zugehörigen kranial anschließenden Hirnabschnitten (Stammhirn, Kleinhirn usw.) befinden.

1. Anatomie und Entwicklung des Rückenmarks

In der menschlichen Embryonalentwicklung wird das Nervensystem, das ausschließlich aus dem Ektoderm hervorgeht, sehr früh angelegt.

Um den 18. Tag herum, noch bevor sich aus den Mesodermplatten Somiten gebildet haben, beginnt zu beiden Seiten der etwas einsinkenden Mittellinie (Neuralrinne) eine Auffaltung der Ektoderms (Neuralwülste). Diese schieben sich nach der Mitte zu vor, um schließlich miteinander zu verkleben. Dadurch ist ein Neuralrohr entstanden, das dann in der ganzen Länge des Keimlings dorsal unter dem Ektoderm liegt (Abb. 1). Der Verschluß des **Neuralrohres** erfolgt zuerst in der Mitte der Anlage, so daß vorne und hinten zunächst noch breite Öffnungen vorhanden sind *(Neuroporus ant.* und *post.).* Das Verschwinden dieser Öffnungen resultiert aus der Einrollbewegung der Neuralwülste und beendet die Abgliederung des Neuralrohres vom Ektoderm.

Klinischer Hinweis: Gelegentlich beobachtete angeborene Mißbildungen, etwa Spaltbildungen im Bereich des unteren Endes der Wirbelsäule **(Spina bifida)**

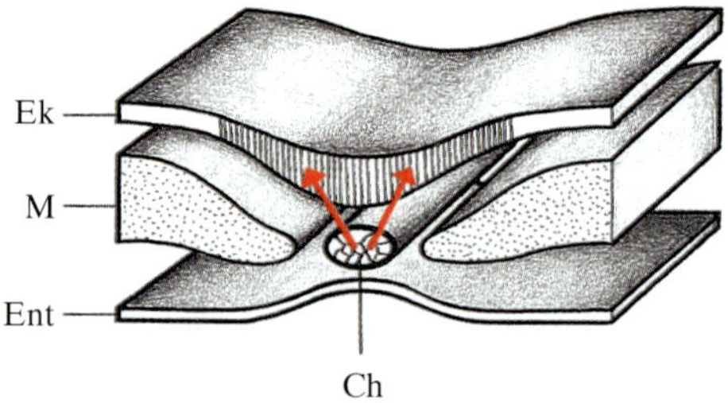

a) Induktion der Neuralplatte (schraffiert) von der Chorda dors. aus (Pfeile).

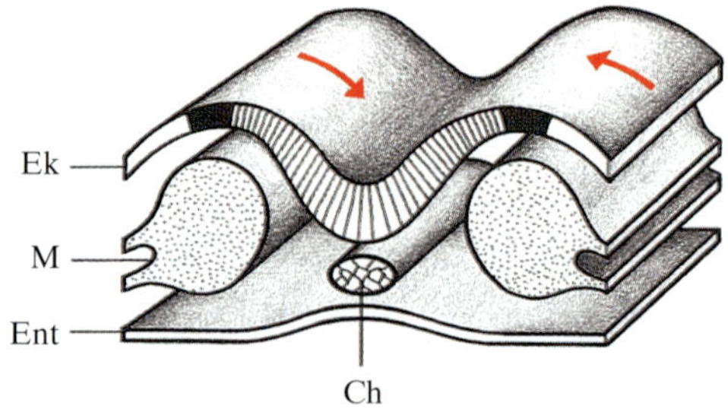

b) Bildung der Neuralwülste. Schwarzes Feld = späteres Neuralleistenmaterial.

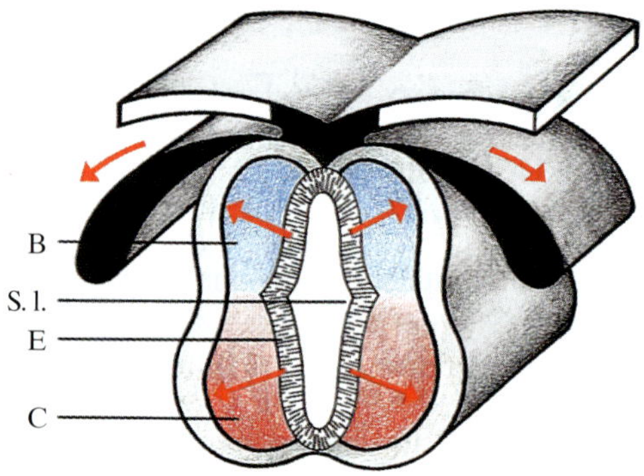

c) Gliederung des Neuralrohres in Grundplatte (C) und Flügelplatte (B). Die Grenze ist der Sulcus limitans (S. l.). Pfeile: Richtung der Zellwanderungen. Auswachsen der Neuralleiste (schwarz) (40. Tag).

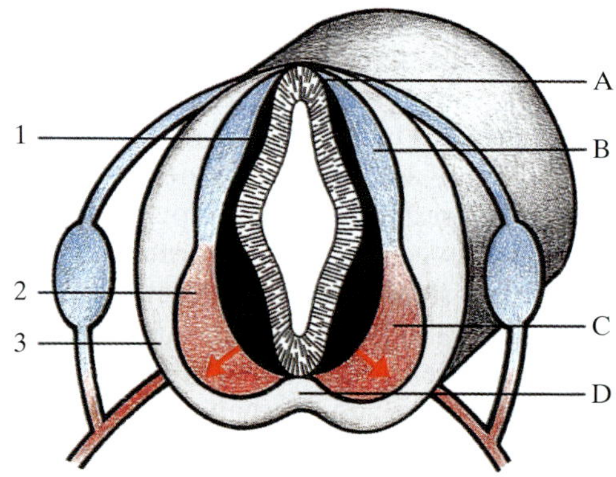

d) Ausbildung der Zonengliederung und der Spinalnerven (43. Tag). 1, 2, 3 = Zonengliederung.

Cc = Canalis centralis, Ch = Chorda dors., E = Ependym, Ent = Entoderm, Ek = Ektoderm, G = Ggl. spinale, M = Mesoderm, S. l. = Sulcus limitans.

Elementargliederung des Rückenmarks

A = Deckplatte, B = Flügelplatte (sens.), C = Grundplatte (mot.), D = Bodenplatte.

Zonengliederung

1 = Ventrikulärzone, 2 = Intermediärzone, 3 = Marginalzone (Randschleier).

Substantia grisea

C. ant., lat., post. = Columna ant., lat., post.

Substantia alba

F. ant., lat., post. = Funiculus ant., lat., post.

Rad. ant., post. = Radix ant., post.

N. sp. = N. spinalis

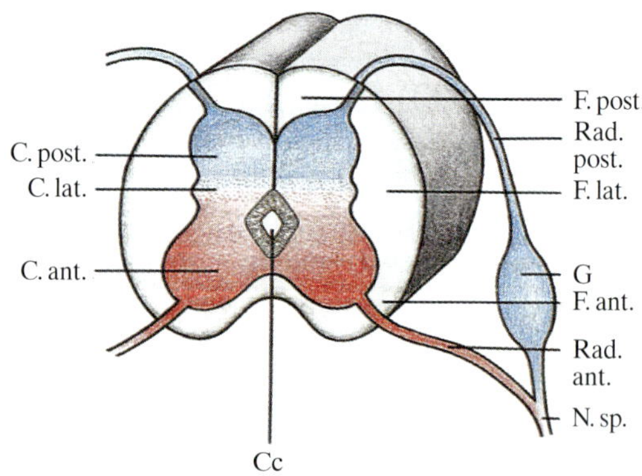

e) Primitives Rückenmark (2. Monat). Gliederung in graue und weiße Substanz.

Abb. 1. a–e) Frühstadien der Entwicklung des Neuralrohres. Elementargliederung des Rückenmarks. Rot = Grundplattenderivate; blau = Flügelplattenderivate und Spinalganglien (Derivate der Neuralleiste).

oder Offenbleiben des kaudalen Endes des Neuralrohres **(Myeloschisis, Myelozele oder Myelomeningozele),** die mit zystischen Erweiterungen der Rückenmarkshäute verknüpft sein können, deuten noch auf diesen Entwicklungsmodus hin.

Schon während der Abfaltung des Neuralrohres vom Ektoderm wird an der Grenzzone zwischen Neuralplatte und Ektoderm eine besondere Zellformation erkennbar, die sich kurz vor der Vereinigung der Neuralwülste vom Ektoderm löst und dann beginnt, peripherwärts auszuwachsen. Dabei bleibt der Kontakt zum Neuralrohr erhalten. Die auf diese Weise gebildete Gewebsplatte stellt die **Neuralleiste** (Crista neuralis) dar, die im Rumpfbereich zunächst kontinuierlich, im Kopfgebiet von vornherein diskontinuierlich angelegt wird (Abb. 1). Im Rumpfbereich gruppieren sich die Zellen der Neuralleiste beiderseits des Neuralrohres zu segmental angeordneten Knoten, den späteren **Spinalganglien.**

Entwicklung des Rückenmarks. Unmittelbar nach Schluß des Neuralrohres setzt eine starke Zellvermehrung in der Umgebung des Zentralkanals ein, so daß man hier immer zahlreiche Mitosen findet *(ventrikuläre Mitosen).* Die neugebildeten Zellen schieben sich nach der Seite vor und bilden dadurch die kernreiche *Ventrikulärzone* (Abb. 1).

Das Lumen des Neuralrohres wird von einem geschlossenen, hohen isoprismatischen Epithel ausgekleidet *(Ependym),* dessen Zellen lange, das ganze Neuralrohr durchsetzende Fortsätze ausbilden. Dieses radiäre Fasergerüst dient als Leitstruktur für die in der Ventrikulärzone proliferierenden Zellen. Diese differenzieren sich bald in 2 Klassen: *Neuroblasten,* die die Stammzellen der nervösen Elemente darstellen, und *Spongioblasten (Glioblasten),* die die nichtnervösen Zellen liefern (Neuroglia). Die Ependymzellen zählen ebenfalls zum Gliagewebe.

Die in der Ventrikulärzone entstehenden Neuroblasten bleiben nicht lumennahe liegen, sondern schwärmen seitwärts aus (Pfeile in Abb. 1c), wobei sie die Ependymfasern als Gleitschienen benützen. Durch die anfangs sehr intensive Emigration von Zellen entsteht die *Intermediärzone* (auch *Mantelzone* oder *Zona nuclearis),* aus der später die graue Substanz des Rückenmarks *(Substantia grisea)* hervorgeht. Von der Intermediärzone schieben sich die Fortsätze der embryonalen Nervenzellen dann weiter nach außen vor und differenzieren sich zu Nervenfasern, die die Verbindungen zu anderen Neuralrohrabschnitten herstellen. Dadurch entsteht um die Mantelzone herum eine hellere, faserreiche Zone *(Marginalzone, Zona marginalis* oder *Randschleier),* in der sich die Faserstränge des Rückenmarks (Funiculi), die spätere weiße Substanz *(Substantia alba),* entwickeln.

Da die Zellkörper der Neuroblasten im ventrolateralen Bereich des embryonalen Rückenmarks liegen bleiben, erscheint die graue Substanz ventral größer als dorsal, im Querschnitt etwa H-förmig (Abb. 1e). Die Zellfortsätze der ventralen Neuroblasten wachsen vorne seitlich aus dem Neuralrohr aus und gewinnen frühzeitig Kontakte mit den Muskelanlagen (Myotomen). Sie formieren sich zur vorderen Wurzel **(Radix ant.).** Die zugehörigen Zellen übernehmen daher motorische oder somatoefferente Funktionen.

Die dorsal ausgewanderten Zellen bleiben zunächst im Spinalganglion liegen. Sie senden jeweils einen Fortsatz rückläufig in das Neuralrohr (über die sog. hintere Wurzel, **Radix post.)** und einen Fortsatz nach peripher. Die peripheren Faserbündel schließen sich mit den ventralen Wurzelfasern zum Spinalnerven **(N. spinalis)** zusammen. Die peripheren Fortsätze der Spinalganglienzellen gewinnen hauptsächlich Kontakte zu den Hautsegmenten (Dermatomen) oder den Sinnesorganen der Muskulatur, übernehmen also sensible oder somatoafferente Funktionen.

Dadurch hat sich schon frühzeitig am Neuralrohr eine funktionelle Gliederung

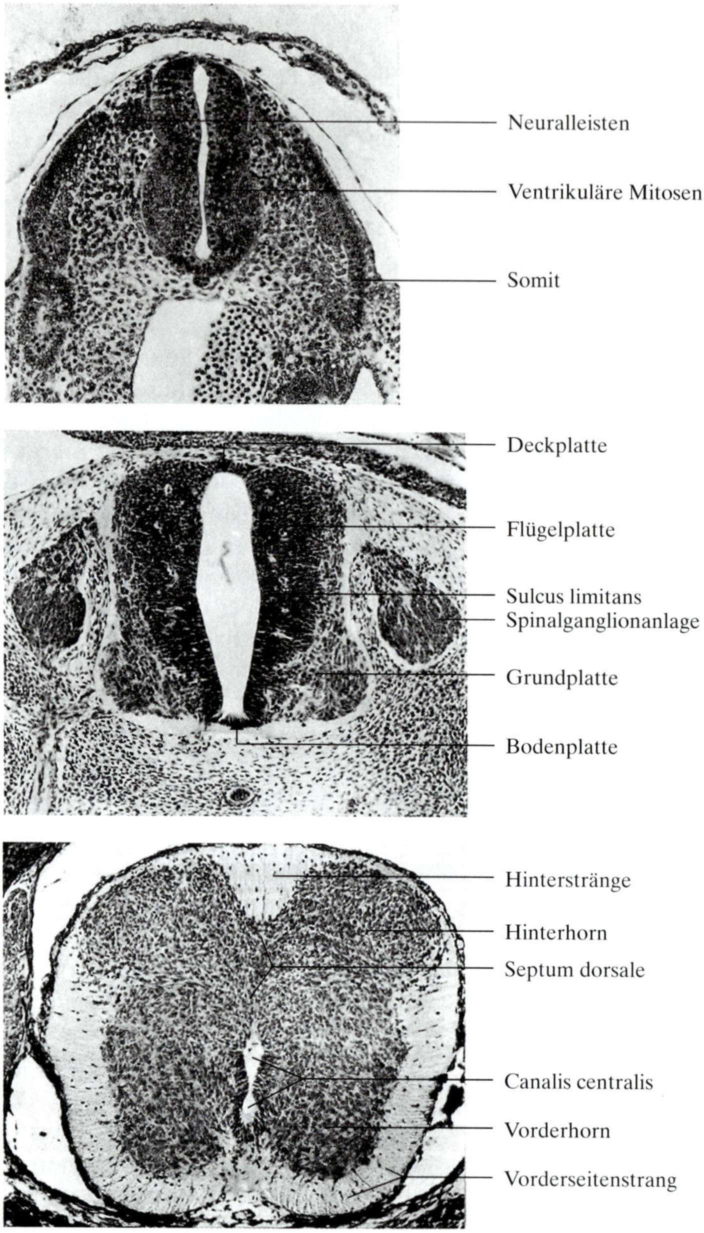

Abb. 2. a–e) Querschnitte durch das embryonale Rückenmark in verschiedenen Entwicklungsstadien (95× vergr.).
a) Undifferenziertes Neuralrohr (Rattenembryo, 12. Tag p. c.). Randschleier wird eben differenziert.
b) Gliederung in Mantelschicht und Randschleier. Grund- und Bodenplatte werden unterscheidbar. Die Grenze liegt etwa in Höhe des Sulcus limitans (14. Tag. p. c.).
c) Graue und weiße Substanz differenzieren sich aus; das zentrale Lumen verschwindet bis auf den Canalis centralis und wird in das Septum dorsale einbezogen (18. Tag. p. c.).
d) Querschnitt durch das embryonale Rückenmark eines 3 Monate alten menschlichen Embryos (HE, 32× vergr.).
e) Ausschnittvergrößerung aus (d) (100×). Die funktionelle Differenzierung in die Vorderhörner (Grundplatte) und Hinterhörner (Flügelplatte) ist weiter fortgeschritten. Der Zentralkanal ist gebildet.

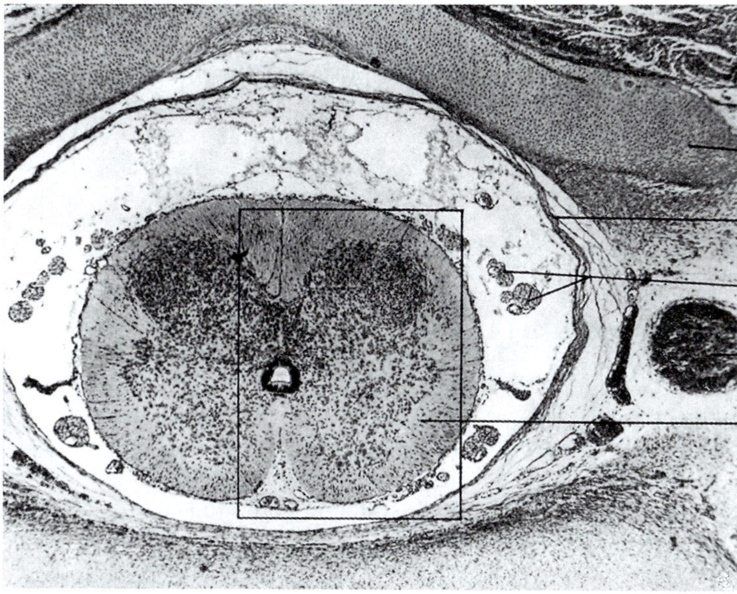
Wirbelbogen
Dura mater
Fila radicularia
Spinalganglion
Rückenmark

d)

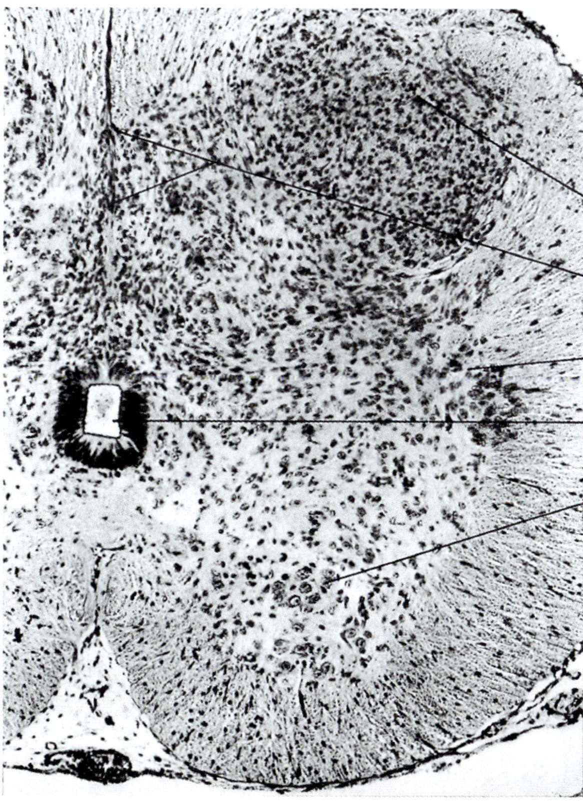
Hinterhorn
Septum dorsale
Seitenhorn
Canalis centralis
(mit Ependym)
Vorderhorn

e)

herausgebildet. Die ventralen Abschnitte erfüllen hauptsächlich motorische, die dorsalen sensible Funktionen (Somatosensibilität oder Somatoafferenzen und Somatomotorik oder Somatoefferenzen).

Die Grenze zwischen beiden Abschnitten liegt etwa in Höhe des *Sulcus limitans,* einer Einkerbung des Ventrikellumens, die später verschwindet (Abb. 1). Die ventralen Abschnitte des Neuralrohres bilden die **Grundplatte,** die dorsalen die **Flügelplatte.** Die verbindenden Gewebsbrücken, die funktionell keine Bedeutung haben, bezeichnet man dorsal als Deckplatte und ventral als Bodenplatte (Abb. 1 u. 2). Im Bereich der Flügelplatte verschwindet das Ventrikellumen, an dessen Stelle das *Septum dorsale* entsteht. Weiter vorne bleibt nur der kleine Zentralkanal des Rückenmarks erhalten *(Canalis centralis)* (Abb. 1e), der aber beim Erwachsenen stellenweise obliteriert ist.

Die Flügelplatte differenziert sich später zur Hintersäule **(Columna post.** oder Cornu post.) und die Grundplatte zur Vordersäule **(Columna ant.** oder Cornu ant.) des Rükkenmarks. Zwischen beiden Bereichen liegt die Seitensäule **(Columna lat.,** Cornu lat.), wo sich Neuroblasten sammeln, deren Fortsätze mit den Spinalnerven in die Peripherie vorwachsen und Kontakte mit den inneren Organen bekommen. Diese Zellgruppen übernehmen später Funktionen des autonomen NS. Da man bei ihnen auch sensible und motorische Elemente unterscheiden kann (sog. Viszerosensibilität oder Viszeroafferenzen und Viszeromotorik oder Viszeroefferenzen), ergibt sich bereits am embryonalen Rückenmark eine funktionelle Gliederung in einen dorsalen sensiblen (somato- und viszerosensiblen) und einen ventralen motorischen (somato- und viszeromotorischen) Abschnitt.

Die dorsal und ventral aus dem Neuralrohr auswachsenden Nervenfaserbündel bilden die Wurzelfäden *(Fila radicularia),* die sich aber in regelmäßigen Abständen zur vorderen bzw. hinteren Wurzel *(Radix ant.* u. *post.)* zusammenschließen. In der hinteren Wurzel liegt jeweils ein Spinalganglion **(Ganglion spinale).** Die hintere Wurzel beherbergt somato- und viszeroafferente Nervenfasern, die vordere somato- und viszeroefferente Fasern. Der aus der Vereinigung beider Wurzeln in jedem Segment gebildete Spinalnerv enthält daher Nervenfasern aller 4 Qualitäten.

1.2 Entwicklung und Gliederung des peripheren Nervensystems

Die mit der Neuralleiste ausgewanderten Zellen bleiben nicht nur in den Spinalganglien liegen, sondern dringen peripherwärts in den Organismus ein. Dabei schließen sich die vom Neuralrohr auswachsenden Nervenzellfortsätze diesem Emigrationsprozeß an und bilden in regelmäßig segmentaler Folge die Spinalnerven (Abb. 3 u. 4). Es sind zunächst immer nur wenige Nervenzellfortsätze (Pionierfasern), die sich in die Peripherie vorschieben. Diese werden dann von den nachfolgenden Zellsprossen als Leitstruktur benützt, wobei auch Gliazellen als Leitschienen dienen.

Flügelplatte	Somatoafferenzen	Columna post.	←	Somatisches oder animales NS
	Viszeroafferenzen	Columna lat.	Autonomes NS	
Grundplatte	Viszeroefferenzen			
	Somatoefferenzen	Columna ant.	←	

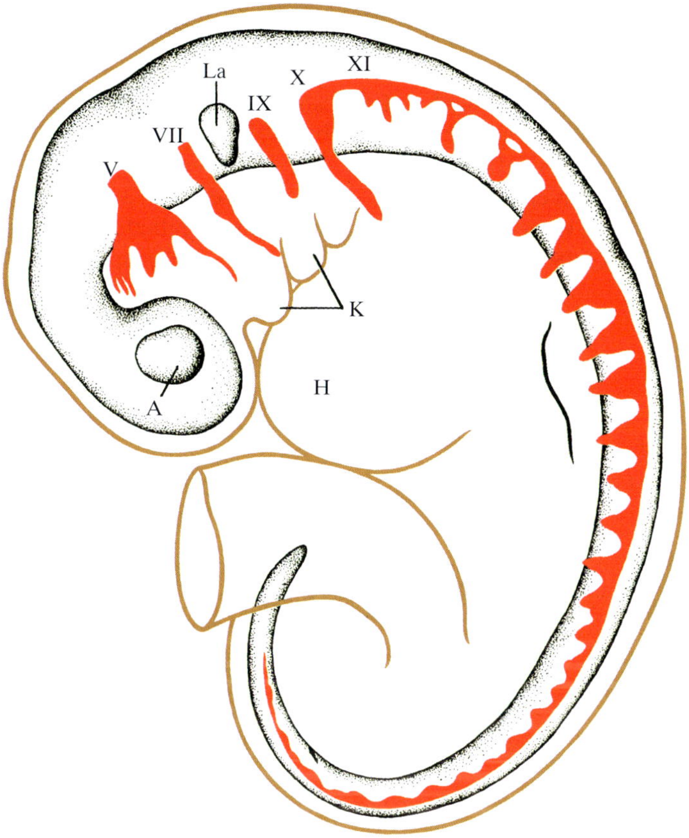

Abb. 3. Entwicklung der Neuralleiste (rot) bei einem 5 Wochen alten menschlichen Embryo (nach einer Abbildung von E. Blechschmidt). Man erkennt die Bildung der Spinalnerven aus dem Neuralleistenmaterial (rot) und die schrittweise Durchdringung des Organismus mit nervöser Masse. Die Kopfganglienleiste (kranial) wird primär diskontinuierlich, die Rumpfganglienleiste kontinuierlich angelegt. A = Augenanlage; H = Herzwulst; K = Kiemenbögen; La = Labyrinthanlage; römische Zahlen = Hirnnervenanlagen.

Haben die auswachsenden Nervenfasern einmal Kontakt mit den zu innervierenden Erfolgsorganen (z.B. Muskulatur, Haut) bekommen, so behalten sie diese Verbindung auch bei, wenn das Organ während der Embryonalentwicklung Verlagerungen durchmacht. Die Faser wird verlängert und bei den oft verwickelten Wachstumsbewegungen wie ein Ariadnefaden mitgezogen. Der Nervenverlauf spiegelt daher beim Erwachsenen häufig noch die embryonalen Ausgangszustände wider.

Besonders kompliziert gestalten sich die Verhältnisse bei der Extremitätenentwicklung, bei der die Muskelanlagen durch das Längenwachstum der Gliedmaßen stark gegeneinander verschoben werden. Die Muskeln ziehen dabei ihre Nerven hinter sich her und verursachen eine sekundäre Vernetzung der Spinalnerven im Bereich der zugehörigen Segmente. Es bilden sich die **Extremitätenplexus** (Abb. 4). Da beide Extremitäten im Bereich der ventralen Körperwand entstehen, werden auch nur die ventralen Äste der Spinalnerven (Rr. ant.) in die Extremitätenplexus hineingezogen. Die Gliedmaßenanlagen liegen ursprünglich weiter kranial. So kommt es, daß der Arm größtenteils von Halssegmenten und das Bein von Lumbalsegmenten innerviert wird (Abb. 4). An der dorsalen Rumpfwand, wo keine Gliedmaßen entstehen, bleibt die ursprüngliche Segmentgliederung der Spinalnervenäste erhalten. Nervengeflechte (Plexus) entwickeln. sich hier nicht.

Mit den Nervenfasern wandern aber auch Nervenzellen in die Körperperipherie und bilden dort die peripheren Ganglien des autonomen NS. Die erste Gruppe dieser Zellen bleibt *neben* der Wirbelsäule *(paravertebrale Ganglien)*, die zweite vor der Wirbelsäule *(prävertebrale Ganglien)* liegen. Die paravertebralen Ganglien formieren sich beiderseits der Wirbelsäule zu einem segmental gegliederten Strang (Grenzstrang oder *Truncus sympatheticus)*. Die präverte-

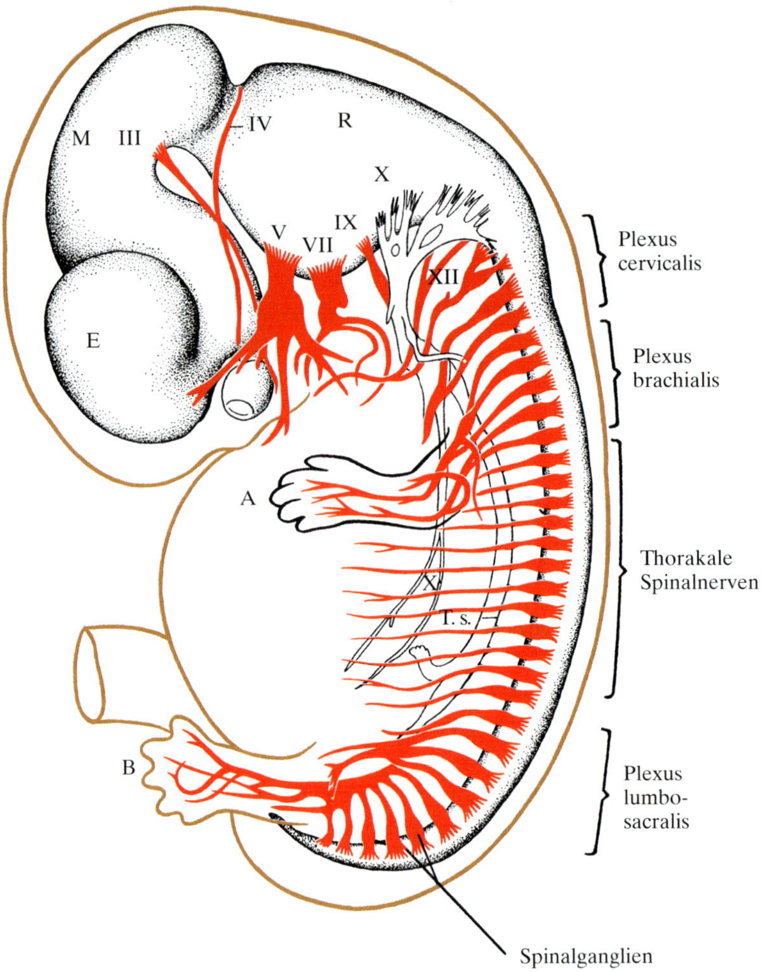

Abb. 4. Menschlicher Embryo (Ende 2. Monat, Seitenansicht). Die Differenzierung der Derivate der Ganglienleiste ist weiter fortgeschritten. Die in die Extremitätenanlagen einwachsenden Spinalnerven verflechten sich zu den großen Plexus.

A = Armanlage; B = Beinanlage. Die Verdickungen der Spinalnerven in Rückenmarksnähe stellen die Spinalganglien dar. Weiß = Anlage des Grenzstrangs (Sympathikus) und des N. vagus (X) (Parasympathikus). E = Endhirnbläschen; M = Mittelhirnanlage. Römische Zahlen = Nummern der Hirnnerven; T. s. = Truncus sympatheticus; R = Rautenhirn; X = N. vagus.

Plexus der ventralen Spinalnervenäste

Obere Halssegmente (C_1–C_4)	*Plexus cervicalis*	Hals	
Untere Halssegmente (C_5–Th_1)	*Plexus brachialis*	Arm	
Brustsegmente (Th_2–Th_{11})	*Nn. intercostales*	Brust- und Bauchwand	
Obere Lendensegmente (Th_{12}–L_3)	*Plexus lumbalis*	*Plexus lumbosacralis*	*Bein*
Untere Lenden- und obere Sakralsegmente (L_4–S_2)	*Plexus sacralis*		
Untere Sakralsegmente (S_3–S_4)	*Plexus pudendalis*		Beckenboden
Schwanzsegmente (S_5–Co_{1-3})	*Plexus coccygeus*		

bralen Zellgruppen verdichten sich an der Wurzel der größeren, aus der Aorta entspringenden Arterien zu mächtigen Ganglienkomplexen. Sie werden zu den wichtigsten autonomen Zentren der Bauchorgane (Abb. 5). Schließlich bleibt auch von diesen Zellen nur ein Teil an Ort und Stelle liegen. Die am weitesten peripherwärts vordringenden Zellen erreichen das Parenchym der Organe selbst. Auf diese Weise entstehen die *intramuralen Gangliengruppen* (im Darm z.B. der *Plexus myentericus* und *Plexus submucosus,* in der Lunge der *Plexus pulmonalis,* im Herzen der *Plexus cardiacus* usw.). Die auswandernden Neuroblasten erreichen schließlich jedes Gewebe, so daß der gesamte Organismus mit feinsten Nervengeflechten durchsetzt ist.

Grenzstrang und prävertebrale Geflechte bilden den sympathischen Anteil des *autonomen* oder *viszeralen Nervensystems,* dessen Bildungszellen daher auch als *Sympathikoblasten* bezeichnet werden. Zu diesen gesellen sich von der 8. Woche an auch Zel-

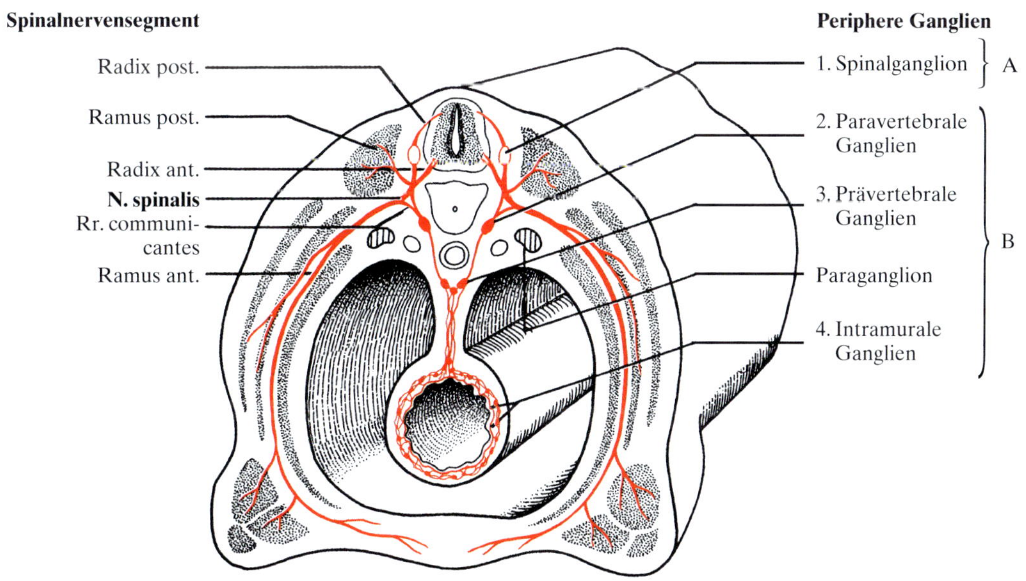

Abb. 5. Schema über die Gliederung des peripheren Nervensystems und die Lage der aus der Neuralleiste hervorgegangenen Gangliengruppen (modifiz. nach Keibel u. Mall). A = Ganglion des animalen Nervensystems; B = Ganglien des autonomen Nervensystems. Muskelanlagen dicht punktiert.

len anderer Herkunft. Sie stammen nicht aus der Neuralleiste der Rückenmarksanlage wie die Sympathikoblasten, sondern aus der Kopfganglienleiste, die an der Entwicklung der den Spinalnerven vergleichbaren Hirnnerven beteiligt ist. In der Hauptsache benützen diese Zellen (sog. Parasympathikoblasten) den X. Hirnnerven (N. vagus), um zu den intramuralen Geflechten der Brust- und Bauchorgane zu gelangen, in denen dann zahlreiche parasympathische Ganglienzellen zu finden sind. Die über den Vagus erfolgte Auswandung von Zellen reicht jedoch nur bis zur Flexura coli sin. (Cannon-Böhm-Punkt) *(kranialautonomes System)*.

Die Beckenorgane werden zwischen der 5. und 12. Woche von den Sakralsegmenten (S_2-S_4) aus mit Parasympathikoblasten beschickt *(sakralautonomes System)*. Die Zellen wandern wieder von der Neuralleiste in die Kolonwand bzw. in die Wand der inneren Genitalorgane, der Harnblase usw. ein.

Klinischer Hinweis. Erreicht die Besiedelung der distalen Kolonabschnitte durch Parasympathikoblasten das Rectum nicht, so kommt es zu einer **Agangliosis** oder Hypogangliose, meist im supraanalen Darmbereich. Dieser Darmabschnitt ist dann immer kontrahiert, das übrige Kolon stark dilatiert (sog. **Megakolon,** Hirschsprung-Krankheit) .

Paraganglien. Schließlich stammt aus dem Material der Neuralleiste noch eine weitere wichtige Gruppe von Zellen, die ebenfalls die geschilderten Auswanderungsbewegungen mitmachen und vom 3. Monat ab in den Grenzstrangganglien, den prävertebralen Geflechten oder auch verstreut im Bauch- und Beckenraum anzutreffen sind. Diese Zellen übernehmen keine nervösen Funktionen, sondern werden zu fortsatzlosen, sekretorisch aktiven Zellen. Nach Behandlung mit Chromsalzen lassen sie sich selektiv braun färben, weshalb man sie auch als chromaffine (phäochrome) Zellen *(Phäochromoblasten)* bezeichnet hat. Sie bilden die *sympathischen Paraganglien.* In der Embryonalzeit kommen sie verstreut an zahlreichen Stellen vor, bilden sich aber nach der Geburt meist rasch zurück. Am größten ist das *Paraganglion aorticum abdominale* (Zuckerkandl-Organ), das vor der Bauchaorta liegt und im frühen Kindesalter rückgebildet wird. Bis zur Pubertät sind meist alle chromaffinen Paraganglien, anfangs etwa 150–180, verschwunden; lediglich das Nebennierenmark *(Paraganglion suprarenale)* bleibt erhalten.

Neben den chromaffinen entwickeln sich aber auch nichtchromaffine Paraganglien, die wahrscheinlich ebenfalls aus der Matrix der Neuralleiste stammen. Nichtchromaffine Paraganglioblasten siedeln sich z.B. an der Teilungsstelle der A. carotis communis (Karotisdrüse, Paraganglion caroticum oder Glomus caroticum), zwischen Aorta und Truncus pulmonalis (Paraganglion supracardiale, Supraperikardialkörper, Ganglia cardiaca) oder an der Wurzel des N. vagus (Paraganglion nodosum) an. Während die chromaffinen Paraganglien vornehmlich Katecholamine produzieren, bilden die nichtchromaffinen Acetylcholin, aber auch andere Transmitterstoffe.

Melanozyten. Die Neuralleiste enthält also embryonal ein vielseitiges Muttergewebe.

Derivate der Ganglienleiste des Rückenmarks

1. *Neuroblasten*	für Spinalganglien und periphere Ganglien
2. *Sympathikoblasten*	für Grenzstang und periphere vegetative Ganglien
3. *Phäochromoblasten*	für Nebennierenmark und *symphatische Paraganglien*
4. *Glio- oder Spongioblasten*	für die gesamte periphere Glia
5. *Melanoblasten*	für die Pigmentzellen von Rumpf und Extremitäten

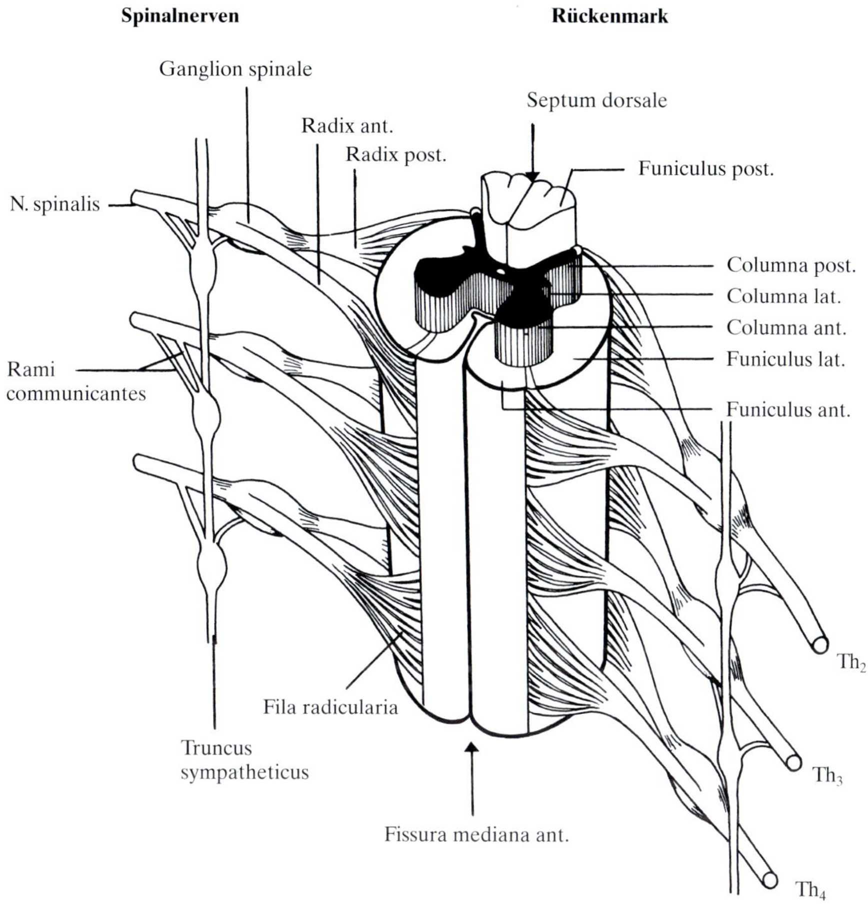

Abb. 6. Rückenmark und zugehörige Spinalnervenpaare im thorakalen Bereich des Rumpfes. Man beachte die Segmentgliederung und die Verbindungen der Spinalnerven mit dem Truncus sympatheticus.

Neben Neuroblasten für das gesamte periphere Nervensystem bildet sie auch die zugehörigen, nichtnervösen Gliazellen und überraschenderweise auch die Pigmentzellen des Körpers *(Melanozyten)*. Wird zum Beispiel experimentell ein Stück der Neuralleiste entfernt, so fehlt die Pigmentierung im Bereich der zugehörigen Segmente.

Spinalnervensegment. Durch die in regelmäßigen Abständen aus dem Rückenmark austretenden Wurzelfäden *(Fila radicularia)* ergibt sich die für den spinalen Bereich so charakteristische Segmentgliederung (Abb. 6–9), die bei den paravertebralen Ganglienketten (Trunci sympathetici) auch noch zu erkennen ist, bei den prävertebralen und intramuralen Gangliengruppen und Plexus aber verlorengeht. Jeder *Spinalnerv* ist über dünne Verbindungsäste **(Rr. communicantes)** mit dem Grenzstrang *(Truncus sympatheticus)* verbunden, wobei der *R. communicans albus* hauptsächlich »zuführende«, vom Spinalnerven zum Grenzstrang verlaufende Nervenfasern, der *R. communicans griseus* rückführende, vom Grenzstrang zum Spinalnerven verlaufende Fasern enthält. Die Zahl der Spinalnervensegmente entspricht der der Wirbel. Lediglich im Halsbereich werden 8 statt 7 Segmente gezählt, da der erste zervikale Spinalnerv (C_1), der zwischen

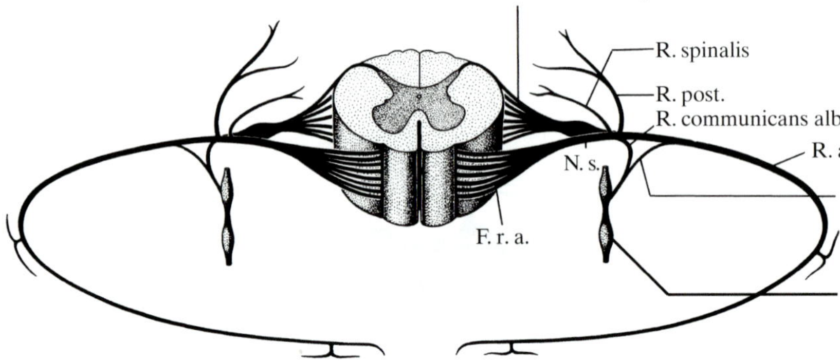

Abb. 7. Schema eines Spinalnervensegmentes. N. s. = N. spinalis (Truncus n. spinalis); F. r. a. = Fila radicularia ant.

Äste eines Spinalnerven

1. **R. post.**	teilt sich meist in einen medialen und lateralen Ast und versorgt die autochthone Rückenmuskulatur sowie die dorsalen Dermatome der Haut.
2. **R. ant.**	bildet im Rumpfbereich die Nn. intercostales, im Extremitätenbereich die Plexus cervicales, brachiales und lumbosacrales.
3. **R. spinalis**	rückläufiger, sensibler Ast für die Rückenmarkshäute.
4. **R. communicans albus**	bringt markhaltige Nervenfasern vom Rückenmark zu den Grenzstrangganglien und erscheint daher weißlich (albus).
5. **R. communicans griseus**	bringt markarme und marklose Nervenfasern rückläufig vom Grenzstrangganglion zum Spinalnerven und erscheint daher grau (griseus).

Schädelbasis und 1. Halswirbel austritt, mitgezählt wird.

Der relativ kurze **Spinalnerv (N. spinalis)** gibt peripher fünf Äste ab. Die beiden Rr. communicantes stellen Verbindungen zum Grenzstrang dar. Der R. spinalis ist ein rückläufiger Ast zum Rückenmarkskanal, der **R. post.** ist für die zugehörigen Segmente der dorsalen, der **R. ant.** für die der ventralen Körperwandung bestimmt. Diese anatomische Gliederung wiederholt sich in jedem Segment. Man spricht daher auch von einem *Nervensegment* (nervöses Spinalsegment, Abb. 7).

Während der frühen Embryonalzeit reicht das Rückenmark durch die ganze Wirbelsäule bis zu den Schwanzsegmenten. Der Endabschnitt des Rückenmarks rudimentiert jedoch im Laufe der Entwicklung und wird zum *Filum terminale,* das von einem konusartig verbreiterten Rückenmarksabschnitt ausgeht **(Conus medullaris)** (Abb. 9). Das Filum terminale ist embryonal noch an der Haut über dem Steißbein, später aber nur noch an der Rückfläche des Os coccygis befestigt.

Anfangs liegen die Spinalnerven und ihre Erfolgsorgane, d.h. die zugehörigen Knochen- und Muskelsegmente, in gleicher Höhe. In der zweiten Hälfte der Schwangerschaft bleibt jedoch die Wachstumsgeschwindigkeit des Rückenmarks gegenüber der des Rumpfes stark zurück. Die Wirbelsäule schiebt sich weiter nach kaudal, wodurch das untere Rückenmarksende passiv nach kranial verlagert wird. Durch diesen scheinbaren *»Ascensus des Rückenmarks«* verändern sich auch Form und Länge der Spinalnervenwurzeln. Die kaudalen Wurzelfäden werden zunehmend in die Länge

Alter	**Lokalisation der Spitze des Conus medullaris** (scheinbarer Ascensus)
3. Fetalmonat	Ende des Wirbelkanals
4. Fetalmonat	in Höhe von S_3
Neugeborenes	in Höhe von L_3
Erwachsener	in Höhe von Th_{12}–L_2

gezogen, da die in den Foramina intervertebralia lokalisierten Spinalganglien ihre Lage nicht verändern. Nur die sakralen Spinalganglien (S_1–S_4) verlagern sich später wieder ein Stück weit in den Sakralkanal hinein. So kommt das Bild der **Cauda equina,** d.h. die pferdeschweifartige Anordnung der Spinalnervenwurzeln (Fila radicularia) im Lenden- und Sakralbereich des Wirbelkanals, zustande (Abb. 9).

Da die Extremitäten eine reichere Innervation benötigen als die Brust- und Bauchwand, sind die die Gliedmaßenplexus bildenden Spinalnerven in der Regel dicker. Auch die zugehörigen Abschnitte des Rükkenmarks enthalten quantitativ mehr Zellmaterial, weshalb das Rückenmark im Bereich der Extremitätenwurzeln etwas anschwillt. So entsteht eine **Intumescentia cervicalis** im Bereich von C_3–Th_2 (für den Arm) und eine **Intumescentia lumbalis** im Bereich von Th_9–L_2 (für das Bein) (Abb. 8 u. 9).

Das Rückenmark füllt den Wirbelkanal nicht vollständig aus und hat dadurch etwas Bewegungsfreiheit. Es verläuft im allgemeinen etwas gestreckter als die Wirbelsäule. Der Rückenmarksstrang ist also in den Lordosen- und Kyphosenabschnitten der Wirbelsäule jeweils ein wenig exzentrisch lokalisiert.

Klinischer Hinweis. Bei einem Wirbelsäulentrauma oder Bandscheibenvorfall kann es zu Rückenmarks- oder Nervenschädigungen kommen, wobei die Segmenthöhe von großer Bedeutung ist. Man beachte, daß durch den »Ascensus des Rückenmarks« z.B. die lumbalen Segmente etwa in Höhe des 10. bis 12. Brustwirbelkörpers lokalisiert sind.

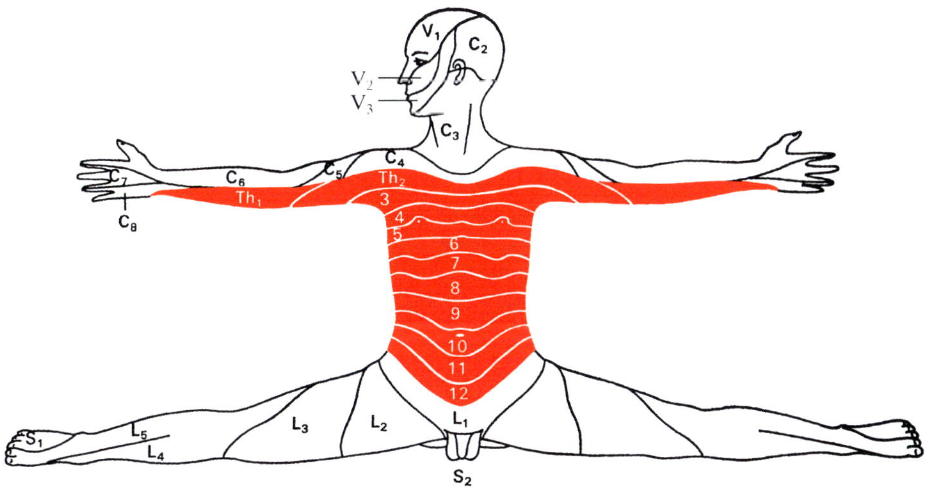

Abb. 8. Hautsegmente (Dermatome) des Menschen. Thorakale Segmente (Th_1–Th_{12}) rot hervorgehoben. Die Extremitäten sind entsprechend ihrer embryonalen Wachstumsrichtung seitlich abgespreizt gezeichnet, um den Bezug zu den angrenzenden Segmenten deutlich zu machen (nach Hansen u. Schliack).

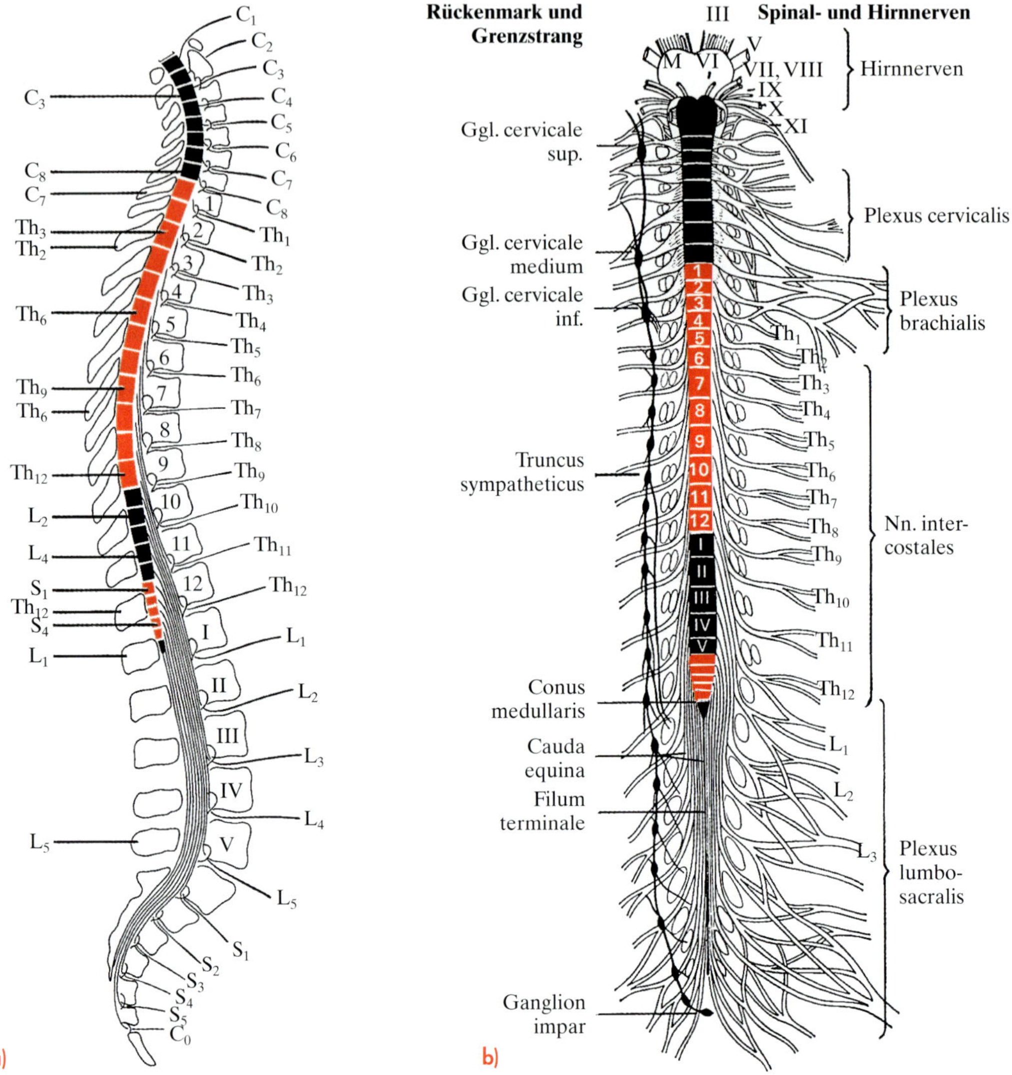

Abb. 9. a–b) Segmentale Gliederung von Rückenmark und Spinalnerven in Beziehung zur Wirbelsäule. Man beachte die Verschiebung der Rückenmarkssegmente gegenüber der Wirbelsäule.

a) Seitenansicht. 1–12 = Brustwirbelkörper; I–V = Lendenwirbelkörper.

b) Ventralansicht. In der linken Bildhälfte wurde der Grenzstrang des Sympathikus, rechts die Eingliederung der Spinalnerven in die Extremitätenplexus dargestellt. Römische Zahlen oben = Hirnnerven; 1–12 = Brustsegmente; I–V = Lendensegmente; M = Medulla oblongata.

1.3 Entwicklung und Gliederung des zentralen Nervensystems

Die Gliederung des Neuralrohres im Rückenmarksbereich bleibt auch nach Abschluß der Embryonalentwicklung noch überschaubar, da im wesentlichen von der *Metamerie als Strukturprinzip* nicht abgewichen wird. Anders liegen die Verhältnisse im Kopfbereich. Hier treten am Neuralrohr einerseits bläschenförmige Erweiterungen auf, andererseits nimmt auch das Zellmaterial in der Wandung des Neuralrohres stellenweise so stark zu, daß sich komplizierte Verlagerungen und Umbildungen der nervösen Masse ergeben. Im Gegensatz zu dem im Rumpfbereich stattfindenden Auswanderungsprozeß von Nervenzellen in die Körperperipherie mit Plexus- und Ganglienbildung (Prinzip der Dezentralisation) herrscht im Kopfbereich die Tendenz zur Konzentration der nervösen Massen auf engstem Raum vor (Bildung von Kernen und kortikalen Strukturen).

Hirnbläschen. Durch aufeinanderfolgende Erweiterungen und Verengungen des Neuralrohres bilden sich im Kopfbereich *Hirnbläschen* aus, und zwar von kranial nach kaudal: das Vorderhirn *(Prosencephalon)*, das Mittelhirn *(Mesencephalon)* und das Rautenhirn *(Rhombencephalon)* (primäre Hirnbläschen, Abb. 10). Am Prosencephalon entstehen frühzeitig zwei seitliche, bläschenförmige Ausstülpungen, die Endhirnbläschen *(Telencephalon)*. Der verbindende, unpaare Abschnitt wird zum *Diencephalon* oder Zwischenhirn. Aus dem Zwischenhirnboden wachsen beiderseits die Augenbläschen aus und schieben sich von innen nach außen gegen das Ektoderm vor (Abb. 10). Der Augenblasenstiel wird zum späteren Sehnerven. Umgekehrt entsteht das Ohr- oder Labyrinthbläschen durch einen von außen nach innen gerichteten Wachstumsprozeß, in dem sich das Ektoderm in die Tiefe verlagert und zu einem flüssigkeitsgefüllten Bläschen umformt, von dem aus dann sekundär Nervenfasern zum Rautenhirn hin auswachsen. Räumlich und funktionell ist das Labyrinthbläschen, die Anlage des Gehör- und Gleichgewichtsorgans, dem Rhombencephalon, das Sehorgan dagegen dem Prosencephalon zuzuordnen.

Diese beiden Hirnbläschen zeigen auch wachstumsdynamisch ein gegensätzliches Verhalten. Während die Endhirnbläschen als paarige Ausstülpungen des Prosencephalons angelegt werden und die späteren Großhirnhemisphären ausbilden, die in einer rasch fortschreitenden Entwicklung alle übrigen Hirnabschnitte überlagern, entwickelt sich am Rhombencephalon das Kleinhirn von einer queren, riegelartig im Dach des Rautenhirns gelegenen Platte, die sich zunehmend verdickt und nach hinten vorwölbt. Dadurch entsteht am späteren Kleinhirn ein Querfurchenrelief, während die Großhirnrinde ein Längsfurchenrelief ausbildet. Die unpaare Kleinhirnanlage entfaltet sich nach rückwärts über dem einknickenden Boden der Rautengrube und überlagert damit allmählich die hinteren Abschnitte des Rautenhirns, während sich die Endhirnbläschen vom zentral gelegenen Inselfeld nach vorne und rückwärts ausbreiten und dadurch schließlich alle anderen Hirnabschnitte, auch das Kleinhirn, überdecken

Prosencephalon (Vorderhirn) →	**Telencephalon** (Endhirn, Großhirn) **Diencephalon** (Zwischenhirn)
Mesencephalon (Mittelhirn) →	**Mesencephalon** (Mittelhirn)
Rhombencephalon (Rautenhirn) →	**Metencephalon** (Hinterhirn, Kleinhirn) **Myelencephalon** (Nachhirn oder verlängertes Mark [Medulla oblongata])

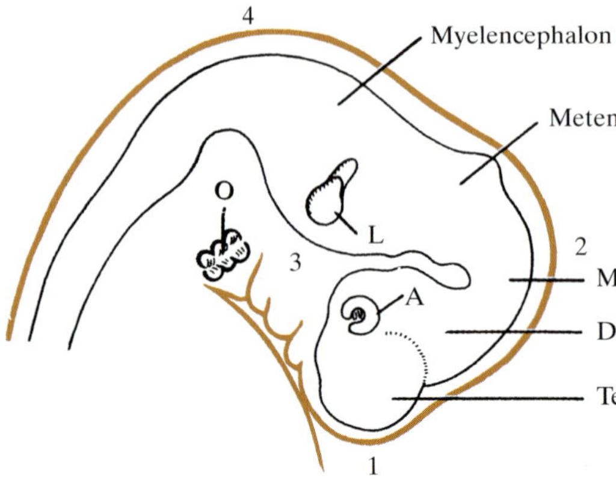

a)

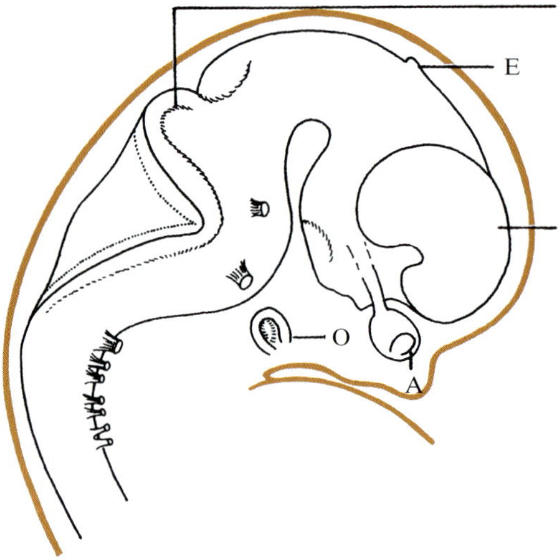

b)

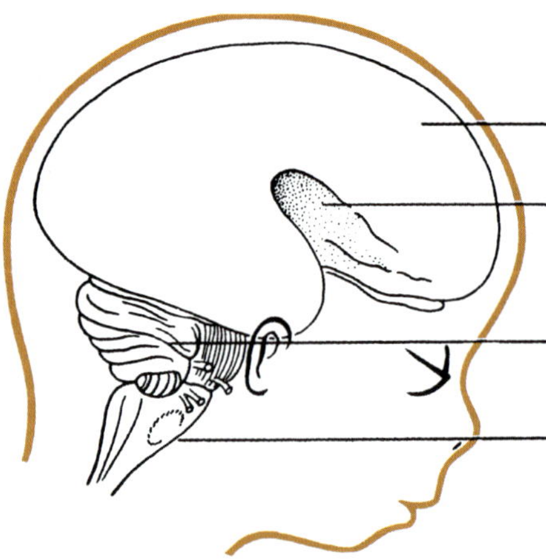

c)

Abb. 10. a–c) Drei Stadien der Gehirnentwicklung von lateral gesehen. Man beachte vor allem die Vergrößerung der beiden Endhirnbläschen und die Verlagerungen der 5 Hirnbläschen. a) 35 Tage alter menschlicher Embryo. b) 44 Tage alter menschlicher Embryo. c) 5 Monate alter menschlicher Fetus. 1 = Stirnbeuge; 2 = Scheitelbeuge; 3 = Brückenbeuge; 4 = Nackenbeuge; A = Augenanlage; E = Epiphyse, O = äußeres Ohr; L = Labyrinthbläschen.

(Abb. 10). Aus den 3 primären Hirnbläschen sind also 5 sekundäre Hirnbläschen hervorgegangen – eine elementare Gliederung, die allen weiteren Besprechungen zugrunde gelegt werden muß.

Die regional unterschiedliche Massenzunahme des Neuralrohres im Kopfbereich führt zu Krümmungen und Knickungen (Nacken-, Scheitel- und Brückenbeuge), die Ausdruck der Gesamtentwicklung des Embryonalkörpers sind und später wieder verschwinden (Abb. 10).

Ventrikel und Plexus choroidei. Ein besonderes Charakteristikum der frühen Entwicklung des kranialen Neuralrohres stellt die Tatsache dar, daß an verschiedenen Stellen die Neuralrohrwandung dünn bleibt. An diesen Stellen dringen Gefäße in das Lumen des Neuralrohres vor und bilden knäuelartige Geflechte aus, die man als *Plexus choroidei* (Adergeflechte) bezeichnet. Im Rautenhirnbereich sind es die hinter dem Kleinhirnwulst gelegenen Abschnitte der Deckplatte, die sich zum Plexus choroideus umbilden. Am Prosencephalon entwickeln sich im Dach des Zwischenhirns sowie an einer streifenförmigen Zone an der medialen Seite der beiden Endhirnbläschen derartige Adergeflechte (Abb. 11). Diese sondern eine wäßrige Flüssigkeit, den Hirnliquor *(Liquor cerebrospinalis int.)*, in die Hohlräume des Neuralrohres ab. Die Plexus choroidei bestehen somit immer aus zwei Teilen, einem neuralen, d.h. epithelialen Anteil (Lamina epithelialis), und einem bindegewebigen Anteil, der die Gefäße beherbergt und als Tela choroidea bezeichnet wird.

Die Plexus bilden sich meist in Regionen aus, wo das Lumen des Neuralrohres erweitert ist (Abb. 11). Diese Hohlräume werden als *Ventrikel* bezeichnet. Die Endhirnbläschen umschließen die Seitenventrikel (Ventriculi laterales), das Zwischenhirn den III. Ventrikel (Ventriculus tertius) und das Rautenhirn den IV. Ventrikel (Ventriculus quartus). Durch die Größenzunahme des Endhirnbläschens, das bogenförmig (stierhornartig) nach hinten-unten auswächst, vergrößert sich auch der Seitenventrikel, so daß sich hier dann später ein Vorder-, Seiten- und Hinterhorn (Cornu frontale, occipitale und temporale) unterscheiden läßt. Der Mittelabschnitt (Pars centralis) steht durch das For. interventriculare (Monroi) mit dem unpaaren III. Ventrikel in Verbindung. Im Mittelhirnbereich engt sich das Lumen des Neuralrohres durch die Massenzunahme der Hirnbläschenwandung frühzeitig ein, so daß nur noch ein dünner Kanal übrigbleibt *(Aquaeductus mesencephali)* (Abb. 11c). Am hinteren Ende der Rautengrube treten, etwa im 3. Monat, Dehiszenzen auf, die sich zu einem rundlichen Loch zusammenschließen. Diese Apertur *(Apertura mediana Magendi)* wird später (Ende des 6. Monats) durch zwei weitere Löcher an den seitlichen Ecken der Rautengrube ergänzt *(Aperturae lat. Luschkae)*. Durch diese Foramina kann der im Inneren gebildete Liquor nach außen abfließen. Er wird dadurch zum *Liquor cerebrospinalis ext.*, der das Gehirn außen umspült. Das zentrale Nervensystem schwimmt also innerhalb des Kopfes im Liquor ähnlich wie der Embryo als Ganzes in der Amnionflüssigkeit.

1.3.1 Entwicklung von Rauten- und Mittelhirn

Die Elementargliederung des Neuralrohres in eine motorische (efferente) Grund- und eine sensorische (afferente) Flügelplatte, wie sie im embryonalen Rückenmark vorhanden ist, findet sich auch im Kopfbereich wieder (Abb. 12). Jedoch wird diese Grundgliederung durch das Hinzutreten übergeordneter Kerngruppen stark verändert. Im Rautenhirnbereich entwickelt sich dorsal die mächtige Kleinhirnanlage, deren auswachsende Fasersysteme über die drei **Kleinhirnstiele** ventral mit der Brücke (Pons) *(Pedunculus cerebellaris medius)*, vorne mit dem Mittelhirn *(Pedunculus cerebellaris sup.)* und hinten-unten mit dem verlängerten Mark (Medulla oblongata) *(Pedunculus cerebellaris inf.)* in Verbindung stehen. Hinter der Kleinhirnanlage wird das dünnbleibende Dach des Rautenhirns zum Velum medullare inf. und Plexus choroideus ventriculi quarti.

Aber auch ventral entwickeln sich neue Kerngebiete, wie z.B. die Brückenkerne (Nuclei pontis) und die Olive (Oliva inf.), die das ursprünglich um den Zentralkanal herum gelegene Material der Grund- und Flügelplatte an den Boden des IV. Ventrikels

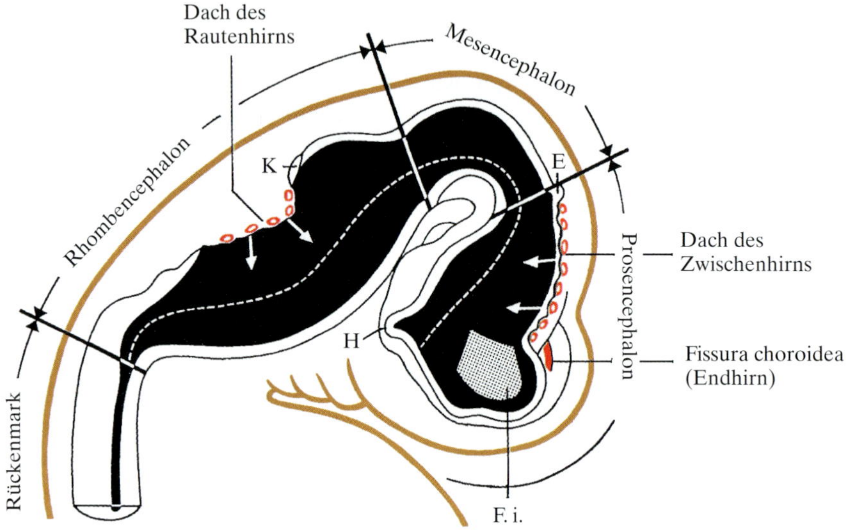

Abb. 11. a–c) Drei Stadien der Gehirnentwicklung in der Ansicht von medial. Das Neuralrohr ist median halbiert (vgl. mit Abb. 10). Zeichenerklärung s. Abb. 11c.
a) Ende der 4. Woche.

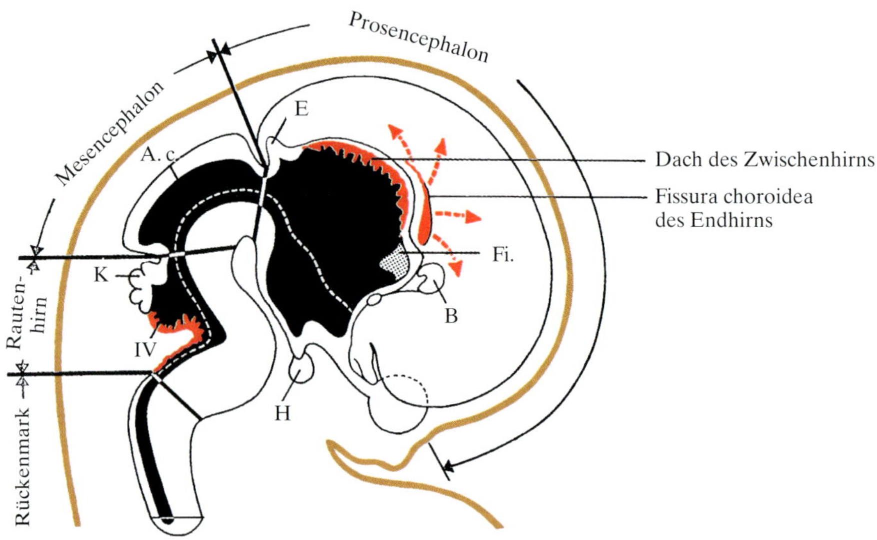

Abb. 11. b) 3 Monate alter Fet.

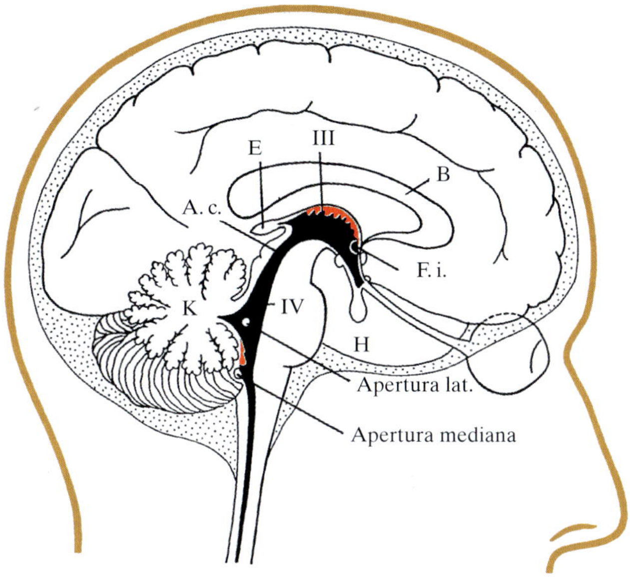

Abb. 11. c) Erwachsener.
Medianschnitt durch das zentrale Nervensystem in situ. Das mit Liquor cerebrospinalis int. gefüllte Hohlraumsystem des Neuralrohres (Ventrikelsystem) wurde schwarz hervorgehoben. Die Pfeile in Abb. 11a und b deuten die Wachstumsrichtung der Plexus choroidei an. Punktierte Fläche (in Abb. 11c) = Liquor cerebrospinalis ext., rote Flächen = Plexus choroidei. Weiße punktierte Linie (in Abb. 11a u. b) = Sulcus limitans zwischen Grundplatte (ventral) und Flügelplatte (dorsal); III = dritter Ventrikel; IV = vierter Ventrikel; A. c. = Aquaeductus mesencephali im Mittelhirn; B = Balkenanlage, E = Epiphyse; F. i. = For. interventriculare; H = Hypophyse; K = Kleinhirn bzw. Kleinhirnanlage.

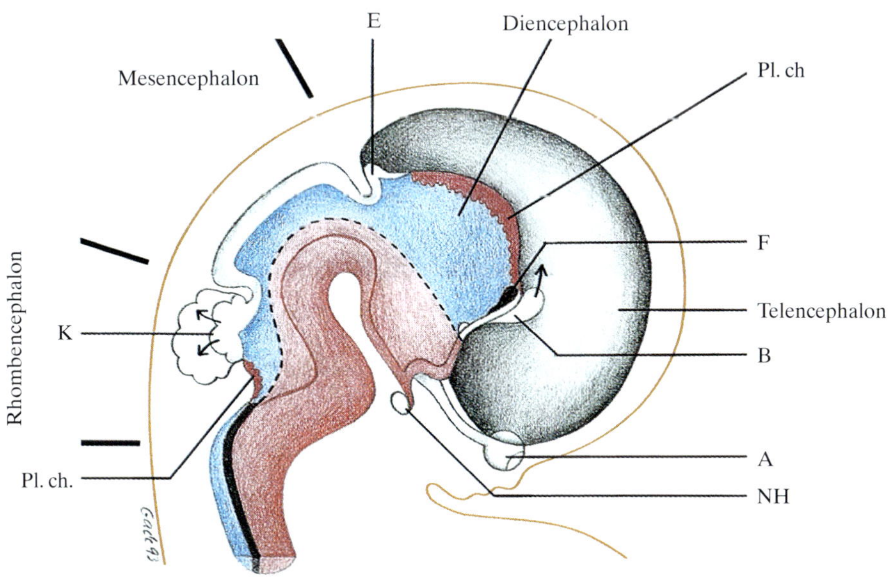

Abb. 12. Embryonales Gehirn (etwa 3. Monat). Sagittalschnitt zur Darstellung der (motorischen) Grundplattenzone (rot) und Flügelplattenzone (blau) im zentralnervösen Teil des Neuralrohres. Punktierte Linie = Sulcus limitans.
A = Augenanlage; B = Balkenanlage; E = Epiphyse; F = For. interventriculare; K = Kleinhirnanlage; NH = Neurohypophyse; Pl. ch. = Plexus choroideus.

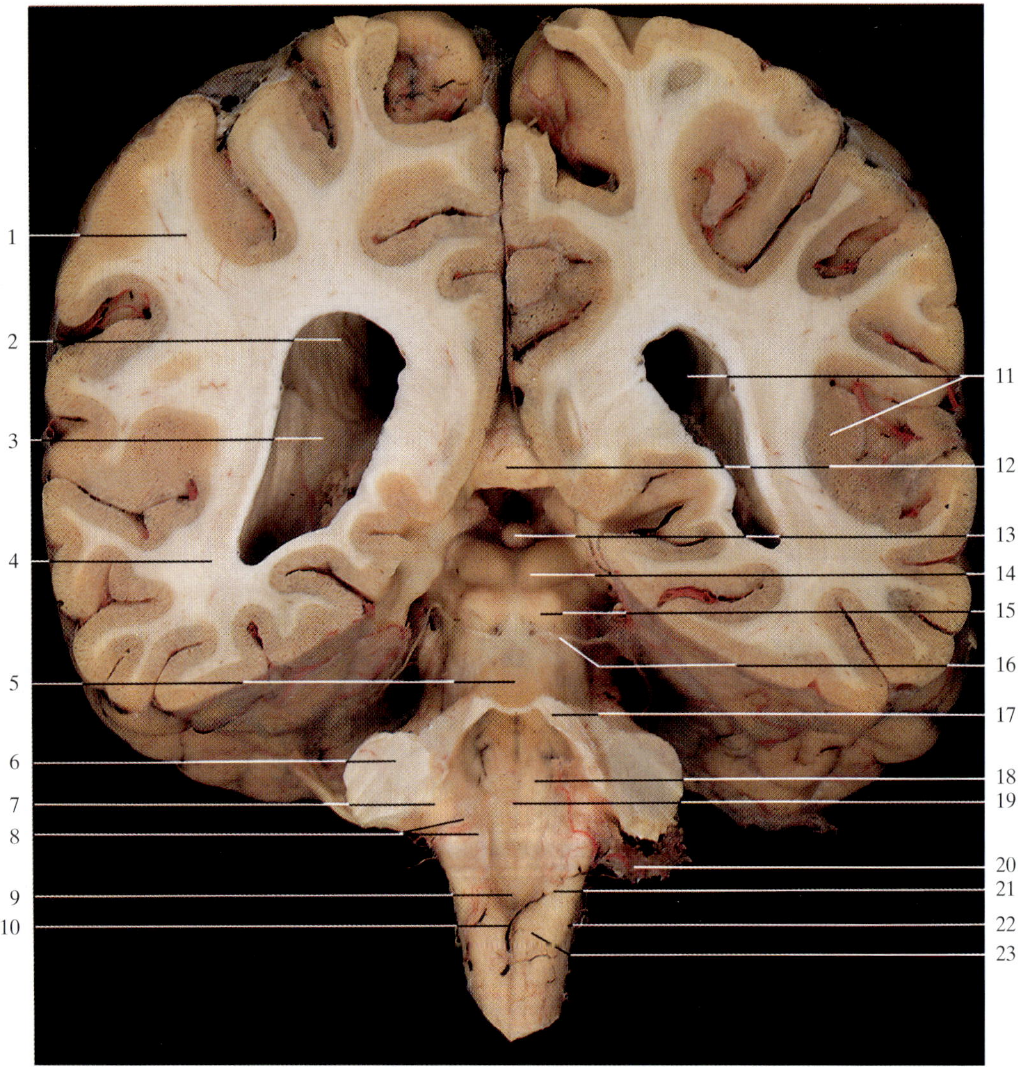

Abb. 13. Präparation der Rautengrube (Fossa rhomboidea) und des Hirnstamms. Die Kleinhirnstiele wurden durchtrennt und das Cerebellum entfernt. Der hintere Teil der Großhirnhemisphären wurde durch einen Frontalschnitt abgetrennt.

1 Lobus parietalis
2 Ventriculus lat. sin.
3 Thalamus
4 Lobus temporalis
5 Lingula cerebelli
6 *Pedunculus cerebellaris medius*
7 *Pedunculus cerebellaris inf.*
8 Striae medullares
9 Trigonum n. vagi
10 Obex
11 Lobus insularis u. Ventriculus lat. dext.
12 Splenium corporis callosi
13 Epiphyse (Corpus pineale)
14 Colliculus sup.
15 Colliculus inf.
16 N. trochlearis (N. IV)
17 *Pedunculus cerebellaris sup.*
18 Colliculus facialis
19 *Fossa rhomboidea* (Sulcus medianus)
20 Plexus choroideus
21 Taenia ventriculi quarti
22 Tuberculum cuneatum
23 Tuberculum gracile (Clava)

verdrängen. Trennt man das Kleinhirn von seinen Stielen ab, so erscheint der Ventrikelboden rautenförmig, weshalb man diese Region als Rautengrube *(Fossa rhomboidea)* (Abb. 13) bezeichnet. Hier liegen die Kerne der Hirnnerven, die aus dem Grund- und Flügelplattenmaterial des Rükkenmarks hervorgegangen sind und bis ins Mittelhirn hineinreichen.

Im **Mittelhirn** wird der ventrale, efferente Funktionen übernehmende Grundplattenabschnitt zur Haube *(Tegmentum),* die ein feinmaschiges Nervennetz ausbildet, in dem sich größere Kerne, wie der *Nucleus ruber* und die *Substantia nigra,* entwickeln.

Dem Canalis centralis des Rückenmarks entspricht der *Aquaeductus mesencephali,* der vom *zentralen Höhlengrau* (Substantia grisea centralis) umgeben ist (Abb. 14).

Dorsal entwickeln sich Kerne mit sensorischen (afferenten) Funktionen. Sie werfen die Vierhügelplatte *(Lamina tectalis)* auf, die sich in ein vorderes oder oberes Hügelpaar *(Colliculi sup.),* das zum optischen System gehört, und ein hinteres oder unteres Hügelpaar *(Colliculi inf.),* das zum auditiven System gehört, gliedert (Abb. 15).

Hirnnerven. Von den somatoefferenten Kerngruppen, die den Vorderhörnern des Rückenmarks entsprechen, bleiben im Mittelhirnbereich nur die Kerne des III. und IV. Hirnnerven übrig (Innervation der Augenmuskulatur). Der III. Hirnnerv *(N. oculomotorius)* tritt ventral, der IV. *(N. trochlearis)* jedoch merkwürdigerweise als einziger Hirnnerv dorsal aus dem Mittelhirn aus (Abb. 13 u. 14).

Im Rautenhirnbereich befinden sich die Kerne der Hirnnerven V–XII, die in gewisser Hinsicht den Spinalnerven des Rückenmarks vergleichbar sind; allerdings haben sich bei den Hirnnerven zwei neue Strukturprinzipien entwickelt: 1. Das Prinzip der *Individuation,* das besagt, das sich das Kernmaterial der Grundplatte in Einzelkerne aufgliedert, gewissermaßen »individualisiert«, so daß jetzt vordere und hintere Wurzel nicht wie beim Rückenmark einen gemeinsamen Nerven bilden, sondern getrennt bleiben; und 2. Das Prinzip der *Spezialisation,* das bedeutet, daß jeder Hirnnerv eine oder mehrere Spezialfunktionen übernimmt, zum Beispiel hat der XII. Hirnnerv (N. hypoglossus) nur noch somatomotorische Aufgaben (Innervation der Zungenmuskulatur). Seine ursprünglich vorhandene sensible Wurzel einschließlich des zugehörigen Ganglions bildet sich noch embryonal zurück. Der V. Hirnnerv (N. trigeminus) spezialisiert sich auf die Sensibilität, d.h., er leitet nahezu die gesamten Afferenzen aus dem Kopfbereich. Die Spezialisation erfolgt aber immer im Rahmen des Gesamtbauplanes, d.h., wenn ein Hirnnerv bevorzugt die Afferenzen leitet, rudimentiert die entsprechende Funktion bei einem anderen Hirnnerven. So kommt es, daß jeder Hirnnerv Besonderheiten aufweist und nicht mehr wie der Spinalnerv alle 4 Qualitäten (Somato- und Viszeroefferenzen bzw. -afferenzen) leitet. Die den vorderen Wurzeln des Rückenmarks vergleichbaren motorischen (somatoefferenten) Hirnnerven, nämlich der N. III und IV sowie der N. VI (N. abducens) und N. XII (N. hypoglossus), treten ventral aus dem Hirnstamm aus (sog. mediale Reihe der Hirnnerven). Die den hinteren Wurzeln des Rückenmarks vergleichbaren sensiblen (somatoafferenten) Nerven, vor allem der N. V (N. trigeminus) und der N. VIII (N. vestibulocochlearis), treten lateral aus (laterale Reihe) (Abb. 16 u. 17). Hinzu kommen die Nerven, die ursprünglich mit vegetativen Funktionen in Zusammenhang standen, aber später ihren Charakter geändert haben, die sog. *Schlundbogennerven* (»Kiemenbogennerven«). Sie sind mit den Systemen der Seitensäule des Rückenmarks vergleichbar (Viszeroafferenzen und -efferenzen), schließen sich daher entweder der lateralen oder medialen Hirnnervenreihe an. Der 1. Kiemenbogennerv ist der dritte Ast des N. V (N. V_3), der zweite der N. facialis (N. VII), der dritte der N. glossopharyngeus (N. IX) und der vierte der N. vagus (N. X) (s. Tabelle, S. 24).

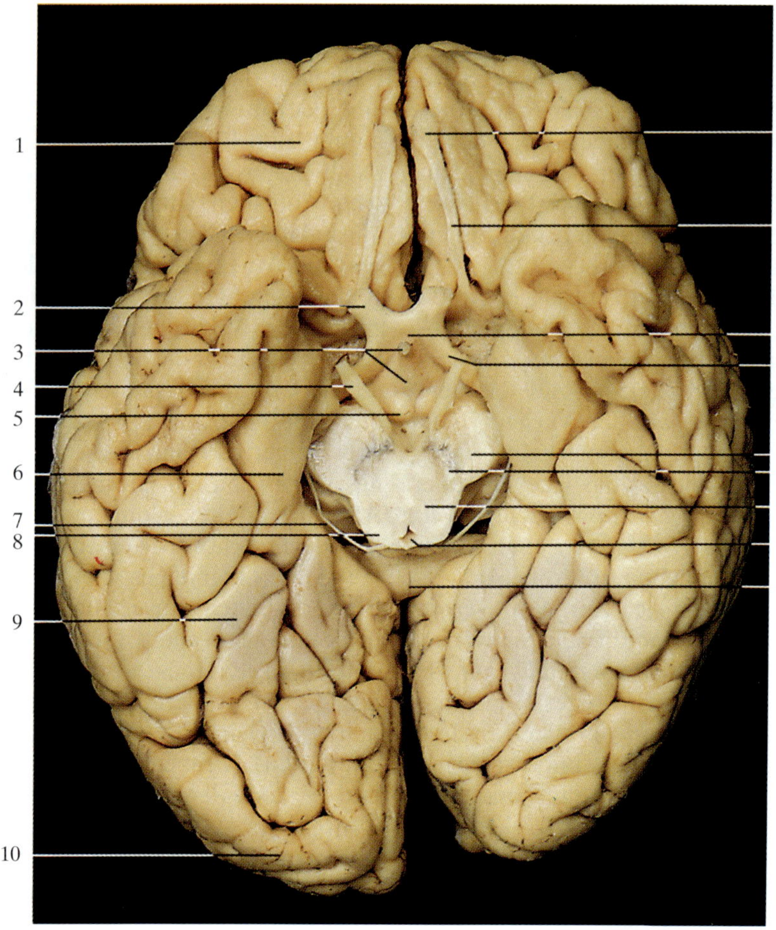

Abb. 14. Querschnitt durch das Mittelhirn im Zusammenhang mit dem Gehirn. Ansicht von unten.

1 Lobus frontalis
2 N. opticus
3 Infundibulum u. Hypophysenstiel
4 N. oculomotorius (N. III)
5 Corpus mamillare
6 Gyrus hippocampi
7 N. trochlearis (N. IV)
8 Lamina tectalis
9 Lobus temporalis
10 Lobus occipitalis
11 Bulbus olfactorius
12 Tractus olfactorius
13 Chiasma opticum
14 Tractus opticus
15 Pedunculus cerebri
16 Substantia nigra
17 Nucleus ruber
18 Aquaeductus mesencephali
19 Splenium corporis callosi

Sind die genannten Nerven in mancher Hinsicht noch mit den Spinalnerven vergleichbar, kann der *Sehnerv (N. opticus,* N. II) nicht mehr als ein eigentlicher »Hirnnerv« angesehen werden. Da der rezeptorische Teil des Auges ein vorgestülpter Teil des Zwischenhirns ist, bildet der Sehnerv eine Hirnbahn und keinen Nerven. Die zum Riechhirn gehörigen Riechnerven *(Fila olfactoria,* N. I) stellen ebenfalls keine »peripheren« Nerven, sondern Teile des Endhirns dar.

Neuralleiste des Kopfes. Ähnlich wie im Rumpfbereich entwickeln sich auch beim Neuralrohr des Kopfes die Ganglien der Hirnnerven aus der Neuralleiste *(Crista neuralis cerebralis)* (Abb. 3 u. 4). Das Trigeminusganglion, die Vagus- und Glossopharyngeusganglien, die hauptsächlich somato- oder viszeroafferent sind, sowie die parasympathischen (viszeroefferenten) *Ganglien* des N. III (Ggl. ciliare), des N. VII (Ggl. pterygopalatinum), des N. V (Ggl. oticum und submandibulare) stammen aus der Kopfganglienleiste.

Eine Besonderheit der Kopfneuralleiste ist ferner, daß ein Teil der Zellen schon frühzeitig aus dem geschlossenen Verband

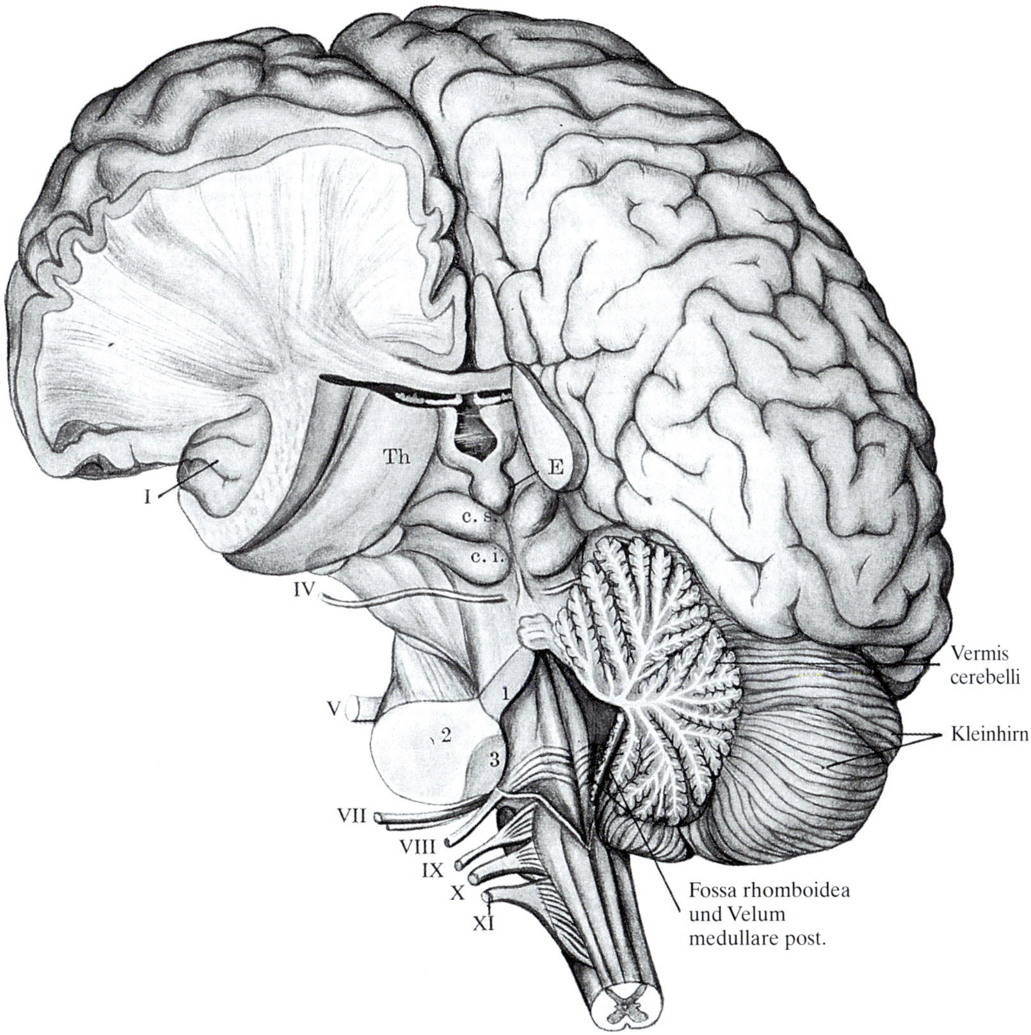

Abb. 15. Makroskopisch-anatomische Verhältnisse des Hirnstammes. Die linke Kleinhirnhälfte sowie Teile des linken Großhirns wurden entfernt (nach einem Präparat gezeichnet). Kleinhirnstiele: 1 = Pedunculus cerebellaris sup.; 2 = Pedunculus cerebellaris medius; 3 = Pedunculus cerebellaris inf.; c. s. = Colliculus sup. des Mittelhirns; c. i. = Colliculus inf.; E = Epiphyse; I = Insel; Th = Thalamus; römische Zahlen = Hirnnerven.

Hirnabschnitte	Zugehörige Nerven (vgl. Abb. 15)		Funktion
Rückenmark (Medulla spinalis)	30 Spinalnervenpaare und einige rudimentäre Schwanznerven	(C_1–C_8, Th_1–Th_{12}, L_1–L_5, S_1–S_5) (Co_1–Co_4)	Innervation von Rumpf und Extremitäten
Rautenhirn (Rhombencephalon	Rein sensorische Hirnnerven	N. V (N. trigeminus, Radix sensoria) N. VIII (N. vestibulocochlearis)	Sensibilität des Kopfes Gehör- und Gleichgewichtsapparat
	Gemischte Schlundbogennerven	1. N. V (N. trigeminus, Radix motoria) 2. N. VII (N. facialis) 3. N. IX (N. glossopharyngeus) 4. N. X (N. vagus)	Kaumuskulatur Mimische Muskulatur Geschmacksapparat Schlund, Brust- und Baucheingeweide
	Rein motorische Hirnnerven	N. XI (N. accessorius) N. XII (N. hypoglossus)	Nackenmuskulatur Zungenmuskulatur
Mittelhirn (Mesencephalon		N. VI (N. abducens) N. III (N. oculomotorius) N. IV (N. trochlearis)	} Augenmuskeln
Zwischenhirn (Diencephalon)	Sensorische Hirnteile	N. II (N.opticus)	Sehapparat
Endhirn (Telencephalon)		N. I (Fila olfactoria)	Riechapparat

ausschwärmt und sich im Kopfgebiet ausbreitet. Diese Zellen differenzieren sich dann zu einem netzförmigen, retikulären Zellverband um, wobei sie sich strukturell und funktionell wie Mesenchym verhalten. Aus diesem Gewebe entwickeln sich die Stützgewebe des Kopfes (Knochen, Knorpel, Bindegewebe, Muskulatur, Zähne usw.). Die Kopfbildung beruht daher ganz wesentlich auf der zeitgerechten und vollständigen Ausbildung dieses als **Mesektoderm** bezeichneten Gewebes. Das Mesektoderm bildet auch die Hirnhäute, und zwar sowohl die harte Hirnhaut (Pachymeninx oder Dura mater) als auch die weiche Hirnhaut (Leptomeninx, Pia mater und Arachnoidea). Lediglich die Blutgefäße und das diese begleitende Mesenchym

Derivate der Kopfganglienleiste

1. *Neuroblasten und Glioblasten*	für die Ganglien der Hirnnerven mit Ausnahme des Ganglion vestibulare und spirale (N. VIII) sowie zugehörige Gliazellen.
2. *Parasympathikoblasten*	für die parasympathischen Ganglien des Kopfes und die peripheren, vegetativen Ganglien der Brust- und Bauchorgane.
3. *Melanoblasten*	für die Pigmentzellen im Kopfbereich (z. B. Augenpigment mit Ausnahme des retinalen Pigmentepithels).
4. *Mesektoderm*	liefert Mesenchym für das gesamte Stützgewebe des Kopfes, für die Hirnhäute, die Knorpelzellen des Chondrokraniums, die Knochenzellen des Osteokraniums, die Odontoblasten des Zahndentins und die Kopfmuskulatur.

dringen vom Rumpf aus in Kopf und Gehirn ein.

Hirnnervenkerne. In der Phylogenese ist durch die mächtige Entwicklung neuer assoziativer Kerngebiete das Rückenmark im Bereich der Übergangsregion zum Rautenhirn, d.h. also im Bereich des verlängerten Markes *(Medulla oblongata)*, gewissermaßen »auseinandergeplatzt«. Bildlich gesprochen kann man sich in Höhe des Rautenhirns das Neuralrohr dorsal aufgeklappt denken, wobei man sich vorstellen muß, daß sich der Canalis centralis nach dorsal verlagert und zum IV. Ventrikel vergrößert (Pfeile in Abb. 16). Durch diesen Prozeß verlagern sich die Kernsäulen der Grund- und Flügelplatte an den Boden der Rautengrube, liegen aber jetzt nicht mehr wie im Rückenmark dorsoventral übereinander, sondern mediolateral nebeneinander. Die Grundplattenderivate mit somato- und viszeromotorischen Funktionen finden sich unmittelbar neben der Medianebene und bilden zwei medial nebeneinandergelegene Kernreihen. Die Flügelplattenderivate, die somato- und viszeroafferenten Funktionen dienen, schließen sich lateral in Form von zwei längsverlaufenden Kernreihen an. So sind insgesamt beiderseits vier Kernreihen entstanden, die sich durch das ganze Rautenhirn hindurchziehen (Abb. 16 u. 17). Die funktionelle Gliederung dieser Säulen entspricht aber immer noch weitgehend der des Rückenmarks. Die am weitesten medial gelegene Kernreihe ist eine Fortsetzung der Columna ant. des Rückenmarks und hat somatoefferente Funktionen, die lateral anschließende Reihe übernimmt viszeroefferente und die lateral daran anschließende Kernreihe viszeroafferente Funktionen. Diese beiden Säulen entsprechen der Seitensäule des Rückenmarks. Am weitesten lateral gliedert sich dann das Kernmaterial der Fügelplatte an, das mit dem ausgewanderten Neuralleistenmaterial Kontakt behält und somatoafferente Aufgaben erfüllt (vgl. Hinweise A – D in Abb. 17).

Die Kernsäulen des Rauten- und Mittelhirns bleiben aber nicht wie im Rückenmark als kontinuierlich zusammenhängende Zellsäulen (Columnae) bestehen, sondern differenzieren sich innerhalb einer medialen, somatomotorischen Funktionen dienenden Kernsäule (Hinweis A in Abb. 17 a u. b) im Mittelhirnbereich in die Kerne des N. oculomotorius (N. III) und N. trochlearis (N. IV) sowie im Rautenhirnbereich in die Kerne des N. abducens (N. VI) und des N. hypoglos-

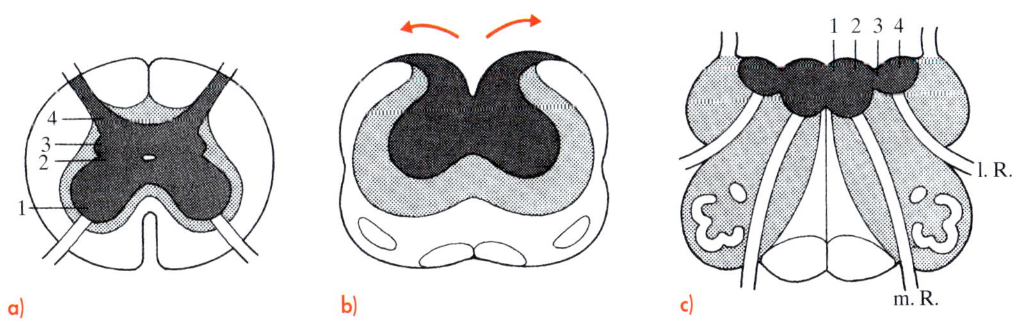

Abb. 16. Schemata zur Verdeutlichung des »Aufklappens« des Rückenmarks beim Übergang zum Rautenhirn (vgl. mit Abb. 17a–c).
a) Querschnitt durch das Rückenmark. b) Hypothetisches Zwischenstadium. c) Querschnitt durch das Rautenhirn in Höhe der Olive. Die im Querschnitt schmetterlingförmige graue Substanz des Rückenmarks wird zu einem breiten Band, das am Boden der Rautengrube durch die Erweiterung des Zentralkanals im Rautenhirn 4 nebeneinanderliegende Kernreihen (1–4) ausbildet. Die somatomotorischen Nerven treten in einer medialen Reihe (m. R.), die somatosensiblen, viszeromotorischen und viszerosensiblen Nerven in einer lateralen Reihe (l. R.) aus. Man beachte die Zunahme der die graue Substanz umgebenden, neuen Kerngebiete (schraffiert).

sus (N. XII) für die efferente Innervation der Augenmuskulatur (N. III, N. IV und N. VI) sowie für die der Binnen- und Skelettmuskulatur der Zunge (N. XII).

In der ganz lateral verlaufenden Kernsäule, die somatoafferente Funktionen besitzt und die Fortsetzung der Hintersäule des Rückenmarks darstellt (Hinweis D in

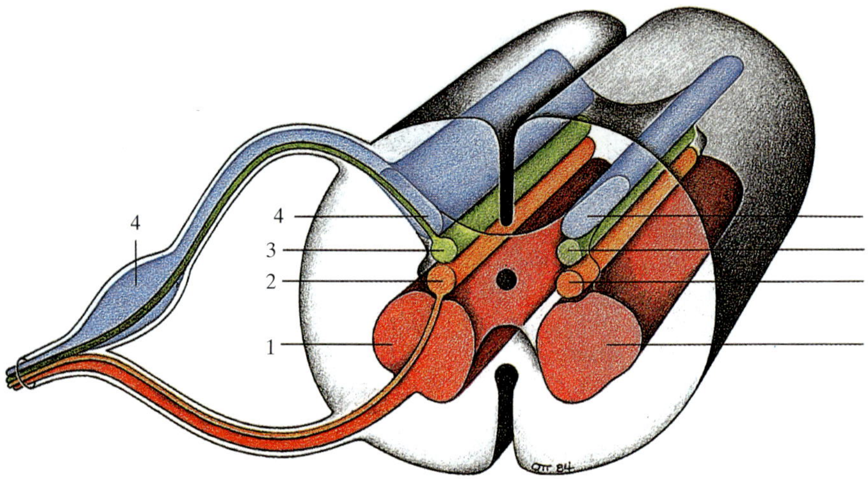

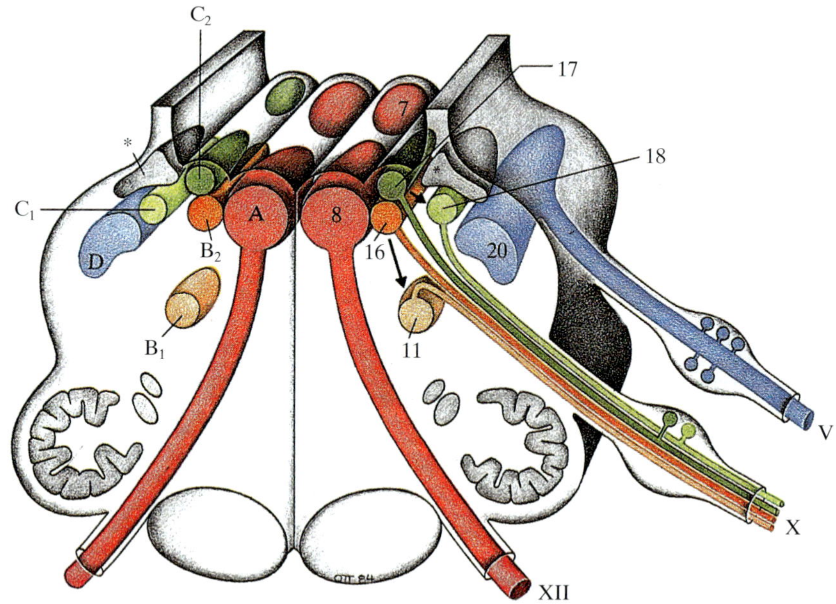

Abb. 17. a u. b) Differenzierung der Kernsäulen des Rückenmarks in die individualisierten Kerne des Rauten- und Mittelhirns, die noch in den gleichen, funktionell spezialisierten Reihen (A – D) wie im Rückenmark angeordnet sind. Die Pfeile in (b) deuten die Verlagerung der neu hinzugekommenen viszeralen Kerne nach ventral an. ✻ = Lage der Vestibularis- und Kochleariskerne (N. VIII). Zahlen s. Tab. S. 29.

a) Querschnitt durch das Rückenmmark.

b) Querschnitt durch das Rautenhirn in Höhe der Olive.

Abb. 17a), differenzieren sich die drei großen Kerne des N. trigeminus (N. V), die die gesamten Somatoafferenzen des Kopfes (Gesicht, Mundhöhle, Auge, Nasenhöhle, Hirnhäute usw.) leiten. Das zugehörige Trigeminusganglion kann daher als ein großes, weiter entwickeltes Spinalganglion angesehen werden.

Die zwischen diesen beiden Kernsäulen liegenden Kerne haben ursprünglich (z.B. bei niederen Wirbeltieren) ausschließlich vegetative Funktionen. Sie können daher als eine Fortsetzung der Seitensäule des Rükkenmarks angesehen werden (Hinweise B und C in Abb. 17 a). Die mit ihnen in Zusammenhang stehenden Hirnnerven innervieren den Kiemendarm und die daraus hervorgehenden Derivate. Im Laufe der phylogenetischen Entwicklung haben aber die Kiemenbogenderivate ganz neue Funktionen übernommen, die nicht mehr rein autonomer Natur sind, sondern somatischen Charakter bekommen haben, wie z.B. für Sprache, Mimik, bewußte Geschmackswahrnehmungen usw. Im Zusammenhang mit der Entwicklung dieser höheren und komplexeren Funktionen sind nicht nur neue Strukturen im Bereich des Bewegungsapparates und der Schleimhäute (z.B. quergestreifte Muskulatur statt glatte Muskulatur), sondern am Boden der Rautengrube auch neue Kerngruppen für die notwendigen korrelativen und assoziativen Schaltungen entstanden. Dies hat zu einer Spaltung sowohl der ehemals rein viszeroefferenten als auch der ehemals rein viszeroafferenten Kerne geführt, und zwar in dem Sinne, daß die phylogenetisch älteren Kerngruppen mit vornehmlich vegetativen Funktionen dorsal liegengeblieben sind (Hinweise B_2 und C_2 in Abb. 17b), während die phylogenetisch jüngeren Kerne, die die neuen und höheren Funktionen übernommen haben, sich nach ventral verlagert und dadurch eine neue Kernreihe ventral von der vorherigen gebildet haben (Hinweise B_1 und C_1 in Abb. 17b).

Die ehemals viszeroefferenten Kerne der Schlundbogennerven, die beim Menschen höheren, somatoefferenten Funktionen dienen, sind die Ursprungskerne (Nuclei originis) des N. trigeminus (N. V), des N. facialis (N. VII), des N. glossopharyngeus (N. IX) und N. vagus (N. X). Die beiden letzten bilden einen zusammenhängenden Kern, der als Nucl. ambiguus bezeichnet wird. Der Nucl. spinalis des N. accessorius (N. XI), der den M. trapezius und M. sternocleidomastoideus versorgt, gehört ebenfalls in diese Reihe. Der motorische Trigeminuskern innerviert die Muskeln des Kauapparates, des Mundbodens und des Mittelohres; Muskeln, die zwar ursprünglich zum Verdauungssystem gehörten, beim Menschen aber zusätzlich noch eine neue Funktion übernommen haben, nämlich die der Sprache. Vom motorischen Fazialiskern geht die Innervation der mimischen Muskulatur aus, die beim Menschen ebenfalls nicht mehr nur mit dem Verschluß der Öffnungen am Kopf, sondern vor allem mit der neuen, für die Kommunikation und zwischenmenschlichen Beziehungen so wichtigen Mimik (»Sprache des Gesichtes«) in Zusammenhang steht. Der *Nucleus ambiguus* enthält Kerngruppen, deren efferente Fasern sich dem N. vagus, N. glossopharyngeus und N. accessorius anschließen und die quergestreiften Muskeln des hinteren Schlundbereiches, des Kehlkopfes und des oberen Ösophagus innervieren. Auch hier handelt es sich wieder um eine neuerworbene Funktion, nämlich die der Sprache und Lautbildung, die differenziertere nervöse Schaltungen erforderlich gemacht hat als die ausschließlich reflektorischen Vorgänge beim Schlucken und Atmen. Neuere Beobachtungen haben gezeigt, daß auch der für die Herzinnervation bestimmte Kern diesem Areal zuzurechnen ist. Obwohl das Herz autonom innerviert ist, besitzt es doch quergestreifte Muskulatur. Die Differenzierung eines eigenen Kernes aus dem Material der ventral verlagerten, phylogenetisch jüngeren Kerngruppe könnte auf eine phylogenetische Tendenz zur Verselbständigung und »Individualisierung« der Herzfunktion hindeuten.

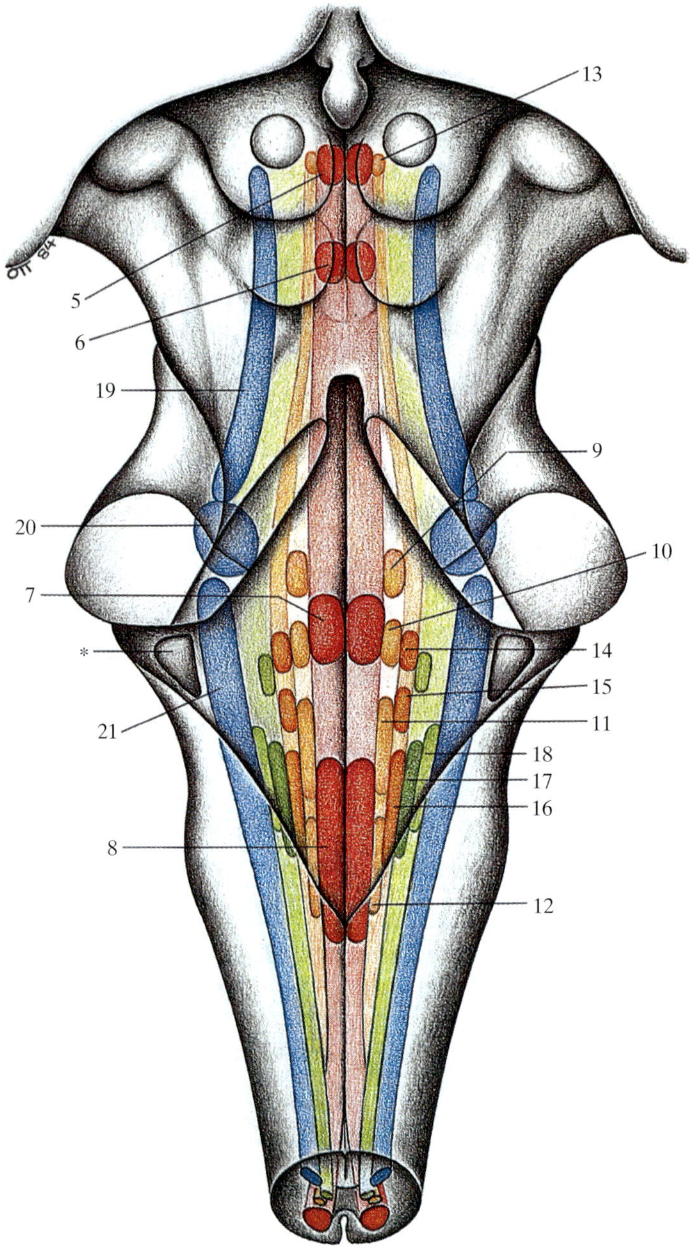

Abb. 17. c) Aufsicht auf den Hirnstamm und die Rautengrube von dorsal mit Hirnnervenkernen (schematische Darstellung). (Vgl. mit Tabelle auf Seite 29 sowie mit den Abb. 17a u. b auf S. 26).

	A	B_1	B_2	C_2	C_1	D
	Somatomotorische Kerne (rot)	Somatomotorische Kerne – aus viszeromotorischen entstanden (orange)	Viszeromotorische Kerne (dunkelorange)	Viszerosensible Kerne (grün)	Viszerosensible Kerne – aus viszerosensiblen entstanden (hellgrün)	Somatosensible Kerne (blau)
Rückenmark	1 Columna ant.	2 Columna lat. (Nucl. intermediomedialis)		3 Columna lat. (Nucl. intermediolateralis)		4 Columna post., Spinalganglien
Mittelhirn	5 Nucl. n. III	–	13 Nucl. accesorius n. III	–	–	–
	6 Nucl. n. IV	–	–	–	–	–
Rautenhirn	7 Nucl. n. VI	9 Nucl. motorius n. V				19 Nucleus mesencephalicus n. V
		10 Nucl. n. VII	14 Nucl. salivarius sup. (VII)		(Nucl. n. VII?)	20 Nucleus pontinus n. V
	8 Nucl. n. XII	11 Nucl. ambiguus für N. IX für N. X für N. XI 12 Nucl. spinalis n. XI	15 Nucl. salivarius inf. (IX) 16 Nucl. dorsalis (viszeromotorisch) n. X	17 Nucl. dorsalis (terminalis) n. X	18 Nucl. tractus solitarii, Tractus solitarius (n. IX u. X)	21 Nucleus spinalis n. V
Wichtigste Funktionen	Efferenzen für Augenmuskulatur (5–7) und Zungenmuskulatur (8)	Efferenzen für Kaumuskulatur (9) Mimische Muskulatur (10) Kehlkopf- und Pharynxmuskulatur (11) (Herz) M. trapezius, M. sternocleidomastoideus (12)	Parasympatische Innervation für Auge (13) Tränendrüse Speicheldrüsen (14) Gl. parotidea (15) Eingeweide (16)	Afferenzen aus Eingeweide, Kehlkopf, Pharynx (17)	Geschmacksorgane (18)	Sens. Innervation für Gesicht, Mund-, Nasenhöhle, Auge (19–21)

Die alten viszeroefferenten Kerngruppen, die dorsal am Boden der Rautengrube liegengeblieben sind, übernehmen vor allem die Aufgabe der sekretorischen (parasympathischen) Innervation der Kopfdrüsen (Speicheldrüsen, Tränendrüsen, Nasendrüsen usw.) sowie die autonome Innervation des Magen-Darm-Traktes und der Brustorgane. Es handelt sich hier vor allem um drei größere Kerne, nämlich den Nucleus salivarius inf. und Nucleus dorsalis n. vagi. Der dorsale Vaguskern ist bei weitem der größte der autonomen Kerngruppen, da von ihm die autonome (parasympathische) Innervation der Brust- und Bauchorgane ausgeht. Im Mittelhirn gehören zu dieser Reihe noch die akzessorischen Okulomotoriuskerne, die für die Innervation der inneren, unwillkürlichen Augenmuskulatur (M. ciliaris für die Akkomodation und M. sphincter pupillae für die Pupillomotorik) verantwortlich sind.

Auch die lateral anschließende dritte Kernreihe, die ursprünglich rein viszeroafferente Funktionen erfüllte (Hinweis C in Abb. 17a), hat sich im Laufe der Stammesgeschichte in zwei Gruppen geteilt. Dorsal sind die Endkerne des Vagus und Glossopharyngeus liegengeblieben, die die Afferenzen aus den Eingeweiden, d.h. aus den Brust- und Bauchorganen sowie aus Kehlkopf, Pharynx und Ösophagus aufnehmen. Nach ventral sind diejenigen Zellgruppen gewandert, die eine höhere Funktion, nämlich die der bewußten Verarbeitung der Geschmackssensationen im Anfangsteil des Kopfdarmes übernommen haben *(Nucleus* und *Tractus solitarius)*. Man faßt diese Kerngruppen daher auch unter dem Begriff des *Nucleus gustatorius* (Geschmackskern) zusammen (Abb. 17).

Ganz lateral, eigentlich bereits außerhalb der genannten Kernreihen, in dem Winkel zwischen Brücke, Kleinhirn und Rautengrube (Kleinhirnbrückenwinkel), schließen sich dann noch mehrere Kerngruppen an, die ausschließlich im Dienste höherer sensorischer Funktionen stehen, nämlich die Kerne des Gleichgewichtssystems (Vestibulariskerne) und des Gehörapparates (Kochleariskerne) (Sternchen in Abb. 17b u. c).

Entwicklung und Anatomie des Kleinhirns. Während Seh- und Riechorgan die Hauptsinnesorgane des Vorderhirns darstellen, ist dem Rautenhirn das Gleichgewichtsorgan,

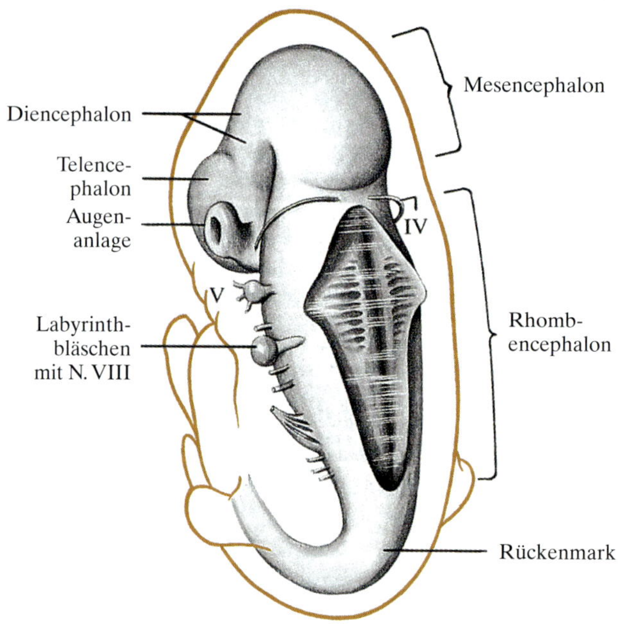

Abb. 18–21. Vier Stadien der Entwicklung von Rauten- und Kleinhirn. In der Ansicht von links-hinten (nach Totalpräparaten gezeichnet). Bei der zunehmenden Massenentfaltung der Kleinhirnanlage wird das dünnbleibende Dach der Rautengrube allmählich ganz vom Kleinhirn überwachsen und nach kaudal verlagert. Die vestibulären Anteile werden nach innen verdrängt. Römische Zahlen = Hirnnerven.

Abb. 18. Etwa 5 Wochen alter menschlicher Embryo. Rhombencephalon noch gestreckt und mit ausgedehnter, durchscheinender Deckplatte versehen.

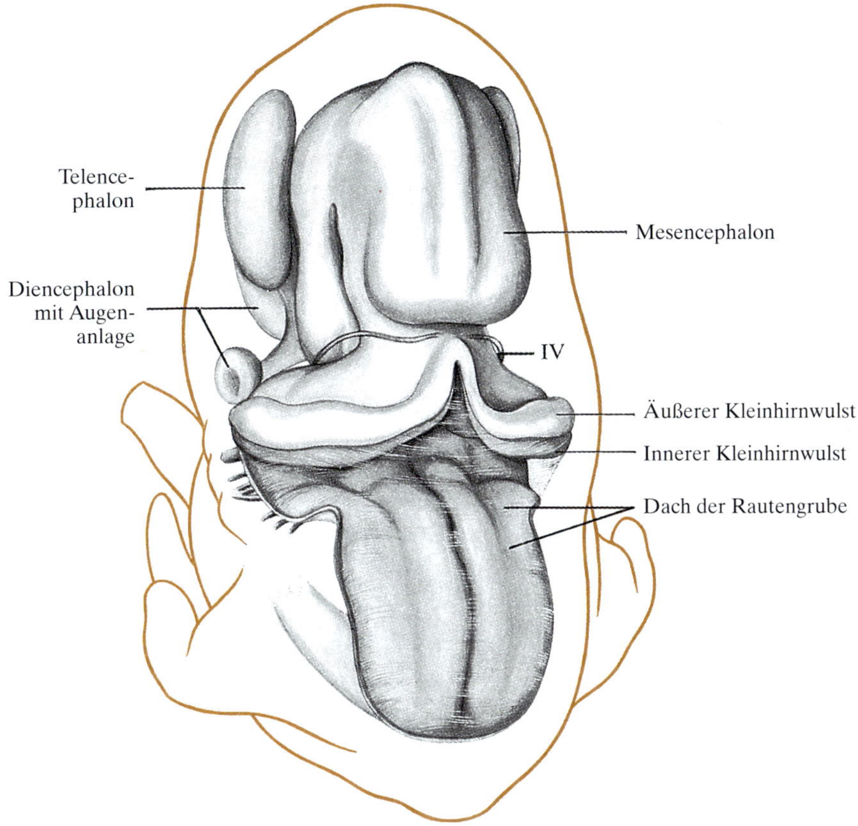

Abb. 19. Etwa 6 Wochen alter, menschlicher Embryo. Kleinhirnwülste stärker hervortretend, Rautengrube abgeknickt. IV = N. trochlearis.

das aus dem Labyrinthbläschen hervorgeht, angegliedert. Das Gehororgan, das ebenfalls aus dem Labyrinthbläschen entsteht, differenziert sich erst bei den höheren Wirbeltieren, das Gleichgewichtsorgan ist dagegen ein lebensnotwendiges Organ, das bei allen Wirbeltieren in gleicher Weise ausgebildet ist und frühzeitig die Entwicklung des Rautenhirns beeinflußt. Dieser Hirnabschnitt steht daher vor allem im Dienste statischer Regulationen. Die Orientierung im Raum und die Aufrechterhaltung des Gleichgewichtes bei Bewegungen im Schwerefeld der Erde sind grundlegende Aufgaben, die von diesem Hirngebiet in der Hauptsache vom Kleinhirn übernommen werden.

Embryonal bleibt das Dach des IV. Ventrikels zunächst dünn und differenziert sich zum Plexus choroideus (Abb. 11). Nur im vorderen Bereich verdickt sich die Deckplatte des Neuralrohres zu einer lippenartigen Leiste, der Kleinhirnanlage *(Rautenlippe)*. Die während des 2. Monats einsetzende Massenentfaltung dieser symmetrisch angelegten, also paarigen, aber median nicht scharf voneinander getrennten Kleinhirnplatte führt dann zur Bildung der Kleinhirnwülste und zur Ausbildung von Querfurchen (Abb. 18–20).

Die seitlichen Anteile entfalten sich rascher und werden zu den Kleinhirnhemisphären, während der unpaare mediane

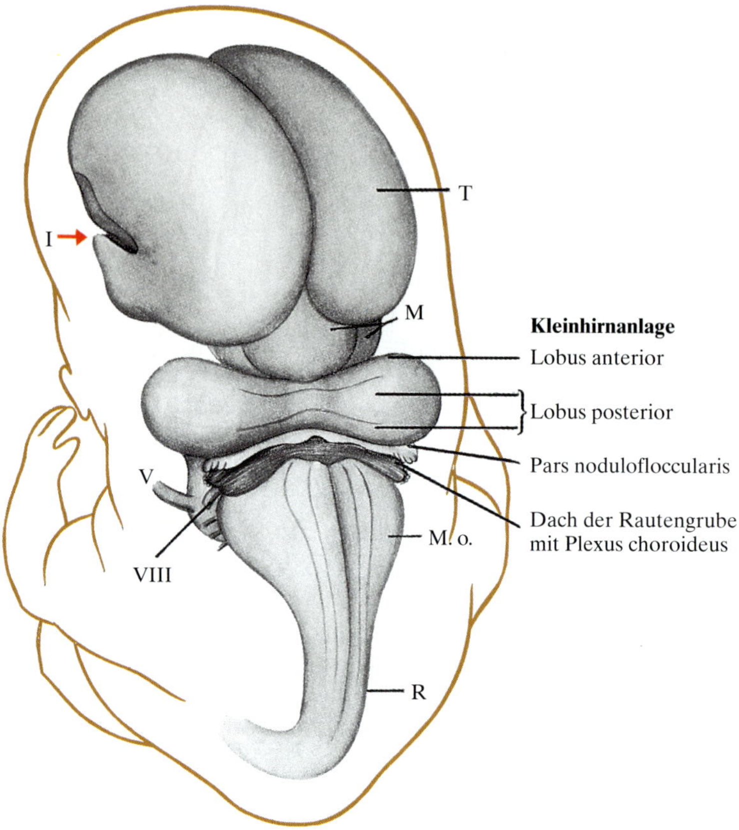

Abb. 20. Etwa 3 Monate alter, menschlicher Embryo. Kleinhirnanlage wird durch Primärfurchen in Lappen gegliedert. 1 = Inselfeld; M = Mittelhirnanlage, M. o. = Medulla oblongata; R = Rückenmark; T = Telenzephalonbläschen; V = N. trigeminus; VIII = N. vestibulocochlearis.

Abschnitt den späteren Wurm *(Vermis cerebelli)* bildet. Eine scharfe Trennung zwischen Wurm und Hemisphären wird aber auch später niemals erreicht.

In der seitlichen Ausbuchtung der Rautengrube mündet der VIII. Hirnnerv (N. vestibulocochlearis) und bildet so die Akustikuslippe. Der phylogenetisch älteste Abschnitt der Kleinhirnanlage, der sog. vestibuläre Teil, ist derjenige, der mit den Vestibularisnerven in Verbindung tritt *(Archaeocerebellum oder Vestibulocerebellum)*. Dieser gliedert sich am hinteren Ende der Kleinhirnanlage schon frühzeitig durch eine quere Furche, die Fissura posterolateralis, von der übrigen Anlage ab und bildet so den *Lobus flocculonodularis.* Mit zunehmender Entfaltung der phylogenetisch jüngeren Anteile der Kleinhirnanlage wird der im Wachstum zurückbleibende vestibuläre Teil sozusagen »überrollt« und dadurch nach unten und innen verlagert. Beim Erwachsenen liegen Flocculus und Nodulus daher ganz versteckt unter den Kleinhirnhemisphären (Abb. 18–20).

Die übrigen Teile der Kleinhirnanlage übernehmen hauptsächlich bewegungskorrelative Funktionen.

Die ältesten Teile sind diejenigen, die mit dem Rückenmark in Verbindung treten. Sie bilden das *Palaeocerebellum* oder *Spinocerebellum.* Die erst spät, im Zusammenhang

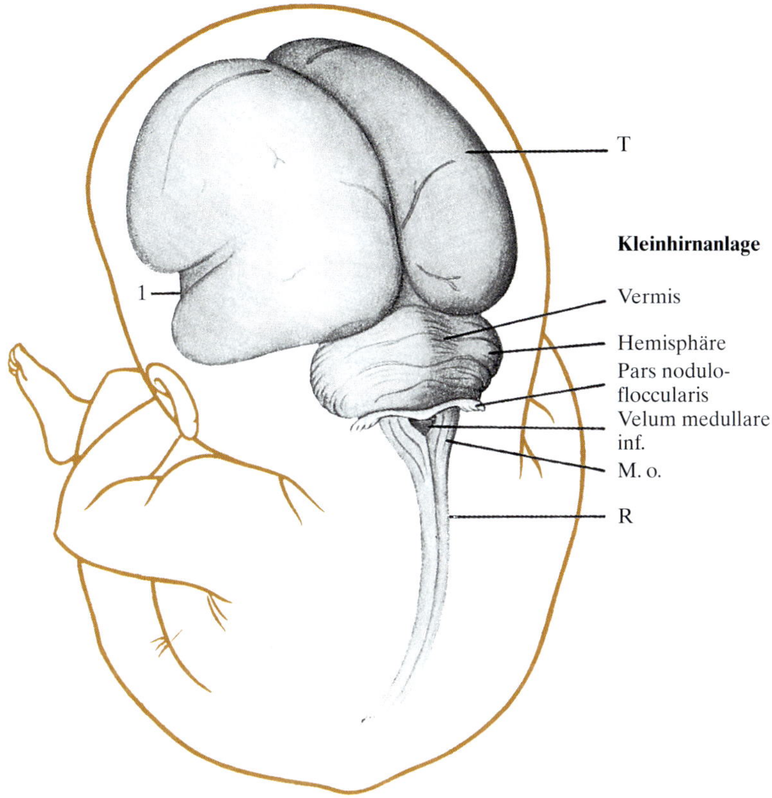

Abb. 21. Etwa 5 Monate alter menschlicher Embryo. Kleinhirn durch Sekundärfurchen stärker gegliedert. Das Velum medullare post. wird verkleinert und verschwindet kaudal unter dem Kleinhirn. 1 = Inselfeld, M. o. Medulla oblongata; R = Rückenmark; T = Großhirnbläschen.

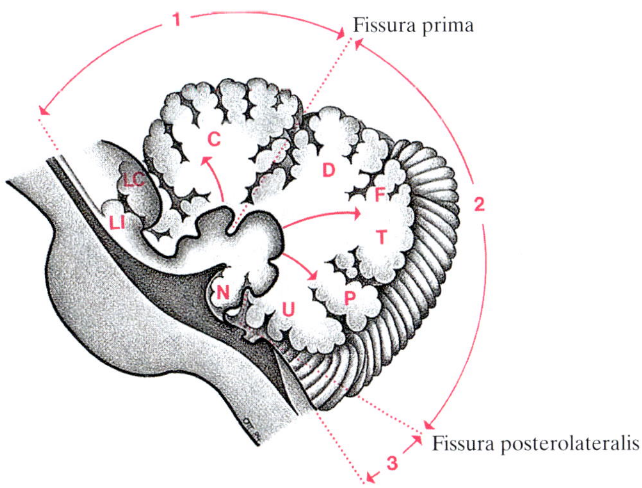

Abb. 22. Schematische Darstellung der Kleinhirnentwicklung vom embryonalen zum erwachsenen Zustand. Die Pfeile deuten die Wachstumsrichtung an. 1 = Lobus ant., 2 = Lobus post.; 3 = Lobus flocculonodularis. Abschnitte des Wurmes: LI = Lingula; LC = Lobus centralis; C = Culmen; D = Declive; F = Folium vermis, T = Tuber vermis; P = Pyramis; U = Uvula; N = Nodulus.

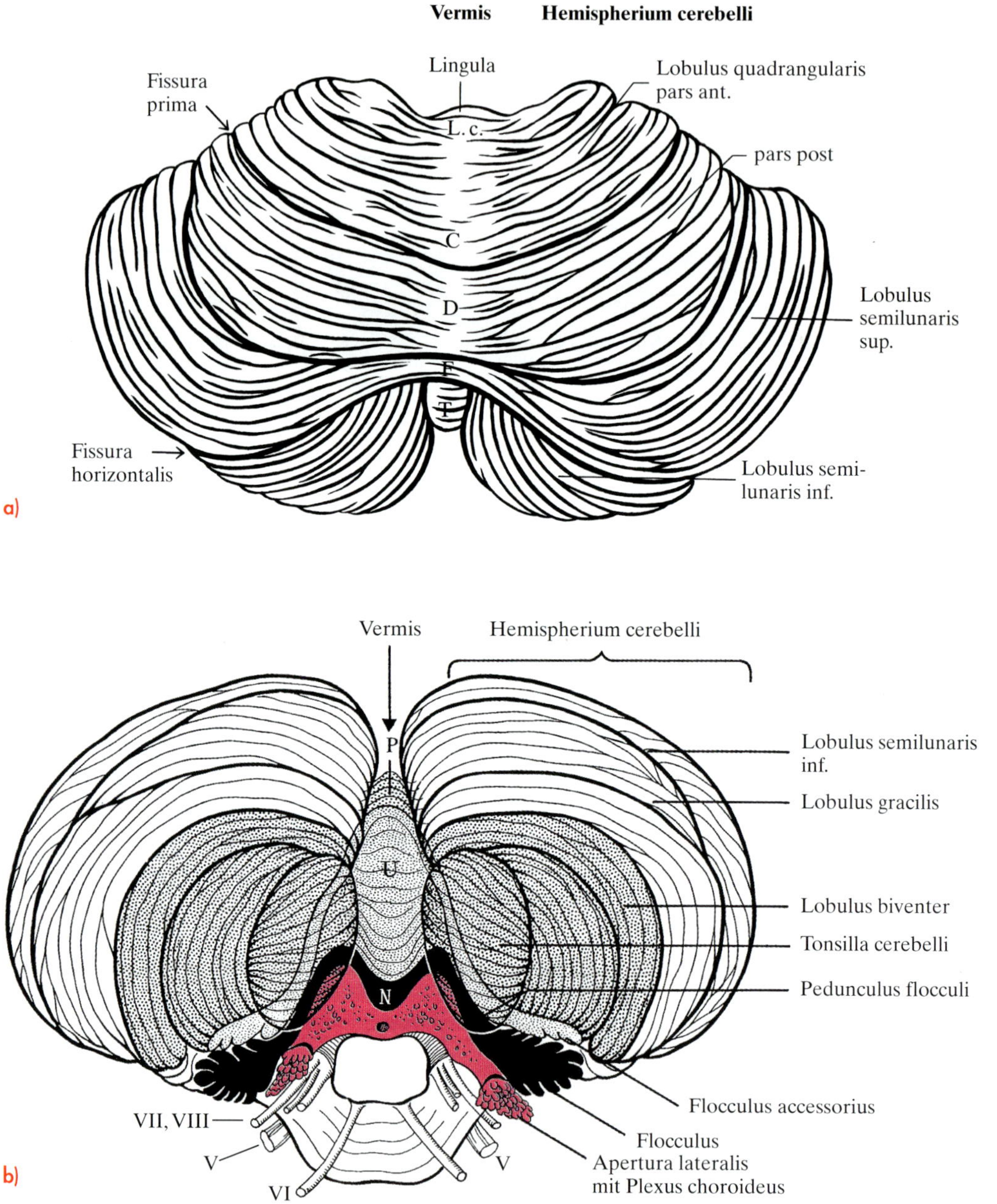

Abb. 23. Gliederung des Kleinhirns beim Erwachsenen.
a) Ansicht von hinten-oben.
b) Ansicht von hinten-unten. Rot = Velum medullare inf. mit Plexus choroideus; schwarz = Lobus flocculonodularis (Vestibulocerebellum); weiß = Neocerebellum; punktiert = Spinocerebellum. Gliederung des Vermis cerebelli: Lingula; L. c. = Lobulus centralis; C = Culmen; D = Declive; F = Folium; T = Tuber vermis; P = Pyramis vermis; U = Uvula vermis; N = Nodulus; römische Zahlen = Hirnnerven.

mit der Motorik des Endhirns auftretenden Systeme werden unter dem Begriff des *Neocerebellum (Pontocerebellum)* zusammengefaßt. Diese jungen Systeme gliedern sich aber nicht einfach additiv an die älteren an, sondern schieben sich von der Mitte aus in die Kleinhirnanlage vor, so daß beiderseits des Wurmes ausladende Hemisphären entstehen. Die Massenentfaltung führt zur Entwicklung von Querfurchen. Zuerst entsteht die *Fissura prima* (Abb. 21 u. 22), die das Kleinhirn in zwei Lappen unterteilt, nämlich in den einfacher gegliederten Lobus ant., der weitgehend zum Spinocerebellum gehört, und in den komplizierter gestalteten und später ausreifenden *Lobus post.,* der hauptsächlich zum Neocerebellum zählt. Durch die Vergrößerung, vor allem des *Lobus post.,* dehnt sich die Kleinhirnanlage zunehmend nach dorsal über die Rautengrube hinweg aus, wobei ein großer, charakteristischer Einschnitt, die *Fissura horizontalis,* entsteht (Abb. 23).

Die beschriebene Entwicklung erklärt einerseits, warum das Kleinhirn ausschließlich ein transversales Furchenrelief besitzt, andererseits aber auch, warum das Kleinhirn nur vorne, nämlich an den Kleinhirnstielen, befestigt ist, während die hintere Lamelle des Rautenhirndaches, das *Velum medullare inf.,* dünn bleibt und den Plexus choroideus des IV Ventrikels bildet (Abb. 23b).

Entwicklung der Kleinhirnrinde. Der Ausbau der Kleinhirnrinde während der Embryonalentwicklung erfolgt im wesentlichen durch Anschichten von Zellmaterial von innen her. Wie beim Rückenmark liegt die mitosenreiche Matrixzone zunächst an der Ependymseite, also im Dach des IV. Ventrikels. Von hier aus beginnen die Zellen während der frühen Embryonalzeit auszuschwärmen und in die Rinde zu wandern. Durch diesen Prozeß erschöpft sich allmählich die Matrixzone, während die Zahl der Zellen in der Rinde zunimmt. Aus der primären Rinde wird durch den ständigen Zuwachs an ausschwärmenden Zellen schließlich eine dreischichtige Rinde gebildet, von deren Neuroblasten Nervenfasern aussprossen, die nach innen vorwachsen und damit die Markfaserschicht bilden. Durch den *Ausschwärmvorgang* haben sich also die Lageverhältnisse von weißer und grauer Substanz umgekehrt. Beim Rückenmark bil-

Übersicht über die anatomische Gliederung des menschlichen Kleinhirns (Numerierung nach Larsell)

	Wurm (Vermis)	Hemisphären	
	Lingula (I u. II) Lobulus centralis (III) Culmen (IV u. V)	Vinculum lingulae (H II) Ala lobuli centralis (H III) Lobulus quadrangularis, pars ant. (H IV u. V)	Lobulus anterior
Fissura prima →			
	Declive (VI) Folium vermis (VII A)	Lobulus quadrangularis, pars post. (Lobulus simplex H VI) Lobulus semilunaris sup. } (H VII A)	Lobulus posterior
Fissura horizontalis →			
	Tuber vermis (VII B) Pyramis (VIII A, B) Uvula (IX)	Lobulus semilunaris inf. } (H VII A) Lobulus gracilis (H VII B) Lobulus biventer (H VIII A u. B) Tonsilla cerebelli (H IX)	
Fissura posterolateralis →			
	Nodulus (X)	Flocculus (HX)	Lobus flocculonodularis

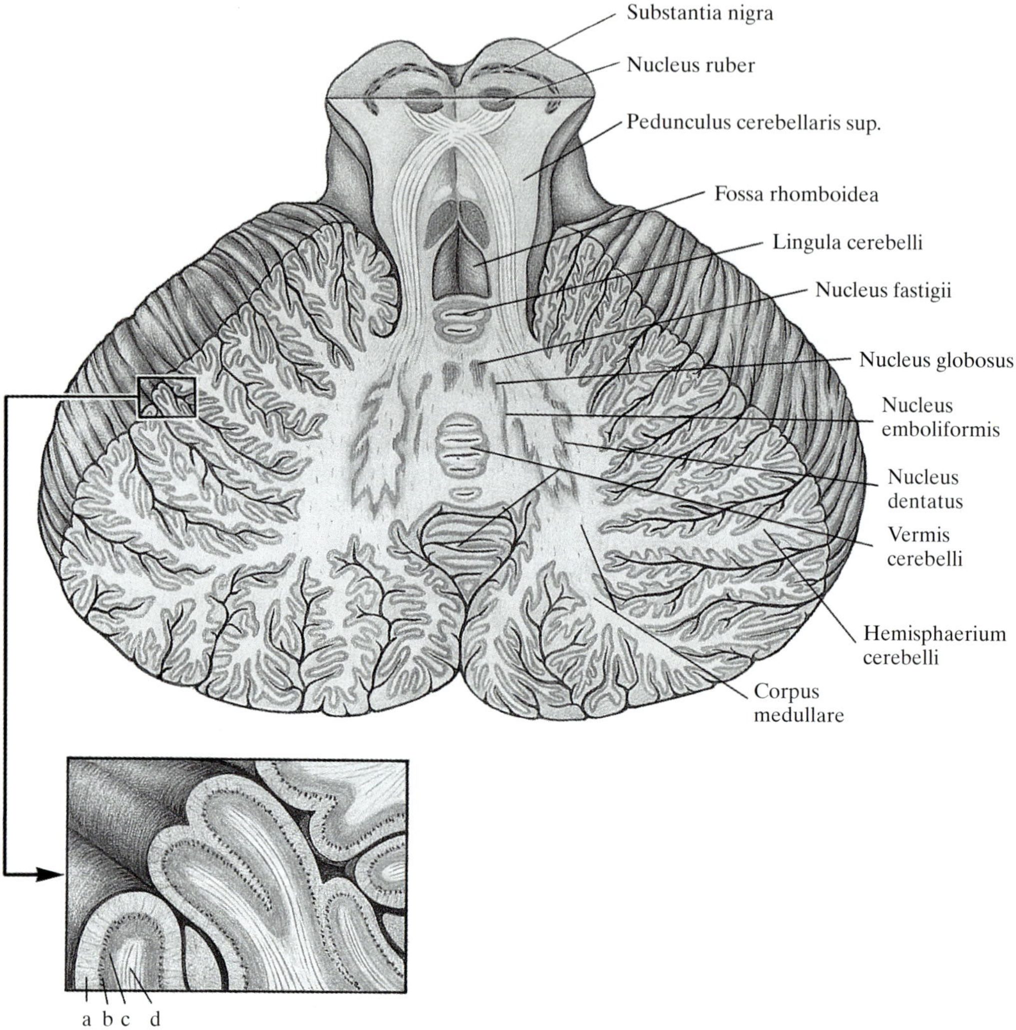

Abb. 24. Horizontalschnitt durch Kleinhirn und angrenzendes Mittelhirn in Höhe der oberen Kleinhirnstiele (modif. nach Wolf-Heidegger). Ausschnitt: Schichtengliederung der Kleinhirnrinde, lupenmikroskopische Dimension. a = Stratum moleculare; b = Stratum ganglionare; c = Stratum granulosum; d = Corpus medullare.

det die graue Substanz den zentralen Bereich, der von der weißen Substanz umhüllt wird. Beim Kleinhirn liegt die graue Substanz schließlich als Rindenzone ganz oberflächlich und umhüllt das innen anschließende Marklager (Corpus medullare).

Es wandern jedoch nicht alle Zellgruppen bis in die Rinde aus. Einzelne bleiben basal in der Nähe der Matrixzone liegen und bilden im Inneren des Marklagers die **Dachkerne des Kleinhirns.** Von ihnen gehören die *Nuclei fastigii* hauptsächlich zum Vestibulocerebellum, die *Nuclei globosi* und *emboliformes* zum Spinocerebellum und der große sackförmige *Nucleus dentatus* zum Neocerebellum (Abb. 24).

Da die *Rindenbildung* durch Ausschwärmen von Zellen, d.h. von innen nach außen erfolgt, wird die zur Verfügung stehende

	Phylogenetischer Bezug	Hauptsächliche anatomische Abschnitte	Funktionen
Vestibulocerebellum	Archaeocerebellum	Lobus flocculonodularis	Gleichgewichtsregulation
Spinocerebellum	Palaeocerebellum	Lobus ant.	Verbindung mit Rückenmark
Pontocerebellum	Neocerebellum	Lobus post.	Verbindung mit Pons und Großhirnrinde

Oberfläche bald zu klein, so daß sich ähnlich wie am Großhirn *Gyri* und *Sulci* ausbilden. Durch sekundäre und tertiäre Auffaltungen entwickelt sich ein kompliziertes Rindenrelief mit blattartigen Erhebungen *(Folia)* und Lappen *(Lobi, Lobuli)*, was als *Arbor vitae* bezeichnet wird (Abb. 24). Das Rindenrelief ist erstaunlich konstant und besitzt eine sehr große Oberfläche (75% der Großhirnoberfläche) (vgl. a. S. 117 ff.).

1.3.2 Entwicklung und Gliederung des Vorderhirns

Wie im Bereich des Rautenhirns mit dem Kleinhirn ein Koordinationszentrum für die (unbewußte) Steuerung der Körpermotorik entsteht, so entwickelt sich am vorderen Ende des Neuralrohres, im Bereich des Prosenzephalons, ein neues, übergeordnetes Integrationszentrum für die bewußte Motorik (Willkürmotorik) sowie zahlreiche andere, bewußt erlebte nervöse Funktionen. Das Großhirn entsteht aus den paarigen Endhirnbläschen *(Telencephalon)* des Vorderhirns, dessen unpaarer Mittelteil als Zwischenhirn oder *Diencephalon* bezeichnet wird (Abb. 25). Das vordere, blinde Ende des Neuralrohres bleibt zeitlebens erhalten und wird zur *Lamina terminalis*. Die Endhirnbläschen erfahren frühzeitig eine mächtige Entfaltung. Ihre schnell fortschreitende Vergrößerung führt dazu, daß alle anderen Abschnitte des Neuralrohres bald von den Großhirnanlagen zugedeckt werden. Man hat daher die Großhirnrinde insgesamt auch als »Mantel« (Pallium) bezeichnet, da sie die übrigen Hirnteile wie ein Mantel überdeckt (Abb. 25).

Entwicklung der Großhirnrinde. Das Wachstum des Hirnmantels ist vor allem durch drei elementare Prozesse charakterisiert. Der erste hängt mit der Massenzunahme der nervösen Substanz in den Endhirnbläschen zusammen. Diese führt zu einer immer größer werdenden »Raumnot«. Es kommt ähnlich wie beim Kleinhirn zur Lappenbildung sowie zur Faltung der Oberfläche in Gyri (Windungen) und Sulci (Furchen). Stufenweise entsteht dadurch das für das Großhirn charakteristische Relief der Rinde (Cortex). Ursprünglich besitzt die glatte, undifferenzierte Wandung des Endhirnbläschens nur eine ventrikelnahe Zellschicht (Ventrikelzone) und eine oberflächliche Faserzone (Marginalzone). Durch intensive Proliferationsvorgänge verbreitert sich die Ventrikelzone, so daß man dann eine ventrikuläre und subventrikuläre Zone unterscheiden kann. Mitosen findet man hauptsächlich in der subventrikulären Zone. Die neugebildeten Neuroblasten wandern dann entlang von radial orientierten Gliafasern, die als Leitschienen dienen, oberflächenwärts aus und bilden unter der Marginalzone die *primäre Rinde*, die sich von der 15. Embryonalwoche an zunehmend verbreitert. Zwischen der Rindenzone und der zellreichen, ventrikelnahen Matrix befindet sich die zellarme Intermediärzone, in der die Zellwanderung vonstatten geht. Die auswandernden Neuroblasten sind noch nicht determiniert. Erst wenn sie ihre definitive Lage in der Rindenzone erreicht haben,

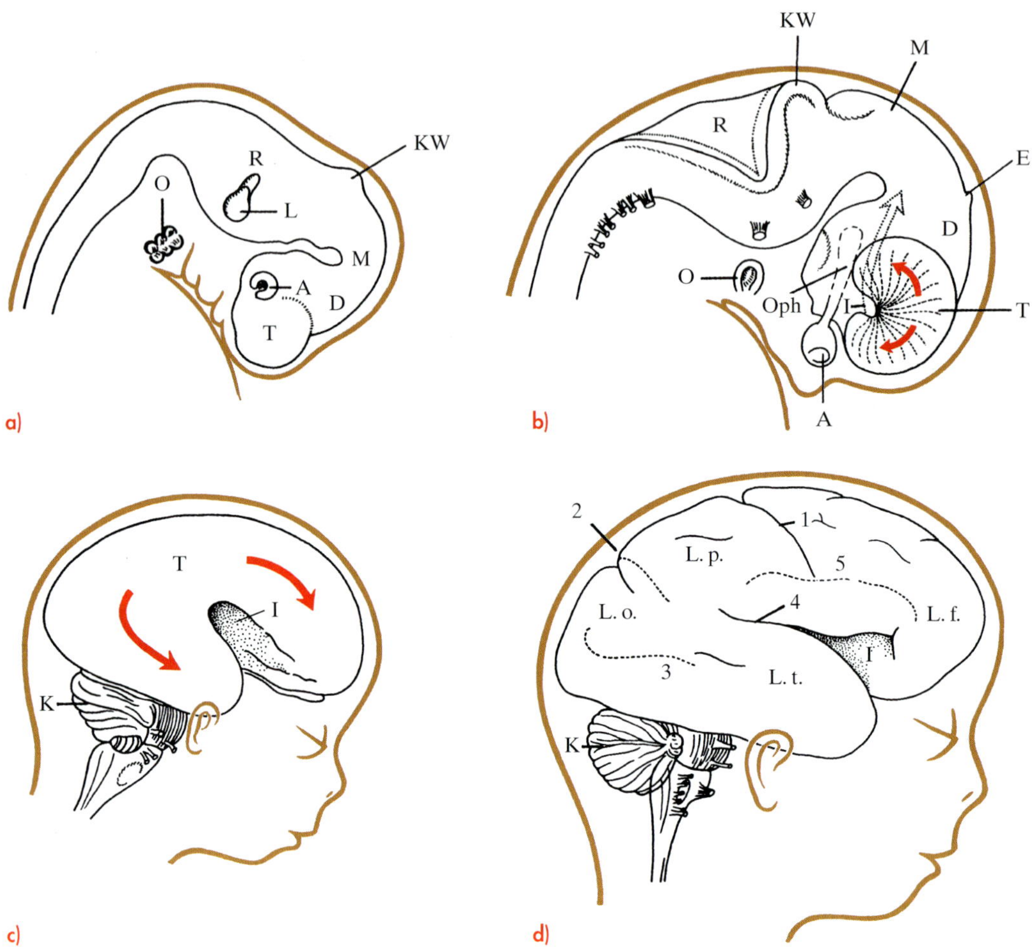

Abb. 25. a–d). Vier Stadien der Gehirnentwicklung beim Menschen in der Ansicht von lateral (vgl. Abb. 10 u. 18–21). Alter der Feten: a) 35 Tage, b) 44 Tage, c) 5 Monate, d) 6 Monate. Die roten Pfeile deuten die Wachstumsrichtung der Endhirnbläschen um das Inselfeld (I) herum an, die punktierten Linien (b) zeigen den Weg, den die Projektionsfasern an der Insel vorbei durch die innere Kapsel hindurch nehmen. A = Augenanlage; E = Epiphysenanlage; I = Inselfeld; K = Kleinhirn; L = Labyrinthbläschen; O = Anlage des äußeren Ohres.

Primärfurchen:
1 = Sulcus centralis
2 = Sulcus parieto-occipitalis
3 = Fissura calcarina
4 = Fissura lateralis (Sylvii)
5 = Sulcus cinguli

Lappengliederung des Endhirns:
L. f. = Lobus frontalis (bis Sulcus centralis)
L. o. = Lobus occipitalis (kaudal vom Sulcus parieto-occipitalis)
L. p. = Lobus parietalis (zwischen Sulcus centralis und parieto-occipitalis)
L. t. = Lobus temporalis (kaudal von der Fissura lateralis)

Hirnbläschen:
D = Diencephalon (Zwischenhirn)
K = Kleinhirn
KW = Kleinhirnwulst
M = Mittelhirn
Oph = Ophthalmencephalon (Teil des Zwischenhirns)
R = Rautenhirn
T = Endhirnbläschen (Telencephalon), Anlage des Großhirns

beginnt die Differenzierung und die Ausbildung der zwischenzelligen Kontakte (Synapsen), die anfangs sehr zahlreich und ungeordnet sind. Bei der endgültigen Differenzierung der Hirnrinde spielen nicht nur Absterbevorgänge (lokalisierter Zelltod), sondern auch Rückbildung von Zellkontakten durch Retraktion von Zellfortsätzen eine Rolle. Nach der Geburt finden keine Zellteilungen in der ventrikelnahen Matrix mehr statt, die Zellemigration hat aufgehört. Die morphologische Organisation der Hirnrinde ist jedoch noch nicht abgeschlossen. Die Entwicklung spezifischer Zellkontakte und die Ausdifferenzierung der Nervenfasern und Fasersysteme geht noch viele Jahre nach der Geburt weiter und ist die Grundlage für die erstaunliche Plastizität und Anpassungsfähigkeit des menschlichen Gehirns.

Die von der Rinde auswachsenden Nervenfasern können entweder in der gleichen Hirnhälfte lokalisiert bleiben **(Assoziationsfasern)** oder auf die gegenüberliegende Hemisphäre überwechseln **(Kommissurenfasern).** Verlassen sie dagegen das Rindengebiet, um mit den Kernen der anderen Hirnbläschen oder des Rückenmarks in Verbindung zu treten, nennt man sie **Projektionsfasern.**

Assoziationsbahnen
verbinden verschiedene Zentren der gleichen Hemisphäre
Kommissurenbahnen
verbinden gleiche Zentren verschiedener Hemisphären
Projektionsbahnen
verbinden zentrale Zentren entweder aufsteigend (afferent) oder absteigend (efferent) mit vor- oder nachgeschalteten Zentren bzw. mit der Peripherie

Da die beiden Endhirnbläschen medial am Zwischenhirn festhängen, ist ihre Vergrößerung nur nach vorne und hinten-unten möglich. Auf diese Weise wachsen die vorderen und hinteren Pole der Endhirnbläschen zum späteren Stirn- bzw. Schläfenlappen aus. Die Entfaltung nach hinten erfährt in der Hinterhauptsregion eine Begrenzung und kehrt sich dann nach vorne-unten um (s. Pfeile in Abb. 25c). Gleichzeitig sinkt die mittlere Region, wo die Endhirnbläschen am Zwischenhirn festhängen, in die Tiefe. Man nennt diesen Rindenabschnitt daher die Insel (Insula oder Lobus insularis).

Aus der geschilderten bogenförmigen Wachstumsbewegung ergibt sich die Gliederung der Endhirnbläschen in 4 Lappen: Stirn-, Hinterhaupts- und Schläfenlappen *(Lobus frontalis, Lobus occipitalis* und *Lobus temporalis),* die oberhalb der Insel mit dem Scheitellappen *(Lobus parietalis)* verbunden sind. Die Insel liegt anfangs offen zutage (»offene Insel«), sinkt aber allmählich in die Tiefe, indem sie von den benachbarten Hirnlappen überwuchert wird (Operkularisation). Stirn-, Schläfen- und Scheitellappen bilden jeweils einen sich langsam vorwölbenden »Deckel« (Operculum parietale, frontale und temporale), so daß die Insel am ausgereiften Gehirn nur noch gesehen werden kann, wenn man diese »Deckel« zurückklappt. Die durch die Zellemigration ausgelöste Massenentfaltung der Hirnrinde führt zur Entwicklung von Erhebungen, den späteren *Gyri* (Hirnwindungen). Zwischen diesen bleibt die Wand der Hirnbläschen im Wachstum zurück. Es entstehen Furchen *(Sulci).* Das Furchenrelief ergibt sich also in gleicher Weise wie beim Kleinhirn erst sekundär durch die Massenzunahme der den Sulci benachbarten Rindenbezirke. In der ersten Hälfte der Schwangerschaft ist das Endhirn glattwandig *(lissenzephal),* dann wird es mehr und mehr gefurcht *(gyrenzephal).* Zuerst erscheinen die meist quer zur Hauptwachstumsrichtung verlaufenden Furchen an den Grenzen der Lappen *(Primärfurchen)* (Abb. 25):

1. **Sulcus centralis:** zwischen Stirn- und Scheitellappen; hier entwickeln sich später die primären motorischen und sensorischen Rindenfelder.

2. **Sulcus parieto-occipitalis:** zwischen Scheitel- und Hinterhauptslappen.
3. **Sulcus calcarinus:** an der Innenseite des Hinterhauptslappens – liegt im späteren primären optischen Projektionfeld der Rinde.
4. **Sulcus cinguli:** an der Innenseite der Endhirnbläschen, bogenförmig über dem Balken verlaufend – Abgrenzung der limbischen Hirngebiete vom Neuhirn.
5. **Sulcus lateralis cerebri:** über der Inselregion gelegen – hauptsächlich zwischen Stirn- und Schläfenlappen; in der Umgebung entwickeln sich die Sprach- und Hörfelder.

Später kommen *Sekundärfurchen,* die innerhalb der einzelnen Lappen auftreten und relativ konstant sind, hinzu. Sie sind im Gegensatz zu den Primärfurchen hauptsächlich in der Längsrichtung des Endhirns, also parallel zur Wachstumsrichtung, orientiert. Die zahlreichen *Tertiärfurchen,* die inkonstant und variabel sind, zweigen wiederum von den Sekundärfurchen ab und erzeugen insgesamt schließlich die Komplexität des Rindenreliefs.

Anatomie der Großhirnrinde. Vom Stirnpol bis zum Sulcus centralis reicht der **Lobus frontalis,** der durch die beiden horizontal verlaufenden Sulci frontales (sup. et inf.) wieder in einen Gyrus frontalis sup., med. und inf. unterteilt wird. Im Gyrus frontalis inf. werden durch den schräg aufsteigenden R. ascendens und R. ant. des Sulcus lat. eine Pars orbitalis, triangularis und opercularis abgegliedert (Abb. 26). Basal lagert sich der Frontallappen auf das knöcherne Dach der

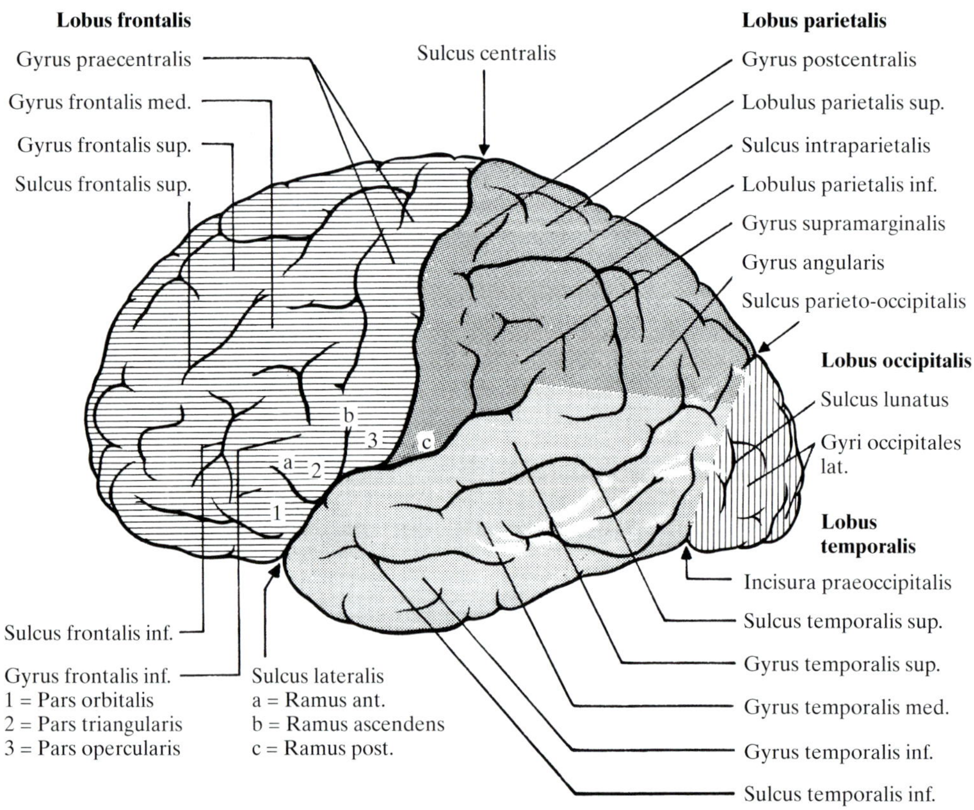

Abb. 26. Lappengliederung und Furchenrelief des Großhirns, Seitenansicht (modif. nach Wolf-Heidegger).

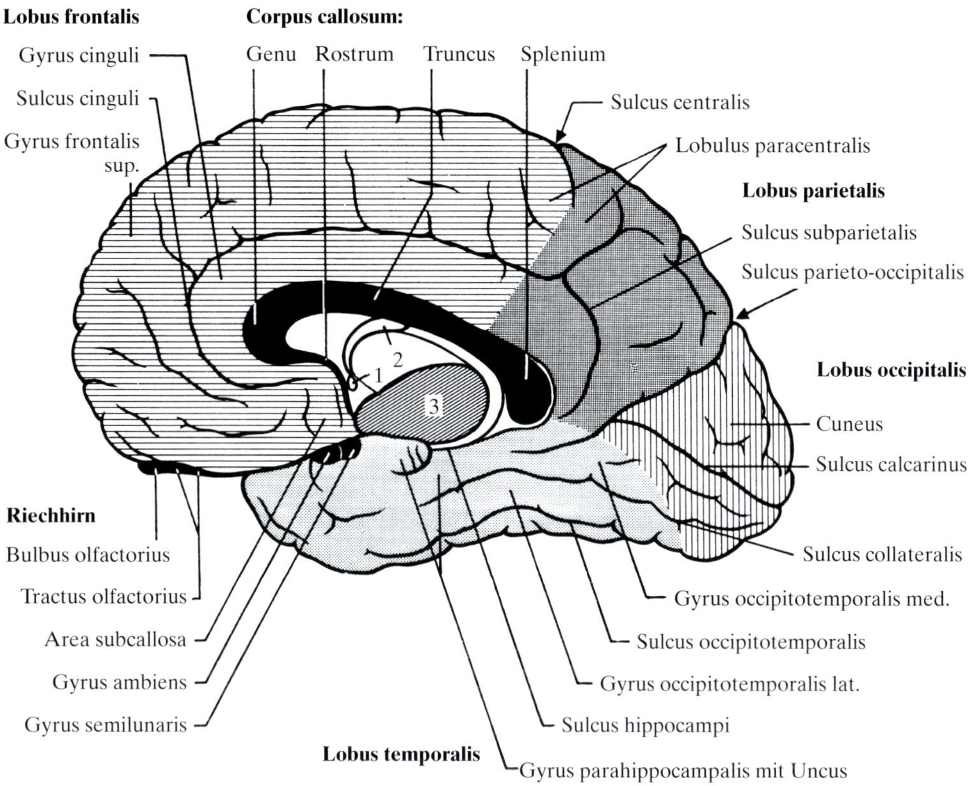

Abb. 27. Lappengliederung und Furchenrelief des Großhirns (modif. nach Wolf-Heidegger). 1 = Commissura ant.; 2 = Fornix; 3 = Schnittfläche des abgetrennten Hirnstammes.

Orbita und bildet dabei die Gyri orbitales sowie medial den gestreckt verlaufenden Gyrus rectus aus. Der **Lobus parietalis** nimmt den Bereich zwischen dem Sulcus centralis und parieto-occipitalis ein und wird durch den Sulcus intraparietalis in einen Lobulus parietalis sup. und inf. unvollständig unterteilt. Um das hintere Ende des Sulcus lat. windet sich der Gyrus supramarginalis, um den Sulcus temporalis sup. der Gyrus angularis herum. Gyrus prae- und postcentralis sind an der Medialseite der Hemisphären durch den hakenförmig gebogenen Lobulus paracentralis verbunden. Der **Lobus temporalis** reicht oben bis zum Sulcus lat., ist aber hinten nicht scharf vom Okzipital- und Scheitellappen abzugrenzen. Manchmal deutet eine variabel ausgebildete Incisura praeoccipitalis die Grenze zwischen Schlafen- und Hinterhauptslappen an. Der Lobus temporalis wird an der Außenfläche durch die Sulci temporales sup., med. und inf. in einen Gyrus temporalis sup., med. und inf. unterteilt. An die Basalfläche schließt sich der Gyrus occipitotemporalis an. Der Gyrus parahippocampalis, der vorne hakenförmig umbiegt (Uncus hippocampi), wird durch den keilförmigen Gyrus occipitotemporalis vom Okzipitalhirn abgetrennt. Der tief einschneidende Sulcus collateralis grenzt beide vom übrigen Schläfenlappen ab. Medial-innen findet sich in der Tiefe des Sulcus hippocampi der Gyrus dentatus mit der Fimbria hippocampi. Der Uncus trägt vorne die Gyri semilunaris und ambiens.

Der **Lobus occipitalis** ist der kleinste der vier Großhirnlappen und reicht etwa vom Sulcus parieto-occipitalis bis zur Area striata und Fissura praeoccipitalis. Variable Sulci occipitales (sup. et inf.) sowie ein Sulcus lunatus teilen den Hinterhauptslappen in die unregelmäßig angeordneten Gyri occipitales sup. und lat. auf. An der Medialseite des Okzipitallappens zwischen Sulcus calcarinus und parieto-occipitalis liegt ein keilförmiges Rindenfeld, der Cuneus (Abb. 27).

Entwicklung der Projektionsbahnen und Basalganglien. Der zweite elementare Prozeß bei der Endhirndifferenzierung hängt mit der vorauseilenden Entwicklung der basal gelegenen, subkortikalen Kerngebiete und der Ausbildung der Projektionsfasersysteme zusammen, die nicht auf die Endhirnbläschen beschränkt bleiben wie die Assoziations- und Kommissurensysteme, sondern mit den übrigen Hirnabschnitten Verbindungen knüpfen (schwarze Linien in Abb. 28). Die *Projektionsfasern* bilden immer mächtiger werdende Bündel, die den Anschluß an die distalen Hirnabschnitte nur über den Verbindungsstiel zwischen Insel und Zwischenhirn finden können. Sie benützen also diese »Gewebsbrücke«, mit dem Zwischenhirn, d.h den Hemisphärenstiel, um die kaudal anschließenden Abschnitte des Neuralrohres zu erreichen, und wachsen dabei an der Insel vorbei in die Kerngebiete von End- und Zwischenhirn ein (Abb. 28). Die Verbindungsbrücke verbreitert sich mit der Vergrößerung des Endhirns ständig, so daß später End- und Zwischenhirn breit miteinander verwachsen sind. Die durchwachsenden Projektionsfasern führen zu einer Neugliederung der subkortikalen Kerngebiete im Übergangsbereich zwischen End- und Zwischenhirn.

Die Wand der Endhirnbläschen ist dorsal anfangs häutchenartig dünn. Die Seitenventrikel sind sehr groß und besitzen eine breite Verbindung mit dem III. Ventrikel des Zwischenhirns. Frühzeitig verdickt sich aber, und zwar lange bevor durch die Massenzunahme in der Rinde die Gyri und Sulci entstehen, beiderseits der Boden der Endhirnbläschen durch die Ausbildung der phylogenetisch älteren, subkortikalen Kerngebiete. Dieser Kernkomplex, den man zusammenfassend als Ganglienhügel oder **Basalganglion** bezeichnet, erfährt nun eine mächtige und vorauseilende Entwicklung, wodurch das Lumen der Endhirnbläschen von unten und medial eingeengt wird (Abb. 28). Die Vergrößerung und frühzeitige Differenzierung des Basalganglions hat zweierlei zur Folge: einmal wird die untere und laterale Wand des Endhirnbläschens mehr und mehr eingezogen und bleibt im Wachstum zurück, da sie am Basalganglion festhängt. Das führt zur Einziehung, d.h. »Versenkung« des Inselfeldes und damit zur Operkularisation der Insel. Zum anderen wird die Übergangsstelle der Hirnwand zum Zwischenhirn – man könnte auch Umschlagstelle sagen (äußerlich durch die Fissura telodiencephalica gekennzeichnet) – immer mehr verbreitert und die verbindende Öffnung zwischen den Hohlräumen der Zwischen- und Endhirnbläschen zu einem Kanal eingeengt *(Foramen interventriculare Monroi).*

Je mehr sich nun die Endhirnbläschen vergrößern und widderhornartig den späteren Frontal- und Schläfenlappen ausbilden, um so mehr wächst auch das Basalganglion in die Länge. Es bekommt dadurch eine ebenfalls widderhornartig gekrümmte Form, die zur Bezeichnung »Schweifkern« **(Nucleus caudatus)** geführt hat (Abb. 28–30). Der Nucl. caudatus ist aber nicht das einzige Derivat des Basalganglions. Wie wir gesehen haben, wachsen die Projektionsfasern am Inselfeld vorbei und dringen in zunehmendem Maße in die Gewebsbrücke zwischen Basalganglion und Zwischenhirnwand ein, die hauptsächlich durch die mächtige, kranial gelegene Kernmasse des Thalamus charakterisiert ist. Diese Gewebsbrücke wird dadurch stark verbreitert, denn die Zahl der Projektionsfasern nimmt mit der Vergrößerung und Ausdifferenzierung der Großhirnrinde ständig zu. Die Grenzfurche zwischen Ganglienhügel und Thalamus, die zugleich die Grenze zwischen End- und Zwischenhirn anzeigt und daher *Sulcus terminalis* genannt wird, verlängert sich nach rückwärts. Da alle Fasern über diese »Umschlagstelle« laufen müssen, konvergieren die Fasermassen natürlich auf diese Stelle zu (Abb. 29 u. 30). Es entstehen die Großhirnstiele *(Pedunculi cerebri)*. Sie sind in gewisser Weise den Kleinhirnstielen vergleichbar.

Die Projektionsbahnen wachsen nun aber nicht nur am Ganglienhügel vorbei, sondern dringen auch in diesen selbst ein (Abb. 29 u. 30). Dadurch wird die bis dahin einheitliche Kernmasse in 2 Teile auseinandergesprengt, der eine Teil *(Nucleus caudatus)* kommt oberhalb von den Projektionsfasersystemen am Boden des Seitenventrikels, der andere Teil **(Putamen)** unterhalb davon zu liegen (Abb. 29 u. 30). Mit anderen Wor-

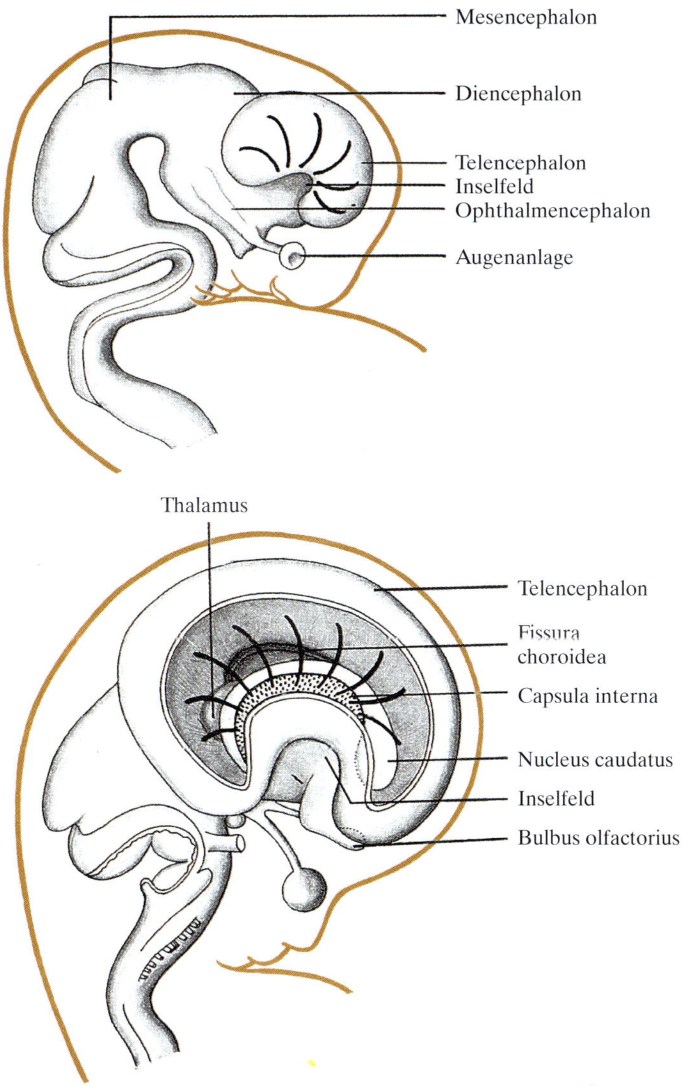

Abb. 28. a–c) Entwicklung der Stammganglien des ZNS beim Menschen in der Ansicht von lateral (modif. nach Corning). Das Endhirnbläschen wurde gefenstert (b), um die Lage des Basalganglions (Nucleus caudatus usw.) sichtbar zu machen. Projektionsbahnen durch schwarze Striche hervorgehoben. a) 44 Tage alter menschlicher Embryo. b) Ende des 4. Monats.

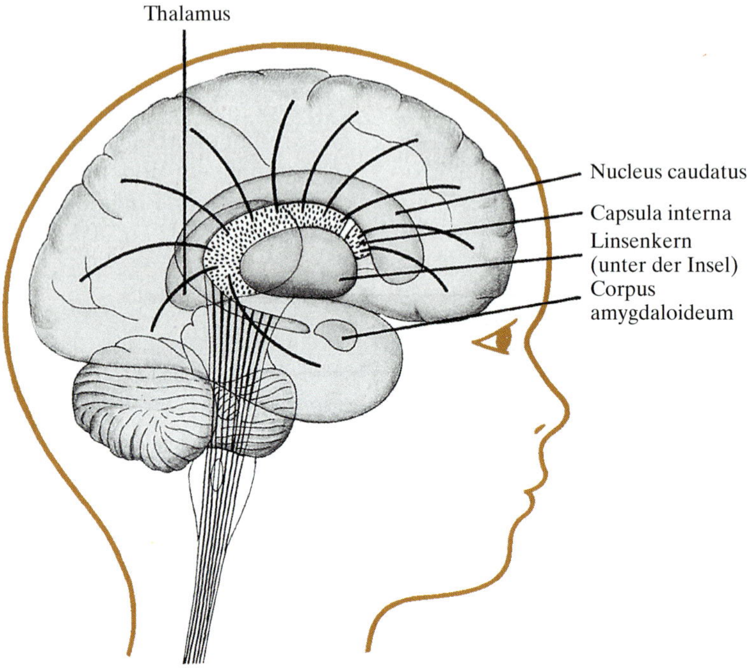

Abb. 28. c) Neugeborenes. Die Stammganglien haben ihre definitive Lage erreicht. Die Projektionsbahnen (schwarze Linien) ziehen zwischen Nucl. caudatus und Linsenkern hindurch.

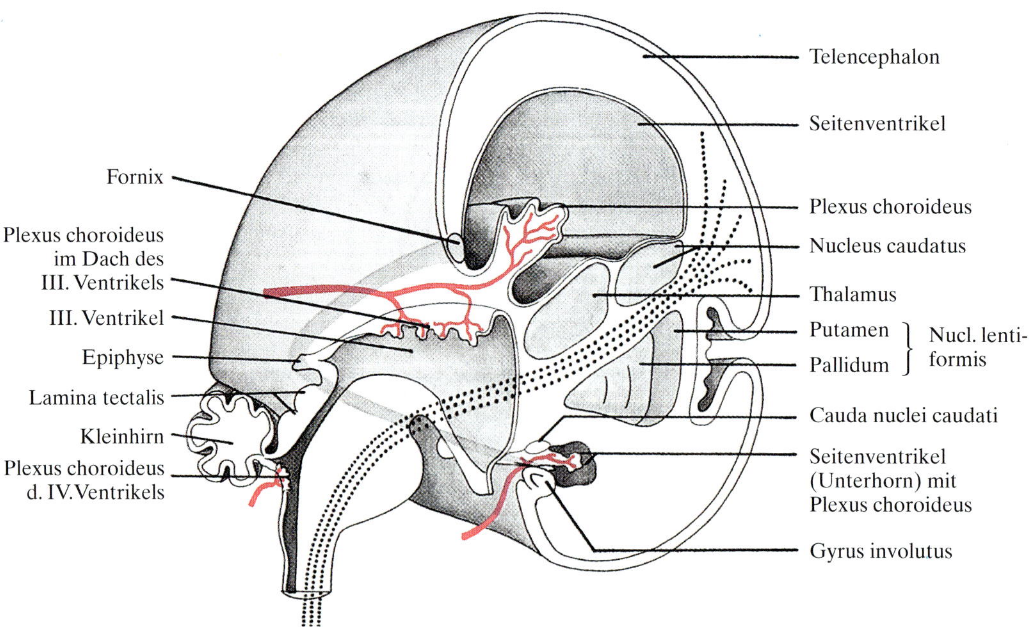

Abb. 29. Querschnitt durch das embryonale Vorderhirn zur Darstellung der Lage der Projektionsbahnen (nach Allan). Zwischen-, Mittel- und Rautenhirn sind median halbiert. Blutgefäße für die Plexus choroidei des End-, Zwischen- und Rautenhirns sind rot hervorgehoben, Fornix mit seinem bogenförmigen Verlauf an der medianen Wand des Endhirnbläschens wurde durch Strichelung markiert. Punktierte Linien = Projektionsfasersysteme.

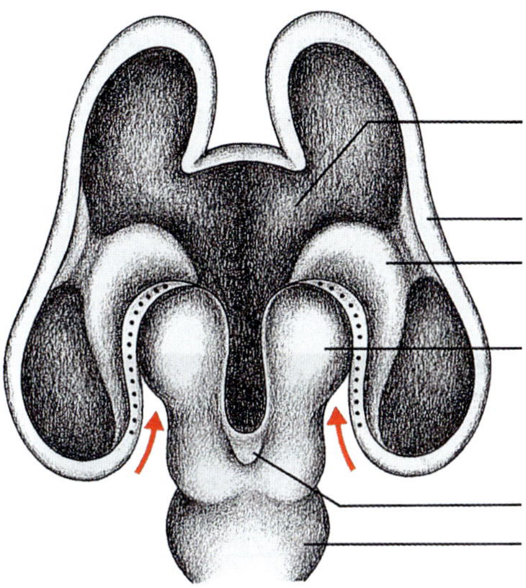

a) Embryonales Gehirn. Endhirnbläschen von dorsal eröffnet. Pfeil = Grenze zwischen Tel- und Diencephalon; punktierte Linie = Ansatz des Plexus choroideus.

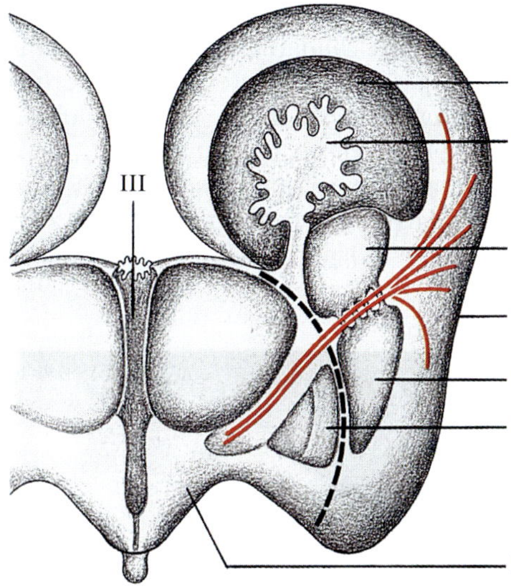

b) Querschnitt durch das embryonale Gehirn (Schnittebene s. Abb. c). Gestrichelte Linie = Grenze zwischen Tel- und Diencephalon; III = III. Ventrikel

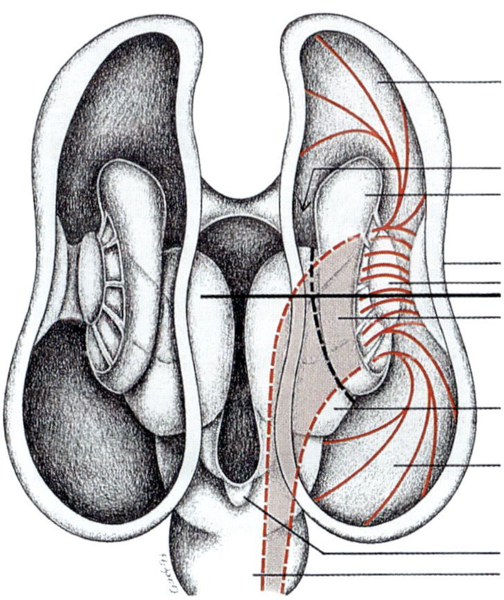

c) Embryonales Gehirn, späteres Stadium. Gestrichelte Linie = Grenze zwischen Tel- und Diencephalon; rot = Projektionsbahnen.

B	= Basalganglion
E	= Epiphyse
F. i.	= For. interventriculare
Hy	= Hypothalamus
I	= Inselfeld
M	= Mittelhirnanlage
N. c.	= Nucl. caudatus
Pa	= Pallidum
Pl	= Plexus choroideus
Pu	= Putamen
Tha	= Thalamus
V	= Seitenventrikel

Abb. 30. Entwicklung der Endhirnbläschen und des Basalganglions (von dorsal). Durch die über die Gewebsbrücke der Insel auswachsenden Projektionsbahnen (rot) wird das Basalganglion neu gegliedert. Lateral kommen Putamen und Pallidum, medial Nucl. caudatus und Thalamus zu liegen. Die Gewebsbrücke zwischen Tel- und Diencephalon (Pfeil in Abb. a) verbreitert sich durch die Vermehrung der Projektionsbahnen zunehmend nach hinten.

ten, die Projektionsbahnen verlaufen zwischen Nucleus caudatus und Putamen hindurch. Da aber noch streifenförmige Verbindungen zwischen beiden erhalten bleiben, werden beide Kerne, die funktionell, strukturell und entwicklungsgeschichtlich eine Einheit darstellen, zusammenfassend auch als Streifenkörper **(Corpus striatum)** bezeichnet. Man könnte den geschilderten Vorgang auch so formulieren: durch das Ein- bzw. Hindurchwachsen der Projektionsfasern durch das Basalganglion wird von diesem das Putamen abgesprengt. Unabhängig davon bleibt aber die Verbindung des Basalganglions mit dem Inselfeld erhalten, so daß die Insel im Zuge der Volumenzunah-

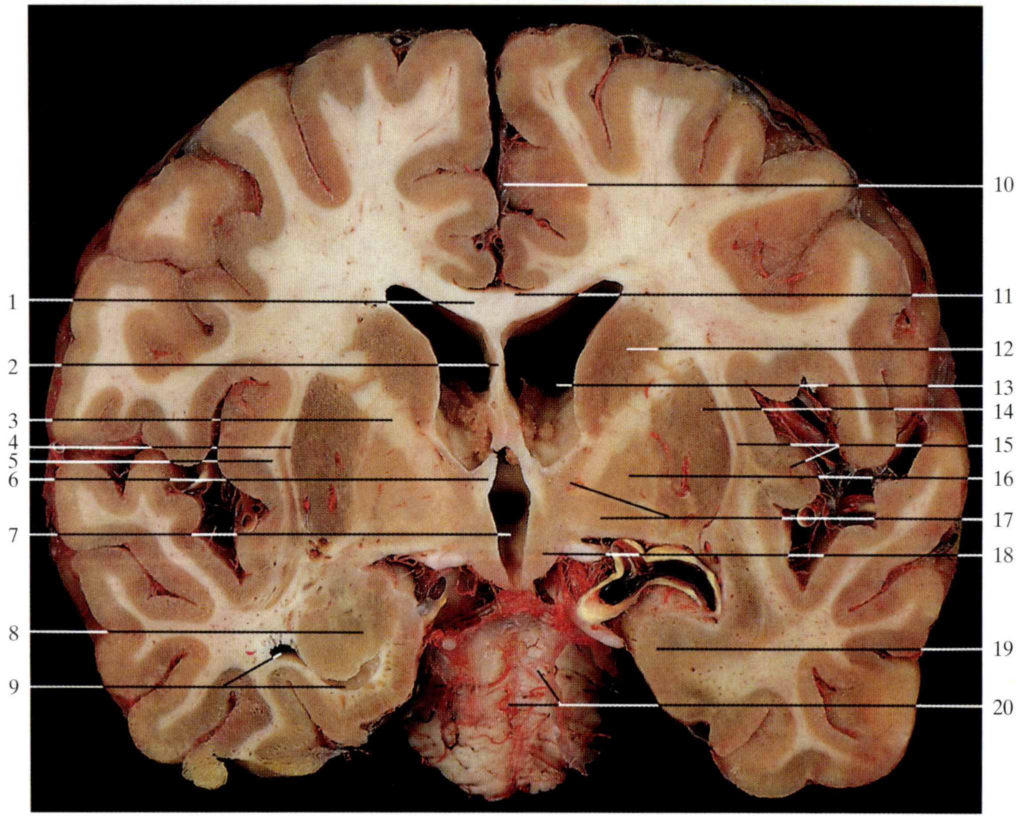

Abb. 31. Frontalschnitt durch das Gehirn in Höhe des Vorderhorns der Seitenventrikel. Die großen subkortikalen Kerngruppen (Corpus striatum, Globus pallidus) und die Capsula int. sind angeschnitten.

1 Corpus callosum
2 Septum pellucidum
3 *Capsula int.*
4 *Capsula ext.*
5 *Capsula extrema*
6 Columna fornicis
7 III. Ventrikel
8 Mandelkernkomplex (Corpus amygdaloideum)
9 Cornu inf. ventriculi lat.
10 Fissura longitudinalis cerebralis
11 Indusium griseum
12 Nucl. caudatus
13 Cornu frontale ventriculi lat.
14 Putamen
15 Claustrum, Lobus insularis
16 Pallidum
17 Thalamus, Nucl. subthalamicus
18 Hypothalamus
19 Gyrus hippocampi
20 Pons, A. basilaris

me der umgebenden Großhirnabschnitte allmählich mehr und mehr in die Tiefe sinkt. Bei diesen Verlagerungsprozessen wird eine schmale Gewebsplatte grauer Substanz vom lateralen Teil des Basalganglions abgetrennt, das *Claustrum,* wodurch das weiße Marklager in eine *Capsula extrema* und eine *Capsula externa* untergliedert wird.

Aber nicht nur am Basalganglion, sondern auch im Zwischenhirn werden durch das Einwachsen der Projektionsbahnen einzelne Kerngebiete von dem vorher einheitlichen Zellkomplex abgetrennt. Die Projektionsfasern wachsen nämlich unterhalb des Thalamus hindurch und dringen in das subthalamische Gebiet vor. Hier sprengen sie eine Zellmasse ab, die an das Putamen angelagert und wegen seiner blassen Farbe als Pállidum oder Globus pallidus bezeichnet wird. **Pallidum** und Putamen bilden zusammen den **Nucleus lentiformis** oder Linsenkern, der aber weder funktionell noch strukturell eine Einheit darstellt. Zwischen Linsenkern und Nucl. caudatus liegen nun alle Projektionsbahnen auf engem Raum zusammengedrängt und bilden hier die innere Kapsel **(Capsula interna)** (Abb. 29–31).

Die Projektionsfasern dringen nach Passieren der Capsula int. zum Mittelhirn vor und bilden dort die ventral vorspringenden Großhirnstiele. Die Gesamtheit der Projektionssysteme wird also in der inneren Kapsel und am Boden des Mittelhirn so gebündelt wie die Stiele eines Blumenstraußes in der umschließenden Hand (Abb. 29).

Das Ergebnis der entwicklungsgeschichtlichen Umgruppierungen im Bereich der Grenzzone zwischen End- und Zwischenhirn ist aus den Abb. 31 und 32 ersichtlich. Das Striatum, bestehend aus Nucl. caudatus und Putamen, ist – nur durch die Capsula int. getrennt – breitflächig mit dem Thalamus verwachsen. Während der Nucl. caudatus die Wachstumsbewegungen des Endhirnbläschens mitgemacht und dadurch eine langgestreckte, gekrümmte Form erhalten hat, ist das Putamen als scheibenförmige Zellmasse lateral vom Nucl. caudatus liegengeblieben. Der Nucl. caudatus grenzt unmittelbar an den Seitenventrikel an und liegt vorne-oben am Boden, im Schläfenlappen aber im Dach des Seitenventrikels. Die Berührungsstelle zum Thalamus hat sich verbreitert. Die laterale, ursprünglich ganz freie Seitenfläche des Thalamus ist verschwunden. Die Teile des Zwischenhirns, die zum Sehapparat gehören, sind nach hinten und unten verdrängt worden und bilden jetzt mit dem kissenartig vorspringenden hinteren Thalamusteil, dem *Pulvinar thalami,* einen besonderen Abschnitt des Zwischenhirns, den sog. *Metathalamus.* Am erwachsenen Gehirn sind also jetzt – von der Lage der Projektionsfasersysteme, d.h. der Capsula int., aus gesehen – die Stammganglien wie die nachfolgende Tabelle zeigt, gegliedert.

Die Grenzzone zwischen End- und Zwischenhirn ist auch am erwachsenen Gehirn noch deutlich durch den Sulcus terminalis markiert, in dem die V. thalamostriata verläuft. Der Thalamus hat durch die geschilderte Entwicklung seine Form geändert und bildet beim Erwachsenen eine nach hinten ausladende Zellmasse, die sich median mit

Endhirn	dorsomedial	Nucleus caudatus	→ Corpus striatum
	dorsolateral	Putamen	
			Sulcus terminalis
	ventrolateral	Pallidum	→ Nucl. lentiformis
Zwischenhirn	dorsomedial	Thalamus	
	ventromedial	subthalamische Kerne	

der Gegenseite fast berührt. Das Lumen des Zwischenhirnbläschens wird dadurch zu einem schmalen, hochgestellten Spalt, dem III. Ventrikel, eingeengt, den in der Regel eine Gewebsbrücke zwischen den beiden Thalami, die *Adhaesio interthalamica,* horizontal durchzieht.

Plexus choroidei der Seitenventrikel. An der medialen Wand des Endhirnbläschens bleibt eine schmale, streifenförmige Zone dünn (Fissura choroidea) und bildet mit stark wuchernden Gefäßgeflechten den anfangs sehr großen *Plexus choroideus* der Seitenventrikel (Abb. 33). Dieser hängt an zwei Gewebslippen, einer oberen und einer unteren (Abb. 29). Die untere lagert sich auf die durch das Größenwachstum des Thalamus stark verbreiterte, dorsale Thalamusfläche und verklebt schließlich mit ihr *(Lamina affixa)* (Abb. 32). An dieser Stelle existiert daher auf dem Thalamus auch am erwachsenen Gehirn noch ein schmaler, undifferen-

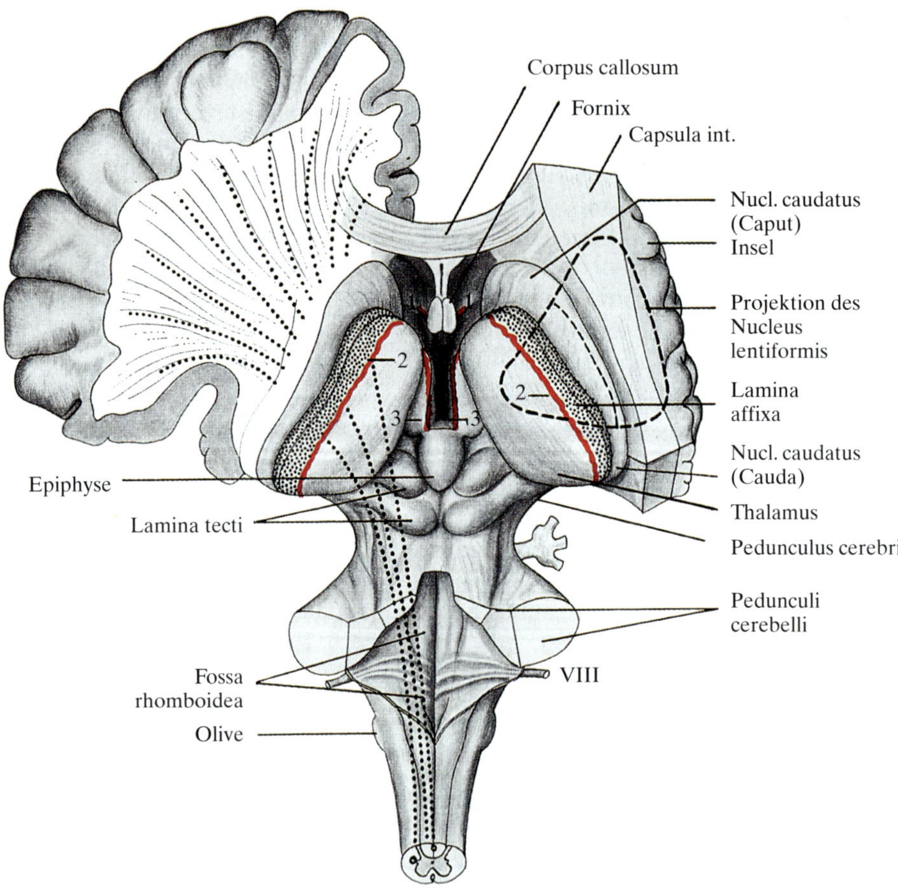

Abb. 32. Die Stammganglien des erwachsenen Gehirns in der Ansicht von dorsal (nach einem Präparat gezeichnet). Rechts wurde das Großhirn bis auf die Inselrinde und die innere Kapsel abgetragen, links sind die vorderen Rindenabschnitte stehen geblieben, um den Verlauf der Projektionsfasern (schwarz hervorgehoben) zeigen zu können. Die punktierte Fläche entspricht der Lamina affixa. In diesem Bereich sind Endhirn und Zwischenhirn miteinander verwachsen (Lokalisation des Sulcus terminalis bzw. der Stria terminalis). Rot = Rißlinien des Plexus choroideus: 1 = Taenia fornicis; 2 = Taenia choroidea; 3 = Taenia thalami; VIII = VIII. Hirnnerv (N. vestibulocochlearis).

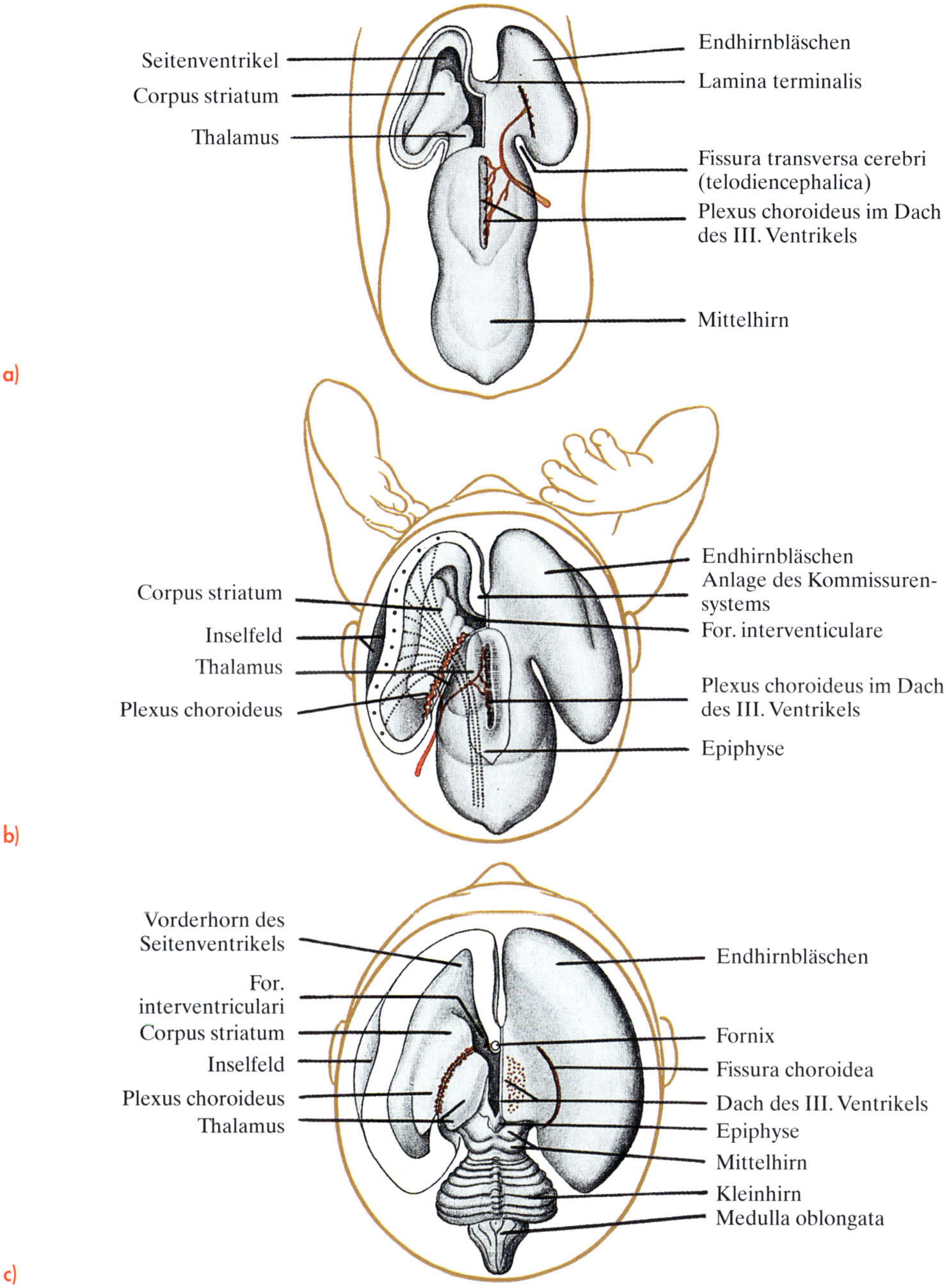

Abb. 33. a–c) Drei Stadien zur Entwicklung des Vorderhirns und der Stammganglien in der Ansicht von oben.
a) Menschlicher Embryo, Anfang 6. Woche.
b) 3 Monate alter menschlicher Fetus. Das linke Großhirnbläschen wurde gefenstert, um die Lage des Basalganglions zu zeigen; Projektionsfasern punktiert. Rot = Plexus choroidei mit zugehörigen Gefäßen.
c) 5 Monate alter menschlicher Embryo. Linke Großhirnrinde abgetragen, um Lage und Form der Stammganglien am Boden des Seitenventrikels deutlich zu machen. Der am Boden des Seitenventrikels sichtbare Teil des Corpus striatum entspricht dem Nucl. caudatus.

zierter Gewebestreifen, der der ursprünglichen Hirnwandung entspricht. Reißt man den Plexus choroideus hier ab, so bleibt eine Rißlinie zurück, die *Taenia choroidea.*

Oben hängt der Plexus choroideus an einem rundlichen Nervenfaserstrang, der sich während der Embryonalzeit an der medialen Hirnblasenwandung entwickelt hat, dem *Fornix.* Es handelt sich um einen zum limbischen System gehörenden Abschnitt. Die Abrißlinie des Plexus choroideus heißt hier sinngemäß *Taenia fornicis.*

Durch die Massenentwicklung des Thalamus hat sich das Dach des Zwischenhirns dorsal verbreitert und grenzt im Bereich der Lamina affixa sogar an den Seitenventrikel an. Nur medial ist ein schmaler Streifen des Zwischenhirndaches dünn geblieben. Hier stülpt sich der Plexus choroideus des III. Ventrikels von oben in das Ventrikellumen vor. Reißt man den Plexus hier ab, bleibt die *Taenia thalami* zurück.

Zwischen dem Plexus choroideus des Seitenventrikels und dem des III. Ventrikels besteht eine breite Verbindung. Dieses Gewebe, das hauptsächlich aus Bindegewebe und Gefäßen besteht, formiert eine flache, zusammenhängende Gewebsplatte, die *Tela choroidea,* die lateral mit den Plexus choroidei der Seitenventrikel zusammenhängt und median den Plexus choroideus des III. Ventrikels ausbildet (Abb. 32 u. 33).

1.3.3 Anatomie des Ventrikelsystems, Hirnhäute und Liquorzirkulation

Durch die geschilderte Entwicklung des Endhirns und die gestaltlichen Veränderungen an der Grenzfläche zwischen den Basalganglien und dem Zwischenhirn ist das ursprünglich weiträumige Hohlraumsystem des Vorderhirns eingeengt und verformt worden. Es bildet im ganzen eine Art Negativ zu den geschilderten Wachstumsveränderungen. Die widderhornartige, halbspiralige Wachstumsbewegung der Endhirnbläschen spiegelt sich in der Gestalt der **Seitenventrikel** wider, so daß sich beiderseits je ein Vorder-, Hinter- und Seitenhorn (Cornu ant., post. und inf.) unterscheiden läßt. Der Plexus choroideus reicht vorne nur bis zum For. interventriculare. Im Mittelteil (Pars centralis) liegt er am Boden, im Unterhorn (Cornu temporale) dagegen im Dach des Seitenventrikels. Das Hinterhorn (Cornu occipitale) enthält keinen Plexus, allerdings findet sich hier häufig ein größeres Gefäßkonvolut (Glomus choroideum) (Abb. 34 u. 35).

Am Boden des Seitenventrikels liegt vorne-medial der Kopf des Nucl. caudatus, der, nach hinten schmäler werdend, in den Schwanz des Nucl. caudatus übergeht. Im Unterhorn liegt der Schwanz im Dach des Seitenventrikels, etwa in der Höhe des Plexus choroideus. Der Thalamus ist etwas nach medial-hinten versetzt, wölbt sich aber mit seinem Dorsalabschnitt auch in den Seitenventrikel hinein vor.

Im Hinterhorn rufen einzelne tiefer einschneidende Furchen der Hirnrinde Vorwölbungen hervor, die man als *Calcar avis* (in Höhe des Sulcus calcarinus) und *Eminentia collateralis* (in Höhe des Sulcus collateralis des Temporallappens) bezeichnet.

Am Boden des Unterhorns befindet sich der phylogenetisch älteste Teil des Vorderhirns, der durch die Massenentfaltung des Endhirns nach unten-innen verdrängt worden ist (eingerollte Rinde oder Gyrus involutus). Er gehört zur sog. Hippokampusformation, die im Zusammenhang mit dem limbischen System besprochen werden wird.

Die Vergrößerung der Basalganglien hat die ursprünglich breite Öffnung zwischen End- und Zwischenhirn zunehmend eingeengt. Es resultiert schließlich ein kleiner, länglicher Kanal, der zwischen Fornix und Nucl. caudatus hindurchläuft und beiderseits die Seitenventrikel mit dem III. Ventrikel verbindet, das *Foramen interventriculare (Monroi).*

Der **III. Ventrikel** ist auf das Zwischenhirn beschränkt (Abb. 35). Thalamus

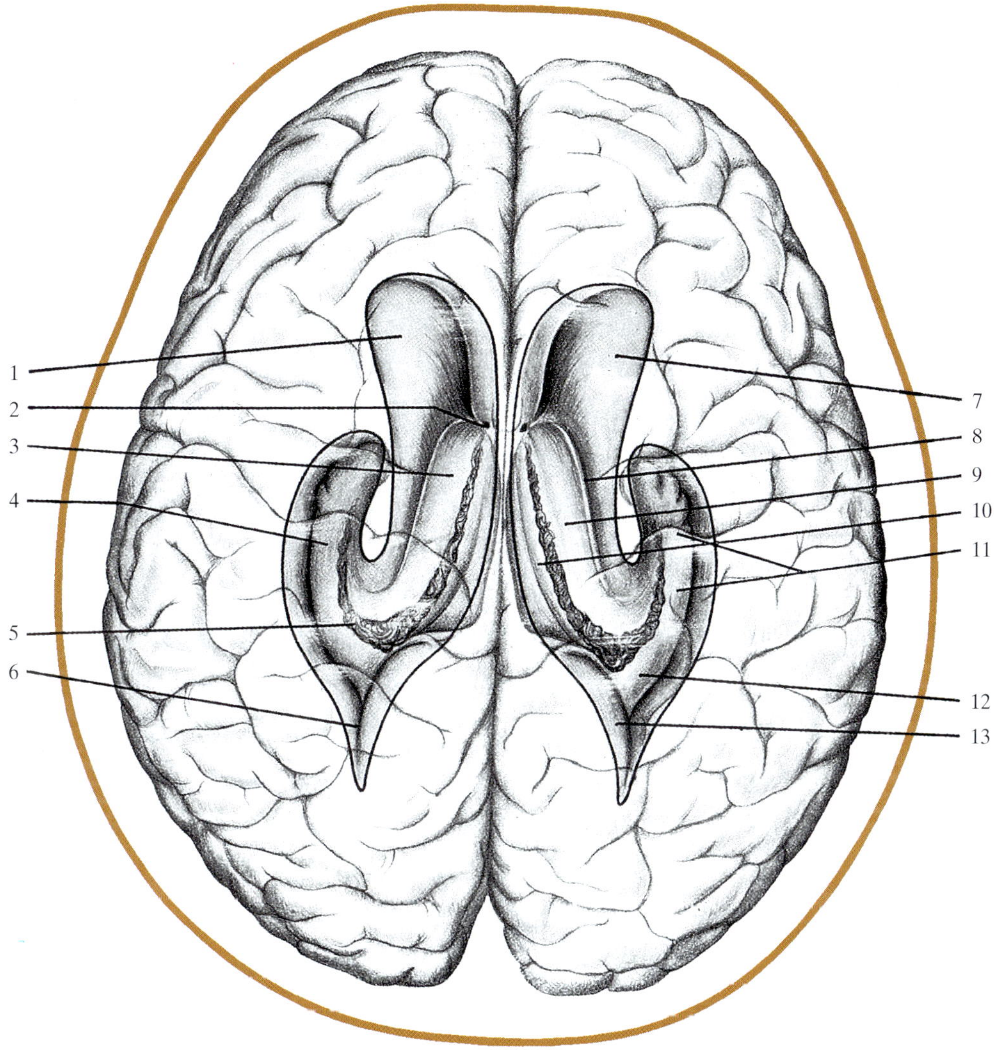

Abb. 34. Ventrikelsystem des Endhirns und Stammganglien in der Ansicht von oben. Die Seitenventrikel sind durchsichtig gedacht, um die angrenzenden Kerne und Strukturen sichtbar werden zu lassen.
Seitenventrikel: 1 = Cornu frontale (ant.); 2 = For. interventriculare; 3 = Pars centralis (Cella media); 4 = Cornu temporale (inf.); 5 = Plexus choroideus; 6 = Cornu occipitale (post.).
Stammganglien und Hirnteile: 7 = Nucl. caudatus; 8 = Sulcus terminalis; 9 = Thalamus; 10 = Fornix; 11 = Hippocampus; 12 = Eminentia collateralis; 13 = Calcar avis.

und Hypothalamus begrenzen seine laterale Wand. Im ganzen gesehen ist der III. Ventrikel hoch und schmal. Der Querdurchmesser beträgt kaudal nur wenige Millimeter. Er bildet kaudal, hinten und vorne verschiedene Recessus (Abb. 35). Hinten unten geht er in den *Aquaeductus mesencephali (Sylvii)* über. Dieser im Mittelhirn lokalisierte Kanal verbindet den III. mit dem IV. Ventrikel und ist äußerst eng.

Der **IV. Ventrikel** hat eine zeltartige Form und geht kaudal in den Zentralkanal des Rückenmarks über. Da dieser aber stellenweise obliteriert oder unwegsam ist, fließt der Liquor cerebrospinalis über die drei Aperturen des IV. Ventrikels (Aperturae lat. und Apertura mediana) nach außen und damit in den das Gehirn umgebenden, flüssigkeitsgefüllten Spaltraum *(Spatium subarachnoideum)* ab. Die lateralen Ecken dieses Zeltes sind kanalartig ausgezogen und bilden die *Recessus laterales,* die am Ende perforiert sind und Adergeflechte enthalten, die sich weit nach außen vorstülpen können (Bochdalek-Blumenkörbchen). Den Boden des IV. Ventrikels bildet das Rautenhirn mit der Rautengrube. Das Dach wird am ausgewachsenen Gehirn fast aus-

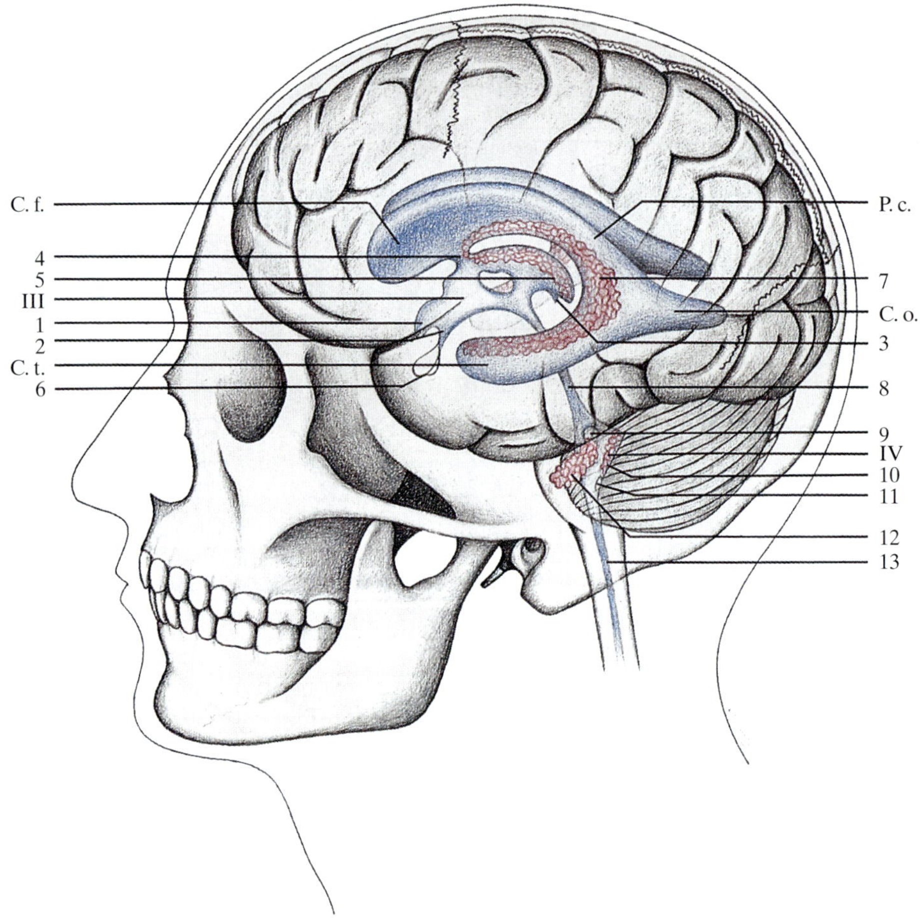

Abb. 35. Topographie des Ventrikelsystems in der Ansicht von lateral. III = III. Ventrikel ; IV = IV. Ventrikel. Abschnitte der Seitenventrikel: C. f. = Cornu frontale; C. t. = Cornu temporale; C. o. = Cornu occipitale; P. c. = Pars centralis (Cella media).

1 Recessus chiasmatis }
2 Recessus infundibuli } des III. Ventrikels
3 Recessus pinealis }
4 For. interventriculare
5 *Plexus choroideus* im Dach des III. Ventrikels
6 Hypophyse
7 *Plexus choroideus* des Seitenventrikels
8 *Aquaeductus mesencephali*
9 Apertura lat. (Luschkae)
10 Plexus choroideus im Velum medullare post. des IV. Ventrikels
11 Apertura mediana (Magendi)
12 Plexus choroideus im Recessus lat. (Bochdalek-Blumenkörbchen)
13 Canalis centralis im Rückenmark

Primäre embryonale Hirnbläschen	Sekundäre embryonale Hirnbläschen	Hirnabschnitte	Rindengebiete u. Kerne	Ventrikel	Hirnnerven
Prosencephalon	Telencephalon	Endhirn	Großhirnrinde Nucl. caudatus, Putamen } Corpus striatum	Seitenventrikel	I. (Fila olfactoria)
	Diencephalon	Zwischenhirn	Globus pallidus, Thalamus, Hypo- und Metathalamus, Sehorgan, Epithalamus (Epiphyse u. Habenulae)	III. Ventrikel	II. (N. opticus)
(Mesencephalon)	Mesencephalon	Mittelhirn	Tectum (Colliculus sup. et inf.), Tegmentum, Pedunculi cerebri	Aquaeductus mesencephali	III. (N. oculomotorius) IV. (N. trochlearis)
Rhombencephalon	Metencephalon	Hinterhirn	Kleinhirn, Pons	IV. Ventrikel	V. (N. trigeminus) VI. (N. abducens)
	Myelencephalon	Nachhirn	Medulla oblongata, Oliven		VII. (N. facialis) VIII. (N. vestibulocochlearis) IX. (N. glossopharyngeus) X. (N. vagus) XI. (N. accessorius) XII. (N. hypoglossus)

schließlich vom Kleinhirn eingenommen. Die nicht vom Kleinhirn okkupierten Teile des Daches bilden das Velum medullare ant. und post., wobei das hintere Segel zusammen mit der Tela choroidea weitgehend in den Plexus choroideus des IV. Ventrikels einbezogen wird. Das Velum medullare ant. liegt vorne zwischen den vorderen Kleinhirnstielen und wird von der Lingula cerebelli bedeckt.

2. Zusammenfassende Übersicht

Die entwicklungsgeschichtliche Gliederung in 5 Hirnbläschen ist auch am erwachsenen Gehirn noch erkennbar und wird generell der Beschreibung der makroskopischen Anatomie zugrunde gelegt.

Das **Telencephalon** (Endhirn) umfaßt das Großhirn mit seinen 4 Lappen *(Lobus frontalis, parietalis, occipitalis* und *temporalis),* die durch das Kommissurensystem des Balkens *(Corpus callosum)* miteinander verbunden sind. Das Telencephalon besteht aus dem Cortex, wobei man hauptsächlich zwischen *Neocortex* (Rinde der 4 Hirnlappen), *Archaeocortex (Gyrus cinguli, Gyrus hippocampi)* und *Palaeocortex (Indusium griseum, Gyrus dentatus* usw.) und den subkortikalen Kerngruppen *(Nucl. caudatus, Putamen, Corpus amygdaloideum* usw.) unterscheidet (Abb. 36). Die Kommissur der alten Hirnabschnitte (Palaeo- und Archaeocortex) ist die Commissura ant.

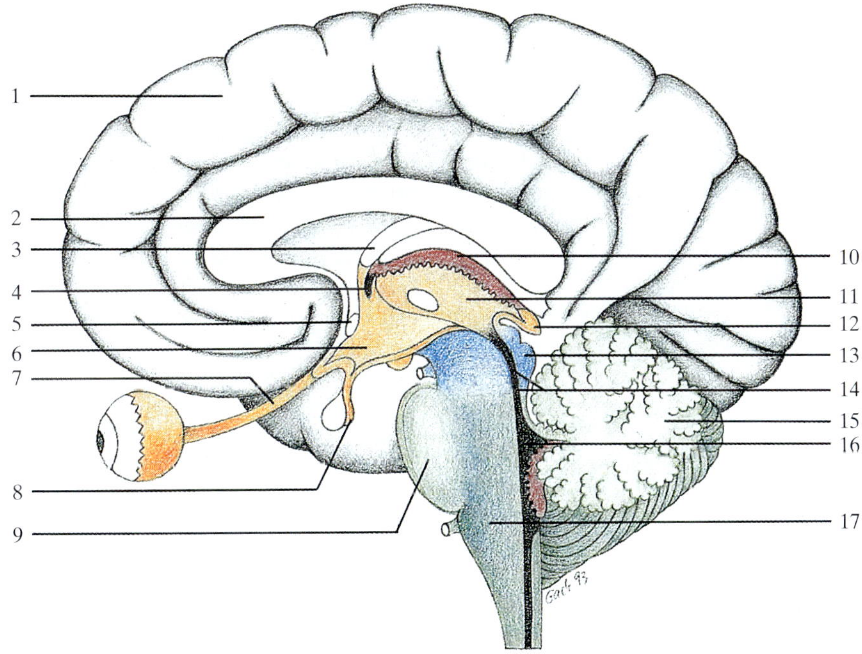

Abb. 36. Darstellung der Derivate der fünf Hirnbläschen am Medianschnitt. Rot = Plexus choroidei; grau = Telencephalon (Großhirn, Balken); orange = Diencephalon, Auge (Retina, Sehnerv); blau = Mesencephalon; hellgrün = Metencephalon (Pons, Cerebellum); dunkelgrün = Myelencephalon (Medulla oblongata).

1 Großhirn (Lobus frontalis)
2 Corpus callosum
3 Fornix
4 For. interventriculare
5 Commissura ant.
6 Hypothalamus
7 N. opticus
8 Neurohypophyse
9 Pons
10 Plexus choroideus
11 Thalamus
12 Corpus pineale (Epiphyse)
13 Lamina tectalis
14 Aquaeductus mesencephali
15 Cerebellum
16 IV. Ventrikel
17 Medulla oblongata

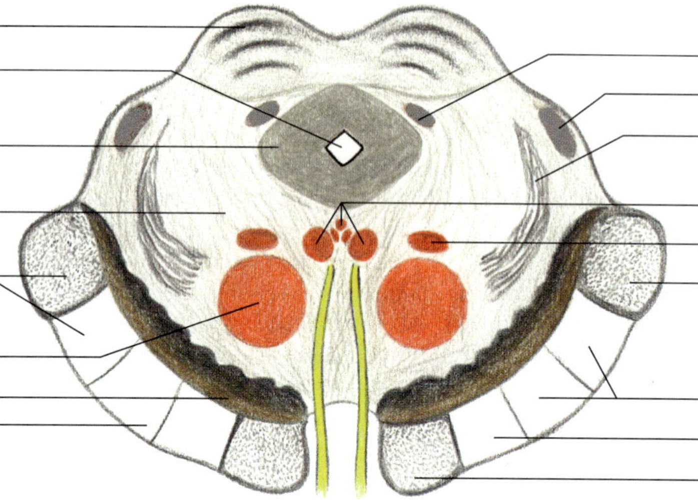

Abb. 37. Schematisierter Querschnitt durch das Mittelhirn. Darstellung der wichtigsten Kerngebiete und Bahnen. III = N. oculomotorius.

Das **Diencephalon** (Zwischenhirn) gliedert sich in 4 große Abschnitte, nämlich den Thalamus, Hypothalamus, Metathalamus und Epithalamus (Abb. 36 u. 38). Zum Zwischenhirn gehören auch die neuralen Abschnitte des Sehorgans mit dem *N. opticus* sowie die Neurohypophyse und das *Infundibulum,* eine trichterförmige Ausstülpung des *Hypothalamus.* Die Grenze zwischen Thalamus und Hypothalamus, die beide an den III. Ventrikel angrenzen, stellt der Sulcus hypothalamicus dar. Am Boden des Zwischenhirns wölben sich die beiden Corpora mamillaria vor, die zum Hypothalamus gehören und über den *Fornix* mit der Hippokampusformation des Temporallappens in Verbindung stehen.

Der *Metathalamus* besteht aus dem Corpus geniculatum med. und lat. und steht über die beiden Brachia colliculi mit der Vierhügelplatte des Mittelhirns in Verbindung (Abb. 38).

Zum *Epithalamus* rechnet man im wesentlichen die *Epiphyse (Corpus pineale)* und die zugehörigen Habenulae, die in die Striae medullares übergehen.

Das **Mesencephalon** (Mittelhirn) ist gegenüber dem Zwischenhirn nach kaudal abgeknickt und bildet das Verbindungsstück zum Rautenhirn (Abb. 36, 37 u. 38).

Dorsal befindet sich die Vierhügelplatte *(Lamina tectalis)* und ventral das *Tegmentum* (Haube), an das sich unten die Großhirnstiele *(Pedunculi cerebri)* anlagern (Abb. 38). Der *Aquaeductus mesencephali,* die röhrenförmige Verbindung zwischen III. und IV. Ventrikel, verläuft an der Grenze zwischen Tectum und Tegmentum und wird vom zentralen Höhlengrau umgeben *(Substantia grisea centralis).* Die Haube, die hauptsächlich aus der Formatio reticularis besteht, beherbergt zwei größere Kerngruppen, nämlich den *Nucleus ruber* und die *Substantia nigra.* Im Mittelhirnbereich liegen auch die Ursprungskerne des III. und IV. Hirnnerven, wobei der N. oculomotorius (N. III) ventral, *vor* der Brücke, und der N. trochlearis (N. IV) dorsal, *hinter* den Colliculi inf., austritt (Abb. 38).

Das Rautenhirn **(Rhombencephalon)** besteht aus 2 größeren Abschnitten, dem Nachhirn **(Metencephalon),** das aus Kleinhirn *(Cerebellum)* und Brücke *(Pons)* besteht, und dem **Myelencephalon,** das eine Fortsetzung des Rückenmarks darstellt und kranial kontinuierlich in das Mittelhirn übergeht (Abb. 36). Am Boden der Rautengrube *(Fossa rhomboidea)* liegen die Kerne der Hirnnerven V–XII in 4 Längsreihen nebeneinander (Abb. 17). Die Austrittstellen der Hirnnerven ordnen sich in 2 Reihen, einer medialen und einer lateralen Reihe, an, zwischen denen sich weiter hinten die untere Olive *(Oliva inf.)* vorwölbt (Abb. 38). Der N. trigeminus (N. V) durchsetzt lateral, oberhalb der Brücke, den mittleren Kleinhirnstiel *(Pedunculus cerebellaris medius).* Im Kleinhirnbrückenwinkel (zwischen unterem Kleinhirnstiel *[Pedunculus cerebellaris inf]* und Rautengrube) treten der N. facialis (N. VII) mit N. intermedius (N. XIII) und der N. vestibulocochlearis (N. VIII) aus. Die anschließende laterale Reihe umfaßt die Hirnnerven IX, X und XI (N. glossopharyngeus, N. vagus und N. accessorius). Zur medialen, ventral austretenden Reihe gehören der N. abducens (N. VI) (direkt hinter der Brücke) und der N. hypoglossus (N. XII). Das Kleinhirn, das aus dem unpaaren Wurm (Vermis) und den paarigen Hemisphären besteht, hängt an den 3 Kleinhirnstielen, von denen der mittlere am mächtigsten ist. Die beiden vorderen Kleinhirnstiele *(Pedunculi cerebellares sup.)* ziehen zum Mittelhirn (Tegmentum) und lassen vorne nur das schmale *Velum medullare ant.* frei, auf dem die Lingula cerebelli liegt. Dorsal bleibt die Rautenhirnwandung dünn *(Velum medullare post.),* bildet aber hier ausgedehnte Plexus choroidei (Abb. 36). Der dorsale

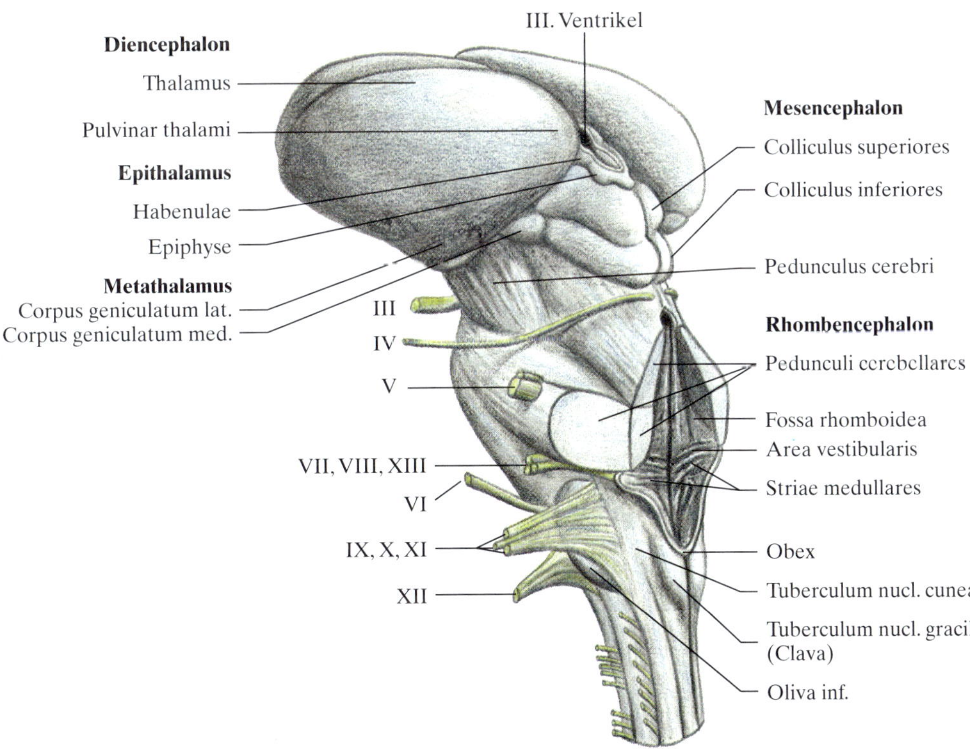

Abb. 38. Hirnstamm in schräger Seitenansicht. Dunkelgrau = Mittelhirn; weiß = Zwischen- und Rautenhirn. Die römischen Zahlen bezeichnen die Hirnnerven.

Abschluß des zeltförmigen IV. Ventrikels *(Fastigium)* ist nicht ganz geschlossen. Median existiert eine unpaare Öffnung *(Apertura mediana Magendi),* die eine Verbindung zu dem unter dem Kleinhirn liegenden Zisternenraum *(Cisterna cerebellomedullaris)* darstellt; lateral bestehen 2 größere Öffnungen *(Aperturae lat. Luschkae),* durch die sich häufig auch Plexuskonvolute nach außen vorstülpen können.

Das Rautenhirn geht kaudalwärts kontinuierlich in das Rückenmark (Medulla spinalis) über, wobei sich der IV. Ventrikel in den Canalis centralis fortsetzt. Die Übergangszone wird als Medulla oblongata bezeichnet (Abb. 36).

3. Funktionelle Elementargliederung des Nervensystems

Vom morphologischen und entwicklungsgeschichtlichen Standpunkt aus lassen sich am Nervensystem drei große Strukturbereiche beschreiben:

1. Der *zentrale Bereich* (Kopfgebiet), wo sich das Zell- und Fasermaterial außerordentlich vermehrt (Konzentration), was nicht zuletzt im Zusammenhang mit der Entwicklung der visuellen, auditiven und olfaktorischen Sinnessysteme steht.
2. Der *segmentale* oder *mittlere Bereich* (Rückenmark), der vornehmlich über die Spinalnerven die Muskulatur des Rumpfes und der Extremitäten versorgt und metamer gegliedert ist.
3. Der *periphere Bereich* (Organbereich), wo sich vor allem Ganglien und Nervengeflechte (Plexus) entwickeln, die einen unmittelbaren Kontakt mit den Körpergeweben bekommen (autonomes Nervensystem).

Diese Elementargliederung in drei Strukturbereiche ist für das Verständnis der funktionellen Zusammenhänge grundlegend und wahrscheinlich auch für die psychophysischen Korrelate von Bedeutung. Sie soll daher der Darstellung dieses Buches als »funktionelle Grundgliederung« des Nervensystems zugrunde gelegt werden.

Im **Kopfgebiet** ist das Nervengewebe am stärksten konzentriert. Hier überwiegen die integrativen und assoziativen Schaltvorgänge, wodurch das Zentralnervensystem wichtige Kontrollfunktionen ausüben kann. Die aus den großen Sinnesorganen einlaufenden (afferenten) Erregungen stehen im Vordergrund. Sie werden bewußt erlebbar, evtl. über längere Zeitabschnitte gespeichert (Erinnerung) und innerhalb des Gesamtnervensystems vielseitig verarbeitet.

Im **Rückenmarksbereich** überwiegen die reflektorischen Schaltungen. Die einlaufenden (afferenten) Erregungen werden mehr oder weniger automatisch durch unmittelbare Reaktionen (Efferenzen) beantwortet. Der Reflex- oder Leitungsbogen, d.h. der segmentbezogene »Funktionskreis« zwischen ein- und auslaufenden Erregungen, beherrscht das Bild. Diese Anordnungen nehmen eine gewisse Mittelstellung zwischen den peripheren und zentralen Bereichen ein. Das Rückenmark ist außerdem auch ein Durchgangsort für die langen Leitungsbahnen und eine Umschaltstation zwischen dem zentralen und peripheren Nervensystem.

Im **peripheren Gebiet** (viszerales oder autonomes Nervensystem) endlich dominiert morphologisch die ganglionäre Geflechtstruktur. Im Gegensatz zum Gehirn

	Entwicklungs-tendenz	Morphologische Struktur	Dominierende Funktion	Psychophysische Seite
Kopfbereich ZNS	Konzentration	Kerne (Nuclei)	Integration (Afferenzen)	Bewußte Erlebnisfähigkeit
Rückenmarks-bereich	Segmentation	Metamere Gliederung	Reflektorische Kreisprozesse	Reflexe
Peripheres autonomes Nervensystem	Dezentralisation	Ganglien und Plexus	Viszerale Steuerungen (Efferenzen)	Unbewußte Abläufe

mit seinen auf engem Raum konzentrierten Kernkomplexen herrscht peripher mehr eine organbezogene Dezentralisierung der nervösen Masse vor. Die peripheren Fasergeflechte bekommen einen unmittelbaren Kontakt mit dem Gewebe selbst. Die steuernden (efferenten) Funktionen (Regelung der Organ- und Zelltätigkeit) stehen gemeinsam mit den hormonalen Prozessen des Körpers im Vordergrund. Die Tätigkeit dieses Bereiches bleibt weitgehend im Unbewußten.

4. Morphologie der funktionellen Systeme des Nervensystems

4.1 Nervengewebe

Eine wichtige und für das Verständnis des NS grundlegende Tatsache ist die, daß die nervöse Masse durch und durch zellulär gegliedert ist, d.h., ein größerer, mit Bindegewebe und Grundsubstanz erfüllter, interstitieller Raum fehlt. Während der Embryonalentwicklung senden die Nervenzellen zahlreiche Fortsätze aus, knüpfen Kontakte usw., lassen aber niemals einen größeren, mit Zwischengewebe angefüllten Extrazellulärraum entstehen. Alle zellulären Elemente liegen dichtgepackt nebeneinander und lassen – nur elektronenmikroskopisch sichtbare – Spalträume von durchschnittlich 18 nm Breite zwischen sich frei. Die bei den übrigen Organen über den interstitiellen Bindegewebsraum ablaufenden Stoff- und Flüssigkeitsbewegungen werden beim NS zellulär vermittelt. Die für den Informationswechsel notwendigen Erregungsvorgänge, auf die sich die Nervenzelle spezialisiert hat, spielen sich an den Zellmembranen ab, die elektrisch aufgeladen sind. Die Erhaltung dieser Membranpotentiale ist für die Funktion des NS entscheidend. Unkontrollierte Substanz- oder Flüssigkeitsbewegungen, wie sie sonst im Interstitium ablaufen, würden im NS die Erregungsabläufe stören. Daher werden alle funktionell wichtigen Vorgänge zellulär kontrolliert, wobei das nichtnervöse Gliagewebe *(Neuroglia)* eng mit dem spezifischen Nervengewebe zusammenarbeitet. Jede Flüssigkeitsvermehrung, gleichgültig ob sie nun intra- oder extrazellulärer Herkunft ist, führt zu Funktionsstörungen im NS, evtl. sogar zum Tode (Hirnödem).

Nervenzelle (Neuron). Aus den Neuroblasten des embryonalen NS differenzieren sich Zellen verschiedener Form und Größe, die die Fähigkeit der Erregungsleitung, z.T auch der Erregungsbildung, haben *(Nervenzellen* oder *Neurone).* Das Neuron ist die eigentliche Baueinheit des NS. Es besteht nicht nur aus einem Zellkörper *(Perikaryon),* sondern auch aus verschiedenartigen Fortsätzen, nämlich einmal den *Dendriten,* die zum Zellkörper hinleiten (zellulipetal), und zum anderen aus *Neuriten (Axonen),* die vom Zellkörper weg, also zellulifugal leiten. Die Axone bilden somit die eigentlichen Leitungsorgane der Neurone, während die Dendriten zusammen mit dem Zellkörper der Aufnahme von Impulsen anderer Neurone dienen. Der Neurit entspringt am Zellkörper mit einer kegelförmigen Verbreiterung (Ursprungskegel oder *Initialsegment).* Seitlich von Neuriten abgehende Kollateralen bezeichnet man als Axonkollateralen oder *Paraxone.* Die Neuriten, die in die Peripherie auswachsen, können eine Länge von 1–1,20 m erreichen, obwohl ihr Durchmesser oft nicht mehr als 2–16 μm beträgt.

Nervenzellformen. Im Nervensystem kommen im wesentlichen drei verschiedene Zelltypen vor, die sich zum Teil in mehrere Untergruppen gliedern lassen (Abb. 39).

1. **Unipolare Nervenzellen** stellen die einfachste Form von Neuronen dar. Sie haben nur ein Axon mit dendritischen Verzweigungen aber keinen vom Zellkörper ausgehenden Fortsatz. Dies ist der bei Wirbellosen vorherrschende Zelltyp, der bei Wirbeltieren selten ist. Nur im autonomen NS kommen solche Zellen noch vor.
2. **Bipolare Nervenzellen.** Der spindelförmige Zellkörper besitzt zwei Fortsätze, einen mit dendritischen Verzweigungen ausgestatteten, afferenten Fortsatz und ein efferent leitendes Axon. Eine Sonderform dieser Zellen sind die pseudounipo-

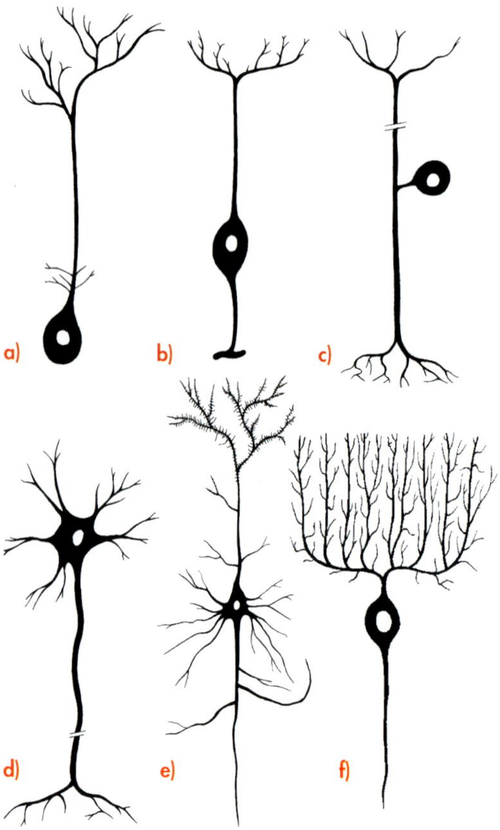

Abb. 39. Verschiedene Nervenzellformen (schematisch). a) Unipolare Nervenzelle; b) Bipolare Nervenzelle; c) Pseudounipolare Nervenzelle (z. B. Spinalganglienzelle); d) Multipolare Nervenzelle (z. B. Motoneuron des Rückenmarks); e) Multipolare Nervenzelle mit Dornenapparat an den Dendriten (z. B. Pyramidenzelle des Großhirns); f) Multipolare Nervenzelle mit stark entwickelten Dendritenverzweigungen (z. B. Purkinje-Zelle des Kleinhirns).

laren Ganglienzellen, die aus bipolaren Zellen entstanden sind, dann aber durch Verschmelzung nur noch ein vom Zellkörper ausgehendes Axon aufweisen. Pseudounipolare Nervenzellen kommen vor allem in den Spinalganglien vor.

3. **Multipolare Nervenzellen.** Charakteristisch für diese Zellen sind die zahlreichen, vom Zellkörper abgehenden (afferenten) Dendriten sowie das lange, unverzweigte (efferente) Axon. Bei diesem Zelltyp lassen sich drei Untergruppen unterscheiden, die vor allem durch die verschiedene Form ihrer dendritischen Verzweigungen und Zellkörper charakterisiert sind. Die motorischen Vorderhornzellen des Rückenmarks, die Pyramidenzellen der Großhirnrinde sowie die Purkinje-Zellen des Kleinhirns sind multipolare Nervenzellen (Abb. 39).

Die Nervenzelle ist also eine Riesenzelle, die sich extrem hoch differenziert hat und durch ihre langen Fortsätze ein großes Volumen erreicht. Daraus lassen sich zwei fundamentale Tatsachen verstehen: 1. das weitgehend fehlende Regenerationsvermögen des Nervengewebes und 2. der auffallend große Eiweißstoffwechsel und der hohe intrazelluläre Stofftransport (sog. axoplasmatischer Fluß).

Geht beim Erwachsenen eine Nervenzelle im Gehirn zugrunde, so kann sie nicht ersetzt werden. In dem komplexen Zellgefüge des NS sind keine vermehrungsfähigen Zellen mehr vorhanden. Die Matrixzonen der Embryonalperiode sind erschöpft. Dennoch behält das NS, auch noch im Alter, eine erstaunliche »Plastizität«. Diese kommt z. B. in der Lernfähigkeit oder auch in der Tatsache zum Ausdruck, daß ausgefallene Funktionen, die an bestimmte Hirnabschnitte geknüpft sind, von anderen Hirnteilen übernommen werden können. Hierbei kommt es aber nicht zu einer echten Regeneration von nervöser Substanz, sondern lediglich zu einer funktionellen Umstellung, gewissermaßen einem »Umlernen« oder »Dazulernen«, da die Fähigkeiten des nervösen Gewebes beim Menschen normalerweise nie voll ausgeschöpft werden.

Anders liegen die Verhältnisse in der Peripherie. Ein peripherer Nerv kann durchaus regenerieren, wie Beobachtungen an Verletzten gezeigt haben. Aber auch hier erfolgt keine Neubildung von Nervenzellen, also keine echte Regeneration. Lediglich der vom Zelleib abgetrennte Nervenfortsatz bildet sich neu, und zwar so wie in der Embryonalentwicklung auch. Wenn das regenerierende Axon sein Erfolgsorgan (Muskel- oder Sinneszelle) wieder erreicht hat, setzt die Funktion erneut ein.

Die zweite Besonderheit der Nervenzellen, nämlich ihr hoher Eiweißstoffwechsel, beruht darauf, daß das Zytoplasma des Perikaryons alle für die Eiweißsynthese wichtigen Organellen (rauhes endoplasmatisches Retikulum, Ribosomen, Golgi-Apparat, Mitochondrien usw.) in großer Zahl besitzt. In größeren Nervenzellen läßt sich das Ergastoplasma schon lichtmikroskopisch in Form grobscholliger, basophiler Einschlüsse im Zytoplasma des Perikaryons, sog. Nissl-Schollen, erkennen. *Nissl-Schollen* findet

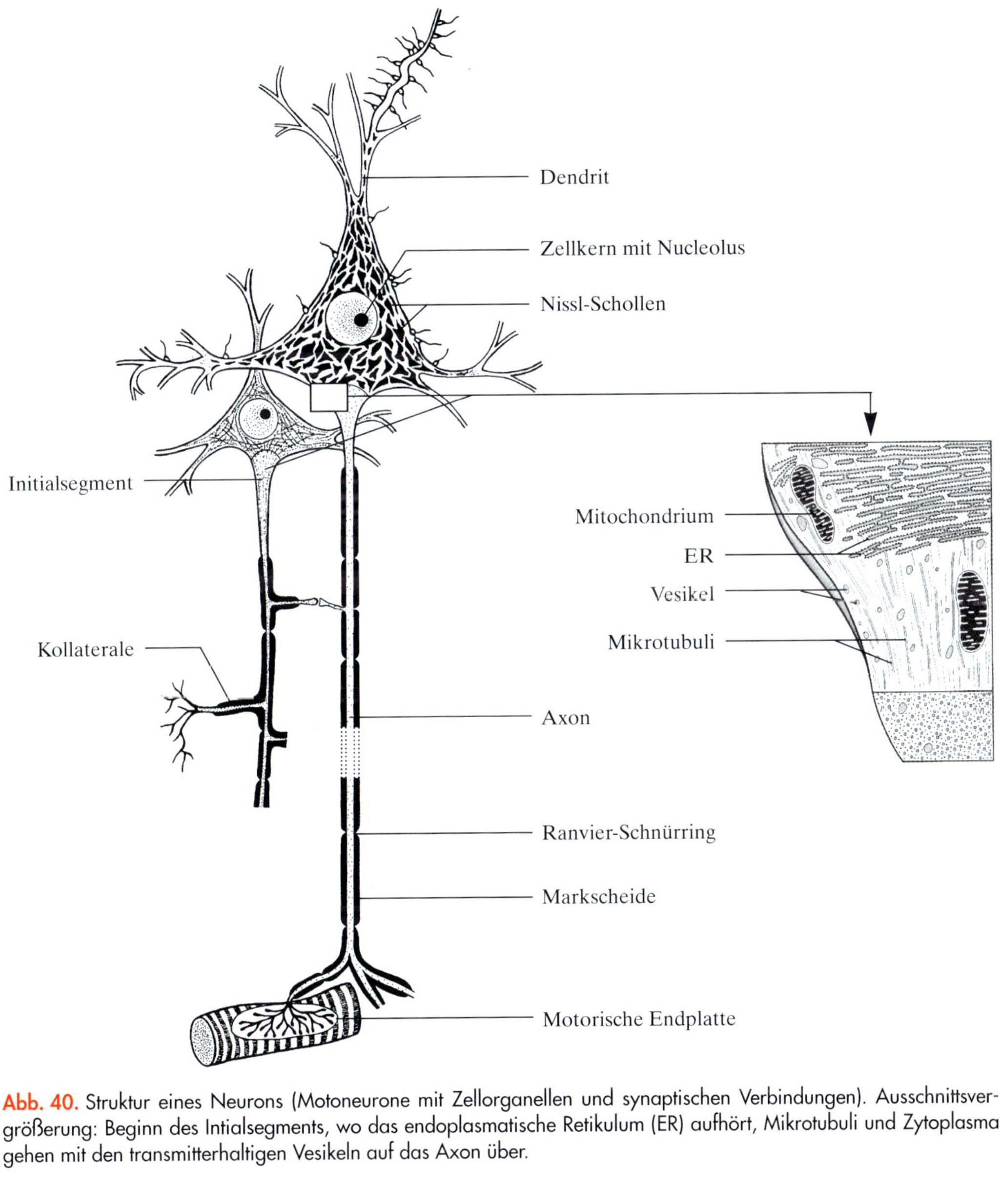

Abb. 40. Struktur eines Neurons (Motoneurone mit Zellorganellen und synaptischen Verbindungen). Ausschnittsvergrößerung: Beginn des Intialsegments, wo das endoplasmatische Retikulum (ER) aufhört, Mikrotubuli und Zytoplasma gehen mit den transmitterhaltigen Vesikeln auf das Axon über.

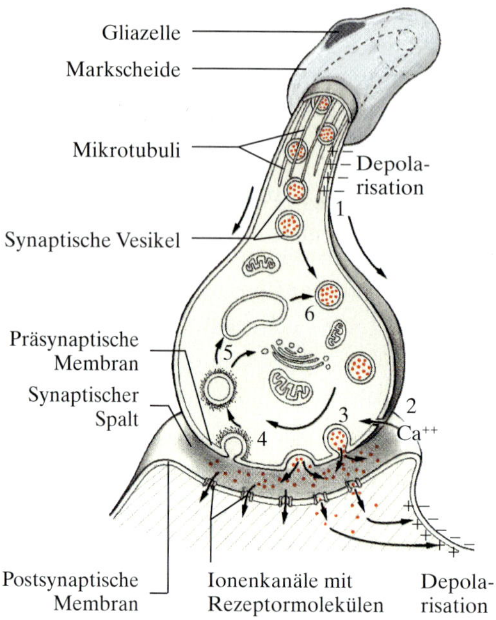

Abb. 41. Ablauf der Transmitterfreisetzung in einer Synapse: 1 = auslösendes Aktionspotential; 2 = Öffnung der Kalziumkanäle, Ca^{++}-Einstrom; 3 = Exozytose der synaptischen Vesikel und Freisetzung der Transmitter (rot) in den synaptischen Spalt; 4 = Bildung neuer Vesikel durch Endozytose (coated vesicles); 5 = Verschmelzung mit intrazellulären Organzellen (Endosomen, Golgi-Membranen usw.); 6 = Neubildung synaptischer Vesikel.

man in den Dendriten, nicht jedoch in den Neuriten. Das Ergastoplasma hört daher am Übergang zum Initialsegment auf (Abb. 40). Um das oft sehr lange Axon stofflich zu erhalten, müssen die im Zellkörper gebildeten Proteine peripherwärts transportiert werden. Wegen der Größe der Nervenzellen ist dieser **axonale Stofftransport** sehr groß. Große Neurone erneuern täglich etwa ein Drittel ihres gesamten Proteingehaltes, was nur durch einen intensiven und raschen axonalen Transport, der für Proteine etwa 250–400 mm/Tag, für Bausteine des Zytoskeletts allerdings nur 0,25–1,0 mm/Tag beträgt, möglich ist. Man unterscheidet heute einen peripherwärts gerichteten (anterograden) und einen rückwärts, zum Zellkörper laufenden (retrograden) Transport, wobei mit dem retrograden Transport nicht nur wiederverwendete Bauelemente (Recycling), sondern wahrscheinlich auch spezielle Informationsträger wie z. B. Nervenwachstumsfaktoren (NGF), die die jeweiligen Syntheseleistungen der Zelle regeln können, zum Perikaryon befördert werden. Man nimmt heute an, daß diese Transportvorgänge als zytochemische Gleitvorgänge entlang der Mikrotubuli, ähnlich wie bei der Muskelkontraktion, vonstatten gehen, was auch ihre Abhängigkeit vom oxydativen Stoffwechsel des Neurons erklären würde.

Synapsen. Wie die Zellfortsätze sind auch die Formen der Verbindungen der Nervenzellen untereinander sehr vielgestaltig. In der Regel lagern sich die etwas verdickten Nervenendigungen entweder an das Perikaryon eines anderen Neurons oder an das Zytolemm eines ihrer Fortsätze an (Abb. 41 u. 42). Man bezeichnet solche Kontaktstellen als *Synapsen*. Hier wird die nervöse Erre-

Axonaler Transport in Nervenzellen

Flußrichtung	Komponente	Transportmaterial	Geschwindigkeit in mm/Tag
Anterograder Transport	langsame	Bauelemente von Neurotubuli und Neurofilamenten Einzelsubstanzen, z. B. Enolase, Kalmodulin, Keratinphosphokinase	0,25–1,0 2–4
	schnellere schnelle	Mitochondrien Membranen, Proteine, Glykoproteine, Lipide	10–40 250–400
Retrograder Transport	schnelle	Vesikel Proteine (z. B. NGF)	~200

gung von einem Neuron auf ein anderes oder auf mehrere andere Neurone übertragen. Die Verbindung der Neurone zu Neuronenketten oder Leitungsbahnen ist also diskontinuierlich und erfolgt mit Hilfe solcher synaptischer Unterbrechungen.

Die Synapsen sind durch eine Reihe struktureller Besonderheiten gekennzeichnet. Im allgemeinen lagern sich die *Zellmembranen* der miteinander in Kontakt tretenden Elemente im Synapsenbereich besonders eng aneinander an und behalten ihre Verbindung auch bei artifiziellen Schrumpfungen bei. Die Zellmembranen sind in der Regel verdickt (prä- und postsynaptische Membranverdickungen) und durch einen 20–30 nm breiten Spaltraum (synaptischer Spalt) voneinander getrennt (Abb. 41). Die postsynaptische Membran ist meist etwas stärker verdickt als die präsynaptische. Im Bereich der terminalen Axonanschwellung kommt es zu einer Anhäufung bestimmter Zellorganellen (Mitochondrien, Bläschen usw.). Die Bläschen *(synaptische Vesikel)*, deren Durchmesser je nach Inhalt stark variieren kann, enthalten spezifische *Überträgerstoffe (Transmitter)*, wie z.B. Azetylcholin, Noradrenalin, Dopamin, Serotonin u.a., die bei der Erregungsübertragung freigesetzt werden.

Die Transmittermoleküle werden primär im endoplasmatischen Retikulum des Zellkörpers synthetisiert, in Vesikel verpackt und dann im Axon entlang der Mikrotubuli zur Nervenendigung transportiert. Erreicht ein Aktionspotential die Nervenendigung, wird die präsynaptische Membran depolarisiert, so daß die Kalziumkanäle aufgehen und Ca^{++}-Ionen einströmen. Normalerweise ist die Kalziumkonzentration außerhalb der Synapse 10^{-3} M, innerhalb dagegen nur etwa 10^{-7} M, so daß es nach Öffnung der Kanäle zu einem schnellen Ioneneinstrom kommt. Dadurch wird für die synaptischen Vesikel ein Exozytosevorgang eingeleitet. Die Vesikel verschmelzen mit der präsynaptischen Membran und entleeren ihren Inhalt, die Transmittermoleküle, in den synaptischen Spalt. In der postsynaptischen Membran befinden sich Ionenkanäle mit Rezeptormolekülen, an die die Transmitter binden und dabei die Kanäle öffnen (oder schließen), was entweder zur Erregung oder zur Hemmung des postsynaptischen Neurons führt. Die präsynaptische Membran kann anschließend durch Endozytose neue Vesikel bilden. Auch die Transmitter können enzymatisch zum größten Teil resynthetisiert werden, so daß ein Recycling transmitterhaltiger Vesikel im Synapsenbereich selbst vor sich geht. Ein Teil der Transmittersubstanzen geht jedoch immer verloren und wird vom Zellkörper aus ersetzt (Abb. 41).

Die kleinen, agranulären Vesikel (Durchmesser 40–60 nm) enthalten häufig Acetylcholin, während die kleinen, granulären Vesikel (Durchmesser etwa 50 nm) Monoamine (Noradrenalin, Dopamin, Serotonin), und die größeren, elektronendichten Vesikel (Durchmesser bis 100 nm) meist spezifische Neuropeptide (peptiderge Synapsen) enthalten.

Synapsen können an verschiedenen Stellen des Nervensystems entstehen. Wenn Axone mit Dendriten Synapsen bilden, spricht man von axo-dendritischen, wenn sie mit dem Zellkörper selbst Kontakte ausbilden von axo-somatischen Synapsen. Aber auch zwischen den Axonen selbst (axo-axonale) oder zwischen dem Zellkörper und den Dendriten eines anderen Neurons (somato-dendritische) oder zwischen den Dendriten selbst (dendro-dendritische) können Synapsen entstehen (Abb. 42).

Inhibitorische Synapsen sollen abgeplattete Vesikel und symmetrische Membranen (Gray Typ II), exzitatorische Synapsen dagegen runde Vesikel und asymmetrische Membranen (Gray Typ I) besitzen. Diese morphologischen Kriterien sind aber umstritten.

Plastizität des NS. Die Erregungsübertragung im Bereich der Synapsen ist nun keineswegs unveränderlich. Das NS ist kein starrer Schaltapparat, sondern ein lebendiges Gefüge von Zellen, die anpassungsfähig

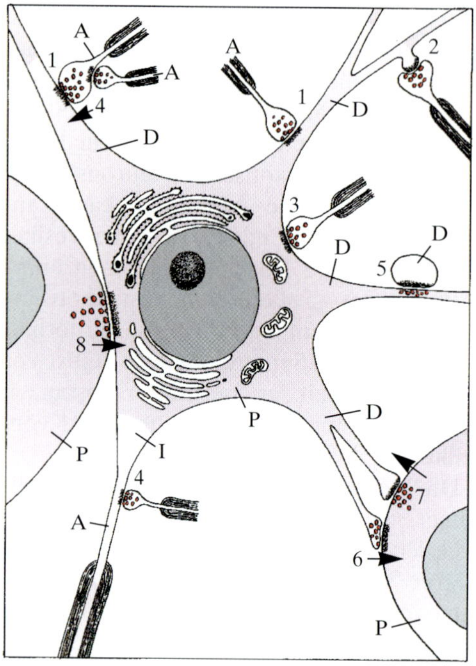

Abb. 42. Verschiedene Typen synaptischer Verbindungen innerhalb des NS (mod. nach James D. Fix). Pfeile = Richtung der Erregungsübertragung durch Transmitter (rot). 1 = axodendritische Synapse; 2 = axodendritische Synapse am Dornenapparat; 3 = axosomatische Synapse; 4 = axo-axonale Synapse; 5 = dendrodendritische Synapse; 6 = dendrosomatische Synapse; 7 = somatodendritische Synapse; 8 = somatosomatische Synapse. A = Axon; I = Initialsegment; P = Perikaryon mit Zellkern, Golgi-Apparat, ER und mehreren Dendriten (D).

und veränderlich sind. Wahrscheinlich beruhen die Phänomene der Gewöhnung und Sensibilisierung sowie auch die erstaunliche Plastizität des menschlichen Gehirns hauptsächlich auf Strukturveränderungen im Bereich der Synapsen.

Es gibt heute schon Hinweise darauf, daß von den miteinander in Kontakt stehenden Neuronen Stoffe gebildet werden, die ein gezieltes Wachstum der Axone und eine Entwicklung spezifischer Synapsen anregen können. Wahrscheinlich erfolgt die Bildung neuer Kontakte zwischen auswachsenden Nervensprossen zunächst mehr oder weniger zufällig. Ist aber einmal ein solcher Kontakt zustande gekommen, differenziert sich entweder eine echte Synapse, wobei beide Neurone aktiv zur Organisation der Synapsenstruktur beitragen, oder die beiden in Berührung gekommenen Endorgane ziehen sich wieder zurück, ohne eine Synapse zu bilden. In der frühen Embryonalentwicklung scheinen viel mehr Zellen und Zellkontakte vorhanden zu sein als im erwachsenen Gehirn. Ein organisierter »Zelltod« sowie das Verschwinden von funktionell »ungeeigneten« und überflüssigen Kontakten scheint damit ein wichtiger elementarer Mechanismus für die Entwicklung der definitiven funktionellen Strukturen zu sein.

Die Entwicklung neuer Synapsenketten, d.h. neuer Funktionssysteme, ist auch noch im Erwachsenenalter möglich, worauf die teilweise erstaunliche Plastizität des ZNS beruht. Neurone des Nucl. ruber z.B. erhalten Afferenzen aus dem Großhirn und aus dem Kleinhirn, wobei die kortikalen Neurone axodendritische, die zerebellaren Neurone axosomatische Synapsen mit ihren jeweils für diese Endigungen typischen Aktionspotentialmustern ausbilden (Abb. 43). Schaltet man die zerebellaren Afferenzen aus, so degenerieren die axosomatischen Synapsen. Die freiwerdenden Stellen werden aber innerhalb kurzer Zeit wieder durch die kortikalen Axone besetzt, so daß sich das Membranpotential entsprechend verändert. Es gibt aber auch Hinweise darauf, daß die Wiedergewinnung bestimmter Funktionen, die im Zusammenhang mit Nervendegenerationen ausgefallen sind, auch ohne die Bildung neuer synaptischer Strukturen möglich ist.

Nervenfasern und Markscheiden. Die Fortsätze der Nervenzellen haben die Fähigkeit der Erregungsleitung, die auf stereotypen, von der Reizintensität unabhängigen Änderungen des elektrischen Potentials der Zellmembranen beruht. Für die Aufrechterhaltung dieser Membranprozesse ist die Isolation der Nervenfasern durch eine Hüllzellschicht von entscheidender Bedeutung. Alle Axone

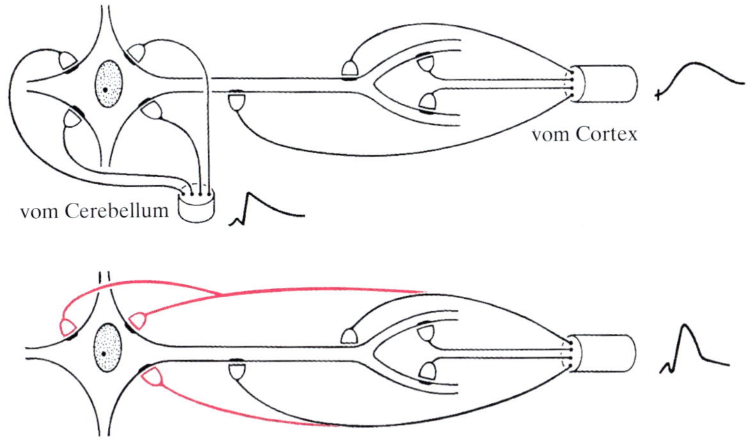

Abb. 43. Schema zur Plastizität des ZNS (aus Lund RD. Development and Plasticity of the Brain. Oxford: University Press 1978).
Oben: Ein Neuron des Nucleus ruber erhält Afferenzen vom Cortex (axodendritische Synapsen) und vom Cerebellum (axosomatische Synapsen) mit jeweils verschiedenen Membranpotentialmustern.
Unten: Nach Durchtrennung des Tractus cerebellorubralis besetzen die vom Cortex kommenden Axone die am Perikaryon freigewordenen axosomatischen Synapsen (rot) und das Membranpotential ändert sich entsprechend.

entwickeln daher eine von der Neuroglia gebildete Hülle, die durch die Einlagerung von Lipoproteinen zu einer hochdifferenzierten Isolierschicht, der *Markscheide* (Myelinscheide), wird. Die Gliazellen, die die Markscheiden ausbilden, nennt man **Schwann-Zellen.** Das Axon ist in gewisser Weise wie ein Kabel mit Kern und Hülle gebaut. Man kann markhaltige und marklose Nervenfasern unterscheiden. Zwischen den dicken, markhaltigen und dünnen, marklosen Nervenfasern gibt es alle Übergänge. Die dicksten Fasern haben einen Durchmesser von 12–20 µm (A-Fasern), die dünnsten von 0,5–2 µm (C- Fasern). Die Nervenplexus des autonomen NS bestehen meist nur aus dünnen, marklosen Fasern, während die mit dicken Markscheiden ausgestatteten Nervenfasern hauptsächlich in den Spinalnerven und im zentralen NS vorkommen.

Funktionell besteht ein Zusammenhang zwischen der Dicke des Axonquerschnittes und der *Leitungsgeschwindigkeit:* Je dicker ein Achsenzylinder ist, um so höher ist die Leitungsgeschwindigkeit. Die wirbellosen Tiere (Avertebraten) besitzen fast nur marklose und markarme Fasern, wobei Nervenfasern mit bis zu 500 µm Durchmesser vorkommen. Die Erregungsleitung ist bei diesen Organismen kontinuierlich. Bei den Wirbeltieren dagegen wird dieser Weg verlassen, da sich sonst bei der Zunahme der Körpergröße und Komplexität der inneren Organisation die Nervenstränge ganz unverhältnismäßig vergrößern müßten. Es bilden sich Nervenfasern mit Markscheiden heraus, die in Abständen von 1–3 mm durch sog. **Ranvier-Schnürringe** unterbrochen sind (Abb. 44). Durch diesen Kunstgriff wird die Erregungsleitung, ohne daß der Axondurchmesser in stärkerem Maße zunehmen muß, erheblich beschleunigt, denn die Erregung springt jetzt von Schnürring zu Schnürring, und die Leitung wird diskontinuierlich. Auf diese Weise spart der Wirbeltierorganismus an spezifischer Nervensubstanz und erreicht mit relativ geringem Materialaufwand sehr hohe Leitungsgeschwindigkeiten.

Die markhaltigen Nervenfasern gehen auch in der Ontogenese aus den marklosen

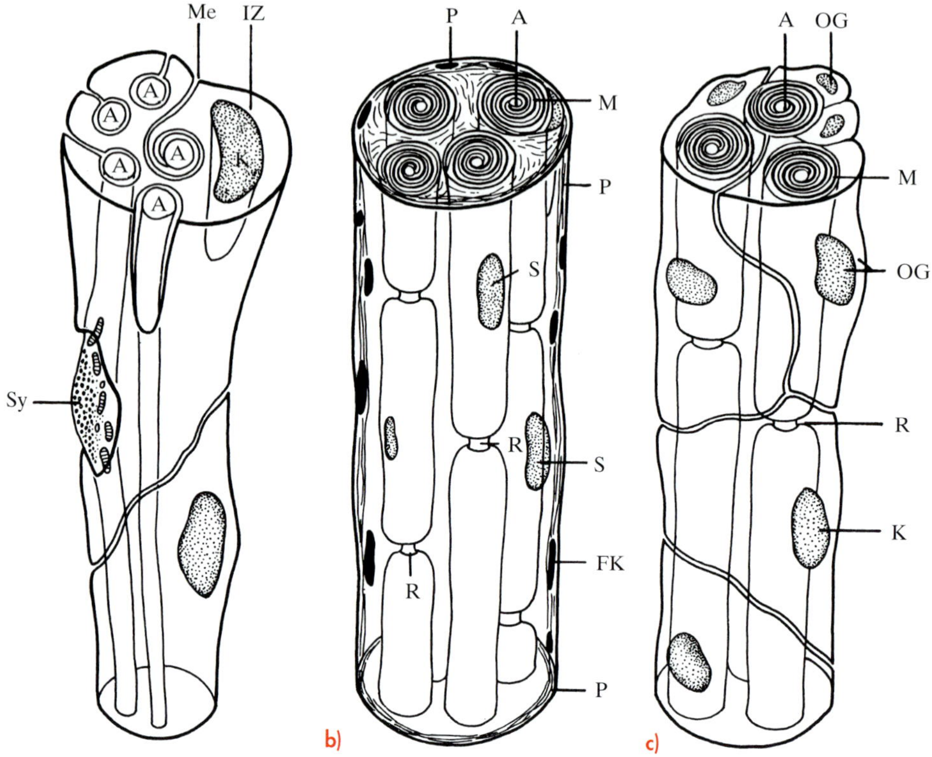

Abb. 44. a–c) Vergleichende Übersicht über den Feinbau eines Nervenbündels aus dem peripheren autonomen Nervensystem (a), dem spinalen Bereich des Nervensystems (b) und dem zentralen Nervensystem (c) nach elektronenmikroskopischen Befunden.
a) Die marklosen Axonen (A) des autonomen Nervensystems sind meist zu mehreren in das Zytoplasma einer interstitiellen Zelle mit ihren Mesaxonen (Me) eingelagert. An Stellen, wo sie »nackt« aus dem Hüllplasma der Gliazelle (Schwann-Zelle, IZ) heraustreten, bilden sich häufig lokalisierte Synapsen (Sy).
b) Die markhaltigen Nervenfasern des spinalen Nervensystems werden durch Bindegewebe zu Bündeln zusammengefaßt (Perineurium [P]). Sie werden durch die Ranvier-Schnürringe (R) in interanuläre Segmente gegliedert.
c) Die zentralen Nervenfasern (im Rückenmark oder Gehirn) werden nicht durch Bindegewebshüllen in Bündel aufgegliedert und besitzen keine »individuellen« gliösen Hüllzellen nach Art der Schwann-Zellen, sondern werden in unregelmäßiger Form durch Oligodendrogliazellen (OG) eingescheidet. Ranvier-Schnürringe sind vorhanden. A = Axone; FK = Fibrozytenkern; IZ = Schwann-Zelle (mit Kern); K = Kerne; M = Markscheide; Me = Mesaxon; OG = Oligodendrogliazellen; P = Perineurium; R = Ranvier-Schnürringe; S = Kerne der Schwann-Zellen; Sy = Synapsen.

hervor. Die gliösen Hüllzellen *(Schwann-Zellen)* umgeben das Axon in der Embryonalzeit zunächst nur mit einer Plasmahülle ohne Myelingehalt. Vom 4. Monat an beginnt an bestimmten Fasergruppen (nicht an allen) die Markscheidenbildung. Dabei wickelt sich die Membranduplikatur des Zytolemms der Hüllzelle, das sog. *Mesaxon,* allmählich spiralig um den Achsenzylinder. In die Zwischenräume dieser Eiweißlamellen lagern sich dann die spezifischen Lipide der Markscheide (Sphingomyeline, Kephaline, Phosphatide, Lezithine, Zerebroside usw.) ab, so daß eine sehr regelmäßige Schichtung aus äußerst dünnen, konzentrisch angeordneten Lipoproteinlamellen entsteht.

Bei den markhaltigen Nervenfasern kommt die oben erwähnte *Ranvier*-Einschnürung dadurch zustande, daß die Markscheide an dieser Stelle unterbrochen ist. Allerdings ist das Axon hier nicht »nackt«, sondern wird noch von den stark verzahnten zytoplasmatischen Ausläufern der aneinander angrenzenden Schwann-Zellen bedeckt. Somit liegen im Bereich der Ranvier-Schnürringe die eigentlichen Zellgrenzen der Schwann-Zellen. Man bezeichnet die Strecke von Schnürring zu Schnürring auch als **interanuläres Segment** (Internodalstrecke). Am Ranvier-Schnürring können die für die Erregungsvorgänge wichtigen Membranprozesse ablaufen, im Markscheidenbereich jedoch nicht. Die Erregung kann somit von Schnürring zu Schnürring springen (saltatorische Erregungsleitung). Je länger die Internodien zwischen zwei Schnürringen sind, bzw. je dicker die Markscheide ist, um so schneller ist die Leitungsgeschwindigkeit. Beim Menschen erreichen die dicksten markhaltigen Fasern eine Leitungsgeschwindigkeit von 70–120 m/Sek., während die Leitungsgeschwindigkeit der marklosen Nervenfasern bei 1–15 m/Sek. liegt.

Die **peripheren marklosen Nervenfasern,** die meist zum autonomen NS gehören, besitzen keine Schnürringe (Abb. 44a). Die Achsenzylinder werden in der Regel zu mehreren in eine Hüllzelle eingeschlossen. Nicht selten liegen aber auch die Axone dieser Fasern streckenweise frei, ohne Isolierung durch Schwann-Zellen, d.h., sie treten streckenweise aus dem Zytoplasma der Hüllzellen heraus. An solchen »nackten« oder »freien« Stellen finden sich im Axon dann meist Mitochondrienanhäufungen und zahlreiche synaptische Vesikel. Es entstehen

Klassifizierung der Nervenfasern (nach Erlanger, Gasser)

Fasertyp	Durchmesser in µm	Leitungsgeschwindigkeit in m/Sek.	Funktion
A_α	12–20	70–120	Efferente Fasern zur quergestreiften Muskulatur Afferente Fasern aus Muskelspindeln
A_β	5–12	30–70	Afferente Fasern von Hautrezeptoren (Druck, Berührung)
A_γ	3–6	15–30	Efferente Fasern für Muskelspindeln
A_δ	2–5	12–30	Afferente Fasern von Hauptrezeptoren (Schmerz, Temperatur, Nozizeption)
B	3	3–15	Präganglionäre Fasern des autonomen NS
C	1 marklos	0,5–2	Hautafferenzen für Nozizeption. Postganglionäre, efferente Fasern des autonomen NS

Klassifizierung der Nervenfasern (nach Lloyd, Hunt)

Typ	Vorkommen	Durchmesser in µm	Leitungsgeschwindigkeit in m/Sek.
Ia	Primäre afferente Fasern der Muskelspindeln	10–20	70–120
Ib	Afferente Fasern der Sehnenspindeln	10–15	70–120
II	Sekundäre afferente Fasern der Muskelspindeln Afferente Fasern von Mechanorezeptoren der Haut	5–12	25–70
III	Tiefe Drucksensibilität des Muskels	2–5	10–25
IV	Marklose Schmerzfasern, Nerven des peripheren autonomen NS	1 marklos	1

(indirekt) synaptische Beziehungen zu dem umgebenden Gewebe, aber keine direkten Membrankontakte mit den Erfolgsorganen.

Demgegenüber besitzen die **zentralen Nervenfasern** (Abb. 44c) durchweg gut differenzierte Markscheiden. Ranvier-Einschnürungen sind vorhanden, aber eine internodal gegliederte Schwann-Scheide, wie sie an den peripheren, markhaltigen Nervenfasern differenziert ist, fehlt. Statt dessen werden die Fasern von einer bestimmten Form der Gliazellen, nämlich den Oligodendrogliazellen, eingehüllt, die aber nicht auf eine Faser beschränkt sind, sondern immer mehrere Fasern einschließen. Die mangelnde Regenerationsfähigkeit der zentralen Nervenfasern beruht zumindest teilweise auf diesen Unterschieden in der Struktur der Markscheide.

Zwischen diesen beiden Strukturformen nehmen die **markhaltigen Nervenfasern peripherer Nerven** eine Mittelstellung ein (Abb. 44b). Diese Axone besitzen immer eine geschlossene Hüllschicht mit »individuellen« Schwann-Zellen, die jeweils von Schnürring zu Schnürring reichen und damit einem interanulären Segment entsprechen. Außerdem werden sie durch Bindegewebe, das im ZNS fehlt, zu kleineren oder größeren Bündeln zusammengeschlossen, aus denen sich dann die peripheren Nerven zusammensetzen. Bei der Nervenregeneration spielt nicht nur die Schwann-Scheide, sondern auch die bindegewebige Organisation der peripheren Nerven eine Rolle.

Die unterschiedlichen Strukturverhältnisse der Nervenfasern in den drei geschilderten Bereichen des NS finden auch im funktionellen Verhalten (Leitungsgeschwindigkeit u.a.) ihren Ausdruck. Man kann drei Hauptfasergruppen unterscheiden (A-, B-, C-Fasern), wobei die A-Fasern, die nochmal in vier Untergruppen unterteilt werden, die höchsten Leitungsgeschwindigkeiten und die größten Durchmesser erreichen. Die B- und C-Fasern gehören weitgehend zum autonomen NS und zeigen eine relativ langsame Leitungsgeschwindigkeit. Nach einer anderen, mehr die Motorik berücksichtigenden Einteilung klassifiziert man die Nerven in vier Gruppen von I-IV.

Neuroglia. Die nichtnervösen, zeitlebens teilungsfähigen Gliazellen erfüllen wichtige Hilfsfunktionen, ohne die das empfindliche Nervengewebe nicht arbeitsfähig wäre. Die Gliazellen grenzen das Nervengewebe von anderen Geweben, insbesondere vom Blutgefäßsystem und den bindegewebigen Hirnhäuten ab, sie kontrollieren die Flüssigkeitsbilanz des Extrazellulärraumes und den Flüssigkeitsaustausch mit dem Gefäßsystem, unterhalten den sehr intensiven Stoffwechsel der Nervenzellen durch Antransport der Metaboliten und Abtransport der Endprodukte, sie spielen wahrscheinlich bei immunologischen Abwehrvorgängen eine entscheidende Rolle und können schließlich auch bei eventuellen Schädigungen makrophagenähnliche Abräumfunktionen übernehmen sowie Reparaturprozesse in Gang setzen. Die Vielfalt dieser Aufgaben hat zu einer Spezialisierung der Gliazellen in 3 Haupttypen geführt. Die *Astrozyten* übernehmen hauptsächlich die Transportfunktionen und die Abgrenzung gegenüber anderen Geweben, die *Oligodendrogliazellen* unterhalten den Stoffwechsel der Nervenzellen und die *Mikrogliazellen* (Hortega-Zellen) übernehmen schließlich die Abwehr- und Abräumfunktionen. Die Zahl der Gliazellen steht meist in einem für die jeweilige Hirnregion konstanten Verhältnis zur Zahl der Nervenzellen *(Glia-Index),* ist also funktionell bestimmt.

Astrozyten. Die Nervenzellen können ihre Fähigkeit der Erregungsleitung nur aufrechterhalten, wenn die schmalen Spalten zwischen den Zellen des NS in ihrer ionalen Zusammensetzung konstant bleiben. Die Astrozyten sorgen für die Erhaltung des Ionengleichgewichtes und die Konstanz des Flüssigkeitsvolumens.

Sie sind reich an Kaliumionen und zeigen einen hohen Widerstand gegen permeable Substanzen. Die Astroglia funktioniert als »sink« für Kaliumionen, um in den schmalen

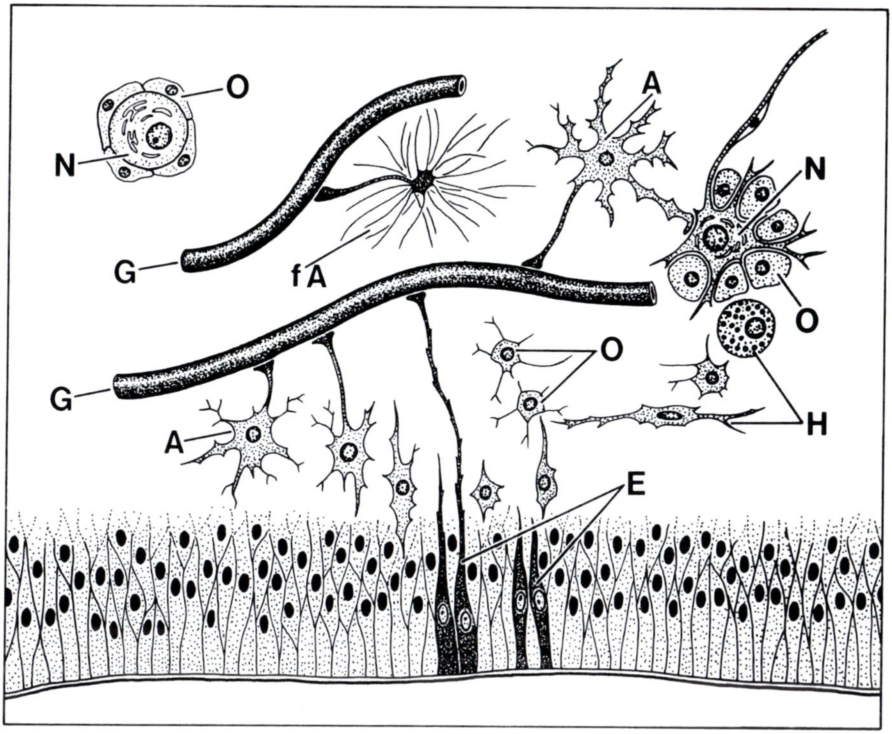

Abb. 45. Schema verschiedener Gliaformen (modif. nach P. Glees). Schon in der Frühentwicklung zeigen die Astrozyten Endfüßchen zu den Gefäßen. A = Astrozyt; fA = faseriger Astrozyt; E = Ependymzellen; G = Gefäße; H = Hortega-Zellen (Mesoglia); N = Nervenzellen; O = Oligodendrogliazellen.

extrazellulären Spalträumen des ZNS während der Erregungsphasen der Neurone einen Anstieg von Kalium zu verhindern. In den Ruhephasen gelangt dann das Kalium wieder zurück in das Zytoplasma der Neurone.

Die Astrozyten sind sternförmig verzweigte Zellen mit einem gut entwickelten Zytoskelett, das hauptsächlich aus spezifischen Gliafilamenten *(Gliafibrillen)* besteht. Die in der grauen Substanz lokalisierten Astrozyten besitzen kurze, gedrungene Fortsätze (Kurzstrahler oder protoplasmatische Astrozyten), die in der weißen Substanz vorkommenden Astrozyten zeigen dagegen langgestreckte, schlanke und fibrillenreiche Fortsätze *(Langstrahler* oder faserige Astrozyten) (Abb. 45). Mit füßchen- oder kolbenartigen Verdickungen enden zahlreiche dieser Fortsätze an den Kapillaren, wodurch das Nervengewebe vollständig vom Gefäßsystem abgegrenzt wird. Entlang dieser Gliafüßchen sollen der Flüssigkeitstransport und Stoffaustausch vonstatten gehen. Die astrozytären Gliafüßchen bilden eine geschlossene Hülle um die Kapillarwand herum, durch die das Eindringen von Flüssigkeit in den Extrazellulärraum verhindert werden kann (astrozytäre Kontrolle der Gefäßpermeabilität). Der hohe Grad der »Entwässerung«, der für das NS charakteristisch ist, wird also zellulär kontrolliert. Die Astrozyten sorgen durch aktive Transportprozesse für die Konstanz der Flüssigkeitsbilanz im Gehirn. Extra- wie auch intrazelluläre Flüssigkeitsansammlungen können lebensbedrohlich sein (Hirnödem).

Flächenhaft verbreiterte Astrozytenfortsätze finden sich auch an der Hirnoberfläche, so daß hier gliöse Grenzmembranen entstehen, die das Hirngewebe gegen die bindegewebigen Hirnhäute (Pia mater) und den mit Liquor gefüllten Subarachnoidalraum abgrenzen (Membrana limitans gliae superf.).

Klinischer Hinweis. Nach Verlust von spezifischem Nervengewebe können die Astrozyten proliferieren und die Lücken schließen oder Narbengewebe bilden (sog. fibröse *Gliose*). Gliazellen können auch tumorös entarten und *Gliome* bilden. Wegen der fehlenden Teilungsfähigkeit der Nervenzellen sind neurale Tumoren sehr selten.

Oligodendrogliazellen. Die zweite große Gruppe von Gliazellen umfaßt die Oligo-

Übersicht über die wichtigsten Gliaformen

Gliatyp	Zellen	Vorkommen	Funktion
Ependymzellen (epitheliale Glia)	– Epithelartige, langgestreckte Zellen – Gut entwickeltes Zytoskelett – Lumenwärts oft Zilien	Auskleidung der Hirnventrikel und des Rückenmarkskanals	
Astrozyten (Makroglia)	– Sternförmig verzweigte Zellen – Wenig Zellorganellen – Viel Gliafilamente – Reichlich Glykogengranula	a) Graue Substanz (protoplasm. Astrozyten, Kurzstrahler) b) Weiße Substanz (faserige Astrozyten, Langstrahler) – Bilden Gliagrenzmembranen und Gliafüßchen an Gefäßen (Membrana limitans gliae)	– Kontrolle der Flüssigkeitsbilanz und des Ionengleichgewichts (Kalium-Sink) – Stütz- und Transportfunktionen
Oligodendrogliozyten (zentrale Glia)	– Wenig Fortsätze – Viele Zellorganellen (ER, Golgi-App., Mitochondrien) – Wenig Fibrillen, viele Mikrotubuli – Keine Basallamina	– Hüllzellen für die Perikarien und Axone zentraler Neurone	– Stoffwechselfunktionen für Neurone – Bildung der Markscheide zentraler Nervenfasern
Schwann-Zellen	– Fortsatzlose Zellen – Organellenreich (ER, Mitochondrien) – Viele Mikrotubuli – Deutliche Basallamina	– Reihenartige Anordnung um die peripheren Nervenfasern – Hüllzellen um Perikarien von Ganglienzellen (Satelliten- oder Mantelzellen) – Teloglia	– Stoffwechselfunktionen für periphere Ganglienzellen – Bildung der Markscheide peripherer Nervenfasern – Beteiligung an Nervenregeneration
Mikrogliozyten (Mikroglia, Mesoglia)	– Fortsatzreiche, kleine Zellen – Nach Phagozytose kugelförmig – Viele Lysosomen, Mitochondrien, Golgi-App., Vesikel	– Ubiquitär – Hinwanderung ins ZNS aus dem Gefäßsystem	– Amöboid beweglich – Phagozytosefähig – Abräum- und Abwehrfunktionen

dendrogliazellen im ZNS (zentrale Glia) und die Schwann-Zellen in der Peripherie (periphere Glia) (Abb. 45). Die Oligodendrogliazellen besitzen im Gegensatz zu den Astrozyten nur eine geringe Zahl von Zellfortsätzen, aber zahlreiche spezifische Zellorganellen (Ergastoplasma, Mitochondrien usw.), weshalb sie mehr für den Stoffwechsel der Nervenzellen von Bedeutung sind. Sie lagern sich den Nervenzellkörpern eng an und reagieren funktionell meist mit diesen zusammen. In der Nachbarschaft der Axone gelegen, produzieren die Oligodendrogliazellen auch die Markscheide der zentralen Nervenfasern.

Zur selben Kategorie gehören auch die **Mantel-** oder **Satellitenzellen,** die in den perpheren Ganglien eine mehr oder weniger geschlossene, einschichtige Hüllschicht um die Ganglienzellen bilden. Die **Schwann-Zellen** der peripheren Nervenfasern, die die Markscheide der peripheren Nervenfasern aufbauen, gehören ebenfalls in diese Gruppe. Auch in den viszeralen Nervengeflechten sind die marklosen Nervenfasern von Gliazellen eingescheidet, die man meist als Schwann-Zellen oder interstitielle Zellen bezeichnet. Alle genannten Zellformen dieser Gruppe zeichnen sich durch ihre Fähigkeit zu pulsatorischen, rhythmischen Bewegungen aus. Vermutlich spielen sie für den axonalen Transport eine wichtige Rolle.

Mikro- oder Hortega-Glia. Die dritte Hauptgruppe der Neuroglia stellt die Mikro- oder Hortega-Glia dar. Da diese Zellen wahrscheinlich während der Entwicklung mit dem mesenchymalen Gefäßbindegewebe ins NS eingewandert sind, bezeichnet man sie auch als *Mesoglia.* Die Hortega-Zellen sind von großer gestaltlicher Mannigfaltigkeit, was mit ihrer amöboiden Beweglichkeit zusammenhängt. Sie können zu Stellen erhöhten Gewebszerfalls wandern und Partikel oder toxische Substanzen phagozytieren, wobei sich die Zellen abkugeln und ein körniges oder schaumiges Aussehen gewinnen (Körnerzellen, Schaumzellen) (Abb. 45). Die Mikrogliazellen, die in ihrer Struktur Makrophagen ähneln (z.B. immer zahlreiche Lysosomen enthalten), stammen wie die Monozyten aus dem Knochenmark und erfüllen hauptsächlich Abräum- und Schutzfunktionen.

Zur Glia gehören auch die **Ependymzellen,** die die Innenwand des Rückenmarkskanals sowie die Hirnventrikel auskleiden und mit langen Fortsätzen in das Nervengewebe hereinragen. Eine Spezialform sind die Tanyzyten, (s. S. 269).

4.2 Funktionelle Gliederung des Nervensystems

Die Richtung der Erregungsleitung eines Neurons ist primär nicht festgelegt. Sie hängt immer vom Ort der Reizbildung bzw. Erregungsübertragung ab. Die Funktion einer Neuronenkette (Bahn) wird damit nicht unwesentlich von den Terminalorganen und ihrer Eingliederung in das Gesamtsystem bestimmt. Stellt man sich die nervöse Masse für einen Augenblick als eine undeterminierte Masse vor, so könnte man sagen: Die funktionelle Ausrichtung der Leitungssysteme erfolgt im wesentlichen von zwei Seiten her: einmal von der Außenwelt durch die Sinnesorgane, von denen das Nervensystem einen ständigen afferenten Informationszustrom erhält, und zum anderen von der Innen- oder Organwelt, mit der das Nervensystem durch efferente Terminalorgane in Kontakt tritt.

Dieser Doppelaspekt in der funktionellen Orientierung der nervösen Masse hat viele ältere Autoren veranlaßt, von zwei elementaren Teilen des NS zu sprechen, einem *oikotropen,* zur Umwelt hin orientierten, und einem *idiotropen,* die Funktion der Innenwelt regelnden Teil. Der oikotrope, außenweltorientierte Anteil konzentriert sich besonders auf das Kopfgebiet. Die vielfältigen Afferenzen der Sinnesorgane werden von diesem Teil des ZNS (nach Clara das »Außenministerium«) zum Gesamtbild unserer Umwelt integriert, bewußt verarbeitet und gegebenenfalls gespeichert oder beantwortet. Eine Vielzahl von auf engem Raum konzentrierten Kernen im End- und Stammhirn steht mit diesen Funktionen in Zusammenhang (Abb. 46a).

Demgegenüber übernimmt der idiotrope oder autonome Teil des NS (nach Clara das »Innenministerium«) die Regelung derjenigen Organfunktionen, die zur Erhaltung des Lebens sowie zur Anpassung des Organismus an veränderte Umweltsituationen notwendig sind. Die Konstanterhaltung der Körpertemperatur, des Blutdruckes, des Blutzuckers, die Regulation von Atmung und Kreislauf, Wasserhaushalt und Stoffwechsel gehören hierher. Diese Regulationen gehen meist von bestimmten »Zentren« aus, deren Nervenzellen spontan Erregungen aussenden und dadurch die Aktivität dieser Organe entweder hemmen oder fördern. Daher stehen hier die efferenten Erregungsleitungen im Vordergrund (Abb. 46c).

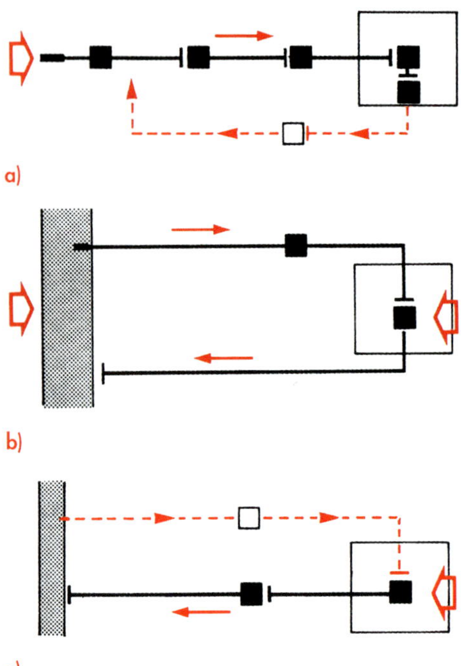

Abb. 46. a–c) Elementare Bauformen der Leitungsbögen im Bereich des Nervensystems. Die roten Pfeile bezeichnen die Leitungsrichtung der Erregungen, die weißen Pfeile markieren die hauptsächlichen Orte der Erregungsentstehung bzw. Erregungszuflüsse. Jeweils links: peripherer Bereich; rechts (Viereck): zentralnervöser Bereich.
a) Kopfbereich – Sinnessysteme des ZNS (Sensorik). Der afferente Schenkel des Leitungsbogens dominiert. Erregungsbildung am Rezeptor.
b) Spinaler Bereich – Reflexsysteme des Rückenmarks (Sensomotorik). Afferenter und efferenter Schenkel des Leitungsbogens sind in etwa gleichwertig.
c) Organbereich – Vegetativ-periphere Systeme (Viszeromotorik). Der efferente Schenkel des Leitungsbogens dominiert. Spontane Erregungsbildung in den nervösen Zentren.

Es ist nun aber keineswegs so, daß im oikotropen System nur afferente und im idiotropen nur efferent leitende Neurone vorhanden wären. Vielmehr bilden sich innerhalb der nervösen Masse fast überall Neuronenketten heraus, die aus afferenten und efferenten Bauelementen zusammengesetzt sind. Man nennt einen solchen neuronalen Verband einen Leitungsbogen. Der *Leitungsbogen stellt die funktionelle Baueinheit des Nervensystems dar.* Er setzt sich immer aus einem afferenten und efferenten Schenkel zusammen, im einfachsten Falle aus je einem Neuron. Kompliziertere Leitungsbögen umfassen mehrere zu- und ableitende Neuronenketten, die dann als (afferente bzw. efferente) Leitungsbahnen bezeichnet werden. Funktionell bilden die Leitungsbögen fast immer Regelkreise, in denen meist durch das Prinzip der Rückkopplung bestimmte Regelgrößen konstant gehalten werden. Wir wollen derartige, aus einem afferenten und efferenten Schenkel zusammengesetzte Leitungsbögen als *funktionelle Systeme* oder »Funktionskreise« bezeichnen.

Am einfachsten sind derartige Systeme im *Rückenmarksbereich* differenziert. Die afferenten und efferenten Schenkel der Leitungsbögen sind hier fast immer nahezu gleichwertig. Die aus der Peripherie stammenden afferenten Erregungen werden im zugehörigen Zentralorgan verarbeitet und lösen eine efferente Antwortreaktion aus (»Reflex«). Das erregungsverarbeitende Zentrum kann nun aber nicht nur im Rükkenmark, sondern auch in übergeordneten Hirnabschnitten liegen. Insofern ist also der oben aus der Morphologie heraus abgeleitete Begriff eines metameren Bereiches im NS nicht ausschließlich auf das Rückenmark beschränkt, sondern reicht bis in die höheren Abschnitte des ZNS. Funktionell gesehen muß man ihn als einen Arbeitsbereich charakterisieren, bei dem immer afferente und efferente Neuronen zu *Reflexsystemen* zusammengeschlossen sind, gleichgültig in welchem zentralen Kerngebiet ihre Umschaltung erfolgt. Je weiter kranial die verarbeitenden Zentren liegen, um so länger werden die afferenten bzw. efferenten Schenkel der zugehörigen Leitungsbögen. An der allgemeinen Konstruktion der Systeme ändert sich jedoch nichts. Da sie in der Hauptsache der Körpermotorik dienen und immer aus annähernd gleichwertig zusammenarbeitenden sensorischen (afferenten) und motorischen (efferenten) Einheiten zusammengesetzt sind, können sie als *sensomotorische Systeme* bezeichnet werden (Abb. 46b).

Anders liegen die Verhältnisse im *Kopfbereich* und im peripheren, autonomen NS (Abb. 46a u. c). Zwar sind auch hier Leitungsbögen differenziert, aber ihre beiden Schenkel sind in der Regel nicht gleichwertig. Im Kopfteil des Nervensystems dominieren die afferenten Systeme. Die aus den Sinnesorganen einlaufenden Erregungen bestimmen weitgehend das Funktionsgeschehen *(Sensorik, Perzeption)*. Der afferente Schenkel des Leitungsbogens hat sich sozusagen verselbständigt. Efferente, »reflektorisch« auf das Erfolgsorgan zurückwirkende Erregungsabläufe gibt es in ähnlicher Form wie im sensomotorischen Bereich nicht. Zwar gibt es in den Sinnesorganen auch efferente Neurone (in Abb. 46a gestrichelt). Ihre Aufgabe besteht aber in der Hauptsache in der Verstellung der Reizschwellen und Abstufung der Reizintensitäten. Dieser Schenkel des Systems dient also eigentlich nur einer Optimierung der Perzeption. Er ist somit nur Hilfsapparat, nicht ein gleichwertiger Teil des Gesamtsystems. Im Vordergrund steht die afferente Reizaufnahme und Erregungsverarbeitung, die im klassischen Fall allein den Charakter dieser Systeme bestimmt.

Anders liegen die Verhältnisse im autonomen NS. Hier steht im Gegensatz zu den Sinnessystemen funktionell das *efferente* Geschehen im Vordergrund. Die Erregungsbildung erfolgt meist spontan in den zentralen Steuerungszentren und führt zu einem peripherwärts gerichteten Informationsfluß, der für die Regelung der Organtätigkeiten entscheidend ist. Zwar kommen auch aus den viszeralen Gebieten rückläufig afferente Informationen zum Zentralorgan. Diese haben aber wiederum vornehmlich die Aufgabe, die spontane Reizbildung in den Steuerungszentren zu modifizieren und damit die Efferenzen den jeweiligen Gegebenheiten der organischen Innenwelt anzupassen (gestrichelte Linie in Abb. 46c).

Wir kommen damit innerhalb des NS zu drei funktionell verschiedenen Elementarbereichen, die sich als Modifikationen eines Grundschemas, nämlich des zu einem Regelkreis zusammengeschlossenen Leitungsbogens, erweisen (Abb. 46). Wir wollen daher diese Gliederung der weiteren Betrachtung zugrunde legen.

4.3 Sensomotorische Systeme

Die sensomotorischen Funktionskreise haben funktionell mit der Regelung der Motorik zu tun. Die afferenten Neurone beginnen in der Körpermuskulatur und die efferenten enden dort auch wieder. Das konstruktive Bauelement der sensomotorischen Funktionskreise ist somit der geschlossene, von und zur Muskulatur verlaufende Leitungsbogen, dessen zugehöriges Zentralorgan im Rückenmark oder in den supraspinalen Hirnabschnitten liegt. Für die Regelung einfacher motorischer Abläufe ist das Rükkenmark zuständig. Je komplizierter und »freizügiger« die Bewegungsformen werden, um so höhere Hirnzentren schalten sich in die »basalen« Leitungsbögen des Rückenmarks ein. Neben reflektorischen, nahezu automatischen Reaktionen (Eigenreflexe, mechanische Fortbewegungsautomatismen) gibt es gezielte Einzelbewegungen (Abwehr-, Flucht- und Wischbewegungen), Bewegungen zur Gleichgewichtsregulation sowie die Vielzahl der unbewußten (»unwillkürlichen«) und bewußten willkürlichen Bewegungsformen. Ob wir eine unbekannte Sprache erlernen oder ein Instrument spielen lernen, ob wir freiwillig (»willkürlich«) eine neue, bisher nicht ausgeführte Bewegung einüben oder schließlich ganz unbewußt und automatisch eine Ausgleichsbewegung zur Erhaltung des Gleichgewichts und der Körperstellung ausführen, immer treten die mit der Körpermuskulatur verbundenen sensomotorischen Systeme in Funktion, wobei jedoch jeweils andere Kerngebiete des NS beteiligt sind. Daher existieren teils kürzere, teils längere Leitungsbahnen, ohne daß irgendwo das Grundschema des aus afferenten und efferenten Neuronen zusammengesetzten Leitungsbogens aufgegeben wird.

Aus der Vielfalt dieser Zusammenhänge lassen sich fünf elementare funktionelle Systeme herausschälen, in die sich alle wesentlichen Funktionsabläufe eingliedern lassen. Daß natürlich noch sehr viel detailliertere Untergliederungen möglich sind, braucht nicht betont zu werden. Es sollte aber auch nicht übersehen werden, daß das NS eine Ganzheit darstellt und daß alle systematischen Untergliederungen irgendwo willkürliche Grenzen ziehen müssen.

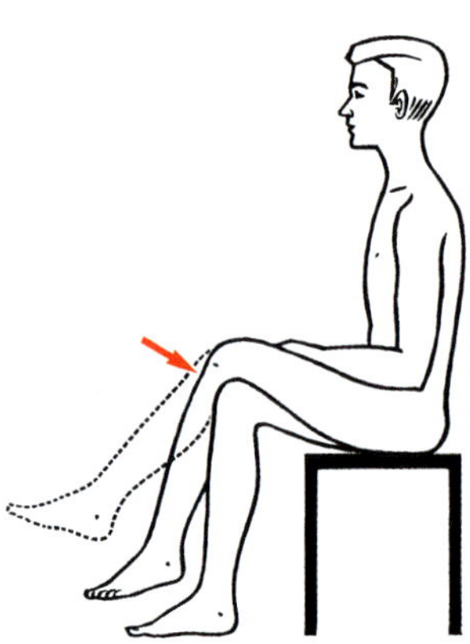

Abb. 47. Patellarsehnenreflex. Pfeil = Schlagrichtung zur Auslösung eines Dehnungsreflexes.

4.3.1 Monosynaptisches, spinales sensomotorisches Elementarsystem (Eigenreflexapparat) – Erstes funktionelles System der Sensomotorik

Die Skelettmuskulatur ist durch die Spinalnerven mit dem Rückenmark verbunden, das ein einfaches, motorisches Steuerungssystem entwickelt hat, das dafür sorgt, daß sich der Körper im dreidimensionalen Raum aufrechterhalten kann, d.h., daß Länge und Spannung der Muskeln – der Schwerkraft angepaßt – konstant gehalten werden können (»Stützmotorik«). Dieses Steuerungssystem kann als das *basale, elementare System der Sensomotorik* angesehen werden, da es auf die jeweiligen Rückenmarkssegmente beschränkt bleibt, nur die zugehörige Muskelinnervation betrifft und allen übergeordneten Systemen (z.B. den supraspinalen oder kortikal-motorischen Systemen) als »gemeinsame Endstrecke« oder Basis dient.

Die Existenz dieses elementaren Rückenmarkssystems läßt sich durch ein einfaches Phänomen leicht demonstrieren. Ein Schlag auf die Patellarsehne führt zu einer kurzen Muskelkontraktion des Quadrizeps, so daß der Unterschenkel etwas nach vorne schnellt (Abb. 47). Die Ursache für diese reflexartige Muskelzuckung ist die Dehnung des Muskels. An diesem *Dehnungsreflex* sind im einfachsten Falle nur 2 Neurone beteiligt, nämlich ein afferentes (»sensibles«) Neuron, das vom Muskel zum Rückenmark verläuft, und ein efferentes (»motorisches«) Neuron, das vom Rückenmark zum Muskel leitet. Da beide Neurone dann nur eine synaptische Verbindung besit-

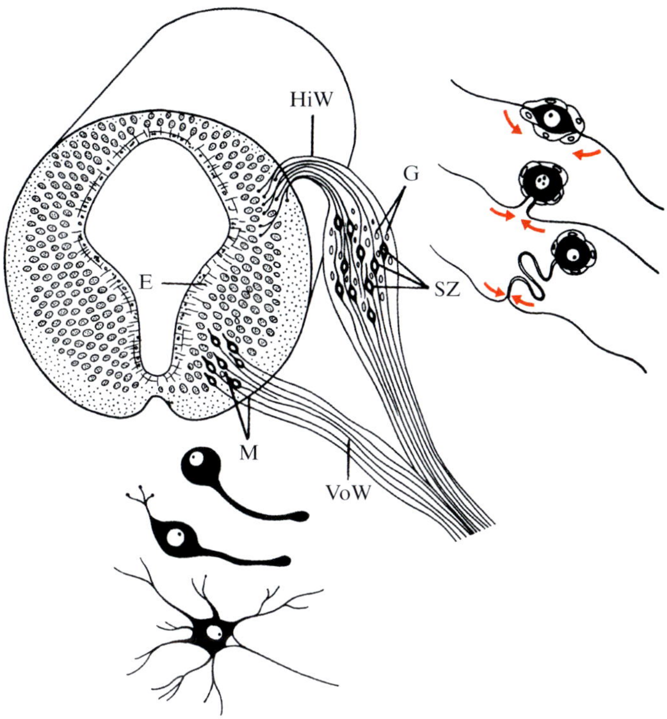

Abb. 48. Entwicklung der spezifischen Zellformen eines Rückenmarkssegmentes. *Unten:* Entwicklung einer motorischen Vorderhornzelle. *Rechts oben:* Differenzierung einer pseudounipolaren Spinalganglienzelle aus der bipolaren Form durch Annäherung der beiden Axone (Pfeile). HiW = hintere Wurzel; VoW = vordere Wurzel; E = Ependym; G = Glioblasten; M = Neuroblasten (später: motorische Vorderhornzellen); SZ = Spinalganglienzellen.

zen, spricht man vom *monosynaptischen Dehnungsreflex* (Eigenreflex oder propriozeptiven Reflex).

Die beiden, in einer einfachen Reaktionskette zusammenwirkenden Neurone entstammen embryonal verschiedenen Bereichen. Während die ventral, in der Grundplatte des embryonalen Rückenmarks lokalisierten Neurone dort liegenbleiben und sich zu fortsatzreichen, großen Nervenzellen, den *motorischen Vorderhornzellen* oder *Motoneuronen,* entwickeln, wandern dorsal die aus der Neuralleiste hervorgehenden (sensiblen) Neurone peripherwärts aus und bilden das *Ganglion spinale* (Abb. 48). Die Zellen, die sich im Spinalganglion ansiedeln, schicken einen Fortsatz zurück ins Rückenmark, um Kontakte mit den Motoneuronen zu bekommen, und einen zweiten Fortsatz in die Peripherie zu den Muskeln oder zu anderen Organen. Die afferenten Neurone sind also zunächst bipolar. Da aber dann beide Axone in der Nähe des Perikaryons miteinander verschmelzen und dadurch die Erregung von einem Axon auf das andere übergeht, ohne den Zellkörper zu erreichen, bezeichnet man diese Zellen als »scheinbar unipolar« d.h. pseudounipolar (Abb. 48). Die Zellkörper der *pseudounipolaren Spinalganglienzellen* werden immer von Mantelzellen umhüllt, die vor allem den Stoffwechsel dieser riesigen Neurone aufrechterhalten (Abb. 49). Die peripher auswachsenden Axone bekommen durch mitwandernde Schwann-Zellen frühzeitig eine Markscheide, die den typischen Bau seg-

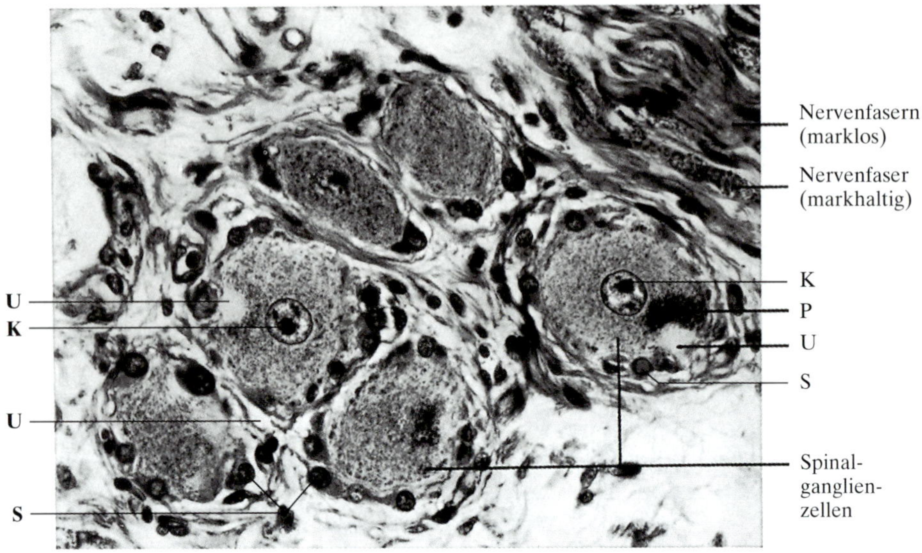

Abb. 49. Mikrophoto von Spinalganglienzellen des Menschen (Azan, 400 × vergr.). K = Zellkern mit Nucleolus; U = Ursprungskegel; P = Pigment (Lipofuszin); S = Satellitenzellen (Glia).

mentierter peripherer Nervenfasern aufweist. Die zentralen Axone, die ins Rückenmark eintreten, erhalten jedoch erst im Rückenmark den für die weiße Substanz charakteristischen Aufbau. Dadurch ergibt sich ein struktureller Umbau der Nervenfasern beim Eintritt in das Hinterhorn des Rückenmarks, wobei in der sog. »Wurzeleintrittszone« (Redlich-Obersteiner-Zone) u.a. auch eine Verdünnung und chemische Umstrukturierung der Markscheiden beobachtet wird.

Klinischer Hinweis. Klinisch spricht man bei der Wurzeleintrittszone auch von einer lokalisierten, physiologischen Entmarkung. Diese Stelle ist daher bei Erkrankungen, die mit einer Entmarkung einhergehen, besonders gefährdet, z.B. bei der Spätform der Syphilis, der Tabes dorsalis, oder bei der multiplen Sklerose.

Efferente Neurone (Motoneurone). Ganz anders entwickeln sich die Zellelemente der efferenten Neurone. Ihre Entwicklung vollzieht sich nicht in der Ganglienleiste, sondern im Bereich des Neuralrohres selbst. Die Neuroblasten bleiben von vorneherein nahe der Matrixzone in den ventralen Abschnitten der Mantelzone liegen und bilden hier die Vorderhörner des späteren Rückenmarks. Sie werden daher auch **Vorderhornzellen** genannt. Ihre ventral auswachsenden Neuriten durchbrechen den Randschleier und verlassen im Bereich des Sulcus lateralis ant. das embryonale Rückenmark. Sie bilden in der Hauptsache die Fila radicularia ant., die sich zur vorderen Wurzel der Spinalnerven zusammenschließen (Abb. 48). Um Kontakte mit anderen Neuronen aufnehmen zu können, entwickeln die Neuroblasten der motorischen Vorderhornzellen zahlreiche Dendriten, die sich innerhalb der grauen Masse des Rückenmarks verzweigen. Die efferenten Neurone entwickeln sich daher zu *multipolaren Ganglienzellen,* deren Perikarien ebenfalls sehr groß werden (Abb. 50a).

Schon jetzt sei betont, daß diese Zellen zu den größten Ganglienzellen überhaupt gehören und durch Hunderte von Synapsen mit den verschiedensten afferenten und

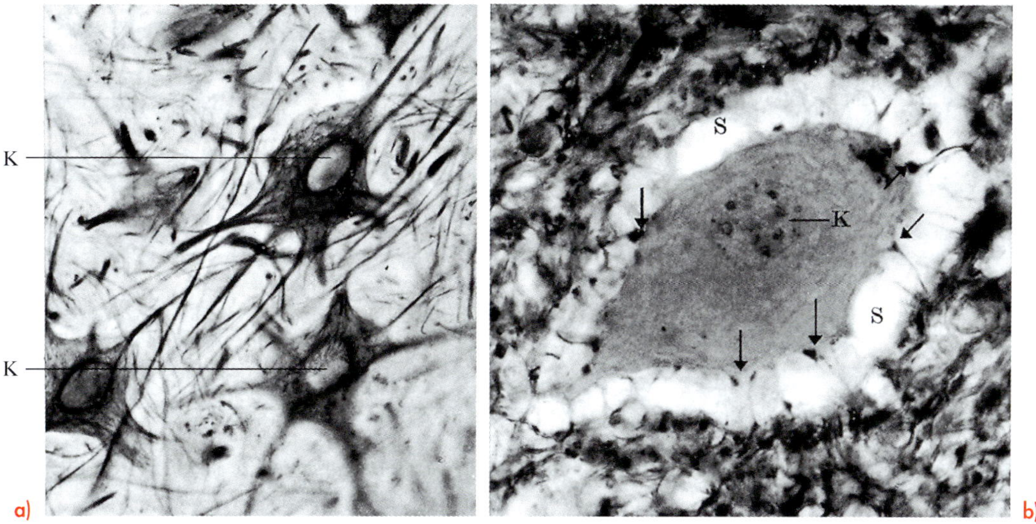

Abb. 50. a–b) Mikrophotos von motorischen Vorderhornzellen des Rückenmarks (Silberimprägnation).
a) Die großen multipolaren α-Motoneurone mit ihren Neurofibrillen sind erkennbar (400 ×). K = Kerne der Motoneurone.
b) Stärkere Vergrößerung (540 ×). Ein großes α-Motoneuron mit zahlreichen axosomatischen Synapsen (Pfeile) liegt im Blickfeld. K = Kern; S = Schrumpfungsspalt.

efferenten Systemen in Verbindung stehen. Es handelt sich also um eine besonders wichtige Zellgruppe des Rückenmarks. Die peripher auswachsenden Neuriten der motorischen Vorderhornzellen erreichen die Muskelanlagen und bilden dort komplizierte, synaptische Körper, die motorischen Endplatten. Die Vorderhornzellen werden dadurch zu Nervenzellen, die die Skelettmuskeln innervieren (Alphamotoneurone).

Somatoefferente Neurone. Die Neuriten der Motoneurone verlassen das Rückenmark im Sulcus lat. ant. und bilden die vordere Wurzel der Spinalnerven. Da sie ohne synaptische Unterbrechung direkt bis zur Muskulatur verlaufen, werden die Zellkörper sehr groß. Die motorischen Vorderhornzellen gehören zu den größten Nervenzellen des Körpers (Abb. 50). Die Perikarien der Motoneurone ordnen sich im Vorderhorn zu Kerngruppen (bzw. Kernsäulen) an, die die Lage der Muskelgruppen im Körper widerspiegeln **(somatotopische Gliederung).** Am weitesten medial liegen die Kerne für die Rumpfmuskulatur, daran schließen sich seitlich diejenigen für die Extremitätengürtel, dann die für die oberen, die mittleren und schließlich die für die Endabschnitte der Gliedmaßen an (Abb. 51). Die Kerngruppen für die Extensoren und Flexoren sind in den jeweiligen Arealen getrennt. Da im Bereich derjenigen Segmente, die die Extremitätenmuskulatur innervieren, sehr viel mehr Motoneurone liegen als im Bereich der Brustsegmente, verbreitern sich die Vorderhörner dort sehr stark. Die »Schmetterlingsfigur« der grauen Substanz wird breiter und voluminöser. Im Bereich der Brustsegmente, wo nur die Rumpfmuskulatur zu innervieren ist, bleibt sie dagegen schmal und grazil (Abb. 52).

Die Beziehung zwischen der Anzahl der motorischen Vorderhornzellen und der der zugehörigen Muskelfasern ist aber nicht quantitativer, sondern funktioneller Natur. Je größer die Bewegungsmöglichkeiten, desto größer die Zahl der Motoneurone. Für die Handmuskeln stehen z. B. sehr viel mehr

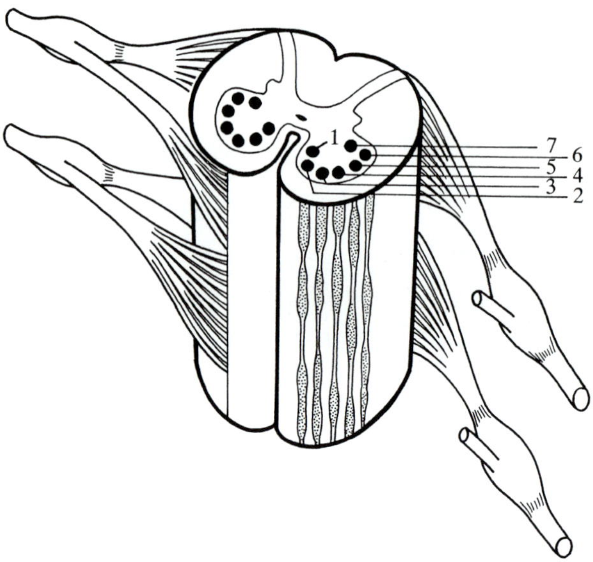

Abb. 51. Somatotopische Anordnung der motorischen Kerne im Rückenmark.
1 Autochthone Rückenmuskulatur (Rr. post. der Spinalnerven)
2 Rumpfmuskulatur (Rr. ant. der Spinalnerven)
3 Muskulatur vom Rumpf zu den Extremitätengürteln (Plexus)
4 Muskulatur der Extremitätengürtel (Plexus)
5 Oberarm- bzw. Oberschenkelmuskulatur (periphere Nerven)
6 Unterarm- bzw. Unterschenkelmuskulatur (periphere Nerven)
7 Hand- bzw. Fußmuskulatur (periphere Nerven)

motorische Vorderhornzellen zur Verfügung als etwa für die quantitativ wesentlich größere Gruppe der Oberschenkel- und Gesäßmuskulatur.

Da während der Embryonalentwicklung die metamer angeordneten Myotome sich zu Muskelindividuen verschiedener Größe zusammenschließen, wird jeder Muskel von Nervenfasern aus mehreren Rückenmarkssegmenten versorgt *(plurisegmentale Innervation).*

Die Axone der Motoneurone enden an den quergestreiften Muskelfasern mit **motorischen Endplatten.** Jedes Axon splittert sich mehrfach auf und bildet mehrere Endplatten. In der Regel erhält eine quergestreifte Muskelfaser nur *eine* neuromuskuläre Endplatte, die meist in der Mitte der Faser lokalisiert ist. Die Gesamtheit der von einer Vorderhornzelle innervierten Muskelfasern nennt man eine **motorische Einheit.** In Muskelgruppen mit besonders fein abstufbarer Motorik (z. B. Augen- oder Fingermuskeln) ist das Verhältnis Nervenzelle zu Muskelfasern klein (1:5 bis 1:20) im Vergleich zu anderen, gröber arbeitenden Muskeln, bei denen das Verhältnis 1:200 bis 1:1000 beträgt.

Funktionell arbeiten niemals alle Motoneurone gleichzeitig. Selbst bei äußerster Kraftanstrengung sind immer noch 15–20% der Motoneurone in Ruhe. Die Abstufung der Muskelkontraktion ist dadurch möglich, daß immer nur ein Teil der motorischen Einheiten in Funktion tritt. Je mehr Einheiten erregt werden, um so größer wird die Zahl

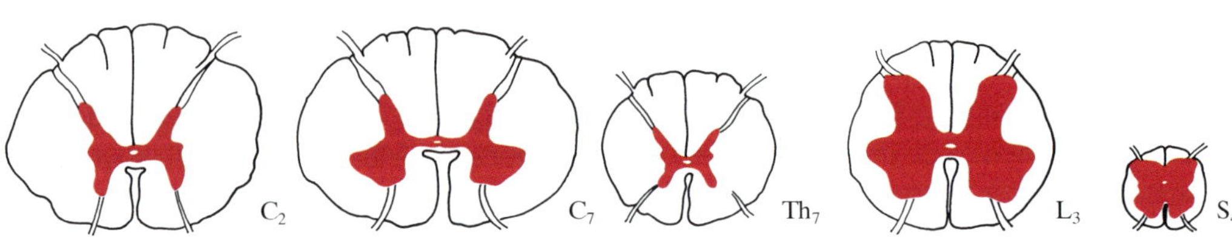

Abb. 52. Querschnitt durch das Rückenmark des Erwachsenen. Darstellung der unterschiedlichen Massenverteilung von weißer und grauer Substanz (rot) in den verschiedenen Segmenten.

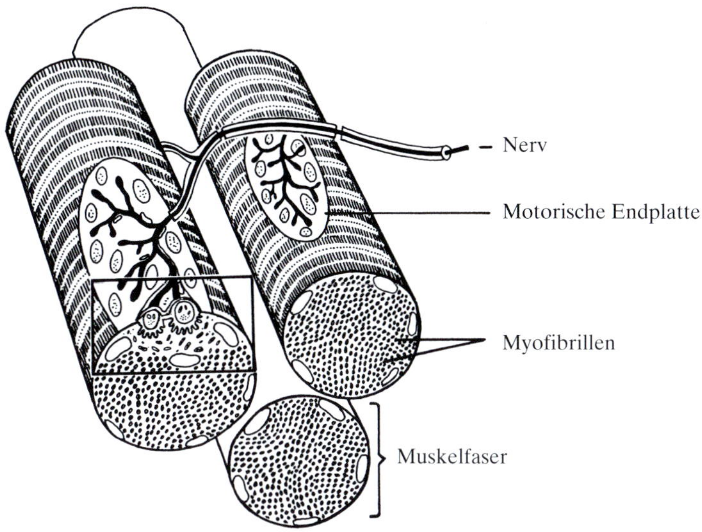

a)

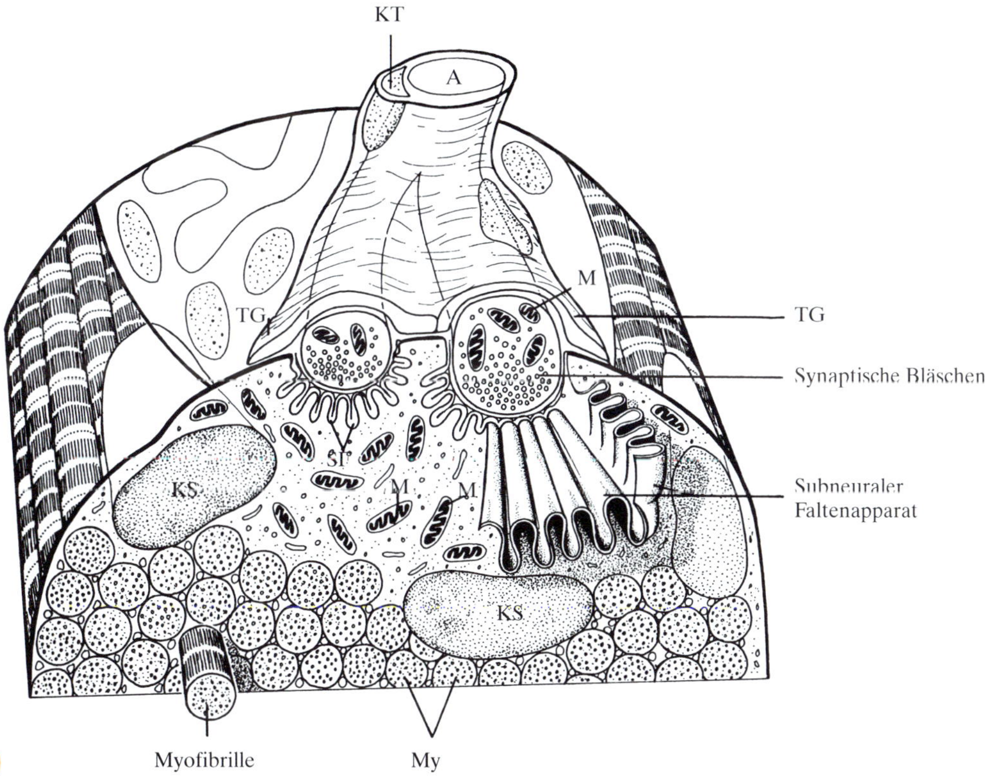

b)

Abb. 53. a u. b) Schema vom Feinbau der motorischen Endplatte nach elektronenmikroskopischen Beobachtungen.
a) Drei quergestreifte Muskelfassern mit zugehörigen motorischen Endplatten (lichtmikroskopische Dimension).
b) Ausschnittvergrößerung aus dem Kontaktbereich von Axon und Muskelfaser [vgl. Rechteck in Bild (a)]. Elektronenmikroskopische Dimension. Der subneurale Faltenapparat (SF) springt etwas ins Bild vor. KS = Kerne der Sohlenplatte; M = Mitochondrien; My = Myofibrillen. Die terminalen Axonaufsplitterungen (A) werden von Teloglia (TG) eingescheidet. KT = Kern der Telogliazelle.

der kontrahierten Muskelfasern und damit die Kraftentfaltung.

Die motorische Endplatte ist der Ort, an dem die Erregung vom Axon auf die Muskelfaser übergeht (Abb. 53). Kurz zuvor verliert das Axon seine Markscheide und wird nur noch von Gliazellen eingescheidet (Teloglia). An der Kontaktstelle mit der Muskelfaser splittert das Axon sich in zahlreiche Ästchen auf, deren verbreiterte Endabschnitte mit synaptischen Bläschen, Mitochondrien und Granula verschiedenster Art angefüllt sind. Die Endverzweigungen des Axons lagern sich dem Sarkolemmschlauch der Muskelfaser dicht an, ohne jedoch in dessen Zytoplasma einzudringen. Das Sarkolemm vergrößert aber seine Oberfläche an den Anlagerungsstellen durch parallel stehende, palisadenartig angeordnete Mikrofalten *(subneuraler Faltenapparat,* Abb. 53). Hier finden sich im Zytoplasma der Muskelfaser auffallend viele Kerne, wodurch die Endplatte im ganzen etwas vorgewölbt wird *(Sohlenplatte).* Axolemm und subneuraler Faltenapparat sind durch Basalmembranen von einander getrennt (Abstand etwa 10 bis 12 nm).

Die motorische Endplatte ähnelt also in ihrem Feinbau einer chemischen Synapse. Die Axonendigungen bilden die präsynaptischen Membranen und enthalten Vesikel von etwa 50 nm Durchmesser. Das Sarkolemm der Muskelfaser bildet die postsynaptischen Membranen in Form der subneuralen Faltenapparate. Auf diese Weise entsteht eine »Riesenkontaktstelle« mit ausgedehnten Membranoberflächen, an denen schon ein einzelner Nervenimpuls eine Erregung der Muskelfaser auszulösen vermag. Die in den Axonendigungen angehäuften synaptischen Vesikel enthalten als Transmitter Acetylcholin, das bei der Erregungsübertragung in Anwesenheit von Ca^{2+} explosionsartig in die subneuralen Spalträume entleert wird. Das freigesetzte Acetylcholin reagiert dann mit Rezeptoren der postsynaptischen Membranen unter Bildung eines Acetylcholinrezeptorkomplexes, wodurch die Permeabilität dieser Membranen, besonders für Na-Ionen, erhöht und eine lokale Depolarisation ausgelöst wird. Das entstandene Endplattenpotential verbreitet sich elektrotonisch in der Umgebung der postsynaptischen Membranen und löst dadurch die Kontraktion der Muskelfaser aus *(neuromuskuläre Koppelung).* Acetylcholin wirkt normalerweise nur für sehr kurze Zeit (1 bis 2 ms), da es durch das Enzym Acetylcholinesterase rasch zu den unwirksamen Substanzen Cholin und Essigsäure hydrolisiert wird.

Klinische Hinweise. Wegen der plurisegmentalen Innervation der Muskulatur ruft die Zerstörung der Fila radicularia eines Segmentes in der Regel keine schwereren Ausfälle hervor, da die Innervation durch die angrenzenden Segmente noch aufrechterhalten werden kann *(radikuläre* oder *Wurzellähmung).* Demgegenüber erzeugt die Durchtrennung eines peripheren motorischen Nerven eine komplette Lähmung der zugehörigen Muskelgruppen *(periphere Lähmung).*

Bei der spinalen Kinderlähmung *(Poliomyelitis)* werden die motorischen Vorderhornzellen durch Viren geschädigt. Die daraus resultierende schlaffe Lähmung geht erst zurück, wenn sich die Motoneurone wieder erholen. Sind diese jedoch im Verlauf der Erkrankung zerstört worden, bildet sich die Lähmung nicht mehr zurück, da die Motoneurone selbst nicht regenerieren können.

Botulinus-Toxin, ein bakterielles Gift in verdorbenen Lebensmitteln, kann die Acetylcholinfreisetzung in den motorischen Endplatten verhindern und damit Lähmungserscheinungen hervorrufen.

Eine (präsynaptische) Hemmung der Erregungsübertragung kann ebenso durch Ca^{2+}-Mangel wie Mg^{2+}-Überschuß entstehen.

Eine postsynaptische Hemmung ist auch mit *Muskelrelaxanzien* möglich, wie z.B. Tubocurarin oder Pancuroniumbromid, die Acetylcholin kompetitiv von seinem Rezeptor an der postsynaptischen Membran verdrängen. Muskelrelaxanzien werden in der Anästhesie viel verwendet.

Somatoafferente Neurone. Die sensible Innervation der Muskulatur erfolgt durch afferent leitende Neurone, die ebenfalls ohne Zwischenschaltung von den Muskeln bis zum Rückenmark ziehen, also sehr große Neurone darstellen. Ihr Zellkörper ist im Spinalganglion lokalisiert. Die sehr dicken, markhaltigen Nervenfasern (13–20 μm ∅) kommen entweder von spezifischen, in der Muskulatur liegenden Rezeptororganen (Muskelspindeln) oder von den zugehörigen Sehnen (Sehnenspindeln).

Die **Muskelspindeln** sind 2–3 mm lange, spindelförmige Gebilde (0,2 mm ∅), die mit einer eiweißreichen Flüssigkeit gefüllt sind und 3–6 dünne Muskelfasern (15–30 μm ∅) beherbergen, die mit ihren sehnigen Enden aus der Spindel herausragen und dadurch im intermuskulären Bindegewebe verankert sind. Durch diese Verankerung werden die Längenänderungen der Skelettmuskelfasern *(extrafusale Fasern)* auf die innerhalb der Spindel gelegenen *intrafusalen Muskelfasern* übertragen (Abb. 54 u. 55). In der Spindelmitte verlieren die intrafusalen Muskelfasern auf einer kurzen Strecke, die mit zahlreichen, rundlichen Kernen angefüllt ist, ihre Querstreifung. Dieser Mittelabschnitt ist daher nicht kontraktil (Abb. 55).

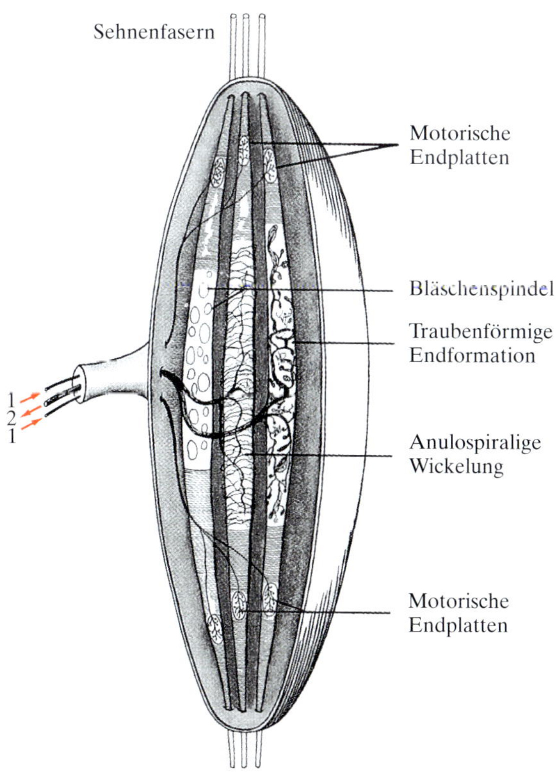

Abb. 54. Schema vom Aufbau einer Muskelspindel mit drei intrafusalen Muskelfasern. 1 = Somatoefferente Fasern der γ-Motoneurone zur Innervation der Spindelfasern; 2 = somatoafferente Fasern (Ia- oder II-Fasern) von den anulospiraligen bzw. traubenförmigen Endformationen für die Afferenzen zum Rückenmark.

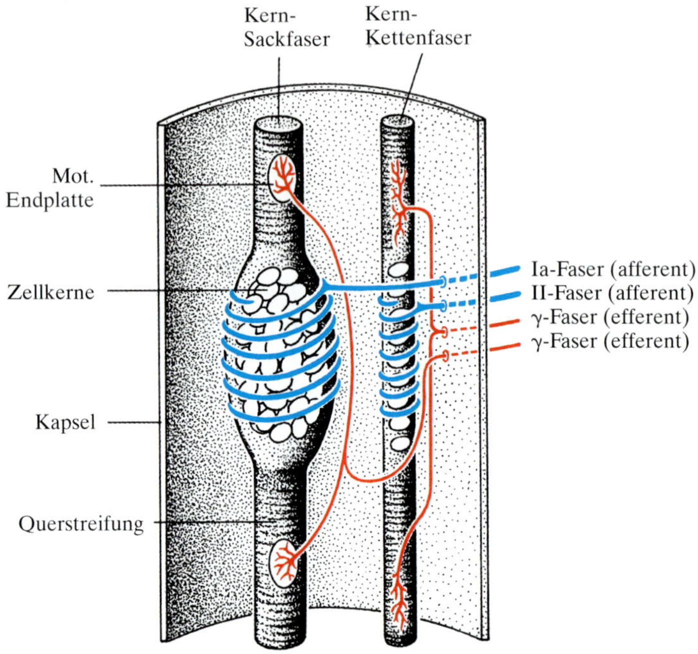

Abb. 55. Ausschnitt aus einer Muskelspindel. Schematische Darstellung der beiden, funktionell verschiedenen Formen von intrafusalen Muskelfasern mit ihren unterschiedlichen Nervenendigungen (modif. nach R. Schmidt u. G. Thews).

Bei den **intrafusalen Muskelfasern** lassen sich generell zwei verschiedene Typen unterscheiden, nämlich die Kern-Sackfasern und die Kern-Kettenfasern (Abb. 55).

Die Kern-Kettenfasern sind kurz und schlank. Ihre Zellkerne sind hintereinander (»kettenartig«) aufgereiht. Die Kern-Sackfasern, bei denen man zwei Typen (dynamische und statische) unterscheiden kann, sind größer und besitzen im Mittelabschnitt eine bläschenförmige Anschwellung, in der zahlreiche Kerne dichtgedrängt nebeneinander liegen. Eine typische Muskelspindel enthält jeweils eine dynamische und eine statische Kernsackfaser sowie eine variable Zahl von Kernkettenfasern (in der Regel fünf). Die Mittelabschnitte der intrafusalen Muskelfasern sind von einem dichten Netzwerk sensorischer Endigungen (sog. anulospiralige Wickelungen) umgeben. Dabei unterscheidet man primäre und sekundäre Endigungen. Die wesentlich empfindlicheren primären Endigungen – meist an den Kern-Sackfasern zu finden – gehen von Ia-Nervenfasern aus, während die sekundären von den Typ-II-Fasern gebildet werden und ausschließlich an Kern-Kettenfasern auftreten (Abb. 55). Wird der Mittelabschnitt einer intrafusalen Muskelfaser gedehnt, werden dehnungsempfindliche Ionenkanäle aktiviert und Ionenströme ausgelöst, die zu einer Depolarisation der Zellmembran und damit zur Entstehung eines Aktionspotentials führen.

Die intrafusalen Muskelfasern besitzen an beiden Enden außerdem noch motorische Endplatten, die von den Axonen der γ-Motoneurone ausgehen, die wesentlich kleiner sind als die α-Motoneurone, aber auch im Vorderhorn des Rückenmarks liegen. Durch die γ-Motoneurone können die intrafusalen Muskelfasern zur Kontraktion gebracht und dadurch Spindelafferenzen ausgelöst werden. Durch die Muskelspindeln, die die Längenänderungen der Muskeln messen, in Verbindung mit den Sehnenspindeln (s. u.), die die Muskelspannung erfassen, erhält das NS eine präzise Information über den jeweiligen mechanischen Zustand der Muskulatur. Die Innervation der Muskelspindeln durch ein unabhängiges System von γ-Motoneuronen erlaubt dem NS, die Empfindlichkeit der Spindeln an die jeweilige funktionelle Situation anzupassen und damit eine Feinabstimmung der aus der Peripherie einlaufenden Erregungen vorzunehmen, ähnlich wie z. B. beim Auge das NS durch die Innervation der inneren Augenmuskeln den Lichteinfall auf die Netzhaut und die Abbildungsschärfe regeln kann. Für die übergeordneten sensomotorischen Systeme wird jedoch die Steuerung der Motorik dadurch insgesamt wesentlich komplizierter.

Die Zahl der Muskelspindeln schwankt zwischen 40 und 500 Spindeln/Muskel. Sie ist in Muskeln, welche feinste, zielgerichtete Bewegungen ausführen (z.B. Fingermuskeln, Augenmuskeln), erheblich größer als in Muskeln, welche nur grobe, undifferenzierte Bewegungen machen oder vornehmlich Haltefunktionen haben.

Sehnenspindeln. Am Übergang der Muskelbündel in ihre Sehnen liegen zahlreiche Sinnesorgane (Golgi-Sehnenspindeln), die von dicken, markhaltigen Nervenfasern versorgt werden. Diese Sehnensensoren sind ebenfalls eingekapselt und beherbergen in der Regel Sehnenbündel, die von 10–15 Skelettmuskelfasern stammen und von einem dichten, meist parallel angeordneten Nervennetz umgeben sind. Die zugehörigen Afferenzen werden über Ib-Fasern zum Rückenmarkssegment geleitet. Muskelspindeln sind mit den Muskelfasern parallel, Sehnenspindeln dagegen in Serie angeordnet.

Funktionelle Zusammenhänge. Wir haben jetzt alle morphologischen Tatsachen kennengelernt, die zum Verständnis des ersten funktionellen Systems der Sensomotorik notwendig sind. Das geschilderte Phänomen der Muskelzuckung nach einem Schlag auf die Sehne ist zweifellos ein künstliches und sagt wenig über die biologische Bedeutung des Systems aus. Der Schlag auf die Sehne bewirkt eine kurzzeitige Dehnung des Muskels, die sich auf die intrafusalen Muskelfasern der hochempfindlichen *Muskelspindeln* überträgt. Die Dehnung der Mittelabschnitte der intrafusalen Spindelfasern ist der adäquate Reiz für die anulospiraligen Wicklungen der Ia-Fasern, die dehnungsempfindliche Sensoren darstellen und sowohl die absolute Länge (Proportionalanzeige) als auch die Längenänderung pro Zeiteinheit (Differentialquotientenanzeige) registrieren können. Durch die Stimulation der Dehnungsrezeptoren entstehen vermehrte afferente Erregungen, die über die dicken, markhaltigen Ia-Fasern sehr schnell dem Rückenmark zugeleitet werden. Da diese Fasern direkte synaptische Kontakte mit den homonymen, d.h. zum gleichen Muskel gehörigen α-Motoneuronen des Vorderhorns besitzen, lösen die vermehrten Ia-Afferenzen unmittelbar Entladungen der Vorderhornzellen aus, was zur Muskelzuckung führt *(monosynaptischer Dehnungsreflex)* (Abb. 56).

Durch die Kontraktion verkürzt sich aber der Muskel wieder etwas, so daß die Muskelspindel »entdehnt« wird. Dadurch werden die Entladungen der Ia-Fasern wieder verringert und der Muskeltonus reduziert.

Das durch den Schlag auf die Sehne erzeugte Phänomen der Muskelkontraktion hat früher den Gedanken an eine einmalige, durch das NS vermittelte Antwortreaktion hervorgerufen. Aus dieser Zeit stammt die Bezeichnung *Reflex* (von reflectere = zurückbeugen, zurückwerfen). Dies gibt aber ein ganz falsches Bild von den wirklichen Zusammenhängen. Unter natürlichen Bedingungen kommen derartige, durch einen Schlag ausgelöste Dehnungen kaum vor. Dagegen wirkt die Schwerkraft ständig auf den Bewegungsapparat ein. Der aufrecht stehende Mensch setzt sich unbewußt dauernd mit dem Schwerefeld der Erde auseinander. Schon das freie Stehen erfordert eine gewisse Muskelanstrengung. Nehmen wir z. B. eine Last auf die Schulter, so drohen die Gelenke einzuknicken. Der Gefahr des

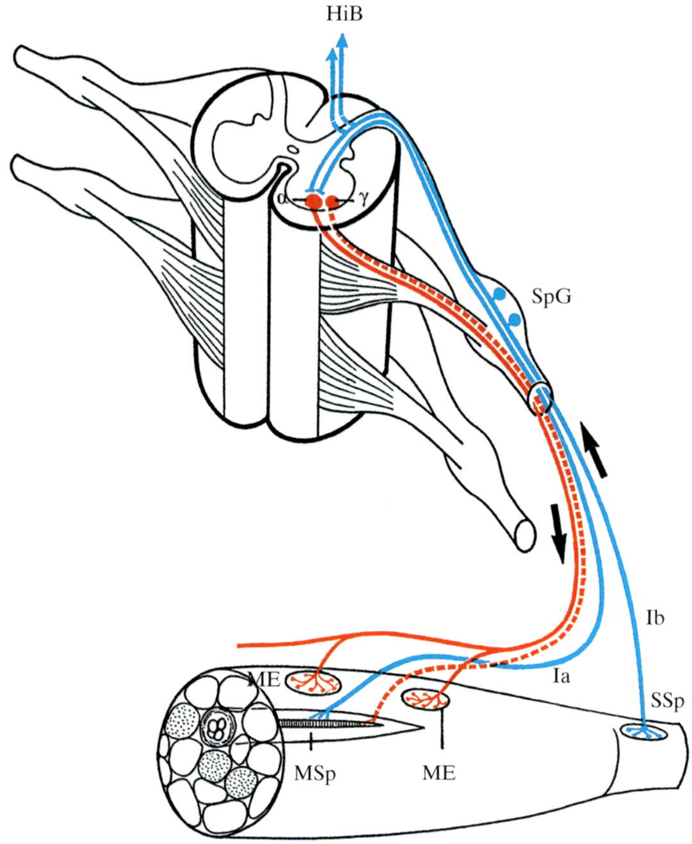

Abb. 56. Neuronale Gliederung des Eigenreflexapparates. Rot (ausgezogene Linie) = α-Motoneuron zur Arbeitsmuskulatur; rot (gestrichelte Linie) = γ-Motoneuron zur Spindelmuskulatur. Die Pfeile deuten die Leitungsrichtung der Erregungen an. HiB = Hinterstrangbahnen; ME = motorische Endplatte; MSp = Muskelspindel; SSp = Sehnenspindel; SpG = Spinalganglion. Ia = Muskelspindelafferenzen (Ia-Fasern); Ib = Sehnenspindelafferenzen (Ib-Fasern), enden an Interneuronen (nicht gezeichnet)

Stürzens begegnet der Organismus mit einer Tonuserhöhung der Muskulatur. Die Last bewirkt über die Gelenke eine Dehnung der zugehörigen Muskelgruppen, die Muskelspindeln melden durch erhöhte Afferenzen die neue Situation dem Rückenmark, wo dann die motorischen Vorderhornzellen durch erhöhte efferente Entladungen den Kontraktionszustand der Muskeln erhöhen und damit der Belastung anpassen.

Es liegt hier also in Wahrheit ein Regelmechanismus vor, dessen Funktion die Konstanterhaltung der Muskellänge ist, d.h. die Aufrechterhaltung eines an die Schwerkraft angepaßten Muskeltonus beim Stehen oder Gehen ermöglicht. Nun ändert sich bei einer Bewegung nicht nur die Muskellänge, sondern auch die Spannung, die von den Sehnenspindeln registriert wird. Erhöhung der Muskelspannung bewirkt eine Erregung der sensorischen Endigung innerhalb der Sehnenspindel, die eine höhere Reizschwelle als die der Muskelspindeln besitzen und über Ib-Fasern Afferenzen zum Rückenmark schicken. Vermehrte Ib-Afferenzen führen im Rückenmark zu einer Hemmung der α-Motoneurone und damit zu einer Verminderung der Muskelspannung.

Jeder Muskel besitzt also zwei Rückkoppelungskreise, nämlich ein Längenkontrollsystem (die Sensoren dafür sind die Muskelspindeln) und ein Spannungskontrollsystem (die Sensoren dafür sind die Sehnenspindeln). Das Längenkontrollsystem beschränkt sich im wesentlichen auf den eigenen Muskel, das Spannungskontrollsystem bezieht sich jedoch meist auf mehrere Muskelgruppen.

Der geschilderte monosynaptische Leitungsbogen zielt also primär auf die Konstanz des Muskeltonus, ist also gewissermaßen »antidynamisch« *(myostatische Reflexe)*. Einzelne oder komplexere Bewegungen lassen sich nur erreichen, wenn an den »Nahtstellen« des Regelkreises eingegriffen wird. Das ist an 2 Stellen möglich, einmal an den Muskelspindeln (d.h. peripher) und zum anderen an den Synapsen zwischen afferenten und efferenten Neuronen im Rückenmark (d.h. zentral). Da die Muskelspindeln durch die γ- Motoneurone auch eine efferente Innervation besitzen, kann die Länge der intrafusalen Fasern aktiv über γ-Efferenzen verändert werden. Kontrahieren sich die beiden Enden der intrafusalen Muskelspindelfasern, wird der Mittelabschnitt (Abb. 55) gedehnt, so daß – ähnlich wie bei der Muskeldehnung im Ganzen – eine Aktivierung der α-Afferenzen und nachfolgend im Rückenmark eine Erregung der Ia-Motoneurone, die dann zur Muskelkontraktion führt, resultiert. Über die γ-Motoneurone kann also der gesamte Leitungsbogen aktiviert und eine Muskelkontraktion ausgelöst werden (sog. *γ-Spindelschleife*) (Abb. 57). Interessanterweise bewirkt die Aktivierung der γ-Spindelschleife eine Verkürzung des Muskels, ohne daß sich dabei die Entladungsfrequenz der Muskelspindelafferenzen wesentlich ändert. Die γ-Spindelschleife bildet also zusammen mit dem monosynaptischen Dehnungsreflexbogen einen Folge-Servomechanismus aus, bei dem die Muskellänge immer der Muskelspindellänge folgt. Eine Änderung der Muskellänge ausschließlich über die γ-Spindelschleife, etwa bei der Ausführung von Einzelbewegungen, kommt anscheinend nicht vor. Vielmehr werden bei Muskelkontraktionen die α- und γ-Motoneurone immer gleichzeitig aktiviert *(α-γ-Kopplung)*. Die Alpha-Motoneurone werden also durch die Gamma-Motoneurone unterstützt, ähnlich wie bei einer Lenk- bzw. Bremshilfe im Auto.

Da die supraspinalen, aber auch die intraspinalen motorischen Systeme keine eigenen nervösen Verbindungen zur Muskulatur aufbauen, sondern den Leitungsbogen der Dehnungsreflexe (unser erstes funktionelles System) als Grundlage verwenden, so daß die Motoneurone für alle übergeordneten Systeme zur »gemeinsamen Endstrecke« werden, gibt es für diese Systeme grundsätzlich nur 2 Möglichkeiten, Muskelkontraktionen, d.h. Bewegungen, in Gang zu setzen: 1. durch direkte Erregung der Alpha-Motoneurone und 2. (indirekt) durch Aktivierung der γ-Spindelschleife von den γ-Motoneuronen aus. Die direkte Aktivierung der α-Motoneurone hat den Vorteil der Schnelligkeit, aber den Nachteil eventuell beträchtlicher Störungen des Gleichgewichts des über den Dehnungsreflex arbeitenden Längenkontrollsystems. Dies scheint der Grund zu sein, daß für die Einleitung von Einzelbewegungen oder komplexeren Bewegungsformen immer Alpha- und Gamma-Motoneurone gleichzeitig aktiviert werden (α-γ-Koaktivierung) und dadurch eine Harmonisierung des Bewegungsablaufes in der Peripherie möglich wird.

Klinischer Hinweis. Die monosynaptischen Dehnungsreflexe (fälschlich meist als Sehnen- oder T-[Tendon-]Reflexe bezeichnet) werden in der neurologischen Praxis routinemäßig bei zahlreichen Muskeln geprüft, so z.B. durch leichten Schlag auf das Lig. patellae (Patellarsehnenreflexe), auf das Kinn (Masseterreflex), auf die Bizepssehne am Oberarm (Bizepssehnenreflex) oder auf die Achillessehne am Unterschenkel (Achillessehnenreflex). Durch gleichzeitiges Auseinanderziehen

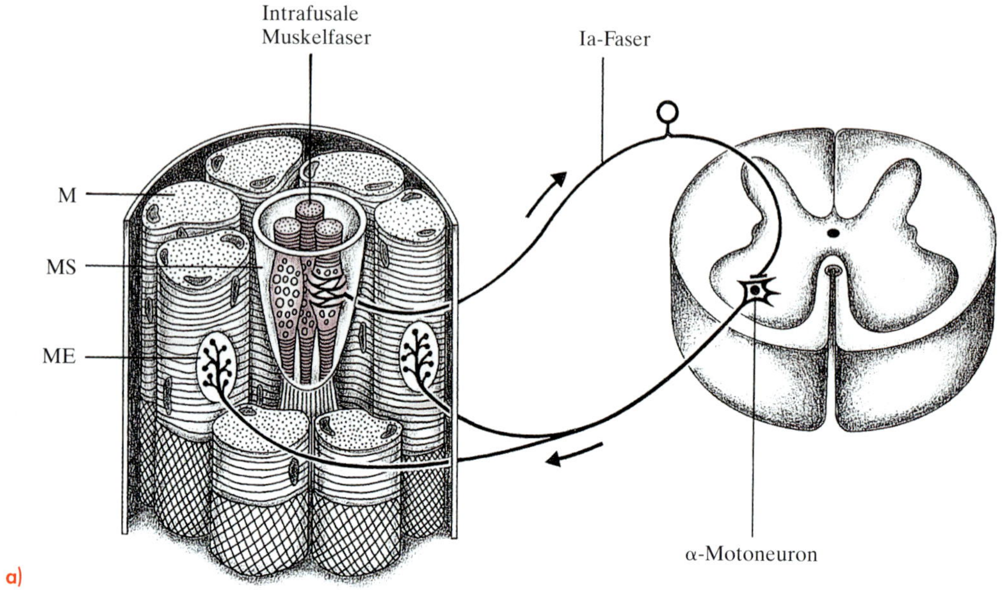

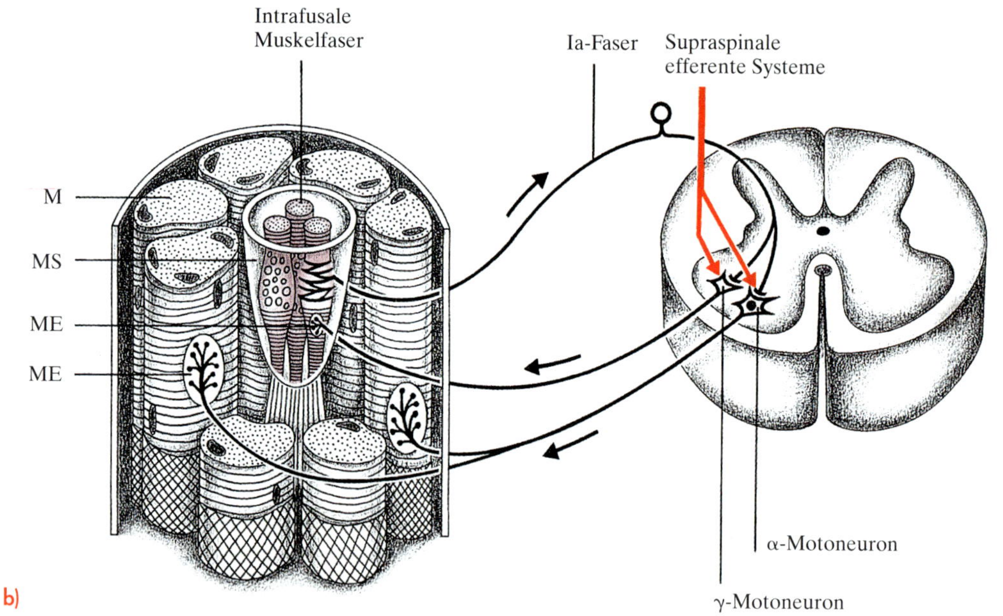

Abb. 57. Neuronaler Aufbau beim monosynaptischen Dehnungsreflex des Rückenmarks und dessen Beziehung zu den übergeordneten (supraspinalen), sensomotorischen Systemen. M = quergestreifte Muskelfaser (extrafusal).
a) Monosynaptischer Dehnungsreflexbogen, bestehend aus einem efferenten α-Motoneuron (motorische Vorderhornzelle) mit mehreren motorischen Endplatten (ME) und einem von der Muskelspindel (MS) kommenden, afferenten Neuron (Ia-Faser), deren Zellkörper im Spinalganglion liegt.
b) Leitungsbogen des Eigenreflexapparates mit α- und γ-Motoneuronen, wobei das γ-Motoneuron nur die intrafusalen Muskelfasern der Muskelspindel (rot) innerviert. Die supraspinalen sensomotorischen Systeme (rote Pfeile) greifen an beiden Motoneuronen an (Alpha-Gamma-Koppelung).

der verschränkten Hände (Jendrassik-Handgriff) kann die Auslösung der Dehnungsreflexe erleichtert werden.

4.3.2 Polysynaptische spinale, sensomotorische Systeme (Fremdreflexapparat)

Um echte Bewegungen, ganz gleich in welcher Form, ausführen zu können, muß in den monosynaptischen Grundregelkreis verändernd eingegriffen werden. Dazu bedarf es vielfacher, z.T sehr komplizierter Neuronenverbindungen. Die übergeordneten sensomotorischen Systeme sind daher alle polysynaptisch. Die einfachsten Bewegungsformen sind Schutz- oder Abwehrbewegungen, die vom Rückenmark selbst ausgelöst werden können. Ein unerwarteter Stich in den Finger führt zu einem reflektorischen Zurückziehen der Hand oder (bei stärkerem Reiz) des ganzen Armes – ein eingeatmetes Partikelchen löst Hustenreflexe, Betupfen der Haut mit ätzenden Lösungen Wischreflexe aus. In all diesen Fällen kommen die auslösenden Reize nicht aus der Muskulatur wie bei den Eigenreflexen, sondern von einer anderen (»fremden«) Stelle, weshalb man hier von *Fremdreflexen* spricht. Die Signale, die dem Rückenmark im Zusammenhang mit diesen Reaktionen zufließen, entstehen vornehmlich in der Haut oder Schleimhaut.

Hautsinnesorgane. In der Haut lassen sich durch mechanische Reize qualitativ ganz verschiedene Empfindungen auslösen: Druck, Berührung, Kitzel, Vibration, Spannung sowie Kälte- und Wärmeempfindungen. Diese Empfindungen werden durch eine Vielzahl unterschiedlich differenzierter Sinnesorgane vermittelt, die in allen Schichten der Haut zu finden sind. Die meisten liegen an der Grenze zwischen Epidermis und Corium (Dermis) oder im Epithel selbst (Abb. 58); so vor allem die Wärme- und Kälterezeptoren, die sehr zahlreichen freien Nervenendigungen, die der Schmerzempfindung (Nozizeption) dienen, sowie die **Merkel-Zellkomplexe,** die aus 30–50 spezialisierten, in der Basalschicht der Epidermis gelegenen Epithelzellen bestehen, zwischen denen sich feinste marklose Nervenfasern ausbreiten (Abb. 59). Bei den Merkel-Zellkomplexen handelt es sich um langsam adaptierende Mechanorezeptoren, die auf gleichbleibenden Druck oder Dehnung reagieren (Intensitätsdetektoren vom Typ I). Demgegenüber liegen die etwas größeren **Ruffini-Körperchen,** die Intensitätsdetektoren vom Typ II, d.h. spontan aktive, auf Druck und Dehnung, aber auch auf Kälte reagierende Rezeptoren darstellen und etwas weniger empfindlich sind als die vom Typ I, im Corium oder in der Papillarschicht. Sie besitzen eine bindegewebige Kapsel, die ein feinmaschiges Netz markloser Nervenfasern einschließt (Abb. 59).

Höher organisiert sind die tannenzapfenartigen **Meißner-Körperchen,** die in der unbehaarten Haut, vor allem in den Spitzen der Papillen, dicht an die Epidermis angrenzend, untergebracht sind und aus schichtweise übereinanderliegenden Schwann-Zellen bestehen, zwischen die sich feinste marklose Nervenendigungen ausbreiten. Sie sind von einer festen bindegewebigen Kapsel umgeben, von der die ableitenden, markhaltigen Axone (∅ 10–15 μm, Aβ-Fasern) ausgehen (Abb. 59). Die Meißner-Körperchen gehören zu den schnell adaptierenden Mechanorezeptoren, die vor allem auf Änderungen von Hautreizen (Berührung, Kitzel, Vibrationen im unteren Frequenzbereich) reagieren (sog. Geschwindigkeitsdetektoren). In der behaarten Haut erfüllen die Haarfollikelrezeptoren diese Funktionen (Abb. 58).

Die relativ großen **Vater-Pacini-Lamellenkörperchen** (Länge bis zu 4 mm) liegen an der Grenze zur Subkutis und sind Beschleunigungsdetektoren, die auf Vibrationen in höherem Frequenzbereich, d.h. nicht auf einen konstanten Druck, sondern

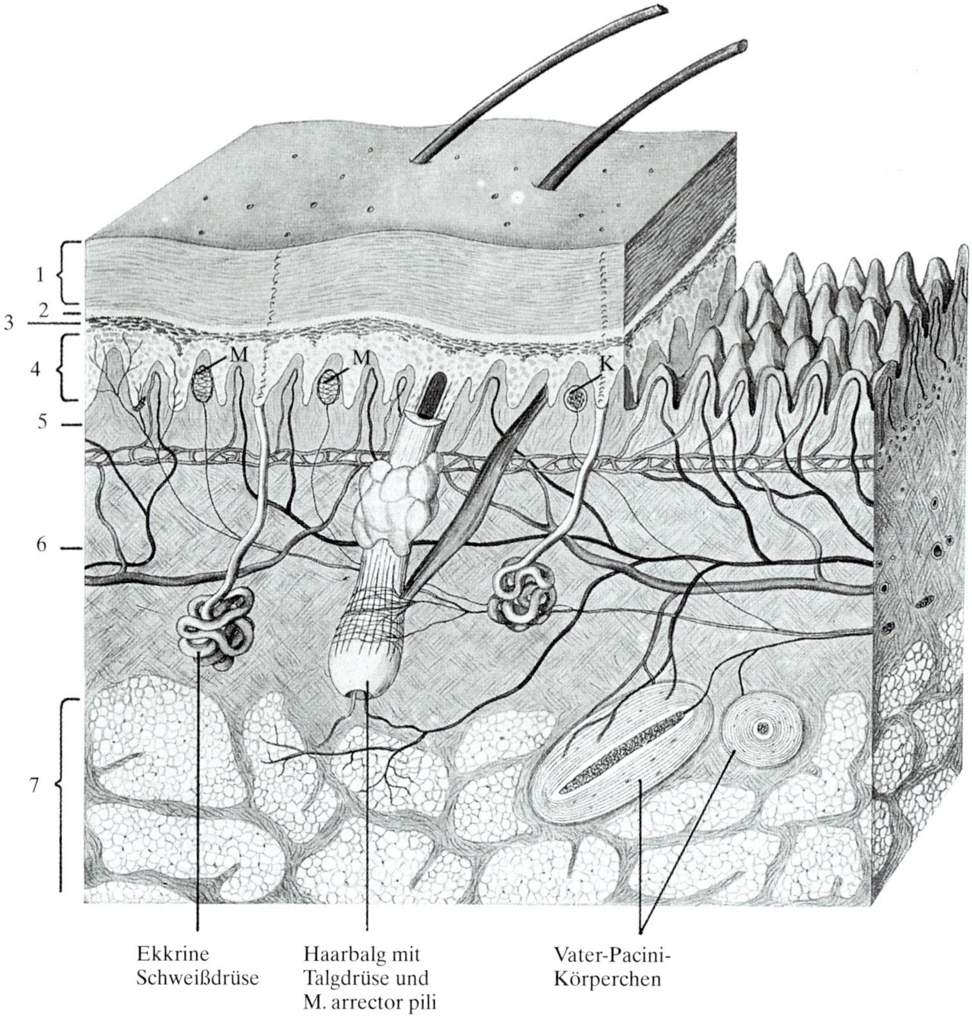

Abb. 58. Schichtengliederung der Haut und Lokalisation der Hautsinnesorgane. M = Meißner-Körperchen; K = Krause-Endkörperchen. Epidermis: 1 = Stratum corneum; 2 = Stratum lucidum; 3 = Stratum granulosum; 4 = Stratum spinosum und Stratum basale. Corium (Dermis): 5 = Stratum papillare; 6 = Stratum reticulare; 7 = Subkutis.

nur auf die Beschleunigung eines Hautreizes reagieren. Sie bestehen aus einem länglichen Innenkolben, der ein Netzwerk feinster Nervenendigungen beherbergt und von 50–60 zwiebelschalenartig angeordneten zellulären Lamellen umgeben ist. Die Lamellen wirken als Filter, der nur die Beschleunigung, aber nicht die Eindrucktiefe eines Reizes zum Innenkolben durchdringen läßt. Die ableitenden Nervenfasern sind markhaltig (∅ 10–15 μm, Aβ-Fasern) mit einer relativ hohen Leitungsgeschwindigkeit (30–60 m/s).

Die zu den weniger differenzierten Rezeptoren gehörigen Nervenfasern (freie epidermale Endigungen, Nozizeptoren, Kälte- und Wärmerezeptoren) sind dagegen meist langsam leitende, marklose C-Fasern (∅ 1–2 μm, Leitungsgeschwindigkeit 0,5 bis 2 m/s) oder Aδ-Fasern (∅ 2–6 μm, Leitungsgeschwindigkeit 10–30 m/s).

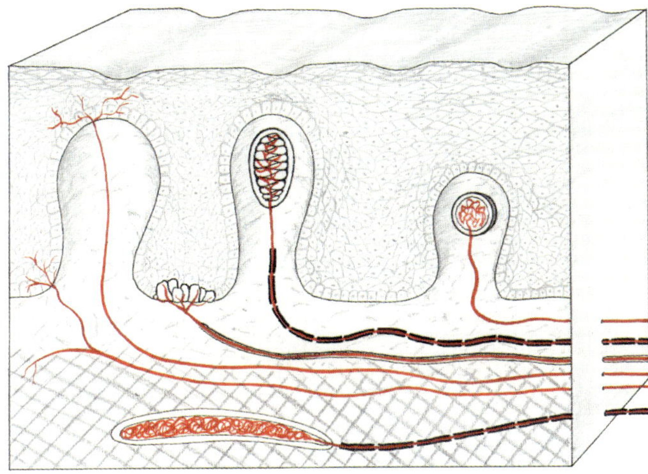

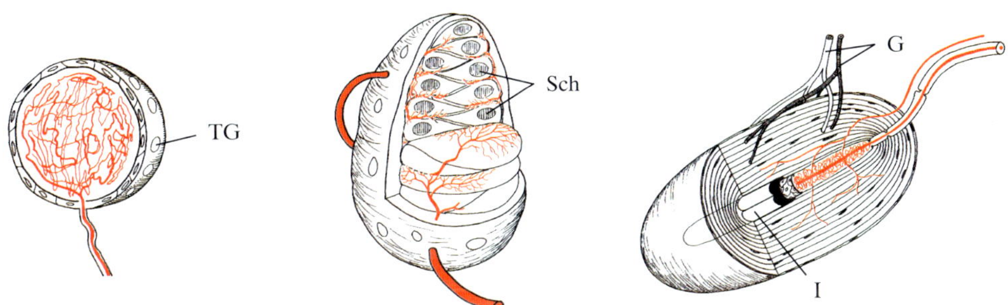

Krause-Körperchen
(TG = Teloglia)

Meißner-Körperchen
(Sch = Schwann-Zellen)

Vater-Pacini-Lamellenkörperchen
(I = Innenkolben mit Nervengeflechten; G = Gefäße)

Abb. 59. Struktur der wichtigsten Sinnesorgane der Haut (rot = Nerven mit Nervengeflechten): A = Epidermis; B = Stratum papillare; C = Stratum reticulare; 1 = AS-Faser von einem Krause-Körperchen (wahrscheinlich Kälterezeptor); 2 = ableitende Nervenfaser von einem Meißner-Körperchen; 3 = Aδ-Faser von einem Axon-Merkel-Zellkomplex; 4 = C-Faser mit freien Nervenendigungen in der Epidermis (oft Wärmerezeptoren); 5 = C-Faser von Nozizeptoren in der Epidermis und Papillarschicht; 6 = AS-Faser von einem Ruffini-Körperchen im Stratum reticulare.

Die in den Sinnesorganen der Haut entstehenden Afferenzen können im NS ganz allgemein in zwei verschiedenen Richtungen ausgewertet werden. Einerseits können sie weitgehend unbewußt oder wenig differenziert als allgemeines, dumpfes Erleben registriert werden und mehr oder weniger automatisch in die Reflexmotorik des Rückenmarks oder des Hirnstammes eingehen (allgemeine Oberflächensensibilität), andererseits aber auch bewußt und differenziert erlebt werden, so daß eine begriffliche Durchdringung der »Tasterlebnisse«, vor allem mit Hilfe der Großhirnrinde (ertastbare Gestaltwahrnehmung, Stereognosis) möglich ist (epikritische Hautsensibilität). Die erste Gruppe der Oberflächensensibilität steht vor allem mit dem Elementarapparat des Rückenmarks in Verbindung und bildet die Grundlage für die spinale Reflexmotorik, während die Afferenzen der zweiten Gruppe durch lange Bahnen auch die Großhirnrinde erreichen und dadurch der zentralkortikalen Motorik dienen können.

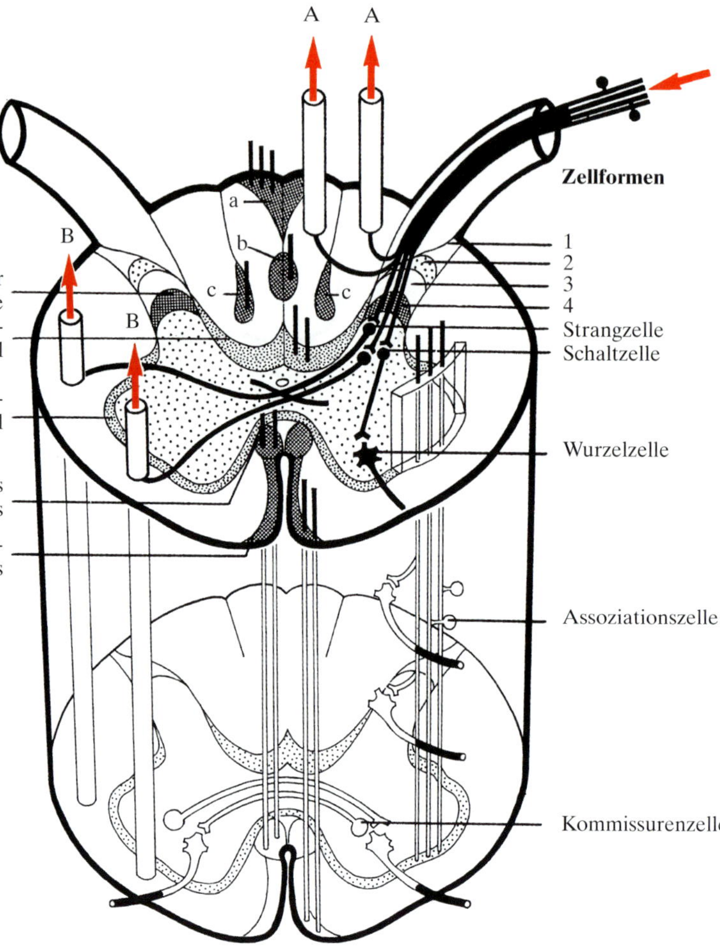

Abb. 60. Gliederung des Eigenapparates im Rückenmark. A = Hinterstrangbahnen (Tractus spinobulbares); B = Vorderseitenstrangbahnen (Tractus spinothalamicus ant. und lat.).

Zonen im Bereich der Hinterwurzeleintrittszone:
1 = Zona terminalis (Lissauer-Randzone)
2 = Zona spongiosa
3 = Substantia gelatinosa (Rolandi)
4 = Längsbündel der Hintersäule

Kollaterale Faserbündel in den Hintersträngen:
a = Philippe-Gombault-Triangel
b = Flechsigsches ovales Feld
c = Schultze-Komma

Hauptzellformen des Rückenmarkes

A	**Wurzelzellen**	Motorische Vorderhornzellen, pseudounipolare Spinalganglienzellen
B	**Binnenzellen**	
B_1	*Schaltzellen* (Interneurone)	Die Neuriten bleiben im gleichen Segment.
B_2	*Assoziationszellen*	Die Neuriten durchziehen mehrere Segmente der gleichen Seite.
B_3	*Kommissurenzellen*	Die Neuriten durchziehen mehrere Segmente und kreuzen zur Gegenseite.
C	**Strangzellen**	Ursprungszellen für die langen auf- bzw. absteigenden Bahnen des Rückenmarks.

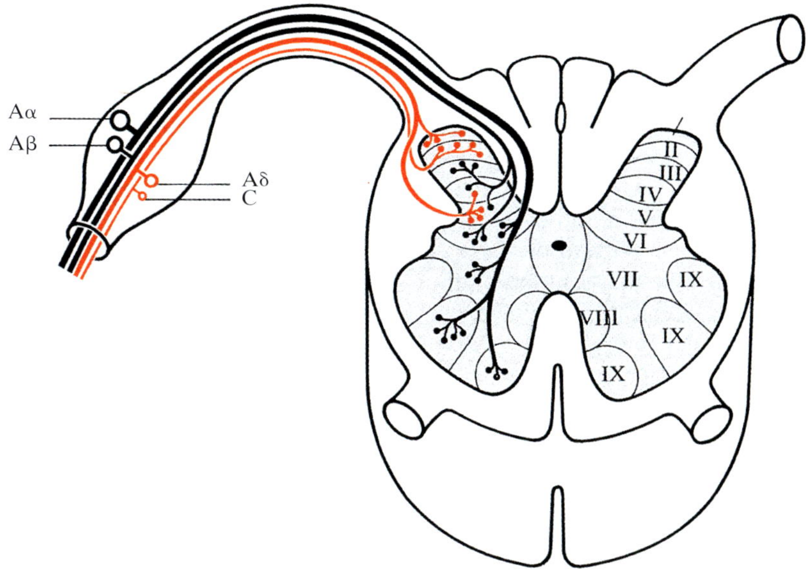

Abb. 61. Laminäre Gliederung der grauen Substanz des Rückenmarks (nach Rexed) und Endigungen der Hinterwurzelfasern in den zugehörigen Laminae (nach Per Brodal). Aα = dicke, markhaltige Fasern aus Muskel- und Sehnenspindeln, die in Lamina VI, VII und IX enden (Somatoafferenzen u. a. für Eigenreflexapparat); Aβ = dicke, markhaltige Fasern aus Hautrezeptoren, die in Lamina III–VI enden (Somatoafferenzen u. a. für Fremdreflexapparat); Aδ = dünne markhaltige Fasern; C = dünne marklose Fasern aus Nozizeptoren und Eingeweidesensoren (Viszeroafferenzen für autonomes NS).

Elementarapparat des Rückenmarks. Die afferenten Erregungen aus den Sinnesorganen der Haut werden von den pseudounipolaren Spinalganglienzellen über die hintere Wurzel ins Rückenmark geleitet. Die Axone der Spinalganglienzellen ziehen entweder in den Hintersträngen aufwärts zum Cortex (Hinterstrangbahnen oder *Tractus spinobulbares,* Leitung der epikritischen Oberflächensensibilität) oder werden im Bereich der Hinterhörner umgeschaltet. Die in den Hinterhörnern gelegenen Strangzellen schicken ihre Axone in den Vorderseitensträngen zentralwärts (Vorderseitenstrangbahnen, *Tractus spinothalamici).* Sie leiten hauptsächlich die Oberflächensensibilität (Druck, Berührung, Schmerz, Temperatur, Vibrationsempfindungen usw.) zum Hirnstamm (Abb. 60).

Die der spinalen Motorik dienenden Afferenzen verbleiben im Rückenmark. Die entsprechenden Axone der Spinalganglienzellen gehen im Hinterhorn mit verschiedenen Schaltzellen synaptische Kontakte ein. Diese bilden insgesamt den Eigen- oder Elementarapparat des Rückenmarks und sind vornehmlich in der Grenzzone zwischen der grauen und weißen Substanz lokalisiert *(Grundbündel, Fasciculi proprii).* Der Eigenapparat des Rückenmarks ist im wesentlichen für die spinale Motorik und die Fremdreflexe verantwortlich. Er setzt sich aus drei verschiedenen Zellgruppen zusammen, nämlich den *Schaltzellen* (Interneuronen), deren Neuriten im jeweiligen Segment verbleiben, den *Kommissurenzellen,* die mit den Motoneuronen der Gegenseite Verbindungen eingehen (kontralaterale Verknüpfungen), und den *Assoziationszellen,* die die motorischen Kerne mehrerer Segmente miteinander verbinden (ipsilaterale Schaltungen) (Abb. 60).

Die Axone der pseudounipolaren Spinalganglienzellen teilen sich in der Wurzeleintrittszone meist in auf- oder absteigende Äste auf, die dann mit Schaltzellen mehrerer Segmente Synapsen bilden. Dadurch entsteht z.B. in der Hintersäule ein abgrenzbares Assoziationssystem, das Längsbündel der Hintersäule (Abb. 60). Weitere wichtige Assoziationssysteme für Verknüpfungen in der Längsrichtung des Rückenmarks sind das mediale Längsbündel *(Fasciculus longitudinalis med.)* und der *Fasciculus sulcomarginalis* (Abb. 60).

Laminäre Zonengliederung des Rückenmarks (nach Rexed). In der grauen Substanz des Rückenmarks entstehen durch die unterschiedliche Verteilung der aus den hinteren Wurzeln einlaufenden Afferenzen zehn zytoarchitektonisch unterscheidbare, laminäre Zonen (Abb. 61). *Lamina I* ist sehr schmal und wurde früher Zona spongiosa genannt. Lamina II, entspricht in ihrer Ausdehnung der Substantia gelatinosa (Rolandi) (Abb. 61). Lamina I und II sind reich an Substanz P, einem in den Spinalganglienzellen gebildeten Neuropeptid, das für die Nozizeption von Bedeutung ist. In der *Lamina II* liegen zahlreiche Interneurone, deren Neuriten mit kandelaberartigen Dendritenbäumchen von Strangzellen des Tractus spinothalamicus ant. der *Lamina IV* ausgedehnte Synapsen bilden. Sie dienen der Schmerzleitung. Die Neurone der Lamina I und II besitzen Rezeptoren für Opiate, so daß endogene Opiate wie Enkephalin oder Beta-Endorphin in diesen Zonen eine Schmerzhemmung bewirken können. *Lamina V* und *VI* erhalten absteigende Fasersysteme von der Großhirnrinde und den subkortikalen Zentren. Hier liegen auch viele Schaltzellen des Rückenmarks (Nucl. centrobasalis). In der *Lamina VI* findet sich ein größerer, deutlich abgrenzbarer Kern (Nucl. dors., Clarke-Säule), wo hauptsächlich Ia-Fasern aus den Muskelspindeln enden. Die *Lamina VII* umfaßt auch das Seitenhorn mit Kerngruppen für die Viszeromotorik (Nucl. intermediolateralis). Die *Lamina IX* beherbergt die Kerngruppen der Motoneurone in somatotopischer Anordnung (vgl. Abb. 51). Lamina X umfaßt den Bereich des zentralen Höhlengraus in der Umgebung des Canalis centralis (Substantia gelatinosa centralis) (Abb. 61).

Neuronale Verknüpfungen. Die von den Hautrezeptoren kommenden Afferenzen führen zu einer Aktivierung des Eigenapparates des Rückenmarks. Werden dabei nur die Schalt- und Assoziationszellen erregt, bleibt die Reizantwort unilateral. Ist der Reiz stärker, können durch Kommissurenzellen auch die kontralateralen Systeme miterregt werden. Die Binnenzellen stimulieren die motorischen Vorderhornzellen der zugehörigen oder benachbarten Segmente, so daß es zu einer Kontraktion der jeweiligen Muskelgruppen kommt. Bei den Fremdreflexen treten also immer Neuronenketten in Tätigkeit *(polysynaptische Reflexe)*, so daß die Reflexzeiten entsprechend länger sind als bei den mono- oder disynaptischen Dehnungsreflexen. Die Schaltneurone des Elementarapparates arbeiten dabei immer so zusammen, daß gerichtete Einzelbewegungen ausgeführt werden können (Abb. 62).

Wir lernen hier zum ersten Mal ein dem basalen, ersten System übergeordnetes, sensomotorisches System kennen. Mag es sich nun um Bauchdecken-, Fußsohlen- oder Wischreflexe handeln, immer erfolgt auf einen Hautreiz eine biologisch zweckmäßige, koordinierte Einzelbewegung, an der verschiedene Muskelgruppen beteiligt sind. Es resultieren also sinnvolle Bewegungskombinationen, die dazu führen, störende Umwelteinflüsse zu beseitigen oder sich ihrer durch Flucht zu entziehen. Neben derartigen »Abwendebewegungen« können aber auch »Zuwendebewegungen oder Bereitschaftsreflexe« zustande kommen, wie etwa beim Fortpflanzungsgeschehen. Das Charakteristische aller dieser Reaktionen ist, daß sie auch nach Trennung des Rückenmarks von den höheren Zentren des NS noch auszulösen sind, d.h. vom Elementarapparat weitgehend selbständig ausgeführt werden können. Diese Selbständigkeit äußert sich auch darin, daß die einlaufenden Erregungen vom Elementarapparat gespeichert, verstärkt oder unterdrückt werden können. Für die Ausführung der Programme dieses 2. Systems der spinalen Motorik dient wieder das basale Elementarsystem mit seinen α- und γ-Motoneuronen als »gemeinsame Endstrecke« (Abb. 56 u. 57).

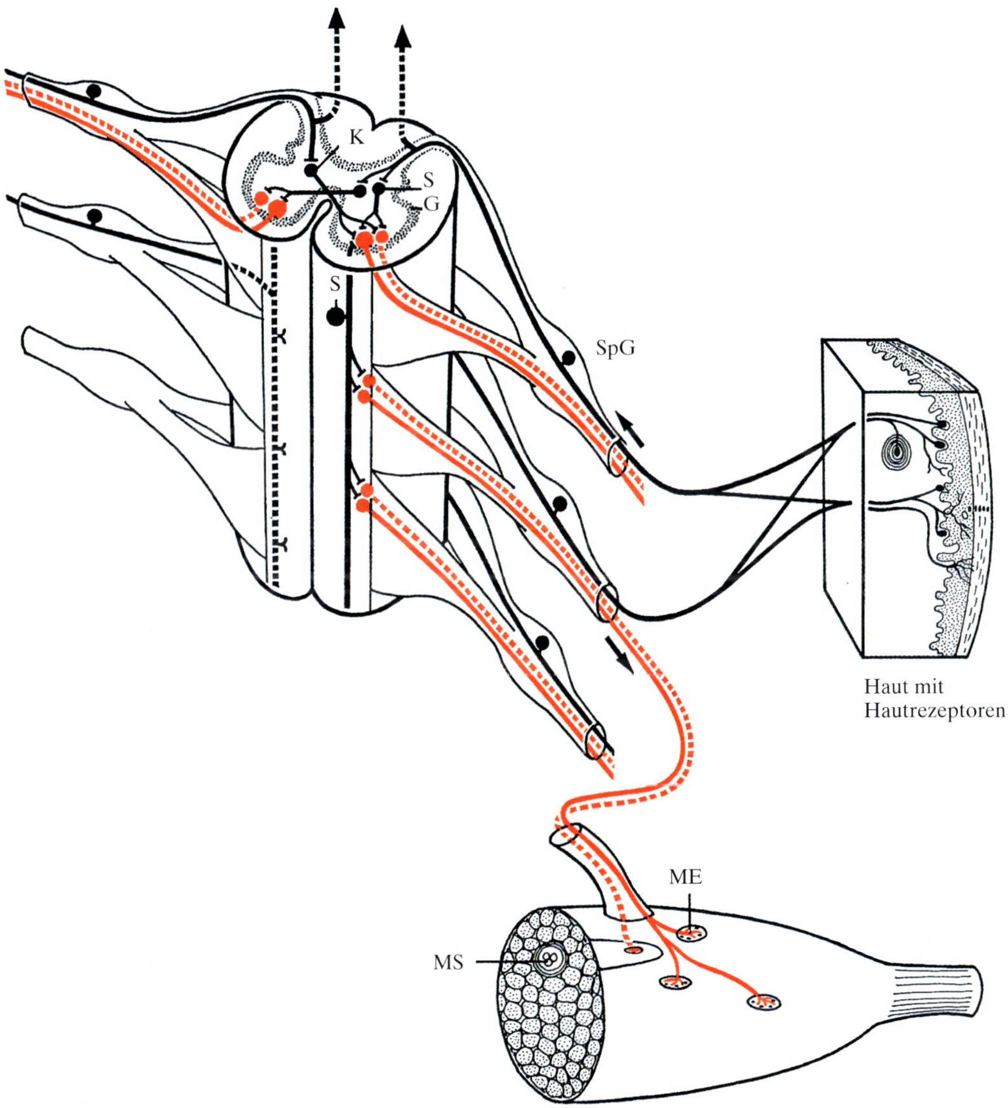

Abb. 62. Neuronale Gliederung des Fremdreflexapparates. Durch die Schaltzellen des Rückenmarks (schwarz) werden mehrere Segmente zu einer funktionellen Einheit verknüpft. α-Motoneurone (rot, ausgezogene Linie), γ-Motoneurone (rot, gestrichelte Linie); G = Grundbündel; K = Kommissurenzellen; ME = motorische Endplatte; MS = Muskelspindel; S = Schaltzellen; SpG = Spinalganglion.

4.3.3 Kortikale, sensomotorische Systeme – Willkürmotorik

Die in das Rückenmark einlaufenden Afferenzen aus der Muskulatur (propriozeptive Sensibilität) oder aus den Hautsinnesorganen (exterozeptive Sensibilität) dienen nicht nur den vom Rückenmark kontrollierten, unbewußten Bewegungen (spinale Motorik), sondern kommen uns auch zum Bewußtsein, so daß sie auch für »höhere«, bewußt intendierte Bewegungsformen (Willkürmotorik) verwendet werden können. Diese Bewegungsprogramme entstehen in der Großhirnrinde (kortikale Zentren) oder in subkortikalen Kerngruppen (sog. Basalganglien), benützen aber wiederum die Motoneurone des basalen Elementarsystems des Rückenmarks als »gemeinsame Endstrecke«. Die von den Hautsinnesorganen kommenden Afferenzen können uns in den kortikalen Hirnzentren als Druck-, Temperatur- oder Schmerzempfindungen (Oberflächensensibilität) und die aus den Muskelsinnesorganen stammenden Afferenzen als Körper- oder Kraftgefühl (Tiefensensibilität) bewußt werden, so daß wir über Stellung der Gelenke, Muskeltonus und die Veränderungen der Bewegungsorgane im Raum immer informiert sind (Tiefensensibilität).

Die kortikale Verarbeitung dieser Afferenzen ermöglicht nicht nur die zentrale Steuerung der Motorik im Rahmen bestimmter, für das Überleben wichtiger Verhaltensweisen (Flucht, Angriff, Fortpflanzung usw.), sondern auch – vor allem beim Menschen – eine bewußte, willkürlich intendierte Zielmotorik. Die in einem letzten großen, evolutiven Schritt erfolgte Aufrichtung des menschlichen Körpers hat dazu geführt, daß die obere Extremität und insbesondere die Hand von speziellen lebensnotwendigen Tätigkeiten sozusagen »freigestellt« worden ist und damit für schöpferische, künstlerische und handwerkliche Betätigungen verwendet werden kann. Diese basieren im wesentlichen darauf, daß die einzelnen Finger individuell bewegt werden können, so daß zusammen mit den anderen Fingern, vor allem dem Daumen, komplizierte Einzelbewegungen (Greifen, Schreiben, Tasten, Ausdrucksbewegungen usw.) ausgeführt werden können. Diese hochdifferenzierte Willkürmotorik im Bereich der Endabschnitte der Gliedmaßen hat sich erst bei den höheren Primaten und vor allem beim Menschen herausgebildet, indem direkte, lange Bahnen von der Großhirnrinde zu den spinalen sensomotorischen Systemen entstanden sind, die speziell z.B. für die einzelnen Fingermuskeln da sind. Diese langen Bahnen bilden einen großen, über die Hirnrinde gezogenen Leitungsbogen, der einerseits aus dem Pyramidenbahnsystem (efferent), andererseits aus den Hinterstrangbahnen (afferent) besteht (Abb. 63).

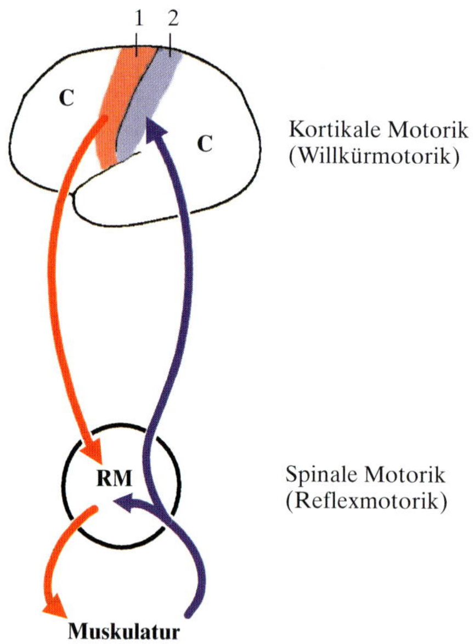

Abb. 63. Kortikaler Leitungsbogen zur Steuerung der Willkürmotorik, bestehend aus langen Bahnverbindungen zwischen Rückenmark (RM) und Hirnrinde (C = Cortex); blau = Hinterstrangbahnen (afferent); rot = Pyramidenbahnsystem (efferent). 1 = Gyrus praecentralis; 2 = Gyrus postcentralis.

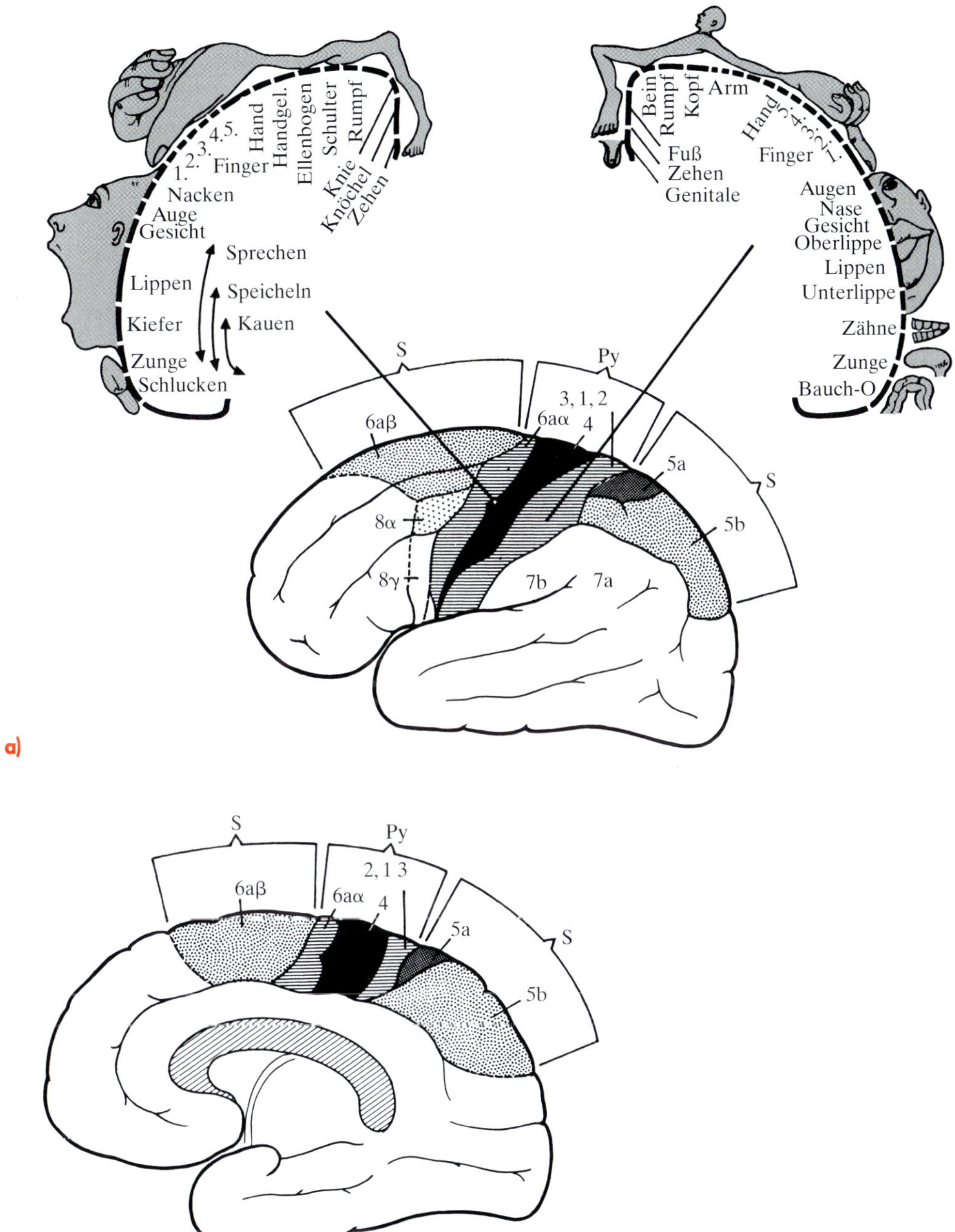

Abb. 64. Primäre sensomotorische Rindenfelder (Py) und zugehörige, supplementäre Areale (S).
a) Ansicht von lateral.
b) Ansicht von medial.
Der Gyrus praecentralis (schwarz) (Area 4) besitzt eine somatotopische Gliederung, entsprechend der jeweiligen funktionellen Wertigkeit ihrer Rindenbezirke (motorischer Homunkulus, links-oben), der Gyrus postcentralis (Area 3, 1, 2) eine entsprechende projektive Gliederung der Rindenfelder (sensorischer Homunkulus, rechts-oben). Die prämotorischen (Area 6, 8) und posterior-parietalen Felder (Area 5, 7) zeigen diese Somatotopik nicht mehr.

Diese Bahnen treten in der Evolution der Wirbeltiere relativ spät auf. Erst bei den Säugern entwickelt sich eine Pyramidenbahn, die allerdings erst bei den höheren Primaten größere funktionelle Bedeutung erlangt. Auch in der Ontogenese differenziert sich z.B. beim Menschen die Pyramidenbahn erst Monate nach der Geburt allmählich aus, so daß der Säugling Einzelbewegungen der Finger und differenziertere Greifbewegungen mit der Hand noch gar nicht ausführen kann.

Die zentrale Motorik wird bei Tieren anfangs weitgehend von den subkortikalen Kerngruppen, die aus dem Basalganglion hervorgegangen sind (Corpus striatum, Pallidum usw.) sowie von den motorischen Mittelhirnkernen (Nucleus ruber, Formatio reticularis) beherrscht, die vor allem die Innervation der für die Körperhaltung wichtigen axial und proximal gelegenen Muskelgruppen steuern. Auch für diese (supraspinalen) motorischen Systeme stellt das Rückenmark mit seinen spinalen Reflexsystemen die gemeinsame Endstrecke dar. Direkte Verbindungen der Basalganglien mit der Muskulatur und dem Rückenmark gibt es nicht.

Der erwähnte große Leitungsbogen über die Großhirnrinde (Abb. 63) »öffnet« sich nun funktionell gewissermaßen nach zwei Seiten hin zu anderen Systemen – einmal (sozusagen »nach oben«) zu den Assoziationssystemen der benachbarten Rindenabschnitte des Frontal- und Parietalhirns. Dadurch können höherwertige mentale Prozesse in das motorische Geschehen eingreifen und bewußte Planungen der Willkürmotorik zustande kommen; zum anderen (gewissermaßen »nach unten«) zu den subkortikalen Kernen (Basalganglion, Thalamus usw.), wodurch die vom Pyramidensystem intendierten, zielgerichteten Einzelbewegungen so vorbereitet und programmiert werden können, daß Körperhaltung und Gleichgewicht nicht gestört werden und die Bewegungen harmonisch und fließend ablaufen können.

Die kortikalen Zentren für die Willkürmotorik liegen vor, bzw. hinter dem Sulcus centralis, der Frontal- und Parietallappen voneinander trennt. Vor der Zentralfurche liegt der **Gyrus praecentralis** (Area 4), von dem die Pyramidenbahn ausgeht, dahinter der **Gyrus postcentralis** (Area 3, 1, 2), wo die Hinterstrang- und Vorderseitenstrangbahnen (nach Umschaltungen im Hirnstamm und Thalamus) enden. Man spricht daher hier von den primären somatomotorischen bzw. somatosensorischen Rindenarealen.

Die Zellen dieser Areale sind funktionell in Säulen angeordnet (Modulsystem), wobei jede Säule einem einzelnen Muskelsystem entspricht. Das Ganze ist somatotopisch geordnet, wobei sowohl die Muskelgruppen als auch die Hautregionen spiegelbildlich auf die jeweils gegenüberliegende Hirnhälfte projiziert werden (sog. motorischer, bzw. sensorischer Homunkulus) (Abb. 64).

Afferente Bahnsysteme. Der afferente Schenkel des großen kortikalen Leitungsbogens der Willkürmotorik (Abb. 63) wird in der Hauptsache von den Hinterstrangbahnen gebildet (Abb. 65a u. b). Während die Hinterstrangbahnen, segmental geordnet in den Hintersträngen des Rückenmarks, ipsilateral, kranialwärts ziehen, kreuzen die **Vorderseitenstrangbahnen,** die noch im Rückenmark umgeschaltet werden, auf die Gegenseite, wobei sie ebenfalls eine segmentale Anordnung entwickeln (Abb. 65a). Die Vorderseitenstrangbahnen haben primär mit der kortikal gesteuerten Willkürmotorik nichts zu tun. Sie leiten hauptsächlich die Afferenzen für die motorischen Kerngruppen von Mittelhirn und Hirnstamm (z.B. in der Retikularisformation) und stellen ein wichtiges Bahnsystem für die Erregungen der Mechano-, Thermo- und Schmerzrezeptoren dar (Oberflächensensibilität).

Der Tractus spinothalamicus lat., der zum Thalamus und weiter bis zum Gyrus postcentralis verläuft, ist das wichtigste System für die Schmerzleitung (zentrale Schmerzbahn). Auch die übrigen Anteile der spinothalamischen Bahnen erreichen über den Thalamus hinaus die posterioren sensorischen Rindenareale und bilden damit die Grundlage für die allgemeinen Tast- und Temperaturempfindungen.

Demgegenüber leiten die **Hinterstrangbahnen (Tractus spinobulbares)** hauptsächlich die aus der Muskulatur, aber auch von Hautrezeptoren stammenden Afferenzen, die die bewußte Unterscheidung taktiler und motorischer (propriozeptiver) Reize ermöglichen. Die Hinterstrangbahnen repräsentieren die zentralen Axone der pseudounipolaren Ganglienzellen, die in den Spinalganglien liegen und deren periphere Axone die sensorischen Endformationen der Muskel- und Sehnenspindeln bilden. Die zentralen Axone schichten sich in den Hintersträngen in somatotopischer Ordnung so aneinander, daß die von der unteren Körperhälfte (Bein) kommenden Fasern am weitesten medial *(Tractus spinobulbaris med., Fasciculus gracilis* oder Goll-Strang), die von der oberen Körperhälfte (Arm) kommenden Fasern am weitesten lateral *(Tractus spinobulbaris lat., Fasciculus cuneatus* oder Burdach-Strang) zu liegen kommen (Abb. 65b). Diese Bahnen werden also im Gegensatz zu den Vorderseitenstrangbahnen nicht im Rückenmark geschaltet, vielmehr erfolgt die synaptische Umschaltung auf ein zweites Neuron erst in den Hinterstrangkernen der Medulla oblongata, und zwar im *Nucl. gracilis* (Clava) und lateral im *Nucl. cuneatus* (Abb. 65b). Die Zellen dieser Kerne senden lange Neuriten aus, die noch in der Medulla auf die Gegenseite kreuzen (mediale Schleife, *Lemniscus med.)* und dann bogenförmig zum

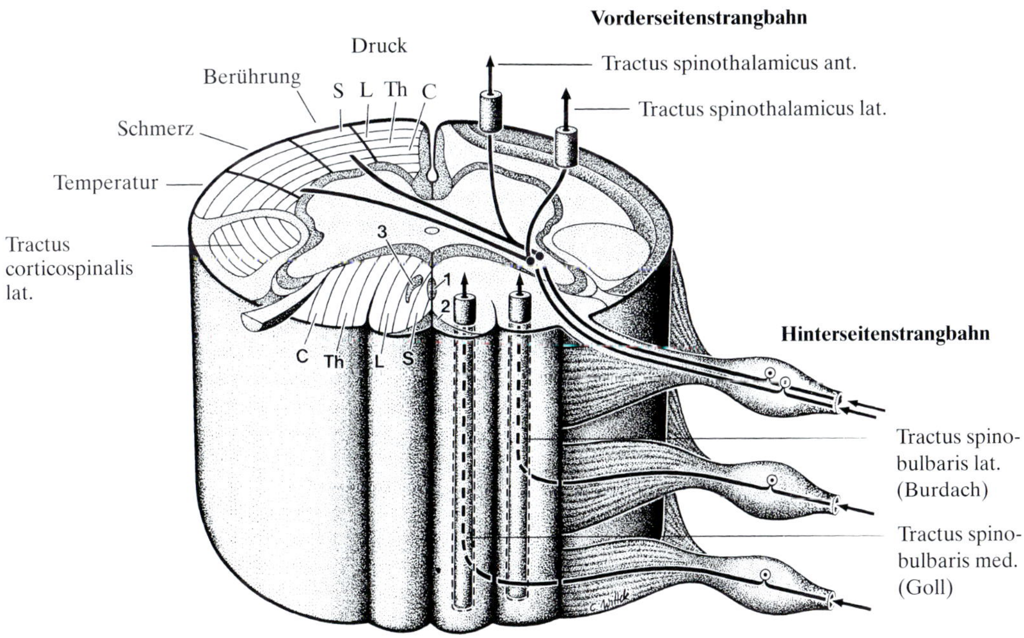

Abb. 65. a) Lage der Hinterstrang- und Vorderseitenstrangbahnen im Rückenmark. Man beachte die Segmentgliederung und die Exzentrizität der langen Bahnen. C = Zervikale Segmente; Th = thorakale Segmente; L = lumbale Segmente; S = sakrale Segmente.
Kollateralen der Hinterstränge:
1 = Flechsigsches ovales Feld
2 = Philippe-Gombault-Triangel
3 = Schultze-Komma

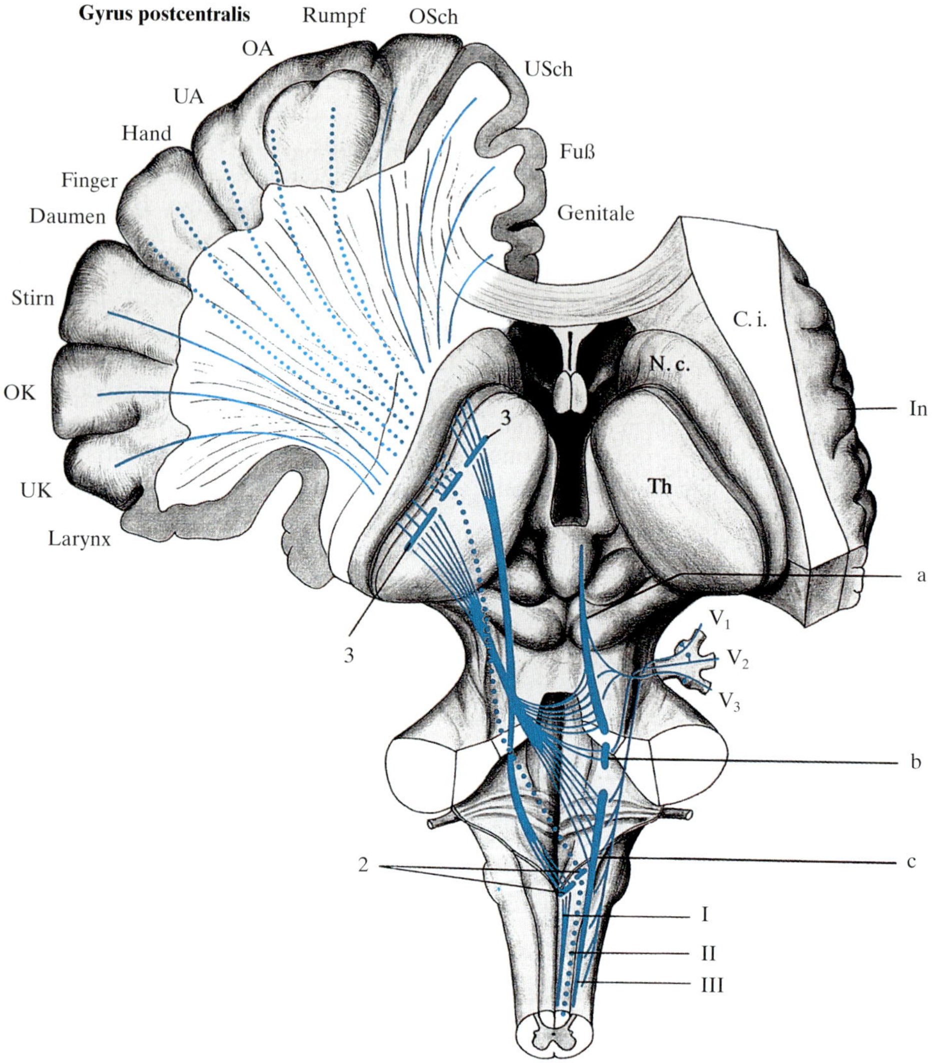

Abb. 65. b) Schema der Hinterstrangbahnen und der afferenten Trigeminusbahnen. 2 und 3 = zweites und drittes Neuron; I (blau) = Fasciculus gracilis (Goll); II (blau-gestrichelt) = Fasciculus cuneatus (Burdach); III (blau) = afferente Trigeminusfasern; V_1 = N. ophthalmicus (Stirnregion); V_2 = N. maxillaris (Oberkiefer, OK); V_3 = N. mandibularis (Unterkiefer, UK); a = Nucl. mesencephalicus n. V; b = Nucl. pontinus n. V; c = Nucl. spinalis n. V; C. i. = Capsula int.; In = Insel; OA = Oberarm; UA = Unterarm; OSch, USch = Ober- und Unterschenkelregion; Th = Thalamus.

Thalamus ziehen, wo sie in den Kernen der posterolateralen Gruppe des Thalamus (Nucl. ventralis posterolat.) enden. Von hier geht ein drittes Neuron zur Großhirnrinde *(Tractus thalamocorticalis)*, und zwar zum *Gyrus postcentralis*. Während des ganzen Verlaufes wird die somatotopische Gliederung beibehalten, so daß sich schließlich auch noch in der Anordnung der Zellgruppen des Gyrus postcentralis das periphere Körperschema wiedererkennen läßt (sensorischer Homunculus) (Abb. 64 u. 65b).

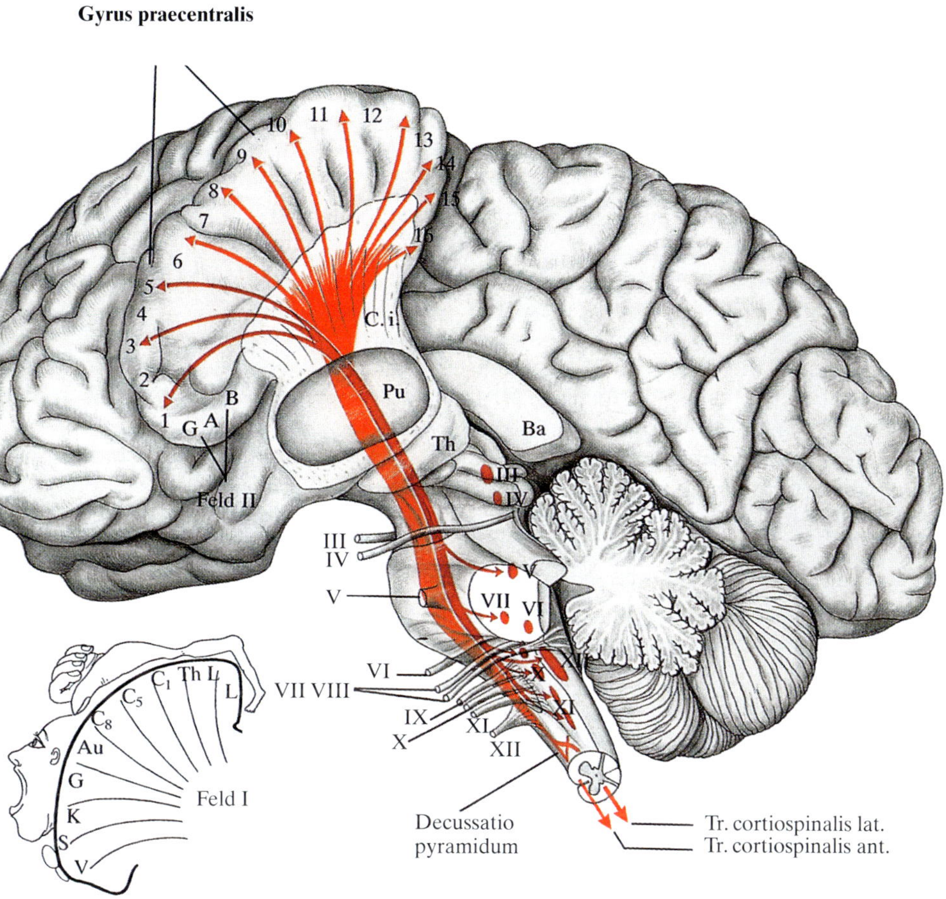

Abb. 66. a) Verlauf der Pyramidenbahn (Tractus corticospinalis oder pyramidalis = hellrot) und der kortikobulbären Bahn (Tractus corticobulbaris = dunkelrot). Römische Zahlen: Hirnnervenkerne und zugehörige Ursprungskerne in der Medulla oblongata. C. i. = Capsula interna; Pu = Putamen; Th = Thalamus; Ba = Balken.

Gyrus praecentralis:

Feld I:	1 = Larynx	7 = Finger	12 = Hüfte
	2 = Pharynx	8 = Hand	13 = Knie
	3 = Mundhöhle	9 = Unterarm	14 = Unterschenkel
	4 = Oberkiefer, Lippen	10 = Oberarm	15 = Fuß
	5 = Gesicht, Auge	11 = Rumpf	16 = Zehen
	6 = Daumen		
	C–S = Körpersegmente, Au = Augen, G = Gesicht, K = Kauapparat		
	S = Salivation, V = Vokalisation		
Feld II:	G = Gesicht		
	A = Arm		
	B = Bein		

Das System der Hinterstrangbahnen wird kranial durch die **Trigeminusafferenzen** vervollständigt (Abb. 65). Der sensible Anteil des V. Hirnnerven (N. trigeminalis) repräsentiert gewissermaßen die Summe der Spinalnervenafferenzen im Kopfbereich. Er leitet die Erregungen aus den Haut- und Schleimhautrezeptoren des Kopfes und ver-

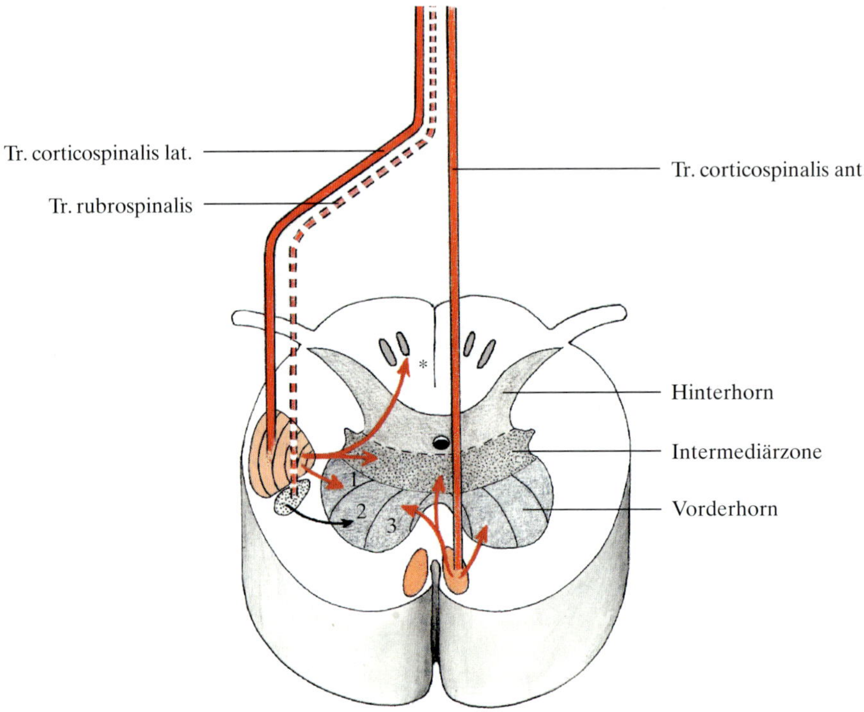

Abb. 66. b) Endigungen der langen efferenten Bahnsysteme im Rückenmark. Die Tractus corticospinalis lat. und rubrospinalis kommen von der kontralateralen Seite, der Tractus corticospinalis ant. bleibt auf der gleichen Seite, kreuzt aber teilweise noch im jeweiligen Rückenmarkssegment.
Lokalisation der Motoneurone im Vorderhorn: 1 = distale Muskelgruppen (Hand, Fuß); 2 = proximale Muskelgruppen (Arm, Schultergürtel, Bein, Beckengürtel); 3 = axiale Muskelgruppen (Rumpf); * = Rückkoppelungsschleife zu den Hinterstrangbahnen.

hält sich dabei ähnlich wie ein Spinalnerv. Die pseudounipolaren Ganglienzellen des *Ggl. trigeminale* (Gasser) schicken ihre zentralen Axone quer durch die Brücke in den Hirnstamm, um an den Zellen der sensorischen Endkerne des Trigeminus, die am Boden der Rautengrube und im Mittelhirn lokalisiert sind (Nucl. mesencephalicus, pontinus und spinalis n.V), synaptisch zu enden. Die Neurone aus dem spinalen Kern des Trigeminus sollen vornehmlich Schmerz- und Temperaturempfindungen, die aus dem Hauptkern stammenden Neurone mehr Tastempfindungen leiten.

Die pseudounipolaren Ganglienzellen der Neurone, die die propriozeptiven Afferenzen aus der Kaumuskulatur leiten, liegen nicht im Ganglion trigeminale, sondern im Nucleus mesencephalicus und werden ohne Umschaltung direkt (monosynaptisch) an die Motoneurone des motorischen Trigeminuskerns (Nucleus motorius, N. V) angeschlossen. Dadurch wird ein monosynaptischer Reflexbogen gebildet, der eine sehr schnelle Feinabstimmung des Muskeltonus und der Kauarbeit ermöglicht, was beim Menschen auch für die Entwicklung von Sprache und Gesang von Bedeutung ist.

Die Axone des 2. Neurons kreuzen zur Gegenseite und schließen sich der medialen Schleife (Lemniscus med.) an. Sie enden im Thalamus nicht weit von den Kerngruppen der Hinterstrangbahnen in den posteromedialen Thalamuskernen (Nucl. ventralis posteromed.), von wo dann die Neuriten des dritten Neurons durch die innere Kapsel zum unteren Teil des Gyrus postcentralis ziehen (Abb. 65b). Im Gyrus postcentralis, ihrem primären sensorischen Projektionsfeld, kommt es damit zu einer spiegelbildlich umgekehrten Projektion, so daß die vom Trigeminus geleiteten Kopfbereiche unten, diejenigen für Hand, Rumpf und Bein oben anschließend lokalisiert sind (Abb. 64 u. 65b).

Efferente Bahnen. Der efferente Schenkel des großen kortikalen Leitungsbogens der Willkürmotorik (Abb. 63) beginnt im Gyrus praecentralis. Hier ist das Körperschema nicht nur seitenverkehrt und in der Oben-unten-Dimension umgekehrt »abgebildet«, sondern auch je nach der funktionellen Bedeutung der einzelnen Areale unterschiedlich groß repräsentiert, so daß das Bild des »Homunkulus« äußerst verzerrt erscheint (Abb. 64 u. 66a). Die vom Gyrus praecentralis ausgehenden Bahnen werden meist unter dem Begriff der **Pyramidenbahn** zusammengefaßt. Da aber dieses efferente Fasersystem auch zahlreiche Fasergruppen aus den benachbarten Rindenarealen enthält, sollte man besser vom Pyramidenbahnsystem sprechen und den Begriff Pyramidenbahn nur für die drei folgenden Fasersysteme verwenden: 1. **Tractus corticospinalis lat.,** der im wesentlichen die Muskulatur von Hand und Fuß sowie auch die Muskelgruppen der zugehörigen proximalen Extremitätenabschnitte steuert; 2. **Tractus corticospinalis ant.,** der vor allem die Aktivität der Nackenmuskulatur und der axialen Muskeln (Rumpfmuskulatur usw.) regelt; und 3. **Tractus corticonuclearis,** der mit Ausnahme der Augenmuskelkerne die motorischen Kerne der Hirnnerven (N. V, VII, IX, X, XI und XII) versorgt (Abb. 66a). Alle drei Bahnen passieren die Capsula int. (in somatotopischer Ordnung) und treten in die Hirnstiele (Pedunculi cerebri) ein, wonach die kortikonukleären Bahnen stufenweise zu den motorischen Hirnnervenkernen der gegenüberliegenden Seite abzweigen (Abb. 66a).

Die kortikospinalen Bahnen durchsetzen dann die Brücke und erreichen die Medulla oblongata, wo sie ventral als pyramidenförmige Vorwölbungen zu erkennen sind (daher der Name Pyramidenbahn). Am Übergang von der Medulla zum Rückenmark kreuzt der Tractus corticospinalis lat. auf die andere Seite, während der Tractus corticospinalis ant. ungekreuzt weiterläuft und erst im Rückenmark (partiell) in Höhe des Zielsegmentes auf die andere Seite übergeht.

Im Rückenmark zieht der Tractus corticospinalis lat. als ein mächtiges, im Querschnitt dreieckiges Faserbündel im Seitenstrang, somatotopisch geordnet, abwärts. Die für die Endabschnitte der Gliedmaßen bestimmten Axone (z.B. Fingermuskeln) enden (monosynaptisch) an den am weitesten lateral gelegenen motorischen Vorderhornzellen, während die an den weiter medial gelegenen, für die proximalen Muskelgruppen zuständigen Motoneurone meist über Zwischenneurone von den Axonen der Pyramidenbahn innerviert werden. Der laterale Trakt sendet aber auch Axone zur Intermediärzone des Rückenmarks sowie zu Schaltkernen innerhalb der Hinterstrangbahnen, wodurch eine direkte Rückkoppelung mit den aufsteigenden afferenten Informationsflüssen erreicht werden kann. (Abb. 66b).

Der **Tractus corticospinalis ant.,** der nur etwa 10% der Pyramidenbahn ausmacht, zieht ipsilateral im Vorderstrang des Rückenmarks abwärts und versorgt vor allem die Motoneurone der axialen und Nackenmuskulatur, die in der grauen Substanz am weitesten medial lokalisiert sind (Abb. 66b). Die Axone des vorderen kortikospinalen Traktes bleiben auf der gleichen Seite, kreuzen aber z.T. auch innerhalb der jeweiligen Segmente auf die Gegenseite und treten außerdem in die Intermediärzone ein, die für allgemeine Haltungsreflexe von Bedeutung ist. Während die laterale Pyramidenbahn, die erst beim Menschen ebenso wie auch die Hinterstrangbahn einen größeren Umfang erreicht, hauptsächlich für die differenzierte Zielmotorik der distalen Gliedmaßenbereiche da ist (z. B. für einzelne Fingerbewegungen), sorgt der vordere kortikospinale Trakt, der Rumpf- und axiale Muskulatur versorgt, gleichzeitig dafür, daß die jeweilige Körperhaltung durch die Einzelbewegungen nicht gefährdet wird.

Sensomotorische Rindenareale. Die Neuronen des Gyrus prae- und postcentralis stehen nicht nur untereinander durch Assoziationssysteme in Verbindung, sondern besitzen auch ausgiebige Verbindungen mit den angrenzenden Rindenarealen (Abb. 67).

Vor dem Gyrus praecentralis liegen die supplementär-motorischen Areale (Area 6) sowie der prämotorische Kortex (Area 8). An den Gyrus postcentralis schließen sich hinten der somatosensorische Assoziationskortex (Area 5a) und die posterioren parietalen Rindenfelder an (Area 5b u. 7) (Lobulus parietalis post.) (Abb. 67 u. 68). Diese Areale sind nicht für die Steuerung einzelner Muskeln oder Muskelgruppen wie die primär-motorischen bzw. sensorischen Rindenfelder von Bedeutung, sondern für die Planung und Ausarbeitung bestimmter Bewegungsformen, die das Zusammenspiel mehrerer Muskelgruppen erfordern.

Die Ausarbeitung und Ausführung solcher Bewegungsvorstellungen erfordert das Zusammenwirken der supplementären und prämotorischen Areale. Beteiligt sind daran nicht nur die primär somatomotorischen Rindenfelder, sondern auch die sensorischen Assoziationsareale. Durch ausgiebige Querverbindungen wird dieses Zusammenwirken ermöglicht (Abb. 67). Erstaunlicherweise genügt allein die Vorstellung z. B. einer bestimmten Finger- oder Handbewegung, um die entsprechenden prämotorischen Rindenfelder zu aktivieren (Abb. 68c). Soll die Bewegungsvorstellung jedoch realisiert werden, müssen dann auch die jeweiligen Areale im Gyrus prae- und postcentralis aktiviert werden (Abb. 68a u. b).

Man kann die Rindenareale des Gyrus prae- und postcentralis als primäre sensomotorische Felder bezeichnen, denen dann die prämotorischen Areale des Frontallap-

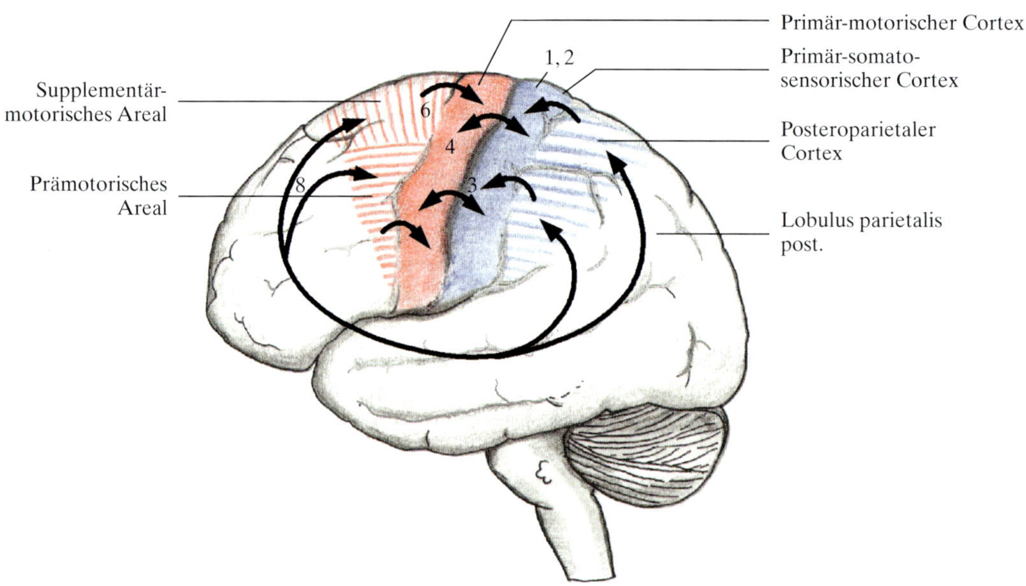

Abb. 67. Lokalisation der primären und sekundären somatomotorischen und somatosensorischen Rindenfelder und deren Verknüpfungen untereinander.

pens sowie die entsprechenden Areale des Parietallappens als sekundäre sensomotorische Felder übergeordnet sind (Abb. 69). Dort würden dann die Planungen für komplexere Bewegungsfolgen, wie sie z. B. beim Schreiben, Sprechen, bewußten Ausdrucksbewegungen notwendig sind, »ausgearbeitet« werden. Diese Felder liegen jeweils vor, bzw. hinter denjenigen Arealen des Gyrus prae- bzw. postcentralis, die mit der Innervation der zugehörigen Muskelgruppen zu tun haben. So liegt z. B. das motorische Sprachzentrum (Broca) unmittelbar vor dem primären Rindenfeld für die Kehlkopf- und Zungenmuskulatur in der Pars triangularis des Gyrus frontalis inf., allerdings merkwürdigerweise nur auf einer Hemisphäre (in der Regel links) und das motorische »Schreibzentrum« vor den primären Muskelfeldern für die Handmuskulatur.

Bei den sekundären sensorischen Rindenfeldern des Gyrus parietalis handelt es sich mehr um übergeordnete, zusammenfassende (auch begriffliche) Verarbeitung von afferenten Informationen aus dem System der Oberflächen- und Tiefensensibilität (z. B. sensorisches »Schreibzentrum«, »Lesezentrum«, usw.).

Die *»tertiären« Rindenfelder* sind in ihrer Funktion noch umfassender. Hier geht es nicht mehr um Einzelbewegungen oder um Bewegungssynergien im Dienste einer speziellen Leistung (Schreiben oder Sprechen), sondern um den motorischen Antrieb im allgemeinen, d.h. um die von der Persönlichkeit erstrebte Handlungsweise ganz allgemein. Diese schwer abgrenzbaren, relativ unbestimmten Felder (Area 9, 10 und 11) sind in den vordersten Teilen des Stirnhirns lokalisiert. Sie sind phylogenetisch die jüngsten Teile des Zentralnervensystems, die wahrscheinlich mit den höchsten menschlichen Antrieben der »individuellen und persönlichkeitseigenen Handlungsgesinnung« (Kleist) zu tun haben.

Entsprechendes gilt auch für die tertiären sensorischen Rindenfelder im hinteren Parietallappen. Hier werden Funktionen wie »Körperschema«, Bewußtwerden der Rechts-links-Symmetrie, des »Raumgefühles«, d.h. des Erlebens vom eigenen Körper als einem Gebilde des dreidimensionalen Raumes sowie das mit dem Raumerleben zusammenhängende »Ortsgedächtnis« angesiedelt. Auch das bewußte Erfassen einer körperlichen Gestalt stützt sich auf neuronale Vorgänge in diesen übergeordneten Rindenfeldern.

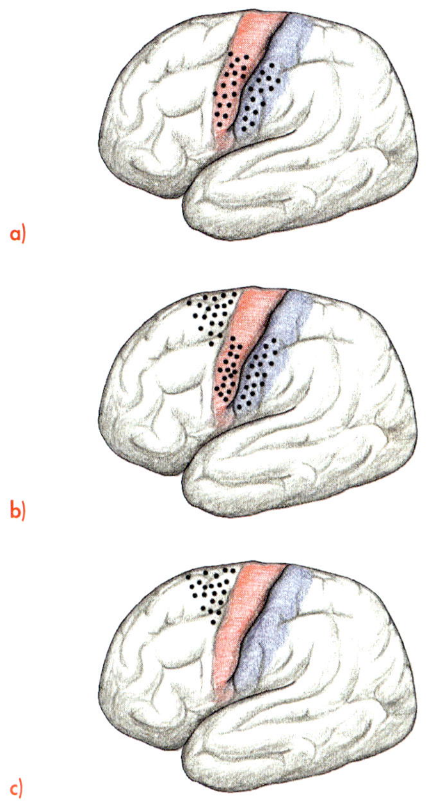

Abb. 68. Änderungen in der Hirndurchblutung im Bereich des motorischen Cortex.
a) Bei einer einfachen Fingerbewegung (nur primär motorische und sensorische Rindenareale aktiv).
b) Bei komplexeren Fingerbewegungen (primär motorische und sensorische Rindenareale plus supplementär motorisches Areal aktiv).
c) Nur gedachte komplexere Fingerbewegungen, Hand bleibt ruhig (nur supplementär motorisches Areal wird aktiv).

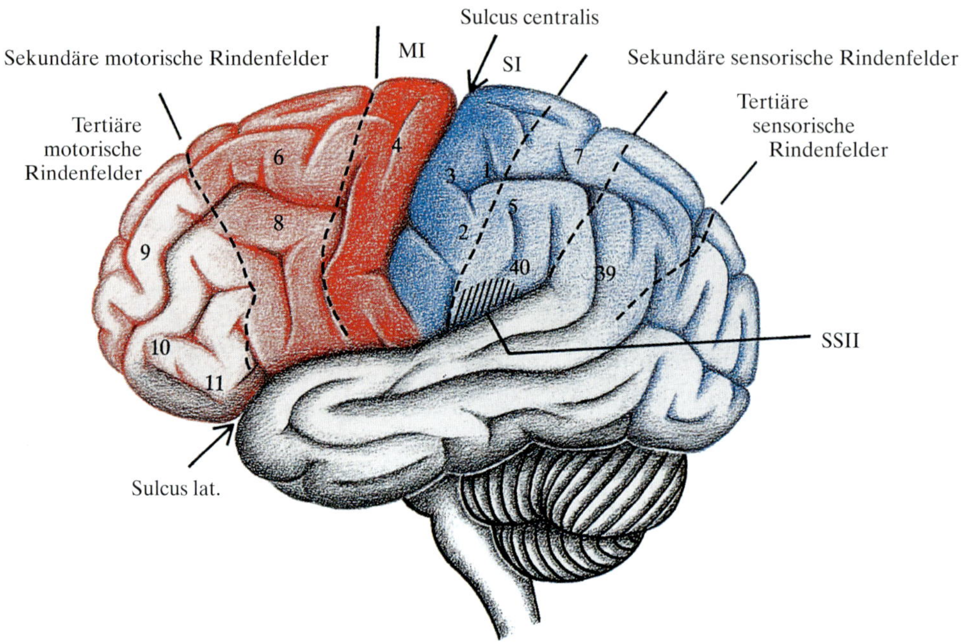

a)

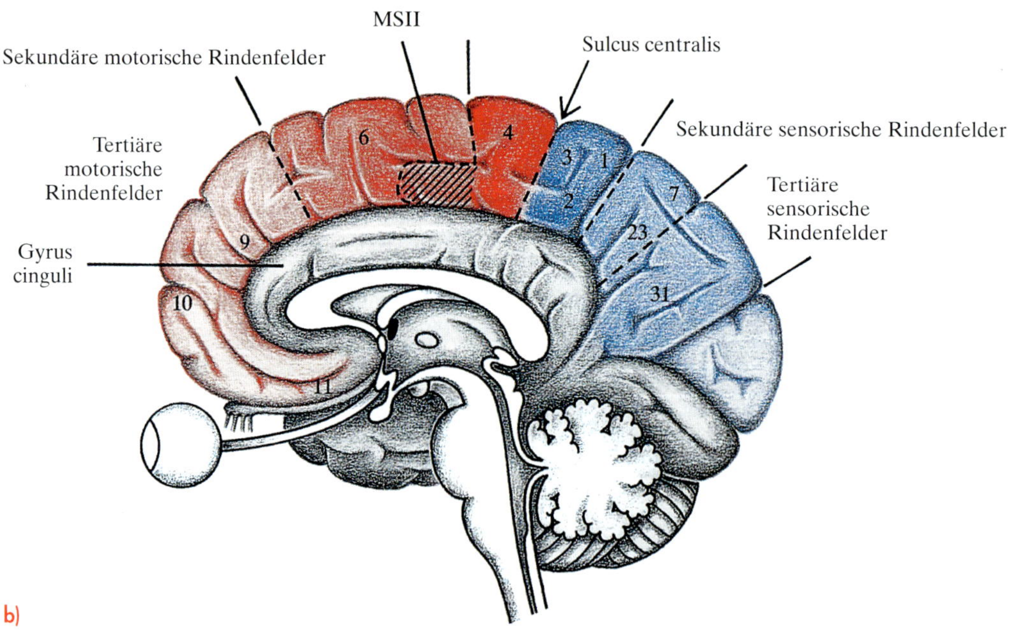

b)

Abb. 69. a und b) Lokalisation der zu den sensomotorischen Systemen gehörigen Rindenareale a) von lateral; b) von medial. Die primären sensorischen (blau) und motorischen (rot) Rindenfelder (SI und MI) grenzen jeweils an den Sulcus centralis an (Gyrus post- und praecentralis). Im Frontallappen schließen sich die sekundären (Area 6, 8, 44) und tertiären motorischen Rindenfelder (Area 9, 10, 11), im Parietallappen die sekundären (Area 5, 7a, 40) und tertiären sensorischen Rindenfelder (7b, 39) an die primären Felder an. Zusätzlich zu den primären Projektionsfeldern existieren noch supplementäre sensorische (SSII) und motorische (MSII) Felder (gestrichelte Areale).

Klinische Hinweise (Abb. 70). Nach lokalisierten Hirnschädigungen (Tumoren, Verletzungen, Durchblutungsstörungen) hat man z. T. sehr detaillierte Funktionsausfälle beobachtet.

Paralysen. Schädigungen im Bereich der Area 4 (Gyrus praecentralis) führen zu Lähmungen der entsprechenden Muskelgruppen in der gegenüberliegenden Körperhälfte (Paralysen).

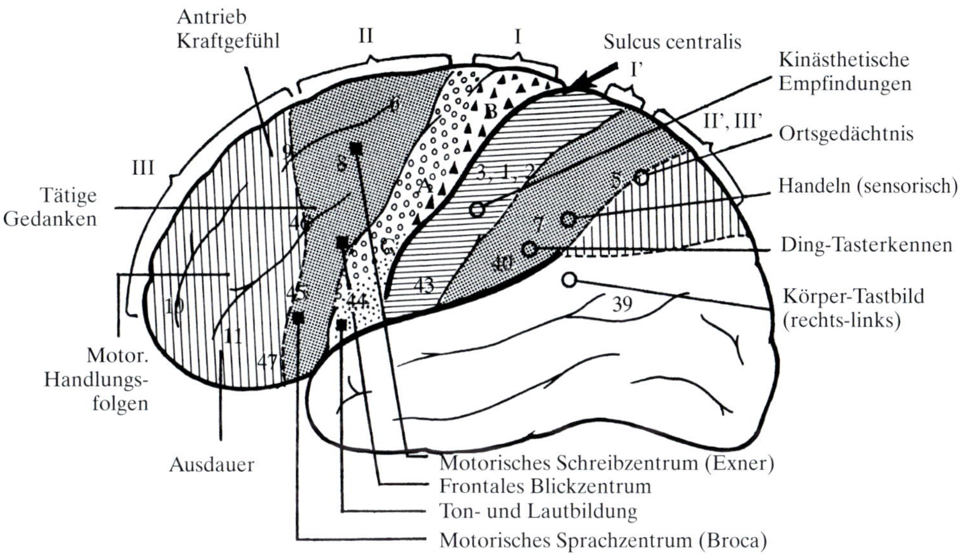

Abb. 70. a) Sekundäre und tertiäre Rindenfelder der Sensomotorik (die Zahlen entsprechen den Brodmann-Feldern). Funktionelle Gliederung von Stirn- und Scheitellappen (Hinweise nach Kleist). I–III = Primäre, sekundäre und tertiäre motorische Rindenfelder des Frontallappens; I'–III' = primäre, sekundäre und tertiäre sensorische Rindenfelder des Parietallappens.

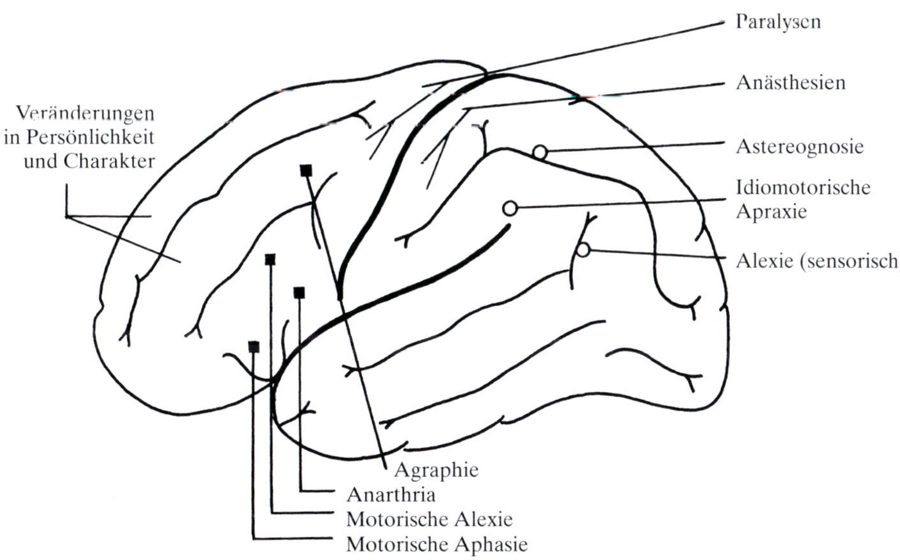

Abb. 70. b) Klinische Ausfallerscheinungen bei Rindenläsionen (nach de Jong).

Epilepsie. Schlagartig einsetzende konvulsive Krampfanfälle mit Bewußtseinsstörungen, die durch generalisierte oder fokale Erregbarkeitssteigerungen im Bereich der primären motosensorischen Rindenfelder ausgelöst werden.

Bei schwersten, immer wiederkehrenden epileptischen Anfällen wurde gelegentlich als letztes Mittel die operative Durchtrennung des Balkens (Kallosotomie) durchgeführt. Überraschenderweise waren danach Ausfälle nur mit subtilsten psychologischen Methoden nachweisbar. Sie betrafen vor allem Veränderungen in der Einheit des Erlebens von Umwelt und Körperlichkeit, die mit der Lateralisation des Gehirns (s. S. 233) zusammenhängen.

Früher wurde auch in schwersten Fällen von Schizophrenie oder Tobsuchtsanfällen eine sog. *Lobotomie,* d.h. eine vollständige, quere Durchtrennung des Stirnhirns, durchgeführt. Der Patient war danach zwar »ruhiger« und wurde durch seine Halluzinationen nicht mehr motorisch beeinflußt (obwohl sie nach wie vor vorhanden waren), zeigte aber so starke Persönlichkeitsveränderungen bis zum Infantilismus, daß man dieses Verfahren wieder aufgegeben hat.

Agraphie bedeutet die Unfähigkeit, geordnete Schreibbewegungen durchzuführen. Sie tritt bei Läsionen im Bereich von Area 8 oder 6 auf.

Bei der *Apraxie,* die meist auf größeren Läsionen in der motorischen oder prämotorischen Rinde beruht, ist der Patient unfähig, geordnete Handlungen durchzuführen.

Als *motorische Aphasie* bezeichnet man die Unfähigkeit, Worte zu formulieren und auszusprechen, jedoch ist die Kehlkopfmuskulatur nicht gelähmt und die Atmung nicht behindert. Bei Rechtshändern liegt das Broca-Zentrum links, bei Linkshändern (in der Regel, nicht immer) rechts. Motorische Sprachstörungen treten daher nur bei Läsionen in der linken Hemisphäre auf.

Astereognosie ist die Unfähigkeit, die Gestalt eines Gegenstandes durch Betasten wiederzuerkennen. Sie ergibt sich bei Läsionen im Bereich von Area 5 oder 7 (Abb. 70b).

Die Großhirnrinde ist damit in der Lage, die aus der Peripherie einlaufenden Informationen in umfassender Weise zu verarbeiten und in die Planungen auch für komplizierteste Bewegungsabläufe einzubeziehen. In diesem Zusammenhang haben sich beim Menschen umfangreiche Assoziationssysteme entwickelt (rund 6 mal mehr als bei höheren Affen), durch welche die Ausarbeitung verschiedenster, auch schöpferischer neuer Bewegungsvorstellungen möglich geworden ist (motorischer Assoziationskortex). Für deren Realisierung genügt jedoch nicht der durch die dargestellten langen Bahnen über den Cortex gezogene Leitungsbogen (Abb. 63). Die pyramidale Motorik ist eigentlich ein Sonderfall, der sich erst sehr spät in der Evolution herausgebildet hat, letztlich aber nur dadurch möglich geworden ist, daß zusätzliche Systeme sich ebenfalls höherentwickelt und wichtige Teilfunktionen für die Willkürmotorik übernommen haben. Dabei handelt es sich in erster Linie um die subkortikalen Kerngruppen, die in der Literatur häufig unter dem Begriff der »Basalganglien« zusammengefaßt werden.

4.3.4 Subkortikales sensomotorisches System

Die Willkürmotorik umfaßt nicht nur – wie dargestellt – die bewußten zielgerichteten Einzelbewegungen, die immer mit stabilisierenden, die Körperhaltung garantierenden »Begleitreaktionen« kombiniert werden, sondern auch eine Vielzahl von komplexeren Bewegungsformen, an denen nicht nur die Endabschnitte, sondern alle Teile der

Gliedmaßen zusammen mit dem Rumpf und den Gliedmaßengürteln beteiligt sind. Man denke etwa an komplizierte, sportliche Bewegungen oder auch handwerkliche Verrichtungen, Gesten, Mimik oder körperliche Ausdrucksbewegungen (z.B. eines Schauspielers). Solche Bewegungskomplexe bedürfen nicht nur einer sorgfältigen Planung (z.B. mit Hilfe der prämotorischen Rindengebiete), sondern auch einer speziellen Organisation und Abstimmung mit bereits laufenden Bewegungsprogrammen. Hat sich das im Zusammenhang mit dem Assoziationskortex neu ausgearbeitete »Programm« bewährt, kann es gespeichert und gegebenenfalls wieder neu abgerufen werden, d.h. das neu entwickelte Bewegungsbild ist zu einer erlernten Fähigkeit geworden.

Das oberste Zentrum der subkortikalen Kerngruppen ist der **Streifenkörper (Corpus striatum),** der durch die hindurchgewachsenen Projektionsbahnen der inneren Kapsel in den **Nucleus caudatus** (oben-medial) und das **Putamen** (unten-lateral) getrennt worden ist. Nur vorne bleibt der Kopf des Nucleus caudatus noch in Verbindung mit dem Putamen, so daß ein zusammenhängender Kernkomplex entsteht, den man als Nucleus accumbens bezeichnet. Das aus dem Basalganglion des Endhirns hervorgegangene Striatum ist medial-innen mit dem **Pallidum** (Globus pallidus), das vom Zwischenhirn stammt, verwachsen. So bilden Putamen und Pallidum einen zusammenhängenden Kern, der auch als Linsenkern bezeichnet wird (Nucleus lentiformis). Hinten medial schließt sich der mächtige Kernkomplex des Thalamus an (Abb. 71 u. 72), der ventral durch den eng benachbarten **Nucleus subthalamicus** ergänzt wird. Zu dieser Gruppe von subkortikal gelegenen Kernen muß auch die **Substania nigra** gerechnet werden, an der man eine Zona reticularis und eine

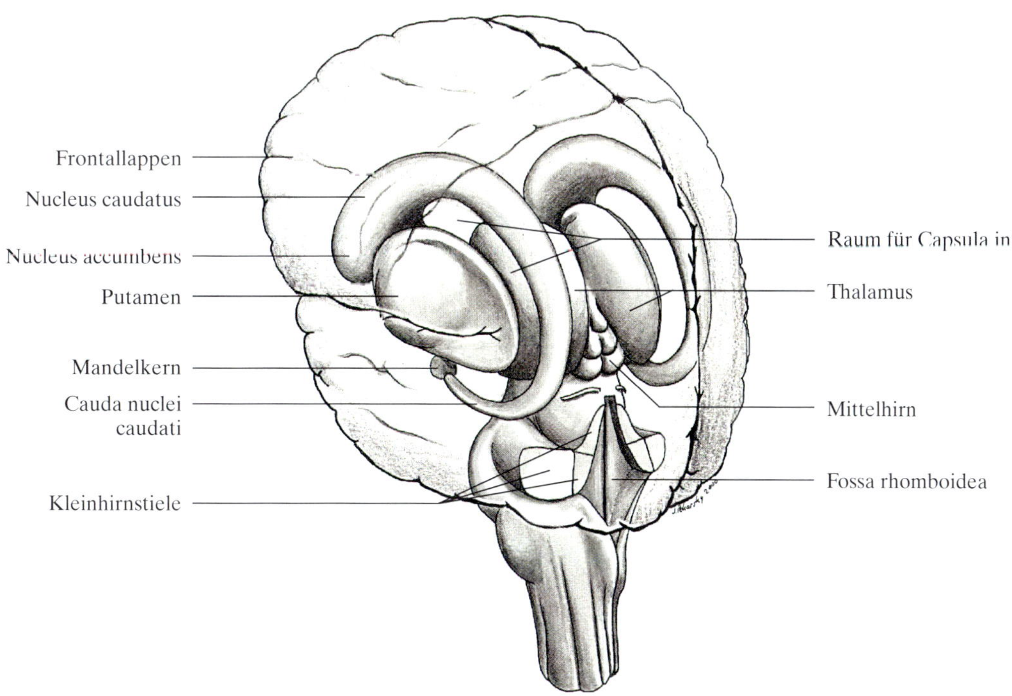

Abb. 71. Lage der subkortikalen Kerne im Verhältnis zur Großhirnrinde (Kleinhirn entfernt).

stark pigmentierte Zona compacta unterscheiden kann.

Das **Striatum** erhält von allen mit der Motorik befaßten Rindenarealen des Frontal- und Parietalhirns, insbesondere auch vom Assoziationskortex exzitatorische Impulse und besitzt wie der Cortex eine das Körperschema widerspiegelnde topische Ordnung, wobei das Putamen mit der Körpermuskulatur, der Nucleus caudatus mit der Kopfmuskulatur (Augenmuskeln usw.) und das ventrale Striatum (vorderer Teil des Nucleus caudatus und Nucleus accumbens) mit dem limbischen System, d.h. den emotionalen und kognitiven Prozessen, soweit sie mit der Motorik zusammenhängen, zu tun haben. Das Striatum steht mit dem Pallidum durch zwei verschiedene, inhibitorisch wirkende Neuronenketten in Verbindung (Abb. 73). Der direkte Weg geht zur Innenzone des Pallidum, das seinerseits durch eine lange, schleifenförmige Bahn **(Ansa lenticularis)** inhibitorisch mit dem Thalamus (ventrolaterale, ventroanteriore und centromediane Kerngruppen) verbunden ist. Der indirekte Weg geht zuerst zur Außenzone des Pallidums und dann mit inhibitorisch wirkenden Neuronen unmittelbar zum Nucleus subthalamicus

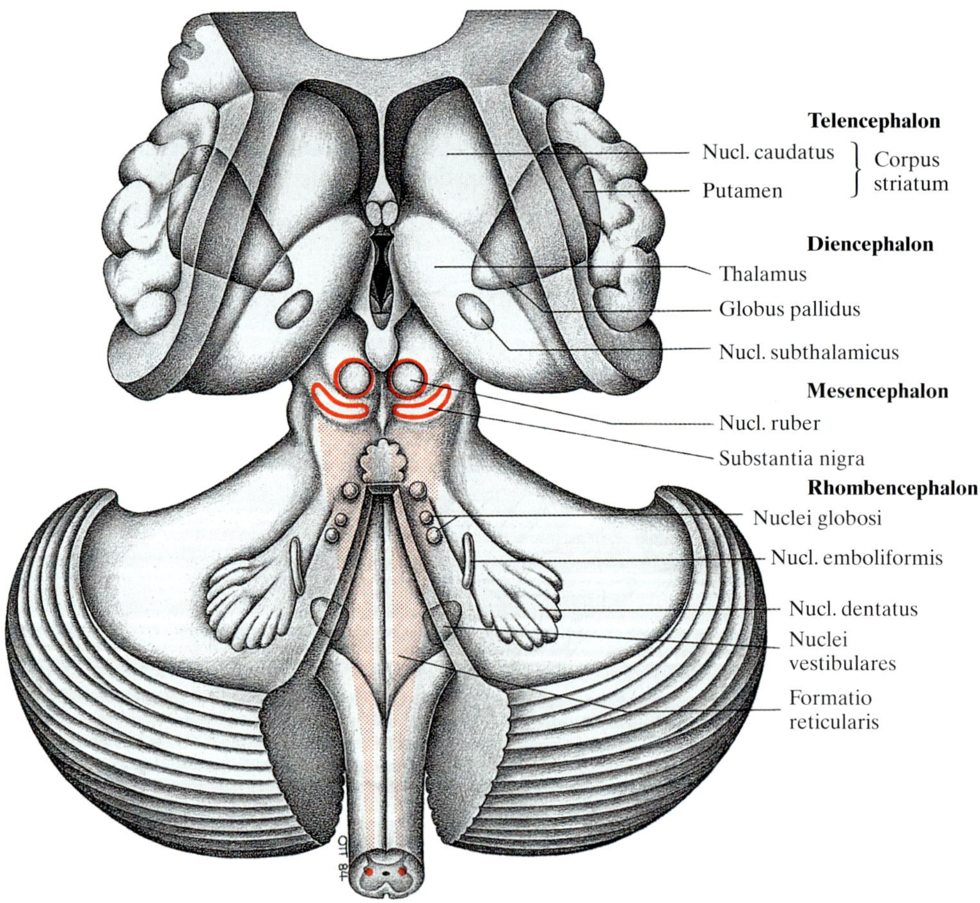

Abb. 72. Übersicht über die Lage der wichtigsten subkortikalen Kerngruppen sowie der motorischen Kerne im Mittelhirn und Hirnstamm (von oben). Die Großhirnrinde und die vorderen Teile des Kleinhirns wurden entfernt. Das Kleinhirn wurde median halbiert und zur Seite geklappt.

(Abb. 73). Dieser besitzt die einzigen exzitatorischen Neurone dieses Systems. Sie projizieren in die Innenzone des Pallidums und aktivieren die über die Ansa lenticularis laufenden inhibitorischen Impulse des Pallidums zum Thalamus. Da die Thalamuskerne zur motorischen Rinde projizieren und exzitatorisch wirken, muß die vermehrte, vom Pallidum ausgehende Hemmung die motorische Aktivität der Hirnrinde reduzieren.

Subkortikale Kerne (Striatum, Pallidum) und Thalamus bilden also mit der Hirnrinde einen Rückkoppelungskreis, der keine direkten Verbindungen mit dem Rückenmark besitzt. In diesen kann das Striatum über den direkten und indirekten Weg zum Pallidum funktionell in antagonistischer Weise eingreifen. Werden die inhibitorischen Neurone, die direkt zur Innenzone des Pallidums verlaufen, aktiviert, wird die inhi-

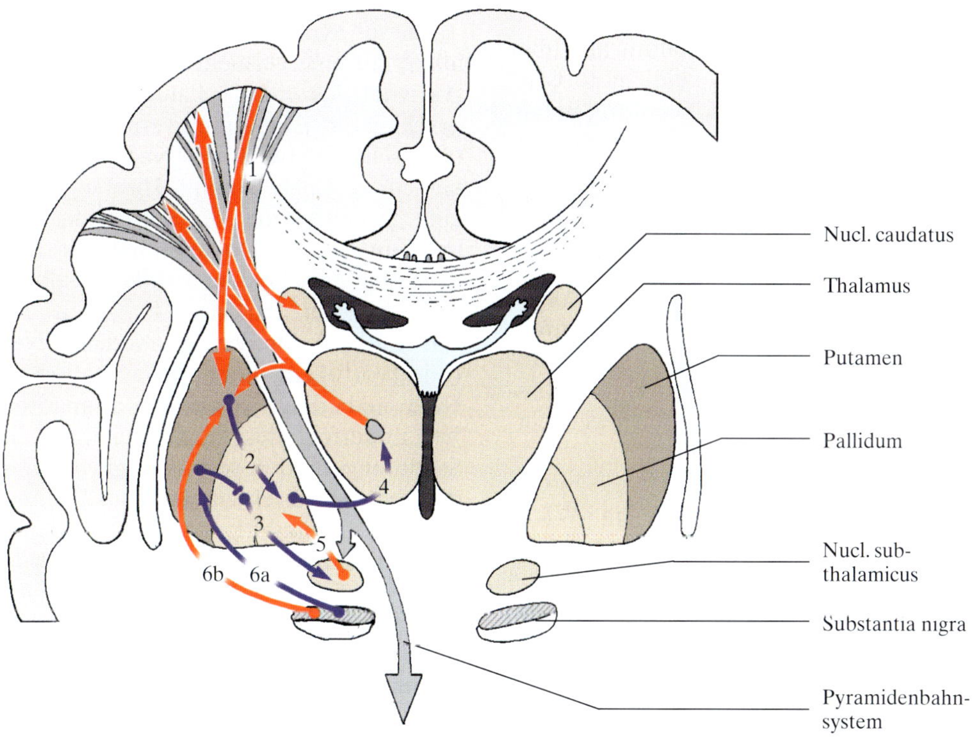

Abb. 73. Bahnverbindungen der subkortikalen Kerne, dargestellt an einem Frontalschnitt (vgl. Abb. 71 u. 72). Blau = inhibitorisch; rot = exzitatorisch wirkende Neurone.

1 = Kortikostriatale Bahnen (Glutamat)
2 = Direkte Bahn vom Putamen zum Pallidum (GABA, Dynorphin, Substanz P)
3 = Indirekte Verbindungen vom Putamen zum Pallidum (äußeres Segment) und weiter zum Nucleus subthalamicus (GABA)
4 = Pallidothalamische Bahn (Ansa lenticularis) (GABA)
5 = Einzige exzitatorische Verbindung vom Nucleus subthalamicus zum Pallidum (inneres Segment) (Glutamat)
6 = Zwei unterschiedlich wirkende Verbindungen von der Substantia nigra (Pars compacta) zum Striatum
a = Enkephalin, GABA, Neurotensin
b = Dopamin

bitorische Wirkung der Linsenkernschleife gehemmt (Disinhibition) und damit die motorische Aktivität der Rinde, die vom Thalamus aus stimuliert wird, verstärkt. Werden über den indirekten Weg die inhibitorischen Impulse vom Putamen zum **Nucleus subthalamicus** reduziert, nimmt die exzitatorische Aktivität des subthalamischen Kernes und damit auch der inhibitorische Einfluß des Pallidums auf den Thalamus zu, was dann die motorische Aktivität der Hirnrinde wieder vermindert (Abb. 73).

Durch die geschilderte Rückkoppelungsschleife kann also vom Striatum aus über Pallidum und Thalamus die motorische Aktivität der mit der Willkürmotorik befaßten Rindengebiete gesteigert oder gehemmt werden. Dem Pallidum fällt dabei eine entscheidende Doppelrolle zu. Über den direkten Neuronenweg vom Putamen zum Pallidum werden letztlich die motorischen Programme »geglättet« oder widersprüchliche Intentionen unterdrückt, während der direkte Weg die Durchführung motorischer Programme fördert, erleichtert oder in Abstimmung mit anderen Intentionen zweckentsprechend moduliert.

Der Nucleus subthalamicus wirkt in diesem System gewissermaßen wie ein »Wächter«, der die Weichen sozusagen »von unten« in die eine oder andere Richtung verstellen kann. Es gibt aber noch eine zweite Möglichkeit, die Weichen umzustellen, sozusagen »von oben«, vom Striatum aus. Das geschieht über Neurone der **Substantia nigra.** Von der Pars compacta gehen zwei verschiedene Bahnen aus.

Die eine umfaßt Dopamin-haltige Neurone, die exzitatorisch auf den direkten Weg vom Putamen zum Pallidum wirken und damit letztlich motilitätsfördernd sind; die andere enthält mehr GABAerge Neurone, die über den indirekten Weg inhibitorisch auf den Nucleus subthalamicus und damit motilitätshemmend wirken (Abb. 73). Im Krankheitsfall kann die Dominanz eines dieser beiden Wege zu charakteristischen Motilitätsstörungen (Hyperkinesen, bzw. Hypo- oder Akinesen) führen.

Klinische Hinweise. Bei der **Parkinson-Erkrankung** besteht eine Unfähigkeit spontane Willkürbewegungen auszuführen, was generell zu einer Bewegungarmut (Bradykinesie, Akinesie) und maskenhaften Starre des Gesichtes sowie zu einem erhöhten Muskeltonus (Rigidität) und charakteristischen, grobschlägigen Tremor (4–5/s) führt.

Diese Symptome werden heute vor allem auf eine vermehrte (inhibitorische) Aktivität des inneren Pallidumsegmentes zurückgeführt, die durch vermehrte (exzitatorische) Aktivität des Nucleus subthalamicus zustande kommt. Hierbei scheint eine Degeneration der Substantia nigra und ein Verlust Dopamin-haltiger Neurone eine entscheidende Rolle zu spielen. Man hat bei Parkinson-Patienten eine starke Reduktion der Anzahl dieser Neurone (vor allem durch Degeneration der Neurone bedingt) sowie eine dramatische Verminderung des Dopamingehaltes im Striatum gefunden, so daß möglicherweise die über den direkten Weg zum Pallidum laufende Disinhibition des Thalamus nicht mehr normal in Gang gesetzt werden kann. Tatsächlich haben Gaben von Dopaminpräparaten eine Besserung (wenn auch keine Heilung) der Krankheit, die vermutlich eine Systemerkrankung darstellt, ergeben. Neuerdings beginnt man auch mit Versuchen, die Symptomatik mit chirurgischen Eingriffen (am inneren Pallidum oder speziellen Thalamuskernen) zu verbessern.

Bei der **Chorea** (Huntington) liegt umgekehrt nicht eine Bewegungsarmut, sondern eine übersteigerte Motilität vor (exzessive, unfreiwillige und unkontrollierte Bewegungen, Hemiballismus, Dyskinesien, Hyperkinesien). Der Tonus der Muskulatur ist reduziert (Hypotonie). Wurmartige, verwundene Bewegungen

(Athetose) und Grimassieren des Gesichtes charakterisieren die fortgeschrittenen Stadien dieser Erkrankung.

Aufgrund experimenteller Befunde glaubt man heute, daß choreatische Symptome hauptsächlich auf eine Degeneration des Nucleus subthalamicus zurückzuführen sind, so daß die Wirkung der »Pallidum-Bremse« vermindert und die motorische Aktivität des Thalamus erhöht wird, was eine Zunahme der spontanen motorischen Rindenaktivität zur Folge hat.

Efferente Bahnen. Der große Rückkoppelungskreis, den die subkortikalen Kerne zusammen mit dem Thalamus bilden, hat – wie erwähnt – keine direkten Verbindungen mit dem Rückenmark, sondern unterstützt lediglich (modifizierend und kontrollierend) die kortikalen motorischen Intentionen, die dann letztlich über das Pyramidenbahnsystem mit Hilfe der »basalen« sensomotorischen Systeme des Rückenmarks realisiert werden (Abb. 74).

Das **Pyramidenbahnsystem** umfaßt etwa 1 Million markhaltiger Fasern, deren Durchmesser zum größten Teil (80–90%) 2–4 μm beträgt. Nur rund 1–2% sind dicke, schnell leitende Fasern mit Durchmessern zwischen 11 und 20 μm, möglicherweise die des lateralen Traktes der Pyramidenbahn für die dista-

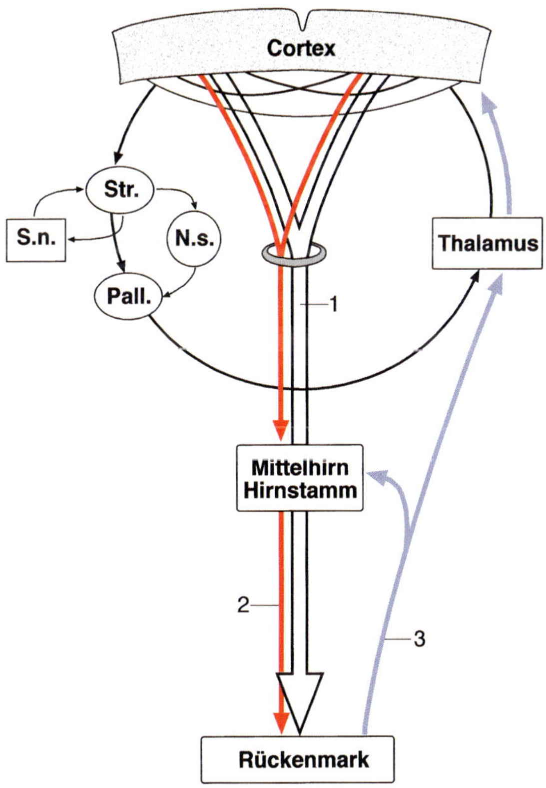

Abb. 74. Rückkoppelungskreis (motor circuit) der subkortikalen Kerngruppen in Verbindung mit der Hirnrinde und dem Pyramidenbahnsystem (Py), in dem nicht nur die Pyramidenbahn selbst, sondern auch die zu den motorischen Kernen des Mittelhirns und Hirnstammes ziehenden Bahnen verlaufen. N. s. = Nucleus subthalamicus; Pall. = Pallidum; S. n. = Substantia nigra; Str. = Striatum; 1 = Tractus corticospinalis und corticonuclearis; 2 = Tractus rubrospinalis, Tractus reticulospinalis; 3 = Tractus spinothalamicus und spinobulbaris.

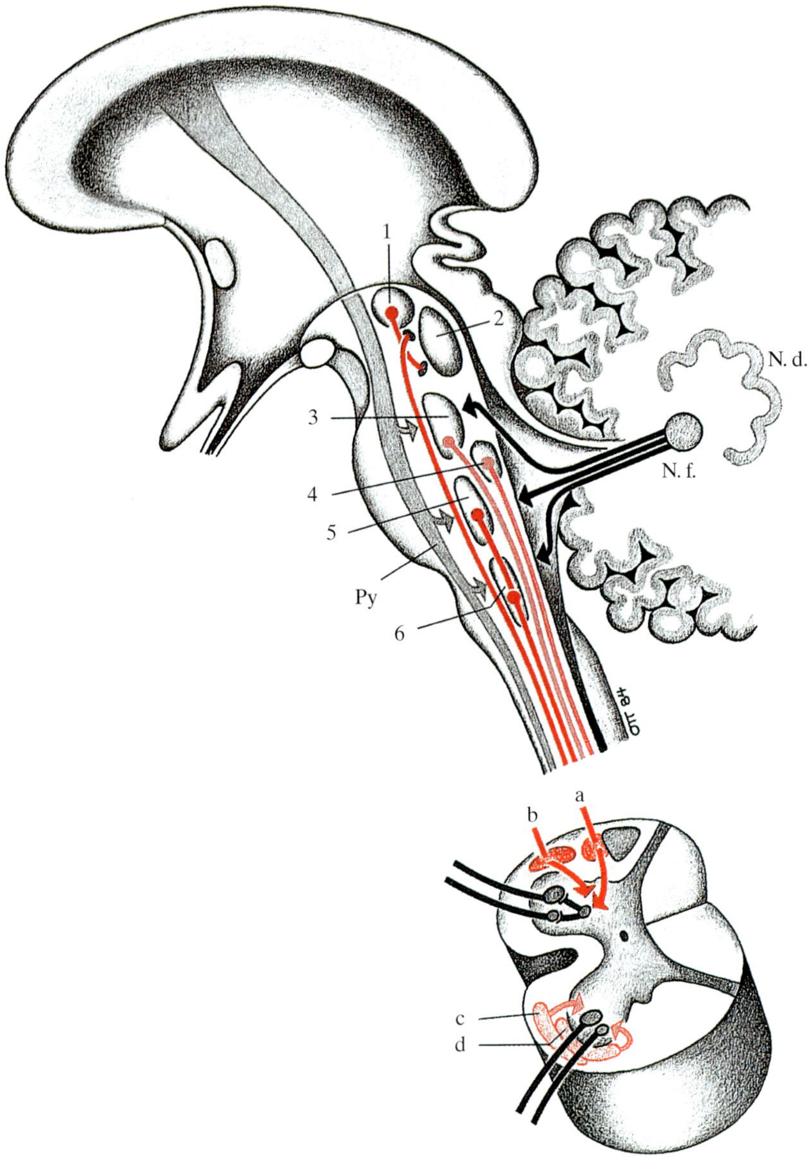

Abb. 75. Schema der wichtigsten deszendierenden Bahnsysteme der Retikularisformation des Rautenhirns. Das Pyramidenbahnsystem (Py) sendet Kollateralen zu den Kernen der Retikularisformation. Auch das Kleinhirn, hauptsächlich über den Nucl. fastigii (N. f.), greift hier ein (schwarze Pfeile). N. d. = Nucl. dentatus.

Kerne:
1 = Nucl. ruber
2 = Formatio reticularis mesencephali
3 = Formatio reticularis pontis
4 = Nucl. gigantocellularis
5 = Nucl. medullae oblongatae centralis
6 = Formatio reticularis lat.

Bahnen:
a = Tractus rubrospinalis
b = Tractus reticulospinalis lat.
c = Tractus vestibulospinalis
d = Tractus reticulospinalis med.

len Körperabschnitte. Ein großer Teil der Fasern kommt aber auch von der prämotorischen Rinde (etwa ⅓), ein anderer Teil aus den primär-sensorischen und akzessorischen Rindenarealen. Diese Verbindungen sorgen für einen geordneten, harmonischen Ablauf der zielmotorischen Einzelbewegungen, bilden also den notwendigen Hintergrund an elementaren Bewegungsabläufen im Gesamtorganismus, ohne die eine isolierte Einzelbewegung nicht durchführbar ist. Diese Regulationen müssen mit den kortikospinalen Impulsen parallel gehen oder diesen sogar vorauseilen, um den motorischen Apparat in der Peripherie nicht durcheinander zu bringen. Sie laufen über die motorischen Kerne des Mittel- (Nucleus ruber) und Rautenhirns (Formatio reticularis), die meist schon in der »Planungsphase« einer Bewegung durch die im Pyramidenbahnsystem verlaufenden Bahnen des prämotorischen und posterior-sensorischen Cortex über die beabsichtigten motorischen Aktionen informiert werden (feedforward-regulation) und damit einer möglichen Instabilität zuvorkommen können. Der Nucleus ruber erhält seine Informationen direkt von Bahnen, die im Gyrus praecentralis beginnen, während die Retikularisformation hauptsächlich von Neuronen der prämotorischen Rinde innerviert wird.

Innerhalb der **Retikularisformation** existiert ein mächtiges, vielgliedriges Neuronensystem, das das ganze Rautenhirn durchzieht (Abb. 72) und als zentrale Haubenbahn *(Tractus tegmentalis centralis)* bezeichnet wird. Sie erhält Zuflüsse außer von der Großhirnrinde auch vom Kleinhirn (Abb. 75), vom Nucleus ruber, von der unteren Olive und von verschiedenen Kernen der Retikularisformation selbst. Kaudalwärts setzt sich die zentrale Haubenbahn in die Tractus reticulospinales med. und lat. bis ins Rückenmark fort.

Der vom Nucleus ruber ausgehende **Tractus rubrospinalis** kreuzt noch im Hirnstamm (ventrale oder Forel-Haubenkreuzung) und zieht unmittelbar ventral vor dem lateralen, kortikospinalen Trakt in der Seitensäule des Rückenmarks abwärts, um an Interneuronen der Intermediärzone sowie aus den Motoneuronen der proximalen und axialen Muskelgruppen zu enden (Abb. 66 u. 75). Er ist bei Säugetieren wesentlich kräftiger als beim Menschen.

Die beiden vielneuronigen **Tractus reticulospinales** bleiben im Hirnstamm und Rückenmark auf der gleichen Seite und enden direkt oder indirekt an den Motoneuronen für die Beugermuskulatur (Tractus reticulospinalis lat.), die meist mehr dorsal, bzw. an den Motoneuronen für die Streckermuskulatur, die im Vorderhorn weiter ventral liegen (Tractus reticulospinalis med.), lokalisiert sind (Abb. 75). Die mediale retikulospinale Bahn schafft damit durch die Sicherung der Körperhaltung notwendige Voraussetzungen für die individuellen Einzelbewegungen der distalen Gliedmaßenabschnitte, während die laterale Bahn mehr diese Bewegungen selbst unterstützt.

Diese Differenzierung zwischen Flexoren- und Extensoren-bezogenen Systemen spielt vor allem für rhythmische, gleichmäßige Bewegungen im Raum (Laufen, Gehen) sowie für die aufrechte Körperhaltung (Statik) eine Rolle, wobei allerdings auch das Kleinhirnsystem, z.B. über den Tractus vestibulospinalis, entscheidend mitwirken muß.

Afferente Bahnen. Thalamus, Mittelhirnkerne (Nucleus ruber, Substantia nigra), aber auch die motorischen Kerne des Hirnstammes (Formatio reticularis) erhalten ihre Informationen aus der Peripherie, vor allem die Oberflächensensibilität betreffend, durch die Vorderseitenstrangbahnen (Tractus spinothalamici, Tractus spino-olivaris, Tractus spinotectalis, Tractus spinotegmentalis, Tractus spinoreticularis) (Abb. 76).

Das erste Neuron dieser Bahnen ist wiederum die pseudounipolare Spinalganglienzelle, die mit den in Lamina IV des Hinterhorns gelegenen *Strangzellen* ausgiebige synaptische Kontakte eingeht. Die Neuriten der Strangzellen bilden das zweite Neuron dieser Bahn; sie kreuzen im gleichen Segment auf die Gegenseite und ziehen dann im Vorderseitenstrang als Tractus spinothalamici aufwärts (Abb. 76). Da sich die Neuriten von Segment zu Segment von innen nach außen anschichten, entsteht im Vorderseitenstrang eine charakteristische Segmentgliederung, die das Körperschema widerspiegelt (Abb. 65). Man bezeichnet dies als somatotopische Gliederung (Gesetz von der Exzentrizität der längsten Bahnen). Die Vorderseitenstrangbahnen laufen dann ohne Unterbrechung durch Medulla und Mittelhirn hindurch, um erst in den kleinzelligen ventrokaudalen Kerngruppen des Thalamus (Nucl. ventralis posterolateralis) zu enden. Ihre Axone sind im Rückenmark so angeordnet, daß die die Druck- und Berührungsempfindungen leitenden Fasern mehr ventral *(Tractus spinothalamicus ant.)* und diejenigen für Schmerz- und Temperaturempfindungen mehr lateral gruppiert sind *(Tractus spinothalamicus lat.)* (Abb. 65). Im Vorderstrang verlaufen außerdem afferente Bahnen, die von den Strangzellen ausgehen, aber schon in der Retikularisformation des Rauten- und Mittelhirns *(Tractus spinoreticularis)*, in der Lamina tectalis des Mittelhirns *(Tractus spinotectalis)* und in der Olive *(Tractus spino-olivaris)* enden. Alle diese Bahnen spielen auch bei den Kontroll- und

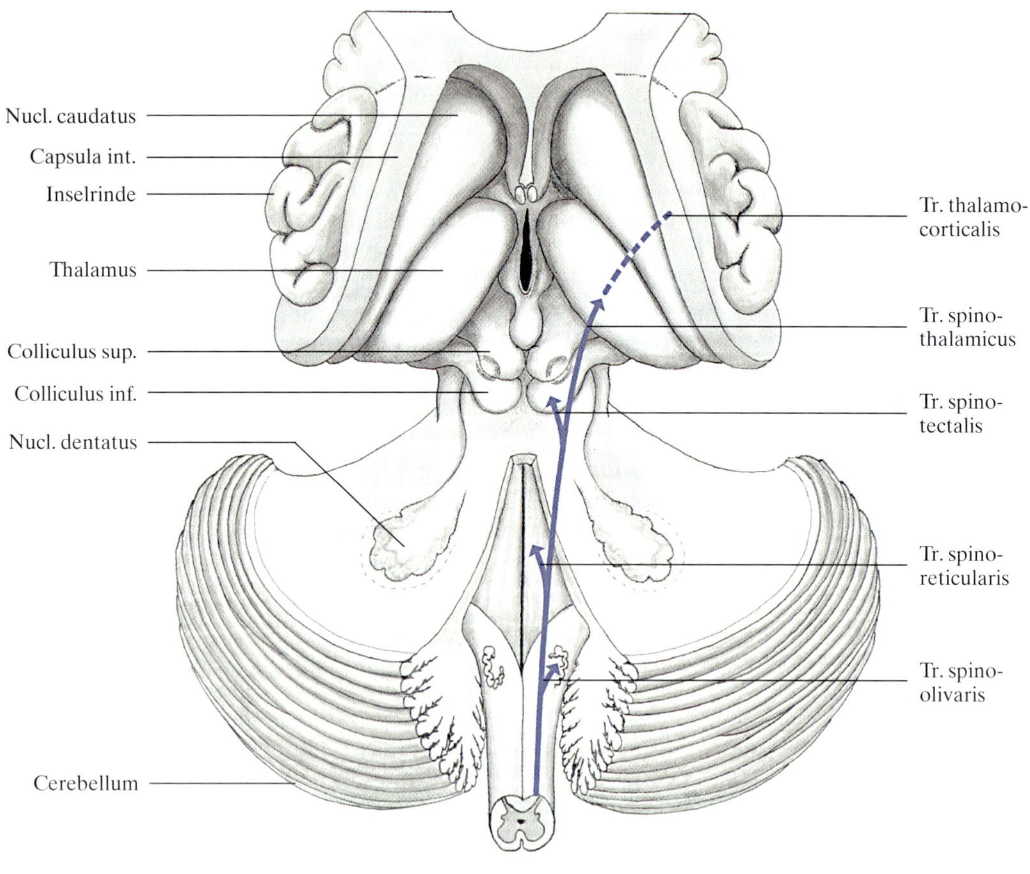

Abb. 76. Verlauf der großen afferenten Bahnsysteme vom Rückenmark zu den verschiedenen, innerhalb der sensomotorischen Systeme wichtigen Kerngebieten des Hirnstammes und Mittelhirns. Die spinothalamischen Bahnen erreichen vom Thalamus aus auch die sensorischen Areale des Cortex. Das Kleinhirn wurde median durchtrennt und auseinandergeklappt. Der Lobus ant. des Kleinhirns und beide Großhirnhemisphären wurden entfernt.

Gleichgewichtsregulationen des 3. sensomotorischen Systems eine Rolle, bei dem das Kleinhirn im Zentrum der Funktionsprozesse steht.

4.3.5 Kleinhirnsystem

Überblicken wir die bisher besprochenen sensomotorischen Systeme im Hinblick auf ihre funktionelle Bedeutung im Rahmen des Gesamtsystems, so ergibt sich eine deutliche Polarität zwischen den kortikal-subkortikalen Systemen einerseits und den beiden spinalen Systemen andererseits. Die spinalen Systeme arbeiten weitgehend reflektorisch, wobei das Bewußtsein kaum eine Rolle spielt; die kortikalen Systeme dagegen ermöglichen eine Willkürmotorik, die von uns bewußt intendiert, geplant und erlernt werden kann, wobei der Cortex als Ort der bewußten Planung, der subkortikale Regelkreis (Striatum, Pallidum, Thalamus usw.) als Organ der detaillierteren Ausarbeitung und Organisation der jeweiligen Bewegungsvorstellungen anzusehen ist. Wahrscheinlich kommt die primäre Initiative für eine bewußt durchgeführte Willkürbewegung noch aus tieferen Schichten des Zentralnervensystems, z.B. aus dem limbischen System (Mandelkernkomplex, s.u.). Für die Planung selbst spielt der assoziative Cortex

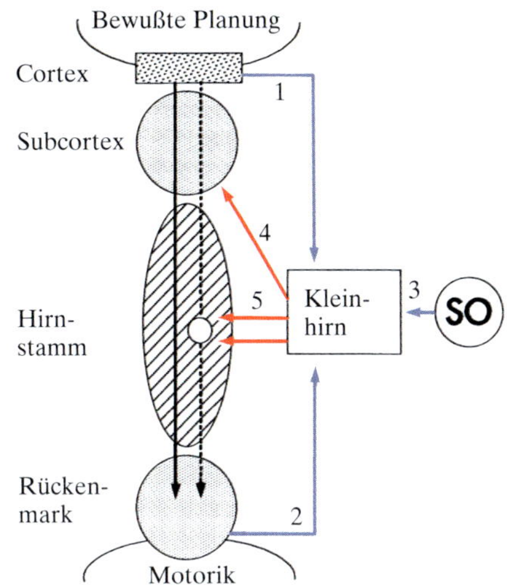

Abb. 77. Stellung des Kleinhirns innerhalb der sensomotorischen Systeme.
1 = Kortikopontozerebellare Bahnen
2 = Spinozerebellare Bahnen
3 = Vestibulare Afferenzen aus den Sinnesorganen (SO), (Labyrinthorgan, Auge)
4 = Zerebellothalamische Bahn
5 = Zerebellorubrale und -vestibuläre Bahnen

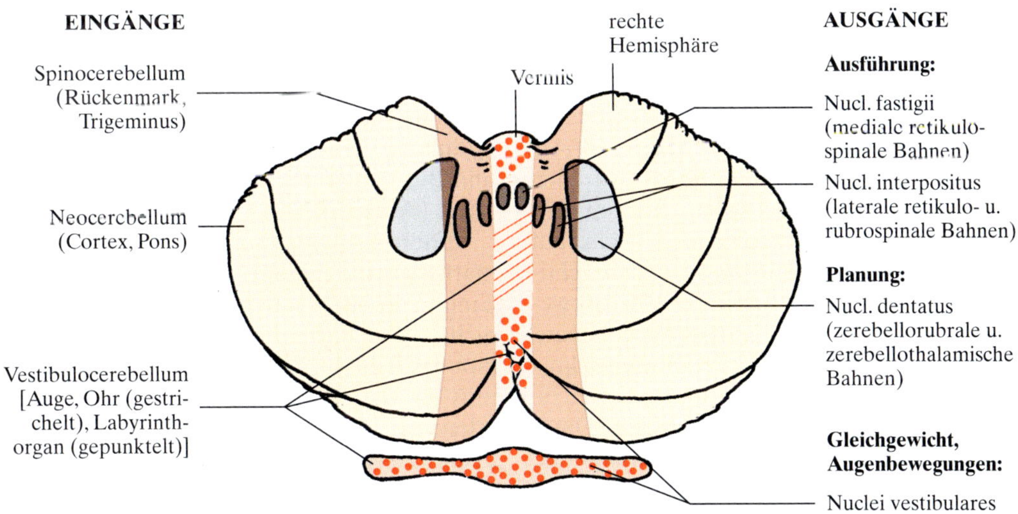

Abb. 78. Funktionelle Gliederung des Kleinhirns in Neo-, Spino- und Vestibulocerebellum mit den zugehörigen Eingängen (afferente Systeme) und Ausgängen (efferente Systeme) (modif. nach E. R. Kandel et al.).

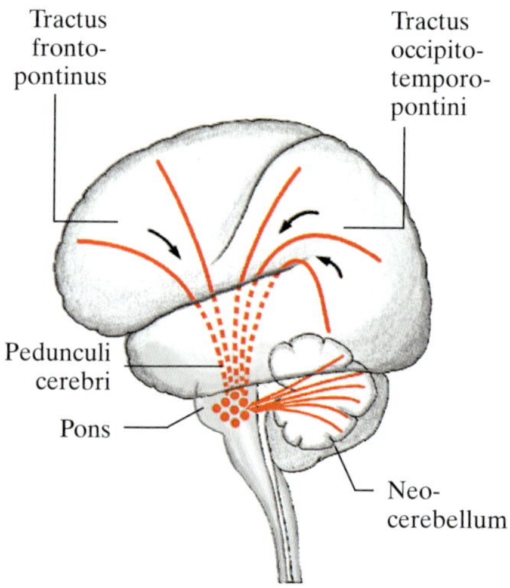

Abb. 79. a) Kortikopontozerebellare Bahnen vom Großhirn zum Neocerebellum (linke Hirnhälfte von lateral). Die von allen Hirnlappen kommenden Bahnen laufen durch die Capsula int. und die Pedunculi cerebri zur Pons, wo das 2. Neuron beginnt. Nach Kreuzung in der Brücke enden die Fasern in der Kleinhirnrinde (vgl. Abb. 79b).

des Frontal- und Parietallappens die entscheidende Rolle. Natürlich kann jede spezielle Einzelbewegung auch vom Cortex aus willkürlich in Gang gesetzt werden. Der Normalfall ist das aber nicht, da jede »unkontrollierte« Willkürbewegung die Körperhaltung, die Bewegung im Raum, die Situation der Gelenke und der Muskelgruppen, das Gleichgewicht usw. beeinflussen oder sogar gefährden kann. Das zentrale Nervensystem prüft daher jedes von den kortikalen und subkortikalen Zentren entworfene motorische Programm zunächst auf seine Durchführbarkeit unter Berücksichtigung der aktuellen Situation des Bewegungsapparates. Dabei müssen gegebenenfalls Teile des intendierten Programmes korrigiert, gelöscht oder auch durch Vergleiche untereinander harmonisiert werden. Diese Aufgaben übernimmt das Kleinhirnsystem, das sozusagen als »Komparator« arbeitet, indem es Fehler in der Bewegung kompensiert und beabsichtigte Bewegungen mit der tatsächlich ausgeführten Bewegung vergleicht.

Das Kleinhirnsystem bekommt dadurch eine Mittelstellung zwischen den »oberen« (kortikalen) und »unteren« (spinalen) sensomotorischen Systemen. Es wirkt ausgleichend, harmonisierend und glättend bei allen Willkürbewegungen und sorgt vor allem auch für die Erhaltung des Gleichgewichts.

Um diese komplexen Aufgaben bewältigen zu können, benötigt das Kleinhirn Informationen aus allen motorischen Zentren des Gehirns, aber auch aus der Umwelt durch die großen Sinnesorgane (Auge, Ohr, Labyrinthorgan) und schließlich aus dem Bewegungsapparat selbst, so daß es die tatsächliche periphere Situation mit der motorischen Planung des Cortex vergleichen kann (Abb. 77 u. 78).

Von nahezu allen Teilen der Großhirnrinde gelangen Informationen über die mächtigen **kortikopontozerebellaren Bahnen** ins Kleinhirn, und zwar in der Hauptsache in das Neocerebellum, das den größten Teil der Hemisphären ausmacht (Abb. 79). Vom Rückenmark kommen sehr schnell leitende **spinozerebellare Bahnen,** die die propriozeptiven Afferenzen aus den Sinnesorganen der Muskulatur dem Kleinhirn zuleiten. Diese Afferenzen werden im Spinozerebellum verarbeitet. Ein dritter großer Informationszufluß erfolgt aus den Sinnesorganen, vor allem dem Gleichgewichtsorgan (Labyrinth), das über den N. vestibulocochlearis (N. VIII) das Kleinhirn – hierfür ist besonders das Vestibulocerebellum (Pars flocculonodularis, Vermis) zuständig – über die Lage und Bewegung des Körpers im Raum informiert (Abb. 78).

Einen direkten Einfluß auf die Rückenmarkssysteme nimmt das Kleinhirn nicht. Eine »zerebellare Pyramidenbahn« gibt es nicht! Seine harmonisierenden Korrekturen läßt das Kleinhirn entweder über den Thalamus in die »Planungsebene« des Cortex oder von den zerebellären Dachkernen aus in die verschiedenen motorischen Kerngruppen des Hirnstammes (Nucleus ruber, Formatio reticularis, Nuclei vestibulares) einfließen, von wo aus dann die Rückenmarksmotorik kontrolliert wird.

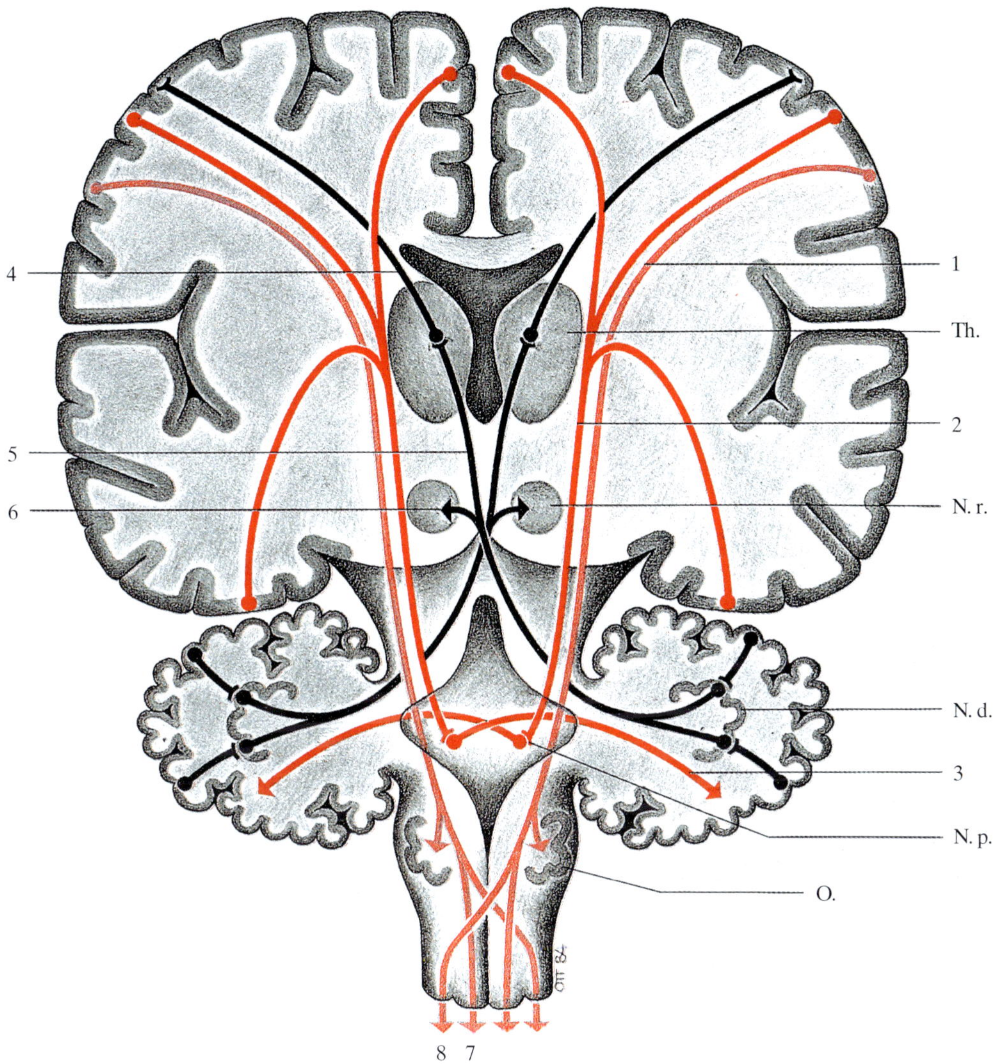

Abb. 79. h) Verbindungen des kortikal-motorischen (pyramidalen) Systems mit dem Kleinhirn. Tractus corticoponto-cerebellares.

Kerne: N. d. = Nucl. dentatus; N. p. = Nuclei pontis; N. r. = Nucl. ruber; O. = Oliva inf.; Th = Thalamus.

Bahnen:
1 = Tractus corticospinalis (Pyramidenbahn)
2 = Tractus corticopontini
3 = Tractus pontocerebellaris
4 = Radiatio thalami
5 = Tractus dentatothalamicus
6 = Tractus cerebellorubralis
7 = Tractus corticospinalis ant.
8 = Tractus corticospinalis lat.

4.3.5.1 Neocerebellum

In der phylogenetischen Entwicklung des menschlichen Gehirns hat sich, gleichzeitig mit der Vergrößerung der Großhirnhemisphären und der Zunahme assoziativer Verbindungen, auch das Kleinhirn stark vergrößert. Die evolutive Vergrößerung von Neocortex und Neocerebellum geht weitge-

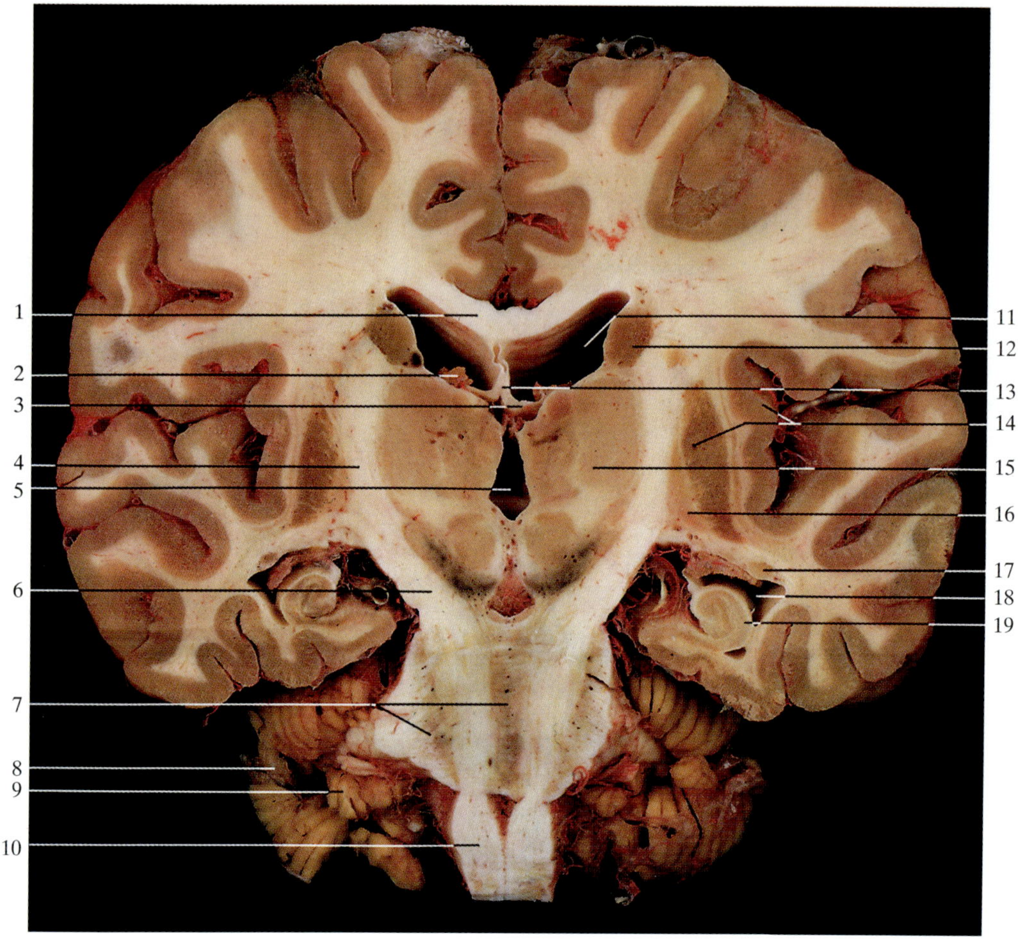

Abb. 80. Schräger Frontalschnitt durch das Gehirn im Bereich von Thalamus und Brücke. Die kortikopontinen und Pyramidenbahnen sind in ganzer Länge getroffen.

1 Corpus callosum
2 Plexus choroideus
3 Fornix
4 *Capsula int.*
5 III. Ventrikel
6 *Tractus corticopontini* u. Tractus corticospinalis
7 Nuclei pontis
8 Cerebellum
9 Flocculus cerebelli
10 *Tractus corticospinalis*
11 Ventriculus lat.
12 Caput nuclei caudati
13 Septum pellucidum
14 Lobus insularis u. Putamen
15 Thalamus
16 Globus pallidus
17 Cauda nuclei caudati
18 Cornu inf. ventriculi lat.
19 Gyrus involutus (Cornu ammonis)

hend parallel. Alles was die Großhirnrinde an motorischen Planungen entwirft, geht sozusagen im »Durchschlag« zuerst einmal an das Neocerebellum – und zwar über die kortikopontozerebellaren Bahnen. Diese kommen praktisch von allen Rindengebieten, bevorzugt natürlich von den motorischen und prämotorischen Arealen des Stirnlappens, aber auch von den sensorischen Gebieten des Parietal- und Okzipitallappens

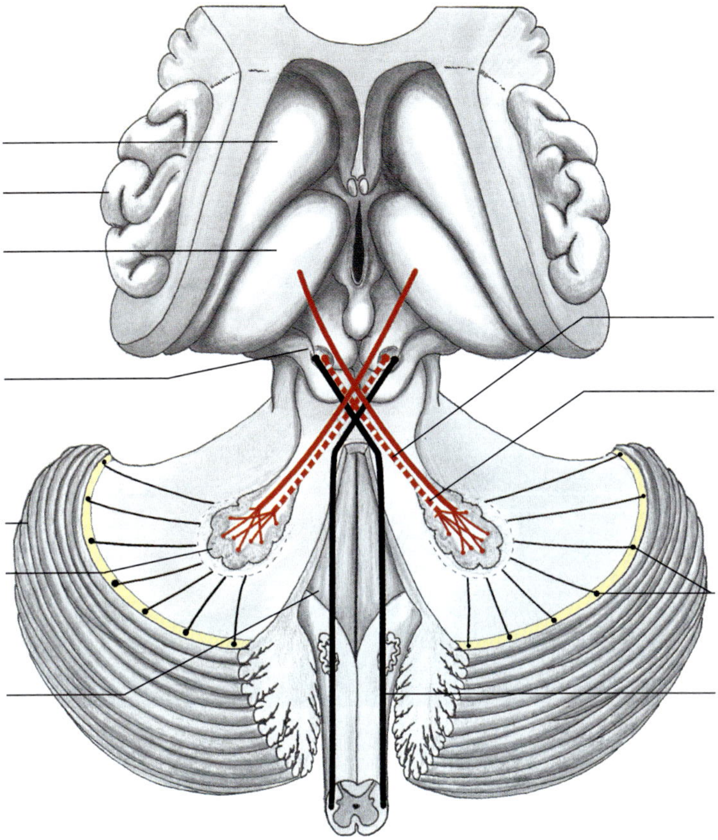

Abb. 81. Efferente Bahnen des Neocerebellums zum Nucleus ruber des Mittelhirns und zum Thalamus.

sowie (weniger zahlreich) vom Temporallappen.

Die **Tractus corticopontocerebellares** sind zweineuronig und erstaunlich zahlreich (Abb. 79 u. 80). Sie ziehen durch die Capsula int. und Pedunculi cerebri bis zur Brücke, wo das erste Neuron endet. Die aus dem Frontalhirn kommenden Faserbündel (Tractus frontopontini) verlaufen im vorderen Schenkel der inneren Kapsel, die aus dem Temporal- und Okzipitalhirn (Tractus occipitotemporopontini) im hinteren Schenkel. Diese topographische Gliederung wird auch in den Pedunculi cerebri beibehalten. Das zweite Neuron beginnt in der Brücke. Von den Zellen der Brückenkerne (Nuclei pontis) gehen Neuriten aus, die – noch in der Brücke – zur Gegenseite herüberkreuzen und durch den mittleren Kleinhirnstiel (Pedunculus cerebellaris medius) in die Rinde der Kleinhirnhemisphären (Neocerebellum) einstrahlen (Abb. 79). Hier bilden sie hauptsächlich das Moosfasersystem der Kleinhirnrinde (s. u.).

Zerebellofugale Bahnen. Die wichtigsten efferenten Bahnen des Neocerebellum, durch die das Kleinhirn in die kortikalen motorischen Systeme korrigierend und harmonisierend eingreifen kann, sind der **Tractus cerebellorubralis** und **cerebellothalamicus** (Abb. 81). In der Kleinhirnrinde liegen große Ganglienzellen (Purkinje-Zellen), deren Neuriten aber nicht direkt zum Nucl. ruber bzw. zum Thalamus ziehen, sondern erst im Nucl. dentatus auf ein 2. Neuron umgeschaltet werden. Die Neuriten der

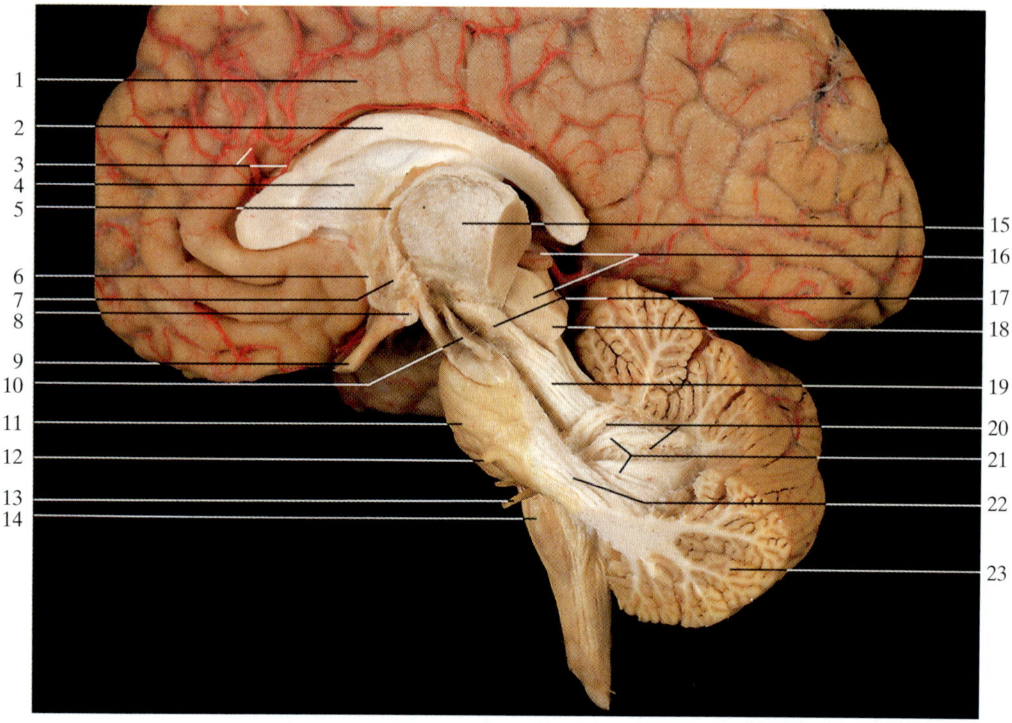

Abb. 82. Präparation der Kleinhirnstiele. Verbindungen des Kleinhirns mit den Mittelhirnkernen (Nucl. ruber), der Pons und dem Rückenmark.

1 Gyrus cinguli
2 Corpus callosum
3 A. cerebri ant.
4 Septum pellucidum
5 *Fornix*
6 *Nuclei septi*
7 Hypothalamus
8 Chiasma opticum
9 N. opticus
10 *Substantia nigra*
11 Pons
12 N. trigeminus (N. V)
13 N. vestibulocochlearis (N. VIII)
14 Oliva inf.
15 Thalamus
16 Corpus pineale und Colliculus sup.
17 *Nucleus ruber*
18 Colliculus inf.
19 *Tractus cerebellorubralis* (Pedunculus cerebellorubralis sup.)
20 Nucl. dentatus
21 Pedunculus cerebellaris inf.
22 Pedunculus cerebellaris medius
23 Cerebellum

Dentatusneurone ziehen durch den oberen Kleinhirnstiel (Pedunculus cerebellaris sup.), kreuzen dann auf die Gegenseite und enden im kleinzelligen Teil des Nucleus ruber, bzw. in den ventromedialen und ventrolateralen Kernen des Thalamus, die ihrerseits wieder zur motorischen und prämotorischen Rinde projizieren (Abb. 82).

4.3.5.2 Spinocerebellum

Die in die kortikale Motorik eingebrachten Korrekturen können natürlich nur effektiv sein, wenn das Kleinhirn über die tatsächliche Situation des Bewegungsapparates in der Peripherie, d.h. über Bewegungen und Tonus der Muskulatur sowie die Stellung der Gelenke orientiert ist. Auf diese Aufgabe hat sich das Spinocerebellum spezialisiert (Abb. 78 u. 83). Die Afferenzen aus der Peripherie gelangen über die beiden Kleinhirnseitenstrangbahnen **(Tractus spinocerebellares ant.** und **post.)** ins Spinocerebellum. Beide gehören zu den schnellstleitenden Systemen des NS überhaupt und leiten Afferenzen aus den Muskel- und Sehnenspindeln, zum Teil auch aus den Haupt- und Gelenkrezeptoren. Von den Hinterwurzelfasern (Ia-Fasern), deren Zellkörper im Spinalganglion liegen, gehen im Rückenmark Kollateralen ab, die an den Kerngruppen der Hintersäule (Clarke-Säule, Nucl. dors. columnae post.) in Lamina V, VI und VII mit ausgedehnten axosomatischen und axodendritischen Synapsen enden. Die Neuriten dieser Zellen bilden die **Kleinhirn-Seitenstrangbahnen,** die hauptsächlich ungekreuzt auf der gleichen Seite aufwärts ziehen. Die vordere Kleinhirn-Seitenstrangbahn (Gowers) soll auch zahlreiche gekreuzte Fasern enthalten. Die hintere erreicht ohne Unterbrechung das Spinocerebellum, und zwar auf dem Wege über die *unteren* Kleinhirnstiele (Pedunculi cerebellares inf.), während die vordere Kleinhirn-Seitenstrangbahn zunächst noch ein Stück weit am Boden der Rautengrube nach vorne zieht und dann erst nach rückwärts in die oberen Kleinhirnstiele (Pedunculi cerebellares sup.) umbiegt, um schließlich von *vorn* her in den Kleinhirnwurm zu gelangen (Abb. 83).

Ein weiterer Faserstrang, der für die Gleichgewichtsregulationen wichtig ist, da er dem Kleinhirn die Informationen aus Muskulatur und Gelenken des Halsbereiches übermittelt und damit die Abschätzung der jeweiligen Kopfstellung ermöglicht, ist der **Tractus cuneocerebellaris.** Er entspringt im dorsalen Bereich der Medulla oblongata (Nucl. cuneatus ext.) und schließt sich der dorsalen Kleinhirn-Seitenstrangbahn an.

Die spinozerebellaren Bahnen zeigen eine somatotopische Gliederung, die sich auch am Kleinhirn widerspiegelt, insofern als sich die untere Extremität auf die vorderen Abschnitte des Kleinhirns (Lobus ant.), der Rumpf und die obere Extremität und daran anschließend Hals, Gesicht und Kopf auf die hintere Kleinhirnrinde (Lobus post.) projizieren. Wichtig ist außerdem, daß die Tractus spinocerebellares in der Rautengrube zahlreiche Kollateralen an die Vestibulariskerne abgeben, vor allem an den lateralen Vestibulariskern (Deiters), so daß durch diese Verbindungen vestibulomotorische Schnellreaktionen eingeleitet werden können.

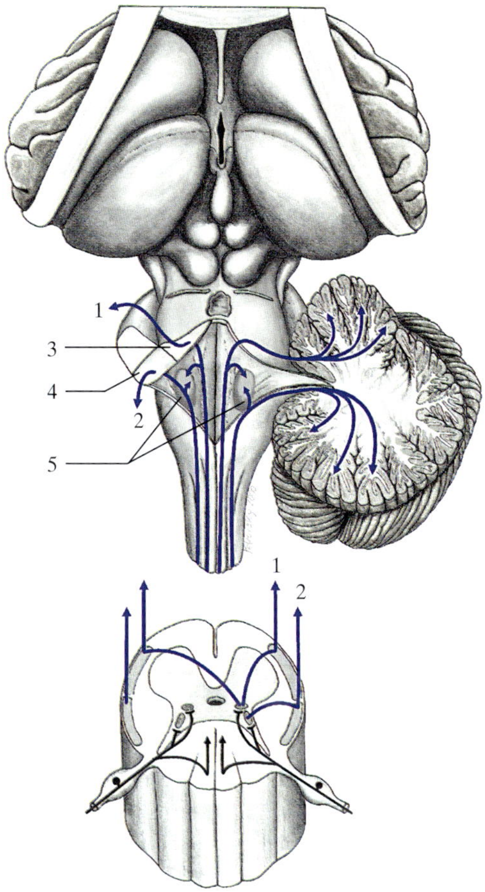

Abb. 83. Verlauf der spinozerebellaren Bahnen [Tr. spinocerebellaris ant. (1) und post. (2)] zum Kleinhirn. Der vordere Trakt zieht durch den vorderen (3), der hintere durch den hinteren Kleinhirnstiel (4) zum Spinocerebellum; 5 = Vestibulariskerne.

4.3.5.3 Vestibulocerebellum und Labyrinthorgan

Der Informationsfluß innerhalb des Organismus über den motorischen Apparat und die geplanten Bewegungsprogramme (kortikale Systeme) reicht jedoch nicht aus, einen harmonischen Bewegungsablauf im dreidimensionalen Raum zu garantieren. Das Nervensystem braucht dazu Informationen über die Lage des Körpers und die tatsächlichen Bewegungen im Raum. Bei den höheren Wirbeltieren (Vögel, Säuger, Primaten) hat sich daher ein Teil des Kleinhirns, das **Vestibulocerebellum,** das zu den phylogenetisch ältesten Abschnitten des NS gehört, auf diese Aufgaben spezialisiert. Es verarbeitet die Afferenzen aus dem Labyrinthorgan, das Stellung und Bewegungen des Körpers im Raum wahrnehmen kann, und regelt über verschiedene, am Boden der Rautengrube gelegene Kerne, und die motorischen Systeme des Hirnstamms die Aktivitäten der Rückenmarkssysteme, z.T. durch direkte efferente Bahnverbindungen mit den Motoneuronen in den ventralen und medialen Abschnitten des Vorderhorns.

Das **Labyrinth- oder Gleichgewichtsorgan** liegt ziemlich versteckt innerhalb des Felsenbeins, schwebend aufgehängt in einem mit Perilymphe gefüllten Hohlraum, dem knöchernen Labyrinth. Das häutige Labyrinth, das eine kaliumreiche Endolymphe enthält, ist ein kompliziertes Schlauchsystem, das im wesentlichen aus drei Teilen besteht, nämlich den halbkreisförmigen *Bogengängen (Ductus semicirculares),* dem *Vestibulum* und der *Schnecke (Cochlea).* Die Schnecke stellt einen spiralig gewundenen Gang dar (Ductus cochlearis), der die Rezeptoren für das auditive System beherbergt, also das Gehörorgan repräsentiert. Bogengänge und Vestibulum bilden zusammen das Vestibular- oder Gleichgewichts-

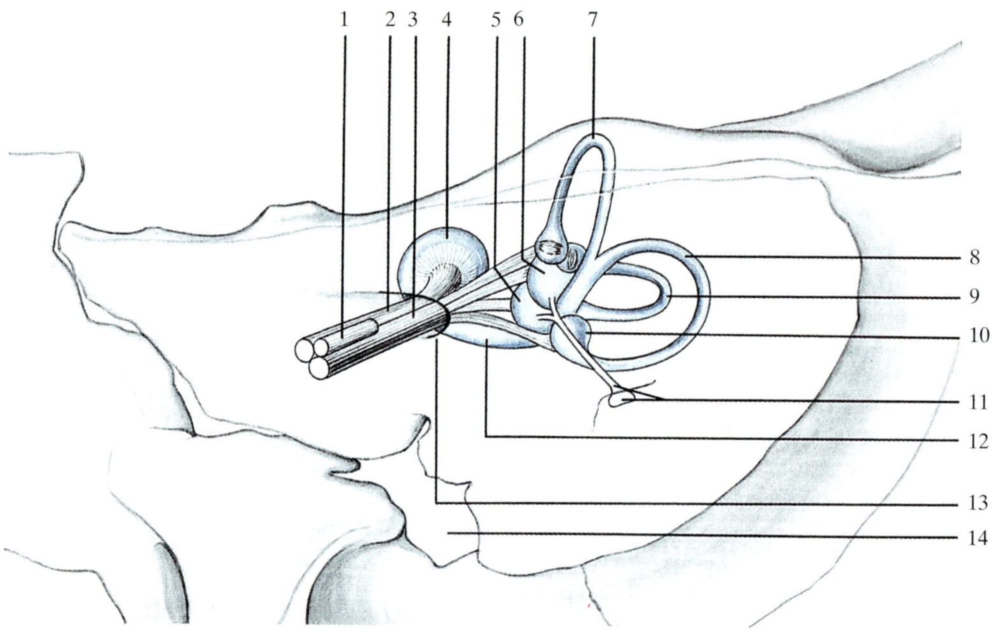

Abb. 84. a) Struktur und Lage des rechten Labyrinthorgans in der Ansicht von hinten.

1 N. facialis
2 *N. cochlearis des N. vestibulocochlearis* (N. VIII)
3 *N. vestibularis des N. vestibulocochlearis* (N. VIII)
4 *Cochlea*
5 *Sacculus* mit *Macula sacculi* (punktiert)
6 *Utriculus* mit *Macula utriculi* (punktiert)
7 *Ductus semicircularis ant.*
8 *Ductus semicircularis post.*
9 *Ductus semicircularis lat.*
10 *Ampulla membranacea post.*
11 Ductus und Saccus endolymphaticus
12 Ductus cochlearis
13 Porus acusticus int.
14 For. jugulare

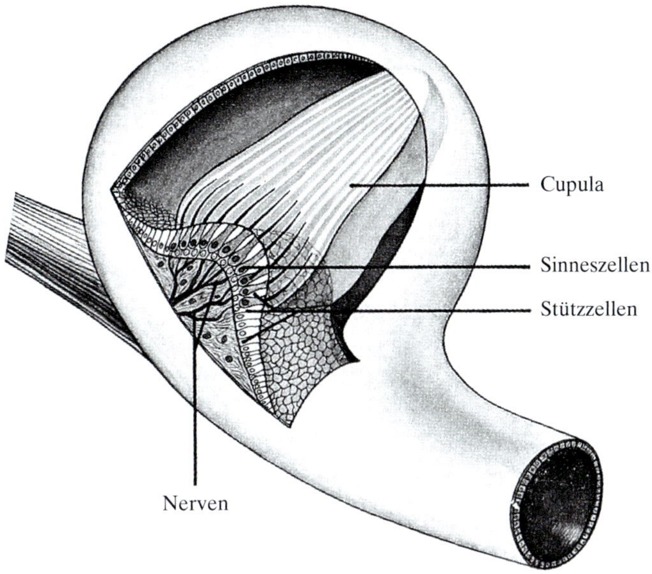

Abb. 84. b) Bogengangsampulle, seitlich gefenstert zur Darstellung der Crista ampullaris mit Cupula, Sinneszellen und Nerven.

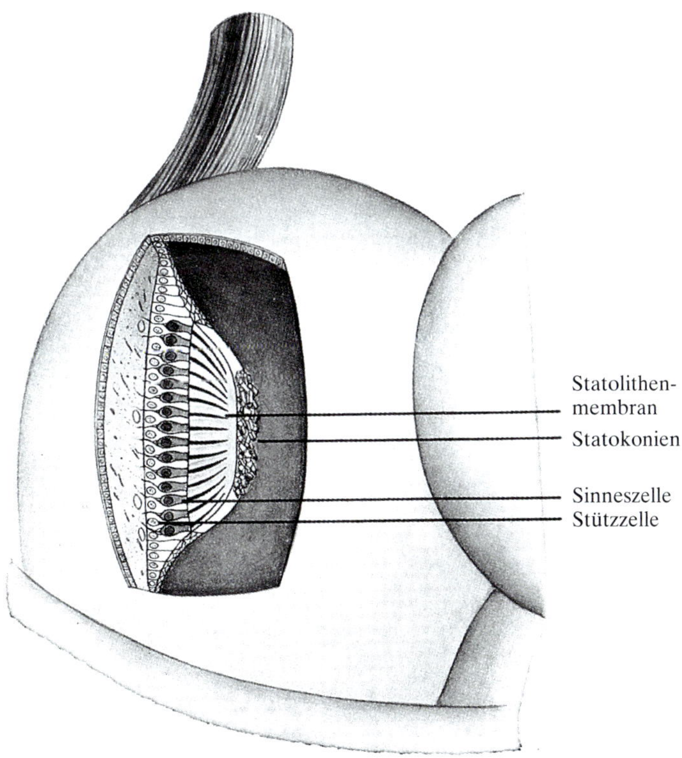

Abb. 84. c) Macula statica mit Sinneszellen und Statolithenmembran, von dorsal gefenstert.

organ und beherbergen insgesamt fünf Sinnesendstellen, nämlich drei *Ampullen* und zwei *Maculae.* Die Ampullen stellen Erweiterungen der Bogengänge dar, während die Maculae im Bereich des Vestibulums, bei dem man einen Utriculus und einen Sacculus unterscheiden kann, liegen.

Bogengänge. Die Bogengänge sind so angeordnet, daß sie wie bei einer Raumecke miteinander rechte Winkel bilden (Abb. 84a). Man unterscheidet einen vorderen, einen hinteren und einen lateralen Bogengang (Ductus semicircularis ant., post. und lat.). Der vordere Bogengang steht senkrecht zur Achse der Felsenbeinpyramide, der hintere parallel zu ihr und der laterale etwa horizontal. Der vordere Bogengang buchtet die Vorderfläche der Felsenbeinpyramide als Eminentia arcuata etwas aus. Der laterale ragt gegen den Mittelohrraum vor (Prominentia canalis semicircularis lat.). Vorderer und hinterer Bogengang entspringen von einem gemeinsamen Crus commune. Da die Längsachse des Felsenbeins nicht rein transversal orientiert, sondern um 45° nach vorne geneigt ist, sind die Ebenen der Bogengänge zu den Ebenen des Raumes ebenfalls um etwa 45°, und zwar sowohl in der horizontalen als auch in der sagittalen Ebene, gekippt. So kommt es, daß der vordere Bogengang

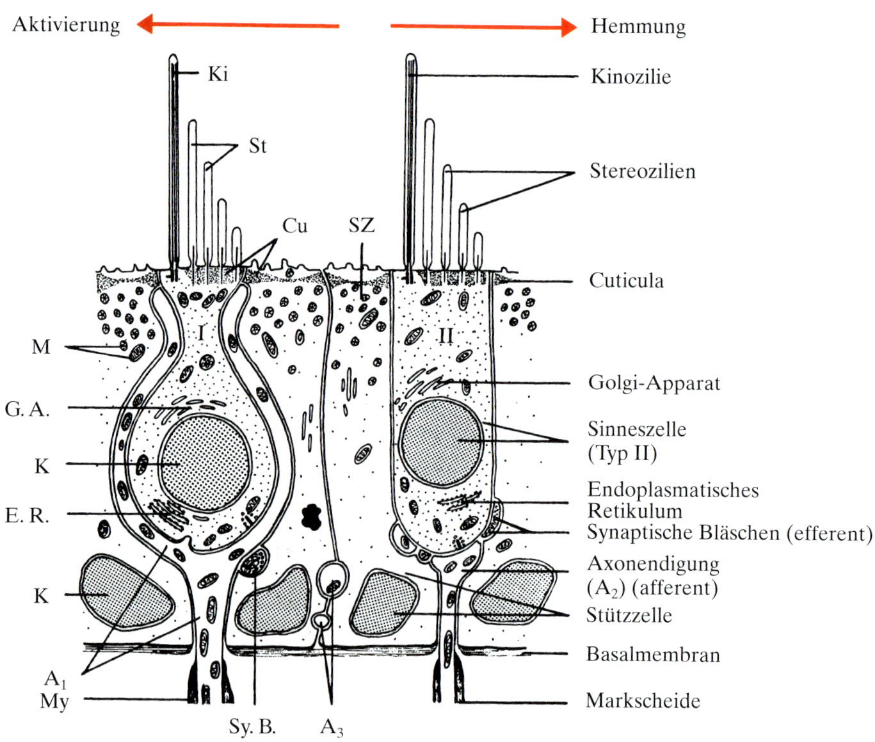

Abb. 85. Feinstruktur der vestibulären Rezeptoren nach den elektronenmikroskopischen Beobachtungen von Engström (aus Lindeman). Man beachte die zwei Zelltypen (I, II) und die verschiedenen Formen, in der die marklosen Axone (A_1, A_2, A_3) an den Sinneszellen enden.

A_1 = flaschenförmige Axonendigung (afferentes Axon); A_2 = kolbenartige Axonendigung (afferent); A_3 = interzelluläre, marklose Axone. Einige Axone enthalten synaptische Bläschen (efferente Axone) (Sy. B.). I = Sinneszelle (Typ I); II = Sinneszelle (Typ II); Cu = Cuticula; E. R. = endoplasmatisches Retikulum; G. A. = Golgi-Apparat; K = Zellkerne; Ki = Kinozilien; M = Mitochondrien; My = Myelinscheide (Beginn der markhaltigen Faserstrecke); St = Stereozilien; SZ = Stützzellen.

der rechten Seite in derselben Ebene wie der hintere Bogengang der linken Seite liegt und umgekehrt.

Cristae ampullares. Die Ampulle des oberen und lateralen Bogenganges ist vorn, die des hinteren dagegen hinten lokalisiert. Am Crus commune fehlen ampulläre Erweiterungen. Jede Ampulle enthält eine leistenartige Epithelerhebung (Crista ampullaris) mit einem büschelförmigen, gallertigen Aufsatz, der **Cupula,** die etwa 1 mm hoch ist und bis zur gegenüberliegenden Ampullenwandung, mit der sie verklebt ist, reicht. Die Crista ampullaris besteht aus Stützzellen und Sinneszellen (Abb. 84b). Die Sinneszellen besitzen an ihrer freien Oberfläche treppenförmig angeordnete, mikrovilliartige Stereozilien, die in die Cupula hineinragen. Jede Sinneszelle trägt etwa 60–80 Stereozilien und zusätzlich ein langes Kinozilium (Abb. 85). Die Sinneszellen werden von den Stützzellen in ihrer Lage fixiert. Da die Sinneszellen etwas kürzer als die Stützzellen sind, erreichen sie die Basalmembran nicht. An ihrer Basis gehen sie breitflächige, synaptische Kontakte sowohl mit afferenten als auch mit efferenten Axonen ein, die sich zwischen die basalen Abschnitte der Stützzellen einschieben.

Je nach Art dieser Kontakte unterscheidet man zwei verschiedene Sinneszellformen. Beim I. Typ umgibt eine einzelne Nervenfaser becherartig die Sinneszelle, die mehr eine flaschenförmige Gestalt besitzt; beim II. Typ kommen mehrere Axone mit dem basalen Teil der meist zylindrischen Zelle in Berührung (Abb. 85). An den Grenzflächen sind die Zellmembranen wie bei einer Synapse verdickt. Das Zytoplasma der Axone enthält hier zahlreiche synaptische Bläschen und Mitochondrien.

Maculae staticae. Die Rezeptorfelder im Utriculus und Sacculus besitzen einen etwas anderen Bau (Abb. 84c). Das Epithel ist durch unterschiedlich lange Stützzellen zu einer 1–2 mm breiten, ovalen oder herdförmigen Macula verdickt. Die wesentlich kürzeren Zilien oder Fortsätze der Sinneszellen ragen in eine gallertige Deckschicht hinein, in die hexagonale, kristalline Partikel eingelagert sind *(Statolithen* oder *Statokonien,* kalziumphosphat- und kalziumkarbonathaltige Kristalle vom Typ des Aragonits). Man bezeichnet diese Schicht daher als *Statolithenmembran.* Basal bilden auch diese Sinneszellen mit den peripheren Fortsätzen der bipolaren Vestibularisganglienzellen breitflächige Kontakte.

Funktion der vestibulären Sensoren. Durch Bewegungen des Kopfes in einer der drei Ebenen des Raumes gerät die Endolymphe der in der entsprechenden Ebene gelegenen Bogengänge in Bewegung, wobei die Endolymphflüssigkeit wegen ihrer Trägheit etwas zurückbleibt, so daß die Cupula sich in der Gegenrichtung verbiegt (Abb. 86). Diese Verbiegung führt zu einer Abscherung der Zilien, was den adäquaten Reiz für die Vestibularissensoren darstellt. Wird das Bündel der Zilien in Richtung auf das Kinozilium abgeschert, so wird die zugehörige afferente Nervenfaser aktiviert; eine Verbiegung in umgekehrter Richtung bewirkt eine Hemmung der afferenten Axone. Der adäquate Reiz für die Sinneszellen der drei Ampullen ist somit die Drehwinkelbeschleunigung bei Bewegungen des Kopfes in einer der drei Ebenen des Raumes.

Die Maculae utriculi bzw. sacculi sind dagegen für Drehbewegungen unempfindlich. Die Statolithenmembranen üben einen konstanten Druck auf die Sinneshaare aus. Der adäquate Reiz ist hier mehr die *Linearbeschleunigung* in den Dimensionen des Raumes: oben-unten (dann spricht die Macula utriculi an, die mehr eine horizontale Lage hat) oder vorn-hinten (dann spricht die Macula sacculi an, die mehr vertikal orientiert ist).

Über die Statolithen kann also die Schwerkraft der Erde auf das Labyrinthorgan einwirken und so dem Nervensystem die notwendigen Informationen für die Orientierung im Raum geben.

Bahnverbindungen des Vestibularissystems. Die im Gleichgewichtsorgan entstehenden

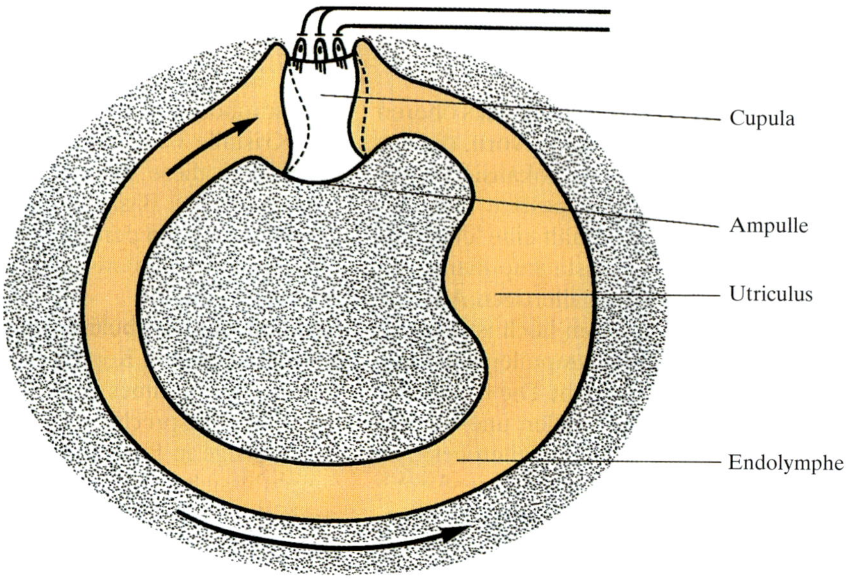

Abb. 86. Schema über die Arbeitsweise des Bogengangsystems (linker, horizontaler Bogengang, von oben gesehen). Wird der Kopf in Pfeilrichtung bewegt (Winkelbeschleunigung), bleibt die Endolymphflüssigkeit infolge ihrer Trägheit zurück und lenkt die Cupula in der Gegenrichtung (gestrichelte Linie) etwas aus (nach Schmidt R, Thews G, Lang F, Hrsg. Physiologie des Menschen. 28. Aufl. Berlin, Heidelberg, New York: Springer 2000).

Erregungen werden durch den N. vestibularis des VIII. Hirnnerven einer Gruppe von vier Kernen in der Area vestibularis der Rautengrube zugeleitet, in denen die Umschaltung auf die sekundären Neurone der Vestibularisbahnen erfolgt. Nur ein phylogenetisch altes, zahlenmäßig zurücktretendes Faserbündel zieht direkt zum Vestibulocerebellum *(direkte sensorische Kleinhirnbahn)*. Die bipolaren Zellkörper des N. vestibularis sind im Ggl. vestibulare nahe dem Labyrinthorgan im Felsenbein lokalisiert. Ihre peripheren Fortsätze bilden Synapsen an den Sinneszellen, die zentralen Fortsätze ziehen zu den **Vestibulariskernen** (Vestibulariskomplex).

Man unterscheidet im allgemeinen einen Nucl. vestibularis sup., med. und inf. (auch descendens) sowie einen Nucl. vestibularis lat. (Deiters-Kern), der eine Sonderstellung einnimmt und vielfach als ein vorgeschobener Kleinhirnkern angesehen wird. In den Vestibulariskernen (mit Ausnahme des lateralen) beginnt das 2. Neuron der Vestibularisbahnen. Diese Neurone projizieren vor allem in vier Regionen (Abb. 87): 1. in die Pars flocculonodularis des Kleinhirns (Vestibulocerebellum), 2. zu den motorischen Kernen der äußeren Augenmuskulatur, 3. zum Rückenmark und 4. über den Thalamus zur Hirnrinde.

Efferente Bahnen. Der größte Teil der mit den Gleichgewichtsregulationen befaßten Systeme des Kleinhirns wird in den Dachkernen, vor allem dem Nucl. fastigii, umgeschaltet. Die Fasern ziehen entweder ipsilateral *(Tractus fastigiobulbares rectae)* oder kontralateral im sog. Russel-Hakenbündel *(Fasciculus uncinatus)* zu den Vestibulariskernen (Abb. 87). Die Dachkerne zeigen eine Spontanaktivität und feuern auch, wenn der Körper in Ruhe ist (Schrittmacherfunktion). Die Purkinje-Zellen der Kleinhirnrinde hemmen diese kontinuierliche Aktivität und regeln so die vestibulären Efferenzen.

Die wichtigste efferente Bahn des Vestibularissystems zum Rückenmark ist der

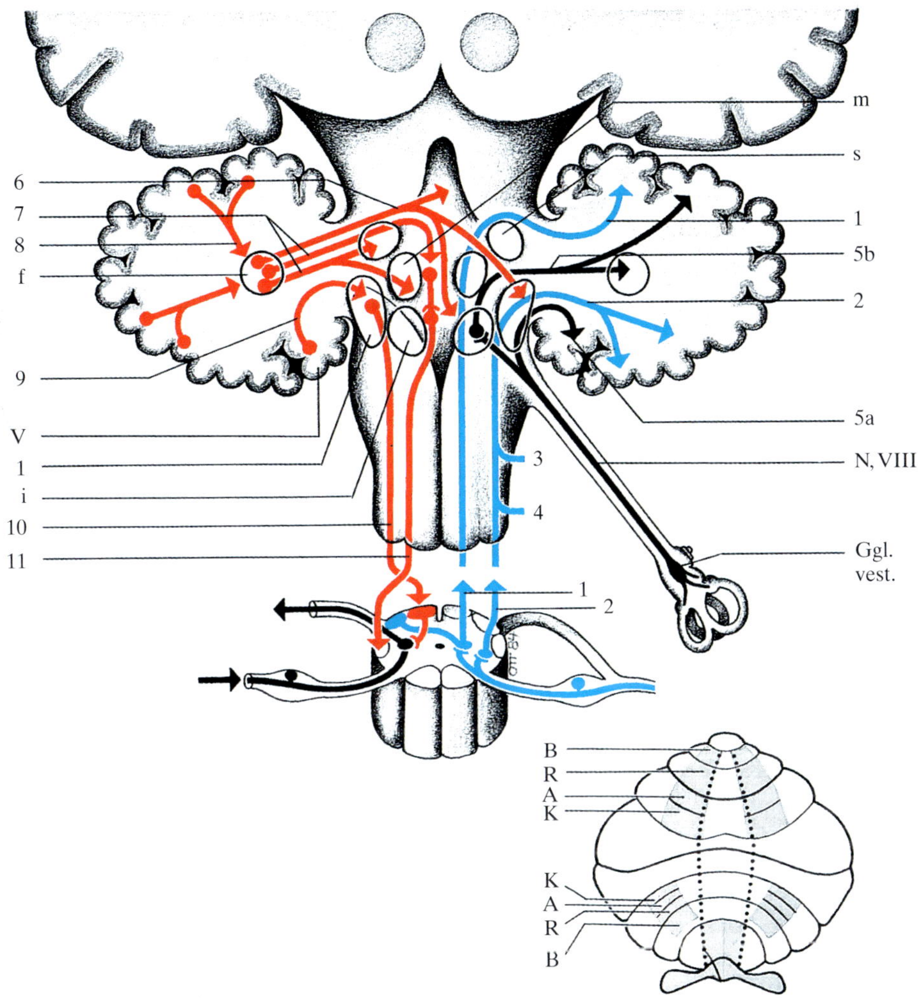

Abb. 87. Schema der wichtigsten Bahnen des Vestibularissystems. *Rechts:* afferente Bahnen (blau); *links:* efferente Bahnen (rot). Kleinhirnschema: Projektion des Körpers auf die Kleinhirnrinde des Spinocerebellum. B = Bein; R = Rumpf; A = Arm; K = Kopf.
Kerne: f = Nucl. fastigii; i = Nucl. vestibularis inf.; 1 = Nucl. vestibularis lat. (Deiters); m = Nucl. vestibularis med.; s = Nucl. vestibularis sup.; V = Vestibulocerebellum (Lobus flocculonodularis); Ggl. vest. = Ganglion vestibulare; N. VIII = N. vestibulocochlearis.

Afferente Bahnen:
1 = Tractus spinocerebellaris ant. (Gowers)
2 = Tractus spinocerebellaris post. (Flechsig)
3 = Tractus cuneocerebellaris
4 = Tractus spinocerebellaris rostralis
5a = Direkte sensorische Kleinhirnbahn
5b = Tractus nucleocerebellaris

Efferente Bahnen:
6 = Fasciculus uncinatus
7 = Tractus fastigiobulbares rectae
8 = Tractus corticonuclearis
9 = Tractus cerebellovestibularis
10 = Tractus vestibulospinalis
11 = Tractus reticulospinalis

Tractus vestibulospinalis, der vom lateralen Vestibulariskern (Deiters) ausgeht, durch den Vorderseitenstrang des Rückenmarks der gleichen Seite verläuft und an den Motoneuronen des Vorderhorns endet.

Das Kleinhirn sendet auch wichtige efferente Bahnen in die Retikularisformation des Hirnstammes, aus der die beiden großen deszendierenden Bahnen der zentralen Haubenbahn hervorgehen, nämlich der *Tractus reticulospinalis med.,* der hauptsächlich exzitatorisch auf die Motoneurone der Extensorenmuskulatur (meist monosynaptisch ohne Zwischenschaltung von Interneuronen) wirkt sowie der *Tractus reticulospinalis lat.,* der hauptsächlich exzitatorisch über Interneurone auf die Motoneurone der Flexorenmuskulatur wirkt. Nicht nur die efferenten Bahnen der Dachkerne (Nucleus fastigii usw.), sondern auch die zerebellofugalen Bahnen des Neocerebellums (z.B. Tractus cerebellorubralis, cerebellothalamicus) geben Kollateralen an die Retikularisformation ab, so daß die daraus entstehenden, zum Rückenmark ziehenden Tractus reticulospinales neben dem Tractus vestibulospinalis zu den wichtigsten Instrumenten des Kleinhirns zur Harmonisierung der Willkürmotorik und Tonusregulation der Muskulatur werden.

Insgesamt dient das vestibuläre System vor allem der Erhaltung des der jeweiligen Körperstellung entsprechenden Muskeltonus sowie der bewegungsdynamischen Korrektur der bei den Bewegungen zwangsläufig auftretenden Ungleichgewichte. Hierbei helfen auch die großen Sinnesorgane (Auge, Ohr) in entscheidender Weise mit. Besondere Bedeutung dabei haben die Mitbewegungen der Augen. Die Vestibulariskerne besitzen daher auch Verbindungen zum medialen Längsbündel **(Fasciculus longitudinalis med.),** das u.a. die drei motorischen Augenmuskelkerne miteinander verknüpft (N. III, N. IV und N. VI). Das mediale Längsbündel ist aber keine einheitlich durchgehende Bahn, sondern setzt sich aus zahlreichen Teilstücken zusammen. Es liegt dicht neben der Mittellinie unmittelbar am Boden der Rautengrube und läßt sich bis ins Rückenmark hinein verfolgen, wo es im Vorderstrang unmittelbar neben der Fissura mediana ant. zu finden ist.

Über das mediale Längsbündel kann die Augenmuskelmotorik mit den Gleichgewichtsregulationen korreliert werden.

Reizt man z.B. durch Ausspülen des äußeren Gehörganges mit kaltem oder warmem Wasser den lateralen Bogengang, indem man durch Temperaturveränderungen eine Endolymphströmung erzeugt und damit eine Erregung der ampullären Rezeptoren hervorruft, so tritt eine rhythmische Bewegung der Augen in der Ebene des Bogenganges auf *(kalorischer Nystagmus).*

Normalerweise erfolgt bei jeder Kopfbewegung eine reflektorische Gegenbewegung der Augen, wodurch der Blickpunkt festgehalten wird und die optische Perzeption ungestört bleibt *(vestibuläre, kompensatorische Blickbewegungen).* Bei plötzlichen Lageveränderungen des Kopfes wird die Stellung der Augen reflektorisch korrigiert und dadurch die optische Kontrolle der Raumorientierung aufrechterhalten. Diese reflektorischen Korrelationen gehen von den Vestibulariskernen aus.

Klinische Hinweise. Klinisch können diese Zusammenhänge auch zur Prüfung des Vestibularissystems benützt werden. Wenn bei raschen Kopfdrehungen die Augen in ihrer ursprünglichen Stellung verbleiben, ist der vestibuläre Apparat intakt. Bei Erkrankungen tritt **Nystagmus** auf. Zentrale und periphere Vestibularisstörungen können an der Art des Nystagmus unterschieden werden. Zum Beispiel ist bei den peripheren Läsionen die rasche Komponente der Augenbewegung nach der Gegenseite gerichtet.

Erkrankungen des Vestibularissystems verursachen Gleichgewichtsstörungen (Ataxien), unsicheren Stand, Unsicherheit beim Gehen (breitbasiger Gang) oder

Abb. 88. Histologischer Aufbau der Kleinhirnrinde.
a) Kleinhirn in der Ansicht von dorsal (linke Kleinhirnhemisphäre horizontal angeschnitten, rechts ein Teil eines Foliums herausgenommen). E = Epiphyse; N. c. = Nucl. caudatus; Th = Thalamus; M = Mittelhirn.
b) Stärkere Vergrößerung des in (a) herausgenommenen Rindenstückchens.
c) Ausschnittvergrößerung von (b), um die räumliche Anordnung der Purkinje- und Körnerzellen zu zeigen. AdK = Axone der Körnerzellen; P = Purkinje-Zellen; kK = kleine Körnerzellen; K = Korbzellen; M = Moosfasern.

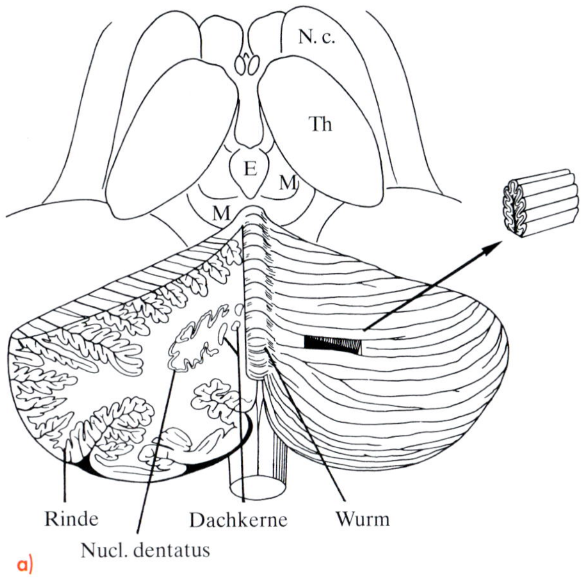

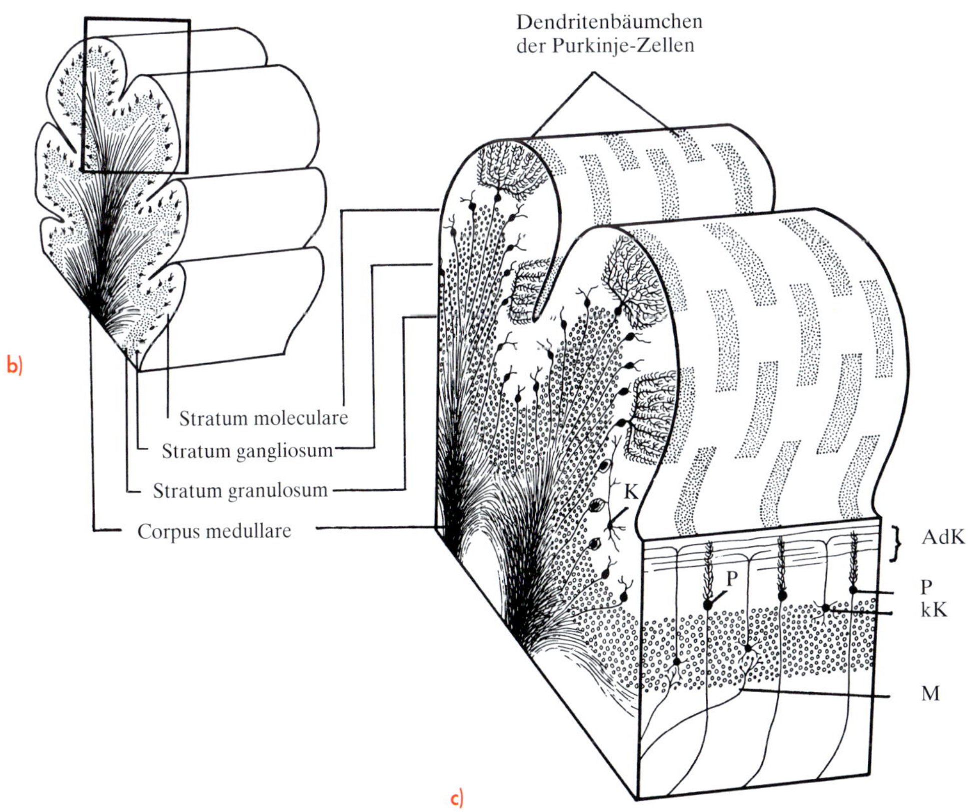

Rumpfataxien beim Sitzen. Läsionen des Labyrinthorgans rufen Schwindel hervor, der häufig von vegetativen Symptomen (Erbrechen, Übelkeit) begleitet ist.

4.3.5.4 Bau der Kleinhirnrinde

Beim Erwachsenen ist die Kleinhirnrinde relativ dünn (etwa 1 mm Durchmesser). Histologisch zeigt sich eine Gliederung in drei Schichten: außen die Molekularschicht *(Stratum moleculare),* innen die Körnerschicht *(Stratum granulosum)* und dazwischen die Schicht der großen Ganglienzellen *(Stratum ganglionare).* Daran schließt sich das Marklager *(Corpus medullare)* an. Die efferenten Neuriten stammen in der Hauptsache von den Zellen des Stratum ganglionare, den **Purkinje-Zellen.** Die Perikarien dieser Zellen sind erstaunlich groß (∅ 30 bis 35 µm) und liegen an der Grenze zwischen der Molekular- und Körnerschicht. Die Dendriten der Purkinje-Zellen sind außerordentlich zahlreich und spalierbaumartig in der Molekularschicht verzweigt. Sie ordnen sich senkrecht zum Windungs- bzw. Furchenverlauf, d.h. in der sagittalen Ebene, an (Abb. 88).

Die afferenten Erregungszuflüsse zum Kleinhirn lassen sich in zwei funktionell verschiedene Gruppen gliedern, nämlich das System der Kletterfasern und das der Moosfasern (Abb. 89).

Die **Kletterfasern** kommen ausschließlich aus Neuronen der unteren Olive und bilden mit ihren Endverzweigungen zahlreiche synaptische Kontakte mit den Dendritenbäumchen der Purkinje-Zellen.

Jede Kletterfaser tritt nur mit einer Purkinje-Zelle (maximal 10) in Kontakt und kann an ihren Dendriten, die förmlich umwickelt werden, bis zu 150000 synaptische, exzitatorische Kontakte ausbilden (Abb. 89). Jede Purkinje-Zelle erhält dadurch praktisch nur von einer einzigen Ganglienzelle der unteren Olive Informationen. Da die Purkinje-Zelle über die Dachkerne jeweils zu derselben Ganglienzelle der unteren Olive zurückprojiziert, entsteht ein Rückkoppelungssystem, bei dem Purkinje- und Dachkernzellen inhibitorisch, die Oliven-Zellen jedoch exzitatorisch wirken. Es wird als das Kleinhirnmodul bezeichnet (Abb. 90).

Die Ganglienzellen der **unteren Olive (Oliva inf.)** stellen insofern eine Besonderheit dar, als ihre komplizierten Dendritenverzweigungen, die kompliziert strukturierte, synaptische Glomeruli bilden, sowohl inhibitorische (von den Dachkernen des Kleinhirns) als auch exzitatorische Eingänge [vom Rückenmark (Tractus spino-olivaris), vom Cortex (über das Pyramidenbahnsystem) sowie von den motorischen Kernen des Hirnstammes (Tractus reticulo-olivaris und rubro-olivaris)] erhalten. Dadurch kann die untere Olive die verschiedenen motorischen Programme des ZNS miteinander vergleichen und – gegebenenfalls – über das System der Kletterfasern »Alarmreaktionen« auslösen. Der synaptische Kontakt zwischen Kletterfasern und Purkinje-Zellen zählt zu den stärksten im NS überhaupt. Schon ein einzelnes Aktionspotential in einer Kletterfaser löst sehr hohe exzitatorische postsynaptische Potentiale in der betreffenden Purkinje-Zelle aus.

Früher schrieb man der unteren Olive eine Komparatorfunktion zu, wobei jeweils die geplanten mit den ausgeführten Bewegungen verglichen werden sollten. Inzwischen nimmt man aber an, daß die einzigartige Konstruktion des Kletterfasersystems eher dazu dient, den zeitlichen Ablauf der Bewegungsprogramme (motor timing) und deren Speicherung (motorische Lernvorgänge) zu ermöglichen. Dies geschieht vor allem in enger funktioneller Verknüpfung mit dem zweiten großen Schaltsystem der Kleinhirnrinde, dem System der Moosfasern.

Die **Moosfasern,** die die Endigungen der vestibulozerebellaren, spinozerebellaren und pontozerebellaren Bahnen darstellen, enden bereits in der Körnerschicht, wo sie mit einer größeren Zahl kleiner Körnerzellen komplizierte Synapsen bzw. Synapsenkonglomerate (Glomeruli cerebellares) aus-

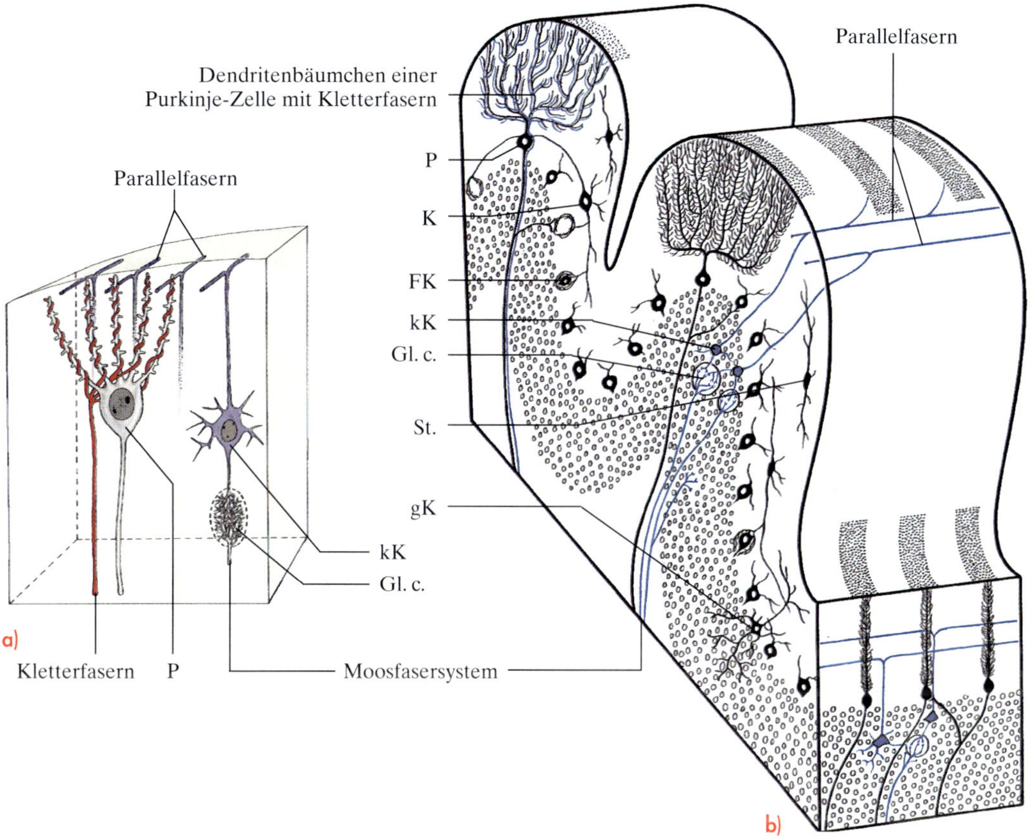

Abb. 89. a) Ausschnitt aus der Kleinhirnrinde. Darstellung des Kletterfasersystems (rot) und Moosfasersystems (blau). b) Schematische Darstellung der Struktur der Kleinhirnrinde mit den wichtigsten Zellformen.
FK = Faserkörbe der Korbzellen um die Perikarya der Purkinje Zellen; Gl. c. = Glomerula cerebellaria, K = Korbzellen; gK = große Körnerzelle; kK = kleine Körnerzelle; P = Purkinje-Zellen; St = Sternzelle.

bilden. Die kleinen Körnerzellen sind außerordentlich zahlreich. Ihre Zahl übersteigt die der kortikalen Neurone um ein Vielfaches (insgesamt etwa 10^{10} Zellen). Die Axone der Körnerzellen treten in die Molekularschicht ein und teilen sich dort in parallel verlaufende Fasern auf (sog. Parallelfasern). Die Fasern erstrecken sich oft mehrere Millimeter weit in der Windungsrichtung seitwärts und gehen dabei synaptische Kontakte mit den Dendritenbäumchen zahlreicher Purkinje-Zellen ein. Jede Purkinje-Zelle erhält konvergierende Eingänge von bis zu 200000 Parallelfasern der Körnerzellen und jede Körnerzelle sammelt ihrerseits wieder Eingänge von mehreren Moosfasern.

Die zahlreichen, in der Kleinhirnrinde gelegenen Interneurone (Korbzellen, Sternzellen, Golgi-Zellen), die durchweg inhibitorisch wirken, sollen hier außer Betracht bleiben. Funktionell entscheidend ist das antagonistische oder synergistische Zusammenspiel des Kletterfaser- und Moosfasersystems.

Der über die Moosfasern, bzw. Parallelfasern laufende Eingang zu den Purkinje-Zellen kann durch die Kletterfasern entscheidend moduliert werden, was auf zweierlei Weise möglich ist. Kletterfasern, d.h. die Ganglienzellen der unteren Olive, können die Effekte des Moosfasersystems auf die Purkinje-Zellen vorübergehend verstärken,

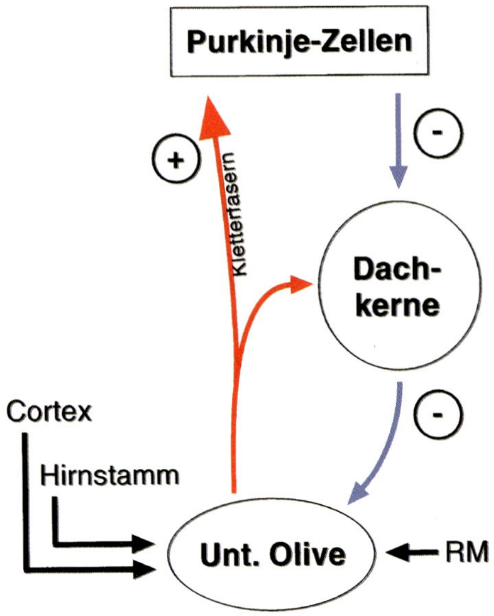

Abb. 90. Aufbau eines Kleinhirnmoduls (schematisch). Rot = exzitatorische Axone; blau = inhibitorische Axone.

sie können sie aber auch langanhaltend abschwächen. Man vermutet, daß dies durch eine »heterosynaptische« Beeinflussung geschieht, d.h. durch Aktivitätsänderung in der einen Bahn aufgrund von Aktivitäten in der anderen, ähnlich wie dies bei Sinnessystemen zur Kontraststeigerung vorkommt.

Das Moosfasersystem liefert wahrscheinlich sehr exakt abgestufte Informationen über die Bewegungen im dreidimensionalen Raum, d.h. über die jeweils eingesetzten Muskeln, den Muskeltonus und die Geschwindigkeit der Bewegungen. Demgegenüber arbeitet das Kletterfasersystem mehr nach dem Alles-oder-nichts-Gesetz und spielt wahrscheinlich bei der Korrektur von Fehlschaltungen, d.h., wenn eine Bewegung nicht so ausgeführt wird, wie sie von den kortikalen oder subkortikalen Programmen intendiert war (sog. Irrtums-Signale), die Hauptrolle.

Die Kleinhirnrinde, die ja hauptsächlich mit der nervösen Koordination der Motorik im dreidimensionalen Raum zu tun hat, weist somit auch hinsichtlich ihrer zellulären und neuralen Gliederung eine auf die drei Dimensionen des Raumes bezogene Ordnung auf.

Klinische Hinweise. Bei Läsionen im Bereich des *Spino-* und *Vestibulocerebellum* (Vermis, Lobus flocculonodularis) ist die Integration spinaler und vestibulärer Impulse gestört, woraus Ataxien (Unsicherheiten bei Rumpf- oder Gliedmaßenbewegungen, Falltendenz) resultieren.

Bei Läsionen im Bereich des *Neocerebellum* kommt es zu Störungen der Feinabstimmung bei Willkürbewegungen, zu Koordinationsstörungen bei Zielbewegungen, zu Veränderungen des Muskeltonus (Hypotonie) und Sprachstörungen (abgehacktes, explosives, falsch akzentuiertes Sprechen).

Dyssynergie – Fehlende Koordination der an einer Bewegung beteiligten Muskelgruppen.

Dysmetrie – Ausmaß und Tempo einer intendierten Bewegung sind falsch.

Ataxie – Die harmonische Abstimmung in der Arbeitsweise der Muskelgruppen fehlt – unsicherer, schwankender Gang.

Intentionstremor – Bei einer gezielten Bewegung wird die Abweichung um so größer, je näher das Ziel kommt (besonders bei Läsionen des Nucl. dentatus).

Dysdiadochokinese – Alternierende, rasch aufeinanderfolgende Bewegungen von Antagonisten und Agonisten (z.B. Pro- und Supination) können nicht mehr flüssig und schnell genug ausgeführt werden.

4.3.6 Funktionelle Gliederung der sensomotorischen Systeme als Ganzes

Überschaut man zusammenfassend die mit der Steuerung von »Willkürbewegungen« zusammenhängenden Systeme des NS, ergeben sich drei große Systemgruppen, nämlich

»oben« die zentralen (kortikalen und subkortikalen) und »unten« die spinalen Systeme, die vor allem den Eigen- und Fremdreflexapparat des Rückenmarks umfassen. Dazwischen bilden die motorischen Systeme des Hirnstammes zusammen mit dem Kleinhirn eine diese beiden großen Systemgruppen miteinander verbindende, »mittlere« Gruppe. Bei genauerem Hinsehen schälen sich aber fünf funktionell und strukturell verschiedene Systemgruppen heraus, die wir den folgenden Betrachtungen zugrunde legen wollen (Abb. 91).

Bei den zentralen motorischen Systemen hat sich (vor allem beim Menschen) durch die langen efferenten und afferenten Bahnen (Pyramidenbahn, Hinterstrangbahnen) zwischen Rückenmark und Großhirnrinde (Gyrus prae- und postcentralis) eine Direktverbindung zu den Motoneuronen des Rückenmarks, d.h. dem basalen System (Eigenreflexapparat) herausgebildet, das die Durchführung willkürlich intendierter Einzelbewegungen z.B. der Finger oder Hand erlaubt – eine Grundvoraussetzung kultureller Entwicklungen (System Nr. 5). Zusammen mit dem prämotorischen, parietal-sensorischen und Assoziationskortex kann dann im zentralen System die Planung und Ausarbeitung bestimmter (auch ganz neuartiger) Bewegungsprogramme erfolgen. Deren Realisierung erfordert allerdings die Mitwirkung der subkortikalen Kerngruppen. Das sind vor allem das Striatum (Nucleus caudatus, Putamen), Globus pallidus oder Pallidum (mit einem inneren und äußeren Segment) und der Thalamus. Diese Kerne sind durch direkte und indirekte Bahnen nach Art eines Rückkoppelungskreises (motor circuit) untereinander verbunden und projizieren vom Thalamus aus zur Großhirnrinde zurück. Substantia nigra und Nucleus subthalamicus sind als Kontrollorgane mit modifizierenden und steuernden Funktionen in diesen Kreis eingegliedert.

Erst durch das Zusammenwirken der subkortikalen Kerne mit der Großhirnrinde wird eine realisierbare Programmierung und Organisation der Willkürmotorik möglich, die sich dann nicht mehr nur auf die zielmotorischen Einzelbewegungen z.B. der Finger, sondern auch auf alle dabei beanspruchten Muskelgruppen bezieht (System Nr. 4). Einerseits verhindert dieses System die bei der Zielmotorik zwangsläufig auftretenden Instabilitäten in Körperhaltung und Gliedmaßenbewegungen; andererseits ist es aber auch beteiligt an der Entwicklung einer großen Gruppe von komplexeren Bewegungsabläufen, wie sie etwa bei handwerklichen, sportlichen oder mechanischen Arbeiten auftreten. Auch die Begleitbewegungen beim Sprechen, Ausdrucksbewegungen, motorische Angewohnheiten, Mimik, Tics usw. gehören hierher. Dies sind Bewegungsformen, die man früher als extrapyramidal bezeichnet hat. Viele dieser Bewegungen, wie z.B. das Spielen eines Musikinstrumentes oder die präzise Ausführung einer handwerklichen Arbeit, müssen anfangs – oft mit großen Mühen – erlernt werden, können dann aber mit Hilfe dieses Systems oft eine erstaunliche Perfektion erreichen. Sie werden automatisiert und laufen schließlich, »wenn man in Form ist«, wie von selbst ab, ohne daß wir mit dem Bewußtsein dabei sein oder durch bewußte, zielmotorische (pyramidale) Einzelbewegungen das Ganze beeinflussen müssen. Im Gegenteil, die pyramidale Motorik würde nur Störungen verursachen.

Die in der Großhirnrinde geplanten, eventuell auch schöpferisch ganz neu entworfenen »Programme« können damit im System der subkortikalen Kerne (System Nr. 4) detailliert organisiert, automatisiert und schließlich sicher erlernt werden, wodurch diese Bewegungsabläufe schließlich zu Fähigkeiten geworden sind (Abb. 91).

Da aber alle Bewegungen im dreidimensionalen Raum stattfinden, muß eine Abstimmung mit den aktuellen Raumverhältnissen erfolgen, die mit Hilfe des Kleinhirns geschieht. Dieses erhält Eingänge aus den großen Sinnesorganen, vor allem vom Labyrinth, Auge und Ohr und wird auch

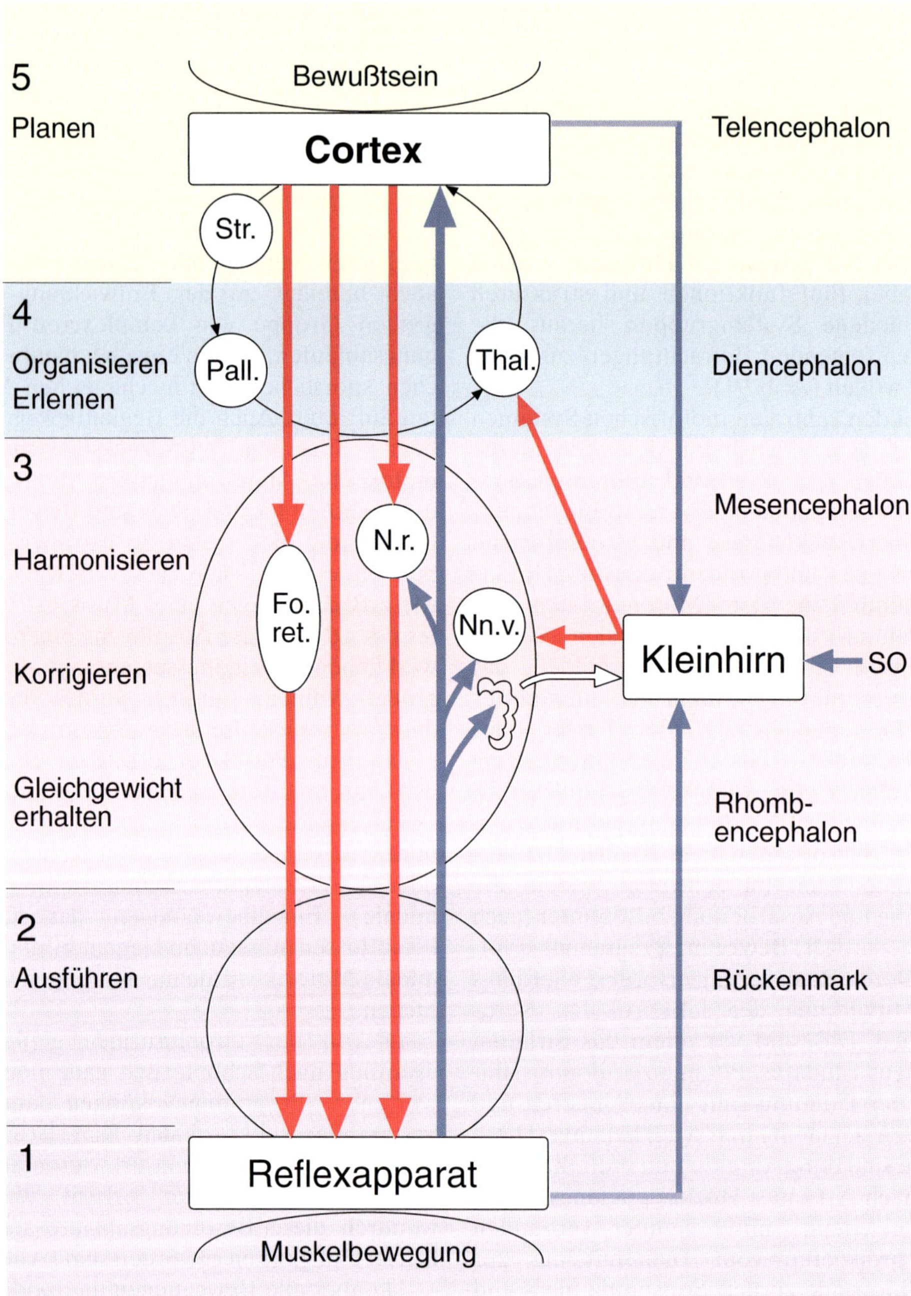

Abb. 91. Funktionelle Gliederung der großen sensomotorischen Systeme. 1 = Basales sensomotorisches System (Eigenreflexapparat); 2 = Schaltsysteme des Rückenmarks (Fremdreflexapparat etc.); 3 = Gleichgewichtssystem und motorische Kerne des Hirnstammes in Verbindung mit dem Kleinhirn; 4 = subkortikale Funktionssysteme (Basalganglien, Thalamus etc.); 5 = Großhirnrinde (somatomotorischer und somatosensorischer Cortex, Assoziationscortex); Fo. ret. = Formatio reticularis; Nn. v. = Nuclei vestibulares; N. r. = Nucleus ruber; Pall. = Pallidum; Str. = Striatum; SO = Sinnesorgane; Thal. = Thalamus.

durch schnelle, lange Bahnen über die Situation im Großhirn (kortikopontozerebellare Bahnen) und in der Peripherie (spinozerebellare Bahnen) informiert. Dadurch ist ein Vergleich zwischen intendierten und erfolgten Bewegungsprogrammen unter Einbeziehung der aktuellen Lageverhältnisse im Raum möglich. Das Kleinhirn gibt das Resultat der entsprechenden »Programmierungskontrollen« nicht direkt an das Rückenmark weiter, d.h. es greift nicht direkt in die spinale Motorik ein, sondern korrigiert (glättet, harmonisiert) die Programme im Thalamus- und Hirnstammbereich, bevor deren Bahnen das Rückenmark erreichen. Die komplexeren Bewegungsprogramme werden über den Thalamus (Diencephalon), den Nucleus ruber (Mesencephalon, Tractus rubrospinalis) oder die Formatio reticularis (Rhombencephalon, Tractus reticulospinales) korrigiert, die akuten Gleichgewichtsgefährdungen durch das Vestibularissystem (Tractus vestibulospinalis usw.) kompensiert.

Kleinhirn und Hirnstamm bilden also zusammen ein mittleres, ausgleichendes und harmonisierendes System innerhalb der großen sensomotorischen Funktionsgruppen (System Nr. 3, Abb. 91), das nicht nur für die Erhaltung des Gleichgewichts und der aufrechten Körperhaltung, sondern auch für die praktische Durchführbarkeit der motorischen Programme sorgt.

Alle Programme müssen letztlich mit Hilfe des Basissystems im Rückenmark (Eigenreflexapparat usw.) mit den Motoneuronen und zugehörigen Interneuronen (System Nr. 1) – die gemeinsame Endstrecke für alle übergeordneten motorischen Systeme – realisiert werden. Dies setzt aber die Mitwirkung der komplexen Neuronensysteme des Rückenmarks selbst (Kommissuren-, Assoziationsneurone usw.) voraus, deren funktionelle Möglichkeiten z.B. bei den Fremdreflexen erkennbar werden (System Nr. 2).

Überblickt man nun nochmals diese fünf großen Systemgruppen in ihrer qualitativen Differenziertheit, so lassen sie sich nicht nur bestimmten Bewegungstypen zuordnen, sondern auch untereinander in Beziehung setzen, wobei sich z.B. Polaritäten und Bewußtseinsunterschiede ergeben.

So besteht z.B. zwischen der zentralen (pyramidalen) Motorik (System Nr. 5) und der spinalen Motorik (System Nr. 1) eine deutliche Polarität. Die zentrale Motorik steht unter dem Einfluß des Bewußtseins, die spinale verläuft reflektorisch und unbewußt.

Die kortikale Motorik (Zielmotorik, Einzelbewegungen usw.) besitzt ein Maximum an Freiheit und einen (beim Menschen) ungewöhnlich großen Entwicklungsspielraum. In polarer Gegensätzlichkeit dazu tendiert der Eigenreflexapparat des Rückenmarks zur myostatischen Sicherheit, d.h. zu Bewegungseinschränkungen, um die aufrechte Körperhaltung nicht zu gefährden und den Muskeltonus den jeweiligen Verhältnissen im dreidimensionalen Raum anzupassen. Er ist sozusagen »antidynamisch« und arbeitet weitgehend automatisch.

Eine ähnliche Polarität besteht auch zwischen der eigentlichen Rückenmarksmotorik (Fremdreflexapparat usw., System Nr. 2) und der Motorik der subkortikalen Kerngruppen (System Nr. 4). Vom Rückenmark aus können zwar Einzelbewegungen (Abwehr-, Wischbewegungen usw.) ausgeführt werden, aber diese sind immer reflektorisch und »unwillkürlich«. Demgegenüber ermöglicht das subkortikale System zusammen mit der Großhirnrinde die Entwicklung neuer, komplizierter (nur dem Menschen eigener) Bewegungsprogramme, die schließlich erlernt, erinnert und zu motorischen Fähigkeiten weiterentwickelt werden können. Die herausragenden Leistungen großer Künstler wären ohne die Plastizität der zentralen sensomotorischen Systeme nicht möglich.

Unter diesen Gesichtspunkten wird auch die große Bedeutung des »mittleren« Systems (Kleinhirn, Hirnstamm usw.) erst voll verständlich. Zwischen den Polaritäten der beiden »oberen« und der beiden »unteren« Systeme, schafft das System Nr. 3 einen harmonisierenden und verbindenden Ausgleich. Hier liegt ein rhythmischer, vermittelnder Funktionsbereich vor, der die Einseitigkeiten der polaren Systemgruppen ausgleicht und miteinander in Beziehung setzt. Es überrascht daher nicht, daß viele der hier lokalisierten Neuronen Spontanrhythmen zeigen, die je nach den funktionellen Notwendigkeiten entsprechend modifiziert werden. Daß das Kleinhirn nicht nur, wie das Großhirn, eine somatotopische, das Körperbild widerspiegelnde Architektur aufweist, sondern auch eine das Großhirn noch übersteigende Zellzahl mit außerordentlich komplexen synaptischen Verbindungen besitzt, unterstreicht die große Bedeutung dieses »mittleren« Systems im gesamten Kanon der sensomotorischen Systeme.

Wahrscheinlich haben die Griechen in der Antike die Qualität dieser fünf sensomotorischen Systeme (mehr oder weniger instinktiv) schon gekannt, denn die fünf Wettkampfübungen in Olympia basieren auf der Betätigung gerade dieser Hauptsysteme: der Speerwurf als Zielbewegung (pyramidales System), der Diskuswurf als erlernte, harmonisierte Ausgleichsbewegung (subkortikales System, Nr. 4), das Ringen als Gleichgewichtsübung (mittleres System, Kleinhirn, Hirnstamm usw., System Nr. 3), das Springen und Laufen (Stehen wäre ja keine Übung) als vornehmlich spinal-motorische Übungen (Systeme Nr. 1 und 2).

Vielleicht kann die hier gegebene Charakterisierung der sensomotorischen Funktionssysteme auch für die Krankengymnastik, die Heilpädagogik oder Psychologie fruchtbare Anregungen liefern. Dies bedürfte jedoch einer eigenen Ausarbeitung.

4.4 Zusammenfassende Übersicht

Die sensomotorischen Systeme dienen der Planung, Steuerung und Verwirklichung der Körpermotorik sowie der Erhaltung des Gleichgewichts und der aufrechten Körperhaltung. Die Basis dafür liefern die Verbindungen des Rückenmarks mit der Muskulatur. Die Motoneurone des Vorderhorns (motorische Vorderhornzellen) sind multipolare Nervenzellen, deren efferente Axone zur Muskulatur ziehen und mit den Muskelfasern durch motorische Endplatten synaptisch verbunden sind. Die Anordnung der Motoneurone im Vorderhorn spiegelt die Lage der Muskeln an Rumpf und Gliedmaßen wider (somatotopische Gliederung). Medial liegen die Neurone für die Rumpfmuskulatur, lateral anschließend diejenigen für die Muskulatur der Gliedmaßengürtel, der Gliedmaßen selbst und schließlich der Endorgane (Hand, Fuß). Innerhalb der Muskulatur liegen Sinnesorgane (Muskelspindeln, Sehnenspindeln usw.), deren Erregungen über afferente Neurone durch die hintere Wurzel dem Rückenmark zugeleitet werden. Dies sind die pseudounipolaren Ganglienzellen, deren Zellkörper in den Spinalganglien lokalisiert sind. Da die Axone dieser Neurone synaptisch mit den Motoneuronen in Verbindung stehen, ergibt sich ein Leitungs- oder Reflexbogen, der im einfachsten Fall nur aus zwei Neuronen besteht (monosynaptischer Eigenreflexapparat). Die Muskelspindeln besitzen dünne intrafusale Muskelfasern, deren Dehnung den adäquaten Reiz für das Rückenmark darstellt. Sie messen die Längenänderungen des Muskels, während die Sehnenspindeln die Spannungsänderungen registrieren. Die intrafusalen Muskelfasern besitzen motorische Endplatten, die von Axonen kleinerer Motoneurone (sog. γ-Motoneurone) stammen. Durch die γ-Motoneurone können die intrafusalen Muskelfasern zur Kontraktion gebracht und dadurch der Mittelabschnitt mit den sensiblen Nervenendigungen gedehnt werden, was eine Aktivierung der Alpha-Afferenzen und damit der Alpha-Motoneurone zur Folge hat. Von den γ-Motoneuronen aus kann daher das Niveau der Erregungsströme innerhalb des Eigenreflexapparats aktiv verändert werden.

Der Eigenreflexapparat ist das Basissystem, das von allen übergeordneten sensomotorischen Systemen (sog. supraspinale Systeme) als »gemeinsame Endstrecke« benützt wird, um z. B. die in der Hirnrinde oder in subkortikalen Zentren entstandenen Bewegungsvorstellungen zu realisieren.

Rückenmark. Im Rückenmark existieren drei verschiedene Fasersysteme, wobei die Assoziations- und Kommissurensysteme hauptsächlich in den Grundbündeln untergebracht sind (Abb. 92):

1. **Assoziationsfasern** verknüpfen Neuronensysteme verschiedener Segmente miteinander.
2. **Kommissurenfasern** verknüpfen Neurone innerhalb des gleichen Segmentes, d. h. sie kreuzen jeweils auf die andere Seite und verbinden die einander entsprechenden Neurone beider Seiten.
3. **Projektionsfasern** verbinden aufsteigend (afferent) oder absteigend (efferent) das sensomotorische Basissystem des Rückenmarks, d. h. den Eigenreflexapparat, mit den übergeordneten Kerngruppen des zentralen NS (sensomotorische Rindenareale, subkortikale Kerne, Kerngruppen des Hirnstamms usw.).

Die langen afferenten Bahnen des Rückenmarks verlaufen in den Hintersträngen (Tr. spinobulbares), oder in den Vorderseitensträngen (Tr. spinothalamicus ant. u. lat.), wobei die Zellkörper der Hinterstrangbahnen in den Spinalganglien, diejenigen der Vorderseitenstrangbahnen im Hinterhorn des Rückenmarks liegen. Die spinozerebellaren Bahnen, die ebenfalls von den Hinterhornkernen ausgehen, verlaufen ganz außen im Seitenstrang aufwärts bis zum Kleinhirn (Tr. spinocerebellaris ant. u. post.).

Die wichtigsten efferenten Projektionsbahnen liegen im Vorderseitenstrang (Tr. corticospinalis lat. u. med., Tr. rubrospinalis, Tr. reticulospinalis med. u. lat., Tr. olivospinalis, Tr. tectospinalis und Tr. vestibulospinalis) und enden an den Motoneuronen des Vorderhorns.

Sensomotorische Rindenareale. Anfangs- bzw. Endstation der langen Projektionsbahnen des Rückenmarks ist die Großhirnrinde. In den primären Rindenzentren [Gyrus praecentralis für die efferenten Bahnen (Pyramidenbahn), Gyrus postcentralis für die afferenten Bahnen (Hinterstrangbahnen)] erscheint das Körperbild noch somatotopisch gegliedert (motorischer und sensorischer Homunkulus). Die sekundären Zentren sind dann nur noch Funktionskomplexen, nicht aber den Muskelgruppen selbst zugeordnet, wie z. B. bei speziellen Handbewegungen (»Schreibzentrum«) oder bei Bewegungen der Kehlkopfmuskulatur (motorisches Sprachzentrum nach Broca) usw. Die sekundären und tertiären Rindenareale des Frontalhirns bilden den sog. prämotorischen Cortex, die entsprechenden sensorischen Areale des Parietallappens die posterior-parietalen sensorischen Rindenfelder. Zusammen mit den beim Menschen sehr hoch differenzierten Assoziations- und Kommissurensystemen des Cortex (sog. Assoziationskortex) werden in diesen Rindengebieten die Bewegungsvorstellungen und motorischen Planungen entwickelt.

Capsula interna. Die Gesamtheit der (afferenten und efferenten) Projektionsbahnen der Hirnrinde, die der Verwirklichung der »kortikalen Bewegungsvorstellungen« dienen, läuft durch die Capsula interna. Die Pyramidenbahn, die vom Gyrus praecentralis ausgeht und sich auf die Zielmotorik der Endabschnitte der Gliedmaßen (Hand, Fuß) spezialisiert hat, verläuft zusammen mit den kortikonukleären Bahnen im Knie der inneren Kapsel, die frontopontinen Bahnen im vorderen, die temporo-okzipitopontinen Bahnen (Tr. corticopontocerebellares) im hinteren Schenkel der Capsula interna. Dazwischen liegen jeweils die afferenten Bahnsysteme, die vom Thalamus zu den sensomotorischen Rindenfeldern (sog. vorderer, mittlerer und hinterer Thalamusstiel) verlaufen.

Das Pyramidenbahnsystem bildet zusammen mit den kortikopontinen Bahnen im

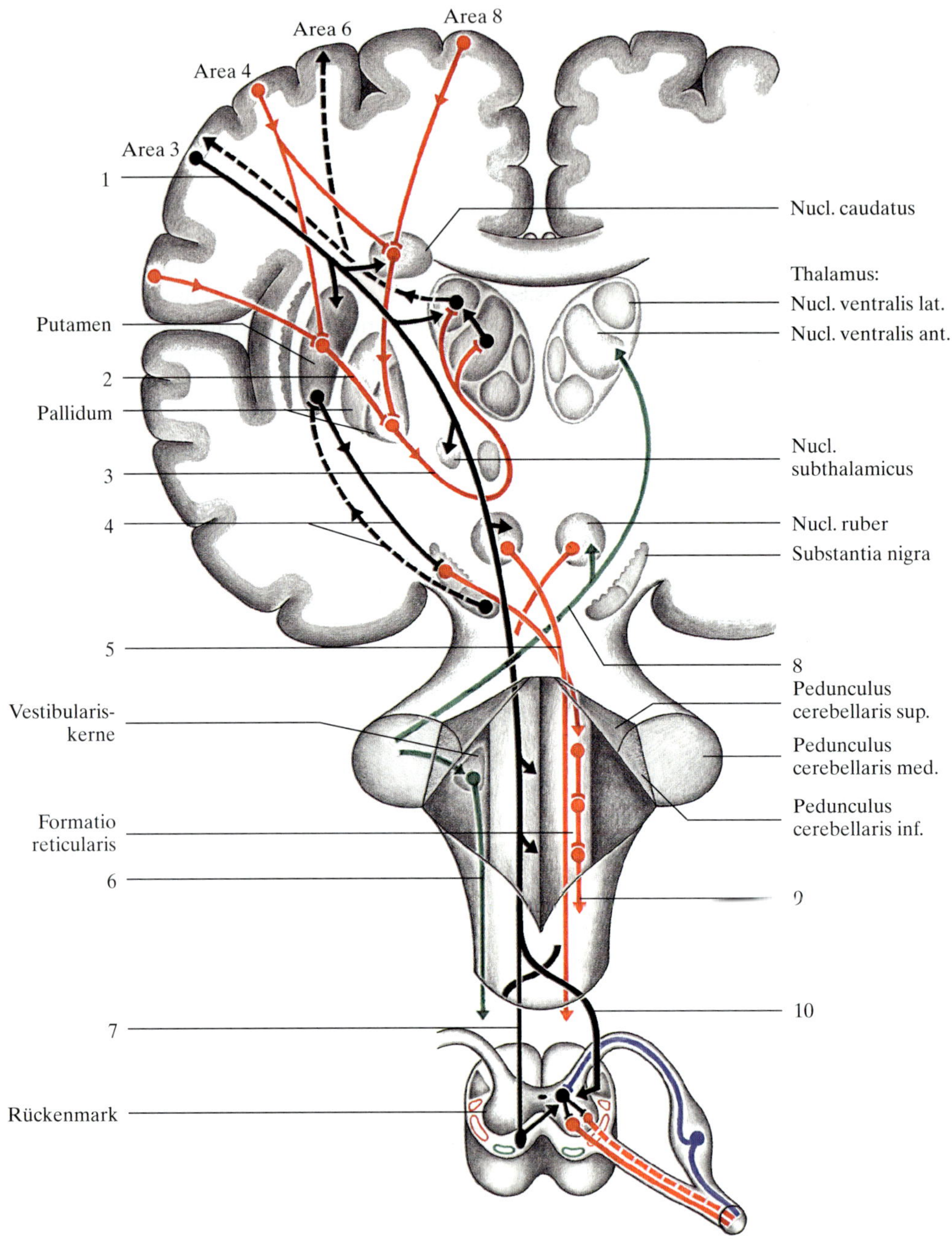

Abb. 92. Hauptbahnverbindungen der pyramidalen (schwarz) und subkortikalen (rot), sensomotorischen Systeme und deren Beziehungen zum Kleinhirn (grün).

1 *Pyramidenbahn* (Tr. corticospinalis und corticobulbaris)
2 Tr. striatopallidalis
3 Ansa lenticularis
4 Rückkoppelungsschleife zwischen Corpus striatum und Substantia nigra
6 Tr. vestibulospinalis
7 Tr. corticospinalis med.
8 Tr. cerebellorubralis und cerebellothalamicus
9 Tr. reticulospinalis
10 Tr. corticospinalis lat.

Mittelhirn die Großhirnstiele, die sich – die somatotopische Anordnung beibehaltend – unten an das Tegmentum anlagern, während die großen afferenten Bahnsysteme (Tr. spinothalamici, Tr. bulbothalamici usw.) innerhalb des Mittelhirns (sog. Lemniscus med.) verlaufen.

Subkortikale Kerne. Die innere Kapsel liegt zwischen Thalamus und Nucleus caudatus (medial) sowie Putamen, Pallidum und Claustrum (lateral). In diesen Kernen, zu denen noch der Nucleus subthalamicus und die Substantia nigra zu zählen sind, erfolgt die Organisation und Kontrolle der in der Hirnrinde geplanten komplexeren Bewegungsvorstellungen. Sie bilden mit der Hirnrinde einen Rückkoppelungskreis, dessen wichtigstes Verbindungsstück die Ansa lenticularis ist (Abb. 92). Die subkortikalen Kerngruppen haben keine direkten Verbindungen mit dem Rückenmark, sondern verwirklichen ihre Programme über das Pyramidenbahnsystem, das nicht nur die Pyramidenbahn selbst (Tr. corticonuclearis und corticospinales) umfaßt, sondern auch efferente Bahnen vom praemotorischen und posterior-parietalen (sensorischen) Cortex enthält, die zum Nucleus ruber des Mittelhirns, zu den motorischen Kernen der Retikularisformation des Hirnstamms und zur Oliva inf. ziehen. Dadurch können komplexere Bewegungsfolgen, die z.T. langfristig erübt worden sind und schließlich fast automatisch ablaufen, realisiert werden.

Kleinhirnsystem. Mögliche Instabilitäten im Bewegungsapparat, die durch die komplexeren Bewegungsprogramme entstehen können, wie auch Unstimmigkeiten innerhalb der verschiedenen Programme selbst werden durch das Kleinhirnsystem ausgeglichen bzw. beseitigt. Dazu erhält das Kleinhirn vom Cortex (Tr. corticopontocerebellares), vom Rückenmark (Tr. spinocerebellares) und vor allem vom Labyrinthorgan und Sehsystem Informationen über die jeweilige aktuelle Situation der motorischen Systeme sowie die Lage des Körpers im dreidimensionalen Raum. Innerhalb des Kleinhirns spielen dabei funktionell das Kletterfasersystem, das von den Neuronen der unteren Olive gebildet wird, und das Moosfasersystem der kleinen Körnerzellen, das die

Zusammenfassende Übersicht über die fünf großen elementaren Systeme der Sensomotorik

Funktionelle Systeme	Übergeordnete Kerngebiete des NS	Rezeptoren	Art der Motorik
1. Basales, spinales Grundsystem (Eigenreflexapparat)	Rückenmark (Einzelsegment)	Muskelspindeln, Sehnenspindeln	Monosynaptische Eigenreflexe, bevorzugt Streckreflexe, Muskellängen- u. Spannungskontrolle
2. Spinale, sensomotorische Systeme (Fremdapparat)	Rückenmark (mehrere Segmente)	Muskel- und Haut-Sinnesorgane	Zweckbezogene Einzelbewegungen, Fremdreflexe, bevorzugt Beugereflexe
3. Kleinhirn- und Hirnstammsysteme	Nucleus ruber, Formatio reticularis, Oliva inf., Cerebellum	Haut- und Muskelrezeptoren, zusätzl. Labyrinthorgan, Auge, Ohr	Harmonisierung der Willkürmotorik, Gleichgewichts- und Tonusregulationen
4. Subkortikale Systeme	Striatum, Pallidum, Nucl. subthalamicus, Thalamus (zus. mit Cortex)	Indirekt alle Sinnesorgane	Organisation und Kontrolle der Willkürlichkeit, Komplexe, automatisierte und erlernte Bewegungsformen, Haltungskontrolle
5. Kortikale (pyramidale) Systeme	Cortex (primär Gyrus prae- u. postcentralis)	Alle Sinnessysteme, bes. visuelles und auditives System	Bewußte Willkürmotorik, Zielmotorik, bes. für Hand und Fuß

Parallelfasern bildet und von den Dachkernen des Kleinhirns ausgeht, die Hauptrolle. Das Kleinhirn greift mit seinen korrigierenden und harmonisierenden Impulsen nicht direkt in die sensomotorischen Systeme des Rückenmarks ein, sondern beeinflußt die zentrale Motorik über den Thalamus (Tr. cerebellothalamicus) und die spinale Motorik über die motorischen Kerne von Mittelhirn (Nucleus ruber) und Hirnstamm (Formatio reticularis) (Tr. rubrospinalis und Tr. reticulospinalis med. u. lat.). Die Gleichgewichtsregulationen erfolgen vor allem über das Vestibularissystem, und zwar von den Vestibulariskernen der Rautengrube aus (Tr. vestibulospinalis, Tr. olivospinalis). Alle afferenten und efferenten Bahnen des Kleinhirns laufen über die Kleinhirnstiele, durch die das Kleinhirn vorne am Hirnstamm fixiert wird (Abb. 92). Durch den vorderen Kleinhirnstiel ziehen die Tr. cerebellorubralis und cerbellothalamicus sowie der Tr. spinocerebellaris ant., durch den mittleren die kortikopontozerebellaren Bahnen und durch den hinteren Kleinhirnstiel, der die Verbindung mit dem Rückenmark herstellt, die Tr. vestibulocerebellaris, Tr. spinocerebellaris post., Tr. olivocerebellaris, Tr. cerebellovestibularis und Tr. cerebello-olivaris.

Sensomotorische Systeme. Insgesamt ergeben sich dadurch fünf große sensomotorische Systemgruppen, bei denen jeweils andere Bewegungsformen im Vordergrund stehen. Das Kleinhirnsystem nimmt zusammen mit den Kerngruppen des Hirnstammes eine ausgleichende, harmonisierende und Gleichgewicht-erhaltende Mittelstellung zwischen den zentral-motorischen, der bewußten Willkürmotorik dienenden und den spinalen, mehr reflektorisch arbeitenden Systemen ein.

5. Morphologie der Sinnessysteme

Die sensomotorischen Systeme sind dadurch charakterisiert, daß sie aus geschlossenen Leitungsbögen mit annähernd gleichwertigen afferenten und efferenten Schenkeln bestehen. Bei den Sinnessystemen ist dagegen besonders der afferente Schenkel ausdifferenziert. Der efferente ist, wenn überhaupt nachweisbar, von untergeordneter Bedeutung und dient meist nur der Reizschwellenverstellung, d.h. der Optimierung des Wahrnehmungsprozesses, nicht der Wahrnehmung selbst. Die Sinnessysteme haben sich sozusagen einseitig auf die afferente Erregungsleitung spezialisiert. Das gilt vor allem für die höheren Sinne, die visuellen und auditiven Systeme (Exterozeptoren). Die weniger hochdifferenzierten Sinnesorgane der sensomotorischen Funktionskreise vermitteln die für die Motorik notwendigen Informationen (Propriozeptoren). Dazu gehören die Muskelrezeptoren (Tiefensensibilität) und die Hautrezeptoren (Oberflächensensibilität), deren Afferenzen von der Großhirnrinde bewußt verarbeitet werden können (Kraftsinn, Stellungs- und Lagesinn, Tastsinn usw.). Die in den Eingeweiden liegenden Sinnesorgane, die als Chemo-, Osmo- oder Pressorezeptoren bezeichnet werden, vermitteln meist keine bewußten Empfindungen, sondern stehen im Dienste der autonomen, vegetativen Regulationen (Enterozeptoren). Ihre Afferenzen erreichen die Großhirnrinde nicht.

Generell lassen sich bei jedem Sinnessystem drei Funktionsbereiche unterscheiden (Abb. 93):

1. Eigentlicher Sensor oder Rezeptor, der sich auf eine spezifische Sinnesmodalität spezialisiert hat.
2. Subkortikale Schaltzentren, die im Hirnstamm, Mittel- oder Zwischenhirn liegen und von denen meist auch efferente Bahnen ausgehen.
3. Kortikale Projektions- und Verarbeitungsfelder, bei denen sich (ähnlich wie bei den sensomotorischen Systemen) immer in hierarchischer Ordnung primäre, sekundäre und tertiäre »Zentren« unterscheiden lassen.

Jeder *Sensor* vermittelt dem Organismus jedoch nur einen Ausschnitt aus der Reizwirklichkeit der Außen- oder Innenwelt. Er ist auf eine adäquate Reizart spezialisiert. Es müssen daher immer mehrere Sinnesorgane zusammenwirken, um ein einigermaßen vollständiges Bild der Wirklichkeit zu vermitteln. Fällt ein Sinnesorgan aus, so erweitern die verbleibenden Sinnessysteme ihren Informationsbereich. Es bildet sich eine neue Gesamtgestalt der Sinneswelt heraus, obwohl das ausgefallene Sinnesorgan nie voll ersetzt werden kann. Jedes Sinnessystem hat also im »Konzert« des Ganzen eine einmalige und in gewisser Hinsicht unersetzliche Stellung. Die Frage, welcher Art die Wirklichkeit ist, die uns durch die Sinne vermittelt wird, kann hier nicht diskutiert werden, da es sich um ein erkenntnistheoreti-

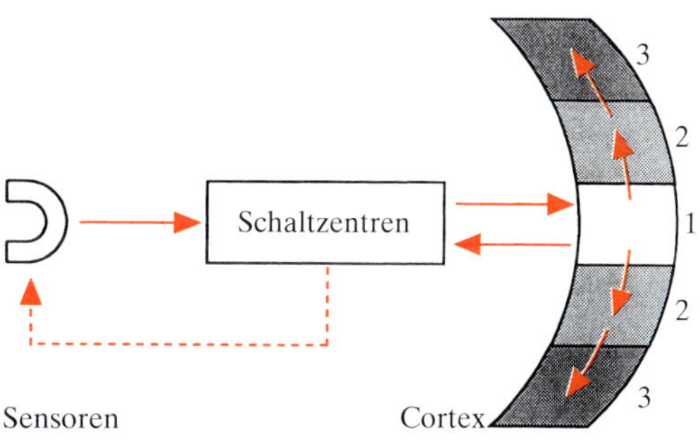

Abb. 93. Elementare Gliederung der Sinnessysteme. Die Schaltzentren liegen meist im Mittel- und Zwischenhirn. 1, 2 u. 3 = zugehörige, primäre, sekundäre und tertiäre Rindenfelder.

Einteilung und Gliederung der Sinnessysteme

	Rezeptoren	Hilfsapparate	Nerven	Zugehörige Hirnabschnitte	Funktion	Bewußtseinsgrad
Höhere Sinne	Akustische Sensoren (Innenohr)	Äußeres Ohr, Mittelohr	N. VIII (Pars cochlearis)	Isocortex (Schläfenlappen)	Hören	Voll bewußt
	Photosensoren (Retina – Auge)	Linse, Lid- und Augenmuskelapparat	N. II	Isocortex (Okzipitallappen)	Sehen	
Chemische Sinne	Olfaktorische Sensoren (Regio olfactoria nasi)	Nasenhöhle	N. I	Allocortex (Riechhirn)	Riechen	Weniger bewußt
	Gustatorische Sensoren (Zunge, Gaumen)	Mundhöhle	N. IX, X N. intermedius des N. VII	Rautenhirn, Riechhirn	Schmecken	
Niedere Sinne	Vestibularissensoren	Cupula, Statolithen	N. VIII (Pars vestibularis)	Kleinhirn	Gleichgewichtsregulationen	Unbewußt
	Muskelspindeln, Sehnenspindeln	Bindegewebige Kapsel	Spinalnerven der zugehörigen Segmente	Scheitellappen	Tiefensensibilität (Kraftsinn, Lagesinn)	Bewußtseinsgrad verschieden
	Eingekapselte Endorgane, nichtgekapselte Endorgane	Neurogene Hüllzellen		Scheitellappen	Oberflächensensibilität (Druck, Berührung, Temperatur)	
	Freie Nervenendigungen	(Epithel)		Thalamus (Scheitellappen)	Schmerz, Temperaturempfindungen	
»Gewebssinne« (Osmo-, Chemo-, Barorezeptoren)	Enterorezeptoren, verstreut in Eingeweiden und Körpergeweben	Hilfszellen	Keine differenzierten peripheren Einzelnerven	Hypothalamus (?)	Vegetative Regulationen	Unbewußt

sches Problem handelt. Grundsätzlich ist jedoch zu beachten, daß alle Sensoren niemals ein unmittelbares, direktes Bild der Wirklichkeit liefern, sondern lediglich selektiv Reize aus der Umwelt bzw. aus dem Organismus aufnehmen und in eine nervöse Erregung umwandeln (Perzeption und Transformation). Jeder Sensor stellt also ein *Kodierungsgerät* dar, das mittels einer Art Zeichensprache (frequenzmodulierte Impulsfolgen) über eigene afferente Neurone den nachgeordneten nervösen Zentren Informationen übermittelt. Diese sind in der Regel nur für *eine* spezifische Reizqualität ansprechbar *(Gesetz von der Spezifität der Sinnesenergien* nach Johannes Müller). Erst durch das Denken, das sich auf die Tätigkeit der Großhirnrinde stützt, wird das durch die Sinne in Einzelteile »zerlegte Bild« der Umwelt oder Innenwelt wieder zu einer Ganzheit zusammengefügt, so daß die Erlebniswelt letztlich eine Einheit und kein Mosaik darstellt.

Grundsätzlich lassen sich drei *Gruppen von Sinnesorganen* unterscheiden: 1. Solche, die ausschließlich Afferenzen aus der Lebenswelt des Organismus, dem »Vegetativum«, vermitteln (Chemo-, Osmo- oder Barorezeptoren), 2. solche, die ausschließlich Reize aus der Außenwelt aufnehmen (Geruchs-, Geschmacks-, Gehör- und Sehorgan), und 3. schließlich solche, die sowohl zur Innenwelt als auch zur Außenwelt hin orientiert sind (Gleichgewichtssinn, Hautsinne, Tiefensensibilität). Zur letzten Gruppe gehört auch der ambivalente Schmerzsinn, der von außen wie von innen angesprochen werden kann.

Die Differenzierungshöhe der einzelnen Sinnesorgane ist außerordentlich unterschiedlich. Die einfachsten Sensoren sind morphologisch oft nur durch periphere Aufsplitterungen einzelner Nervenfasern oder durch knäuelartige terminale Nervenendigungen gekennzeichnet. Die komplizierteren Sinnesorgane besitzen Hilfsapparate, die bei der Perzeption und Transformation der Reize mitwirken. Dazu gehören z. B. die Kapseln aus neurogenen Hüllzellen bei den Mechanorezeptoren oder bei den Tastkörperchen der Haut. Bei den höheren Sinnesorganen (Auge, Ohr) entwickeln sich zum Teil komplizierte Hilfssysteme, wie z. B. Linse und Akkommodationsapparat oder Gehörknöchelchen. Mit steigender Kompliziertheit der peripheren Strukturen differenzieren sich auch die zugehörigen zentralnervösen Zentren aus, womit auch der Bewußtseinsgrad steigt.

Die Dominanz der visuellen und auditiven Systeme des Menschen ist ein spätes Ergebnis der Stammesgeschichte und hängt eng mit der Entwicklung und Differenzierung der Großhirnrinde zusammen. Bei niederen Säugetieren herrschen in der Sinnessphäre Geruch und Geschmack vor. Der akustische Apparat bildet sich erst bei den Sauropsiden in stärkerem Maße aus und gewinnt dann bei den Säugetieren zunehmend an Bedeutung. Das optische und auditive System verdrängt bei den höheren Wirbeltieren allmählich das olfaktorische, das für die Orientierung der Tiere in der Umwelt ursprünglich die Hauptrolle gespielt hat. Diese Entwicklung spiegelt sich deutlich in der Gestaltung des Zentralnervensystems wider. Die Riechhirnanteile werden nach und nach zugunsten der auditiven und visuellen Hirnabschnitte zurückgedrängt.

5.1 Olfaktorisches und limbisches System

5.1.1 Entwicklungsgeschichtliche Vorbemerkungen

Das Riechsystem ist eines der ältesten Sinnessysteme der Wirbeltiere. Da es für die Nahrungsaufnahme und die Orientierung im Lebensraum von existentieller Bedeutung ist, nimmt es bei vielen Wirbeltieren im Bereich des Gehirns einen relativ breiten Raum ein.

Bei Fischen besteht das Endhirn ausschließlich aus den zum Riechapparat gehörenden Anteilen *(Palaeopallium).* Bei Amphibien und Reptilien differenziert sich ein neuer Hirnabschnitt, der zwar noch zum Riechhirn gehört, aber in zunehmendem Maße auch afferente Erregungen aus anderen Sinnesorganen sowie aus dem Thalamus verarbeitet und damit zu einem neuen, übergeordneten Integrationsgebiet, dem sog.

Archaeopallium, wird. Dieser Hirnabschnitt ist an der medialen Seite des Endhirns lokalisiert, während das Palaeopallium mehr basal liegt. Erst bei den Säugetieren erfährt ein weiterer Hirnabschnitt, der Neokortex *(Neopallium),* seine eigentliche Entfaltung. Die neenzephalen Rindenbezirke schieben sich zwischen die paläo- und archenzephalen Gebiete und verdrängen diese einerseits nach medial (Archaeopallium) und andererseits nach basal (Palaeopallium). Mit der Oberflächenvergrößerung (Furchung) des Neokortex geht auch eine Differenzierung in der mikroskopischen Dimension einher. Der Neokortex bildet schließlich eine sechsschichtige Rinde *(Isokortex)* aus und erfährt, besonders bei den Primaten, eine reiche, auch regional unterschiedliche Differenzierung (Zentrenbildung, Zytoarchitektonik). Im Gegensatz dazu bleibt die Ausgestaltung des Paläo- und Archikortex auf einfacherer Stufe stehen *(Allokortex),* was sich u.a. in einer Dreischichtengliederung dieser Rindengebiete ausdrückt.

Beim Menschen ist das Riechsystem stark zurückgedrängt und fast rudimentär. Das Riechsystem ist das einzige Sinnessystem, das ausschließlich zum Endhirn gehört. Der *Bulbus olfactorius,* der die Riechnerven *(Fila olfactoria)* aufnimmt, stellt eigentlich einen Endhirnlappen dar. Er besitzt bei manchen Säugern sogar noch einen Ventrikel, der mit dem Seitenventrikel kommuniziert. Durch die Massenentwicklung des Neopalliums sind die beim Menschen stark rückgebildeten Riechhirnabschnitte nach basal verdrängt worden und bestehen nur noch aus dem Bulbus olfactorius, dem Tr. olfactorius, der nach hinten in die Stria olfactoria med. und lat. übergeht, und den vordersten Abschnitten des Temporallappens, die am embryonalen Gehirn als Gyrus ambiens und semilunaris (zusammen als Cortex praepiriformis bezeichnet) noch etwas deutlicher zu erkennen sind (Abb. 94). Mit dem Cortex praepiriformis steht die Stria olfactoria lat. in Verbindung, die dieses Rindenfeld direkt über den Inselrand

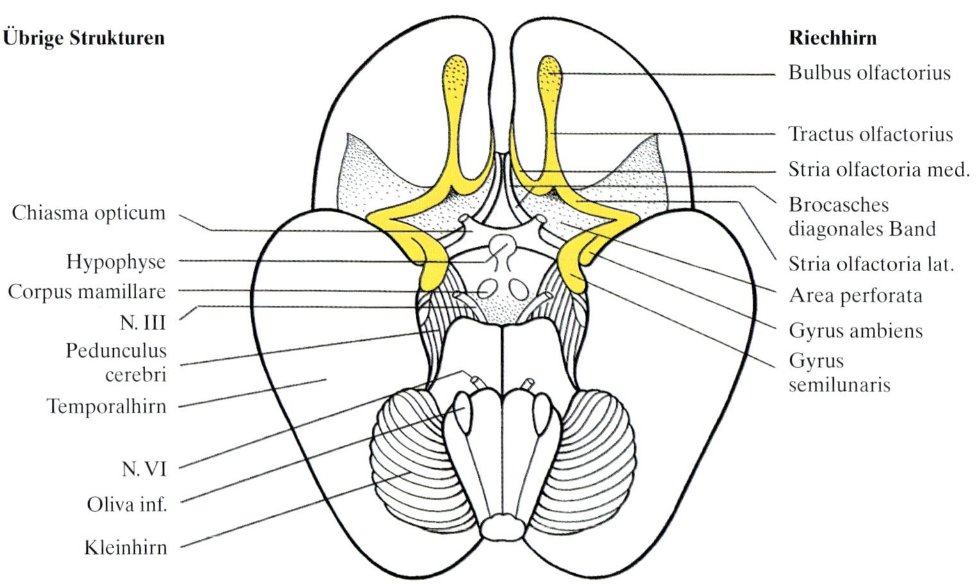

Abb. 94. Schematische Darstellung des Riechhirns (gelb) bei einem 6 Monate alten menschlichen Fetus. Ansicht von basal (nach Clara). Gyrus ambiens und semilunaris gehören zum Cortex praepiriformis.

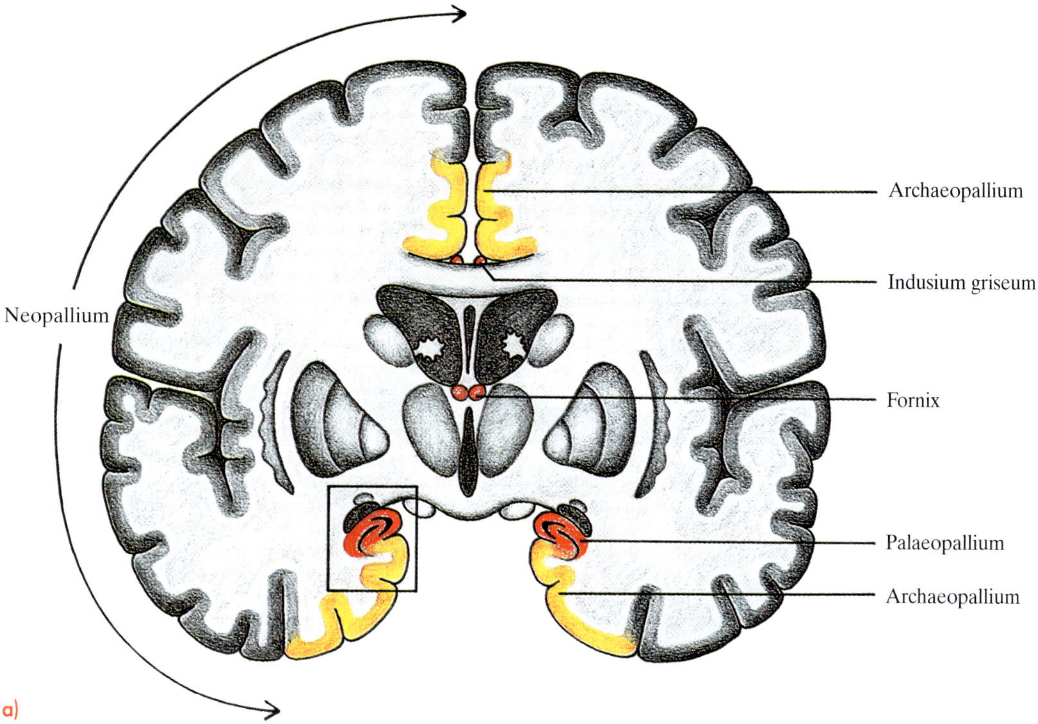

a)

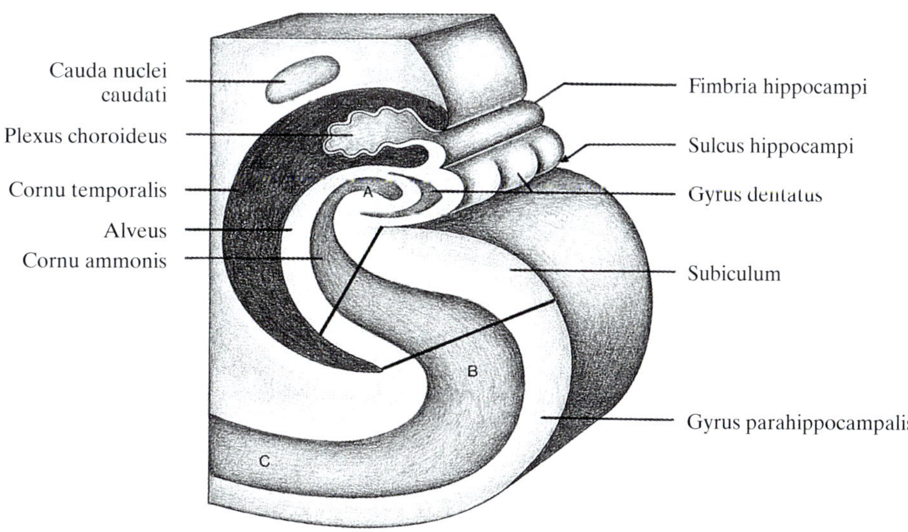

b)

Abb. 95. a) Lokalisation und Struktur des Archaeo- und Palaeopalliums, dargestellt am Frontalschnitt. Durch die Vergrößerung des Neocortex wurde das Archaeo-/Palaeopallium nach medial und basal verdrängt und gewissermaßen »eingerollt« (Gyrus involutus).
b) Ausschnittvergrößerung aus a) (vgl. Abb. 95c).
A = Allocortex; B = Mesocortex (Übergangsstruktur); C = Isocortex.

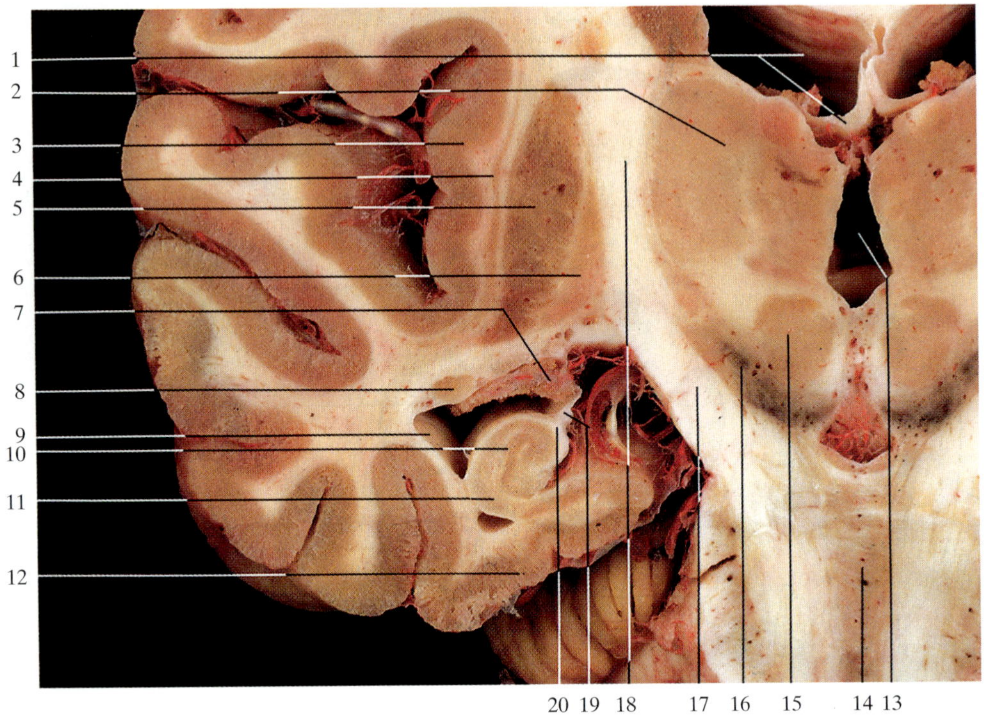

Abb. 95. c) Querschnitt durch die Hippokampusformation (Gyrus involutus) der rechten Hirnhälfte (Ausschnitt aus Abb. 80) (Ansicht von vorne).

1 Linker Seitenventrikel und Crus fornicis
2 Thalamus
3 Lobus insularis
4 Claustrum
5 Putamen
6 Globus pallidus
7 Plexus choroideus
8 Cauda nuclei caudati
9 Cornu temporale des Seitenventrikels
10 *Ammonshorn* (Cornu ammonis), Gyrus hippocampi
11 *Subiculum*
12 *Gyrus parahippocampalis*
13 III. Ventrikel
14 Pons
15 Nucl. ruber
16 Substantia nigra
17 Pedunculus cerebri
18 Capsula int.
19 *Fimbria hippocampi* (fornicis)
20 *Alveus*

(Limen insulae) erreicht (Abb. 94). Die Stria olfactoria med. läuft dagegen in das unter dem Balken gelegene Rindengebiet aus (Area subcallosa und Septum), führt aber nach neueren Untersuchungen keine olfaktorischen Fasern.

Das durch die mächtige Entwicklung des Neocortex nach medial-innen verdrängte Archaeopallium bildet einen großen, widderhornartig gekrümmten Bogen, der während der Embryonalentwicklung durch den Balken in zwei Teile gespalten worden ist. Der *äußere Randbogen* verläuft oberhalb des Balkens und differenziert sich in den Gyrus cinguli, der sich im Temporalhirnbereich in den Gyrus hippocampi fortsetzt, sowie in das Indusium griseum, das unmittelbar auf dem Balken liegt und im Temporalhirnbereich in den Gyrus dentatus übergeht (Abb. 95).

Der *innere Randbogen* liegt unterhalb des Balkens und differenziert sich im wesent-

Palaeopallium	Bulbus olfactorius – Tractus olfactorius Stria olfactoria med. u. lat. Cortex praepiriformis	primäres Riechzentrum sekundäre Riechzentren	Riechhirn (Rhinencephalon)
Archaeopallium	Äußerer Randbogen – (über dem Balken) Innerer Randbogen – (Unter dem Balken)	Gyrus cinguli u. hippocampi Indusium griseum u. Gyrus dentatus Fornix Fimbria hippocampi	Limbisches System
Basalganglien-derivat	Corpus amygdaloideum		

lichen zum Fornix, der an der Innenseite des Temporallappens (oberhalb des Gyrus dentatus) mit der Fimbria hippocampi beginnt und vorne im Zwischenhirnbereich im Corpus mamillare endet (Abb. 95). Das Neopallium ist im basalen Temporallappen so stark gewachsen, daß sich die nach medial-innen verdrängten Rindenabschnitte des Archaeopalliums eingerollt haben. Im Querschnitt erkennt man, wie sich diese »eingerollte Rinde« (Gyrus involutus) in den temporalen Abschnitt des Seitenventrikels vorwölbt und sich in den Gyrus dentatus, das Ammonshorn (Cornu ammonis), das Subiculum und den anschließenden Gyrus hippocampi gliedern läßt (Abb. 95c). Gyrus dentatus und Ammonshorn bilden den Allocortex, während die Hippocampusrinde (und oberhalb des Balkens der Gyrus cinguli) eine Übergangsregion zum Isocortex darstellt und daher als Mesocortex bezeichnet wird.

Diese Rindengebiete, die aus dem äußeren und inneren Randbogen hervorgegangen sind, bilden das sog. *limbische System* (vom lat. limen = Rand, Saum). Diesem hat sich vorne der Mandelkernkomplex (Corpus amygdaloideum) angeschlossen, der sich entwicklungsgeschichtlich vom Basalganglion abgespalten hat und zeitlebens enge topographische Beziehungen zum Corpus striatum behält. Der relativ große Mandelkernkomplex (kurz auch Amygdala genannt) liegt am vorderen Ende der Hippokampusformation und grenzt vorne noch an das Unterhorn des Seitenventrikels an.

5.1.2 Anatomie des limbischen Systems

Das Riechhirn ist beim Menschen weitgehend rückgebildet, das limbische System, das sich in der Evolution vom Riechsystem abgespalten hat, ist jedoch in verschiedenen Bereichen progressiv weiterentwickelt worden (z.B. Mandelkernkomplex).

Das **Indusium griseum,** eine dünne Rindenlamelle auf dem Balken, gehört zu den rudimentären Abschnitten des Systems. Es ist beim Erwachsenen oft kaum noch zu erkennen (Abb. 96). Das Indusium enthält jederseits zwei Faserzüge *(Stria longitudinalis med.* und *lat.),* die vorne mit der Area subcallosa und den Nuclei septi zusammenhängen. Am hinteren Ende des Balkens schließen sich die beiden Striae zum Gyrus fasciolaris zusammen und gehen dann in den *Gyrus dentatus* über. Dies sind die ältesten Teile des limbischen Systems (Abb. 97).

Der angrenzende **Gyrus cinguli** liegt an der medialen Hemisphärenwand oberhalb des Balkens, so daß man einen prä-, supra- und retrokommissuralen Abschnitt unterscheiden kann. Gegen den Neocortex grenzt sich der zum Archicortex gehörige

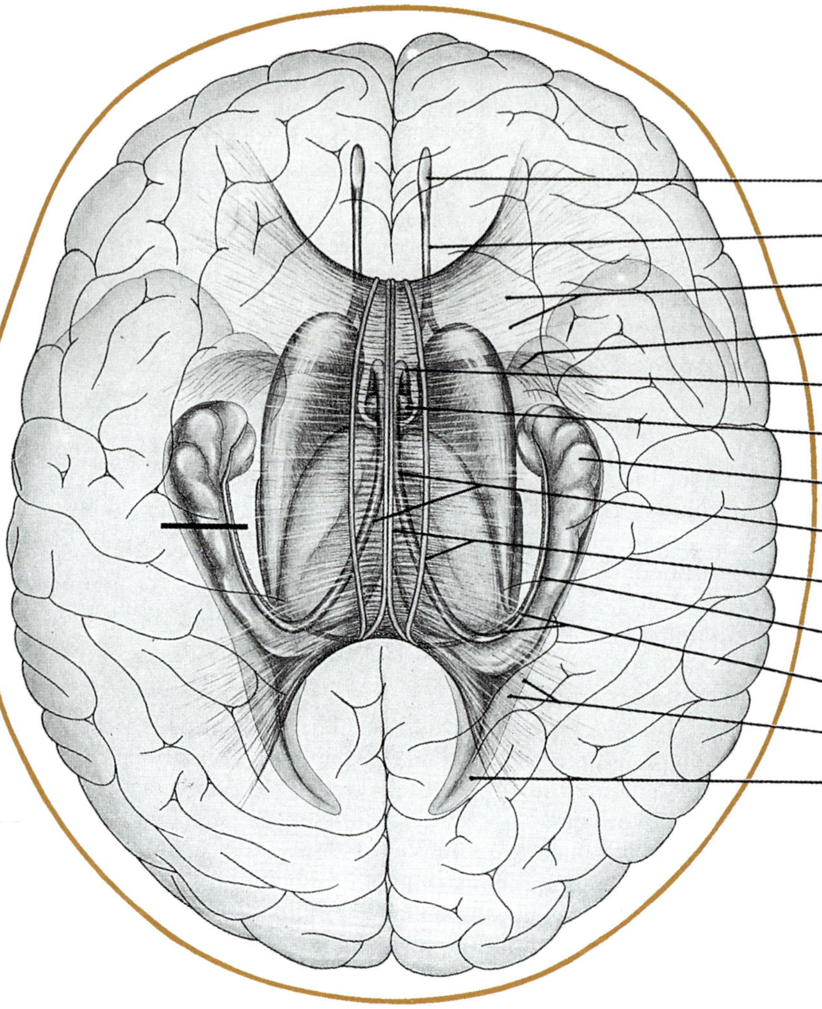

Abb. 96. Lage von Fornix und Indusium im Verhältnis zu Balken, Stammganglien und Seitenventrikeln. Das Großhirn ist durchsichtig gedacht. Querstrich li. = Querschnitt zur Darstellung der histologischen Struktur (vgl. Abb. 99). Oberhalb des Balkens verlaufen die Striae longitudinales, die im Bereich des Temporallappens zum Gyrus dentatus werden. Unterhalb des Balkens verläuft der Fornix, der sich am Boden des Seitenventrikels zur Fimbria fornicis verdünnt.

Gyrus durch den Sulcus cinguli ab (Abb. 97). Der Gyrus cinguli biegt um das hintere Ende des Balkens (Splenium corporis callosi) herum und geht dann in den Gyrus hippocampi über, der vorne breiter wird *(Pes hippocampi)* und dort mehrere Einkerbungen aufweist, die als *Digitationes* bezeichnet werden. Das vordere Ende der Hippokampusformation ist (vielleicht infolge überschießenden Wachstums) nach hinten umgebogen *(Uncus hippocampi)* und medial-unten verbreitert *(Area entorhinalis,* Nr. 12 in Abb. 97a). Im Gyrus cinguli und hippocampi läßt sich ein durchgehendes Assoziationsfaserbündel darstellen, das *Cingulum,* das alle Abschnitte des Archaeopalliums miteinander verbindet.

Der unter dem Balken verlaufende **Fornix,** der rund 2 Mill. Fasern enthält, ist die Hauptverbindung der Hippokampusformation mit dem Zwischen- und Mittelhirn.

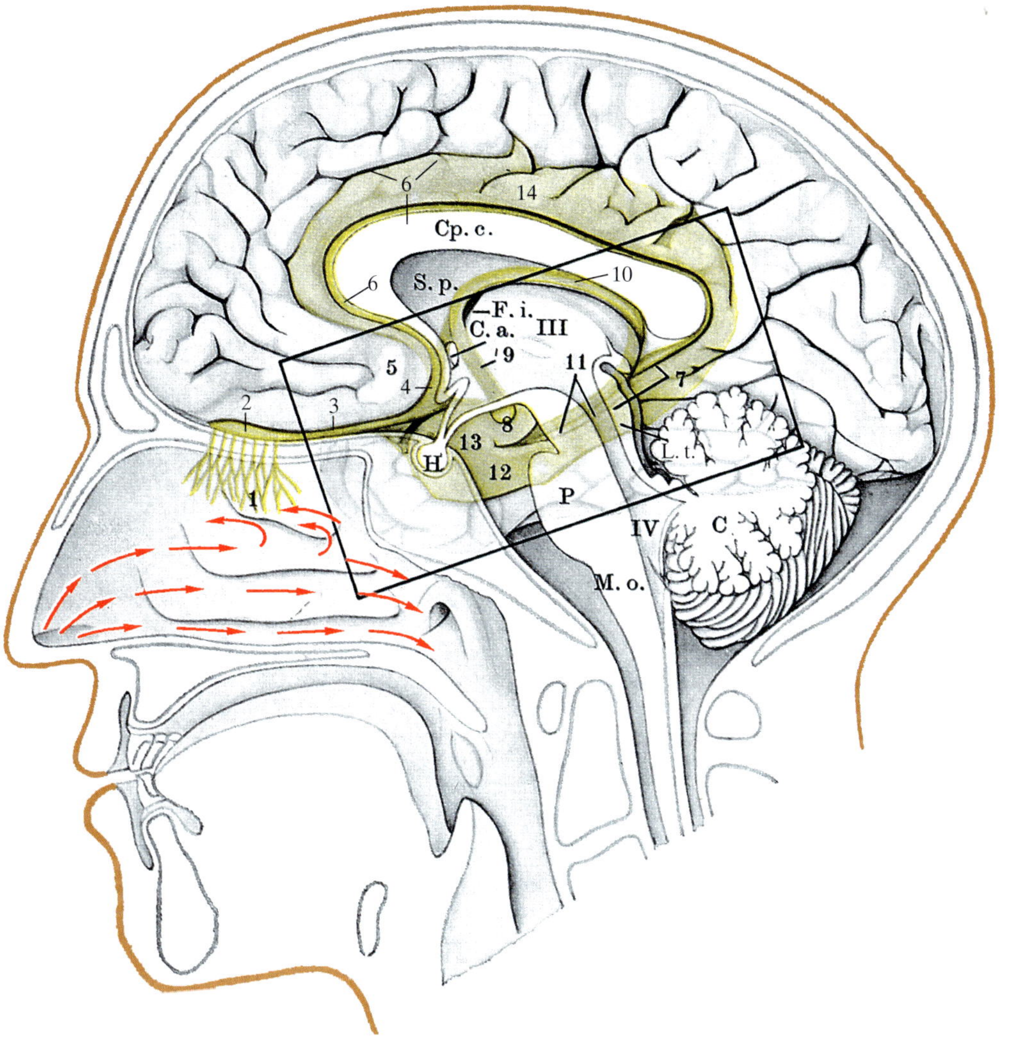

Abb. 97. a) Übersicht über die Lage der olfaktorischen und limbischen Hirnabschnitte beim Erwachsenen (Pfeile entsprechen den Luftströmungen) (Ausschnitt vgl. Abb. 97b).
1 = Regio olfactoria mit Fila olfactoria; 2 = Bulbus olfactorius: 3 = Tr. olfactorius; 4 = Stria olfactoria med.; 5 = Gyrus subcallosus (primäre Riechzentren); 6 = Indusium griseum (Striae longitudinales med. und lat.); 7 = Gyrus dentatus hippocampi; 8 = Corpus mamillare; 9 = Columna fornicis; 10 = Crus fornicis; 11 = Fimbria fornicis; 12 = Gyrus parahippocampalis (hier: Area entorhinalis); 13 = Uncus; 14 = Gyrus cinguli; C = Cerebellum; C. a. = Commissura anterior; Cp. c. = Corpus callosum (Balken); H = Hypophyse; F. i. = Foramen interventriculare; L. t. = Lamina tectalis; M. o. = Medulla oblongata; P = Pons, S. p. = Septum pellucidum; III = III. Ventrikel; IV = IV. Ventrikel.

Beschreibt man den Verlauf des Fornix von vorne nach hinten (der Hauptteil der Fasern ist efferenter Natur und zieht in umgekehrter Richtung), kann man folgendes sagen: Der Fornix wurzelt im Corpus mamillare, das am Boden des Zwischenhirns liegt. Die beiden Fornixsäulen *(Columnae fornicis)* laufen zunächst versteckt in der Wand des Zwischenhirns. Sie ziehen dann zwischen Commissura ant. und For. inter-

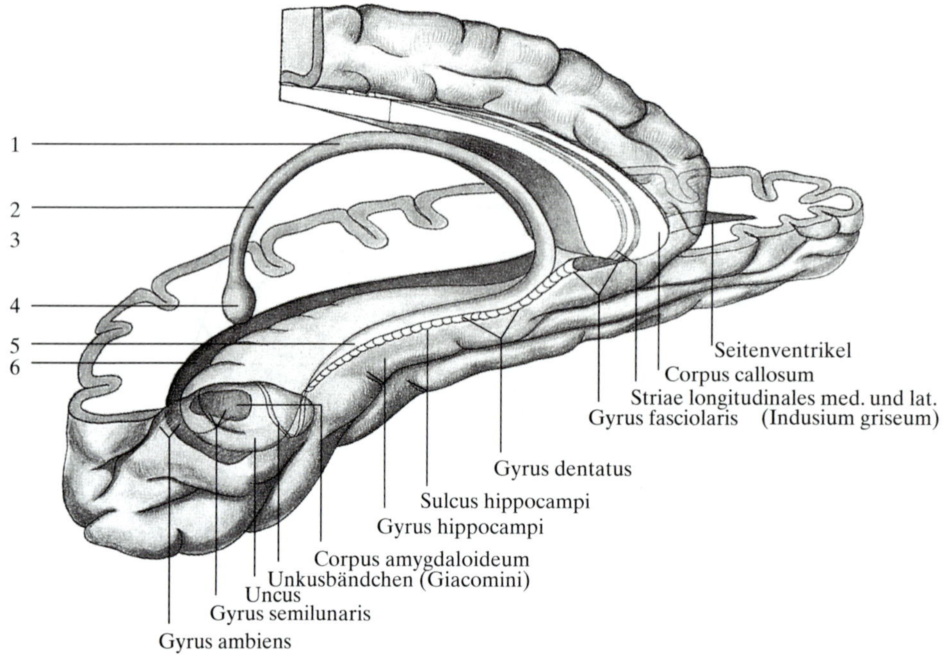

Abb. 97. b) Fornix und Hippokampusformation. Ausschnitt aus Abb. 97a. Das hintere Ende des Balkens wurde zusammen mit dem unteren Teil des Temporallappens herausgeschnitten, um die am Boden des Seitenventrikels gelegenen Gebilde des Palaeopalliums sichtbar zu machen. Fornix: 1 = Corpus fornicis; 2 = Columna fornicis; 3 = Crus fornicis; 4 = Corpus mamillare; 5 = Fimbria hippocampi; 6 = Digitationes hippocampi (Pes hippocampi) und Seitenventrikel.

ventriculare nach oben, wobei sie in der Vorderwand des III. Ventrikels konturbildend werden, so daß sie hier auch als Säulen erkennbar sind. Dann verschmelzen sie zum *Corpus fornicis*, das im Dach des III. Ventrikels unter dem Balken nach rückwärts zieht, um sich dort zu 2 abgeflachten Bändern aufzuteilen *(Crura fornicis)*, die durch Kommissurenfasern miteinander verbunden sind (Commissura fornicis). Am hinteren Ende des Balkens verdünnen sich die Fornixschenkel dann zu einer dünnen Lamelle (Fimbria hippocampi), die dem Gyrus dentatus aufliegt und dem Plexus choroideus, der von medial in den Seitenventrikel hereinragt, zum Ansatz dient.

Commissura ant. Die beiden Hippokampusformationen (Abb. 98) und die vorderen Abschnitte der Temporallappen werden durch die Commissura ant., eine größtenteils phylogenetisch alte Kommissur, die durch das neenzephale Corpus callosum verdrängt wurde, miteinander verbunden. Die vordere Kommissur liegt hinter der Lamina terminalis in der Vorderwand des III. Ventrikels und strahlt lateral fächerförmig in den Temporallappen, den Mandelkernkomplex und die Ammonshornformation aus (Abb. 98).

Die wichtigste Verbindung des Corpus amygdaloideum mit dem Zwischenhirn ist die *Stria terminalis.* Dieser kräftige Faserzug verläuft an der Grenze zwischen Nucl. caudatus und Thalamus im Sulcus terminalis, der zugleich die Grenze zwischen Tel- und Diencephalon markiert, nach vorn bis zur Commissura ant. und zum Hypothalamus.

Allocortex. Zytoarchitektonisch unterscheidet sich der Allocortex, der im wesentlichen

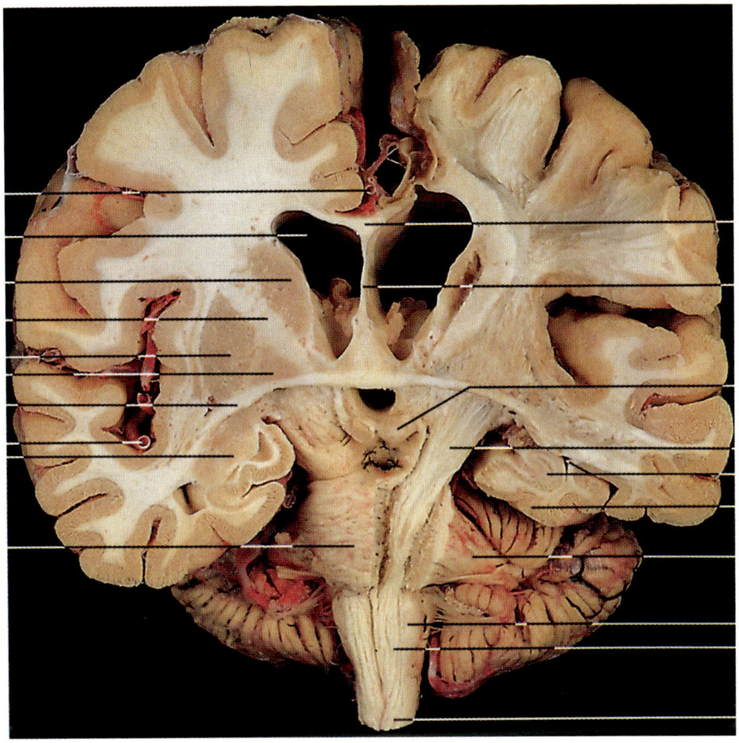

Abb. 98. Präparation der Commissura ant. von basal. Großhirnhemisphären frontal durchtrennt.

1 A. cerebri ant.
2 Ventriculus lat.
3 Nucl. caudatus
4 Capsula int.
5 Putamen
6 Globus pallidus (Pallidum)
7 *Commissura ant.*
8 A. cerebri med.
9 Corpus amygdaloideum
10 Pons
11 Corpus callosum
12 Septum pellucidum
13 Corpus mamillare
14 *Pedunculi cerebri* mit Projektionsbahnen
15 Cornu ammonis (Unterhorn des Seitenventrikels)
16 Gyrus parahippocampalis
17 Pedunculus cerebellaris medius
18 Oliva inf.
19 Tr. corticospinalis
20 Decussatio pyramidum

Ammonshorn, Gyrus dentatus und Subiculum umfaßt, durch seinen dreischichtigen Aufbau deutlich vom sechsschichtigen Neocortex (Abb. 99). Die äußere Schicht ist zellarm (Stratum moleculare). Die mittlere Schicht enthält im Ammonshorn und Subiculum große Pyramidenzellen, in der Fascia dentata hauptsächlich Körnerzellen (Stratum pyramidale bzw. granulosum). Die innere Schicht beherbergt polymorphe Zellen (Stratum multiforme bzw. oriens).

Die Neuriten der Pyramidenzellen sammeln sich an der Oberfläche der Ammonshornformation und bilden dort eine dicke Markfaserlamelle, die in die Fimbria hippocampi und weiter in den Fornix übergeht (Abb. 99).

Die Übergangsgebiete zum Neocortex, d.h. der Gyrus parahippocampalis und cinguli, besitzen zwar eine etwas einfachere Rindenstruktur *(Mesocortex),* sind aber bereits sechsschichtig.

5.1.3 Olfaktorisches System

Die Perzeption der Geruchsreize erfolgt in der Riechschleimhaut im oberen Bereich der Nasenhöhle (Regio olfactoria). Diese Region steht durch die Fila olfactoria (N. I), die durch die Lamina cribrosa hindurchziehen, mit dem *Bulbus olfactorius*, dem Riechlappen des Endhirns, in Verbindung (Abb. 97a). Vom Bulbus geht der *Tractus olfactorius* aus, der sich hinten in die Stria olfactoria med. und lat. aufspaltet. Zwischen beiden entsteht ein von Gefäßen durchsetztes Feld *(Substantia perforata ant.)*, das hinten durch einen schräg verlaufenden Faserzug, das diagonale Band von Broca, abgeschlossen wird. Im Bereich der Substantia perforata ant. liegen sekundäre olfaktorische Schaltkerne, die diese Region etwas vorwölben (Tuberculum olfactorium und Nucl. olfactorius ant.). Der Tractus olfactorius lat. zieht lateral über den Limen insulae zur Area praepiriformis sowie zum Gyrus ambiens und semilunaris, den sekundären Rindenzentren des olfaktorischen Systems (Abb. 27 u. 97a).

Riechschleimhaut. Die Regio olfactoria nasi nimmt beim Menschen jeweils nur eine etwa 1–1,25 cm^2 große Fläche auf der oberen Muschel und dem angrenzenden Septum nasi ein (Gesamtfläche etwa 5 cm^2). Die Riechschleimhaut liegt etwas abseits vom

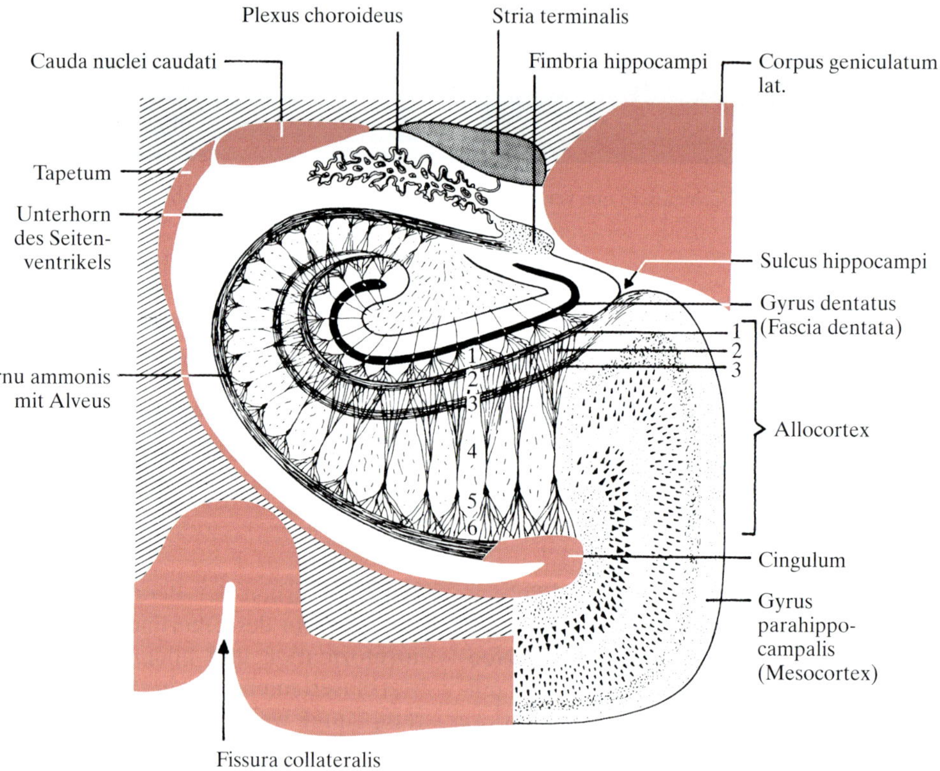

Abb. 99. Histologische Struktur des Allocortex (vereinfacht nach Clara). Schematischer Querschnitt durch den Gyrus hippocampi und Gyrus dentatus im Bereich vom Unterhorn des linken Seitenventrikels (Ansicht von hinten).
Schichtengliederung des Allocortex (Zahlen im Bild): 1 = Lamina medullaris involuta; 2 = Stratum moleculare; 3 = Stratum lacunosum; 4 = Stratum lucidum; 5 = Stratum oriens bzw. multiforme; 6 = Alveus.
Zahlen am Bildrand: 1 = Lamina medullaris involuta; 2 = Stratum moleculare, 3 = Stratum lacunosum.

normalen Atemstrom (Abb. 97a). Bei ruhiger Atmung wird der olfaktorische Bereich der Nasenhöhle durch kleine sekundäre Luftwirbel nur schwach ventiliert (vgl. Pfeile in Abb. 97a). Beim »Schnüffeln« wird die Atemluft in der Nase stärker bewegt, so daß die oberen Bereiche der Nasenhöhle intensiver mit den Geruchstoffen in Berührung kommen können. Bei Tieren mit hochentwickeltem Geruchsvermögen dehnt sich die Riechschleimhaut über große Teile der inneren Nasenwandung aus. Auch das Muschelrelief ist dann wesentlich ausgeprägter.

Das **Riechepithel** sitzt einer glatten Basalmembran auf und ist mehrreihig (Abb. 100). Schon an den Kernformen lassen sich zwei Zelltypen unterscheiden: Sinnes- und Stützzellen. Flimmerzellen und Becherzellen, wie sie im Respirationsepithel des übrigen Nasenraumes vorkommen, fehlen. Die *Stützzellen* sind langgestreckte Elemente, die an der Oberfläche einen niedrigen Besatz von Mikrovilli besitzen. Man nimmt an, daß sie nicht nur mechanische, sondern auch sekretorische Aufgaben haben und den sog. *Riechschleim* produzieren. Daneben existieren aber auch eigene großlumige, gemischte Drüsen, die im Stroma der Riechschleimhaut lokalisiert sind und ein dünnflüssiges Sekret absondern *(Glandulae olfactoriae* oder *Bowman-Drüsen)* (Abb. 100a).

Die **Riechzellen** (Sinneszellen) sind langgestreckte bipolare Nervenzellen, die das Epithel in ganzer Höhe durchsetzen und mit einer kölbchenartigen Verdickung (Riechkolben oder Riechkopf) das apikale Schlußleistennetz des Epithels überragen. Vom *Riechkopf* gehen 1–2 μm lange Zilien aus *(Riechhaare),* die mit den Mikrovilli der Stützzellen, dem Riechschleim und den Riechköpfen zusammen den *Riechsaum* bilden. Am basalen Pol der Riechzellen geht der außerordentlich dünne (0,2 μm) marklose

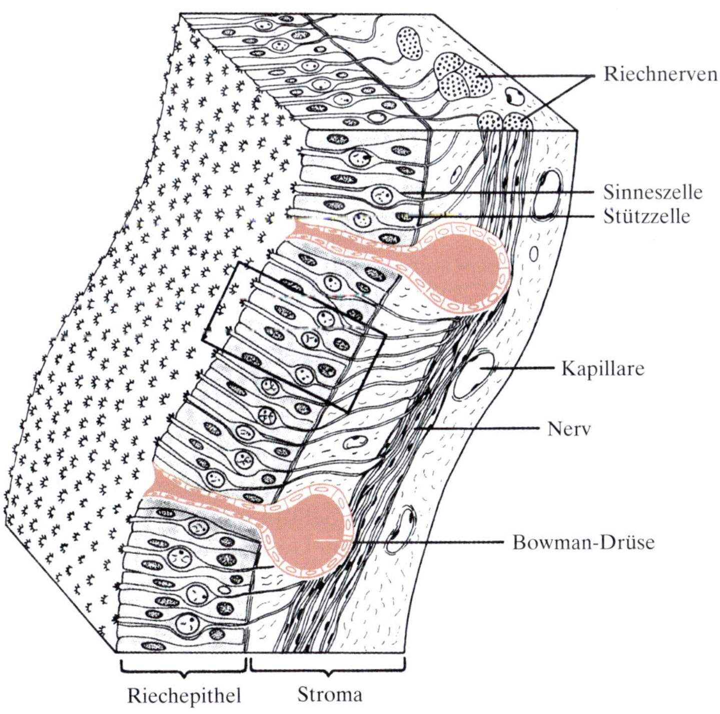

Abb. 100. a) Bau der Riechschleimhaut (schematisch mit Bowman-Drüsen und Riechnerven).

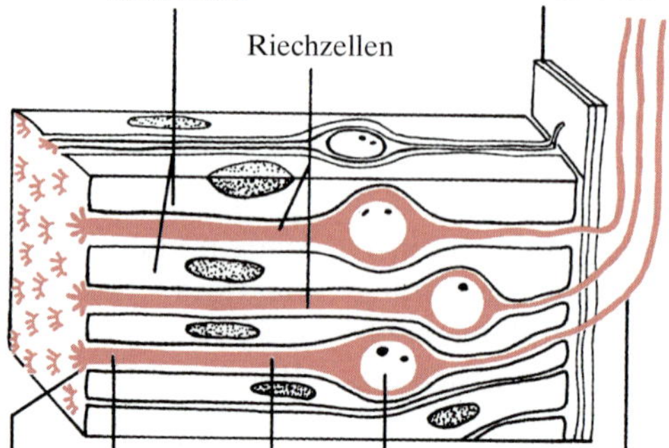

Abb. 100. b) Gestalt der Riechzellen (Ausschnittvergrößerung aus Abb. 100a). Rot = Riechzellen; weiß = Stützzellen.

Neurit ab, der die Basalmembran durchdringt und mit den anderen Neuriten zusammen die *Fila olfactoria* bildet. Im Gegensatz zu anderen marklosen Nerven des Körpers werden die Axone der Riechzellen zu mehreren hundert, dicht gedrängt zusammenliegenden Fasern gebündelt und als Ganzes von einer Schwann-Zelle eingescheidet, ohne daß dabei individuelle Mesaxone gebildet werden. Morphologische Anhaltspunkte für die Existenz verschiedener Sensortypen gibt es bisher noch nicht.

Man schätzt die Zahl der in der Riechschleimhaut des Menschen vorhandenen Sinneszellen auf $1–2 \times 10^7$. Bei Säugern mit gutem Geruchsvermögen sind es 10^8 und mehr (Hund, Kaninchen). Die Riechzellen sind relativ einfach gebaute, primäre Sinneszellen, die einen noch primitiven Rezeptortypus repräsentieren, was u.a. auch darin zum Ausdruck kommt, daß sie noch innerhalb des Epithels liegen. Hier hat sich eine embryonale Nervenzelle selbst zu einem Sensor differenziert, während Sinneszellen, die aus dem Epithel hervorgehen, wie z.B. bei den Geschmacksorganen, erst sekundär mit ableitenden Nervenfasern einen synaptischen Kontakt gewinnen und daher als sekundäre Sinneszellen bezeichnet werden. Eine Besonderheit stellt auch die Verknüpfung der Riechsensoren mit dem ZNS dar. Wie wir gesehen haben, muß der Bulbus olfactorius als ein vorgeschobener Hirnteil, eigentlich ein Lappen des Endhirns, angesehen werden. Die zentralen Neuriten der Riechzellen laufen ohne Unterbrechung über die Fila olfactoria bis zum Bulbus olfactorius, wobei sie durch die Lamina cribrosa ziehen und von unten in den Bulbus eintreten.

Hier erst erfolgen die ersten Umschaltungen. Im Riechsystem liegt also der einzigartige Fall vor, daß eine periphere Sinneszelle direkt ohne Zwischenschaltung im Thalamus mit der Hirnrinde verbunden ist.

Riechbahnen. Innerhalb des Bulbus olfactorius gehen die aus der Riechschleimhaut kommenden Neuriten der Riechzellen ausgedehnte und komplizierte Synapsen mit den Dendriten der großen, für den Bulbus charakteristischen pyramidenähnlichen *Mitralzellen* sowie mit den Fortsätzen der Büschelzellen und Körnerzellen ein (Abb. 101). Dadurch entstehen knäuelartige Riesensynapsen *(Glomeruli olfactorii),* die einen Durchmesser von 100–120 μm errei-

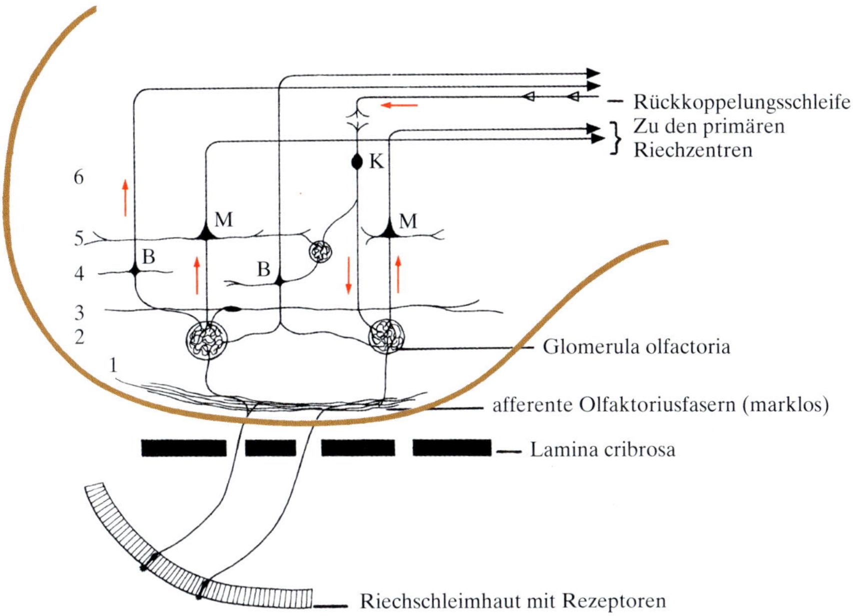

Abb. 101. Histologischer Aufbau des Bulbus olfactorius beim Menschen. Die Pfeile deuten die Richtung der Erregungsleitung an. B = Büschelzellen; K = Körnerzellen-, M = Mitralzellen-, 1–6 = Schichten der Bulbusrinde:
1. Schicht der marklosen Olfaktoriusfasern
2. Schicht der Glomeruli olfactorii
3. Äußere Körnerschicht
4. Äußere Molekularschicht (oder auch gelatinöse Schicht)
5. Mitralzellenschicht
6. Innere Körnerschicht

chen. Sie liegen in 1–2 Reihen nebeneinander in der Peripherie des Bulbus, gleich innerhalb der Schicht der afferenten Olfaktoriusfasern. Weiter innen bilden die Mitralzellen ebenfalls eine zusammenhängende Schicht, an die sich eine innere Körnerschicht anschließt.

Die *Mitralzellen* bilden das zweite Neuron der Riechbahn. Ihre Zahl wurde beim Menschen auf etwa 60000 geschätzt. Die Neuriten der Mitralzellen sind im Gegensatz zu den Rezeptoraxonen markhaltig und ziehen über den Tractus olfactorius zu den sekundären Riechzentren (Area praepiriformis und Tuberculum olfactorium).

Außer den Mitralzellen existieren im Bulbus olfactorius vor allem noch zwei weitere Zelltypen, die Körnerzellen und die Pinsel- oder Büschelzellen (Abb. 101). Die *Büschelzellen* können als eine Abart der Mitralzellen angesehen werden. Ihre Neuriten ziehen bevorzugt über die Commissura ant. zum Bulbus olfactorius der Gegenseite, wodurch eine efferente Rückkoppelungsschleife zwischen den beiden Bulbi olfactorii entsteht.

Neben den ableitenden, markhaltigen Neuriten der Mitral- und Büschelzellen sind im Tr. olfactorius auch zuführende *efferente Axone* vorhanden, die entweder von den eben erwähnten Büschelzellen der Gegenseite oder von Neuronen anderer Zentren des Riechapparates kommen. Der Bulbus olfactorius besitzt damit auch eine efferente Innervation.

Zentrale Riechbahnen. Das zentrale olfaktorische System ist ganz auf das Telencephalon beschränkt. Der Bulbus olfactorius kann als das primäre Rindenzentrum angesehen werden. Der Tractus olfactorius enthält die Fasern, die zu den sekundären olfaktorischen Rindenzentren (Area praepiriformis und Tuberculum olfactorium) ziehen. Diese Bahnen erreichen die genannten Zentren ausschließlich über die Stria olfactoria lat.; die mediale Stria enthält keine sekundären olfaktorischen Fasern. Die Stria lat. schickt außerdem Fasern zum Mandelkernkomplex (Abb. 102 u. 103).

Von den sekundären Zentren gehen die tertiären olfaktorischen Projektionen aus, wodurch das Riechsystem mit dem Hypothalamus, Thalamus und der Formatio reticularis des Hirnstammes verbunden ist. Die wichtigsten Bahnverbindungen sind folgende: 1. Die vom Mandelkernkomplex ausgehende *Stria terminalis* führt Fasern zu den lateralen Hypothalamuskernen. 2. Von den sekundären Rindenzentren (Cortex praepiriformis, Tuberculum olfactorium, Broca-Band) gehen Faserzüge aus, die in das mediale Vorderhirnbündel *(Fasciculus telencephalicus med.)* einstrahlen. Dieser Fasciculus, der auch innerhalb des limbischen Systems eine wichtige Rolle spielt, verläuft in der medialen Wand des Zwischenhirns bis zur Formatio reticularis des Mes- und Myelencephalon (Abb. 102 u. 103) und verknüpft alle hier gelegenen retikulomotorischen Kerngruppen auch mit dem olfaktorischen System. 3. Von den sekundären olfaktorischen Rindenfeldern gehen auch Verbindungen zu den medialen Thalamuskernen, die zu den Habenulakernen und zum Epithalamus sind umstritten.

Die tertiären Bahnverbindungen dienen aber nicht mehr der Geruchsreizverarbeitung selbst, sondern dem Anschluß dieses Sinnessystems an die sensomotorischen Systeme (Thalamus, Formatio reticularis) oder das autonome Nervensystem (Hypothalamus). Eine Verbindung mit der Area entorhinalis (Nr. 2 in Abb. 103), die an den Fornix Anschluß hat, mag für das Kurzzeit-

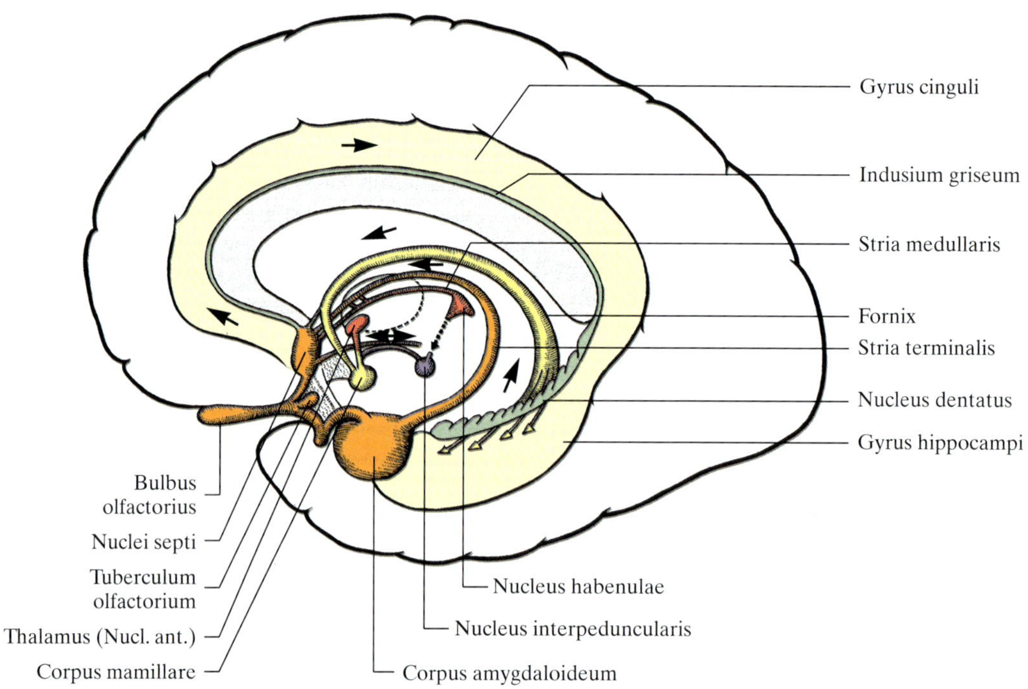

Abb. 102. Kerngebiete und Bahnverbindungen des limbischen Systems (modif. nach Krieg aus MacLean).

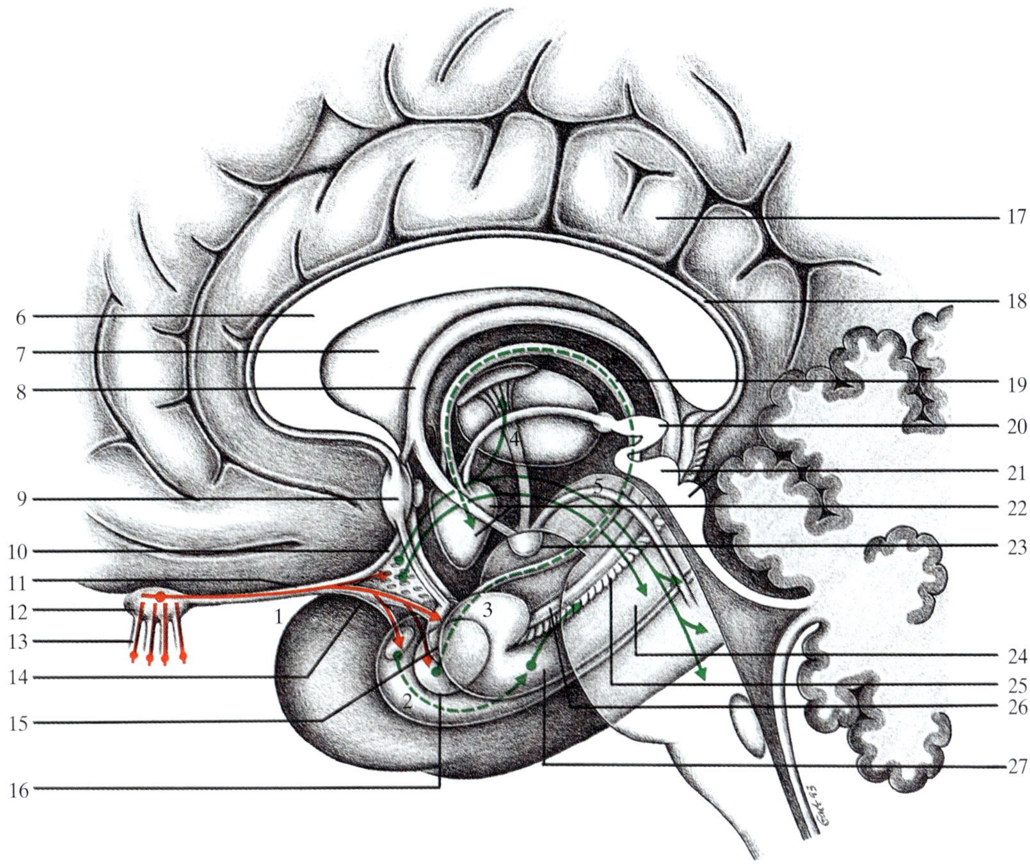

Abb. 103. Zentrale Projektionsbahnen des olfaktorischen Systems (rot) und dessen Verbindungen mit dem limbischen System (grün).

1 *Tractus olfactorius* – die sekundären Projektionen verlaufen ausschließlich über die *Stria olfactoria lat.* zum Cortex praepiriformis, zum Tuberculum olfactorium und zum Mandelkernkomplex

Tertiäre olfaktorische bzw. limbische Bahnen

2 Verbindungen vom Cortex praepiriformis, zur *Area entorhinalis* und zur Hippokampusformation
3 Efferente Bahnen vom Corpus amygdaloideum zu den Hypothalamuskernen über die *Stria terminalis*
4 Verbindungen mit den *Thalamus*kernen
5 Mediales Vorderhirnbündel *(Fasciculus telencephalicus med.)* – Verbindungen mit der Formatio reticularis von Mittel- und Rautenhirn

Strukturen und Kerngebiete

6 Corpus callosum
7 Septum pellucidum
8 Fornix
9 Septumkerne (Nuclei septi)
10 Stria olfactoria med.
11 *Tractus olfactorius*
12 *Bulbus olfactorius*
13 Fila olfactoria
14 Stria olfactoria lat.
15 *Cortex praepiriformis*
16 Corpus amygdaloideum
17 Gyrus cinguli
18 Indusium griseum (Striae longitudinales)
19 Stria terminalis
20 Corpus pineale, Epiphyse
21 Colliculi sup. und inf.
22 Hypothalamuskerne
23 *Corpus mamillare*
24 Gyrus hippocampi
25 Gyrus dentatus
26 Fimbria fornicis
27 Subiculum

gedächtnis olfaktorischer Reize von Bedeutung sein.

5.1.4 Limbisches System

Während die Großhirnrinde (Neocortex) mit der bewußten Verarbeitung nervöser Prozesse zu tun hat, handelt es sich beim limbischen System (Archaeocortex) mehr um die unter der Schwelle des Bewußtseins ablaufenden Vorgänge. Man hat das limbische System mit den spontan emotionalen, aus dem »Unterbewußtsein aufsteigenden« Reaktionen, aber auch mit dem Erinnerungsvermögen und den »Stimmungen« der Einzelpersönlichkeit in Zusammenhang gebracht. In der Tat liegt das limbische System an der Schwelle zum Neocortex und stellt eine Übergangsregion dar (Abb. 102).

Gyrus cinguli und Gyrus hippocampi (zusammen auch *Lobus limbicus* genannt) erhalten Zuflüsse aus den angrenzenden Rindengebieten, insbesondere aus dem Frontal- und Temporalhirn, die letzten hauptsächlich über die Area entorhinalis (Abb. 102). Aber auch aus dem rostralen Hirnstamm, dem Hypothalamus und Thalamus kommen Afferenzen zur Hippokampusformation. Papez hat einen Rückkoppelungskreis zwischen Hippokampusformation – Fornix – Corpus mamillare – Thalamus – Cingulum – und zurück zum Hippokampus beschrieben und diesen direkt mit der Emotionalität in Beziehung gebracht. Die psychische Komponente ist umstritten, der Leitungsbogen als solcher aber nachgewiesen.

Die Eingangsebene der Hippokampusformation ist die Fascia dentata, eine zellreiche Schicht im Ammonshorn (Abb. 99). Von dort gehen die Erregungen in strenger sequentieller Reihenfolge auf die weiteren Schichten der Ammonshornformation und das Subiculum über. Im Subiculum entspringen die efferenten Bahnen (nicht, wie man früher dachte, im Gyrus dentatus oder Ammonshorn selbst), treten über den Alveus in die Fimbria hippocampi und dann in den Fornix ein. Der Fornix endet nach einem langen, bogenförmigen Verlauf unter dem Balken im Corpus mamillare, gibt aber vorher Fasern an die Septumkerne und vor allem zum Hypothalamus ab. Vom Corpus mamillare zieht ein kräftiges Faserbündel zu den Nuclei anteriores des Thalamus *(Tractus mamillothalamicus)* sowie zu den Retikulariskernen des Mittel- und Rautenhirns *(Tractus mamillotegmentalis)* (Abb. 104). Dadurch kann das limbische System über den Hypothalamus viszeromotorische und über das Tegmentum somatomotorische oder auch zentral-autonome Reaktionen auslösen (z.B. Kreislaufveränderungen, Schluckreflexe usw. bei emotionalen oder sexuellen Erregungen).

Vom Subiculum gehen auch efferente Bahnen zur Area entorhinalis, zum Mandelkernkomplex und zum Temporallappen (Abb. 104). Läsionen dieser Bahnen haben schwerwiegende Störungen des Kurzzeitgedächtnisses zur Folge, während solche des Fornix dafür keine Rolle spielen. Die Verbindungen der Hippokampusformation mit dem angrenzenden Temporallappen und der Amygdala, die doppelläufig sind, dienen also auch der kurzzeitigen Speicherung von Sinnesreizen.

Eine zentrale Stellung im Rahmen des limbischen Systems scheint der **Mandelkernkomplex (Corpus amygdaloideum,** *Amygdala)* einzunehmen. Er hat einerseits über die Area entorhinalis mit der Hippokampusformation, andererseits über die Stria terminalis mit den medialen und vorderen Hypothalamuskernen sowie über das mediale Vorderhirnbündel mit der Retikularisformation von Mittel- und Rautenhirn und über das Striatum mit dem Frontalhirn Verbindungen (Abb. 105). Bei Tieren kann man vom Mandelkern aus schäumende Wutanfälle (shame rage), Hypersexualität und Agressivität auslösen. Aber auch gegenteilige Reaktionen sind beschrieben worden.

Die engen Beziehungen zum Riechapparat deuten darauf hin, daß dieser Kernkomplex bei Säugern mit gutem Geruchsvermö-

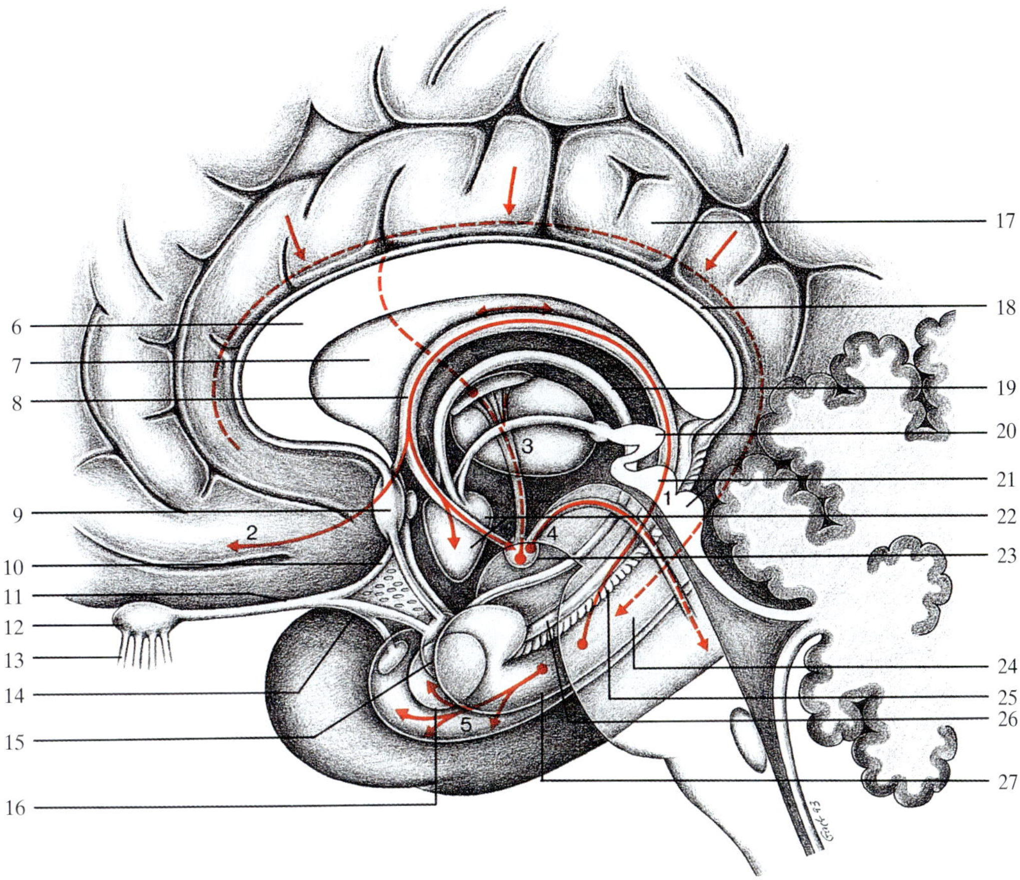

Abb. 104. Hauptverbindungen der Hippokampusformation mit dem Zwischen- und Mittelhirn.

1 Efferente *Fornix*bahnen zum Corpus mamillare und zum Hypothalamus kommen nicht aus dem Ammonshorn, sondern aus dem Subiculum
2 Verbindungen zum Frontalhirn
3 *Tractus mamillothalamicus* zum Nucl. ant. thalami
4 *Tractus mamillotegmentalis* zur Formatio reticularis des Hirnstammes
5 Projektionen vom Subiculum der Hippokampusformation zum *Corpus amygdaloideum,* zur Area entorhinalis und zum Gyrus temporalis
6–27 Siehe Legende zu Abb. 103, S. 159.

gen eine wesentliche Vermittlerrolle zwischen Sinneswelt und emotional tingierten Verhaltensweisen hat, z.B. beim Sexualverhalten oder bei lebenswichtigen, biologischen Reaktionen während der Nahrungsaufnahme, bei Abwehrreaktionen usw. Bei Primaten ist dieses komplizierte und vielgliedrige Kerngebiet weiter ausdifferenziert worden und hat praktisch funktionelle Beziehungen zu allen wichtigen Kerngebieten des zentralen NS sowie zum Hypothalamus und zur Retikularisformation des Hirnstammes bekommen (Abb. 105). Dadurch, daß der Mandelkernkomplex zum Assoziationskortex und zur präfrontalen Hirnrinde projiziert, werden die sensorischen und kognitiven Inhalte mit einer »affektiven Färbung« versehen. Die Initiierung der Will-

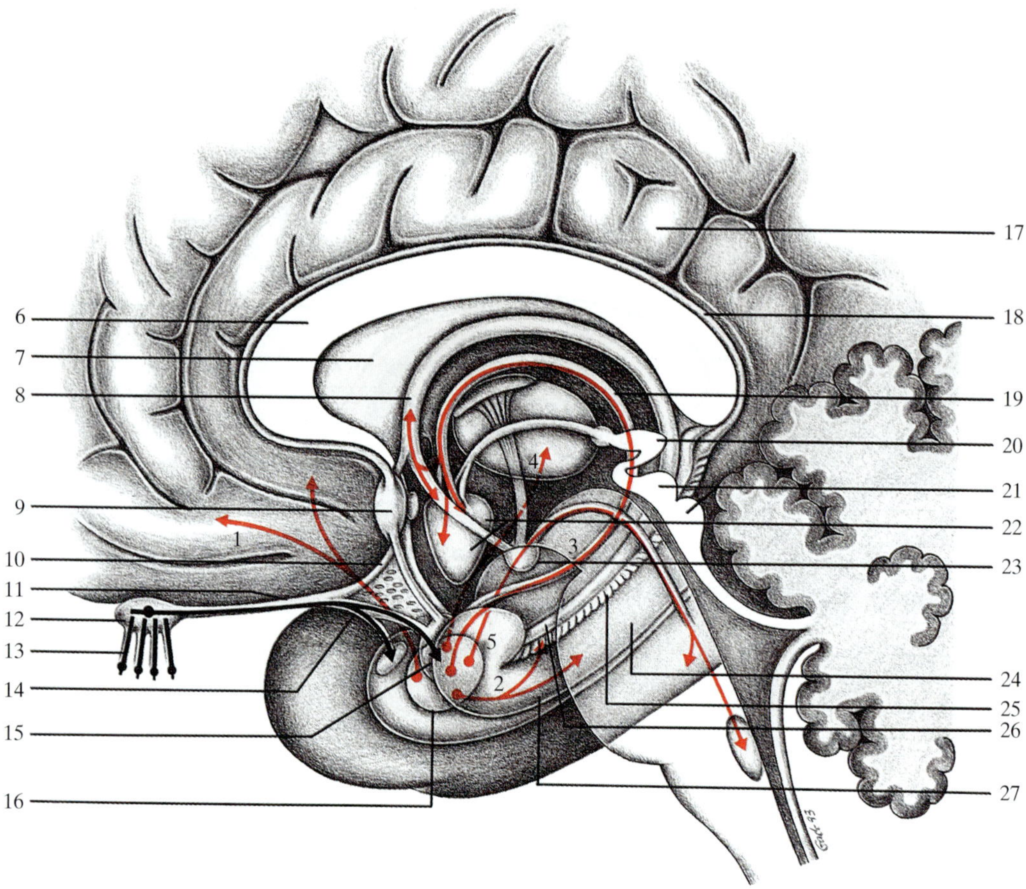

Abb. 105. a) Hauptverbindungen des Mandelkernkomplexes (Corpus amygdaloideum) mit den übrigen Hirnabschnitten.
1 Efferente Bahnen zum *Frontalhirn* und limbischen Kortex
2 Projektionen zur *Hippokampusformation* (Area entorhinalis, Subiculum usw.)
3 Efferenzen über die *Stria terminalis* zu den Hypothalamuskernen, aber auch zum Fornix und den Septumkernen
4 Verbindungen mit dem *Thalamus*
5 Verbindungen mit der *Formatio reticularis* von Mittel- und Rautenhirn
6–27 Siehe Legende zu Abb. 103, S. 159.

kürmotorik geht primär wahrscheinlich vom limbischen System aus, das über den Mandelkern, oft mit emotionaler Tingierung, die Rindenzentren und die subkortikalen Kerne stimuliert und damit die sensomotorischen Systeme zur Durchführung spezifischer, für bestimmte Verhaltensweisen typischer Bewegungsprogramme anregt. Oft werden dabei auch vegetative und endokrine Reaktionen (Schweißausbruch, Blutdrucksteigerung, Herzfrequenzerhöhung, Erektion usw.) ausgelöst. Im Mandelkernkomplex werden also komplexe sensorische Informationen aus Umwelt und Innenwelt mit entsprechenden Gedächtnisinhalten assoziiert und für bestimmte Bewegungsformen und kognitive Prozesse, meist mit affektiver Komponente, verwendet. Die zentrale Stellung dieses Kerngebietes, nicht nur für die sensomotorischen, sondern auch für die verschiedenen Sinnessysteme (nicht nur die olfaktorischen), wird dadurch deutlich (Abb. 105b).

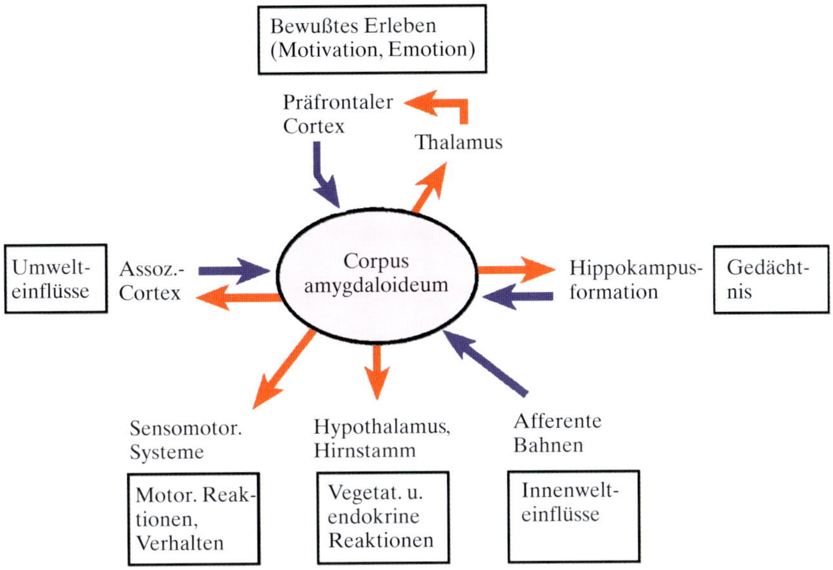

Abb. 105. b) Funktionelle Beziehungen des Mandelkernkomplexes zu den verschiedenen Bereichen des zentralen Nervensystems (nach Schmidt, Thews u. Lang).

5.2 Gustatorisches System

Wie das Geruchsvermögen ist auch der Geschmackssinn für viele Tiere lebenswichtig – ein Wächter an der Schwelle des Verdauungsweges! In vieler Hinsicht können Geruchs- und Geschmacksapparat als eine Einheit betrachtet werden. Wie eng Geruchs- und Geschmacksempfindung zusammenhängen, beweist schon ein einfacher Schnupfen. Dabei bleibt ebenso wie nach experimenteller Ausschaltung des Geruchssinnes meist nur eine kümmerliche Skala von Geschmacksempfindungen übrig. Geruch und Geschmack können als chemische Sinne den höheren Sinnen (Auge und Ohr) gegenübergestellt werden.

Die Geschmacksempfindung des Menschen ist nicht einheitlicher Natur, sondern ein Komplex verschiedenartiger Empfindungen. Druck-, Temperatur- und Schmerzempfindungen werden mit in den »Geschmack« integriert. Die eigentlichen Grundqualitäten der Geschmacksmodalität sind jedoch nur sauer, süß, salzig und bitter.

Geschmackssensoren. Für die Geschmacksempfindung sind auf der Zungenoberfläche, am Gaumen, in der hinteren Rachenwand (Mesopharynx) und an der Epiglottis Geschmackssensoren zu finden. Sie liegen in sog. *Geschmacksknospen* oder Geschmacksbechern (Abb. 106). Am Zahnfleisch, an der Unterseite der Zunge, am harten Gaumen, im Bereich von Uvula, Epipharynx, Ösophagus und Trachea fehlen Geschmacksknospen. Bei Kindern und Säuglingen sind an vielen dieser Stellen noch Geschmacksknospen zu beobachten. Sie bilden sich aber dort später zurück. Die Empfindlichkeit für die genannten 4 Geschmacksqualitäten ist lokal verschieden. Für süß besteht eine maximale Empfindlichkeit an der Zungenspitze, für sauer an den Zungenrändern, für bitter am Zungengrund.

Geschmacksknospen. In der Zunge sind die Geschmacksknospen vorzugsweise an den großen Papillen lokalisiert (Abb. 106). Von den vier Papillenarten der Zunge sind die Wallpapillen (Papillae vallatae) am reichsten mit Sinneszellen ausgestattet. In der Jugend enthalten auch die pilzförmigen

Abb. 106. Lokalisation der Geschmacksknospen im Bereich der Papillae vallatae und foliatae der Zunge.

Geschmacksqualitäten	Lokalisation der Rezeptoren	Zugehörige Nerven
Süß	Zungenspitze	N. lingualis (Chorda tympani)
Salzig	Seitliche Zungenränder und Zungenspitze	N. lingualis (Chorda tympani)
Sauer	Hintere Zungenränder	N. lingualis, N. glossopharyngeus
Bitter	Zungengrund, Epiglottis	N. glossopharyngeus N. vagus

	Anzahl der Papillen	Geschmacks-knospen	Spül-drüsen	Anzahl der Geschmacks-knospen beim Erwachsenen pro Papille	insgesamt
Papillae vallatae	8–12	+++	+	120–200	1000–1500
Papillae foliatae	15–20	++	+	10	200
Papillae fungiformes	100	+	0	3–4	300–400
Papillae filiformes	sehr zahlreich	0	0	0	0

Papillae fungiformes und die blattartigen *Papillae foliatae* noch reichlich Geschmacksrezeptoren. Die Fadenpapillen (Papillae filiformes) haben nur mechanische Bedeutung. Die Geschmacksknospen liegen nur bei Kindern an der Oberfläche des Epithels. Bei Erwachsenen sind sie fast ausschließlich in den »Wallgräben« der Papillen lokalisiert (Abb. 106). Die größte Zahl befindet sich in den Gräben der Wallpapillen.

Jede Geschmacksknospe besteht aus Sinnes- und Stützzellen (dunkle Typ-I-Zellen, helle Typ-II-Zellen). Diese Zellen sind jedoch nur Modifikationen ein und derselben Zellart, die in einem kontinuierlichen Formwandel begriffen ist. Die Lebensdauer der sich ständig regenerierenden Sinneszellen beträgt nur einige Tage.

Die Geschmacksknospen erscheinen als helle, zwiebelförmige Einschlüsse innerhalb des mehrschichtigen, unverhornten Plattenepithels der Mundhöhle (Abb. 107). Ihre Zellen grenzen an die Basalmembran und das bindegewebige Stroma der Schleimhaut, nicht aber an die Oberfläche des Epithels. Es bildet sich daher ein kleiner, röhrenförmiger Geschmacksporus aus, in den die Sinneszellen mit feinen, mikrovilliartigen Zellfortsätzen hineinragen (Abb. 107). Die Sinneszellen der Geschmacksknospen besitzen basal und lateral zahlreiche Kontakte mit terminalen Aufzweigungen dünner markhaltiger Nervenfasern (Aδ-Fasern). Jede Geschmacksknospe wird von mehreren Nervenfasern versorgt, andererseits hat aber auch jede Nervenfaser durch Kollateralen Kontakte mit mehreren Geschmacksknospen. Beim Eintritt in die Geschmacksknospe verliert die Nervenfaser ihre Markscheide und bildet synaptische Kontakte mit den Sinneszellen. Zum Teil dringen die Nervenendigungen bis in die Sinneszellen ein (intragemmale Fasern) (Abb. 107). Die Sinneszellen der Geschmacksknospen stellen also keine primären Sinneszellen dar. Sie differenzieren sich erst durch den Kontakt der Axone mit dem Epithel, müssen also als sekundäre Sinneszellen betrachtet werden.

Spüldrüsen. Am Boden der Wallgräben enden die Ausführungsgänge von rein serösen Drüsen, die die Aufgabe haben, den Geschmacksporus durch ihr dünnflüssiges Sekret auszuwaschen und damit für neu einwirkende Geschmacksreize freizumachen. Da die Geschmacksstoffe vorher gelöst werden müssen, sind die Lösungsbedingungen in der Mundhöhle (Art, Menge und Zusammensetzung des Speichels) oder in den Wallgräben (Spüldrüsensekret) für die gustatorische Reizperzeption wichtig. Das Bewegen der Zunge erhöht die Deutlichkeit der Empfindungen, einmal durch Verbesserung der Lösungsbedingungen (Durchmischung mit Speichel), zum anderen aber auch durch die Reinigung der Wallgräben, da die Zungenmuskulatur die Spüldrüsen »massiert« und zu vermehrter Sekretion anregt.

Geschmacksbahnen. Da die Zunge entwicklungsgeschichtlich aus dem Material der vier kranialen Schlundbögen hervorgegangen ist, beteiligen sich alle *vier Schlundbogennerven* an ihrer Innervation (Abb. 108). Der **N. lingualis** (N. V_3) versorgt die vorderen zwei Drittel der Zunge mit sensiblen Fasern (für Tast- und Temperaturempfindungen). Die in ihm verlaufenden Geschmacksfasern stammen aus der **Chorda tympani.** Diese zweigt vom N. facialis (N. VII) ab (genauer vom N. intermedius, der den N. facialis begleitet) und zieht bogenförmig durch das Mittelohr und den parapharyngealen Raum zum N. lingualis. Das hintere Drittel der Zunge wird vom N. glossopharyngeus (IX. Hirnnerv) innerviert. Da hier die Papillae vallatae und foliatae lokalisiert sind, ist der **N. glossopharyngeus** (N. IX) als der Hauptgeschmacksnerv anzusehen. Die Geschmacksknospen des Zungengrundes, des Kehlkopfeinganges und des unteren Pharynx leiten ihre Erregungen über den **N. vagus** (N. X) dem Rautenhirn zu.

Die an den Rezeptoren endigenden Fasern stellen die peripheren Fortsätze von pseudounipolaren Ganglienzellen dar, die in den jeweiligen Ganglien dieser Hirnnerven gelegen sind, also im Ganglion trigeminale

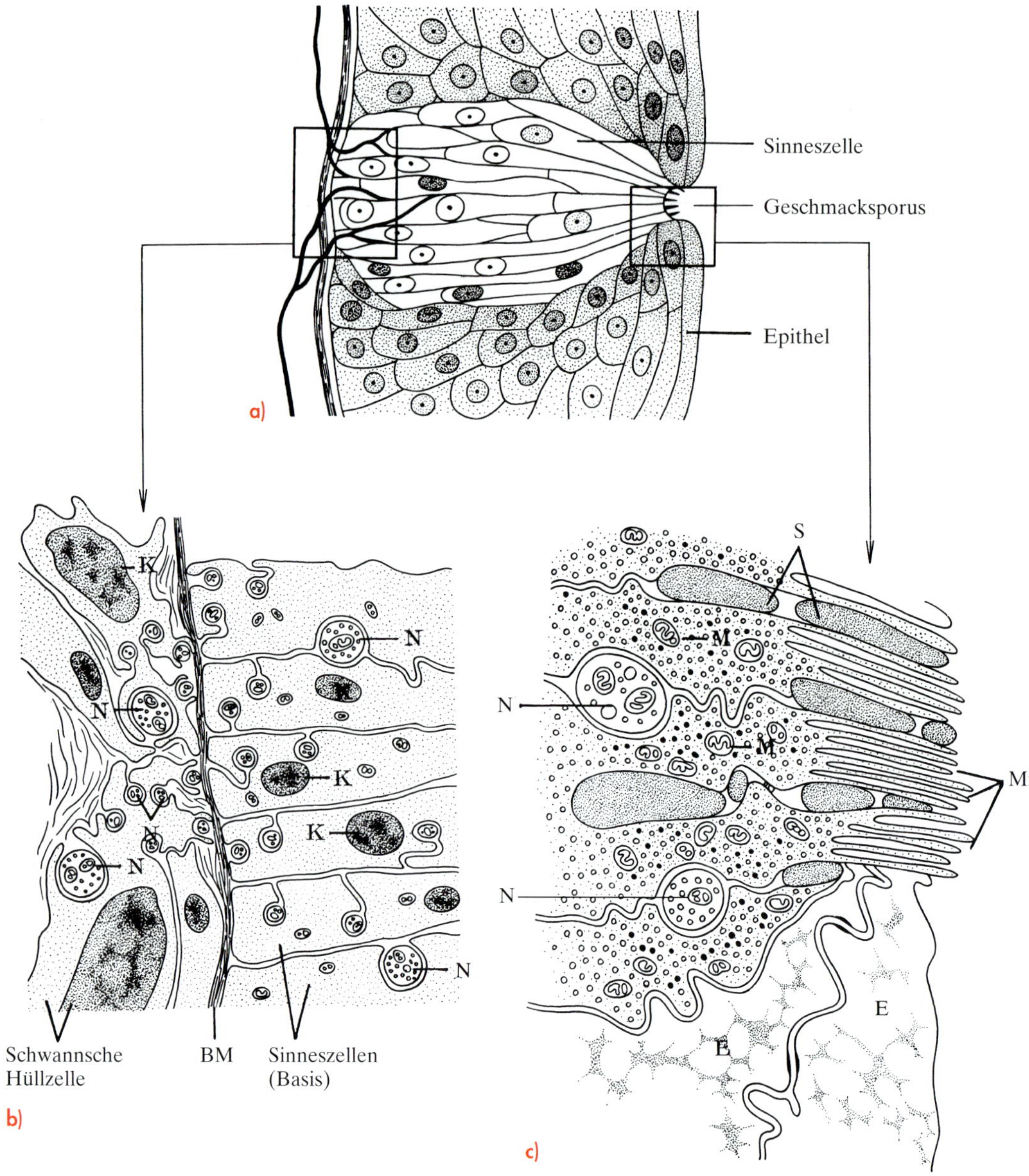

Abb. 107. a–c) Aufbau einer Geschmacksknospe nach elektronenmikroskopischen Befunden (nach De Lorenzo).
a) Übersichtsvergrößerung von einer im Epithel gelegenen Geschmacksknospe (heller Bereich) mit Geschmacksporus und afferenten Nerven.
b) Basalzone der Geschmacksknospe (Ausschnittvergrößerung, e. m. Dimension). Man beachte die nervösen Kontakte mit den Sinneszellen. BM = Basalmembran; K = Zellkerne; M = Mitochondrien; N = Nervenendigungen, z. T. mit synaptischen Bläschen.
c) Apikale Zone der Geschmacksknospe (Ausschnittvergrößerung, e. m. Dimension). E = Epithelzellen; N = Nervenendigungen mit synaptischen Bläschen; S = Geschmacksstoffe aus der Mundhöhle, die durch den Geschmacksporus zwischen die Mikrovilli (Mi) der Sinneszellen eingedrungen sind.

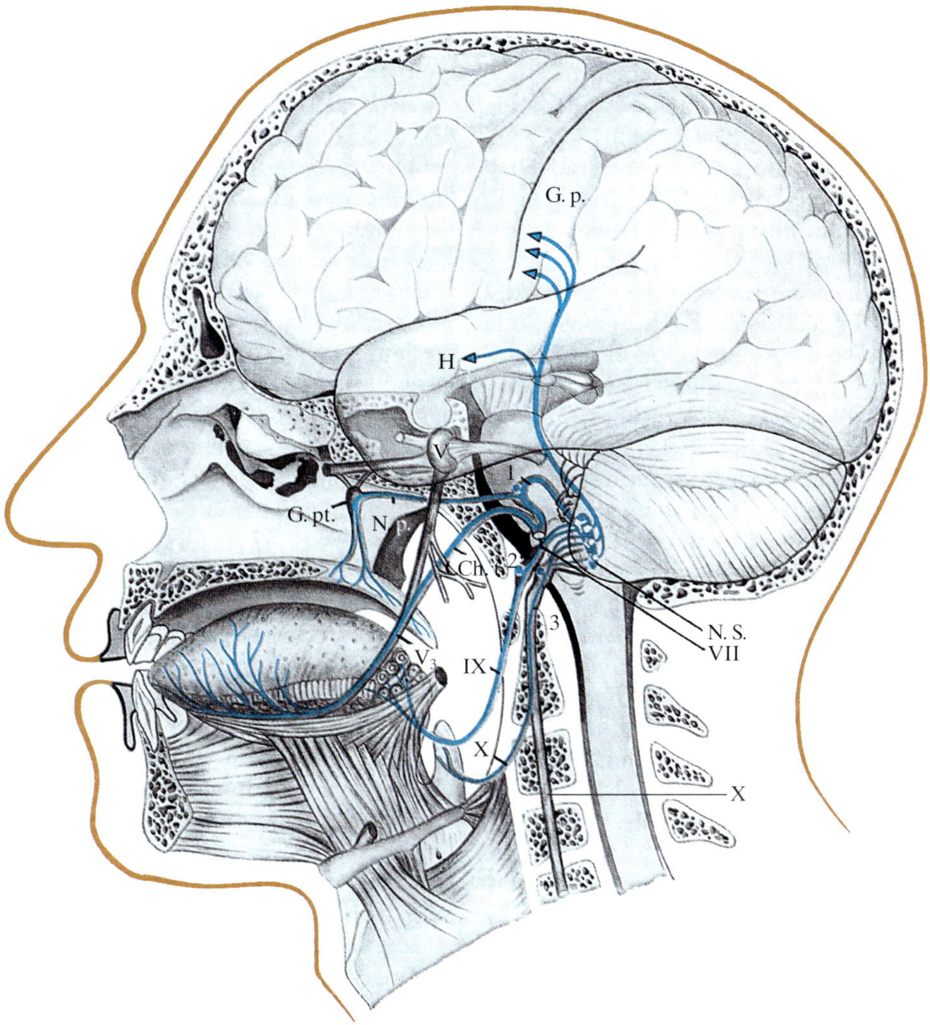

Abb. 108. Schema der Geschmacksbahnen (blau). V, VII, IX, X = entsprechende Hirnnerven; 1 = Ggl. geniculi; 2 = Ggl. sup. und inf. des N. IX; 3 = Ggl. sup. und inf. des N. X, Ch. = Chorda tympani; G. p. = Gyrus postcentralis; G. pt. = Ggl. pterygopalatinum; H = Pfeil zeigt in Richtung Hippokampusformation; N. p. = N. petrosus major; N. S. = Nucl. und Tractus solitarius.

(N. V), im Ganglion geniculi nervi facialis sowie jeweils im Ganglion inferius des N. IX und N. X (Abb. 108). Die zentralen Fortsätze treten mit den Hirnnerven von lateral in die Medulla ein und enden am Boden der Rautengrube in einem gemeinsamen **Geschmackskern (Nucleus solitarius),** nicht ohne sich durch auf- und absteigende Faserzüge ausgiebig untereinander zu verflechten. Der dadurch gebildete gut abgrenzbare Strang **(Tractus solitarius)** läßt sich bis ins Halsmark hinein verfolgen, und zwar bis zu den Ursprungskernen des Zwerchfellnerven (N. phrenicus), d.h. etwa bis C_4. Der Nucl. solitarius ist die gemeinsame Endstrecke für alle Afferenzen aus dem Bereich der Mundhöhle, des Schlundes und Kehlkopfes. Jedoch steht nur der obere Teil im Dienste der Geschmacksleitung. Die Nervenzellen des Nucl. solitarius bilden das zweite Neuron der Geschmacksbahn. Ihre Axone schließen sich den Hinterstrangbahnen, vor allem den sensiblen Trigeminusfasern an und beteiligen sich damit am Aufbau der medialen Schleife *(Lemniscus medialis)*. Sie enden im Nucl. ventralis posteromedialis des Thalamus, d.h. dort, wo auch die Hinterstrang- und Vorderseitenstrangbahnen enden. Das hier entspringende dritte Neuron projiziert nach Passage der Capsula int. in das »Zungen- und Kehlkopffeld« des *Gyrus postcentralis*.

Ein Teil der im Lemniscus med. verlaufenden Fasern zweigt ventral zum Hypothalamus und zum Corpus mamillare ab. Dadurch gewinnt das gustatorische System auch Anschluß an das limbische System. Ähnlich wie Geruchsreize können daher auch Geschmacksreize das limbische System in Erregung versetzen und emotionale Reaktionen mit entsprechenden Verhaltensweisen auslösen.

Am Boden der Rautengrube geben Neurone des Nucl. solitarius auch Kollateralen zu den Speichelkernen (Nuclei salivatorii) sowie zum dorsalen Vaguskern ab. Dadurch können reflektorische Speichel- und Magensaftsekretionen ausgelöst werden.

5.3 Visuelles System (Auge und Sehbahn)

Die höheren Sinnesorgane (Auge und Ohr) haben im Laufe der Stammesgeschichte die Bedeutung der chemischen Sinne zurückgedrängt. Bei niederen Wirbeltieren liegen die visuellen Zentren noch vornehmlich im Mittelhirn (Lamina tectalis).

Bei den Primaten erfolgt jedoch ein zunehmender Ausbau der kortikalen visuellen Zentren im Okzipital- und Parietallappen des Großhirns, vor allem in der Umgebung des Sulcus calcarinus (Abb. 109). Die begriffliche (kognitive) Verarbeitung visueller Eindrücke setzt die normale Funktion dieser Rindenfelder voraus, während die Speicherung optischer Informationen auf der Tätigkeit des Temporallappens basiert.

Der rezeptorische Teil des Auges ist ein vorgestülpter Teil des Zwischenhirns. Die primären Schaltzentren liegen daher im Gegensatz zum olfaktorischen System im Zwischenhirn, und zwar im lateralen Kniehöcker (Corpus geniculatum lat.) und Pulvinar thalami. Über den Hypothalamus bestehen funktionelle Beziehungen zum autonomen NS. Die Zwischenhirnkerne stehen außerdem mit den Colliculi superiores des Mittelhirns in Verbindung, wodurch insbesondere die oberen Vierhügel der Lamina tectalis Anschluß an die sensomotorischen Systeme gewinnen (Abb. 109).

Die Struktur des Sehsystems wird auch von der Art der Körperhaltung und der Fortbewegung wesentlich beeinflußt. Die meisten Vierfüßer haben stark nach lateral gerichtete Augen und ein relativ kleines, binokulares Gesichtsfeld. Die durch die Aufrichtung des Körpers ausgelöste Umformung des Kopfes in Richtung Kugelform führt bei Primaten zu einer Verschiebung der Augen von lateral nach medial, wodurch sich die beiden Gesichtsfelder in der Mitte in einem binokularen Bereich zunehmend überlappen. Damit entwickelt sich allmählich ein räumliches oder stereoskopisches Sehvermögen, was andererseits aber auch eine erhöhte Integration der visuellen Wahrnehmungen innerhalb der Hirnrinde erforderlich macht. Bei niederen Wirbeltieren sind die Sehnerven noch vollständig gekreuzt und beide Gesichtsfelder werden jeweils auf die gegenüberliegende Hirnhälfte projiziert. Bei den höheren Wirbeltieren bildet sich nach und nach eine partielle Sehnervenkreuzung heraus, so daß das Gesichtsfeld jetzt doppelt abgebildet und auf beide Hirnhälften projiziert wird. Im Auge selbst differenziert sich eine Stelle schärfsten Sehens heraus, die Fovea centralis, auf die der Wahrnehmungsprozeß zentriert wird, so daß die

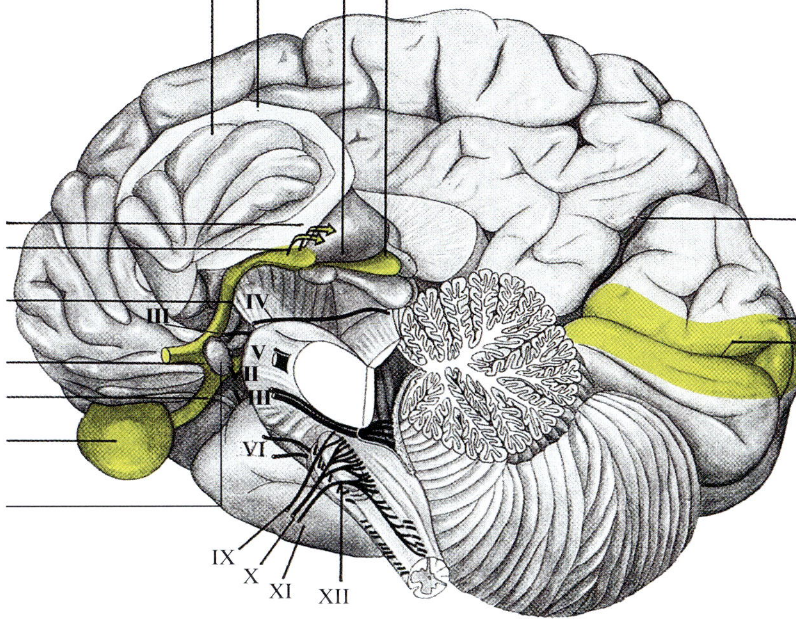

Abb. 109. Übersicht über die optischen Abschnitte des Nervensystems (gelb). Die linke Großhirnhälfte wurde bis zur Inselrinde (I) abgetragen. Im hinteren Schenkel der Capsula interna ist die Sehbahn (Pfeile) eingetragen. C. i. = Capsula int.; F. p. o. = Fissura parieto-occipitalis; H = Hypophyse; römische Zahlen = entsprechende Hirnnerven.

peripheren Teile der lichtempfindlichen Schicht des Auges (Retina) funktionell an Bedeutung verlieren. Wir haben diesen Prozeß als *»Zentralisation«* bezeichnet. Das Endergebnis dieses Prozesses ist das für den Menschen charakteristische individualisierte, eigenzentrische Wahrnehmen mit bewußter Distanzierungsmöglichkeit vom Objekt. Die begriffliche Analyse, d.h. die erkenntnismäßige Objektivierung optischer Wahrnehmungen und deren repetitive Erinnerung, steht im Zusammenhang mit der Tätigkeit höherer Zentren im Bereich des Scheitel- und Schläfenlappens. Unsere olfaktorischen Erinnerungen sind bekanntlich schwach und unscharf. Auf der optischen Erinnerung aber basiert ein Großteil unseres Gedanken- und Geisteslebens. Schon daran erkennt man die zentrale Stellung, die dieses Sinnesorgan in unserer Erlebenswelt einnimmt.

5.3.1 Entwicklung und Bau des Sehorgans

Die erste Anlage des Auges wird schon bei 21 Tage alten menschlichen Embryonen, noch bevor sich die Neuralwülste zum Neuralrohr geschlossen haben, in Form einer kleinen Furche *(Sulcus opticus, Fovea optica)* sichtbar (Abb. 110). Während sich die Neuralwülste zum Neuralrohr schließen, vertiefen sich diese Grübchen und werden zu den embryonalen *Augenbläschen (Vesicae opticae),* die rasch nach lateral auswachsen. Die Verbindung mit dem Prosenzephalon bleibt als Augenblasenstiel erhalten. Dieser wird später zum Sehnerven. Seine Urspungsstelle gerät nach Abfaltung der paarigen Endhirnbläschen in den Bereich des späteren Zwischenhirns. Diese Stelle ist beim Erwachsenen durch die

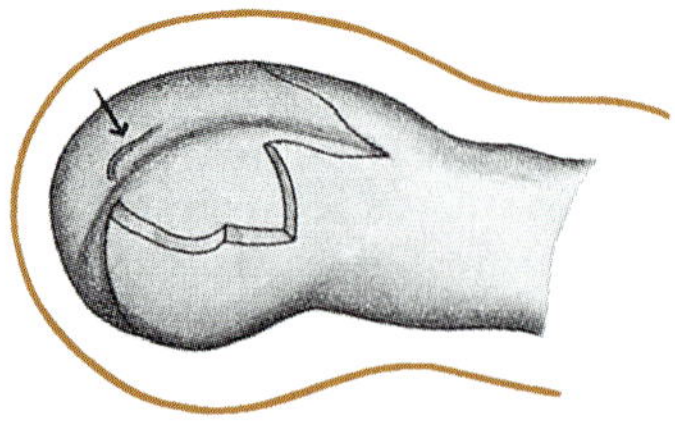

a)

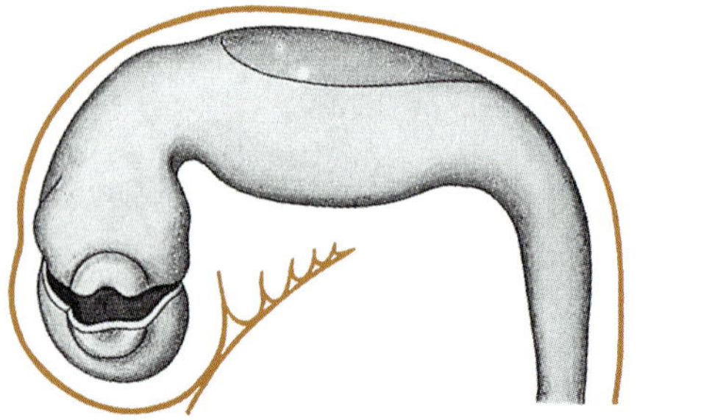

b)

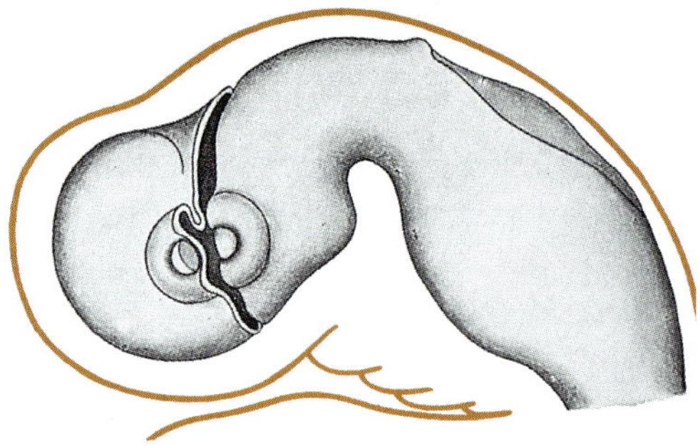

c)

Abb. 110. a–c) Verschiedene Stadien der embryonalen Augenentwicklung (nach Allan, verändert).
a) Vorderes Ende des noch offenen Neuralrohres. Sehfurchen (Sulcus opticus durch Pfeil gekennzeichnet, etwa 25. Tag der Entwicklung).
b) Beginnende Augenbecherbildung (etwa 28. Tag).
c) Beginn der Augenbecher- und Linsendifferenzierung (etwa 30. Tag).

Lage der Sehnervenkreuzung (Chiasma opticum) gekennzeichnet. Der rückwärts anschließende Sehnerventrakt (Tr. opticus) entwickelt sich in der Wand des Zwischenhirns und ist damit kein Hirnnerv mehr, sondern ein zentraler Teil der Sehbahn.

Das embryonale Augenbläschen schiebt sich gegen das Ektoderm vor und induziert dort, wo es mit der Haut in Berührung kommt, die *Linsenanlage.* Diese tritt zunächst als plattenförmige Verdickung des Ektoderms in Erscheinung. Die Platte vertieft sich rasch zu einem Bläschen, das sich dann vom Ektoderm abschnürt *(Linsenbläschen).* Gleichzeitig stülpt sich auch das Augenbläschen ein und wird dadurch zum Augenbecher. Der *Augenbecher* nimmt dann die sich abschnürende Linsenanlage auf (Abb. 111). Die Bildungsprozesse von Linsenbläschen und Augenbecher gleichen einander wie Bild und Gegenbild.

Augenbecher. Der Augenbecher besteht aus einem äußeren Blatt, das dünn bleibt und das einschichtige Pigmentepithel liefert, und einem inneren Blatt, das sich verdickt und sich im hinteren Abschnitt des Auges zur lichtempfindlichen Schicht (Netzhaut oder Retina) mit den Photorezeptoren ausdifferenziert. Der Hohlraum der Augenblase *(Ventriculus opticus)* steht ursprünglich noch mit dem Ventrikelsystem in Verbindung, verschwindet aber dann. Nur der Spalt zwischen dem äußeren und inneren Blatt des Augenbechers, d. h. zwischen retinalem Pigmentepithel und Retina, bleibt zeitlebens erhalten.

Wie die Entwicklungsgeschichte zeigt, ist das innere, retinale Blatt des Augenbechers eigentlich ein nach außen vorgeschobener Teil der Zwischenhirnwandung. Das ist eine Besonderheit des Sehorgans, die auch die weitere Entwicklung der Retina verständlich machen kann. Die Umstülpung der embryonalen Augenblase zum Augenbecher bringt es mit sich, daß beim Erwachsenen die retinalen Schichten innen und das Pigmentepithel außen zu liegen kommt[1]. Da die

[1] Die Begriffe innen und außen beziehen sich am Auge immer auf den Mittelpunkt der Kugel.

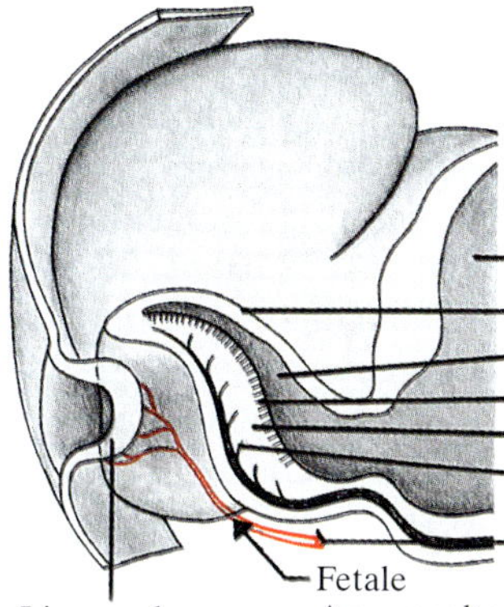

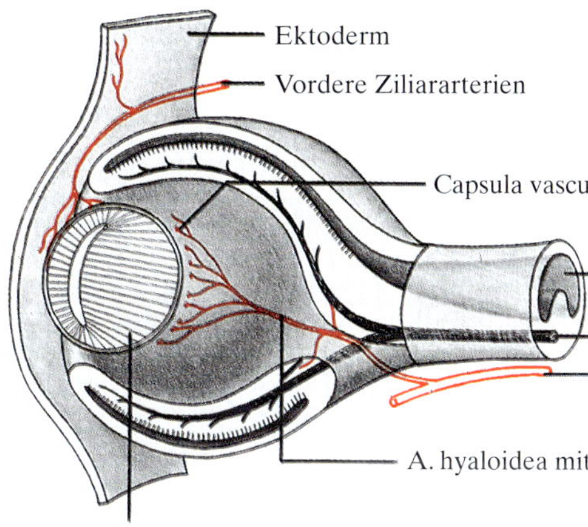

Abb. 111. a u. b) Entwicklung des Auges. Umbildung der fetalen Augenspalte und der Hyaloideagefäße (rot), Entwicklung des Sehnerven und der Optikusfasern (schwarz).
a) Sagittalschnitt durch den embryonalen Augenbecher mit Linsenanlage bei einem etwa 32 Tage alten menschlichen Embryo.
b) Dasselbe bei einem etwa 40 Tage alten menschlichen Embryo.

Photorezeptoren aus dem ventrikelnahen Ependym des Augenbechers hervorgehen und die ableitenden Neurone sowie die Optikusfasern sich innen anschichten, wird die Netzhaut invers, d.h. die Rezeptoren liegen in den äußeren Schichten der Retina und sind lichtabgewandt, d.h. nach außen orientiert. Diese *Inversion* ist ein wichtiges Charakteristikum des Wirbeltierauges. Das Licht muß also zuerst alle übrigen Schichten der Netzhaut durchdringen, ehe es auf die Photorezeptoren trifft. Diese Umkehrung hat für die weitere Entwicklung der Netzhaut und des Auges weitreichende Konsequenzen.

Die embryonale *Differenzierung der Netzhaut* vollzieht sich ähnlich wie die der Hirnrinde selbst. Von der äußeren, mitosenreichen Kernzone, der späteren Schicht der Photorezeptoren, schwärmen Neuroblasten und Glioblasten in die faserartige Innenzone (Randschleier) und bilden damit zunächst eine zweite und später eine dritte Kernzone. Zwischen den drei Kernzonen, den späteren Körnerschichten, bleiben retikuläre Faserschichten (Synapsenzonen) erhalten. Die auswachsenden Neuriten der innersten Ganglienzellschicht könnten nun, da die embryonale Augenblase invertiert und zum Becher eingestülpt ist, eigentlich nur über den Becherrand hinweg Anschluß an die zentralen Hirnteile gewinnen. Damit ergibt sich eine ähnliche Situation wie bei der Entwicklung der Endhirnbläschen (vgl. S. 38). Wie am Endhirn das Inselfeld entsteht, das zur Leitstruktur für die Projektionsbahnen wird, entwickelt sich am Auge die *fetale Augenspalte,* die zur Leitbahn für die auswachsenden Axone der Retinaneurone, die späteren Optikusfasern, wird. Diese Eindellung ist eigentlich ein »Gewebseinbruch« an der ventralen Seite des Augenbechers, ähnlich wie die Insel am Großhirn. Hier bleibt die becherartige Umformung der Augenblase aus, die Augenbecherränder bleiben im Wachstum zurück und bilden dadurch eine Einbuchtung, die den auswachsenden Optikusfasern als Leitschiene dient (Abb. 111). Die Optikusfasern brauchen damit nicht über den Pupillenrand hinweg hirnwärts zu wachsen, sondern können die eingebuchtete Becherwand, d.h. die fetale Augenspalte, benützen, um den Sehnerven und damit die primären Sehzentren des Zwischenhirns zu erreichen. Je mehr Axone hier einwachsen, um so mehr wird das Lumen des Augenbecherstiels, des späteren Sehnerven, eingeengt. Die fetale Augenspalte verschwindet wieder, der Sehnerv wird kompakt (Abb. 111). Die Sammelstelle der Optikusfasern am hinteren Pol des Augenbechers wird zum »Sehnervenkopf« *(Discus nervi optici).*

Die fetale Augenspalte wird nun auch von Blutgefäßen (Vasa hyaloidea) benützt, um in das Innere des Augenbechers einzudringen und die rasch wachsende Linse zu versorgen. Zur Linsenvorderfläche wachsen außerdem über den Augenbecherrand hinweg Gefäßschlingen vor, die die Gefäßkapsel der Linse (Capsula vasculosa lentis) ventral vervollständigen und die sog. Pupillarmembran bilden. Im 7.–8. Schwangerschaftsmonat beginnen die Linsengefäße zu verkümmern, so daß sich das Linsenwachstum verlangsamt.

Der Umschlagrand des Augenbechers begrenzt die Pupille, eine rundliche Öffnung in der Regenbogenhaut (Iris). Vorne bildet das innere Blatt des Augenbechers keine Retina mehr aus, sondern eine einschichtige, unpigmentierte Epithelschicht, die sich vorne in das Pigmentepithel der Iris fortsetzt. Das äußere Blatt des Augenbechers wird vorne zum Pigmentepithel des Ziliarkörpers und im Bereich der Iris zur Irismuskulatur.

Klinische Hinweise. *Kolobom.* Bleibt die fetale Augenspalte auch nach der Geburt noch bestehen, zeigt die Pupille im unteren Quadranten eine schlüssellochartige Ausbuchtung und die Iris einen entsprechenden Substanzdefekt.

Bei der *Ablatio retinae* oder *Netzhautablösung* löst sich die Netzhaut vom angrenzenden Pigmentepithel wieder ab, d.h., der fetale Spaltraum zwischen äußerem und innerem Blatt des Augenbechers tritt wieder auf Da die nach außen (invers) gerichteten Photorezeptoren damit ihren Kontakt zum Pigmentepithel und dem ernährenden, choroidalen Gefäßsystem verlieren, erblindet die Netzhaut im Bereich der Ablatio.

Ein persistierender *Gliazapfen* mit Resten der A. hyaloidea kann auf der Optikuspapille zurückbleiben und beim Erwachsenen kegelartig in den Glaskörperraum vorragen (Bergmeister-Papille).

Um den Augenbecher herum verdichtet sich dann das embryonale Bindegewebe, in dem sich hinten die gefäßreiche Aderhaut (Choroidea), weiter vorne im Ziliarkörperbereich der M. ciliaris und ganz vorne Gefäße und Stroma der Iris ausdifferenzieren. Diese 3 Abschnitte werden zusammen als Uvea oder *mittlere Augenhaut (Tunica oculi media)* bezeichnet. Sie umhüllen den doppelwandigen ektodermalen Augenbecher (Tunica oculi int.) und unterhalten dessen Stoffwechsel. Die innere und mittlere Augen-

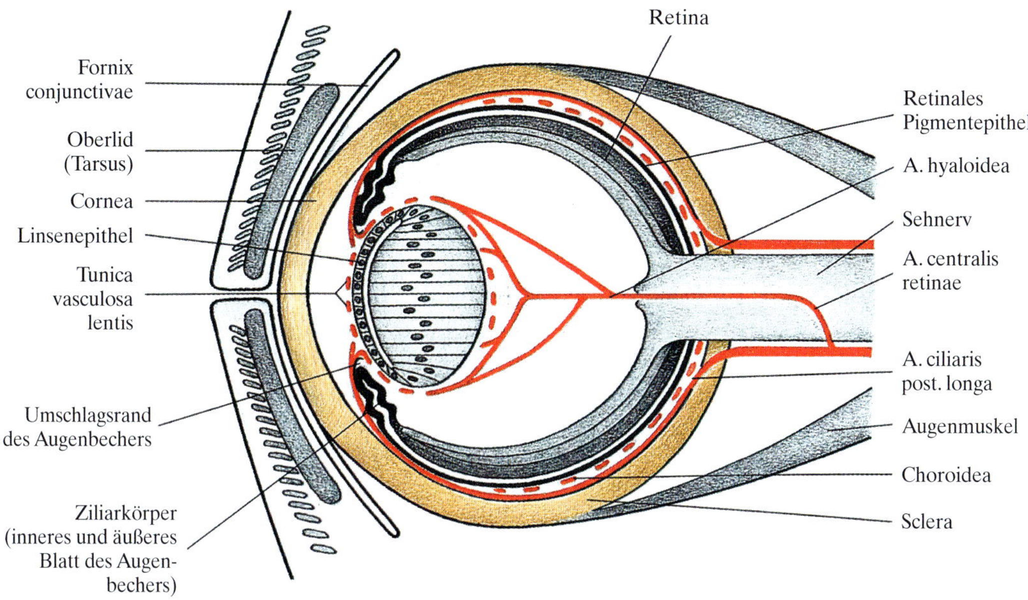

Abb. 112. Schema zur Entwicklung des Auges. Verschiedene Entwicklungsstadien des Auges kombiniert. Äußere Augenhaut (Sclera, Cornea) gelb, mittlere Augenhaut und Gefäße rot, Aderhaut rot punktiert.

haut, gewissermaßen die »Weichteile« der Augenanlage, werden schließlich von einer skelettartigen Kapsel schützend umgeben (gelb in Abb. 112), die hinten aus der derbfaserigen Lederhaut (Sclera) und vorne aus der durchsichtigen Hornhaut (Cornea) besteht (äußere Augenhaut oder Tunica oculi ext.). Die Sclera dient den 6 Augenmuskeln als Ansatz, die Cornea wird von 2 Hautfalten bedeckt, den Anlagen der Augenlider, die während der Einbryonalzeit zeitweise verklebt sind.

Schichtengliederung des Auges

		Vorderer Bulbusabschnitt		Übergangszone		Hinterer Bulbusabschnitt
Tunica oculi ext.		Cornea		Limbus corneae		Sclera
Tunica oculi media (= Uvea)		Irisstroma	Iris	M. ciliaris	Corpus ciliare	Choroidea
Tunica oculi int.	a) = äußeres Blatt des Augenbechers	a) Stratum pigmenti iridis, später Muskelblatt	Iris	a) Stratum pigmenti corporis ciliaris	Corpus ciliare	a) Stratum pigmenti retinae
Tunica oculi int.	b) = inneres Blatt des Augenbechers	b) Pars iridica retinae (Pigmentblatt!)	Iris	b) Pars ciliaris retinae	Corpus ciliare	b) Pars optica retinae
		Pars caeca retinae			↑ Ora-serrata-Grenze	

Gefäßsystem des Auges. Die Arterien sind Äste der A. ophthalmica und dringen entweder von vorne oder von hinten in den Bulbus ein, während die Venen das Auge im Äquatorialbereich als Vortexvenen (4–6 an der Zahl) verlassen (Abb. 113). Arterien und Venen laufen also nicht parallel wie in anderen Organen. Am hinteren Augenpol perforieren etwa 16–20 kurze *Ziliararterien* die Sclera in der Umgebung des Sehnerven *(Aa. ciliares post. breves)* und verzweigen sich in der Aderhaut. Die ebenfalls am hinteren Augenpol eintretenden langen Ziliararterien *(Aa. ciliares post. longae)* sind nur in der Zweizahl ausgebildet, und zwar existiert jeweils temporal und nasal eine solche Arterie. Die beiden langen Ziliararterien ziehen unverzweigt durch die Aderhaut und zweigen sich erst vorne, innerhalb des Ziliarkörpers, in zwei bogenförmige Äste auf, die miteinander anastomosieren und im Ziliarkörper einen Gefäßkranz *(Circulus arteriosus iridis major)* zur arteriellen Versorgung von Iris und Ziliarkörper bilden. An der Grenze von Sclera und Cornea, in der sog. Limbusregion, perforieren die vorderen Ziliararterien *(Aa. ciliares ant.)* die äußere Augenhaut und bilden im Ziliarmuskel einen zweiten Gefäßkranz zur Versorgung des Ziliarmuskels.

Die Netzhaut erhält ihre Blutversorgung durch ein eigenes Gefäßnetz, das sich auch in der feineren Bauweise von dem der Aderhaut unterscheidet. Die Zentralarterie *(A. centralis retinae)* zweigt bereits hinter dem Bulbus von der A. ophthalmica ab und dringt dort in den Sehnerven ein, mit dem sie dann in das Innere des Auges gelangt (Abb. 113).

Struktur des Auges. Das nahezu kugelförmige Organ läßt sich in ein vorderes und hinteres Segment gliedern (Abb. 114). Der hintere Teil beherbergt die lichtempfindliche Netzhaut (Retina) mit ihren Gefäßen (A. und V. centralis retinae), die von der etwas nach medial verlagerten Optikuspapille (Sehnervenkopf, Discus n. optici) ausgehen (Abb. 114b). In der Mitte des hinteren Segmentes (Fundus oculi), d. h . in der Sehachse, liegt die Fovea centralis, die Stelle schärfsten Sehens. Hier ist die Netzhaut etwas vertieft und gelblich verfärbt (gelber Fleck oder Macula lutea). Da die Gefäße hier auslaufen und die Fovea gefäßfrei ist, erscheint dieser Bereich heller.

Das vordere Augensegment enthält hauptsächlich die Hilfssysteme, die Irisblende und den Akkommodationsapparat, der die Linse, den Aufhängeapparat der Linse (Zonula) und den Ziliarkörper umfaßt. Die Netzhaut hört vorne mit einer gezackten Linie (Ora serrata) auf und geht in das unpigmentierte Ziliarepithel über (Abb. 114a). Da diese Epithelschicht unpigmentiert ist, schimmert das angrenzende Pigmentepithel durch, so daß der Ziliarkörper pigmentiert erscheint. Während der hintere, an die Ora serrata anschließende Teil des Ziliarkörpers glatt ist *(Orbiculus ciliaris)*, bildet der vordere Teil 70–80 blattartig vorspringende Fortsätze aus *(Processus ciliares)*, die den Plexus choroidei der Hirnventrikel vergleichbar sind, und eine eiweißfreie, klare Flüssigkeit absondern, das Kammerwasser *(Humor aquosus)*. Das Kammerwasser füllt den ganzen vorderen Bulbus aus und befindet sich in ständiger Zirkulation. Demgegenüber wird der hintere Bulbus von einem gallertigen, organisierten Körper, dem Glaskörper *(Corpus vitreum)*, eingenommen, der von einer Grenzmembran umschlossen ist.

Die *Linse* wird durch den Zonulaapparat, ein radiär verlaufendes Fasersystem, das hinten bis zur Ora serrata reicht, in der Mitte des vorderen Augensegmentes fixiert und unter Spannung gehalten. Vorne wird die Linse von der Iris überlagert, so daß der von Kammerwasser erfüllte Raum in eine Vorderkammer (zwischen Iris und Hornhautrückfläche) und eine Hinterkammer (zwischen Linse und Irisrückfläche) untergliedert werden kann. Durch die Pupille stehen beide Kammern miteinander in Verbindung (Abb. 113).

Klinischer Hinweis. An einem gesunden Auge sind die brechenden Medien so eingestellt, daß sich die aus der Unendlichkeit

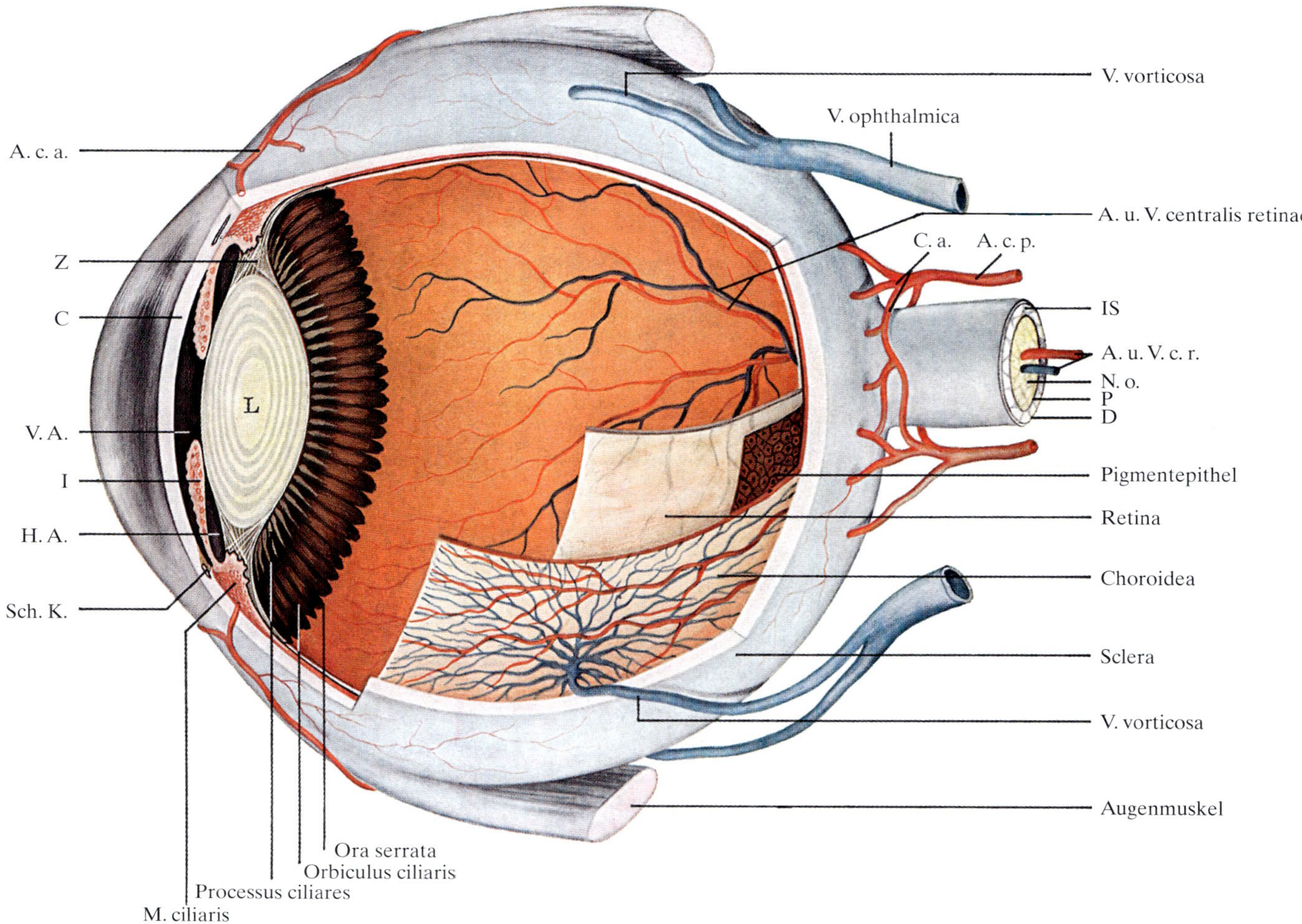

Abb. 113. Schichtengliederung des Augapfels (Bulbus oculi). Das Auge wurde von lateral gefenstert. A. c. a. = Aa.ciliares ant.; A. c. p. = Aa. ciliares post.; A. und V. c. r. = A. und V. centralis retinae; C = Cornea; C. a. = Circulus arteriosus sclerae (Zinn-Gefäßkranz); D = Durascheide des Sehnerven; H. A. = hintere Augenkammer; IS = Intervaginalspalt des Sehnerven (mit Liquor); I = Iris; L = Linse; N. o. = N. opticus; P = Piascheide des Sehnerven; Sch. K. = Schlemm-Kanal (Sinus venosus sclerae); V. A. = Vordere Augenkammer; Z = Zonulaapparat.

des Umfeldes einfallenden Strahlen in der Netzhaut schneiden *(Emmetropie)*. Ist das Auge während der Embryonalentwicklung stärker gewachsen und dadurch zu lang geworden, so kreuzen sich die Strahlen bereits vor der Netzhaut. Es ergibt sich bei der Normaleinstellung ein unscharfes Bild. Das Auge ist kurzsichtig *(Myopie)*. Bleibt jedoch der Bulbus im Wachstum zurück und wird somit zu klein, so werden die Lichtstrahlen erst hinter dem Bulbus fokussiert. Auch dann entstehen unscharfe Bilder, diesmal jedoch infolge von Übersichtigkeit *(Hyperopie)*.

Die reine Aufzählung der Schichten des Auges kann nur wenig zum Verständnis der funktionellen Zusammenhänge beitragen. Analysiert man den Sehapparat unter funktionellen Gesichtspunkten, so stellt sich her-

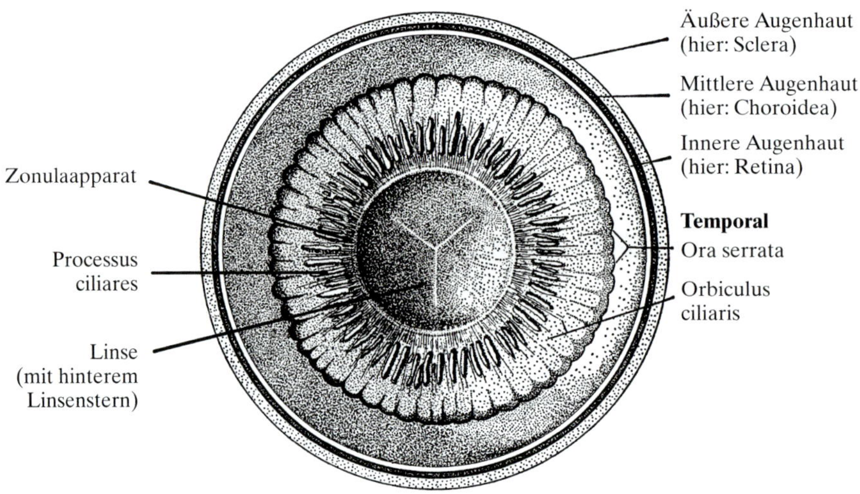

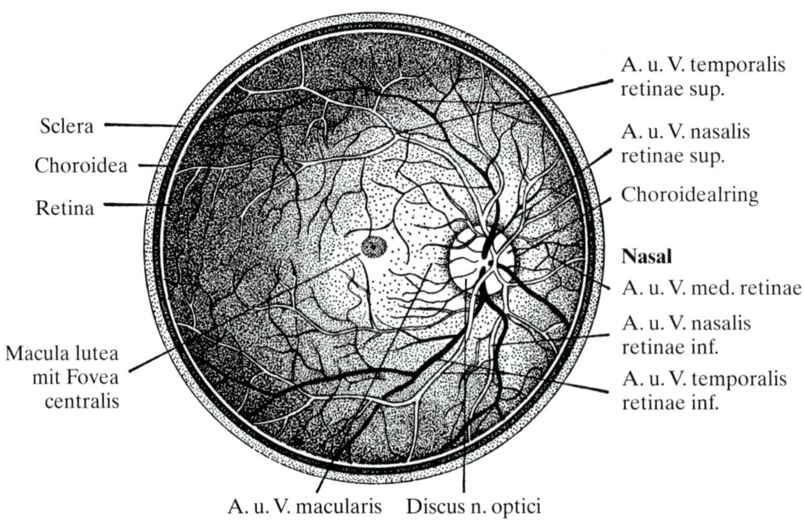

Abb. 114. a–b) Vordere (a) und hintere (b) Bulbushälfte nach äquatorialer Halbierung des Augapfels.

aus, daß insgesamt fünf funktionelle Systeme differenziert sind. Das zentrale System ist der rezeptorische Apparat, um den vier Hilfssysteme, nämlich der Akkommodationsapparat (Ziliarkörper und Linse), die Iris als Blendeneinrichtung, der Bewegungsapparat des Auges (Augenmuskulatur usw.) und der Lidapparat herumgruppiert sind. Durch die übergeordneten Versorgungssysteme (Gefäße und Nerven des Auges) wird das Ganze dann zu einer Einheit zusammengefaßt.

5.3.2 Sensorischer Apparat und Sehbahn

Retina. Die geschilderte Entwicklung erklärt den eigenartigen Bau der Retina, deren Sinneszellen nicht, wie man erwarten sollte, lichtzugewandt, sondern umgekehrt, lichtabgewandt, nach außen d.h. zum Pigmentepithel hin orientiert sind. Die Sinneszellen verzahnen sich zwar mit den mikrovilliartigen Fortsätzen des Pigmentepithels, sind aber nirgends mit ihm verwachsen.

Die entwicklungsgeschichtliche Inversion macht aber auch die Entstehung der Fovearegion verständlich. Durch die vorgelagerten Retinaschichten erfolgt in der dem Licht abgewandten Schicht der Photorezeptoren nur eine unscharfe Abbildung. So entwickelt sich bei den höheren Primaten in der Fundusmitte eine Stelle, wo die »störenden« Innenschichten nach der Seite verlagert sind, die *Fovea centralis.* Man kann sich die Struktur der Fovea am besten so klarmachen, daß man sich vorstellt, die inneren Netzhautneurone seien von der Mitte aus radiär nach der Seite ausgewichen. Dadurch wäre dann zentral eine Vertiefung (Fovea), die bis zur Schicht der Photorezeptoren reicht, seitlich davon aber eine Verdickung

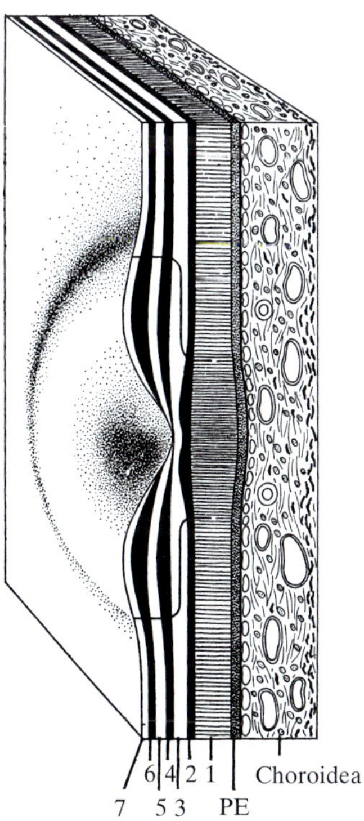

Abb. 115. Strukturschema von der Makularegion des Auges. Die beiden dünnen gebogenen Linien grenzen den stäbchenfreien Bezirk der Fovea ab. Sie deuten zugleich die Verlaufsform der retinalen Neurone im Makulabereich an. Man beachte besonders die Verdickung der Optikusganglienschicht im parafovealen Bereich sowie das Fehlen der inneren Retinaschichten im Foveazentrum.
Schichtengliederung der Retina: 1 = Photorezeptoren; 2 = äußere Körnerschicht; 3 = äußere retikuläre Schicht; 4 = innere Körnerschicht; 5 = innere retikuläre Schicht; 6 = Optikusganglienschicht; 7 = Optikusfaserschicht; PE = Pigmentepithel.

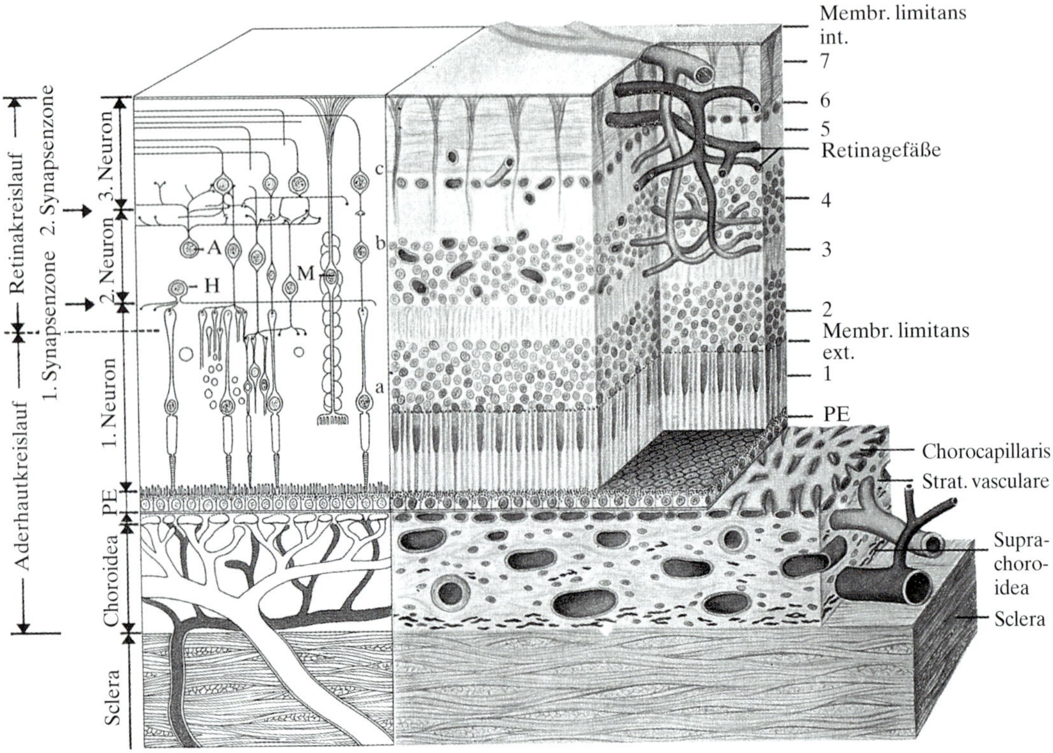

Abb. 116. Strukturschema von Netzhaut und Choroidea im Fundusbereich des Auges. A = Amakrine; H = Horizontalzelle; M = Müller-Stützzelle; PE = Pigmentepithel; a, b, c = 1.–3. Netzhautneuron. Schichtengliederung: 1 = Stäbchen und Zapfen; 2 = äußere Körnerschicht; 3 = äußere retikuläre Schicht; 4 = innere Körnerschicht; 5 = innere retikuläre Schicht; 6 = Optikusganglienschicht; 7 = Optikusfaserschicht.

der Retinaschichten zustande gekommen (parafoveale Region). Tatsächlich zeigen die retinalen Neurone im Makulabereich einen stark bogenförmig abgeknickten Verlauf (Abb. 115). Die Fovea ist also keine Stelle, wo die Retinaschichten reduziert sind, sondern im Gegenteil ein Bereich, wo die Zahl der Neurone vermehrt ist. Da aber die Neurone vom Weg des zentralen Lichtbündels weg nach der Seite verlagert worden sind, wird die Retina in der parafovealen Region wesentlich dicker als im Bereich der übrigen Netzhaut (Abb. 115).

Da die Netzhaut eine Ausstülpung der Zwischenhirnwand ist, entwickelt sich in ihr eine ähnliche Schichtengliederung wie im Gehirn. Histologisch können 10 Schichten unterschieden werden (Abb. 116). Die *äußere Körnerschicht* enthält vornehmlich die Kerne der Rezeptorzellen (4–6 Reihen), die *innere Körnerschicht* die Perikarien des ersten Schaltneurons, die sog. Bipolarzellen *(Ganglion retinae)* (6–10 Reihen), und die innerste Schicht schließlich die *Optikusganglienzellen (Ganglion nervi optici)* (mit Ausnahme der parafovealen Region nur eine Kernreihe). Dazwischen liegen jeweils plexiforme Schichten, in denen hauptsächlich die Synapsen lokalisiert sind.

Funktionell können damit innerhalb der Retina *drei Neurone* und *zwei Synapsenzonen* unterschieden werden. Das erste Neuron ist unipolar und stellt die Photorezeptoren dar. Das zweite Neuron ist bipolar und umfaßt eine Gruppe sehr verschiedenartig geformter, intraretinaler Schaltelemente;

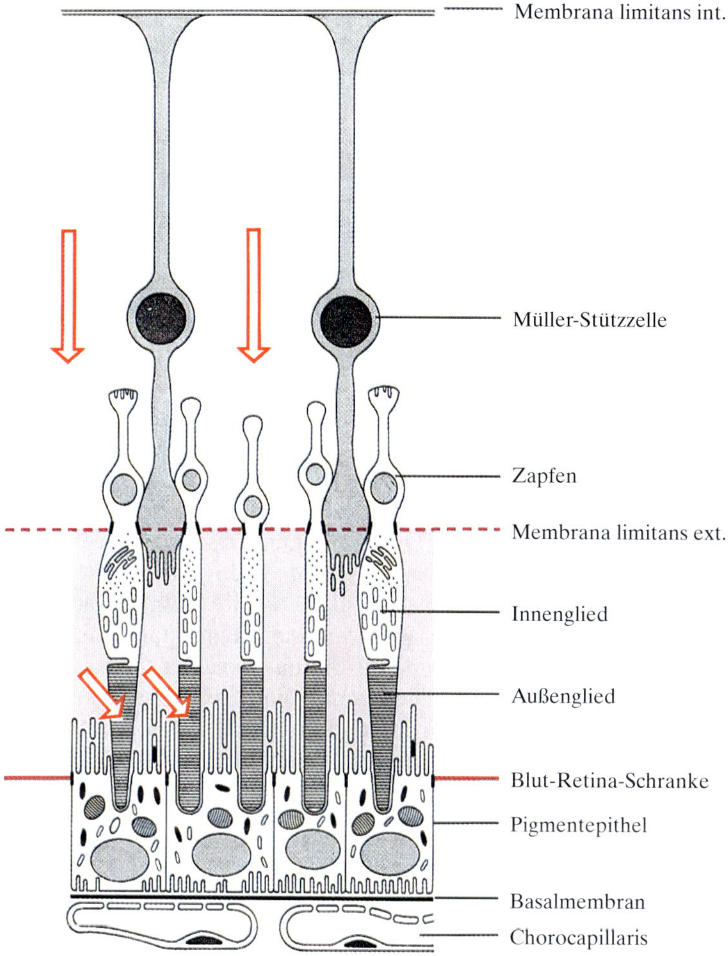

Abb. 117. Äußeres Kompartiment der Retina mit Stäbchen- und Zapfenrezeptoren. Darstellung der Grenzmembranen (schematisch). Pfeile = Richtung des Lichteinfalles von innen nach außen.

das dritte Neuron ist schließlich multipolar. Es handelt sich um Zellen, deren Axone über den Sehnerven bis zum Corpus geniculatum lat. zu verfolgen sind und erst dort auf das vierte Neuron der Sehbahn umgeschaltet werden.

Neben diesen projektiven Verbindungen existieren aber noch horizontale Verknüpfungen. In der äußeren plexiformen Schicht sind es vor allem die *Horizontalzellen*, in der inneren die *»Amakrinen«* (wörtlich neuritenfreie Zellen, Abb. 116). Der innere Zusammenhalt des Retinagewebes wird durch die *Müller-Stützzellen* (Radialfaserglia) erreicht. Gegen den Glaskörper schließt sich die Retina durch eine basalmembranartige Grenzschicht ab, die *Membrana limitans interna.* Die Membrana limitans externa ist keine Grenzmembran, sondern eine desmosomale Verdichtungszone zwischen den Müller-Zellen und den Photorezeptoren (Abb. 116).

Die Retina wird von zwei Seiten ernährt. Die Schicht der Photorezeptoren bis in den Bereich der ersten Synapsenzone, d.h. der äußeren plexiformen Schicht, wird durch das

Pigmentepithel hindurch von der *Aderhaut* aus versorgt. Das Pigmentepithel muß also den gesamten Stoffwechsel zwischen Chorioidea und Retina vermitteln. Da die Interzellularspalten apikal durch Zonulae occludentes abgedichtet sind (Blut-Retina-Schranke), muß der gesamte Stoffaustausch durch das Pigmentepithel hindurchgehen (Abb. 117). An der Grenze zum Pigmentepithel bildet sich daher ein besonders engmaschiges Kapillarnetz aus, die *Chorocapillaris,* die vor allem Sauerstoff und Nährstoffe anliefert und auch als Kühlvorrichtung dient. Die übrigen Schichten der Retina bis zur äußeren plexiformen werden von den Retinagefäßen und damit von innen her vaskularisiert.

Photosensoren. Die für die Perzeption wichtigsten Elemente der Retina sind die *Sinneszellen* (Abb. 116 u. 117), bei denen man 2 Formen unterscheidet: Stäbchen (Gesamtzahl 110–125 Mill.) und Zapfen (Gesamtzahl etwa 6,3–7 Mill.). Die Stäbchen vermitteln die Helligkeitsempfindung (Dämmerungssehen, skotopisches System), die Zapfen die Farbempfindung (Tagessehen, photopisches System). Bei Tagtieren überwiegen in der Retina die Zapfen, bei Dämmerungs- und Nachttieren die Stäbchen.

Morphologisch besteht jede Sinneszelle aus einem Außen- und Innenglied (beide außerhalb der Membrana limitans ext. lokalisiert), einem Perikaryon mit Zellkern (in der äußeren Körnerschicht gelegen) und einem endständig verdickten Fortsatz, der die kompliziert gestalteten, invaginierten Synapsen mit den Dendriten der Bipolaren und Horizontalzellen aufnimmt (Abb. 116 u. 117). Die Rezeptorsynapsen befinden sich damit ausschließlich in der äußeren plexiformen Schicht. Die Außenglieder besitzen eine kristallartige Struktur und stellen die eigentlichen lichtempfindlichen Rezeptorelemente dar. Sie bestehen aus aufeinandergeschichteten Scheibchen (Disci), die aus Einstülpungen der Zellmembranen hervorgegangen sind. Die Disci beherbergen die Sehstoffe (Sehpigmente), und zwar das Rhodopsin (Sehpurpur) bei den Stäbchen und das Jodopsin bei den Zapfen. Das Innenglied ist dicht mit großen Mitochondrien, Vesikeln und anderen Zellorganellen angefüllt und hat hauptsächlich Stoffwechselfunktionen. Es regeneriert die Trägerproteine der

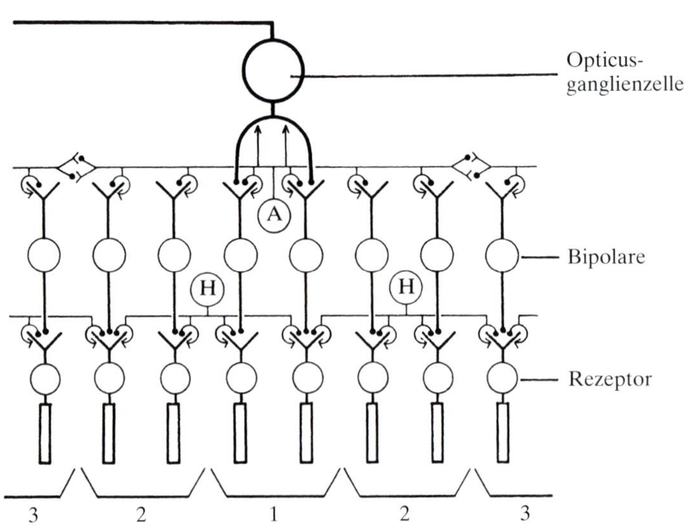

Abb. 118. Schaltschema der Netzhautneurone (nach Dowling). Die Querverbindungen durch Amakrine (A) und Horizontalzellen (H) ermöglichen die Bildung von größeren konvergierenden Schalteinheiten sowie durch laterale Hemmung eine Steigerung des Kontrastes.

Sehpigmente, die kontinuierlich in die Disci eingebaut werden. Die durch Licht zerstörten Disci werden von den Pigmentepithelzellen phagozytiert und von den Innengliedern ständig neu gebildet. Hier existiert also ein intensiver Erneuerungsprozeß, wodurch die Photorezeptoren in einem zirkadianen (Tag-Nacht-) Rhythmus regeneriert werden.

Die in den Außengliedern durch Lichtquanten ausgelösten feinstrukturellen Veränderungen an den Sehpigmenten führen zur Entstehung eines Rezeptorpotentials, das die Erregung der anschließenden Schaltneurone bewirkt. Die Photorezeptoren werden in der Retina bereits zu Schalteinheiten zusammengefaßt, die zentral und peripher verschieden groß sind (Abb. 118). In der Peripherie sind die auf eine Optikusganglienzelle projizierenden Schalteinheiten wesentlich größer (Konvergenzschaltung). Die rezeptiven Felder nehmen hier einen relativ breiten Raum ein. Die Konvergenzschaltung ermöglicht die *Summation* der Reize, wodurch die Lichtempfindlichkeit zwar gesteigert, das Bildraster aber vergröbert und das Auflösungsvermögen verringert wird. In der Netzhautmitte ist dagegen die projektive Erregungsleitung auf wenige Elemente beschränkt. Die rezeptiven Felder sind relativ klein. Dies hat eine Steigerung des Auflösungsvermögens, eine Verfeinerung des Bildrasters, andererseits aber auch eine Herabsetzung der Empfindlichkeit zur Folge. Wesentlich für die erhöhte Leistung des retinalen Apparates in der Netzhautmitte ist die Kontraststeigerung durch laterale Hemmung, vor allem durch Horizontalzellen und Amakrine. Die »Individualisierung« der Projektionsschaltung in der Makularegion, in der ausschließlich Zapfenrezeptoren in großer Dichte nebeneinander liegen, macht die Fovea funktionell zur wichtigsten Region der Netzhaut d.h. zur Stelle des schärfsten Sehens (Abb. 115).

Klinischer Hinweis. Im höheren Alter kommt es häufig zu einer Degeneration der stoffwechselmäßig besonders belasteten Makularegion, was eine erhebliche Sehbehinderung zur Folge hat (senile Makulaatrophie).

Sehbahn. Die Neuriten der retinalen Optikusganglienzellen bilden den Sehnerven. Erst nach Passage der Lamina cribrosa in der Sclera erhalten sie Markscheiden. Innerhalb des Auges sind die Optikusfasern noch marklos. Im *Sehnerven* werden die rund 1,2 Mill. Axone zu Bündeln von etwa 800–1200 Fasern, die durch Gliasepten getrennt sind, zusammengefaßt. Der Sehnerv wird von einer Pia-, Arachnoidea- und Durascheide umgeben und von Liquor umspült. Die Sehnerven vereinigen sich nach dem Durchtritt durch den Canalis opticus vor der Hypophyse zum *Chiasma opticum.* Hier findet eine partielle, etwa 50%ige Faserkreuzung statt. Die von den lateralen Netzhauthälften kommenden Fasern kreuzen nicht, während die Fasern von den beiden medialen Netzhauthälften auf die Gegenseite kreuzen. Gekreuzte und nichtgekreuzte Optikusfasern bilden zusammen den *Tractus opticus,* der vom Chiasma aus bogenförmig um die Hirnschenkel herum zieht und im lateralen Kniehöcker **(Corpus geniculatum lat.)** endet.

Im Bereich des Chiasma opticum zweigen dünne, markarme Optikusfasern vom Sehnerven ab, die in den Hypothalamus einstrahlen *(hypothalamische Optikuswurzel,* **Tractus retinohypothalamicus).** Durch diese Bahn gewinnt der Sehapparat Einfluß auf die übergeordneten Zentren des autonomen Systems (Abb. 120).

Im Corpus geniculatum lat. beginnt das vierte Neuron der Sehbahn. Die Hauptzellen dieses wichtigen, in 6 Schichten gegliederten Kerngebietes senden ihre Neuriten über den hinteren Abschnitt der Capsula int. fächerförmig ausstrahlend zur Okzipitalrinde. Dabei überqueren sie das Unterhorn des Seitenventrikels und entfalten sich in dessen lateraler Wand zu einer sagittal gestellten Faserlamelle **(Radiatio optica,** *Gratiolet-*

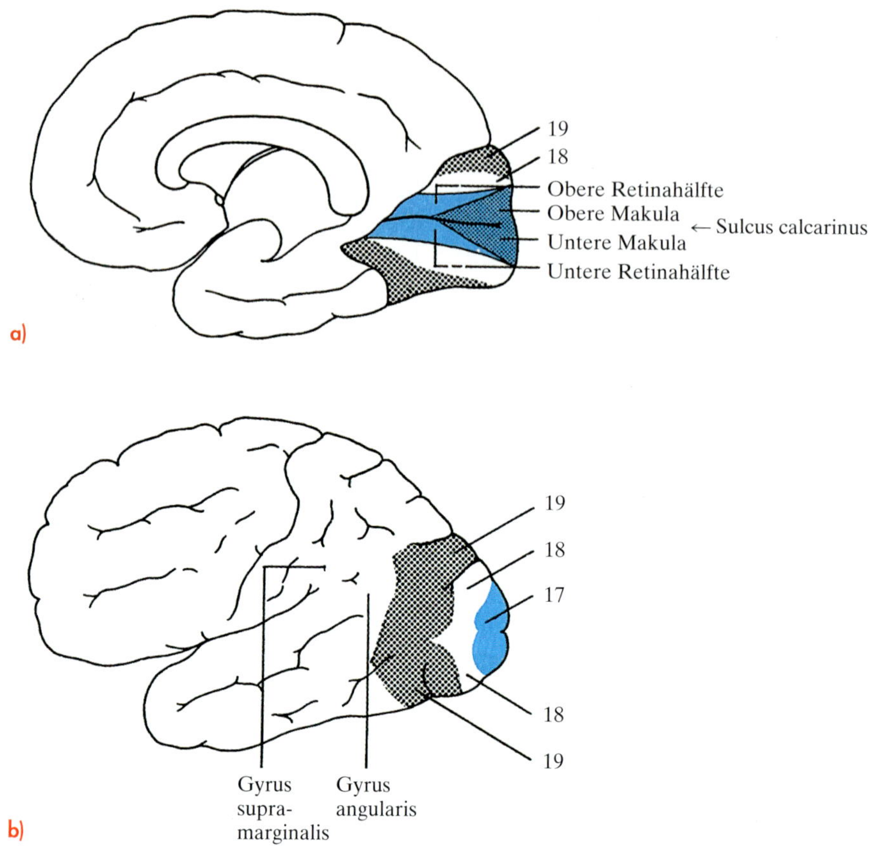

Abb. 119. a u. b) Primäre, sekundäre und tertiäre optische Rindenfelder.
a) In der Ansicht von medial. b) In der Ansicht von lateral.
Blau = Area calcarina (Feld 17, primäre optische Projektionsfelder); weiß = sekundäre optische Rindenfelder (18); gerastert = tertiäre Rindenfelder (19).

Sehstrahlung), die dann in die Area striata oberhalb und unterhalb des *Sulcus calcarinus* (Feld 17 nach Brodmann) einstrahlt (Abb. 119).

Ein anderer, meist kleinerer Teil des *Tractus opticus* läuft am Corpus geniculatum lat. vorbei und zieht um die Hirnschenkel herum durch das Brachium colliculi sup. zum Colliculus sup. und zur Area praetectalis. Auch zum Pulvinar thalami bestehen Verbindungen. Über das Mittelhirn laufen wichtige Reflexe zur Funktionserhaltung der Netzhaut (Pupillen- und Akkommodationsreflexe).

Die **primären visuellen Projektionsfelder** liegen im Okzipitallappen in der Area striata (Feld 17). Diese Rindenregion ist durch einen schon makroskopisch erkennbaren Markfaserstreifen (Vicq d'Azyr-Streifen) gekennzeichnet. Die sich außen am Okzipitallappen anschließenden Regionen stellen die übergeordneten sekundären und tertiären optischen Rindenfelder dar, die auch unter dem Begriff der »optischen Erinnerungsfelder« zusammengefaßt werden *(Area occipitalis* = Feld 18; *Area praeoccipitalis* = Feld 19). Hier werden dann Felder wie »optisches Sprachzentrum«, Lesezentrum,

Blickzentrum, »optische Aufmerksamkeit, optisches Dingerkennen« unterschieden (Abb. 119).

Die Projektion der Retina auf die Kalkarinarinde ist vergleichsweise eine somatotopische Punkt-zu-Punkt-Projektion, was aber wiederum ähnlich wie in der motorischen und sensorischen Zentralregion nicht rein quantitativ aufzufassen ist. Die funktionell wichtigsten Bereiche der Netzhaut (Fundusmitte und Macula) nehmen den größten Raum ein (Abb. 119). Die Macula wird als großer, keilförmiger Bezirk jeweils an der oberen und unteren Kalkarinalippe repräsentiert, während die vorne anschließenden schmalen Zonen mit der gesamten peripheren Netzhaut verknüpft sind (Abb. 119). Die obere Kalkarinalippe gehört zum oberen Retinafeld (= unteres Gesichtsfeld), die untere Kalkarinalippe zum unteren Retinafeld (= oberes Gesichtsfeld). Der Sulcus calcarinus entspricht also dem horizontalen Meridian der Netzhaut. Von den rechten Netzhauthälften beider Augen gelangen die Erregungen zur rechten, von den beiden linken zur linken Kalkarinarinde. Damit werden die Bilder der Außenwelt biretinal aufgenommen und bikortikal registriert. Die mediane Teilungslinie des Gesichtsfeldes entspricht damit der Fissura longitudinalis cerebri (Abb. 120).

Klinischer Hinweis. Aus klinischen Erfahrungen ergibt sich, daß das Gebiet der Macula doppelseitig in beide Areae striatae projiziert wird, denn nach Ausfall *einer* Okzipitalrinde bleibt das Maculasehen auf beiden Augen erhalten.

Bei der Projektion der Netzhautquadranten auf die Kalkarinarinde bleiben immer die Optikusfasersysteme beider Augen getrennt. Das wird dadurch erreicht, daß die Umschaltung der Optikusfasern im Corpus geniculatum lat. in getrennten Schichten erfolgt. Auch in der Sehrinde des Okzipitallappens projizieren die beiden Systeme in getrennt nebeneinanderliegende Zellsäulen (Module). Jede dieser Zellsäulen, die die kleinsten Funktionseinheiten der Sehrinde darstellen, hat eine Grundfläche von etwa 1 mm^2 und ist abwechselnd dem rechten und dem linken Auge zugeordnet. Die doppelte Projektion ist eine Grundvoraussetzung für das stereoskopische Sehen. An die primären visuellen Projektionsfelder der Area 17 schließen sich die übergeordneten **sekundären** und **tertiären Rindenfelder** an, die mit der bewußten Bildverarbeitung (Area 18) und dem optischen Erinnerungsvermögen (Area 19) zu tun haben. Diese auch als »optische Sprachzentren« oder »Lesezentren« bezeichneten Areale liegen an der Außenseite des hinteren Temporal- und Parietallappens (Abb. 119 u. 120). Für die übergeordneten Rindenfelder stellt das primäre Projektionsfeld, das selbst keine Syntheseleistungen hervorbringen kann, funktionell ein »Verteilerzentrum« für die anschließenden, an verschiedenen Stellen lokalisierten »höheren« Zentren dar.

Klinische Hinweise. Amaurose. Ausfall des N. opticus führt zur Erblindung des zugehörigen Auges.

Hemianopsien. Läsionen des Tr. opticus führen zu Ausfällen in *beiden* Augen. Sind beiderseits die ungekreuzten Optikusfasern betroffen, kommt es zu einer binasalen Hemianopsie.

Ein Hypophysentumor, der die kreuzenden Optikusfasern im Chiasma schädigt, ruft dagegen eine *bitemporale Hemianopsie* hervor (beide nasale Retinahälften sind betroffen).

Rindenblindheit. Lokalisierte Ausfälle innerhalb der Kalkarinarinde erzeugen »blinde Stellen« im zugehörigen Projektionsgebiet des Gesichtsfeldes, wobei die Macula meist ausgespart bleibt (Hemianopsie mit makulärer Aussparung).

»Seelenblindheit«. Eine Zerstörung der übergeordneten sekundären Rindenfelder führt nicht zu einem unmittelbaren

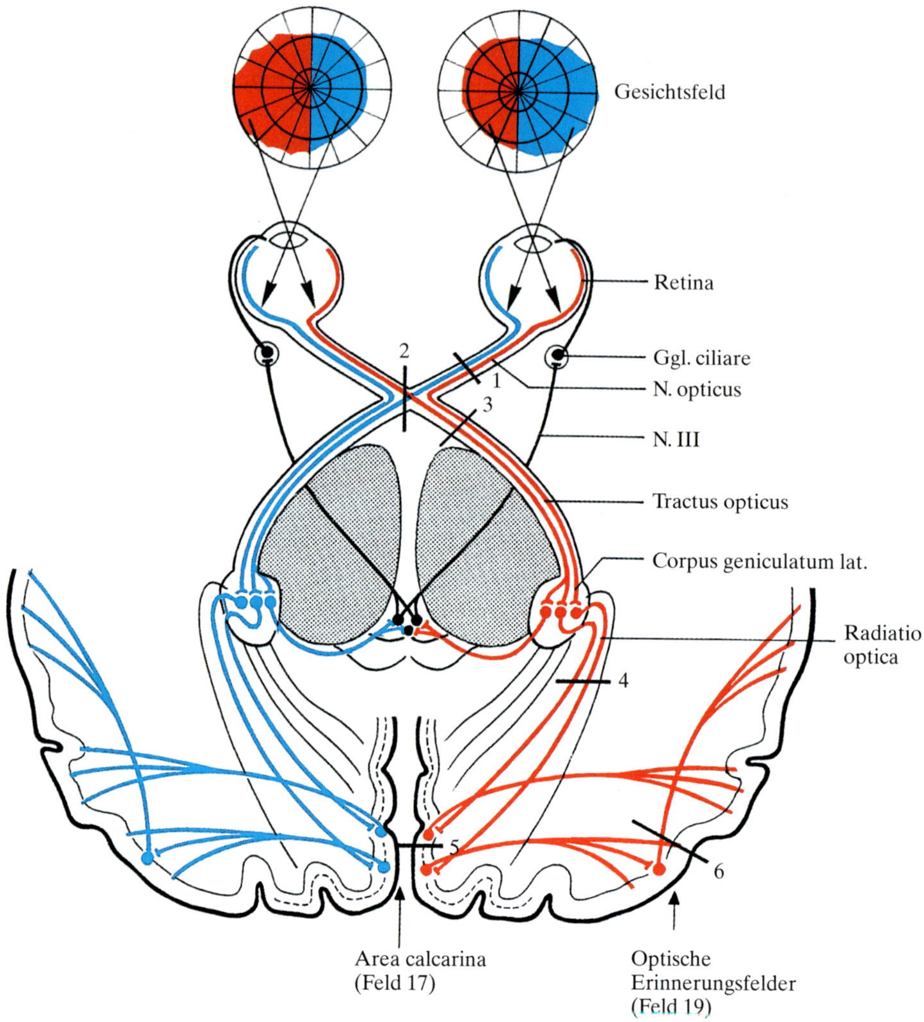

Abb. 120. Klinische Ausfallerscheinungen bei Unterbrechung der Schbahn an verschiedenen Stellen:
1 = Amaurose (Totalerblindung des Auges)
2 = Bilaterale oder heteronyme Hemianopsie (Halbblindheit, Ausfall der beiden temporalen Gesichtsfelder)
3 = Homonyme Hemianopsie (Ausfall der li. bzw. re. Gesichtsfeldhälften beider Augen)
4 = Homonyme Hemianopsie wie 3 (nur Unterschiede im Verhalten des Pupillarreflexes)
5 = Rindenblindheit
6 = Seelenblindheit

Gesichtsfeldausfall, sondern zu dem Unvermögen, optisch geprägte Begriffe zu bilden. Bei erhaltenem Sehvermögen ist ein solcher Patient nicht in der Lage, einen von ihm deutlich wahrgenommenen Gegenstand richtig zu bezeichnen (Seelenblindheit).

Schädigungen der Sehbahn können auch durch das Verhalten des Pupillenreflexes genauer differenziert werden. Bei Läsionen zentral vom Corpus geniculatum lat. sind die Pupillenreflexe erhalten, bei Schäden vor dem Corpus geniculatum lat. fallen sie aus.

5.3.3 Akkommodationsapparat

Unter *Akkommodation* versteht man die Fähigkeit des Auges, durch Brechkraftänderungen den Strahlengang des einfallenden Lichtes so zu verändern, daß auch nahe gelegene Gegenstände auf der Netzhaut scharf abgebildet werden. Die Akkommodation ist dabei als die Naheinstellung (Sehen bei Entfernungen kleiner als 6 m) und Desakkommodation als die Ferneinstellung (von 6 m bis unendlich) definiert. Zum Akkommodationssystem gehören als passive Elemente Linse und Linsenaufhängeapparat (Zonula ciliaris) und als aktive Komponente der Ziliarmuskel (M. ciliaris) (Abb. 113 u. 121).

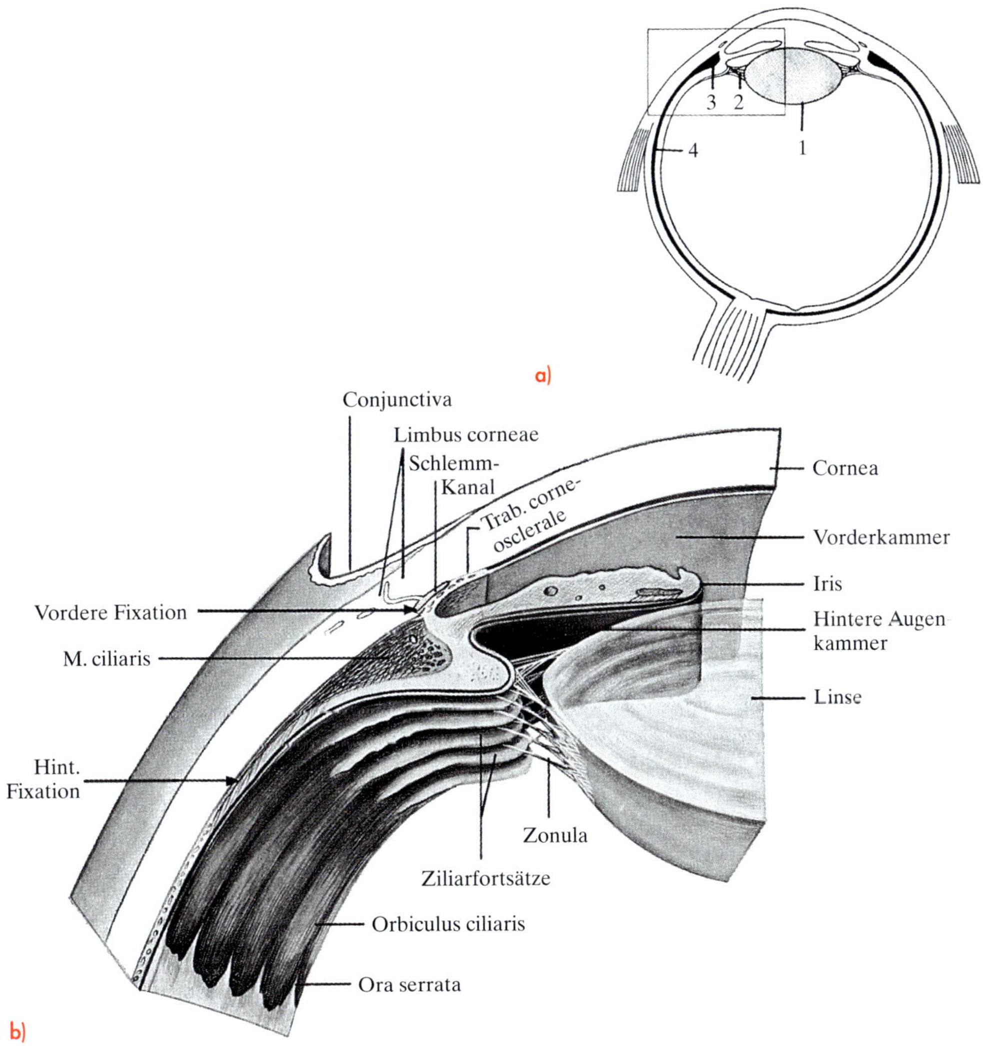

Abb. 121. a u. b) Übersicht über den Akkommodationsapparat des menschlichen Auges.
a) Horizontalschnitt (Schema). 1 = Linse; 2 = Zonulaapparat; 3 = M. ciliaris; 4 = Aderhaut.
b) Struktur der Ziliarkörper- und Kammerwinkelregion des menschlichen Auges. Der Ausschnitt entspricht dem in (a) markierten Feld.

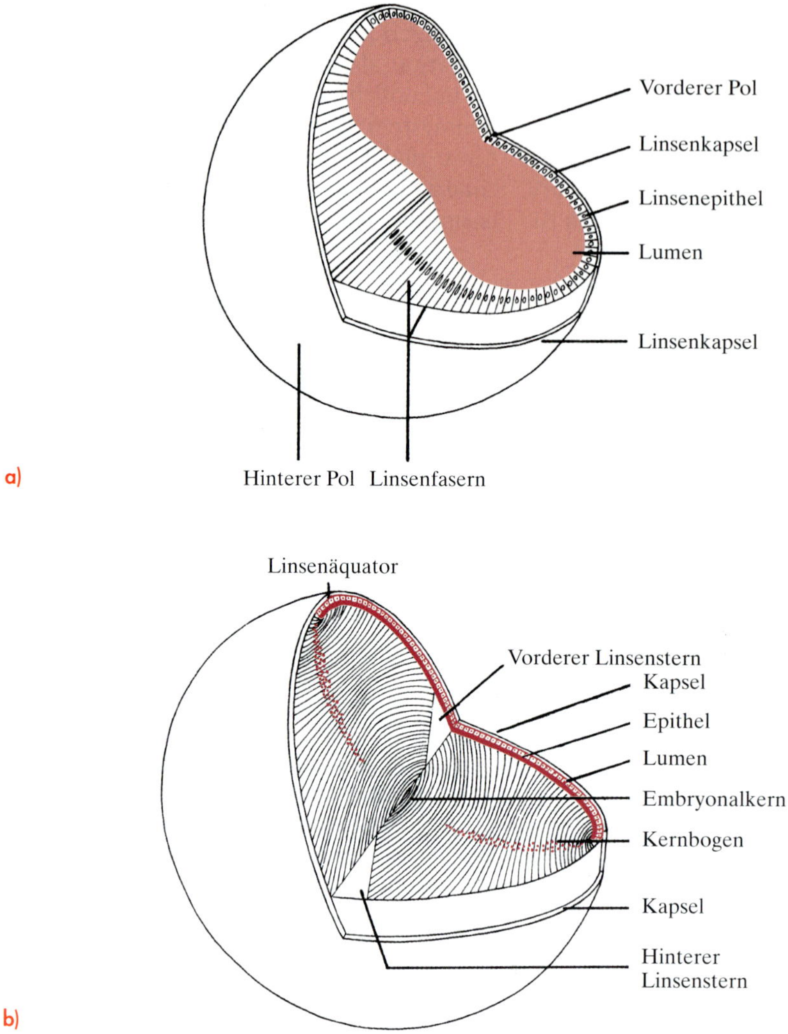

Abb. 122. a u. b) Zwei Stadien der Linsendifferenzierung.
a) An der Hinterwand des embryonalen Linsenbläschens bilden sich durch Verlängerung der hinteren Epithelzellen die Linsenfasern und verdrängen zunehmend das Lumen.
b) Späteres Stadium. Das Lumen ist bis auf einen Spalt verschwunden. Embryonaler Linsenkern und Anlagen der Linsensterne sind erkennbar.

Der Ziliarmuskel, der durch seine Kontraktion die Brechkraft der Linse verändern kann, nimmt den größten Teil des Ziliarkörpers ein (Abb. 124). Der Aufhängeapparat der Linse (Zonulaapparat) hat aber keine direkten Beziehungen zum Ziliarmuskel-System. Zwischen beiden Gewebsgruppen ist das Ziliarepithel eingeschaltet. Die Zonulafasern heften sich aber nirgends direkt an das Epithel an, sondern sind breitflächig an der Membrana limitans int. fixiert. Entscheidend für die gewebsmechanischen Veränderungen bei der Akkommodation ist nun die Tatsache, daß der Zonulaapparat am Boden der Ziliartäler durch eigene, vom Hauptfaserzug abzweigende Bündel (Spannfasern) fixiert ist, so daß diese Zone wie ein Hypomochlion wirken kann (Abb. 125).

Ziliarmuskel. Der aus glatten Muskelfasern bestehende Ziliarmuskel erscheint auf dem Sagittalschnitt dreiseitig. Er ist vorne an einem Skleravorsprung *(Skleralsporn)* und hinten an einer flächenhaft ausgebreiteten, elastischen Aderhautmembran (Bruch-Membran), die zwischen Chorocapillaris und Pigmentepithel gelegen ist, befestigt (Abb. 121). Der Muskel besteht aus drei Portionen, die aber ein zusammenhängendes Netzwerk bilden. Außen liegen die Meridionalfaserzüge, vorne innen die zirkulären Bündel, dazwischen retikuläre oder schräg verlaufende Muskelzüge.

Bei der Kontraktion lagern sich die retikulären Muskelbündel in zirkuläre um, so daß die »Kante« vorne-innen stärker hervortritt.

Linse. Die Akkommodationsbewegung des Ziliarkörpers bliebe aber funktionell bedeutungslos, würde sie nicht eine Änderung der Brechkraft der Linse hervorrufen. Die Linse entwickelt sich aus dem embryonalen Linsenbläschen und ist damit ein rein epitheliales Organ. Das von einem einschichtigen

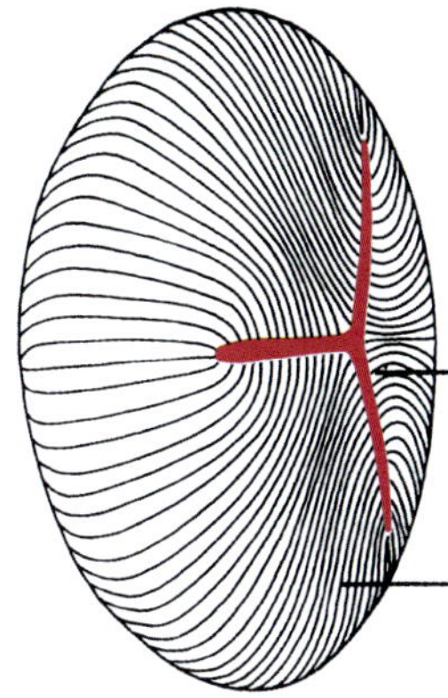

Abb. 123. Struktur der Linse. Anordnung der Linsenfasern in der erwachsenen menschlichen Linse.

Epithel gebildete embryonale Linsenbläschen ist zunächst hohl. Nun verlängern sich aber die hinteren Zellen zu langgestreckten, stäbchenartigen Fasern, den *Linsenzellen,* die sich von dorsal in den Hohlraum vorschieben und diesen allmählich ganz ausfüllen (Abb. 122a). Vom Lumen bleibt später nur noch ein schmaler Spalt übrig (Abb. 122b). Während sich im Äquatorbereich immer neue Linsenfasern an die zentrale

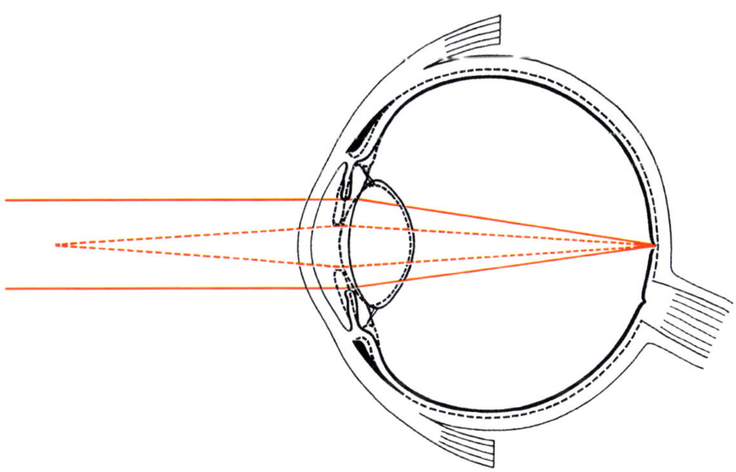

Abb. 124. Mechanismus der Akkommodation beim Menschen (modifiziert nach Benninghoff). Ausgezogene Linien = Ferneinstellung des Auges (Desakkommodation); gestrichelte Linien = Akkommodation (Zunahme der Linsenkrümmung, Pupillenverengung, Bewegung des Ziliarmuskels nach vorne-innen). Der Nahpunkt liegt aus abbildungstechnischen Gründen viel zu nahe am Auge.

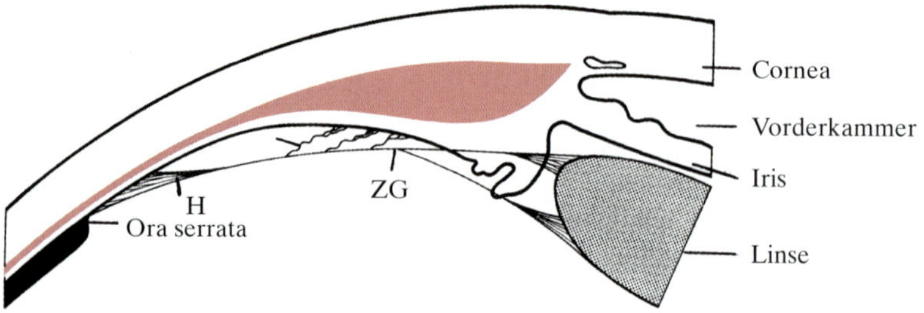

a)

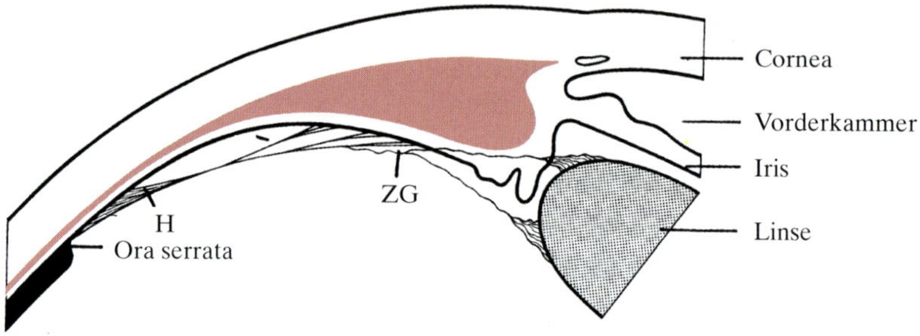

b)

Abb. 125. a u. b) Schema über die gewebsmechanischen Veränderungen in Zonula und Ziliarkörper bei der Akkommodation (nach Rohen u. Rentsch).
a) Desakkommodation = Haltefasern (H) und Zonulagabel (ZG) sind gespannt, Spannfasern (S) entspannt. Der Ziliarmuskel (rot) ist erschlafft. Die Linsenkapsel steht unter der Spannung der elastischen Aderhautmembranen, die sich über das Ziliarepithel auf die Haltefasern überträgt.
b) Akkommodation = Ziliarmuskel (rot) ist kontrahiert, die Spannfasern (S) sind gespannt, und die Zonulagabel (ZG) entspannt. Die Kapselspannung der Linse läßt nach, die Linsenkrümmung nimmt zu.

Masse anschichten, bewahren die Zellen vorne ihren epithelialen Charakter und sorgen durch mitotische Teilungen für den Zellnachschub über den äquatorialen Rand hinweg. Dadurch entsteht der Kernbogen. Die Linsenfasern sind anfangs alle gleich lang. Schließlich reichen sie jedoch nicht mehr ganz vom vorderen bis zum hinteren Pol, so daß Zwischenräume auftreten, in die sich Kittsubstanz einlagert. Die dadurch gebildeten Kittlinien setzen sich schließlich bis an die Linsenoberfläche fort, wo sie als *Linsensterne* in Erscheinung treten. Eine Linsenfaser, die vorn im Zentrum eines Linsensternes ansetzt, erreicht hinten die Spitze eines Schenkels, d.h. die vorne längsten Fasern sind hinten am kürzesten und umgekehrt (Abb. 123). So können alle Fasern einer Schicht gleich lang sein. Es entsteht eine sehr regelmäßige Architektur, die die morphologische Voraussetzung für das hohe Lichtbrechungsvermögen und die Transparenz der Linse ist. Da das ganze Leben hindurch vom Linsenäquator aus neue Linsenfasern gebildet werden, verdickt sich die Linse kontinuierlich. Dieser Zuwachs wird jedoch teilweise durch Schrumpfung des zentralen Linsenkerns wieder ausgeglichen. Außerdem verlangsamt sich die Anschichtung neuer Lamellen mit zunehmendem Alter stark.

Klinischer Hinweis. *Linsentrübungen.* Die ständige (wenn auch langsame) Neubildung von Linsenfasern führt zu einer Dickenzunahme der Linse, die Ursache von Stoffwechselstörungen und Linsentrübungen (Katarakt, grauer Star), besonders im höheren Alter, werden kann.

Die beim Erwachsenen in einer muldenförmigen Vertiefung des Glaskörpers (Fossa

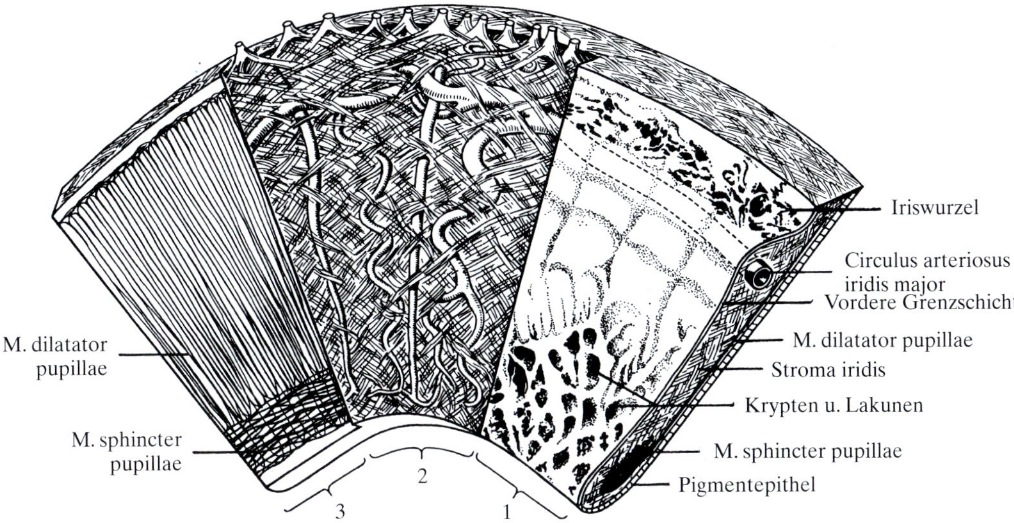

Abb. 126. Konstruktiver Bau der Iris bei Säugern mit runder Pupille. 1 = Vorderblatt; 2 = Gefäßbindegewebsblatt (Stroma); 3 = Pigmentmuskelblatt (nach J. W. Rohen).

patellaris) gelegene bikonvexe Linse besitzt durch die stäbchenartig gebogenen Linsenfasern eine große Elastizität und Verformbarkeit.

Die sechsseitig prismatischen *Linsenfasern,* die die zwiebelschalenartig ineinandergeschichteten Lamellen bilden, werden zusammen mit dem Epithel in den relativ dicken Kapselsack, in den die Zonulafasern von außen einstrahlen, eingeschlossen. Ändert sich die Spannung des Zonulaapparates, so muß sich das auf die Kapsel übertragen. Läßt z.B. die Spannung nach, wölbt sich vor allem die Linsenvorderfläche stärker vor, wodurch die Brechkraft erhöht wird.

Akkommodationsvorgang. Ist der Ziliarmuskel entspannt und das Auge auf die Ferne eingestellt, so überträgt sich die elastische Spannung der Aderhautmembranen über die Grenzmembran des Ziliarepithels auf die Zonula (Abb. 124). Das Hauptfasersystem des Zonulaapparates (System der Haltefasern in Abb. 125) ist gespannt und die Linse abgeflacht (Abb. 125a). Kontrahiert sich nun der Ziliarmuskel, bildet er einen nach innen vorspringenden Wulst (»Kante«) aus, wodurch die Spannfasern des Zonulaapparates nach vorne gezogen und angespannt werden (Abb. 125b). Die Spannfasern können jetzt die gesamte elastische Spannung der rückwärtigen Zonulaplatte ebenso wie auch die der anschließenden Aderhautmembranen übernehmen, so daß sich die vorderen Faseranteile der Zonula lockern und die Linsenkapselspannung nachläßt (Abb. 125). Daraus resultiert dann eine Zunahme der Linsenkrümmung, vor allem im Bereich der Linsenvorderfläche. Je nach Stärke der Muskelkontraktion und Verformung des Ziliarkörpers ist die Spannungsentlastung verschieden. Die Akkommodationsänderung ist also graduell abstufbar. Der Brennpunkt der Linse kann somit kontinuierlich verschoben werden, so daß sich bei jeder Entfernung des Gegenstandes jenseits des Nahpunktes die Lichtstrahlen in der Netzhautmitte schneiden können. Gleichzeitig wird in der Regel auch – aufgrund reflektorischer Regelungen – die Pupillenweite geändert und damit die Tiefenschärfe erhöht. Pupillenverengung und Nahakkommodation gehen Hand in Hand (Abb. 124).

5.3.4 Iris (Blendenapparat)

Die Iris übernimmt die Blendenfunktion des Sehapparates. Beim Menschen kann der Pupillendurchmesser von 1,5 auf 8 mm vergrößert werden. Aufgabe der Iris ist es, die Beleuchtungsintensität für die Photorezeptoren in gewissen Grenzen zu limitieren und die Tiefenschärfe einzustellen. Die dazu notwendigen Gestaltveränderungen werden durch eine Muskellamelle und ein geordnetes, verstellbares Gefäßbindegewebsgerüst erzeugt. Kreisförmig um die Pupillaröffnung herum zieht der glatte M. sphincter pupillae, ein netzförmiges, gitterartig gebautes Muskelband, das die Pupille verengert (Abb. 126). Rädiär dazu liegt der ebenfalls glatte M. dilatator pupillae, der flächenhaft in der hinteren Gewebsschicht der gesamten Iris ausgebreitet ist. Er hängt mit bogenförmigen Verbindungsfasern (Speichenbündeln), mit dem Sphinkter zusammen und kann die Pupille erweitern. Beide zusammen bilden das Muskelblatt, das hinten vom einschichtigen Pigmentepithel bedeckt ist.

Bei den Irisbewegungen ergeben sich meist nur geringe Volumenänderungen, was vor allem durch die Architektur des *Bindegewebsgerüstes (Stroma iridis)* erreicht wird. Dieses besteht beim Menschen aus feinen kollagenen Fasern, die eine sehr regelmäßige, »bogengitterartige« Anordnung besitzen. Die zahlreichen Blutgefäße sind in dieses regelmäßige Maschenwerk systemgerecht eingelagert, d.h. die Knickungswinkel der Gefäße entsprechen den Kreuzungswinkeln des bindegewebigen *Bogengitters.* Kontrahiert sich nun der parasympathisch versorgte M. sphincter, so zieht er das Gitter mehr in eine Längsrichtung, die Winkel werden spitzer. Kontrahiert sich der symphatisch versorgte M. dilatator, so vergrößern sich die Winkel, das Gitter wird weitgestellt.

Die *Irisvorderfläche* erscheint beim Menschen häufig aufgelockert. Man erkennt schon mit bloßem Auge Vertiefungen (Poren), Spalten (Krypten) oder Löcher (Lakunen). Dieses Oberflächenmuster, das dominant autosomal vererbt wird, entsteht durch partielle Rückbildung des Irisvorderblattes.

Akkommodations- und Pupillenreflexe. Die *Pupillomotorik* dient dazu, die Belichtung der Netzhaut, die *Akkommodation,* die Bildschärfe auf der Netzhaut konstant zu halten. Iris und Ziliarmuskulatur sind daher Effektoren eines Reflexbogens, der von Kernen des Mittelhirns (Pupillenzentrum, Akkommodationszentrum) ausgeht und bei dem die Afferenzen aus der Netzhaut stammen. Das motorische Zentrum für den M. dilatator pupillae liegt im Centrum ciliospinale, das in der Seitensäule des Rückenmarks, in Höhe der Segmente C_8-Th_1, lokalisiert ist (Abb. 127). Die Neuriten der dem Sympathicus zuzurechnenden Neurone gelangen über die Rr. communicantes albi in den Grenzstrang des Halses, indem sie ohne Unterbrechung bis zum Ggl. cervicale sup. kranialwärts ziehen. Im Ganglion erfolgt die Umschaltung auf das 2. (postganglionäre) Neuron, das dann über den Plexus caroticus int. und das Ggl. ciliare (Radix sympathica) mit den Nn. ciliares post. breves den M. dilatator pupillae in der Iris erreicht.

M. ciliaris und M. sphincter pupillae werden von den parasymphatischen Kernen des N. oculomotorius (N. III) (z.B. Westphahl-Edinger-Kern) versorgt, die im Mittelhirn in Höhe der oberen Vierhügel gelegen sind. Das 1. (präganglionäre) Neuron zieht mit dem N. oculomotorius bis zum Ggl. ciliare (Radix oculomotoria), wo die Umschaltung auf das 2. Neuron erfolgt, das zusammen mit den sympathischen Fasern über die Nn. ciliares post. in das Innere des Auges gelangt.

Die Steuerungszentren für die Pupillomotorik und die Akkommodation liegen im Dach des Mittelhirns unter den Colliculi sup., im zentralen Höhlengrau oder prätektal vor den motorischen Okulomotoriuskernen (Nucl. praetectalis). Diese Zentren erhalten ihre Afferenzen durch Kollateralen von der Sehbahn, die vor der Einmündung in das Corpus geniculatum lat. vom Tr. opticus zum Mittelhirn abzweigen, z.T. aber auch aus dem Trigeminussystem. Ob vom Pupillenzentrum auch eine absteigende

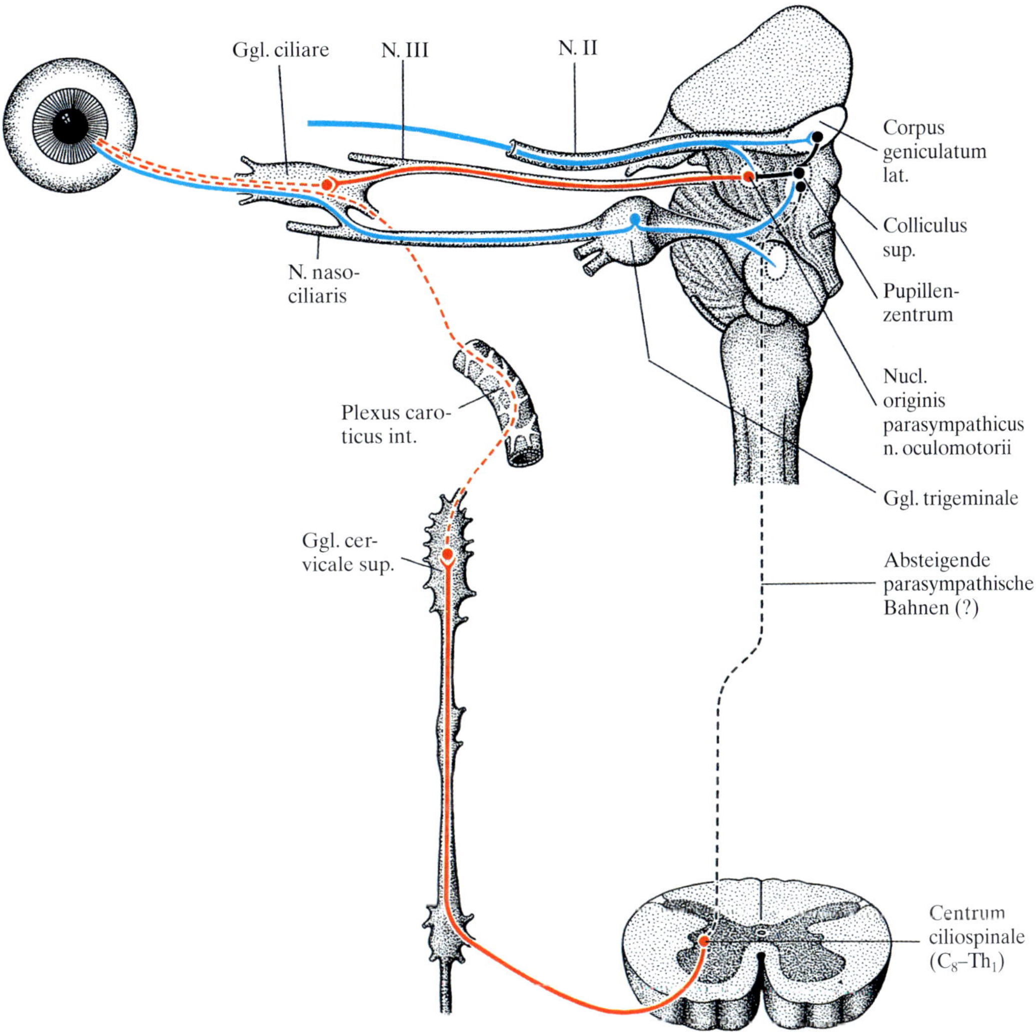

Abb. 127. Schema zur sympathischen und parasymphatischen Innervation der Irismuskulatur (nach M. Clara). Blau = afferente Bahnen; rot = efferente Bahnen.

Bahn zum Centrum ciliospinale vorhanden ist, ist unklar. Sicher sind Verbindungen der akkommodativen und pupillomotorischen Zentren des Mittelhirns mit der Retikularisformation des Hirnstammes und dem limbischen System vorhanden. Jedenfalls ändert sich die Pupillenweite bei emotionalen Reaktionen deutlich, was zeigt, daß dieses System auch die allgemeine Reaktionslage des Nervensystems widerspiegeln kann.

Klinische Hinweise. Die genannten Reflexe treten immer konsensuell auf, d.h. die Belichtung des einen Auges führt stets zu einer Pupillenreaktion *beider* Augen. Bei Erblindung kann gegebenenfalls die Prüfung des Pupillenreflexes Auskunft über den Sitz der Störung geben. Ist der Sehnerv unterbrochen und das Auge amaurotisch, tritt bei Belichtung keine konsensuelle Pupillenreaktion am anderen Auge auf, da vom blinden Auge keine Afferenzen zum Pupillenzentrum laufen. Umgekehrt führt aber eine Belichtung des gesunden Auges zu einer Pupillenreaktion am blinden Auge, wenn die Mittelhirnzentren noch intakt sind. Liegt die Ursache der Sehstörungen hinter dem Chiasma opticum, d.h. in den zentralen Abschnitten der Sehbahn, tritt bei Belichtung eines Auges immer auch eine konsensuelle Pupillenreaktion auf, da ja, wo immer die Störung sitzt, vom Tr. opticus aus die Afferenzen das Pupillenzentrum des Mittelhirns noch erreichen können.

5.3.5 Bewegungsapparat des Auges

Die Leistungsfähigkeit der vorhergehenden drei funktionellen Systeme wird durch den Bewegungsapparat weiter gesteigert, da dieser das »Ins-Auge-Fassen« eines Bildes ermöglicht und dadurch den Sehraum vergrößert. Mit zunehmender Zentralisation der Retina werden die Bulbusbewegungen immer wichtiger, da ja im zentralisierten Auge die einzelnen Regionen der Netzhaut ungleichwertig geworden sind. Der Bewegungsapparat dient aber auch der Kohärenz unseres Wahrnehmungsfeldes, da das Auge fortwährend fast unmerklich zur intendierten Blickrichtung hinbewegt wird.

Am Bewegungsapparat lassen sich aktive und passive Einrichtungen unterscheiden. Zu den passiven zählen Sclera, orbitaler Fettkörper, Faszien- und Bandapparat, zu den aktiven die Augenmuskeln. Gegenüber dem sonstigen Bewegungsapparat des Organismus bestehen grundlegende Unterschiede. So fehlt uns das Muskelgefühl, obwohl Muskel- und Sehnenspindeln in den Augenmuskeln vorkommen. Auch ist kein eigentliches Gelenk vorhanden. Der orbitale Fettkörper (Corpus adiposum orbitae) dient als »Gelenkpfanne«, der Bulbus als Gelenkkopf. Der Augapfel gleitet in einem schmalen, flüssigkeitsgefüllten Spalt (Tenon-Spalt) wie in einem Kugelgelenk. Ein weiterer Unterschied liegt darin, daß das Auge als Kugel den richtenden Einflüssen der Schwerkraft weitgehend entzogen ist. Stellt man sich in Richtung der Blicklinie eine wirkliche Gliedmaße vor, so müßte für deren Bewegung ein mächtiger Muskelapparat ausgebildet werden. Zahlreiche Beuger und Strecker, Ab- und Adduktoren sowie Innen- und Außenrotatoren wären notwendig. Am Auge sind zwar alle diese Muskeln im Prinzip differenziert, jedoch nur in ihrer einfachsten, man könnte auch sagen, idealsten Gestalt. Durch die relative Schwerelosigkeit des Systems genügen 3 Muskelpaare zur Durchführung aller denkbaren Bewegungen. Als Skelett funktioniert die äußere Augenhaut (Sclera und Cornea), an der die Augenmuskeln ansetzen, als Gelenkpfanne die knöcherne Augenhöhle (Orbita) mit dem zugehörigen Fettkörper.

Die **Sclera** besteht aus einem straffen, kollagen-elastischen Bindegewebe, das in Lamellen gegliedert ist. Diese Lamellen durchflechten sich wie bei einem Ballonnetz in meridionaler und äquatorialer Richtung, wobei in den einzelnen Schichten bestimmte Faserrichtungen vorherrschen. Im *Limbusbereich* dominieren zirkuläre Fasertouren, in die die Sehnen der geraden Augenmuskeln einstrahlen. Am Sehnervenkopf ist die Sclera siebartig durchlöchert, um die Optikusfasern durchtreten zu lassen *(Lamina cribrosa)*.

Im Bereich der **Cornea** wird das Fasergerüst, obwohl es ebenfalls in Lamellen geordnet und sehr reich an kollagenen Fasern ist, transparent. Elastische Fasern und Gefäße fehlen, funktionell gehört die Cornea mehr zum Lid- und Tränenapparat (s. S. 195).

Augenmuskulatur. Alle Augenmuskeln mit Ausnahme des M. obliquus inf. entspringen in der Tiefe der Orbita vom Zinn-Sehnenring *(Anulus tendineus communis)*, der den Canalis opticus mit dem Sehnerven sowie den medialen Bereich der Fissura orbitalis sup. umfaßt (Abb. 128). Sie formieren sich in der Orbita zu einem pyramidenförmigen Muskelkegel, der durch Faszien ergänzt wird und den orbitalen Fettkörper einschließt. Oben, unten, lateral und medial ordnen sich die vier geraden Augenmuskeln *(Mm. recti)* an, deren Sehnen breitflächig am Limbus ansetzen. Hinzu kommen zwei schräge Augenmuskeln. Der obere schräge Augenmuskel *(M. obliquus sup.)* entspringt zwar ebenfalls von dem gemeinsamen Sehnenring und zieht aber dann mit einer langen, rundlichen Sehne schräg nach vorn bis zur Trochlea, einer am oberen, medialen Orbitarand befestigten, bindegewebigen Schlaufe, von wo er dann scharf nach hinten umbiegend in die Sclera des hinteren, äußeren Bulbusquadranten ausstrahlt. Die Trochlea wirkt daher wie ein Hypomochlion. Der untere schräge Augenmuskel *(M. obliquus inf.)* kommt von der medialen Orbitawand, unterhalb der Fossa lacrimalis, umgreift den Bulbus von unten und setzt dann ebenfalls lateral im hinteren, unteren Bulbusbereich gegenüber dem M. obliquus sup. an der Sclera an (Abb. 128).

Funktionell lassen sich somit drei Muskelgruppen unterscheiden: Horizontalmotoren (M. rectus bulbi med. u. lat.), Vertikalmotoren (M. rectus sup. u. inf.) und Rotatoren (M. obliquus sup. u. inf.). Der Bulbus dreht sich wie in einem Kugelgelenk um drei Achsen (Abb. 129). Die *Horizontalmotoren* ab- und adduzieren das Auge. Die *Vertikalmotoren* treten von medial schräg an den Bulbus heran und erhalten dadurch noch zusätzliche Wirkungskomponenten. Der M. rectus sup. hat noch eine innenrotatorische und adduzierende, der M. rectus inf. eine außenrotatorische und adduzierende, Komponente. Beide Muskeln sind also im Hinblick auf die Adduktion Synergisten, im übrigen Antagonisten. Die beiden *Rotatoren (Mm. obliqui)* arbeiten im Hinblick auf die Abduktion zusammen, sind aber sonst Antagonisten. Dabei ist der M. obliquus sup. ein Senker und Innenrotator, der M. obliquus inf. ein Heber und Außenrotator.

Das Bewegungssystem des Auges wird immer in einem fein abstufbaren labilen Gleichgewicht gehalten. Kleinste Ausschlä-

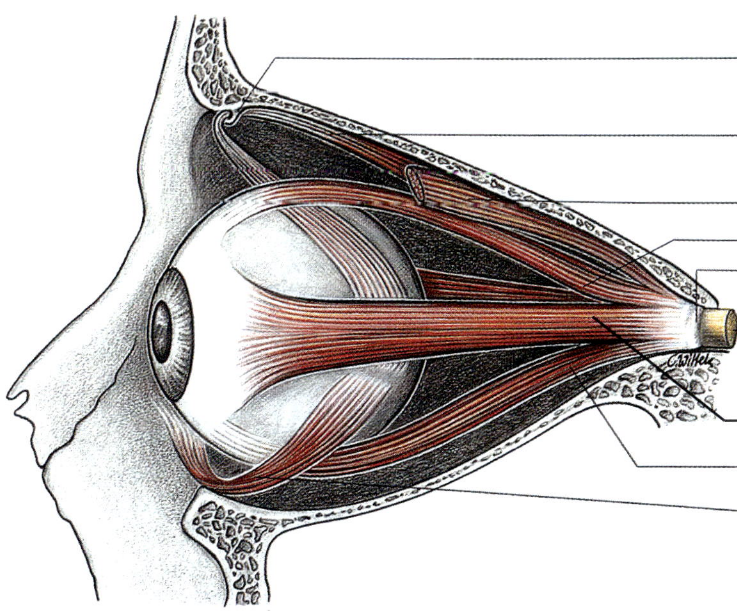

Abb. 128. Lage der äußeren Augenmuskeln in der Ansicht von lateral. Linkes Auge (nach Corning).

ge genügen, um große Verschiebungen des Blickpunktes im Sehraum hervorzurufen. Die Augenmuskeln müssen daher höchst präzise arbeiten. So erklärt sich die auffallend reiche Innervation.

Innervation der Augenmuskulatur und Blickzentren. Da die Führung der Augen für das »Erfassen des Bildes« im dreidimensionalen Raum von großer Bedeutung ist, nimmt es nicht wunder, daß die Innervation der Augenmuskulatur und deren zentrale Steuerung sehr hoch differenziert sind. Der *N. oculomotorius* (N. III) innerviert den M. rectus med., sup. und inf. sowie den M. obliquus inf. Die Ursprungskerne gliedern sich in 5 Gruppen, die im Mittelhirn in Höhe des oberen Vierhügelpaares liegen. Der *N. trochlearis* (N. IV) versorgt nur den M. obliquus sup. Sein Ursprungskern ist weiter kaudal, etwa in Höhe des unteren Vierhügelpaares lokalisiert. Noch weiter kaudal, nämlich am Boden der Rautengrube in Höhe des inneren Fazialisknies, liegt der Ursprungskern des *N. abducens* (N. V), der ausschließlich den M. rectus lat. innerviert. Die weit auseinander liegenden Augenmuskelkerne können funktionell nur zusammenwirken, wenn sie durch ein Assoziationssystem miteinander verknüpft sind. Diese Aufgabe übernimmt hauptsächlich der Fasciculus longitudinalis med., der vom sog. Cajal-Kern (Nucl. interstitialis) des Mittelhirns ausgeht.

Das *pontine »Blickzentrum«*, das in der Formatio reticularis mesencephali lokalisiert ist, koordiniert die Aktivität der Augenmuskelkerne so, daß die Bilder der beiden Augen miteinander fusionieren. Blickbewegungen, die in Zusammenhang mit höheren Hirnfunktionen stehen, werden von einem *parietalen Blickzentrum* aus koordiniert. Dieses liegt im Gyrus supramarginalis, der den Sulcus lat. hinten umgreift. Es verarbeitet hauptsächlich die für das Lesen, Zeichenerfassen und Schreiben notwendigen optischen Afferenzen. Ein 3. »Blickzentrum« findet sich schließlich im Frontallappen im Bereich der prämotorischen Felder *(frontales Blickzentrum)*. Da die Pyramidenbahnen keine Kollateralen zu den motorischen Augenmuskelkernen abgeben, projizieren die frontalen Augenfelder, vor allem Area 8 zum Colliculus sup. und zur Formatio reticularis in der Umgebung der motorischen Kerne, die ihrerseits durch die Neurone des Fascicu-

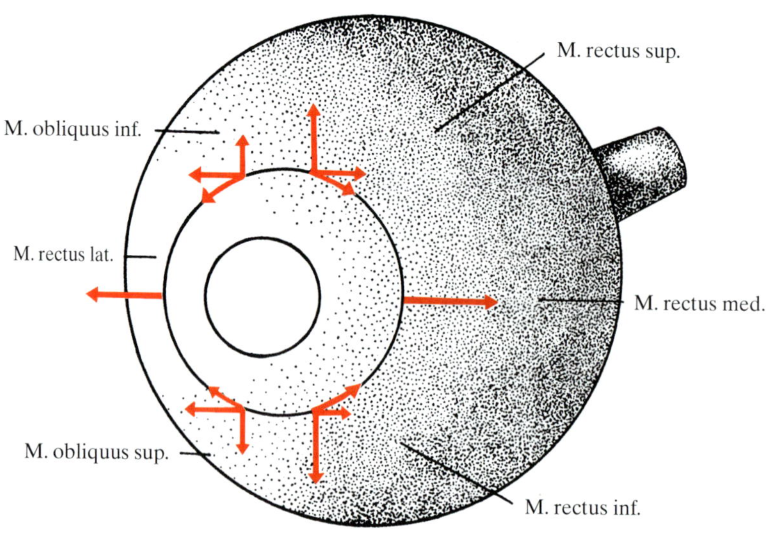

Abb. 129. Schema über die Wirkung der äußeren Augenmuskeln auf die Blicklinie des Augapfels. Die Pfeile geben die Richtung und durch ihre Länge auch die Kraft an, mit der die verschiedenen Muskeln auf den Bulbus einwirken.

lus longitudinalis med. untereinander verknüpft sind. Wir müssen uns vorstellen, daß die übergeordneten Koordinationen für das »Sehenwollen«, d. h. das Suchen, Aufsuchen oder Sichhinwenden zu einem vorher noch nicht vom Auge erfaßten Objekt mit der Funktion dieser Rindenabschnitte zu tun haben.

5.3.6 Lid- und Tränenapparat

Lidapparat. Der Lidapparat hat die Aufgabe, das Sehorgan mechanisch zu schützen und durch Befeuchtung mit Tränenflüssigkeit die Hornhaut durchsichtig zu erhalten. Er versieht den Dienst eines Pförtners, der den Sehapparat zur Umwelt in Beziehung setzt. Das Auge liegt zwar an der Oberfläche, kann aber im Gegensatz zum Ohr durch die beweglichen Lider, die spezialisierte Hautfalten darstellen, jederzeit vor störenden Lichtreizen geschützt werden. Die Innenseite der Lider wird von der **Bindehaut,** einer speziellen Schleimhaut *(Conjunctiva),* überzogen. Der Bindehautsack wird durch das Sekret der Tränendrüse, die unter dem Orbitadach liegt, befeuchtet. Diese Befeuchtung ist ein wichtiger biologischer Vorgang, der die Hydratationsverhältnisse in der Hornhaut wesentlich mitbestimmt. Ohne den Lid- und Tränenapparat würde die Cornea austrocknen und ihre Transparenz verlieren. Die Struktur des Muskel-, Drüsen- und Bindegewebsapparates der Lider läßt sich zwanglos aus dieser übergeordneten Funktion verstehen.

Die **Cornea** zeigt einen ausgesprochenen Schichtenbau. Der Hauptteil der Cornea *(Stroma corneae)* besteht aus Lamellen kollagener Faserbündel, die in eine Kittsubstanz, die auffallend reich an Proteoglykanen ist, eingebettet sind. Zwischensubstanz und Fasern sind so angeordnet und so stark entwässert, daß sie den gleichen Brechungsindex aufweisen und daher transparent sind. Außen wird das Stroma von einem mehrschichtigen unverhornten Plattenepithel, innen von einem einschichtigen Endothel bedeckt. Das Hornhautendothel liegt einer relativ dicken, basalmembranartigen Schicht (Descemet-Membran) auf Es stellt die für die Entwässerung des Hornhautstromas wichtigste Struktur dar. Das Endothel pumpt nämlich ständig Wasser aus dem Stroma heraus und erhält dadurch die Corneatransparenz.

Die **Lidmuskulatur** hat die Aufgabe, die Tränenflüssigkeit gleichmäßig über das Auge zu verteilen und den Kontakt zwischen Lidern und Auge aufrechtzuerhalten. Der **M. orbicularis oculi** besteht aus drei Portionen, einer *Pars orbitalis* (in der Umgebung der Lider), einer *Pars palpebralis* (innerhalb der Augenlider selbst) und einer *Pars lacrimalis* (im Bereich des Lidrandes, sog. Horner-Muskel). Die lakrimale Portion spannt sich nahe den Lidrändern wie ein Bogen von der medialen zur lateralen Orbitawand. Medial sind die Orbikularisfasern am Lig. palpebrale med. befestigt.

Für die Lidöffnung hat sich im Oberlid ein eigener Muskel, der quergestreifte **M. levator palpebrae sup.,** entwickelt, der zusammen mit dem M. rectus sup. durch die Orbita zieht und fächerartig in die Lidhaut ausstrahlt. Er wird durch den glatten **M. tarsalis sup.,** der in der Wurzel des Oberlides liegt, unterstützt. Im Unterlid existiert ein entsprechender, quergestreifter Lidsenker nicht, da abzweigende Sehnenfasern des M. rectus inf. die nur geringen Senkbewegungen des Unterlides mitbewältigen können. Im Unterlid ist aber ein glatter **M. tarsalis inf.** vorhanden, der zusammen mit dem M. tarsalis sup. für die Grundeinstellung des Lidspaltes sorgt. Als Versteifung (»Skelett«) der Augenlider dienen die Tarsalplatten, an denen sich auch die Tarsalmuskeln befestigen. Sie bestehen aus einem dichten Bindegewebsfilz, der zahlreiche große Talgdrüsen (Meibom-Drüsen) enthält.

Tränenapparat. Die Tränenflüssigkeit wird von der **Tränendrüse** produziert, die von der Aponeurose des M. levator palpebrae sup. in zwei Portionen geteilt wird. Die Ausführungsgänge münden lateral-oben in den Bindehautsack *(Fornix conjunctivae)* ein (Abb. 130). Die Tränenflüssigkeit wird durch die Lidschlagbewegungen über das Auge verteilt und nach medial zu den tränenableitenden Wegen transportiert. Medial wird vom Lidapparat ein kleiner Raum ausgespart, wo die Konjunktivalschleimhaut als *Caruncula lacrimalis* sichtbar wird. Hier sammelt sich meist etwas Tränenflüssigkeit an (Tränensee oder *Lacus lacrimalis)*. Medial liegen die Tränenpünktchen *(Puncta lacrimalia)*, kleine, schlitzförmige Öffnungen der *ableitenden Tränenkanälchen* **(Canaliculi lacrimales)**, die auch am Lebenden zu erkennen sind. An den beiden Tränenkanälchen kann jeweils ein kürzerer vertikaler und ein längerer horizontaler Schenkel unterschieden werden (Abb. 130). Beide sind von Muskelfasern umgeben, die aus der Horner-Portion des M. orbicularis oculi stammen. Beim Lidschluß kippen die Tränenpünktchen etwas nach innen und tauchen in den Tränensee ein. Die Muskulatur der Tränenkanälchen wirkt als Saug- und Druckpumpe, so daß die Tränenflüssigkeit aktiv aus dem Tränensee abtransportiert werden kann. Von den Kanälchen gelangt die Flüssigkeit dann in den Tränensack *(Saccus lacrimalis)*, der unmittelbar unter dem medialen Lid liegt und sich kaudalwärts in den Tränen-Nasen-Gang **(Ductus nasolacrimalis)** fortsetzt, der unter der unteren Nasenmuschel mündet.

5.3.7 Glaskörper und Kammerwasserzirkulation

Die genannten fünf funktionellen Systeme werden durch übergeordnete, dem Gesamtorganismus zugehörige Systeme zu einer Einheit zusammengefaßt und funktionell koordiniert. Diese Aufgabe übernehmen Gefäß-, Nerven- und Flüssigkeitssystem des Auges. Über die Gefäßversorgung ist schon gesprochen worden (s. S. 174). Der nervöse Apparat sorgt dafür, daß der Lidschlag mit der Augenbewegung oder die Akkommodation mit der Pupillenmotorik gekoppelt wird. Nervöse Koordinationen existieren auch zwischen Netzhaut und Lidapparat, was schon beim »spontanen Lidschlag« zu

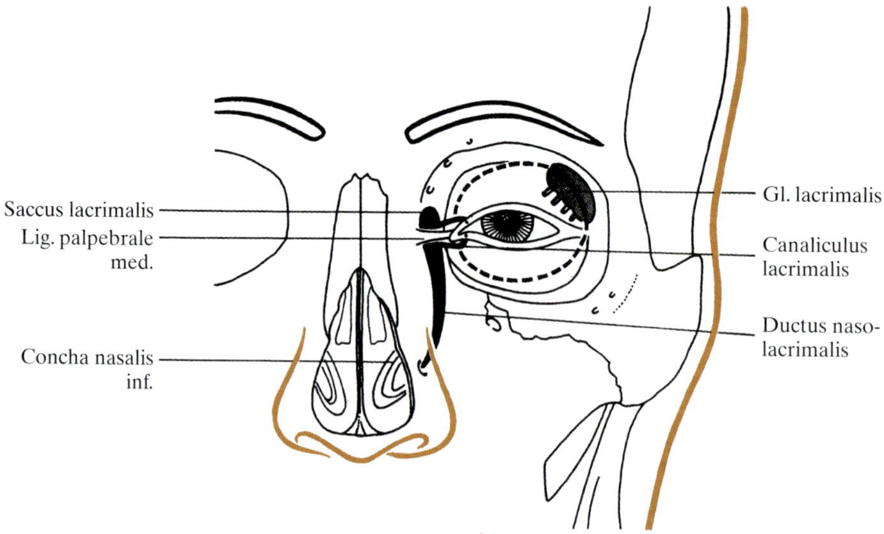

Abb. 130. Topographische Anordnung des Lid- und Tränenapparates beim Menschen. Schwarz = tränenableitende Wege.

beobachten ist. Wie man leicht an sich selbst feststellen kann, wird jede größere Kopfbewegung von einem Lidschlag begleitet, wodurch das für die Perzeption ohnehin tote Intervall rezeptorisch ausgeschaltet und einem optisch ausgelösten Schwindel entgegengewirkt wird. Diese wenigen Beispiele zeigen, wie die geschilderten funktionellen Systeme durch die nervösen Versorgungssysteme zu einer arbeitsfähigen Ganzheit werden.

Da das Sehorgan keinen eigenen Lymphapparat besitzt, muß zur Konstanterhaltung des intraokularen Druckes (normal 14–20 mmHg) ein besonderes Flüssigkeitssystem ausgebildet werden. Hierzu gehören der Glaskörper und die mit Kammerwasser gefüllten Hohlräume des Augapfels.

Glaskörper. Der Glaskörper ist eine organisierte, von einer Membran umgebene Gallerte, die ein hydrophiles Gel, das zu 98–99% aus Wasser besteht, darstellt. Dieses Wasser ist nicht frei, sondern an Eiweiß (Vitrein) und Glykosaminoglykane, in der Hauptsache Hyaluronsäure, gebunden. Diese Stoffe geben dem Glaskörper eine gewisse Festigkeit, ohne die Transparenz zu gefährden. Es kommen im Glaskörper auch feinste Fibrillen (sog. Gelkörperfibrillen) sowie vereinzelt gröbere kollagene Fasern vor. In der Rindenzone verdichtet sich das Fasergerüst etwas.

Kammerwasserzirkulation. Das **Kammerwasser** *(Humor aquosus)* wird von den Ziliarfortsätzen unter aktiver Beteiligung des Ziliarepithels sezerniert. Es strömt von der hinteren Augenkammer an der Linse vorbei zur Pupille und dann weiter in die Vorderkammer hinein (Abb. 131). In der Kammerbucht wird es schließlich durch das Maschenwerk des Trabekelwerkes *(Trabeculum corneosclerale,* Abb. 131 c u. d) in den ringförmigen **Schlemm-Kanal (Sinus venosus sclerae)** filtriert, der durch zahlreiche Außenkanälchen mit den intra- und episkleralen Gefäßen in Verbindung steht. Damit fließt das Kammerwasser letztlich wieder in das Blut zurück. Der Einstrom der wasserklaren Flüssigkeit in die episkleralen Blutgefäße läßt sich auch am lebenden Auge beobachten *(Kammerwasservenen).* Die Kammerwasserzirkulation ist für die Konstanterhaltung des intraokularen Druckes von großer Bedeutung. Aber auch für die Ernährung der gefäßlosen Gewebe des vorderen Auges (Linse, Cornea) spielt das Kammerwasser eine Rolle.

Klinische Hinweise. Der intraokulare Druck hängt nicht nur von der Sekretionsrate, sondern auch vom Abflußwiderstand an der Innenwand des Schlemm-Kanals ab. Verdichtet sich das trabekuläre Filtergewebe, so kann der Abflußwiderstand steigen. Die resultierende intraokulare Drucksteigerung kann zu einer Netzhautschädigung und damit zu einer Erblindung führen *(Glaukom* oder grüner Star).

Allgemeine Stoffwechselstörungen, wie z. B. Diabetes, können sich auf die Zusammensetzung des Kammerwassers auswirken und spezifische *Linsentrübungen* hervorrufen. Erfolgen diese während der Wachstumsperiode, so prägen sie sich den entsprechenden Schichten der Linse ein. Der Augenarzt vermag also gegebenenfalls in vivo aus dem Linsenbild Zeitpunkt und Art abgelaufener Allgemeinerkrankungen zu erschließen.

5.4 Auditives System (Gehörorgan und Hörbahn)

In der Welt der Sinne nimmt das auditive System einen hohen Rang ein. Während die optischen Wahrnehmungen nur die Oberfläche der Gegenstände betreffen, dringt das Gehör tiefer in die Natur der Wahrnehmungsobjekte ein. Vor allem ist das Hören die unumgängliche Voraussetzung für die sprachliche Kommunikation zwischen den Menschen. Früh Ertaubte verlieren wegen

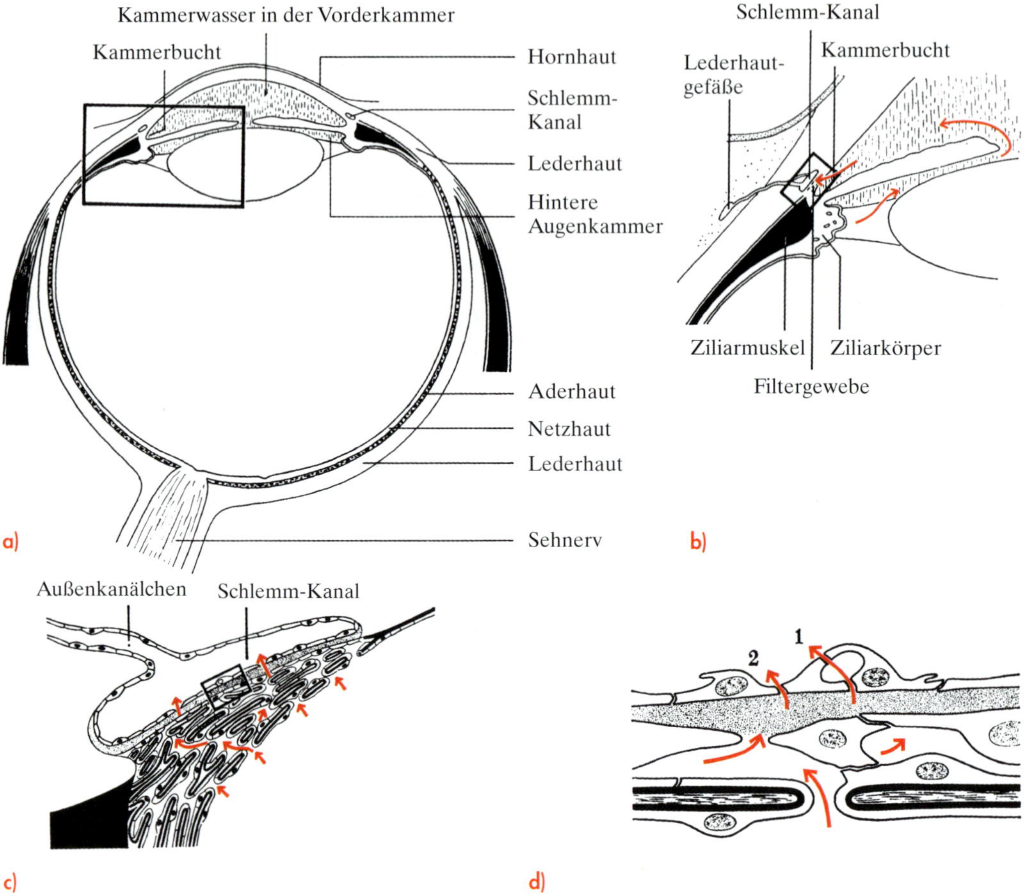

Abb. 131. a–d) Schematische Darstellung der Kammerwasserzirkulation. Stufenweise Vergrößerungen entsprechend den markierten Ausschnitten.
a) Übersicht. Die mit Kammerwasser gefüllten Teile des vorderen Auges sind gestrichelt.
b) Kammerwinkelregion. Ausschnittvergrößerung aus (a). Die Pfeile deuten die Stromrichtung des Kammerwassers an.
c) Aufbau des Filtergewebes (Trabeculum corneosclerale) nach elektronenmikroskopischen Befunden. Ausschnittvergrößerung aus (b). Die Pfeile deuten den Weg des Kammerwassers an.
d) Ultrastruktur der Innenwand des Schlemm-Kanals, durch die das Kammerwasser hindurchfiltriert wird. Ausschnittvergrößerung aus (c). Die Passage erfolgt entweder durch intraendotheliale Mikrokanälchen bzw. Poren (1) oder durch interendotheliale Zellücken (2).

der mangelnden akustischen Kontrolle vielfach nicht nur die Sprache, sondern auch ihr Denk- und Assoziationsvermögen, da der größte Teil der sensorischen Anregungen für das Denken aus den Laut- und Sprachäußerungen stammt. Während Blinde häufig übersensibel und in ihrer Denk- und Intelligenzsphäre »überwach« sind, »verdummen« in vielen Fällen die Ertaubten, besonders die Taubstummen, da ihnen die wichtigste Quelle für den Informationsaustausch, die gedanklichen Inhalte der Sprache, fehlen.

Die auditiven Sensoren befinden sich in der Schnecke des Innenohres (vgl. a. S. 207). Von dem im Felsenbein des Os temporale eingeschlossenen Sinnesorgan gehen die Erregungen über den VIII. Hirnnerven (Pars cochlearis n. vestibulocochlearis) zum

Rautenhirn und weiter über mehrere Schaltstationen zur Hörrinde im Temporallappen.

Wie beim Auge wird der nervöse Apparat durch Hilfssysteme unterstützt. Diese sind aber nicht kugelschalenartig *ineinander*, sondern *hintereinander* gruppiert. Die der akustischen Perzeption zugrunde liegenden Luftschwingungen werden erst umgeformt, ehe sie von den Rezeptorzellen aufgenommen werden. Diese Aufgabe übernehmen die Organe des äußeren und mittleren Ohres. Das äußere Ohr dient als Schallempfänger. Im Mittelohr werden die Luftschwingungen durch die Gehörknöchelchenbrücke in Flüssigkeitsbewegungen des Innenohres übersetzt und dann vom Sinnesepithel der Schnecke in nervöse Erregungen transformiert.

5.4.1 Entwicklungsgeschichtliche Vorbemerkungen

Gehör- und Gleichgewichtsorgan entstehen aus einer gemeinsamen Anlage, dem *Labyrinthbläschen.* In der 3. Embryonalwoche verdickt sich das Ektoderm in Höhe der Rautenhirnanlage, senkt sich in die Tiefe und bildet ein epitheliales Bläschen (Abb. 132). Dieses differenziert sich in seinem oberen Abschnitt zu den drei Bogengängen, die mit dem Utriculus zusammenhängen, während vom Sacculus der Schneckengang (Ductus cochlearis) auswächst, der sich zunehmend spiralig aufrollt und dadurch die Cochlea bildet. Die Verbindung mit dem Sacculus engt sich zunehmend ein und bleibt später nur noch in Form des dünnen und häufig obliterierten Ductus reuniens erhalten. Aus dem Epithel des Schneckenganges sondern sich frühzeitig Zellen ab, die den Epithelverband verlassen und zu Neuroblasten werden. Diese differenzieren sich zu bipolaren Ganglienzellen, die in der Nähe des Schneckenganges liegen bleiben, aber die spiralige Wachstumsbewegung der embryonalen Schnecke noch mitmachen, so daß das aus diesen Zellen hervorgehende *Ganglion spirale* ebenfalls eine spiralige Form bekommt (Abb. 133). Die Neuroblasten senden einen peripheren Fortsatz aus, der sekundär wieder mit dem Epithel des Schneckengangs in Kontakt kommt und dort die Entwicklung der Sinneszellen, d.h. des Corti-Organs induziert. Außerdem wächst ein weiterer Fortsatz dieser Neuroblasten in das Rautenhirn ein und geht mit den Neuroblasten der späteren Schaltkerne am Boden der Rautengrube (Kochleariskerne) synaptische Verbindungen ein. Aus dem umgebenden Mesenchym (genauer Mesektoderm) gehen die zunächst knorpelige, dann knöcherne Labyrinthkapsel sowie die das häutige Labyrinth umhüllenden Perilymphräume hervor.

Die Hilfsorgane des Gehörganges, vor allem das Mittelohr und die Gehörknöchelchen, entstehen durch Umbildung des *Kiemenapparates.* Hammer und Amboß, deren gelenkige Verbindung stammesgeschichtlich das primäre Kiefergelenk repräsentiert, bilden sich aus dem 1. Kiemenbogen, der Steigbügel aus dem 2. Kiemenbogen. Die Gehörknöchelchen sind damit Abkömmlinge des Viszeralskelettes und entwickeln sich zunächst außerhalb des Primordialkraniums am Grunde der seichten ersten Schlundtasche. Erst durch die Ausbildung des Os tympanicum, das zu einer ringförmigen Knochenspange (Anulus tympanicus) auswächst und das Trommelfell verspannt, erhält die Paukenhöhle von außen her einen Abschluß. Dadurch erlangen die Gehörknöchelchen auch ihre spätere tiefe Lage.

Pneumatisation. Die Gehörknöchelchen mit ihren Bändern und den nur bei Säugern vorhandenen zwei Muskeln sind anfangs in ein dichtes, saftreiches, embryonales Bindegewebe eingebettet. Bevor aber die Funktion der Gehörknöchelchenbrücke als Schallübertragungsapparat einsetzen kann, muß dieses Bindegewebe rückgebildet, d.h. das Mittelohr belüftet werden. Man bezeichnet diesen Vorgang, der in der Fetalentwicklung erst relativ spät einsetzt, als *Pneumatisation.*

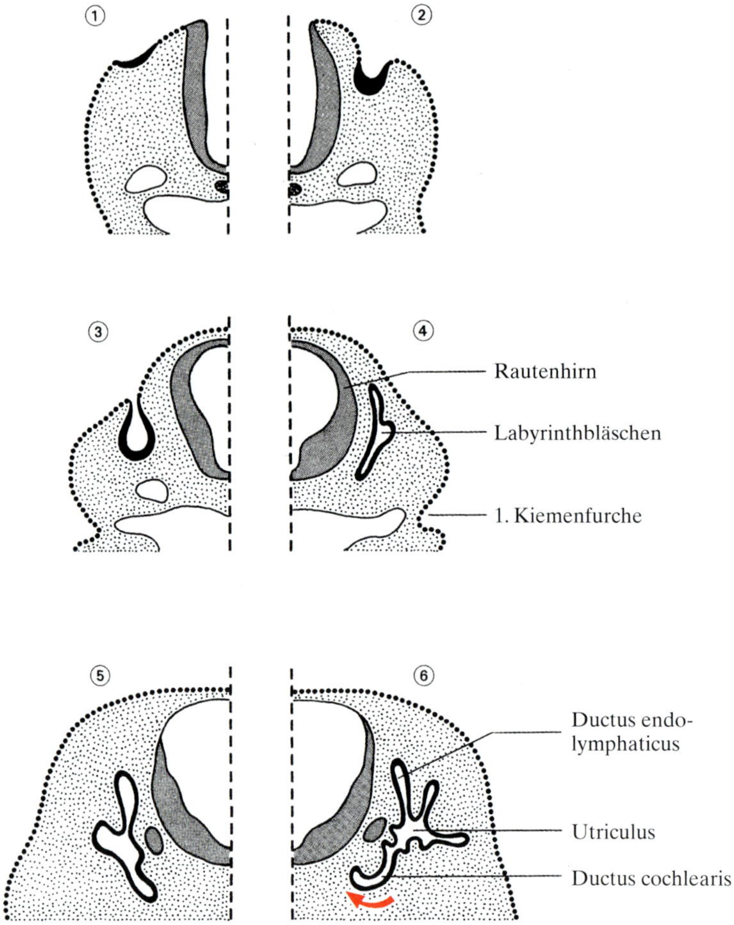

Abb. 132. Schemata zur Entwicklung des häutigen Labyrinths (nach Clara). 1 = Stadium der Labyrinthplatte; 2 = Stadium der Labyrinthgrube; 3 = Stadium des Labyrinthbläschens (kurz vor der Abschnürung vom Ektoderm); 4 = Labyrinthbläschen (abgeschnürt); 5 = beginnende Gliederung des Labyrinthbläschens; 6 = Anlage der Bogengangtaschen und Auswachsen des Schneckenganges in Richtung des Pfeiles.

Im 8. Embryonalmonat wächst ein epithelialer Sproß von der ersten entodermalen Schlundtasche aus durch die Tube gegen das ganz mit Mesenchym ausgefüllte Mittelohr vor. Durch Verdrängung des embryonalen, saftreichen Bindegewebes weitet sich der Epithelschlauch aus und schafft dadurch luftgefüllte Hohlräume. Bis zur Geburt ist das Mittelohr weitgehend pneumatisiert. Merkwürdigerweise schreitet aber dieser Prozeß dann noch weiter fort und ergreift auch das angrenzende Innenohrgebiet. Die Pneumatisation vollzieht sich aber hier auf andere Weise. Zunächst beginnt das Bindegewebe proliferativ in die Markräume einzuwuchern und das Knochenmark zu verdrängen. Auch die Knochenbälkchen werden aufgelöst und dadurch größere knochenfreie Bezirke im Felsenbein geschaffen. Erst nach dieser sog. »vorbereitenden Markumwandlung«, die gegen Ende des 1. Lebensjahres einsetzt, beginnt die Schleimhaut des Mittelohres in die hinteren Felsenbeinbezirke einzuwachsen und das ge-

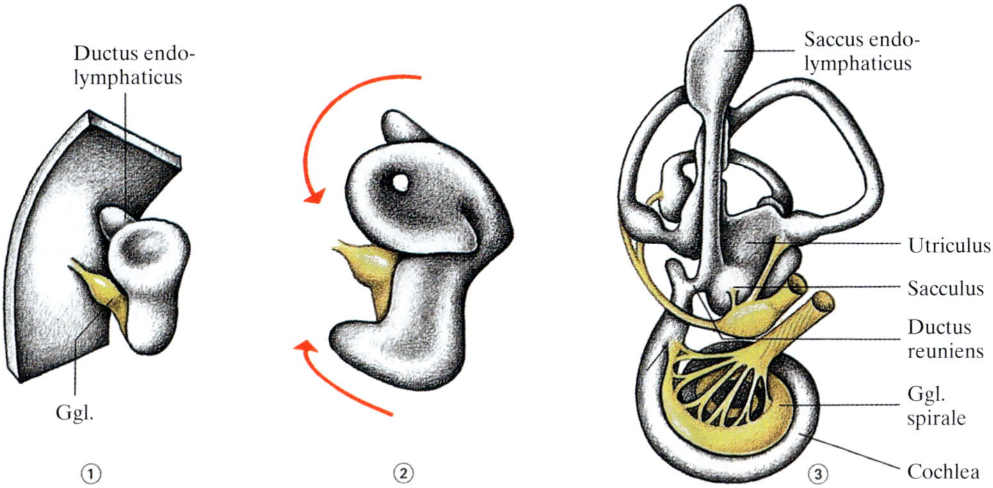

Abb. 133. Formentwicklung des Labyrinthorgans beim menschlichen Embryo (nach Streeter). 1 = 6,6-mm-Embryo; 2 = 11-mm-Embryo; 3 = 30-mm-Embryo. Die Pfeile deuten die Wachtumsrichtung an. Gelb = Ggl. vestibulare, Ggl. spirale und N. vestibulocochlearis (N. VIII).

wucherte Bindegewebe wiederum abzubauen. Dadurch werden auch hier lufthaltige Hohlräume *(Cellulae mastoideae)* geschaffen.

Klinischer Hinweis. Die Intensität der Pneumatisationsprozesse ist für die Klinik von Interesse, da bei guter Pneumatisation die Mittelohrschleimhaut in der Regel dünn ist, bei schlechter aber dick und ödematös bleibt, wobei letzteres eine Disposition zu Mittelohrentzündungen mit sich bringt. Ein Röntgenbild, das z.B. Zahl und Größe der Cellulae mastoideae zeigt, kann also Anhaltspunkte für die Beurteilung der Schleimhautverhältnisse des Mittelohres liefern.

5.4.2 Schalleitender Apparat

Äußeres Ohr und Gehörgang. Das äußere Ohr, das aus zwei Teilen besteht, der Ohrmuschel (Auricula) und dem Ohrläppchen (Lobulus), ist beim Menschen kaum noch beweglich, so daß die bei Tieren so hervorstechende Funktion des einstellbaren Schallfängers in den Hintergrund getreten ist (Abb. 134). Die an der Ohrmuschel ansetzenden, mimischen Muskeln (M. auricularis ant., med. und post.) sind rudimentär. Die Ohrmuschel schützt den Eingang zum äußeren Gehörgang. Der kompliziert gestaltete, elastische Knorpel wird von einer schweißdrüsenfreien Haut überzogen, die dem Knorpel innen fest anhaftet, außen aber verschieblich ist. Das sehr gefäßreiche Ohrläppchen ist knorpelfrei (Möglichkeiten für Blutentnahmen und Hautbiopsien).

Der durchschnittlich 24 mm lange **äußere Gehörgang (Meatus acusticus ext.)** setzt sich aus einem knorpeligen und einem knöchernen Teil zusammen (Abb. 134). Der knöcherne ist etwas länger als der knorpelige und wird von der Pars tympanica des Os temporale gebildet. Im Ganzen zeigt der Gehörgang einen leicht schraubenförmigen Verlauf. Am Eingang finden sich lange Borstenhaare (Vibrissae), die im Alter zahlreicher werden.

Klinischer Hinweis. Im knorpeligen Abschnitt ist die Gehörgangshaut reich an Duftdrüsen sowie Schweiß- und Talgdrüsen. Zusammen mit Epidermisschuppen bilden diese Drüsen das *Ohrschmalz (Cerumen)*. Zeruminalpfröpfe können den Gehörgang verstopfen und Schwerhörigkeit verursachen.

Mittelohr (Cavitas tympanica). Die vom äußeren Ohr aufgenommenen Schallwellen versetzen das am Ende des Gehörganges gelegene **Trommelfell (Membrana tympanica)** in Schwingungen (Abb. 135). Diese Schwingungen werden mittels der Gehörknöchelchenbrücke durch den schmalen Raum des Mittelohres hindurch zum Innenohr weitergeleitet. Das Trommelfell stellt eine äußerst dünne, gespannte Membran dar, die etwas schräg gestellt und in der Mitte trichterförmig eingezogen ist. Diese Einziehung (Umbo oder Trommelfellnabel) kommt durch den Ansatz des Hammergriffes zustande. Die Spannung des Trommelfells wird durch die Einfalzung in den knöchernen Anulus tympanicus aufrechterhalten (Pars tensa). Da dieser Ring aber an einer Stelle oben offen bleibt, entsteht ein schmaler, spannungsfreier Bezirk im Trommelfell (Pars flaccida oder Shrapnell-Membran).

Das Trommelfell wird beidseitig von Epithel überzogen, und zwar außen von der Epidermis, der Haut des äußeren Gehörganges, und innen vom Respirationsepithel, der Schleimhaut des Mittelohres. Diese Epithelschichten sind sehr dünn. Haare und Drüsen fehlen. Dazwischen liegt eine Faserschicht (Lamina propria), die im Bereich der Pars tensa aus einem funktionell geordneten Fa-

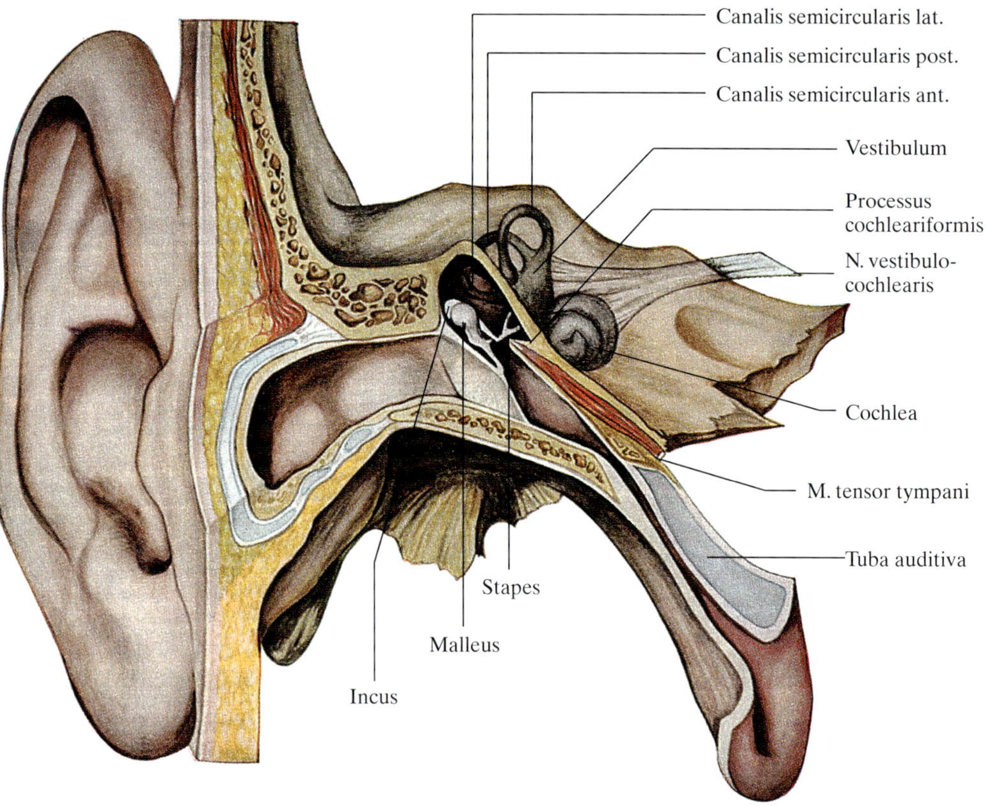

Abb. 134. Lageverhältnisse des äußeren und mittleren Ohres im Verhältnis zum Innenohr (nach Braus).

sergerüst mit radiär und zirkulär verlaufenden Bündeln besteht. In der hinten-oben gelegenen Pars flaccida gehen die geordneten Faserstrukturen allmählich in ein mehr ungeordnetes Geflecht über. Die Trommelfellschwingungen übertragen sich mittels des Hammergriffes auf die Gehörknöchelbrücke.

Beim Menschen existieren drei **Gehörknöchelchen:** Hammer *(Malleus)*, Amboß *(Incus)* und Steigbügel *(Stapes)*. Der Hammer hat die Form einer Keule und steht mit dem Amboßkörper in gelenkiger Verbindung. Der Amboß wiederum bildet mit seinem langen Schenkel (Crus longum) ein kleines Gelenk mit dem Steigbügelköpfchen, das mittels zweier Schenkel mit der Steigbügelplatte verbunden ist. Die Platte ist in eine kleine Öffnung der medialen Mittelohrwand eingelassen *(For. ovale)* und dort durch ein Ringband (Lig. anulare) fixiert.

Die Gehörknöchelchenkette, die stammesgeschichtlich aus dem primären Kiefergelenk hervorgegangen ist, wird durch zahlreiche kleine Bänder an den Wänden des oberen Mittelohrraumes (Epitympanon) befestigt und gewissermaßen dadurch in der Schwebe gehalten. Die eigenartige Form der Gehörknöchelchen läßt sich funktionell erklären. Die Massenverteilung der Knochensubstanz um die jeweiligen Schwerpunkte herum ist so, daß die Gelenkkette

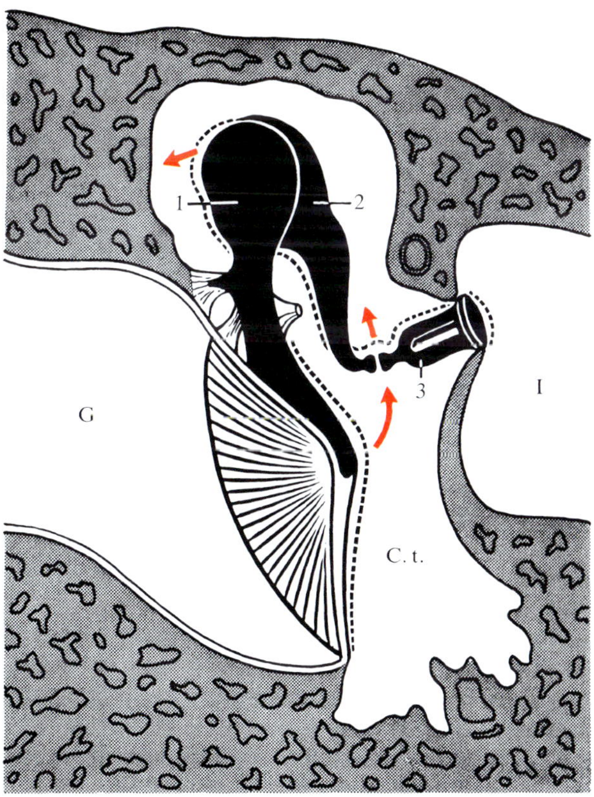

Abb. 135. Mittelohrraum mit Gehörknöchelbrücke und Trommelfell in verschiedenen Funktionsstellungen (in Anlehnung an eine Abbildung von Benninghoff). Die Pfeile deuten die Richtung und Stärke der Bewegungen der Gehörknöchelchen bei der Schallwellenübertragung an. 1 = Hammer (Malleus); 2 = Amboß (Incus); 3 = Steigbügel (Stapes); C. t. = Cavitas tympanica; G = äußerer Gehörgang; I = Innenohr.

der Gehörknöchelchen nahezu schwerelos schwingen kann und äußerst fein beweglich ist.

Die Schwingungsfähigkeit der Gehörknöchelchenkette kann durch zwei quergestreifte Muskeln aktiv verändert werden. Der **M. stapedius,** der kleinste Muskel des Körpers, der vom N. facialis (N. VII) innerviert wird, liegt in der hinteren Paukenhöhlenwand innerhalb des Knochens, dicht unterhalb des Fazialiskanals, und befestigt sich mit einer kurzen Sehne am Kopf des Steigbügels. Er kann die Stapesfußplatte im ovalen Fenster um eine senkrechte Achse etwas kippen und heraushebeln.

Der **M. tensor tympani,** der vom N. trigeminus (N. V) innerviert wird, verläuft parallel mit der Ohrtrompete im vorderen Teil des Canalis musculotubarius und zieht mit seiner an der medialen Paukenhöhlenwand senkrecht umbiegenden Sehne um den Processus cochleariformis herum, quer durch das Mittelohr zum Hammergriff (Abb. 134). Er kann den Hammergriff und damit den Trommelfellnabel einwärts ziehen, wodurch sich die Trichterform und Spannung des Trommelfells verstärken (Abb. 135).

Tuba auditoria (auditiva). Damit das Schalleitungssystem schwingen kann, muß der Mittelohrraum nicht nur luftgefüllt sein, sondern auch an die Außenwelt angepaßte Druckverhältnisse aufweisen. Luft in den Binnenräumen des Körpers wird in der Regel durch die Schleimhäute rasch resorbiert. Das Mittelohr muß daher regelmäßig belüftet werden. Dies geschieht durch die Ohrtrompete (Tuba auditoria, Eustachi-Röhre). Durch diese Verbindung kann jederzeit ein druckausgleichender Luftaustausch zwischen Pharynx und Mittelohrraum stattfinden. Die *Tuba auditoria* besteht aus einem knöchernen (⅓) und einem knorpelig-membranösen Teil (⅔). Sie beginnt vorn am Boden der Paukenhöhle, dem sog. *Hypotympanum* oder Paukenkeller, mit dem Ostium tympanicum und verläuft dann schräg nach vorne-unten bis zum Epipharynx *(Ostium pharyngeum).* Die seitliche untere Wand der knorpeligen Tube ist membranös verschlossen. Da die Fasern des M.tensor veli palatini an der Abschlußmembran befestigt sind, kann dieser Muskel die Membran vom Tubenknorpel abheben und so das Tubenlumen erweitern. Die Tubenöffnung erfolgt meist unwillkürlich beim Schluckakt, so daß ein regelmäßiger Druckausgleich im Paukenraum erreicht wird. Die Tube ist mit Respirationsschleimhaut ausgekleidet. Die Bewegung der Flimmerhaare ist gegen den Rachen zu gerichtet. Vom Mittelohrraum fließt daher ein ständiger Sekretstrom in den Nasen-Rachen-Raum.

Klinischer Hinweis. Entzündet sich die Tubenschleimhaut und verschließt die Tube, so kann es zum Sekretstau kommen, wodurch die Belüftung des Mittelohrs mangelhaft wird. Es ergibt sich eine schmerzhafte Druckdifferenz, die gegebenenfalls das Trommelfell einreißen läßt. Die Tube kann mit einer gebogenen Sonde vom Nasen-Rachen-Raum aus sondiert und belüftet werden.

Funktionelle Bedeutung des Mittelohres. Die Gehörknöchelchenkette liegt etwa im oberen Drittel des Mittelohrraumes *(Mesotympanum),* d.h. da, wo der Raum am schmalsten ist. Die Fläche des Trommelfells ist größer als die des ovalen Fensters, wo die Steigbügelplatte eingefügt ist. Die Trommelfellschwingungen werden durch die Gliederkette der Gehörknöchelchen, die wie ein Winkelhebel funktioniert, verstärkt. Wird der Hammergriff nach einwärts gedrückt, bewegt sich der Hammerkopf nach auswärts, der lange Amboßschenkel wiederum nach einwärts und die Steigbügelplatte in das ovale Fenster hinein (Abb. 135). Da bei der Gehörknöchelchenkette der längere Hebelarm jeweils auf der Schalleingangsseite liegt, muß die Amplitude der Schallwellen verkleinert werden. Durch die Verkleinerung der Amplitude und die Verstärkung der Kraft wird die Umformung der Luftschwingungen in Körperschwingungen vorbereitet und die Anpassung an die Unterschiede des Wellenwiderstandes von Luft und Wasser (Perilymphe) erreicht. Der Schallwellenwiderstand der Innenohrflüssigkeit ist erheblich höher als der der Luft. Durch die geschilderten morphologischen Eigentümlichkeiten des Mittelohres kann also ein Teil dieses höheren Widerstandes kompensiert werden.

Die *Mittelohrmuskeln* können dabei durch Tonuserhöhung die Schallübertragung dämpfen (Intensitätsabwärtsregelung) und bei zu hohen Schallintensitäten das Innenohr schützen.

Klinischer Hinweis. Bei Fazialislähmungen kann es zu Hörstörungen kommen. Wenn der vom N. VII innervierte M. stapedius seine schalldämpfende Funktion nicht mehr erfüllen kann, werden schon normal gesprochene Worte schmerzhaft laut empfunden (akustische Überempfindlichkeit, Hyperakusis).

5.4.3 Sensorischer Apparat und Hörbahn

Das **Innenohr** liegt klein und versteckt innerhalb des Felsenbeins. Man unterscheidet ein knöchernes und ein häutiges Labyrinth. Das knöcherne Labyrinth bildet um das häutige herum eine geschlossene Kapsel, die aus einer knorpeligen Anlage hervorgeht. Der Verknöcherungsprozeß beginnt im 4. Embryonalmonat und endet mit der Geburt. Im postnatalen Leben finden Umbauvorgänge am Felsenbein kaum noch statt. Der Labyrinthknochen, der zu den härtesten Geweben des Körpers zählt, behält also seine spätembryonale Strukturform bei. Er muß als ein ossifiziertes embryonales Gewebe aufgefaßt werden. Während das Knochengewebe sonst überall im Körper lebhafte Umbauvorgänge und einen intensiven Stoffwechsel zeigt, ist das Knochengewebe des Felsenbeins neben seiner Härte (»Felsenbein«!) und seinem Kalkreichtum ausgesprochen arm an Stoffumsätzen.

Das *knöcherne Labyrinth* bildet ein vergröbertes Negativ des häutigen Labyrinths, dessen minuziöses und mit Endolymphe gefülltes Schlauchsystem der Knochenkapsel jedoch nicht direkt anliegt, sondern durch einen Perilymphraum von dieser getrennt wird. Die Endolymphschläuche gehen vom Vorhof (Vestibulum) aus und gliedern sich innen-oben in die drei Bogengänge und vorne-unten in die Schnecke (Cochlea). Somit lassen sich am **häutigen Labyrinth** drei Abschnitte unterscheiden: die Bogengänge (Ductus semicirculares), das Vestibulum (Utriculus und Sacculus) und der Schneckengang (Ductus cochlearis). Während die häutigen Bogengänge durch netzförmige, den Perilymphraum durchziehende Stränge allseitig an den Wänden des knöchernen Labyrinthes aufgehängt sind, ist im Bereich der Schnecke der Perilymphraum frei von Bindegewebssträngen (Abb. 136 u. 137).

Außerdem ist der Schneckengang mit seiner lateralen Wand der Knochenwand direkt angelagert und wird dadurch keilförmig verformt. Durch eine vorspringende Knochenleiste **(Lamina spiralis ossea)** wird der Perilymphraum in eine obere Scala vestibuli und in eine untere Scala tympani geteilt (Abb. 137).

Der *häutige Schneckengang* stellt damit einen keilförmigen dreiseitigen, spiralig gewundenen Kanal dar, der nicht mehr wie die Bogengänge an allen Seiten von Perilymphe umspült wird. Die Perilymphe, die in ihrer Zusammensetzung einem Gemisch von Liquor cerebrospinalis und Blutfiltrat ähnelt, wird vom Mittelohr aus in Schwingungen versetzt, indem die Steigbügelplatte im ovalen Fenster hin- und herschwingt und ihre Bewegungen auf die Perilymphe des Vestibulums und von da auf die *Scala vestibuli* überträgt (Abb. 136). Die beim Menschen unvollständige Membrana limitans verhindert bis zu einem gewissen Grade

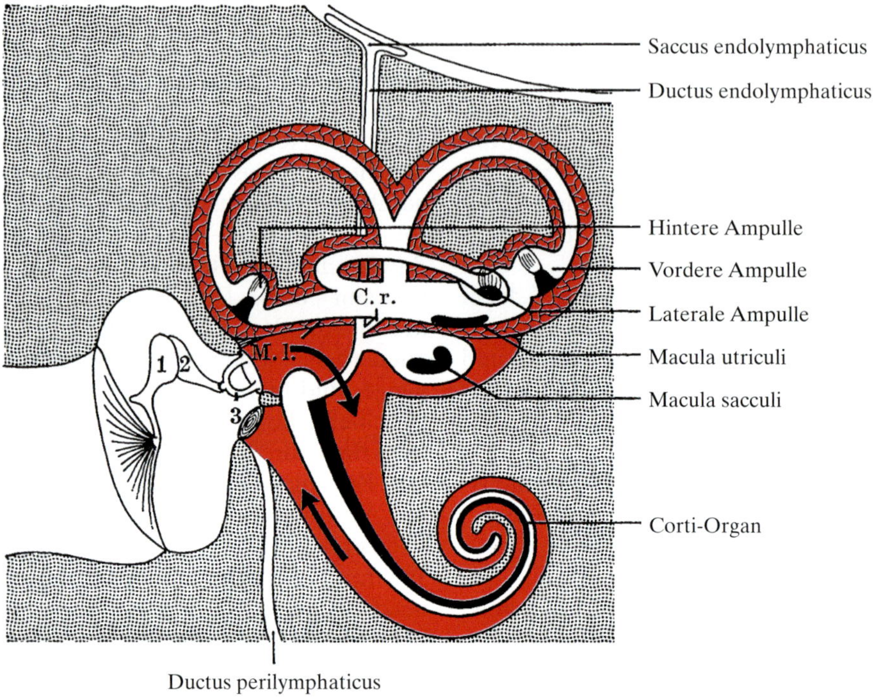

Abb. 136. Schema über die feinere Gliederung des Labyrinthorgans. Rot = Perilymphräume; weiß = Endolymphräume; schwarz hervorgehoben = Sinnesendstellen. Gehörknöchelchen: 1 = Hammer; 2 = Amboß; 3 = Steigbügel; C. r. = Canalis reuniens, M. l. = Membrana limitans.

die Ausbreitung der Schallwellen zu den Bogengängen hin, so daß sich die Flüssigkeitsbewegungen hauptsächlich im Bereich der Schnecke abspielen. Da der Perilymphraum durch den *Canaliculus cochleae* mit dem Subarachnoidalraum an der hinteren

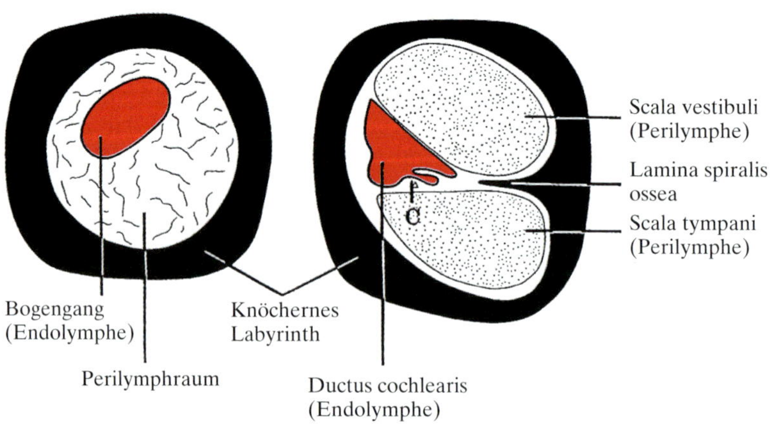

Abb. 137. Schematisierter Querschnitt durch einen Bogengang (links) und den Ductus cochlearis (rechts), um deren unterschiedliche Fixation am knöchernen Labyrinth (schwarz) zu zeigen. Rot = häutiges Labyrinth (mit Endolymphe gefüllt); punktiert = Perilymphräume; C = Corti-Organ.

unteren Kante des Felsenbeins (Apertura ext. canaliculi cochleae) in offener Verbindung steht, wird eine lokale Drucksteigerung an den Weichteilen der Schnecke vermieden und ein Druckausgleich zum Schädelinnenraum hin erzielt.

Schnecke. Die Schnecke (Cochlea) ist außerordentlich klein. Der häutige Schneckengang windet sich um eine knöcherne Schneckenspindel *(Modiolus)* herum, deren Achse nach lateral-außen zeigt und etwa parallel zum vorderen Bogengang verläuft. Er besitzt beim Menschen 2½ Windungen. Man unterscheidet eine Basal-, Mittel- und Spitzenwindung. Die Spitzenwindung erhebt sich jedoch kaum über die Mittelwindung, so daß es hier keine eigentliche Spindel mehr gibt. Der Schneckengang **(Ductus cochlearis** oder **Scala media)** endet an der Spitze des Modiolus blind. An dieser Stelle kommunizieren die beiden Perilymphgänge miteinander *(Helicotrema).* Im Gegensatz zu den Perilymphräumen bilden die Endolymphgänge ein geschlossenes System. Schneidet man die Schnecke achsenparallel in der Mitte durch, so wird der spiralig gewundene Schneckengang mit den beiden angrenzenden Perilymphgängen (oben die **Scala vestibuli** und unten die **Scala tympani)** mehrmals getroffen. Die Schneckenspindel (Modiolus) besteht aus einem lockermaschigen, spongiösen Knochen, der den spiralig gedrehten Hörnerven enthält. An der Spindel springt seitlich eine dünne Knochenleiste vor, die Lamina spiralis ossea, an der die *Basilarmembran* des häutigen Schneckenganges befestigt ist. Diese trägt das eigentliche Sinnesorgan mit den Sinneszellen *(Organon spirale cochleae* oder **Corti-Organ)** und befestigt sich an der gegenüberliegenden Knochenwand mit einem fächerartig ausstrahlenden Lig. spirale. Basilarmembran mit Corti-Organ und *Crista spiralis* stellen die untere Wand des dreiseitigen Schneckenganges dar. Die äußere Wandung wird von der *Stria vascularis,* die obere von der *Membrana vestibularis* oder Reissner-Membran gebildet.

Während die Reissner-Membran ein äußerst dünnes, gefäßloses Häutchen darstellt, ist die **Stria vascularis** mit intraepithelialen Kapillaren durchsetzt und relativ dickwandig. Im unteren Drittel buchtet sich ihre Wandung durch Einlagerung größerer Gefäße etwas vor *(Prominentia spiralis).* Die Stria vascularis ist außerordentlich stoffwechselaktiv und hat einen höheren O_2-Verbrauch als Niere oder Gehirn. Sie dient der Energieversorgung der Cochlea und wirkt als K^+-Pumpe, die für die Konstanterhaltung der ionalen Zusammensetzung der Endolymphe sorgt. Da die Endolymphe reich an K-Ionen ist, kann diese eher mit einer intra- als einer extrazellulären Flüssigkeit verglichen werden. Umgekehrt ist die Perilymphe reich an Na^+-Ionen und ähnelt in ihrer Zusammensetzung der Extrazellulärflüssigkeit und dem Liquor.

Klinischer Hinweis. Diuretika, die ähnlich wie in der Niere die Ionenpumpen hemmen, können durch eine Schädigung der Stria vascularis zu Hörstörungen führen.

Auch der sog. Hörsturz beruht wahrscheinlich auf einer durch Zirkulationsstörungen verursachten Reduktion der Stoffwechselaktivität der Stria vascularis.

Corti-Organ. Der einschichtige Epithelüberzug der Basilarmembran (Claudius-Zellen) wird nach der Mitte des Schneckenganges zu durch hohe zylinderförmige, lückenlos aneinandergereihte Zellen (Hensen-Zellen) ersetzt. Die dadurch entstehende Epithelverdickung bildet die *Papilla spiralis,* in der die Sinneszellen eingeschlossen sind (Corti-Organ). An die Hensen-Zellen schließen sich sesselförmige Zellen an (Deiters-Stützzellen), die sich aber nicht mehr lückenlos aneinanderreihen, sondern in der oberen Hälfte für die eigentlichen Sensorzellen *(Haarzellen)* Platz freilassen (Abb. 138). Diese sitzen daher, in Reihen geordnet, wie in den »Sesseln« der Deiters-Zellen (Phalangenzellen), ohne die Basilarmembran zu berühren. Ihrer Form und Genese nach stel-

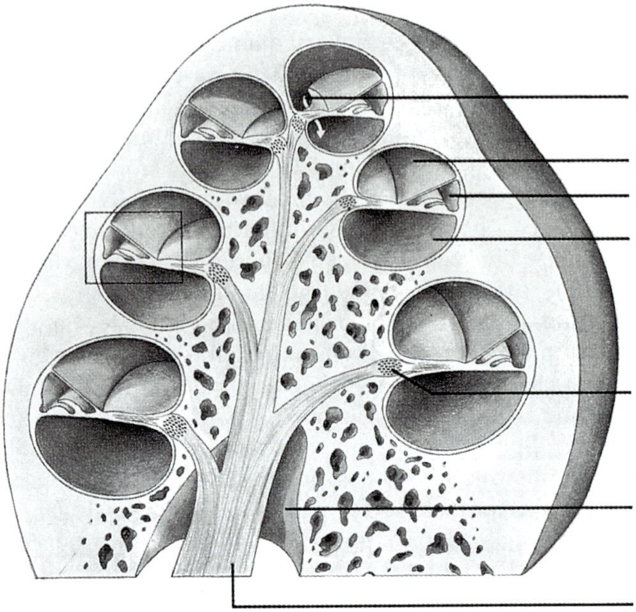

Abb. 138. a) Schema zur Darstellung der Strukturverhältnisse des Innenohres. Schnitt durch die Schnecke in Richtung ihrer Längsachse.

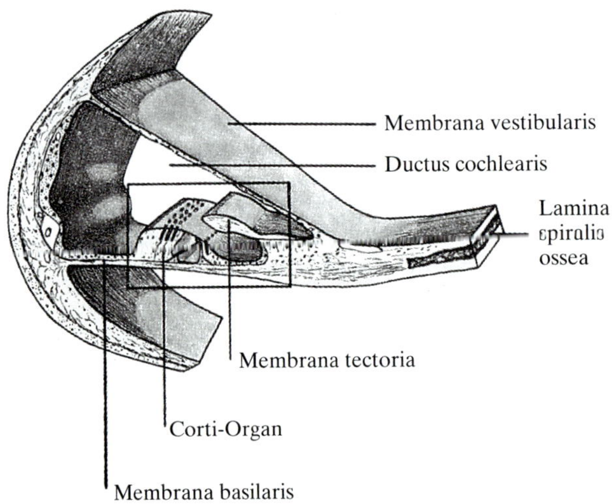

Abb. 138. b) Ductus cochlearis mit Corti-Organ. Ausschnittvergrößerung aus (a).

len die Haarzellen sekundäre Sinneszellen dar. In der Basalwindung finden sich außen drei Reihen von Haarzellen, in der Mittel- und Spitzenwindung kommt jeweils eine 4. und 5. Reihe hinzu, so daß die Zahl der außen gelegenen Haarzellen *(äußere Haarzellen, insgesamt rund 12000)* spitzenwärts zunimmt. An die äußeren Haar- und Stützzellen schließen sich weiter innen die Pfeilerzellen an, die sich zu zwei Reihen formieren, die so gegeneinander geneigt sind, daß sie mit ihren Fortsätzen gelenkartig zusam-

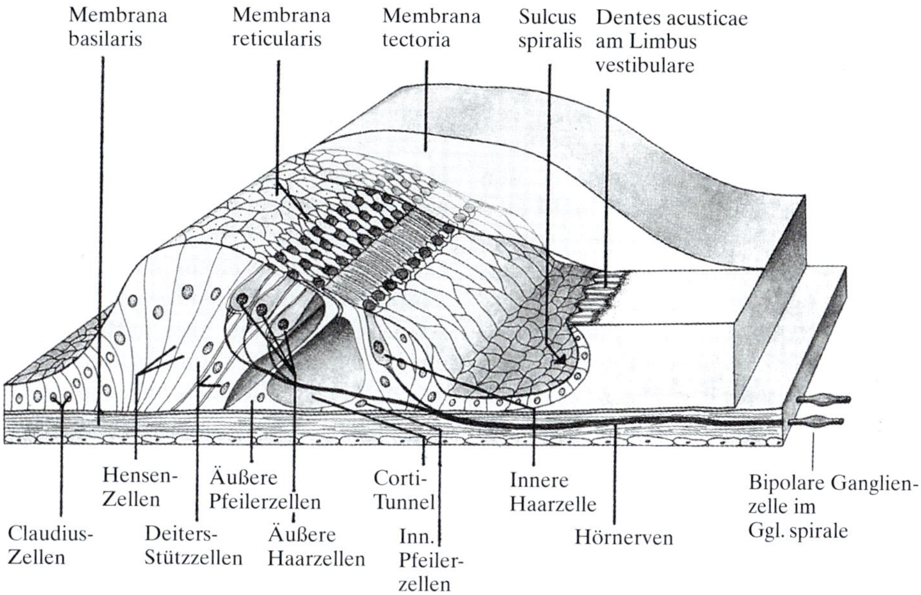

Abb. 138. c) Konstruktiver Bau des Corti-Organs mit den inneren und äußeren Haarzellen. Ausschnittvergrößerung aus (b).

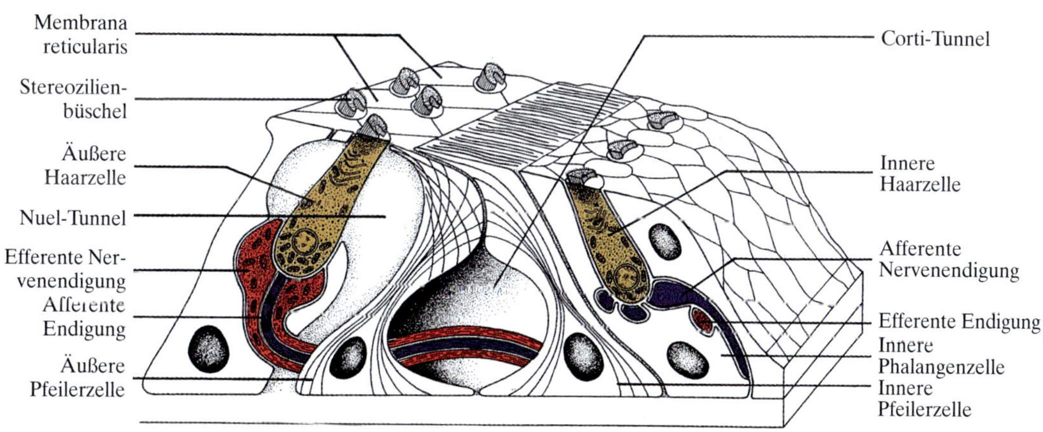

Abb. 138. d) Feinstruktur des Corti-Organs mit äußeren und inneren Haarzellen, die basal Kontakte mit afferenten und efferenten Axonen besitzen. Ausschnittvergrößerung aus (c).

menstoßen, mit ihren Fußplatten aber auseinanderweichen und breit auf der Basilarmembran aufsitzen. Dadurch umgrenzen sie einen dreiseitigen, Flüssigkeitsgefüllten Tunnel (Corti- oder innerer Tunnel). Die Kopfteile der Pfeiler- und Stützzellen verbinden sich an der Oberfläche der Papille zu einer durchlöcherten Platte *(Membrana reticularis)*, die den oberen Abschluß des Corti-Organs bildet. In die Lücken dieser Retikularismembran sind die Haarzellen eingefügt. Da die beiden Platten der Pfeilerzellen nicht verkleben, sondern biegungsfähig sind, entsteht hier eine Beweglichkeit wie bei einem Gelenk.

Weiter innen, in Richtung auf den Modiolus zu, befindet sich noch eine weitere Reihe von Phalangen- oder Stützzellen, die Haarzellen tragen *(innere Haarzellen)*. Die inneren Haarzellen (insgesamt etwa 3500) bleiben in allen Windungsabschnitten der Cochlea einreihig. Anschließend wird das Epithel wieder niedriger und besteht schließlich nur noch aus indifferenten, flachen Zellen am Boden des *Canalis spiralis* (Abb. 138c). Dann aber verdickt sich das Epithel erneut und wird zur *Crista spiralis* (Limbus spiralis). Diese Leiste bildet zwei nach außen vorspringende spitze Kanten, das *Labium vestibulare* (oben) und das *Labium tympanicum* (unten). An der vestibulären Lippe hängt eine relativ steife, gallertige Deckmembran *(Membrana tectoria)*, die dem Corti-Organ aufliegt (Abb. 138c). Im Corti- Organ sind die *Sinneszellen* so verteilt, daß sie auf Lücke stehen. An ihrer Oberfläche trägt jede Rezeptorzelle ein Büschel feinster Sinneshärchen (Stereozilien), die bei den äußeren Haarzellen mit der Membrana tectoria verbunden sind.

Innervation des Corti-Organs. An der Basis der Haarzellen befinden sich synaptische Kontakte sowohl mit den Axonen afferenter als auch efferenter Neurone. Die Ganglienzellen der afferenten Neurone liegen in der Randzone des Modiolus und sind bipolar *(Ganglion spirale)*. Ihr peripherer Fortsatz zieht durch die Lamina spiralis ossea und die Basilarmembran zum Corti-Organ, der zentrale Fortsatz bildet den Hörnerven, der durch den Meatus acusticus int. zu den Kochleariskernen am Boden der Rautengrube zieht. Die Endigungsweise der **afferenten Neurone** an den Haarzellen ist bei den äußeren und inneren Haarzellen sehr unterschiedlich. Die äußeren Haarzellen bilden immer Synapsen mit mehreren Axonen afferenter Neurone, wobei in der Regel ein Axon 10 oder mehr Sinneszellen innerviert (Abb. 139). Diese Axone breiten sich daher in horizontaler Richtung im Corti-Organ aus und geben dabei Kollateralen zu den einander benachbarten Sinneszellen ab (Konvergenzschaltung, 10:1). Demgegenüber werden die inneren Haarzellen stets von mehreren (bis zu 20) afferenten Axonen innerviert, die meist in direktem, radiärem Verlauf zum Ggl. spirale und weiter zum Hörnerven leiten (Divergenzschaltung, 1:20). Bedingt durch die unterschiedliche Verteilung der synaptischen Kontakte gehören daher 90% der Neurone des Hörnerven zum System der inneren Haarzellen und nur 10% zu den äußeren Haarzellen (Gesamtzahl der afferenten Neurone etwa 30000–40000).

Charakteristische Unterschiede in der Innervation der äußeren und inneren Haarzellen existieren aber auch bei der *efferenten Innervation*. Vom oberen Olivenkomplex (Oliva sup.) gehen Fasern aus, die das Corti-Organ in efferenter Richtung erreichen und

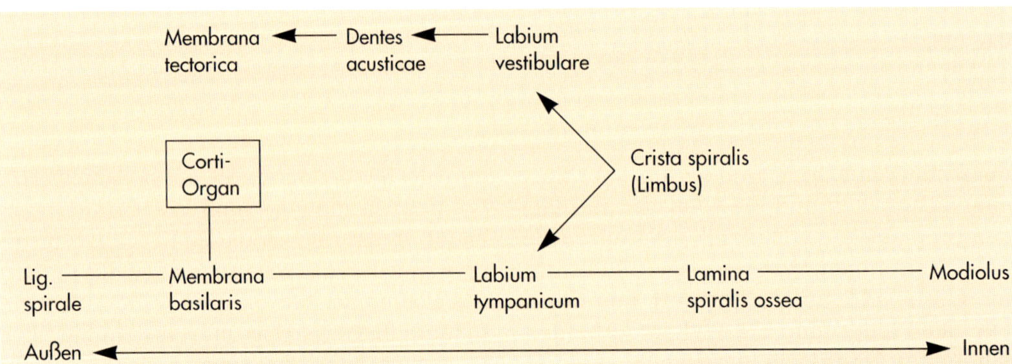

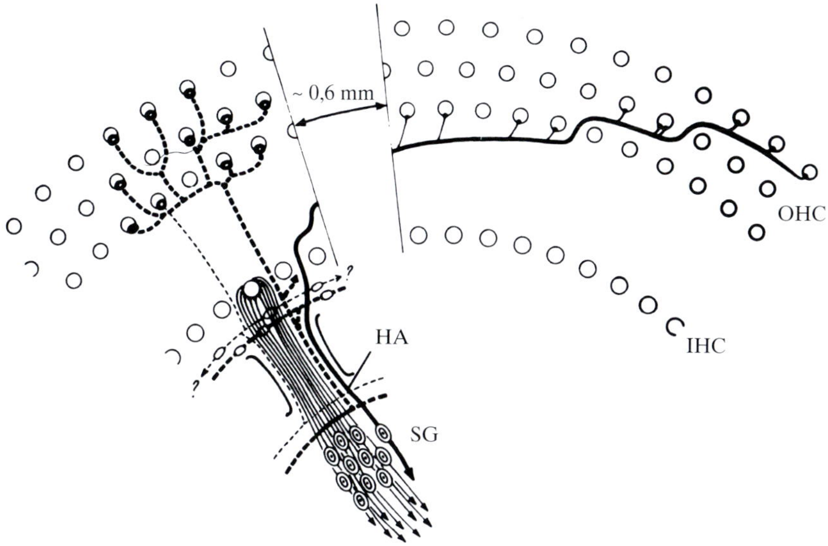

Abb. 139. Innervation der äußeren (OHC) und inneren Haarzellen (IHC) des Corti-Organs (nach Spoendlin). HA = Knochenkanal im Modiolus mit Nervenbündel; SG = Ggl. spirale; dicke ausgezogene Linie = afferente Neurone zu den äußeren Haarzellen (Konvergenzschaltung, 10:1); dünne ausgezogene Linie = afferente Neurone zu den inneren Haarzellen (Divergenzschaltung, 1:20); dicke punktierte Linie = efferente Axone zu den äußeren Haarzellen; dünne punktierte Linie = efferente Axone zu den afferenten Axonen der inneren Haarzellen.

an den Haarzellen selbst oder an den Axonen der afferenten Neurone enden **(Tractus olivocochlearis** oder **Rasmussen-Bündel)** (Abb. 138d). Dabei bilden die efferenten Axone an der Basis der äußeren Haarzellen direkte (präsynaptische) Kontakte, während die zu den inneren Haarzellen ziehenden efferenten Axone nicht an den Sinneszellen, sondern (postsynaptisch) an den afferenten Axonen enden (Abb. 139).

Klinische Hinweise. Schädigungen der Haarzellen führen zu Hörverlust oder Ertaubung. Offenbar sind die äußeren Haarzellen wie auch die zugehörigen afferenten Neurone gegen Schädigungen resistenter als die inneren Haarzellen. Auch die beiden efferenten Neuronentypen scheinen sich hinsichtlich ihrer Empfindlichkeit wesentlich zu unterscheiden.

Übermäßige Beschallung (Lärmbelastungen etc.) können Hörschäden bewirken.

Arbeitsweise des Innenohres. Die Schwingungen des Steigbügels erzeugen in der Perilymphflüssigkeit laufende Wellen, die in einer frequenzabhängigen Entfernung von der Schneckenbasis in beiden Skalen charakteristische Flüssigkeitsbewegungen erzeugen. Die durch die Steigbügelschwingungen erzeugten Druckveränderungen in der inkompressiblen Perilymphflüssigkeit der Scala vestibuli finden ihren Ausgleich in einer gegensinnigen Flüssigkeitsbewegung der Scala tympani mit Ausbauchung der Membrana tympani secundaria im runden Fenster, was nur dadurch möglich ist, daß der die beiden Skalen trennende Schneckengang, insbesondere die Basilarmembran, schwingungsfähig ist (Abb. 140).

Die durch den Ton erzeugten Schwingungen wandern vom ovalen Fenster in Richtung Schneckenspitze. Jede dieser Wanderwellen hat die bemerkenswerte Eigenschaft, daß sie zunächst ihre Amplitude etwas vera)

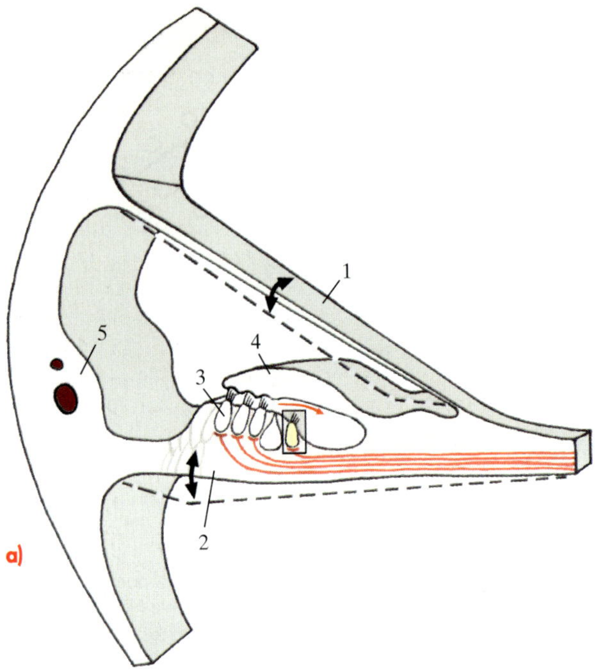

b)

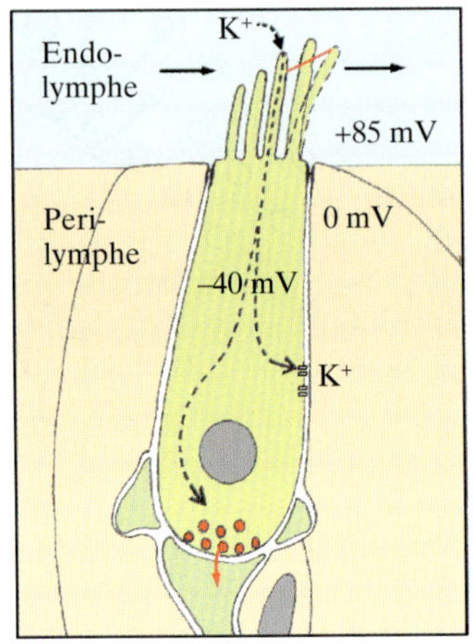

Abb. 140. Schwingungsvorgänge im Bereich der Schneckentrennwände und der Basilarmembran (c) sowie deren Auswirkungen auf die Ionenströme an den inneren Haarzellen (b).
a) Schwingungen der Reissner-Membran (1) und der Basilarmembran (2) mit dem Corti-Organ (Doppelpfeile). Durch die Kontraktionen der äußeren Haarzellen des Corti-Organs (3), die mit der Membrana tectoria (4) Kontakt haben, entsteht eine Endolymphströmung (roter Pfeil), durch die die inneren Haarzellen (gelb) erregt werden; 5 = Stria vascularis.
b) Transduktionsprozeß an einer inneren Haarzelle (gelb). Durch die Endolymphströmung werden die Stereozilien abgebogen (gestrichelte Linie), die Haftfäden (tip links – rot) gespannt und die Kaliumkanäle geöffnet (kleiner Pfeil). Dadurch kommt es basal zur Freisetzung der Transmitter (rot) und zur nervösen Erregung.
c) Form der Schwingungen an der Basilarmembran. Die von den Stapesschwingunen am ovalen Fenster ausgelöste Wanderwelle erzeugt frequenzabhängig an einem bestimmten Ort eine Maximalauslenkung der Basilarmembran (nach H. P. Zenner).

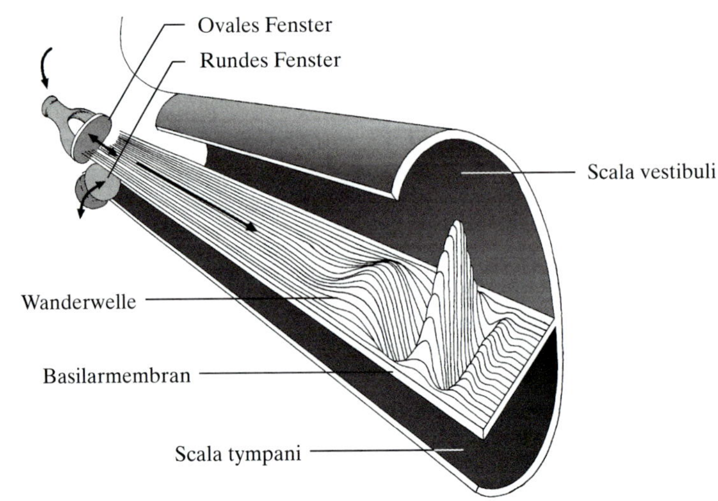

c)

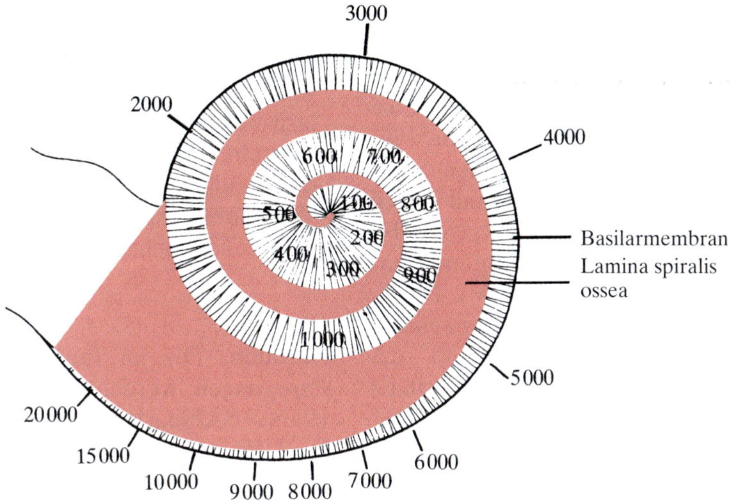

Abb. 141. Tonlokalisation auf der Basilarmembran des Schneckenganges beim Menschen (modif. nach Beck aus A. Benninghoff). Die Zahlen entsprechen den jeweiligen Frequenzen der Tonskala. Man sieht, daß die tiefen Töne im Bereich der Schneckenspitze, die hohen weiter basiswärts perzipiert werden. Die Basilarmembran wird spitzenwärts breiter, die Lamina spiralis ossea (rot) dagegen schmäler.

stärkt, dann aber plötzlich (durch eine etwa tausendfache Verstärkung) eine scharfe Spitze bildet, um anschließend schwach auszuklingen (Abb. 140b). Diese scharfe Wellenspitze, die den Transduktionsprozeß an den inneren Haarzellen des Corti-Organs und damit die Hörempfindung auslöst, entsteht für jede Tonfrequenz an einem anderen Ort der Basilarmembran. Hohe Frequenzen (hohe Töne) erzeugen das Maximum der Basilarmembranauslenkung in der Nähe der Schneckenbasis, tiefe Frequenzen (tiefe Töne) an der Schneckenspitze (Abb. 141). Für jede Tonhöhe gibt es also einen bestimmten Ort der durch die Wanderwelle erzeugten Maximalauslenkung der Basilarmembran (Ortsprinzip, Tonotopie). Da bei Schallereignissen mit verschiedenen Frequenzen (z.B. bei normaler Sprache) die Maximalauslenkung jeweils an einer anderen Stelle der Basilarmembran liegt, wird das Frequenzbündel aufgesplittert, d.h. gewissermaßen zerlegt **(Frequenzdispersion).**

Die Verstärkung der Basilarmembranauslenkung im Bereich der Wanderwellenspitze und damit die für das Sprachverständnis so entscheidende Frequenzselektivität kommt interessanterweise nur durch die **äußeren Haarzellen** zustande. Diese sind kontraktil und können sich (bis zu 20000mal pro Sek.) verkürzen und verlängern. Dadurch wirken sie wie Servomotoren, die nach der ersten kleinen Welle durch eine etwa 1000-fache Verstärkung der Wanderwelle deren scharfe Spitze hervorrufen, so daß an dieser Stelle (und nur an dieser!) die Endolymphströmung unter der Membrana tectoria plötzlich so zunimmt (kochleärer Verstärkungsprozeß), daß die ortspezifischen, inneren Haarzellen gereizt und die afferenten Nervenendigungen erregt werden.

Klinischer Hinweis. Bei vielen Formen der Innenohrschwerhörigkeit ist die scharfe Frequenzabstimmung im Bereich des Schneckenganges (tuning) nicht mehr vorhanden. Da bei solchen Patienten das Frequenzunterscheidungsvermögen durch die verminderte kochleäre Verstärkung gestört ist, ist die Sprachverständlichkeit stark eingeschränkt.

Für den eigentlichen Hörvorgang sind jedoch nur die **inneren Haarzellen,** die keinen direkten Kontakt mit der Tektorialmembran haben, maßgebend. Ihre »Haare« (Stereozilien) ragen in die Endolymphe des Schneckenganges hinein, die einen ungewöhnlich hohen Kaliumgehalt (ca. 140 mmol/l) besitzt und daher gegenüber den übrigen Extrazellulärräumen stark positiv geladen ist (etwa +85 mV). Da die inneren Haarzellen in Ruhe ein negatives Membranpotential von etwa –40 mV (äußere Haarzellen –70 mV) besitzen, entsteht an der Zilienoberfläche der Haarzellen eine transmembranale Potentialdifferenz von ca. –125 bis –155 mV **(endokochleäres Potential).** Die hohe Kaliumkonzentration der Endolymphe, die dadurch eher einer intrazellulären als einer extrazellulären Flüssigkeit vergleichbar ist, wird durch aktive Pumpleistungen der Zellen der Stria vascularis aufrechterhalten.

Die für die Hörempfindung entscheidende Erregung der inneren Haarzellen kommt durch eine Verbiegung oder Abscherung der staffelförmig angeordneten Zilien zustande. Diese besitzen an ihren Spitzen kleine Fäden (tip links), die mit den dahinterstehenden Zilien verklebt sind und bei deren Abscherung angespannt werden, wodurch Kaliumionenkanälchen an der Spitze der Stereozilien geöffnet werden und K^+-Ionen aus der Endolymphe in die Haarzellen einströmen. Dadurch werden an der Zellbasis Transmittermoleküle (wahrscheinlich Glutamat) freigesetzt (Transduktionsprozeß) und Depolarisationen der afferenten Nervenendigungen ausgelöst. Die Depolarisation der Haarzelle öffnet anschließend auch die an den seitlichen Zellmembranen gelegenen kaliumspezifischen Ionenkanäle, so daß die in die Zelle eingedrungenen Kaliumionen diese sofort wieder verlassen können und das Membranpotential der Haarzellen wieder ansteigt (Repolarisation) (Abb. 140b).

Klinischer Hinweis. Bestimmte Medikamente (z. B. Diuretika) können als Nebenwirkung die Pumpleistung der Stria vascularis blockieren, wodurch Schwerhörigkeit entsteht, da durch den Zusammenbruch des endolymphatischen Potentials der Transduktionsprozeß an den inneren Haarzellen nicht mehr stattfinden kann.

Hörbahn. Die im Innenohr entstehenden Erregungen werden über den Hörnerven (Pars cochlearis n. vestibulocochlearis, N. VIII) zuerst dem Rautenhirn zugeleitet und von dort zu den unteren Vierhügeln (Colliculi inf.), zum medialen Kniehöcker (Corpus geniculatum med.) und schließlich zu den Heschl-Windungen (Gyri temporales transversi) des Temporallappens projiziert (Abb. 142). Die Ganglienzellen des ersten Neurons der Hörbahn liegen im Ganglion spirale, noch innerhalb der Schnecke. Diese Zellen sind bipolar. Der periphere Fortsatz endet an den Haarzellen des Corti-Organs, der zentrale läuft mit dem VIII. Hirnnerven zum Kleinhirnbrückenwinkel. Beim Eintritt in das Rautenhirn teilen sich die Hörnervenfasern T-förmig auf und enden entweder am *Nucleus cochlearis post. (dorsalis)* oder *ant. (ventralis).* Diese beiden Kerne liegen im lateralen Bereich der Rautengrube in unmittelbarer Nähe des unteren Kleinhirnstieles und liefern das zweite Neuron der Hörbahn.

Die aus dem *ventralen* oder *anterioren* Kern stammenden Neuriten (ventrale Hörbahn) enden vornehmlich im oberen *Olivenkomplex* (Nucl. olivaris sup.) und im Trapezkörper (Corpus trapezoideum) der gleichen und der Gegenseite. Ein Teil der Fasern zieht direkt in einer langgezogenen Schleife *(Lemniscus lat.)* zum Colliculus inf. der Gegenseite, der größere Teil wird jedoch in den Kernen des Corpus trapezoideum und der oberen Olive umgeschaltet und erreicht durch polysynaptische Verbindungen den Colliculus inf. und das Corpus geniculatum

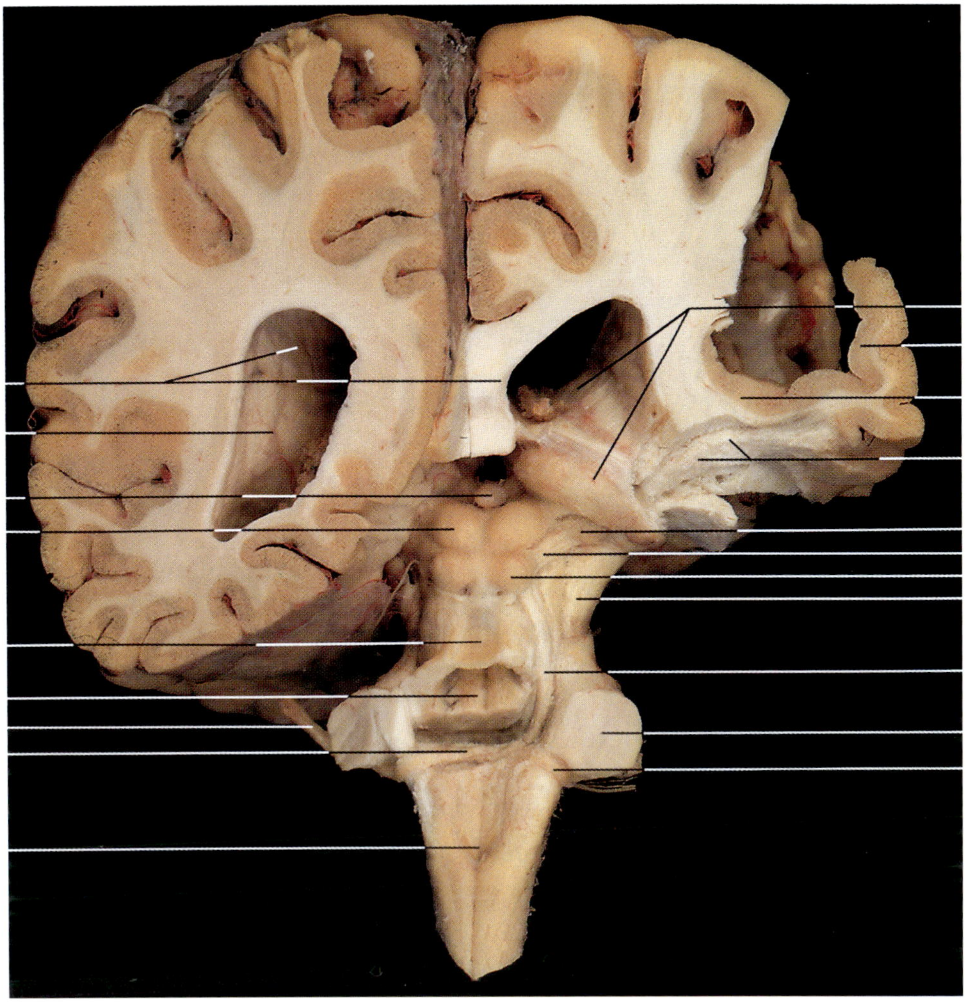

Abb. 142. Präparation der Hörbahn. Ansicht von hinten-oben. Das Kleinhirn und die hinteren Teile des Großhirns wurden entfernt.

1 Ventriculus lat. u. Corpus callosum
2 Thalamus
3 Corpus pineale (Epiphyse)
4 Colliculus sup.
5 Velum medullare ant.
6 Fossa rhomboidea
7 N. vestibulocochlearis (N. VIII)
8 Striae acusticae dors.
9 Obex
10 Thalamus und Nucl. caudatus
11 *Lobus temporalis,* sekundäre akustische Rindenzentren
12 *Lobus insularis, primäre akustische Rindenfelder*
13 Radiatio acustica (Hörstrahlung)
14 *Corpus geniculatum med.*
15 Brachium colliculi inf.
16 *Colliculus inf.*
17 Pedunculus cerebri
18 *Lemniscus lat.*
19 Pedunculus cerebellaris medius

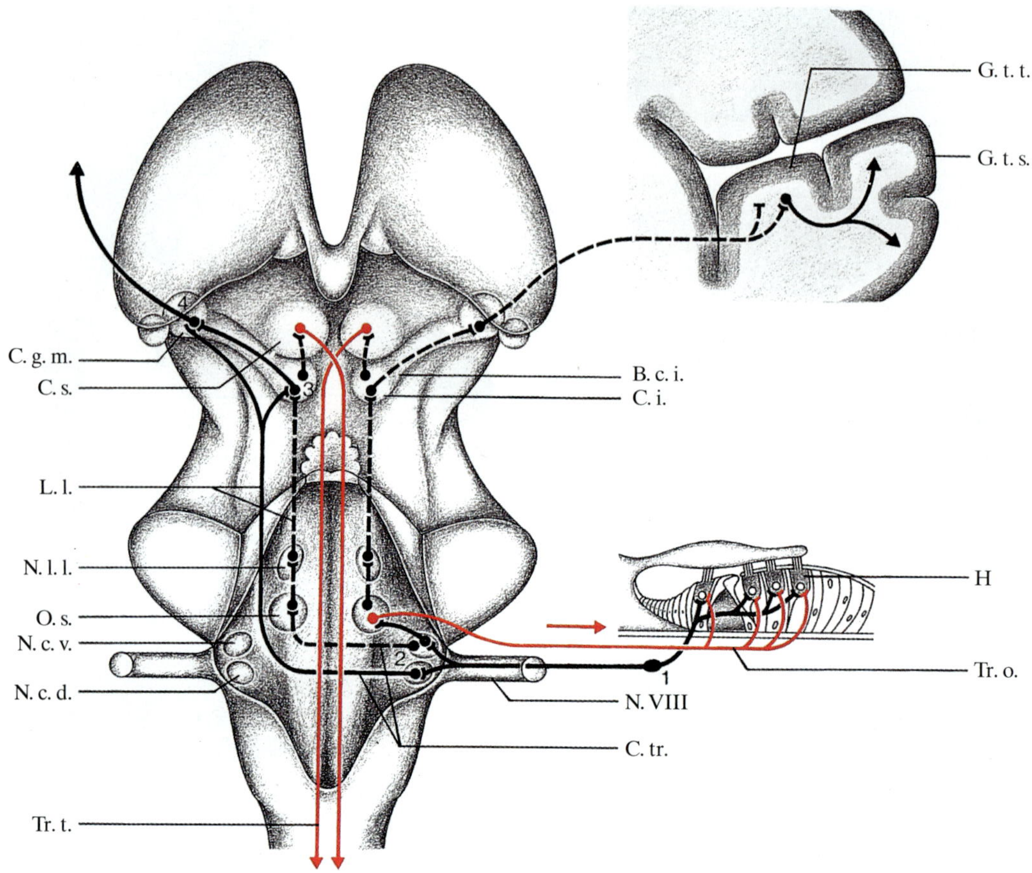

Abb. 143. Schema über die neuronalen Verbindungen des auditiven Systems (vgl. mit Abb. 142). 1–4 = erstes bis viertes Neuron der Hörbahn. Rot = efferente Bahnen.

B. c. i.	= Brachium colliculi inf.
C. g. m.	= *Corpus geniculatum med.*
C. i.	= *Colliculus inf.*
C. s.	= Colliculus sup.
C. tr.	= *Corpus trapezoideum*
G. t. t.	= Gyri temporales transversi (primäre auditive Rindenfelder)
G. t. s.	= Gyrus temporalis sup. (sekundäre auditive Rindenfelder, Wernicke)
H	= äußere Haarzelle
L. l.	= *Lemniscus lat.*
N. l. l.	= Nucl. lemniscus lat.
N. c. d.	= *Nucl. cochlearis dors.* oder *post.*
N. c. v.	= *Nucl. cochlearis ventralis* oder *ant.*
N. VIII	= N. cochlearis des N. vestibulocochlearis
O.s.	= Oliva sup.
Tr. o.	= Tractus olivocochlearis (Rasmussen)
Tr. t.	= Tractus tectospinalis

med. sowohl der gleichen als auch der Gegenseite.

Die im dorsalen oder hinteren Kochleariskern (Nucleus cochlearis post.) entspringenden Fasern (2. Neuron der *dorsalen Hörbahn)* verlaufen zunächst am Boden der Rautengrube *(Striae acusticae dors.)*, kreuzen die Mittellinie und biegen dann um den unteren Kleinhirnstiel herum in die laterale Schleife der Gegenseite ein, um mit ihr den Colliculus inf. zu erreichen. Von den Colliculi inf. geht dann das 3. bzw. 4. Neuron aus, dessen Axone über das Brachium colliculi inf. zum medialen Kniehöcker *(Corpus geniculatum med.)* projizieren (Abb. 142 u. 143).

Die dorsale Hörbahn soll phylogenetisch jünger sein und ausgiebigere Verbindungen zur Großhirnrinde besitzen (spezifische Hörbahn), während die ventrale Hörbahn vornehmlich im Dienste reflektorischer Schaltungen im Bereich des Stammhirns, insbesondere der Formatio reticularis, stehen soll (unspezifische Hörbahn).

Von den unteren Vierhügeln gehen Bahnen aus, durch die die Hörbahn Anschluß an die sensomotorischen Systeme gewinnen kann *(Tractus tectospinalis* und *Tractus tectobulbaris)*. Auch die laterale Schleife und der obere Olivenkomplex enthalten zahlreiche Relay-Kerne, durch die Verbindungen zur Retikularisformation und dadurch zum Vestibularissystem und zum autonomen Nervensystem hergestellt werden.

Vom medialen Kniehöcker gehen dann die Neuriten der Endneurone der Hörbahn aus. Sie biegen scharf nach hinten um und ziehen durch die hinteren Schenkel der Capsula int. als **Radiatio acustica** zu den *primären akustischen Projektionsfeldern* in den *Gyri temporales transversi* am inselnahen oberen Rand des Temporallappens (Heschl-Querwindungen). Die primären auditiven Projektionsfelder entsprechen nicht in gleicher Weise wie die visuellen dem Wahrnehmungsmuster in der Peripherie. Eine exakte tonotope Repräsentation existiert auf der Hörrinde wahrscheinlich nicht.

Den primären **Rindenfeldern** sind die *sekundären und tertiären akustischen Rindenfelder* benachbart, die im Zusammenhang mit der begrifflichen Verarbeitung und Speicherung des Gehörten stehen (Wort-, Sprach- und Tonverständnis). Sie finden sich auf der Außenseite des Temporallappens (Abb. 144). Zu ihnen kann auch das sensorische Sprachzentrum nach Wernicke gerechnet werden, das im Gyrus temporalis sup. lokalisiert ist (Area 42). Im anschließenden Gyrus temporalis medius und inf. liegen dann die höheren, tertiären Rindenfelder *(akustische Erinnerungsfelder,* akustische Intentionen, Musik- und Sprachverständnis im weiteren Sinne) (Area 21 u. 20). Wahrscheinlich hat auch das musik- und sprachschöpferische Vermögen des Menschen eine besondere Differenzierung dieser Rindenfelder zur Voraussetzung.

Klinische Hinweise. Läsionen der Gyri temporales transversi erzeugen Hörlücken oder echte Taubheit (Rindentaubheit), solche im Bereich der Gyri temporales sup. und medii dagegen eine »Seelentaubheit«, bei der ähnlich wie bei der Seelenblindheit keine Wahrnehmungsausfälle vorhanden sind, sondern nur der Bedeutungswert für das Gehörte fehlt.

Jede Schnecke ist mit den Hörfeldern *beider* Großhirnhemisphären verbunden. Bei einseitiger Zerstörung eines primären Rindenfeldes bleibt daher das Gehör auf beiden Seiten erhalten.

Die Hörbahn zeichnet sich durch einen besonderen Reichtum an rückläufigen Bahnverbindungen aus. Alle genannten Stationen sind durch gegenläufige Bahnen untereinander verknüpft und bilden damit auf den verschiedensten Ebenen Rückkoppelungskreise. Das efferente, vom Rautenhirn zum Innenohr verlaufende Rasmussen-Bündel *(Tractus olivocochlearis)* erfüllt eine wichtige Schutzfunktion. Durch Regulation der Reizschwelle bei der auditiven Perzep-

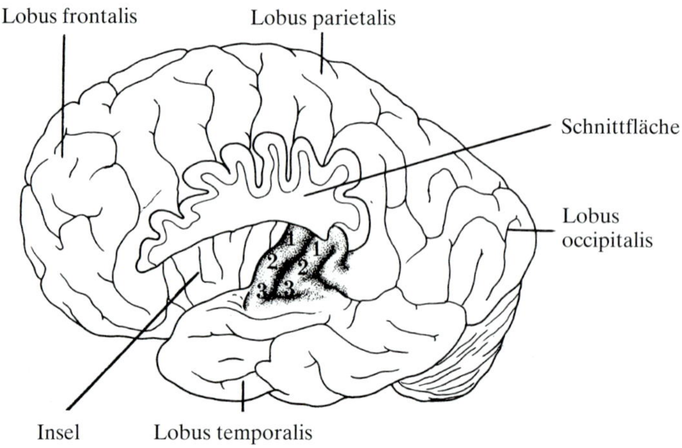

a)

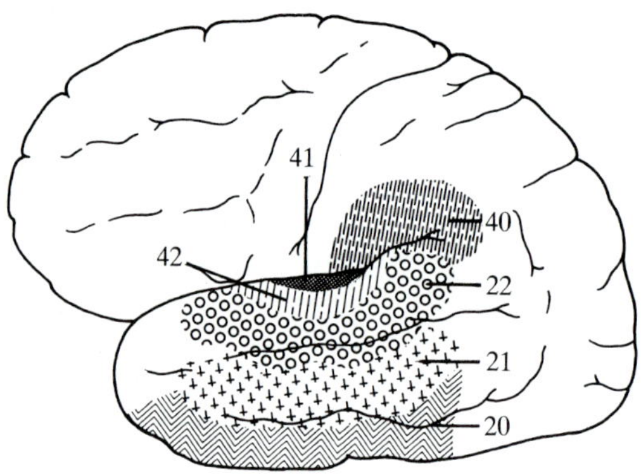

b)

Abb. 144. a u. b) Hörfelder des Großhirns (nach Clara).

a) Primäre akustische Projektionsfelder (punktiert hervorgehoben) = Gyri temporales transversi oder Heschl-Querwindungen (Feld 41 nach Brodmann). Projektionsfelder für tiefe Frequenzbereiche (1), für mittlere (2) und höhere Frequenzen (3).

b) Sekundäre akustische Rindenfelder auf der Außenfläche des Großhirns.

40 = Sog. optisches Sprachzentrum, Gyrus supramarginalis (optische Schreib- und Lesefelder).

41 = Übergreifen der Heschl-Querwindungen auf die Außenfläche des Großhirns (primäre akustische Projektionsfelder).

42 = Sekundäre akustische Rindenfelder (Laut- und Geräuschempfindung), sensorisches Sprachzentrum nach Wernicke.

22 = Sekundäre akustische Rindenfelder; vorne = mehr Tonverständnis; hinten = mehr Wort- und Satzverständnis.

21 = Tertiäre akustische Rindenfelder (akustische Aufmerksamkeit, akustische Intentionen).

20 = Tertiäre akustische Rindenfelder (akustische Erinnerungen; Wort-, Musik- und Sprachverständnis).

tion und Verstellung des Schärfenbereiches durch kollaterale Hemmung einzelner Sensoren, kann eine Überschwemmung des Sensoriums mit unwichtigen Detailinformationen verhindert werden.

5.5 Zusammenfassende Übersicht

1. Olfaktorisches System

Die Riechschleimhaut (1–1,25 cm^2) im Dach der Nasenhöhle (Regio olfactoria nasi) beherbergt die regenerationsfähigen Riechzellen (1–2 × 10^7) (primäre Sinneszellen), die apikal 1–2 µm lange, in Schleim eingebettete Zilien (Riechhaare) besitzen, an denen die Geruchsstoffe haften bleiben. Die Riechzellen sind unipolare Nervenzellen, deren basal abgehendes, markloses Axon mit den *Fila olfactoria* durch die Lamina cribrosa der Schädelbasis zum Bulbus olfactorius zieht und mit den Dendriten der Mitralzellen (2. Neuron der Riechbahn) knäuelartige Synapsenkomplexe (Glomerula olfactoria) bildet. Vom Bulbus olfactorius geht der Tractus olfactorius aus, der mit der *Stria olfactoria lat.* die sekundären olfaktorischen Rindenzentren (Area praepiriformis, Tuberculum olfactorium) erreicht. Tertiäre Projektionen gehen zum limbischen System (hauptsächlich über den benachbarten Mandelkernkomplex), zum Hypothalamus und zum Tegmentum des Mittelhirns und Hirnstammes (Formatio reticularis) (vgl. Abb. 103).

2. Gustatorisches System

Die Geschmackspapillen (Papillae vallatae und foliatae) liegen am Zungengrund, vor dem V linguae und enthalten in ihren Wallgräben bis zu 200 *Geschmacksknospen,* die aus Sinnes- und Stützzellen bestehen. Beide Zelltypen gehen ineinander über (Lebensdauer 3–6 Tage). Die Sinneszellen (sekundäre Sinneszellen) ragen apikal mit feinsten Mikrovilli in den Geschmacksporus hinein, wo sie mit den Geschmacksstoffen in Kontakt kommen. Die Wallgräben werden durch (seröse) Spüldrüsen wieder freigespült. Basal besitzen die Sinneszellen synaptische Kontakte mit dünnen, markhaltigen Nervenfasern (Aδ-Fasern) (1. Neuron der Geschmacksbahn). Die zugehörigen Perikarien liegen im Ganglion geniculi (N. VII) (vordere Zweidrittel der Zunge), im Ggl. inf. des N. IX (Papillae vallatae und foliatae der Zunge) und im Ggl. inf. des N. X (Zungengrund, Gaumen, Pharynx). Der zentrale Fortsatz aller drei Geschmacksnerven endet im *Nucleus solitarius* am Boden der Rautengrube. Von hier geht das 2. Neuron zum Thalamus (Nucl. ventr. posterolat.). Das 3. Neuron zieht vom Thalamus zum Gyrus postcentralis (Zungen- und Kehlkopffeld) – Kollateralen zu den Speichelkernen (Nuclei salivatorii) und zum limbischen System.

3. Visuelles System

Das Auge (Bulbus oculi) besteht aus drei kugelartig ineinander gefügten Schichten (Tunicae oculi):

1. Äußere Augenhaut (Cornea, Sclera),
2. mittlere Augenhaut (Choroidea oder Aderhaut, Ziliarkörper und Iris),
3. innere Augenhaut, die aus dem Augenbecher hervorgeht und aus zwei Blättern besteht: innen Retina, Ziliarepithel und Pigmentepithel der Iris, außen retinales Pigmentepithel, Pigmentepithel des Ziliarkörpers und Muskelblatt der Iris (M. dilatator pupillae). Ausgefüllt wird das Auge hinten vom Glaskörper (Corpus vitreum) und vorne vom Kammerwasser (Humor aquosus) und der Linse (Lens crystallina).

1. Funktionelles System: Sensorischer Apparat. Die Netzhaut (Retina) ist eine Ausstülpung des Zwischenhirns und besteht aus

10 Schichten mit drei Neuronen (vgl. Abb. 116). 1. Neuron: *Photorezeptoren* (Stäbchen für skotopisches Sehen [hell/dunkel] und Zapfen für photopisches Sehen [Farben]). Man unterscheidet drei Farbrezeptoren für Rot-, Grün- und Blauempfindungen (trichromatische Theorie), die aber erst im Cortex als Farben »erkannt« werden. 2. Neuron: *bipolare Ganglienzellen,* die die Photorezeptoren mit dem 3. Neuron verbinden, den *multipolaren Ganglienzellen*, die mit langen Axonen die Optikusfaserschicht und den Sehnerven bilden. Zwischen den Perikarien des 1. und 2. Neurons liegt die äußere plexiforme (retikuläre) Schicht (Schaltneurone sind hier die Horizontalzellen); zwischen den Perikarien des 2. und 3. Neurons liegt die innere plexiforme (retikuläre) Schicht (Schaltneurone sind hier die amakrinen Zellen). Die Müller-Stützzellen durchsetzen alle Netzhautschichten und bilden die Membrana limitans int. (Abgrenzung zum Glaskörper).

Die Ernährung der Netzhaut erfolgt von zwei Seiten: a) von innen durch die Zentralgefäße (A. centralis retinae), die radiär von der Optikuspapille ausstrahlen, und deren Kapillaren nur bis zur inneren Körperschicht reichen (2. Neuron, Bipolaren); b) von außen durch die Choriocapillaris der Aderhaut, die sich unter dem retinalen Pigmentepithel ausbreitet.

Fovea centralis. Stelle schärfsten Sehens. Hier sind die inneren Netzhautschichten nach der Seite verlagert, so daß das Licht direkt auf die Photorezeptoren fallen kann. Hier liegen nur Zapfen (vgl. Abb. 115).

Sehbahn. 1. Neuron – *Photorezeptoren;* 2. Neuron – *bipolare Ganglienzellen;* 3. Neuron – *Optikusganglienzellen der Netzhaut*, deren Axone (etwa 1,2 Mill.) den Sehnerven bilden und im Corpus geniculatum lat. auf das 4. Neuron umgeschaltet werden, das die Gratiolet-Sehstrahlung (Radiatio optica) zum Hinterhauptslappen bildet (Abb. 120). Die primären visuellen Rindenzentren liegen im Bereich des Sulcus calcarinus (Area striata) an der Innenseite des Okzipitallappens; die sekundären und tertiären Rindenfelder liegen anschließend im Lobus parietalis und temporalis (vgl. Abb. 119).

Chiasma opticum. Die Optikusfasern der beiden temporalen Netzhauthälften sind gekreuzt, die der nasalen ungekreuzt. Jede Hirnhälfte erhält dadurch Fasern von der Retima beider Augen (wichtig für stereoskopisches Sehen) (vgl. Abb. 120).

2. Funktionelles System: Akkommodationsapparat. Kontraktion des Ziliarmuskels führt zur Erschlaffung der vorderen Anteile der Zonulafasern und Zunahme der Linsenkrümmung, dadurch Erhöhung der Brechkraft (Akkommodation); Erschlaffung des Ziliarmuskels führt zu einer Anspannung der Zonulafasern und Abflachung der Linse (Desakkommodation). Innervation des Ziliarmuskels durch parasympathische Fasern des N. oculomotorius (N. III), dessen zugehöriger Kern im Mittelhirn (Westphal-Edinger-Kern) lokalisiert ist. Umschaltung in Ganglion ciliare auf das postganglionäre Neuron.

3. Funktionelles System: Iris – erfüllt die Blendenfunktion. Miosis = Pupillenverengung durch M. sphincter pupillae; Mydriasis = Pupillenerweiterung durch M. dilatator pupillae. Innervation des M. sphincter parasympathisch durch N. oculomotorius; Innervation des M. dilatator durch sympathische Nerven des Halsgrenzstrangs (zugehöriges Ganglion: Ggl. cervicale sup.) (Abb. 127).

4. Funktionelles System: Bewegungsapparat. Man unterscheidet sechs Augenmuskeln (vier gerade und zwei schräge), die mit Ausnahme des M. obliquus inf. vom Anulus tendineus in der Tiefe der Orbita entspringen und an der Sclera ansetzen. Sie können die Sehachse praktisch in alle Richtungen des Raumes bewegen (Abb. 129).

5. Funktionelles System: Lid- und Tränenapparat – dient der Befeuchtung, dem Schutz und der Erhaltung der Transparenz der Hornhaut.

Schichten der Cornea.

1. Epithel (mehrschichtiges, unverhorntes Plattenepithel).

2. Bowman-Membran (modif. Basalmembran).
3. Stroma corneae (Lamellen kollagener Faserbündel mit extrazellulärer Matrix und Zellen [Keratozyten]).
4. Descemet-Membran (relativ dicke, basalmembranartige, zellfreie Schicht).
5. Cornea-Endothel (einzellige Schicht, die durch Ionenpumpen das Stroma entwässert).

Tränenapparat. Die Tränendrüse (Gl. lacrimalis) schickt durch mehrere Ausführungsgänge ihr dünnflüssiges Sekret von lateral-oben in den Konjunktivalsack, von wo es durch den Lidschlag über das vordere Auge gewischt wird. Abfluß durch die Tränenkanälchen (Canaliculi lacrimales) im medialen Lidwinkel und von dort durch den Ductus nasolacrimalis zur Nasenhöhle (Ausmündung unter der unteren Nasenmuschel) (Abb. 130).

Augenlider. Lidbewegungen erfolgen durch die quergestreifte Lidmuskulatur (M. orbicularis oculi und – im Oberlid zusätzlich durch den M. levator palpebrae sup.). Durch die glatten Lidmuskeln (M. tarsalis sup. und inf.) wird die Grundeinstellung des Lidspaltes (tonisch) aufrechterhalten. Die Tarsalplatten mit den Lipide produzierenden Meibom-Talgdrüsen sorgen für die Versteifung der Lider und die Erhaltung des Tränenfilms.

Kammerwasserzirkulation. Das in den Ziliarfortsätzen gebildete Kammerwasser (Humor aquosus) umspült die Linse und fließt im Kammerwinkel zwischen Iriswurzel und Cornea durch ein Filtergewebe (Trabeculum corneosclerale) in den ringartigen Schlemm-Kanal (Sinus venosus sclerae) ab, der durch Kammerwasservenen mit den episkleralen Gefäßen in Verbindung steht (Abb. 131).

4. Auditives System

Funktionell können drei Abschnitte unterschieden werden: 1. Äußeres Ohr und Gehörgang; 2. Mittelohr; 3. Innenohr und Hörbahn (vgl. Abb. 134).

Äußeres Ohr. Die Ohrmuschel (Auricula) wird durch einen elastischen Knorpel versteift und von rudimentären mimischen Muskeln (M. auricularis ant., med. u. post.) bewegt. Der etwas schraubenförmige Gehörgang (Meatus acusticus ext.) (teils knöchern, teils knorpelig) endet am Trommelfell (Membrana tympanica), bei der sich eine Pars tensa und Pars flaccida (Shrapnell-Membran) unterscheiden läßt.

Mittelohr (Cavitas tympanica). Die Gehörknöchelchenbrücke setzt sich aus Hammer (Malleus), Amboss (Incus) und Steigbügel (Stapes) zusammen. Die Gehörknöchelchen, die die Schallwellen vom Trommelfell auf das ovale Fenster und damit auf die Perilymphe der Scala vestibuli übertragen, sind gelenkig verbunden und werden durch den

	Augenmuskeln	Funktion	Innervation	Gruppe
1.	M. rectus med.	Adduktion	N. III	Horizontalmotoren
2.	M. rectus lat.	Abduktion	N. VI	
3.	M. rectus sup.	**Hebung,** Adduktion Innenrotation	N. III	Vertikalmotoren
4.	M. rectus inf.	**Senkung,** Adduktion, Außenrotation	N. III	
5.	M. obliquus sup.	**Innenrotation,** Abduktion, Senkung	N. IV	Rotatoren
6.	M. obliquus inf.	**Außenrotation,** Abduktion, Hebung	N. III	

M. stapedius und M. tensor tympani verspannt. Durch die Tuba auditoria wird das Mittelohr vom oberen Pharynx (Epipharynx) aus belüftet.

Innenohr. Der 2 1/2mal gewundene, dreiseitige Schneckengang (Ductus cochlearis, Scala media) enthält ungewöhnlich kaliumreiche Endolymphe. Benachbart sind (oben) die Scala vestibuli und unten die Scala tympani, beide mit Perilymphe gefüllt. Der Schneckengang hat drei Seiten: außen die stoffwechselaktive Stria vascularis; unten die Membrana basilaris mit dem Corti-Organ und oben die dünne Membrana vestibularis (Reissner-Membran) (vgl. Abb. 138). Das *Corti-Organ* beherbergt drei bis fünf Reihen äußerer Haarzellen (rund 12000) und eine Reihe innerer Haarzellen (etwa 3500) und wird von der Membrana tectoria überdeckt, die mit den äußeren, aber nicht den inneren Haarzellen Kontakt hat. Die Perilymphschwingungen übertragen sich auf die Basilar- und Tektorialmembran, wodurch die Stereozilien der Haarzellen Abscherungen erfahren (adäquater Reiz für die Hörwahrnehmung). Die äußeren Haarzellen sind kontraktil und können die Endolymphströmung lokal (frequenzabhängig) um den Faktor 1000 verstärken. Dadurch werden die Stereozilien der inneren Haarzellen verbogen, so daß durch kleine Fäden (tip links) Ionenkanälchen an den Stereozilien geöffnet und Transmitter an der Zellbasis freigesetzt werden, was die nervöse Erregung auslöst (Transduktionsprozeß). Die Schallwellen werden in den Perilymphgängen in Druckwellen verwandelt, die je nach Frequenz lokal zu einer Maximalauslenkung der Basilarmembran führen (Ortsprinzip), dabei wird (bei komplexen Schallereignissen) das Frequenzbündel aufgesplittert (Frequenzdispersion). Hohe Frequenzen (hohe Töne) werden nahe der Schneckenbasis, tiefe an der Schneckenspitze perzipiert. Die für die Hörwahrnehmung wichtigsten Sinneszellen sind die inneren Haarzellen.

Hörbahn (vgl. Abb. 143).

1. Neuron, Ganglion spirale – bipolare Ganglienzellen, Axone bilden den Hörnerven (Pars cochlearis, N. VIII).
2. Neuron – Nucleus cochlearis post. (dors.) und ant. (ventr.) im lateralen Winkel der Rautengrube (gekreuzt und ungekreuzt).
3. Neuron – Oliva inf. oder Corpus trapezoideum oder Nucleus lemnisci lat.
4. Neuron – Colliculus inf. und/oder Corpus geniculatum med.
5. Neuron – durch Radiatio acustica zu den Gyri temporales transversi (Heschl-Querwindungen) (primäre auditive Rindenfelder).

Sekundäre Rindenfelder sind Area 42 (sensorisches Sprachzentrum, Wernicke) und Area 22 (Gyrus temporalis sup., Ton-, Wort- und Satzverständnis) (vgl. Abb. 144).

Efferente Innervation des Corti-Organs durch *Tractus olivocochlearis* (Rasmussen) von Oliva sup. im Hörnerven bis zu den Haarzellen.

6. Struktur der Großhirnrinde

Das Furchungsrelief der Großhirnrinde zeigt große individuelle Unterschiede, die keineswegs immer ein Spiegel der Intelligenz sind. Es gibt stark gefurchte Idiotengehirne, wie andererseits weniger gefurchte Gehirne bei Hochbegabten beobachtet worden sind. Auch zwischen rechter und linker Hirnhälfte bestehen funktionelle Unterschiede (sog. Lateralisation, s. S. 233).

Klinischer Hinweis. Im Alter werden die Gyri, bedingt durch einen Schwund der grauen Substanz, schmäler und die Sulci breiter (senile Hirnatrophie). Gleichzeitig kann das Volumen des Ventrikelsystems, vor allem der beiden Seitenventrikel, zunehmen. Bei der *Alzheimer-Krankheit* kommt es zu einer fortschreitenden Demenz (meist im höheren Alter), vor allem aufgrund einer Rindenatrophie im Temporal- und Frontallappen.

Die *funktionelle Gliederung* der Großhirnrinde folgt in etwa der Lappengliederung (Abb. 145). Als Faustregel kann man sich merken, daß der Frontallappen mit den motorischen, der Parietallappen mit den allgemeinen sensorischen Funktionen, der Okzipitallappen und hintere Parietallappen mit dem visuellen System, der obere Abschnitt des Temporallappens und die Insel mit dem auditiven System und die basalen, vorderen Abschnitte des Temporallappens mit Speicherfunktionen (Gedächtnis, Erinnerung) zu tun haben. Dabei haben die phylogenetisch jüngsten Hirnabschnitte, die vordersten Teile des Frontal- und Temporallappens die hochwertigsten Funktionen. Der Frontallappen wird für allgemeine motorische Intentionen, die für eine Persönlichkeit charakteristisch sind, für Antrieb und Leistungswille, der Temporallappen für das Verarbeiten und Erinnern sensorischer Eindrücke, einschließlich der sich daraus ergebenen individuellen Vorstellungswelt, verantwortlich gemacht.

Das *limbische System* scheint in diesem Zusammenhang eine Mittelstellung einzunehmen. Es vermittelt die – »aus der Tiefe aufsteigenden« – Emotionen an die Großhirnrinde, wobei offenbar gleichzeitig eine Integration mit den gespeicherten Informationen (Gedächtnisleistung) und den früheren Erkenntnissen erfolgt. Bei Affen haben experimentelle Zerstörungen des Mandelkernkomplexes schwerwiegende Veränderungen im Sozialverhalten der Tiere hinsichtlich der Rangordnung sowie der Einordnung in die Gruppe hervorgerufen.

Rindenfelder. Die primär motorischen Projektionsfelder (motorischer Homunkulus) liegen für die gesamte Körpermuskulatur einschließlich Kopf und Kehlkopf im Gyrus praecentralis. Frontal schließen sich die sekundären motorischen Rindenfelder an, unter denen diejenigen für die Handmotorik (Schreiben, Zeichnen, Spielen eines Instrumentes etc.), für die Augenmuskulatur (willkürliche, bewußt intendierte Blickbewegungen) und die für die Kehlkopfmuskulatur (motorisches Sprachzentrum von Broca) besonders hervorzuheben sind (Abb. 145).

Die primär sensorischen Projektionsfelder (sensorischer Homunkulus) befinden sich im Gyrus postcentralis. Nach rückwärts schließen sich die im Lobulus parietalis gelegenen, sekundären und tertiären Rindenfelder an, deren Tätigkeit mit der Kinästhetik, der Körper- und Raumwahrnehmung zusammenhängt.

Die primären Rindenfelder des *visuellen Systems* sind in der Area striata oberhalb und unterhalb des Sulcus calcarinus, hauptsächlich an der Innenseite des Okzipi-

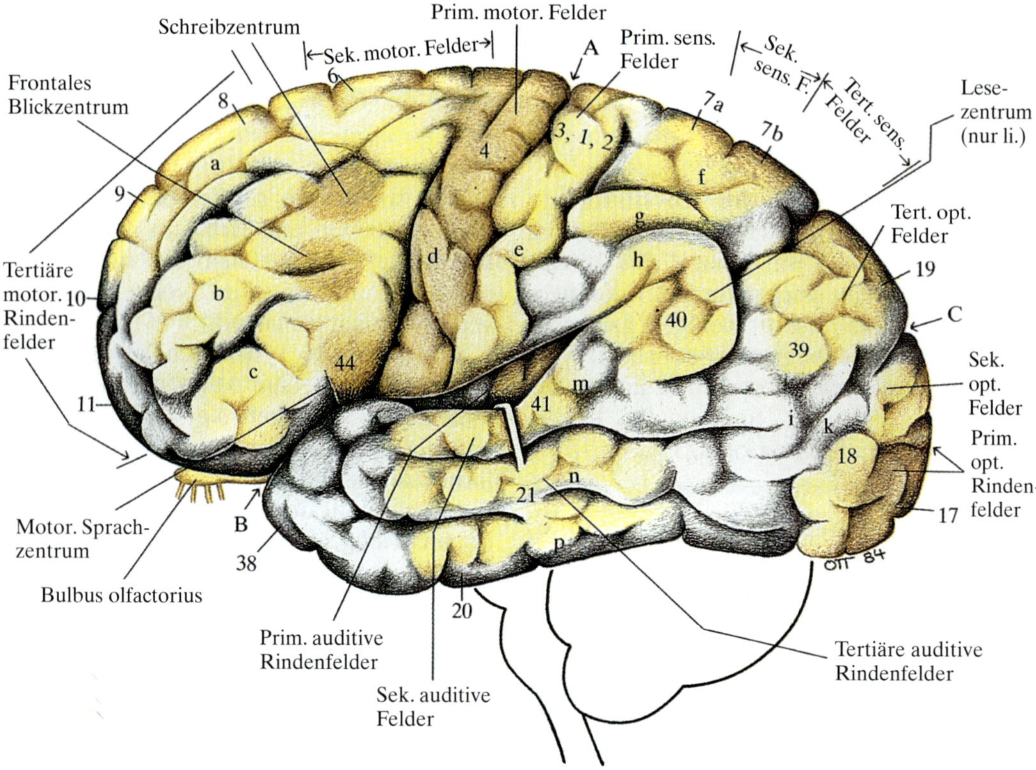

Abb. 145. a) Funktionelle Gliederung der Großhirnrinde. Linke Hirnhälfte von lateral. Die Zahlen entsprechen dem Brodmann-Schema der Rindenfelderung.
Furchen: A - Sulcus centralis; B = Sulcus lat., C = Sulcus parieto-occipitalis.
Lappen und *Gyri:* a = Gyrus frontalis sup.; b = Gyrus frontalis medius; c = Gyrus frontalis inf.; d = Gyrus praecentralis; e = Gyrus postcentralis; f = Lobulus parietalis sup.; g = Lobulus parietalis inf.; h = Gyrus supramarginalis; i = Gyrus angularis; k = Gyri occipitales lat.; l = Gyri temporales transversi (Heschl); m = Gyrus temporalis sup.; n = Gyrus temporalis medius; p = Gyrus temporalis inf.

tallappens lokalisiert (Abb. 145). Im benachbarten Cuneus sowie an der Außenseite des Okzipitallappens und im hinteren Abschnitt des Parietallappens liegen die sekundären und tertiären optischen Rindenfelder, die mit der Verarbeitung visueller Eindrücke, mit der optischen Erinnerung und Formwahrnehmung zusammenhängen. Das sog. »optische Sprachzentrum« (Lesezentrum) befindet sich im Gyrus supramarginalis, der das Ende des Sulcus lateralis bogenförmig umfaßt. Lesen bedeutet in diesem Zusammenhang jede Art von Erkennen bzw. Deuten von Zeichen, Symbolen oder bildhaften Strukturen, d.h. die übergeordnete (sekundäre) Auswertung von primär optischen Erregungen des Sehsystems.

Die primären *auditiven Rindenfelder* finden sich im Bereich der Inselrinde sowie an der Innenseite des Gyrus temporalis sup. Der außen anschließende Gyrus temporalis sup. und medius beherbergt die sekundären auditiven Rindenfelder, die mit der Auswertung akustischer Erregungen zu tun haben, d.h. die morphologische Basis für das Wort- und Sprachverständnis und für die Deutung von Geräuschen oder Tonfolgen darstellen (sensorisches Sprachzentrum nach Wernicke) (Abb. 145). Im weiter kaudal anschließenden Gyrus temporalis inf. liegen dann die ter-

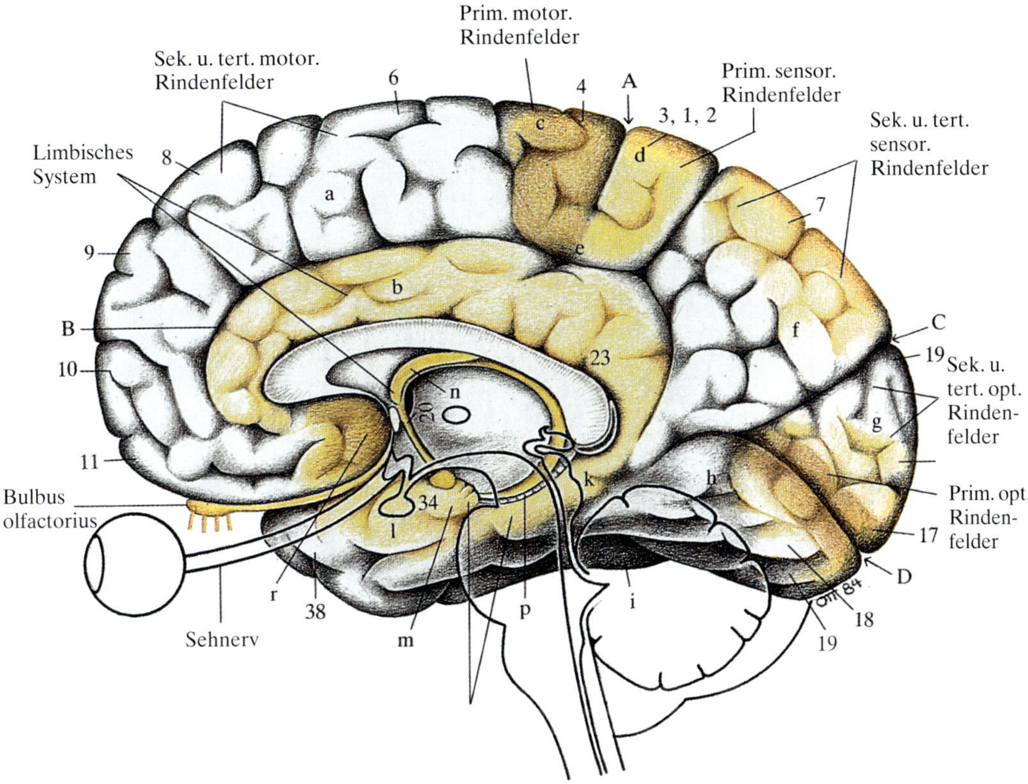

Abb. 145. b) Funktionelle Gliederung der Großhirnrinde. Rechte Hirnhälfte von medial. Die Zahlen entsprechen dem Brodmann-Schema der Rindenfelderung.
Furchen: A = Sulcus centralis; B = Sulcus cinguli; C = Sulcus parieto-occipitalis; D = Sulcus calcarinus.
Lappen und *Gyri:* a = Gyri frontalis sup.; b = Gyrus cinguli; c = Gyrus praecentralis; d = Gyrus postcentralis; e = Lobulus paracentralis; f = Praecuneus; g = Cuneus; h = Gyrus occipitotemporalis med.; i = Gyrus occipitotemporalis lat.; k = Gyrus hippocampi; l = Uncus hippocampi; m = Gyrus piriformis; n = Fornix; p = Gyrus dentatus; r = Area subcallosa.

tiären Rindenfelder des auditiven Systems, mit deren Hilfe uns der Sinn sprachlicher Äußerungen oder musikalischer Darbietungen bewußt werden kann. Auch die sog. Musikalität und die Erinnerung an akustische Eindrücke ebenso wie auch die schöpferische Erfindung neuer Melodien und Klangkompositionen hängt mit der Funktion dieser Rindenareale zusammen.

Die primären *olfaktorischen Rindenfelder* sind im Cortex praepiriformis im Bereich des Temporallappens lokalisiert. Fornix, Gyrus cinguli und Gyrus hippocampi gehören zum limbischen System.

Zelluläre Struktur des Cortex. Die Feinstruktur des Cortex ist viel einheitlicher als man ursprünglich dachte. Obwohl eine Vielzahl von Zelltypen, synaptischen Verbindungen und Überträgerstoffen mit Hilfe moderner, vor allem immunhistochemischer Methoden nachgewiesen worden ist, lassen sich doch bestimmte Strukturprinzipien herausschälen, die für das Verständnis der Funktionen grundlegend sind.

Im Zuge der Höherentwicklung hat sich bei den Säugern und Primaten eine sechsschichtige Rinde (Neocortex) entwickelt, die zwar in jeder Region verschieden ist, aber

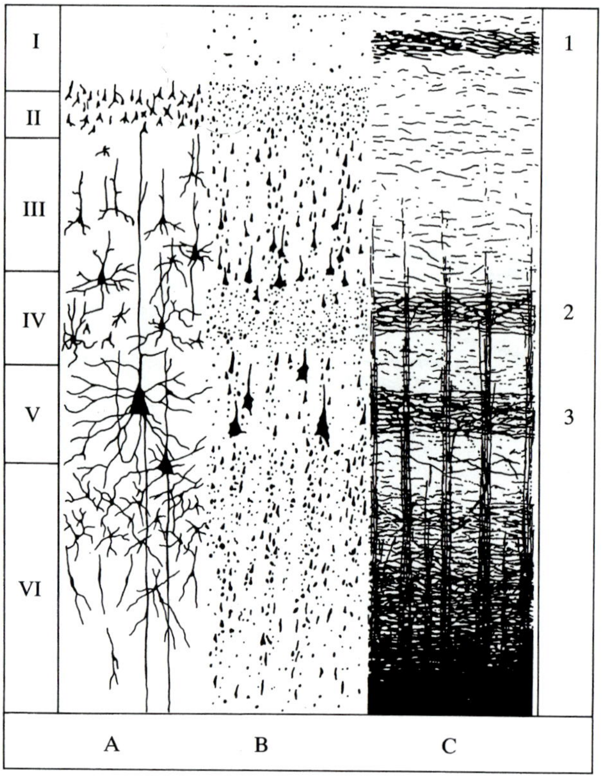

Abb. 146. Zellulärer Aufbau der Hirnrinde. Erscheinungsbild der 6 Schichten des Isocortex bei verschiedenen Färbungen.
A = Darstellung der Neurone durch Versilberung nach Golgi; B = Darstellung der Zellkörper durch die Nissl-Färbung;
C = Darstellung der Nervenfasern durch eine Markscheidenfärbung;
1 = Lamina tangentialis (Exner-Streifen);
2 = Stria ext. (äußerer Baillarger-Streifen);
3 = Stria int. (innerer Baillarger-Streifen).

doch grundsätzlich gleichartig aufgebaut ist *(Isocortex)*. Schicht III und V beherbergen kleinere (Lamina III) bzw. größere (Lamina V) Pyramidenzellen mit efferenten Axonen und Schicht II und IV hauptsächlich Schaltzellen, Interneurone oder Körnerzellen (Lamina granularis ext. und int.), die für die intrakortikalen Verschaltungen wichtig sind. Entsprechend bilden sich zwischen diesen Schichten horizontal verlaufende Faserzüge aus (z.B. Stria ext. und int.), während die efferenten Axone radiär ins Marklager einstrahlen (Abb. 146). Zusammenfassend kann man die Schicht I bis IV als den Eingangsbereich (Input-Zone) mit horizontalen, assoziativen Verschaltungen, die Schichten V und VI als den Ausgangsbereich (Output-Zone) mit projektiven Verbindungen bezeichnen. Dominieren die efferenten Neurone (wie z.B. im Gyrus praecentralis), beherrschen die Pyramidenzellen das Bild, und die Körnerzellen in Lamina II und IV treten zurück. Man spricht dann von einer »agranulären Rinde« (Typ 1). Umgekehrt dominieren in sensorischen Regionen die afferenten Systeme und die Querverschaltungen durch Körnerzellen; hier treten die Pyramidenzellen zahlenmäßig zurück (granuläre Rinde, Koniocortex, von Konia = Staub, Typ 5). Zwischen Typ 1 und 5 gibt es alle Übergänge (Abb. 147). Man kann also aus der Dicke der einzelnen Schichten und der Anzahl der entsprechenden Zellen bereits einen Hinweis auf die funktionellen Verhältnisse bekommen (Abb. 147).

In den motosensorischen Rindengebieten lassen sich unter funktionellen Gesichtspunkten drei verschiedene Verschaltungstypen erkennen (Abb. 148). Die aus dem Thalamus einlaufenden Afferenzen (sog. spezifische Afferenzen) werden hauptsächlich in Lamina IV verschaltet. Die Axone der thalamokortikalen Bahnen bilden ausgedehnte Endverzweigungen, die zu 90% direkt mit den apikalen Dendritenbündeln der großen Pyramidenzellen, zu 10% auch über Interneurone mit den Pyramidenzellen synaptisch verbunden sind (Abb. 148A). Die Zellkörper der Riesenpyramidenzellen (im Gyrus praecentralis bilden etwa 30–40000 Betz-Zellen die Ursprungsneurone der Pyramidenbahn) liegen in Lamina V. Sie senden mehrere horizontale Dendriten und meist nur einen apikalen Dendriten aus, der bis in Lamina I hineinreicht und zahlreiche dornenartige Ausstülpungen (spines) für synaptische Verknüpfungen besitzt. Der Neurit geht basal vom Zellkörper ab und zieht – im Falle der Pyramidenbahn – bis zum Rückenmark oder in anderen Fällen bis zu den subkortikalen Kernen, bzw. den motorischen Kerngruppen des Hirnstammes.

Ein zweiter Funktionsbereich liegt in den oberflächlichen Schichten (Abb. 148B). Hier enden vor allem die sog. unspezifischen Afferenzen (Lamina I–III). Sie kommen von Assoziations- oder Kommissurenneuronen und dienen der intrakortikalen Verknüpfung der kortikalen Felder untereinander. Die wenig verzweigten, afferenten Axone gewinnen direkt oder durch Interneurone Kontakt mit den apikalen Dendriten der kleinen Pyramidenzellen, die in Schicht III lokalisiert sind und die zugehörigen efferenten Neurone darstellen. Neben den Körnerzel-

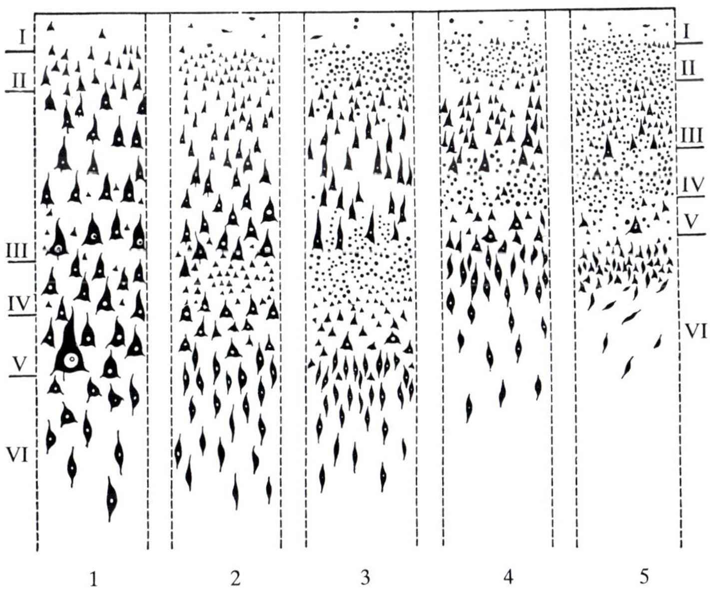

Abb. 147. Schichtengliederung der Hirnrinde bei 5 verschiedenen Rindentypen (nach v. Economo). Schwarze Prismen = Pyramidenzellen; kleine Punkte = Körnerzellen. I–VI = Schichten der Hirnrinde (vgl. tabellarische Zusammenstellung S. 230). Bautypen: 1 = agranuläre Rinde (efferente Systeme dominieren); 2, 3, 4 = Mischtypen; 5 = granuläre Rinde (afferente Systeme dominieren) (Koniokortex).

Schichtengliederung der Großhirnrinde (von innen nach außen)

	Schichten	Zellen	Fasern
Schicht I	*Molekularschicht* (Lamina zonalis)	Verstreut liegende, kleine Zellen (Cajal-Zellen, Horizontalzellen) mit tangential orientierten Dendriten	Dünne Schicht tangentialer Faserzüge (Exner-Streifen)
Schicht II	*Äußere Körnerschicht*	Zahlreiche, dicht gelagerte Körnerzellen. Dendriten verzweigen sich in dieser Schicht	Vereinzelte Tangentialfaserbündel (Lamina suprastriata)
Schicht III	*Äußere Pyramidenschicht* (Lamina pyramidalis ext.)	Viele kleine Pyramidenzellen mit zentrifugalen Neuriten	Beginn der radiären Markstrahlen
Schicht IV	*Innere Körnerschicht* (Lamina granularis int.)	Viele kleine Körnerzellen und Assoziationsneurone (Sternzellen)	Dichte tangentiale Assoziationsfaserbündel (*Stria ext.*, äußerer Baillager-Streifen)
Schicht V	*Innere Pyramidenschicht* (Lamina pyramidalis int.)	Zahlreiche, große Pyramidenzellen mit langen Neuriten für Projektionsbahnen	Kräftige Tangentialfaserschicht (innerer Baillager-Streifen, *Stria int.*)
Schicht VI	Spindelzellschicht (polymorphe Zellschicht) (Lamina multiformis)	Vielgestaltige, unterschiedlich große Ganglienzellen (Spindelzellen, multiforme Zellen, Martinotti-Zellen)	Wenige Tangentialfasern (Kaes-Streifen)

len sind in diesen assoziativen Schichten vor allem zwei Zelltypen funktionell von Bedeutung: 1. die *Cajal-Horizontalzellen,* die nur in der oberflächlichen Molekularschicht (Lamina I) vorkommen, und 2. die *Martinotti-Zellen,* deren Neuriten umgekehrt zu den Pyramidenzellneuriten vertikal aufsteigend verlaufen, so daß diese Zellen für die vertikalen Verknüpfungen zwischen der »Input«- und »Output«-Zone verantwortlich sind.

Der dritte Strukturbereich ist komplexer (Abb. 148C). Sind bei den kortikalen Verschaltungen des pyramidalen Systems mehr die direkten Verbindungen zwischen Afferenzen und Efferenzen, die schnelle und unmittelbare Reaktionen bis zum Rückenmark hin ermöglichen, von Bedeutung, so spielen bei den subkortikalen Systemen wahrscheinlich mehr komplexere intrakortikale Verschaltungen eine Rolle. Wiederum liefern die großen Pyramidenzellen der Schicht V die Hauptefferenzen. Die aus dem Thalamus und anderen Regionen kommenden, wenig verzweigten, afferenten Fasern (unspezifische Afferenzen) enden einerseits an Körnerzellen der Schicht IV, die exzitatorisch auf die apikalen Dendritenbündel der Pyramidenzellen wirken, andererseits aber auch an Korbzellen, deren Axone mit den Zellkörpern der Pyramidenzellen Synapsen bilden und inhibitorisch wirken. Über die oberflächlichen Schichten können auch horizontale Verknüpfungen aufgebaut werden.

Eine eigenartige Zellform repräsentiert die Schaltzelle mit doppeltem Dendritenbaum und langen, pferdeschwanzartigen Neuriten, die mit den Dornensynapsen der apikalen Pyramidenzelldendriten Synapsen bildet. Wahrscheinlich handelt es sich um Zellen für vertikale Verknüpfungen. Wichtige vertikale und auch horizontale Verbindungen entstehen durch rückläufige Axon-Kollateralen der Pyramidenzellen selbst, die erstaunlich zahlreich sind.

Modul-System. Neben der Differenzierung der Hirnrinde in der horizontalen Dimension, die die Feldergliederung erzeugt, existiert noch eine Organisationsform in vertikaler Richtung. Man spricht von Zellsäulen oder Modulen, die mosaikartig nebeneinander liegen und relativ gleichartig gebaut sind.

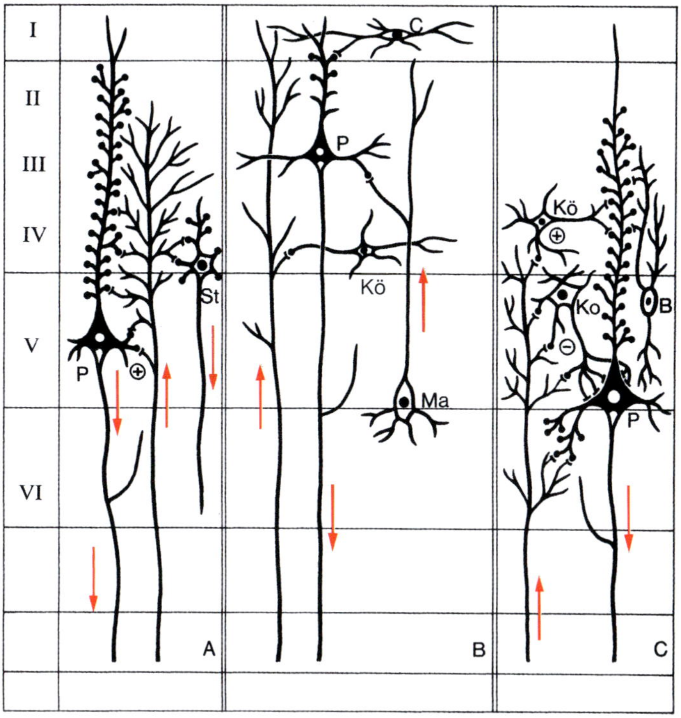

Abb. 148. Elementare neuronale Verknüpfungen in der Großhirnrinde. Schichtengliederung s. Tab. S. 230.
A = Pyramidensystem und spezifische Afferenzen, hauptsächlich aus dem Thalamus (thalamokortikale Bahnen). P = große Pyramidenzelle; St = Sternzelle.
B = Assoziations- und Kommissurensysteme. Verschaltungen hauptsächlich in den supragranulären Schichten (I–III) und Lamina IV. C = Cajal-Zelle; Kö = Körnerzelle; P = kleine Pyramidenzelle; Ma = Martinotti-Zelle.
C = Subkortikale Systeme. Verschaltungen der unspezifischen Afferenzen aus den intralaminären und zentromedianen Kernen des Thalamus in Lamina IV und V. B = Zelle mit doppeltem Dendritenbaum; Kö = Körnerzellen; Ko = Korbzelle; P = große Pyramidenzelle.

Für die Module sind vor allem 3 Eigenschaften charakteristisch: 1. gehören alle Zellen innerhalb eines Moduls zum gleichen rezeptiven Feld; 2. können alle Zellen durch gleichartige, periphere Stimuli aktiviert werden und 3. reagieren alle Zellen nach kurzer, peripherer Stimulation mit der gleichen Latenzzeit. In jedem Modul sind afferente, efferente und Interneurone also funktionell zu einer Einheit zusammengefaßt. Die sog. »Minimodule« enthalten meist 20–30 apikale Pyramidenzelldendriten, insgesamt etwa 110 Zellen und haben einen Durchmesser von etwa 30 μm (im gesamten Cortex etwa 400 Mill.). »Makromodule« sind größer (500–1000 μm ∅) und bestehen jeweils aus mehreren hundert Minimodulen. In den großen sensorischen Rindenfeldern (Seh- oder Hörzentren) sind die Module von besonderer Bedeutung, da sie die Unterscheidung einzelner Reize (z.B. aus dem rechten oder linken Auge) ermöglichen.

Assoziations- und Kommissurensysteme. Ein weiteres wichtiges Strukturprinzip der menschlichen Hirnrinde besteht nun in der besonderen Ausbildung von assoziativen Verbindungen. Im allgemeinen unterscheidet man im Neocortex supra- und infragranuläre Schichten. Die supragranulären Schichten (Lamina I – III) entwickeln sich

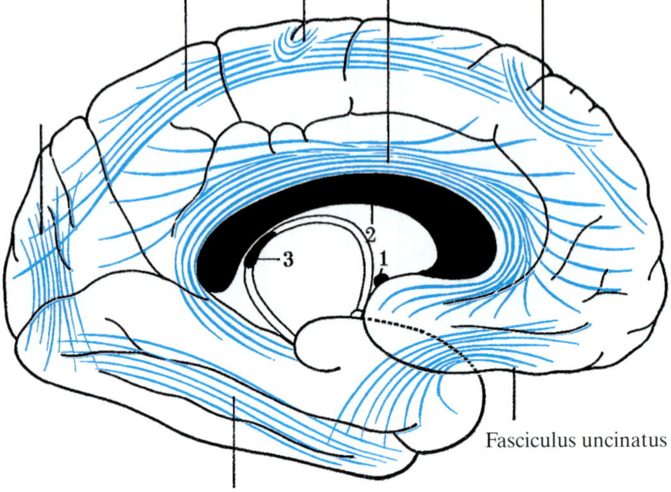

Abb. 149. Assoziations- und Kommissurenbahnen des Großhirns in der Ansicht von medial. Blau = Assoziationsbahnen; schwarz = Kommissurenbahnen: 1 = Commissura anterior; 2 = Corpus callosum; 3 = Commissura fornicis.

später als die infragranulären (Lamina V und VI) und dienen vornehmlich der intrakortikalen Verknüpfung der verschiedenen Rindenfelder untereinander. Durch die oberflächenparallel verlaufenden (horizontalen) Verbindungen entstehen mehrere, nach einer Markscheidenfärbung deutlich hervortretende Faserstreifen, von denen die beiden Baillarger-Streifen **(Stria ext.** u. **int.)** in Lamina IV und V die wichtigsten sind. Auch in der Molekularschicht bildet sich ein deutlich horizontaler Faserzug aus **(Lamina zonalis superf.,** Exner-Streifen) (Abb. 146). Die markhaltigen Fasern der Stria ext. werden in der Sehrinde so zahlreich, daß sie schon mit bloßem Auge als weißlicher Streifen erkennbar sind (daher »Streifenrinde« – Area striata).

Für die Funktion der Großhirnrinde sind die assoziativen Verbindungen innerhal derselben Hemisphäre sowie die kommissuralen Verknüpfungen zwischen gleichen »Zentren« verschiedener Hemisphären von entscheidender Bedeutung und eine wichtige Voraussetzung für die Einheit unserer Erlebniswelt. Dies geht schon aus ganz einfachen Elementarfunktionen, über die wir verfügen, hervor. Sprechen-Können z.B. bedeutet nicht nur, Worte mit Hilfe der Kehlkopfmuskulatur und Mundhöhle auszusprechen, sondern gleichzeitig auch das Gesprochene zu hören, eventuell durch ein optisches Bild zu kontrollieren. Somit müssen alle drei, räumlich weit auseinanderliegenden »Sprachzentren« – das motorische im Frontallappen, das sensorische im Temporallappen und das optische (Lesezentrum) im Parietallappen – miteinander verknüpft werden. Ähnliches gilt auch für andere Funktionen, wie z.B. Augenbewegungen, Schreiben usw.

Die Verknüpfung der Rindenfelder untereinander, die beim Menschen besonders hochdifferenziert ist, kommt nun nicht nur durch die in der grauen Substanz verlaufenden, horizontalen Assoziationsfasern, sondern auch durch größere, im Marklager verlaufende Bahnsysteme, die man bereits makroskopisch erkennen kann und bei denen man längere und kürzere Bahnen unterscheidet, zustande.

Die kurzen Assoziationsbahnen *(Fibrae arcuatae breves)* ziehen von einem Gyrus zum nächsten und schalten damit die unmittelbar benachbarten Rindenfelder zusammen. Die längeren Assoziationsbahnen *(Fibrae arcuatae longae* oder *Fasciculi longitudinales)* verbinden funktionell zusammengehörige Zentren, die in verschiedenen Hirnlappen liegen. Das wichtigste Assoziationssystem des limbischen Systems ist das Cingulum, die wichtigsten Assoziationsbahnen der übrigen Rindengebiete sind die Fasciculi longitudinales sup. und inf. sowie der Fasciculus uncinatus.

Durch die **Kommissurensysteme** werden beide Großhirnhemisphären zu einer funktionellen Einheit zusammengeschlossen (Abb. 149). Wegen der unterschiedlichen Differenzierung der beiden Hirnhälften beim Menschen (Lateralisation) und der hohen Entwicklung der menschlichen Hirnrinde, sind die Kommissurenbahnen für die Funktion des Gehirns von großer Bedeutung. Die Kommissur des phylogenetisch jüngeren Neuhirns (Neocortex) ist der Balken **(Corpus callosum),** der etwa 200 Millionen markhaltige Nervenfasern enthält. Der Hauptabschnitt des Balkens *(Truncus corporis callosi)* liegt im Zwischenhirnbereich oberhalb des Fornixkörpers über dem Dach des III. Ventrikels, knickt nach vorne zu bogenförmig um *(Genu)* und endet mit einem spitz zulaufenden Keil *(Rostrum),* der in die Lamina terminalis übergeht. Das hintere freie Ende des Balkens, das bis zum Mittelhirn reicht und die Epiphyse bedeckt, ist etwas verdickt *(Splenium).* Da der Balken kürzer ist als der Längsdurchmesser des Großhirns insgesamt, strahlen die Balkenfasern vorne und hinten fächerartig in die zugehörigen Hirnlappen aus und bilden dabei jeweils eine mächtige U-förmige »Faserzwinge« (Forceps). Der kleinere *Forceps minor* gehört zu den Lobi frontales, der größere Forceps major zu den Lobi occipitales und temporales.

Die stammesgeschichtlich ältere Endhirnkommissur ist die **Commissura anterior,** die zwischen Lamina terminalis und Columnae fornicis liegt, und beiderseits in die vorderen Abschnitte des Temporallappens zieht (Abb. 97 u. 98). Zu den alten Systemen gehören auch die Faserverbindungen zwischen den beiden Fornixschenkeln (Commissura fornicis, Lyra Davidis oder Psalterium) und die *Commissura posterior* im Bereich des Epiphysenstieles am Eingang des Aquaeductus mesencephali, die kommissurale Fasern der Colliculi sup. und Nuclei habenulae enthält.

Die Kommissurenbahnen verknüpfen jeweils gleiche Rindenareale (Modul-Komplexe) der beiden Hemisphären miteinander, lassen jedoch die primären sensomotorischen und sensorischen Rindenfelder, wo die peripheren Erregungen zuerst eintreffen, aus. Wie daher die Einheit unserer Erlebniswelt zustande kommt, bleibt letztlich ein Rätsel.

Lateralisation der beiden Hirnhälften. Die beiden, spiegelbildich angelegten Hirnhälften sind keineswegs funktionell gleichwertig. Neuere Untersuchungen an Patienten, bei denen der Balken, das wichtigste Kommissurensystem des Neocortex, aus schwerwiegenden klinischen Indikationen durchtrennt werden mußte (sog. »split-brain persons«), haben gezeigt, daß beide Hemisphären durchaus verschiedene Funktionen erfüllen. Es war schon lange bekannt, daß das motorische Sprachzentrum (Broca) bei Erwachsenen nur auf einer Seite und zwar bei Rechtshändern in der Regel links lokalisiert ist, so daß bei Ausfall dieses Rindenfeldes der Patient mit der verbleibenden gegenüberliegenden Hemisphäre keine Worte zu bilden in der Lage ist. Das Gehirn zeigt zwar – selbst bis ins höhere Alter hinein – eine erstaunliche Plastizität, so daß die Sprachfähigkeit auch mit Hilfe der gegenüberliegenden Hirnhälfte nach längerer Zeit wieder zurückgewonnen werden kann, aber bei den komplexeren Funktionen, wie Sprechen, visuelle und auditive Vorstellungen, wird diese Anpassungsfähigkeit jedoch mit dem Alter zunehmend geringer. Nach Linkshirnschädigungen erholen sich Kinder bis zum 8. Lebensjahr von den Sprachausfällen in der Regel relativ rasch, später jedoch nur noch mit großer Mühe.

Es gilt heute als sicher, daß jede Hemisphäre eine spezialisierte und für die Persönlichkeit wichtige Funktion besitzt, die von der gegenüberliegenden »anderen« Hemisphäre nicht ohne weiteres übernommen werden kann. Diese Spezialisierung differenziert sich im wesentlichen mit der Motorik, die bei der Mehrzahl der Menschen rechtsbetont ist (Rechtshändigkeit) – etwa vom 5. Lebensjahr an –, so daß dann die linke Hemisphäre die Führung gewinnt. Nach dem 1. Lebensjahr beginnt eine Periode sehr schnellen Fortschrittes bei der Hirnreifung insbesondere im Zusammenhang mit dem Laufen- und Sprechenlernen, dem nach und nach das begriffliche Vorstellungsvermögen folgt. Dabei wird die linke Hemisphäre, in dem sich in der Regel das motorische Sprachzentrum entwickelt, zur dominierenden, die Strategie bestimmenden Hemisphäre. Die Analyse der Fähigkeiten von Splitbrain-Personen hat aber gezeigt, daß die rechte Hemisphäre später keineswegs nur noch untergeordnete Funktionen erfüllt, sondern im Gegenteil zahlreiche wichtige, im alltäglichen Leben allerdings meist weit-

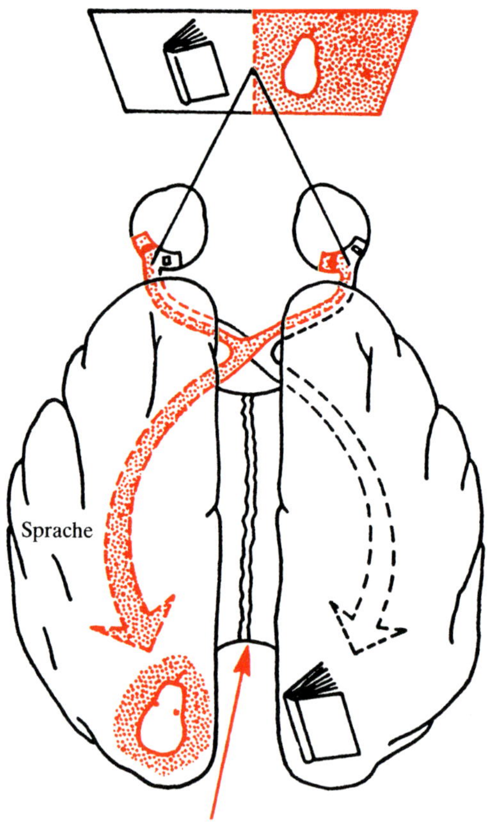

Abb. 150. Projektion von Bildelementen der rechten und linken Gesichtsfeldhälften auf die zugehörigen Rindenfelder des Okzipitallappens bei »split-brain persons« nach Durchtrennung des Balkens (aus Blakeslee Th. Das rechte Gehirn. Freiburg: Aurum Verlag, 1982).

gehend unbemerkt bleibende und vielfach vernachlässigte Fähigkeiten besitzt. Normalerweise benützen wir die linke Hemisphäre für das Erkennen von Einzelheiten in Zeichnungen, Wortzeichen und Symbolen, die rechte Hemisphäre jedoch mehr für das Erkennen von Gestaltbildern, von Formen in ihrer Gesamtgestaltung und von komplexeren Strukturen. Präsentiert man einem Patienten mit Balkendurchtrennung ein Bild so, daß es nur auf die linke bzw. rechte Hemisphäre projiziert wird, kann man anhand der jeweiligen Wahrnehmungen und Reaktionen testen, welche Funktionen bei den beiden Hemisphären dominieren (Abb. 150). Fehlen in einer einfachen Zeichnung wichtige Details, wie z.B. der geringelte Schwanz bei einem Schwein, die Bügel bei einer Brille usw., bemerkt das die linke Hemisphäre nicht, die rechte dagegen sofort. Bietet man der linken Hemisphäre einfache geometrische Figuren (Dreiecke, Quadrate) an und bittet dann den Patienten Paare davon zusammenzustellen, so ist er unfähig, das zu tun, wenn die Figuren mit unregelmäßig farbigen Mustern bedeckt sind. Wendet sich der Versuchsleiter jedoch an die rechte Hemisphäre, so gelingt alles zügig und rasch. Das bedeutet, daß wir mit Hilfe der linken Hirnhälfte mehr analytisch, abstrakt, mit der rechten mehr synthetisch und ganzheitlich denken. Das Erkennen einer Form in ihrer Gesamtgestalt, als Symbol oder Bild, das etwas bedeutet, setzt die Tätigkeit der rechten Hemisphäre voraus, während die linke sich in den Einzelheiten verliert, gewissermaßen den Wald vor Bäumen nicht sieht. Mit Hilfe der rechten Hemisphäre gelingt es auch leichter, sich im dreidimensionalen Raum unserer Umwelt zurechtzufinden – ja, die stereoskopische Wahrnehmung beruht in der Hauptsache auf der Tätigkeit der rechten Hemisphäre, die offenbar aus den verschiedenen Sinneseingängen das »dreidimensionale Bild« erst konstruiert.

Lateralisation der beiden Hirnhälften

	Linke Hirnhälfte	Rechte Hirnhälfte
Motorik	feine manuelle Fertigkeiten der Muskulatur, rechte Körperhälfte	Muskulatur für linke Körperhälfte
Olfaktorisches System	Gerüche der linken Nasenhöhle	Gerüche der rechten Nasenhöhle
Visuelles System	Rechte Gesichtsfeldhälfte Lesen, Schreiben Erkennen von Einzelheiten einer Zeichnung Detailbeobachtung	Linke Gesichtshälfte Erkennen von Gesichtern, Gestalt erkennen Erkennen von Formen und Gestalten Erinnern von Strukturen und Bildern (Formgedächtnis) Raumwahrnehmung
Auditives System	Klassifizieren von Tönen und Geräuschen Erinnern von Einzelworten (Wortgedächtnis)	Identifikation von Tönen und Geräuschen Erkennen von Tonfolgen und Intonationsarten Erinnerung von Melodien
Sprache	Hervorbringen gesprochener Worte	Bildung synthetischer Wortbegriffe Verstehen von Metaphern Keine Wortbildung
Allgemeine Leistungen	Abstraktes, kategorisierendes, analytisches, zählendes, rechnendes Denken, verbale Denkweise Punktuelles Einzelbewußtsein	Synthetisches, bildhaftes Denken Entwicklung von übergeordneten Gesamtvorstellungen Bildhaftes Denken »Überindividuelles« Gesamtbewußtsein

Auch im Bereich der anderen Sinnessysteme sind die unterschiedlichen Funktionen der beiden Hirnhälften eindrucksvoll nachzuweisen. So gelingt es der linken Hemisphäre wohl, Töne und Geräusche generell zu klassifizieren (z.B. »da ist ein Tier«), nicht aber dem Wesen nach zu erkennen (»es bellt ein Hund«). Auch für das Erkennen der in einer Tonfolge oder in einem Geräusch mitschwingenden emotionalen Komponente (Ärger, Begeisterung, Unmut) und deren Erinnerung sowie auch für das Erinnern einer Tonfolge, d.h. für die Wahrnehmung einer Melodie und deren Variationen, benötigen wir die rechte Hemisphäre; die linke scheint unfähig zu sein, die »Gestalt« einer Tonfolge, eines Geräusches oder das Wesen eines Menschen, soweit es sich durch die charakteristische Art der von ihm hervorgebrachten Laute ausspricht, zu erkennen, sowie auch eine Melodie richtig wiederzugeben.

Die linke Hemisphäre arbeitet also insgesamt mehr analytisch, klassifizierend, kategorisierend und »kritisch«, die rechte mehr synthetisch, ganzheitlich und wesensbezogen. Bei der linken Hirnhälfte herrscht ein verbales, Einzelwort-bezogenes Gedächtnis (Wortgedächtnis), bei der rechten ein bildhaftes, ganzheitsbezogenes Gedächtnis (Formgedächtnis) vor. Die linke Hemisphäre registriert von einem anderen Menschen vornehmlich die Einzelheiten seines Äußeren, vielleicht seinen Namen, seine Besonderheiten usw.; die rechte dagegen erschließt uns sein Wesen und verschafft uns einen Zugang zu seinem Inneren, dessen Gesamtgehalt dann mehr »intuitiv« erfaßt und erinnert wird. Vielfach bleibt von der rechten Seite aus dann auch das »Bild des Gesichtes« als Gesamteindruck der Persönlichkeit im Gedächtnis, während Einzelheiten, wie z.B. Haarfarbe, Schnurrbart usw. vergessen oder erst gar nicht registriert werden. Im Hinblick auf die emotionale Grundeinstellung unseres Seelenlebens spricht man der linken Hirnhälfte vornehmlich Impulse zum Positiven, Fröhlichen, Unkomplizierten, der rechten dagegen eine Neigung zum Negativen, Düsteren, Komplizierenden zu. In den Frontalhirnabschnitten aktivieren negative Affekte in der Regel nur die rechte Hemisphäre.

Klinische Hinweise. Ein Hinweis auf die bei einem Patienten vorhandene Dominanz einer Hirnhälfte kann man auch durch die spontan auf einen Zuruf erfolgende Augenbewegung erhalten. Eine Bewegung nach rechts bedeutet Dominanz der linken Hemisphäre, da die Motorik der rechten Körperhälfte der linken Hemisphäre zugeordnet ist. Untersuchungen dieser Art haben gezeigt, daß bei der Hysterie eine Dominanz der rechten Hemisphäre, bei Zwangsneurosen dagegen eine Dominanz der linken Hemisphäre vorliegt. Hysteriker sind emotional instabil, überreaktiv und erregbar, während Zwangsneurotiker unfähig sind zu relaxieren. Sie sind auch meist seelisch rigide und auf Details fixiert. Bei der Schizophrenie vermutet man in erster Linie eine Fehlfunktion der linken Hemisphäre, möglicherweise im Sinne einer Überaktivität. Die Zwangsvorstellungen Schizophrener beruhen nach Ansicht verschiedener Psychiater möglicherweise darauf, daß der Patient auch dann noch die einseitige Strategie der linken Hemisphäre benützt, wenn diese nicht mehr normal funktioniert.

7. Autonomes, viszerales oder vegetatives Nervensystem

Organisation und Funktion des autonomen Nervensystems (NS) stehen in vieler Hinsicht im Gegensatz zu den Einrichtungen der Sensorik. Vermitteln uns die höheren Sinne ein bewußtes Bild der Umwelt, so vollzieht sich die Tätigkeit des autonomen NS im Unbewußten. Diese ist auch nicht direkt durch den Willen zu beeinflussen, sondern *»autonom«*. Die nach außen gerichteten Sinne erschließen uns die Welt und ermöglichen sinnvolle Antwortreaktionen, meist auf dem Wege über die sensomotorischen Systeme, zur Sicherung der äußeren Existenz des Organismus (oikotropes oder umweltbezogenes NS). Der autonome Teil der NS dagegen regelt die Organtätigkeiten im Organismus selbst, er ist »innenweltbezogen« (idiotrop) und damit für die Erhaltung des Lebens entscheidend. Das zweckmäßige und ökonomische Zusammenwirken der verschiedenen Organtätigkeiten beruht im wesentlichen auf der ungestörten Arbeitsweise eines durch das autonome NS vermittelten, »inneren Informationswechsels«. L. R. Müller hat daher auch vom System der »Lebensnerven« gesprochen. Verdauung, Stoffwechsel, Sekretion, Wasserhaushalt, Wärmeregulation, Kreislauf, Fortpflanzung und andere wichtige Funktionen des lebenden Organismus werden von diesen »Lebensnerven« geregelt.

Diese Regelungen vollziehen sich unwillkürlich, autonom und unbewußt. Nur indirekt können wir durch die Bildung bestimmter Vorstellungen auf die vegetativen Funktionen einwirken, wie jeder vom Phänomen des Errötens oder Erblassens, der Gänsehaut oder des Herzklopfens weiß. Dies zeigt zugleich auch, daß das »Vegetativum« keinen in sich abgeschlossenen Bereich innerhalb des Gesamtnervensystems bildet, sondern ebenso wie die anderen Systeme in das Ganze integriert ist. Weiterhin bestehen Verbindungen mit dem System der endokrinen Drüsen. In gewisser Hinsicht könnte man sogar das »Endokrinium« zum Vegetativum hinzurechnen, regeln doch beide mittels spezifischer Wirkstoffe *(Hormone* bzw. *Transmitter)* die Funktion der verschiedenen Gewebe in der Peripherie des Organismus. Dies zeigt sich z.B. am Nebennierenmark, in dem Transmitterstoffe als Hormone gespeichert sind. Die Fähigkeit autonomer Nerven, in der Peripherie an den Berührungsflächen mit den Geweben Überträgerstoffe (Transmitter) freizusetzen, kann als ein besonderes Charakteristikum des autonomen NS angesehen werden. Die Überträgerstoffe (z.B. Adrenalin, Acetylcholin) greifen in das Stoffwechselgeschehen der Gewebe ein und verändern dadurch die spezifischen Zelleistungen (Sekretion, Kontraktion usw.). Die Nervenzellen produzieren diese Substanzen selbst und sind dadurch Drüsenelementen vergleichbar. [Im Bereich des Zwischenhirns spricht man von Neurosekretion (S. 266).] Während die endokrinen Drüsen ihre Wirkstoffe ins Blut absondern, geben die peripheren autonomen Nerven die Transmitterstoffe in der Nähe der Erfolgsorgane ins Interstitium ab. In der Regel werden keine direkten, synaptischen Kontaktflächen mit den zu innervierenden Zellen (glatte Muskelfasern, Drüsenzellen, Gefäßwandelemente) gebildet. Während bei den Sinnesorganen die stofflichen Prozesse (beim Auge z.B. die Sehpigmente) am Anfang des Erregungsgeschehens stehen, treten sie beim autonomen NS erst am Ende, d.h. am Ort der Reizübertragung auf. Dominiert bei den Sinnessystemen das afferente Geschehen, so im vegetativen Bereich umgekehrt das efferente. Früher wurde das autonome NS überhaupt nur als ein efferentes System definiert. Wir wissen aber heute, daß auch in den vegetativen Funktionsbereichen das Prinzip des aus einem afferenten und efferenten Schenkel zusammengesetzten Leitungsbogens verwirklicht ist. Obwohl über Verlauf und Arbeitsweise der viszeroafferenten Neurone noch wenig bekannt ist, kann ihre Existenz doch nicht bezweifelt werden. Funktionell steht allerdings das efferente Geschehen im Vordergrund. Man sollte jedoch berücksichtigen, daß hier – ebenso wie im Sensorium – in gewisser Hinsicht eine Asymmetrie herrscht, da die Viszeroafferenzen vornehmlich die Aufgabe haben, die zentrifugal gerichteten Erregungsabläufe zu modifizieren, in ähnlicher Weise wie bei den Sinnessystemen umgekehrt die efferenten Leitungen die Reizschwelle der Rezeptoren modifizieren. Wir müssen uns also vorstellen, daß im autonomen NS ein dauernder zentrifugaler Strom von Überträgerstoffen zur Peripherie hinfließt, der die Leistungsbreite der Organe regelt.

Jede Körperzelle ist aufgrund ihrer Ausstattung mit spezifischen Organellen und Enzymen zu elementaren Leistungen fähig, auch ohne eine eigene Innervation (Prinzip der Autonomie der peripheren Funktionen). Die Aufgabe des autonomen NS kann daher nicht die Erzeugung solcher Leistungen, sondern lediglich die Festlegung der jeweiligen Einstellbereiche durch Erhöhung oder Senkung der spezifischen Zelleistungen sein. Das autonome NS vermag auf diese Weise die Konstanz des inneren Milieus, das für alle Organleistungen entscheidend ist, aufrechtzuerhalten (Homöostase). Störungen der ionalen Zusammensetzung der Körperflüssigkeiten, Über- oder Unterfunktion einzelner Gewebsgruppen reduzieren die Leistungsbreite des Organismus, was nicht selten Krankheit bedeutet. Das autonome NS hat daher für die Medizin allergrößte Bedeutung. Die für die Gesundheit so notwendige Harmonisierung der Organprozesse und deren gegenseitige Anpassung werden vom autonomen NS vorgenommen.

Die Innenwelt der Organe ist aber nichts Selbständiges. Sie dient letztlich wiederum der nach außen gerichteten Leistungsentfaltung des Gesamtorganismus. Vegetative und somatische Funktionen verschmelzen zu einer Einheit. Dadurch ergibt sich ein zweites, nicht minder wichtiges Aufgabengebiet für das autonome NS: nämlich die Leistungsbreite der inneren Organe an die der anderen, auf die Außenwelt gerichteten Organsysteme, z.B. des Bewegungsapparates, anzupassen. Ein Sportler wird »alle Kraft zusammennehmen müssen«, um eine Höchstleistung zu erzielen. In einer Gefahrensituation vollbringen wir manchmal überraschende körperliche Leistungen. Die »Energie« hierfür wird aus der Welt der Organe vom autonomen NS mobilisiert. Dieses sorgt dafür, daß die jeweilige Tätigkeit der Organe den äußeren Notwendigkeiten bzw. den besonderen Umweltsituationen angepaßt ist. Es kann damit das Leben des Einzelorganismus auch unter den wechselnden, evtl. belastenden oder extremen Umweltverhältnissen aufrechterhalten. Diese Anpassungsfähigkeit ist beim Menschen besonders groß. Er kann in der Gluthitze der Wüste ebenso wie in der Eiseskälte der Arktis sein Leben aufrechterhalten und körperliche wie geistige Leistungen vollbringen. Natürlich helfen dazu auch sinnvoll erdachte Hilfseinrichtungen (Kleidung, Behausung usw.), aber in der Hauptsache ist es doch das autonome NS, das die jeweilige Anpassungsbreite des Organismus bestimmt. Beim Menschen ist nicht nur das somatische Nervensystem hoch entwickelt, sondern auch das autonome. Die evolutive Höherentwicklung beider Funktionsbereiche geht Hand in Hand.

Da das autonome NS die Organfunktionen dadurch regelt, daß es durch seine Überträgerstoffe den jeweiligen Tonus entweder erhöht oder herabsetzt und dadurch die Leistung des Organs fördert oder hemmt, ergibt sich zwangsläufig eine antagonistische Gliederung. Die beiden auch morphologisch unterscheidbaren Komponenten dieser polaren Struktur werden als Parasympathikus und Sympathikus (oder Orthosympathikus) bezeichnet. Eine makroskopisch-anatomische Unterscheidung in zwei derartige Anteile ist aber nur im Rumpfteil (spinotegmentaler Bereich) des autonomen NS möglich. In den peripheren Nervennetzen (Organbereich) lassen sich *Sympathikus* und *Parasympathikus* nicht mehr klar unterscheiden. Hier entstehen vielfach eigene Strukturbereiche, die z.T. ein hohes Maß an Komplexität und Eigenständigkeit (Autonomie) erreichen. Am deutlichsten ist dies im Bereich des Magen-Darm-Kanals, so daß man neuerdings diesen Teil auch als *enterisches NS* bezeichnet und aus dem parasympathischen und sympathischen Funktionsbereich ausgliedert.

Auch innerhalb des zentralen NS läßt sich die Zweiteilung in Sympathikus und Parasympathikus nicht mehr aufrechterhalten, da hier die Beeinflussung der Peripherie nicht nach Organen oder Teilfunktionen, sondern mehr nach übergeordneten Funktionszielen erfolgt.

Das autonome NS ist anatomisch und funktionell eine Einheit. Dennoch lassen sich organische Gliederungen treffen. Die Hauptmasse des autonomen Systems liegt in der Peripherie in Form von Nervengeflechten (Plexus) vor, in die zahlreiche Ganglien als knötchenförmige Verdickungen eingelagert sind. Die peripheren Plexus stehen durch den Grenzstrang (Truncus sympatheticus) mit den Spinalnerven und auf diese Weise mit dem Rückenmark in Verbindung. Die autonomen Kerngruppen liegen im Rückenmark vor allem in der Seitensäule und in der Formatio reticularis. Die Retikularisformation nimmt kranialwärts an Masse zu und verbreitert sich vor allem in der Haubenregion des Rauten- und Mittelhirns. Diese netzartige Zellformation zieht sich als eine zusammenhängende Zellmasse durch den gesamten Hirnstamm und enthält neben somatomotorischen vor allem auch autonome Steuerungszentren. Sie endet schließlich im Hypothalamus, wo die übergeordneten Funktionszentren für das gesamte Vegetativum lokalisiert sind. Auch das limbische System kann im weiteren Sinne als ein übergeordneter Funktionsbereich des Vegetativums angesehen werden (»Visceral brain«).

Von funktionellen Gesichtspunkten aus können daher innerhalb des autonomen NS **drei Organisationsstufen** unterschieden werden:

1. Der *periphere Bereich,* der aus den terminalen Plexus und Ganglien innerhalb der Organe (intramurales System) und den zugehörigen prä- und paravertebralen Ganglien besteht.
2. Der *spinotegmentale Bereich,* der die autonomen Kerngruppen im Rückenmark und Tegmentum des Hirnstammes umfaßt und sich weitgehend in sympathische und parasympathische Anteile gliedert.
3. Der *prosenzephale Bereich,* der aus dem Hypothalamus und dem limbischen System besteht, wo die obersten Steuerungszentren für das gesamte autonome NS liegen und wo die Verbindungen einerseits zum Großhirn, andererseits zum endokrinen System hergestellt werden.

7.1 Periphere Organisationsstufe (intramurales System)

Wird ein isoliertes Darmstück lokal gedehnt, so antwortet der gedehnte Darmabschnitt auf den Dehnungsreiz mit einer Kontraktion. Diese pflanzt sich in der Längsrichtung des Darmes ein Stück weit fort, bis sie schließlich erlischt. Dasselbe reaktive Verhalten kann auch an einem isolierten Gefäßstück nachgewiesen werden. Die glatte Muskulatur besitzt eine *myogene Automatie,* wodurch auch ohne Mitwirkung des Nervensystems spontan-rhythmische Kontraktionen und Spannungsänderungen zustande kommen können. Den myogenen Elementarprozessen ist nun das intramurale NS übergeordnet. Es kann die Eigenaktivität der Gewebe durch Freisetzung von Überträgerstoffen hemmen oder fördern, d.h. durch intramural ablaufende Reflexe regeln. Die anatomische Grundlage für das geschilderte funktionelle Verhalten ist das **intramurale Wandnetz** des autonomen NS, in dem zahlreiche Ganglienzellen eingelagert sind. Die Ganglienzellen mit ihren Axonen sind von Gliazellen (Schwann-Zellen, interstitielle Zellen) umhüllt.

Im Bereich der Erfolgsorgane (glatte Muskulatur, Drüsenzellen, Organparenchym usw.) treten die Axone stellenweise aus der umhüllenden Gliascheide heraus und bilden lokalisierte Erweiterungen mit synaptischen Bläschen *(Varikositäten)* aus (Abb. 151). An diesen Stellen können Überträgerstoffe direkt ins Gewebe abgegeben werden. Direkte synaptische Kontaktflächen mit den Zellmembranen der Erfolgsgewebe oder spezialisierte Endorgane wie z.B. motorische Endplatten werden in der Regel nicht gebildet. Die ins Interstitium freigesetzten Überträgerstoffe wirken daher nicht streng lokal, sondern auf dem Wege über

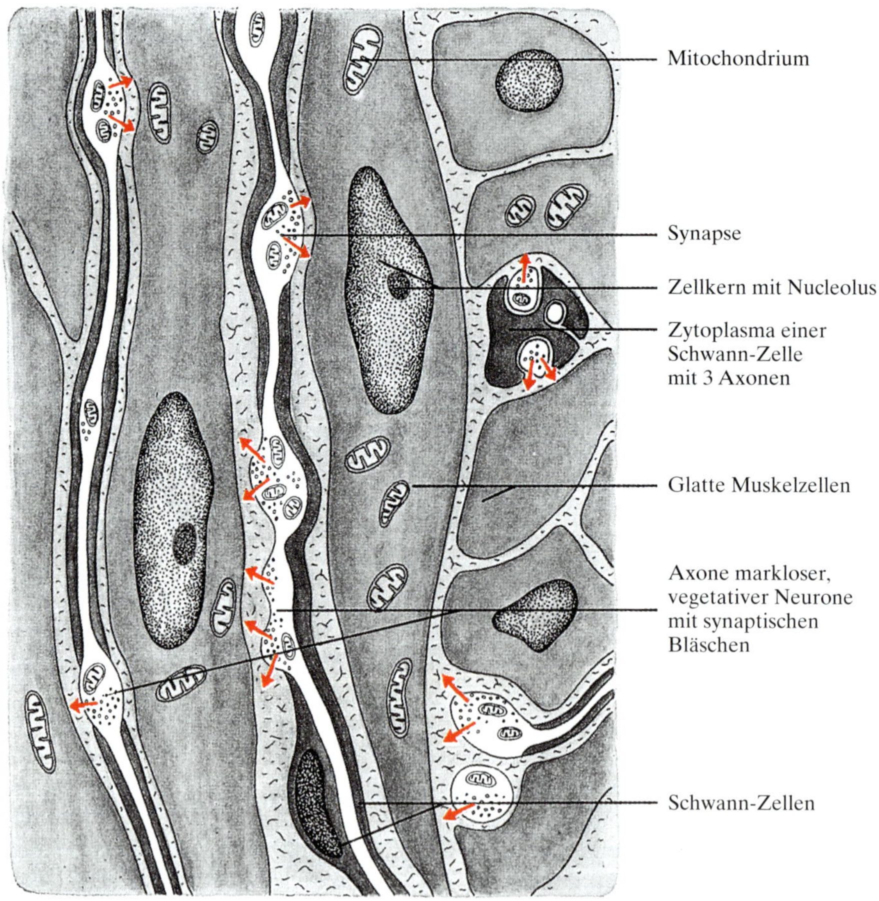

Abb. 151. Schema vom Aufbau des autonomen NS (periphere Organisationsstufe). Als Beispiel wurde die Innervation eines glattmuskulären Hohlorgans (Bläschendrüse) gewählt (modifiziert nach W. Stach). Man beachte die Ansammlung synaptischer Bläschen in denjenigen Axonabschnitten, die keine Umhüllung durch Schwann-Zellen mehr aufweisen. Von diesen Stellen aus wird das Interstitium des Gewebes diffus mit Überträgerstoffen beschickt (Pfeile).

den Extrazellulärraum immer auf einen größeren Gewebsbereich. Man spricht daher auch von »diffusen Synapsen«. Die Gesamtheit dieser Synapsen bildet dann das *Neuroeffektorgebiet.*

Die den intramuralen Plexus vorgeschalteten *Ganglien* (prävertebrale oder paravertebrale Ganglien) zeichnen sich außer durch eine auffallend reiche Gefäßversorgung auch durch den Besitz zahlreicher, intraganglionärer Schaltneurone aus, bei denen inzwischen eine Reihe verschiedenartiger Transmitter nachgewiesen worden sind.

Diese Ganglien stehen über die Spinalnerven mit dem Rückenmark **(Sympathikus)** oder durch besondere Nerven (z.B. N. vagus) mit dem ZNS in Verbindung **(Parasympathikus).** Im Gegensatz zu den Somatoefferenzen, die ohne Unterbrechung bis zum Erfolgsorgan (quergestreifte Muskulatur) durchlaufen, werden die viszeroefferenten Neurone in den peripheren, autonomen Ganglien umgeschaltet, so daß man hier immer von einem präganglionären und einem postganglionären Neuron sprechen muß (Abb. 152). Die Perikarien der präganglionären Neurone des Sympathikus liegen im Rückenmark. Ihre (markhaltigen) Axone werden entweder in den paravertebralen Ganglien des Grenzstranges oder in den prävertebralen Ganglien (z.B. Ganglion coeliacum) auf das postganglionäre, zweite Neuron, dessen Axone dann markarm oder marklos sind (C-Fasern), umgeschaltet. Die Ursprungsneurone des Parasympathikus liegen dagegen im Hirnstamm (z.B. Vaguskerne) oder im Sakralbereich des Rückenmarks. Ihre Axone verlaufen ohne Unterbrechung durch die peripheren autonomen Ganglien hindurch und enden erst in den intramuralen Plexus. Früher dachte man, daß die intramuralen Ganglienzellen ausschließlich die postganglionären Neurone des Parasympathikus darstellen würden. Inzwischen ist klar, besonders durch die Analyse des enterischen NS, daß die intramuralen Plexus eigene Steuerungssysteme mit einem komplexen Schaltsystem besitzen, das in vieler Hinsicht dem ZNS vergleichbar ist. Die *präganglionären Neurone* von Sympathikus und Parasympathikus unterscheiden sich hinsichtlich ihrer Transmitter nicht, sie setzen terminal Acetylcholin frei, sind also cholinerg. Die *postganglionären Neurone* beider Systeme sind jedoch unterschiedlich. Die postganglionären sympathischen Fasern setzen in der Regel Adrenalin oder Noradrenalin frei *(adrenerge Fasern),* die postganglionären parasympathischen Fasern Acetylcholin *(cholinerge Fasern)* (Abb. 152). Innerhalb des intramuralen NS sind aber neuerdings auch zahlreiche andere Überträgerstoffe nachgewiesen worden, woraus die zuneh-

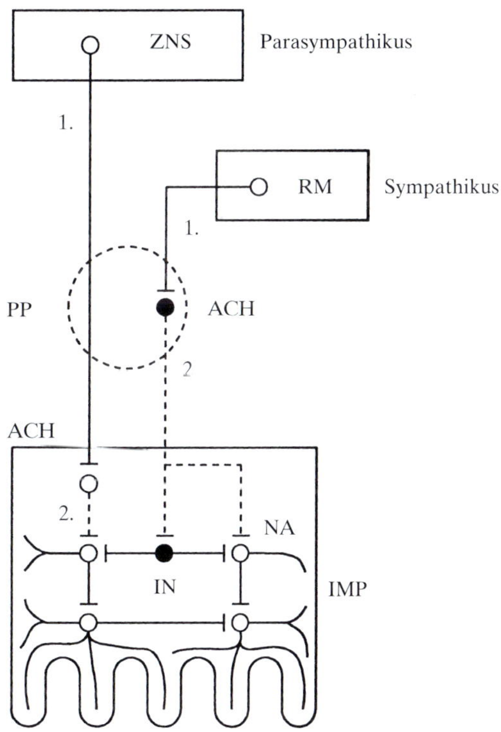

Abb. 152. Unterschiedliche Gliederung der viszeroefferenten Neurone beim Sympathikus und Parasympathikus am Beispiel der Dünndarminnervation. 1 = präganglionäres Neuron; 2 = postganglionäres Neuron. ACH = Acetylcholin; NA = Noradrenalin; IMP = intramurale Plexus; IN = Interneuron; PP = para- oder prävertebrale Ganglien.

mende Komplexität der peripheren Organisation ersichtlich wird (Abb. 154).

Enterisches Nervensystem. Ein besonders hochdifferenziertes, intramurales NS besitzt der Magen-Darm- Kanal, das verschiedentlich dem sympathischen und parasympathischen System als ein drittes gegenübergestellt worden ist. Es zeichnet sich durch einen besonders großen Zellreichtum (insgesamt etwa 100 Mio. Ganglienzellen, d.h. etwa so viel wie im gesamten Rückenmark) sowie auch durch die große Zahl unterschiedlicher Überträgerstoffe (insgesamt etwa 26) aus, die in gleicher Form auch im ZNS vorkommen. Bis heute unterscheidet man rund 10 verschiedene Zellpopulationen, die sich im Dünn- und Dickdarm in drei Schichten flächenhaft ausbreiten (ganglionäre Geflechte des Darmes). Der **Plexus submucosus int.** (Meissner) befindet sich in der Innenzone der Submukosa, angrenzend an die Lamina muscularis mucosae. Von hier geht die Innervation der Schleimhaut und der Darmdrüsen aus. Der **Plexus submucosus ext.** breitet sich in der Außenzone der Submukosa aus, nahe der Ringmuskulatur. Er zeigt eine unregelmäßige Architektur mit weiten Maschen und überwiegend großen Ganglienzellen. Der Plexus myentericus (Auerbach) breitet sich zwischen Ring- und Längsmuskulatur in einer verhältnismäßig schmalen Zone aus (Abb. 153). Das aus dicken Nervensträngen zusammengesetzte Geflecht zeigt eine sehr regelmäßige Architektur mit zahlreichen Ganglien, deren Längsachsen parallel zur Ringmuskulatur ausgerichtet sind. Funktionell besteht hier eine Gliederung in segmentartige Ringe, die isoliert erregt werden können (z.B. bei der Peristaltik), aber nicht scharf getrennt sind, sondern sich gegenseitig überlappen.

Zwischen den drei ganglionären Geflechten des Darmes befinden sich zellfreie Nervennetze *(aganglionäre Plexus)*, die meist

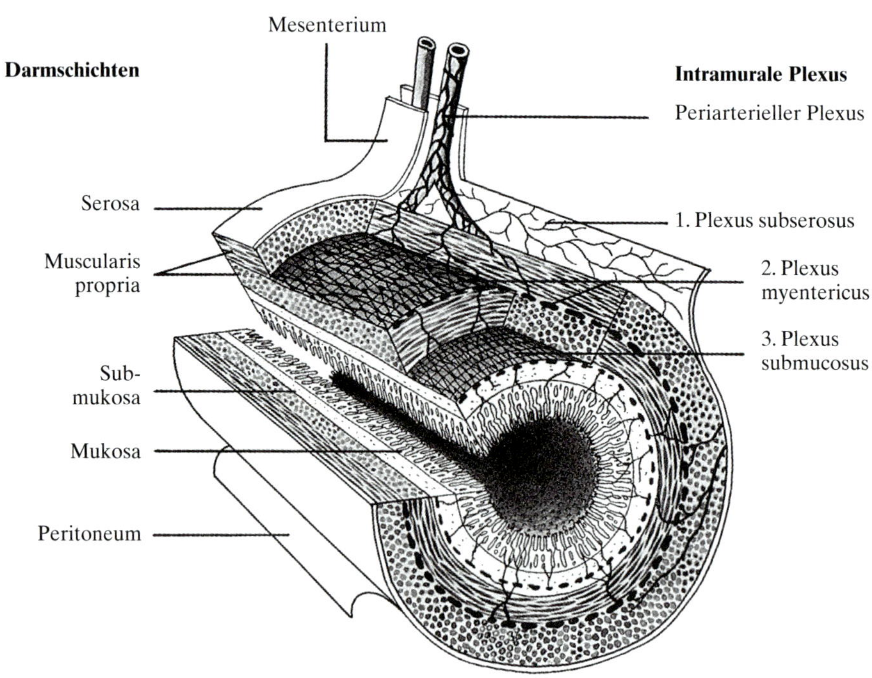

Abb. 153. Schema vom Aufbau der peripheren vegetativen Geflechte in der Darmwand. Die Nervengeflechte (schwarz), in welche Ganglien eingelagert sind, durchsetzen alle Organschichten bis zum Epithel.

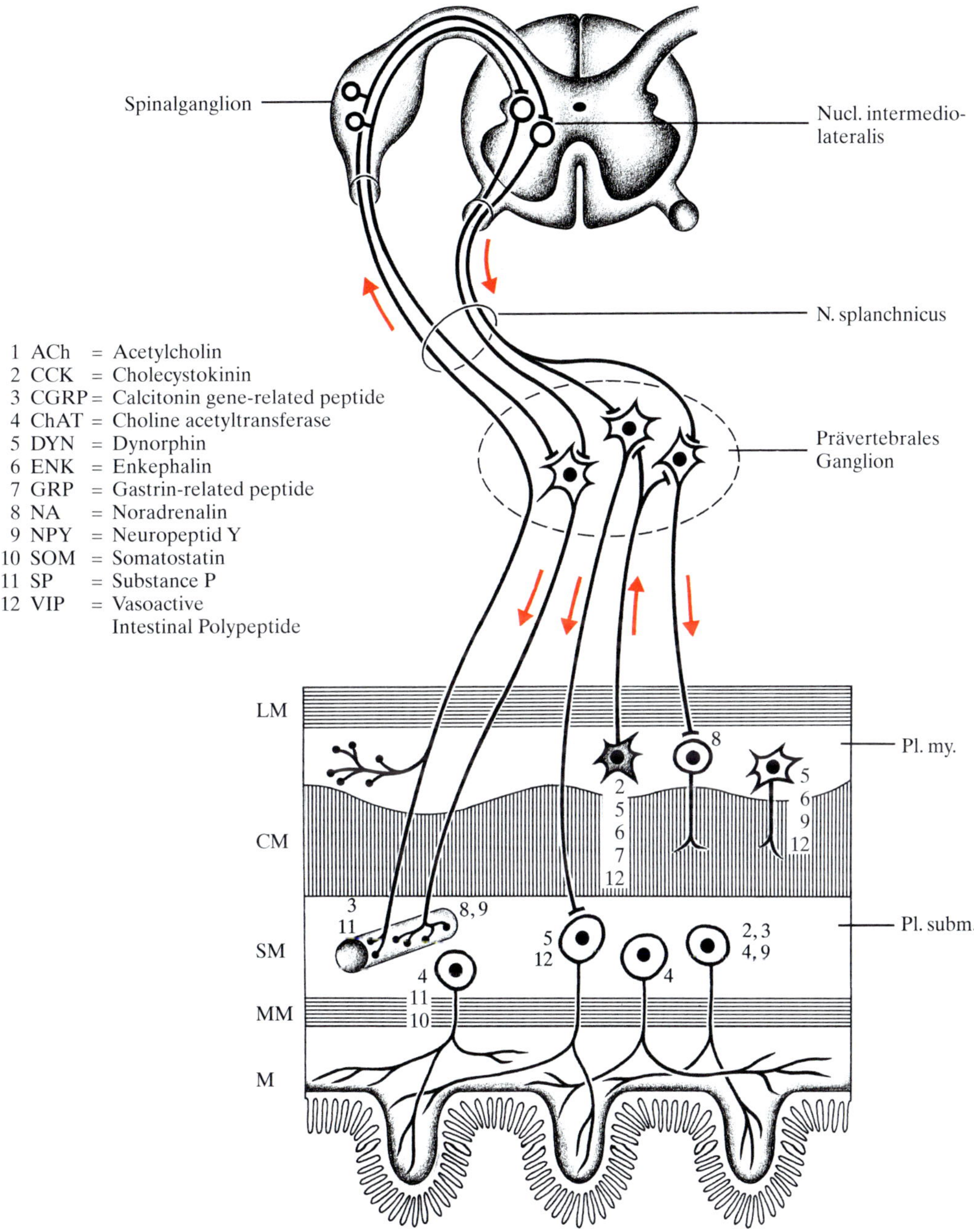

Abb. 154. Schematische Darstellung der Organisation des enterischen Nervensystems (modif. nach Costa, Fürness u. Gibbons, 1986).
Die Zahlen geben die von den jeweiligen Zellen freigesetzen Überträgerstoffe an. CM = zirkuläre Muskulatur; M = Mucosa; LM = longitudinale Muskulatur; MM = Lamina muscularis mucosae; SM = Submukosa; Pl. my. = Plexus myentericus; Pl. subm. = Plexus submucosus.

innerhalb der jeweiligen Darmschichten, also innerhalb der Mukosa (Plexus mucosus), der Ringmuskulatur (Plexus muscularis prof.) oder innerhalb der Längsmuskulatur (Plexus muscularis superf.) lokalisiert sind (s. Tab. S. 270).

Die ganglionären Darmgeflechte enthalten überwiegend große Nervenzellen mit einem Neuriten und zahlreichen Dendriten (uniaxonale, multidendritische Neurone). Es gibt aber auch Neurone, die keine Dendriten, sondern nur ein bzw. ein geteiltes Axon besitzen (unipolare oder pseudounipolare Neurone). Zwischen diesen beiden Extremformen kommen alle Übergänge vor, so daß man heute 6 Haupttypen unterscheidet. Die Typ-I-Zellen haben lange Neuriten, die hauptsächlich oralwärts, die Typ-IV-Zellen entsprechende Neuriten, die aboralwärts projizieren; d.h., in der Darmwand existieren sowohl aszendierende als auch deszendierende lange Bahnen, durch die die ringartigen Segmente wieder zu einer funktionellen Einheit zusammengeschlossen werden. Die Hauptmasse der intramuralen Neurone stellen Interneurone oder viszeroefferente Elemente dar, die die Muscularis propria bzw. die Muscularis mucosae innervieren. Diese Neurone stehen unter dem Einfluß von Sympathikus und Parasympathikus, zeigen aber funktionell eine weitgehende Selbstständigkeit, die u.a. auch dadurch erreicht wird, daß in der Darmwand Dehnungsrezeptoren bzw. Mechanorezeptoren vorhanden sind, die entweder in die Darmplexus selbst oder in die prävertebralen Ganglien projizieren (Abb. 154). Viszeroafferenzen kommen auch aus der Mukosa oder vom intramuralen Gefäßnetz. Die zugehörigen Ganglienzellen liegen in den Spinalganglien (kleine, oft pigmentierte, pseudounipolare Ganglienzellen) (Abb. 154).

Hinsichtlich der sympathischen und parasympathischen Steuerung des enterischen NS haben sich die Ansichten stark gewandelt. Man nimmt heute an, daß die enterischen Nervengeflechte weitgehend unabhängig von den präganglionären Neuronen des Vagus arbeiten. Bei der Katze wurden in den Nn. vagi rund 56000 afferente und nur 1700 efferente Fasern gefunden. Die erstaunlich wenigen viszeroefferenten Fasern dienen also vermutlich mehr dazu, bestimmte, vorprogrammierte Reflexkreise in Gang zu setzen als in der Darmwand selbst Einzelaktionen auszulösen. Entsprechendes gilt auch für den Sympathikus, der durch präsynaptische Nervenendigungen die Freisetzung exzitatorischer Transmitter hemmen kann. Stimulation sympathischer Nerven führt zu einer Ausschüttung von Katecholaminen und einer Hemmung der von cholinergen (vagalen) Neuronen ausgehenden Acetylcholinfreisetzung.

Insgesamt bewirkt die Vagusreizung eine Tonuserhöhung in der Darmmuskulatur und Zunahme der Peristaltik, eine Steigerung der sekretorischen Aktivität der Darmdrüsen sowie eine Verbesserung der Durchblutung. Durch Reizung sympathischer Nerven entstehen gegenteilige Effekte.

7.2 Mittlere Organisationsstufe (spinotegmentaler Bereich)

Als mittleren Organisationsbereich fassen wir alles zusammen, was die übergeordneten, zentralnervösen Zentren des autonomen NS im Zwischen- und Endhirn mit dem intramuralen Wandnervensystem verbindet. Dieser Bereich gliedert sich funktionell in zwei Teile, nämlich den Parasympathikus und Sympathikus. Dabei nimmt der Sympathikus hauptsächlich die thorakolumbalen Segmente des Rückenmarks ein, während der Parasympathikus einerseits vom Kopf, andererseits vom Sakralteil des Rückenmarks ausgeht und die dazwischenliegende Lücke durch lange Nerven, wie z.B. den N. vagus, überbrückt (Abb. 155). Der Sympathikus bildet zu beiden Seiten der Wirbelsäule, d.h. paravertebral, eine segmental

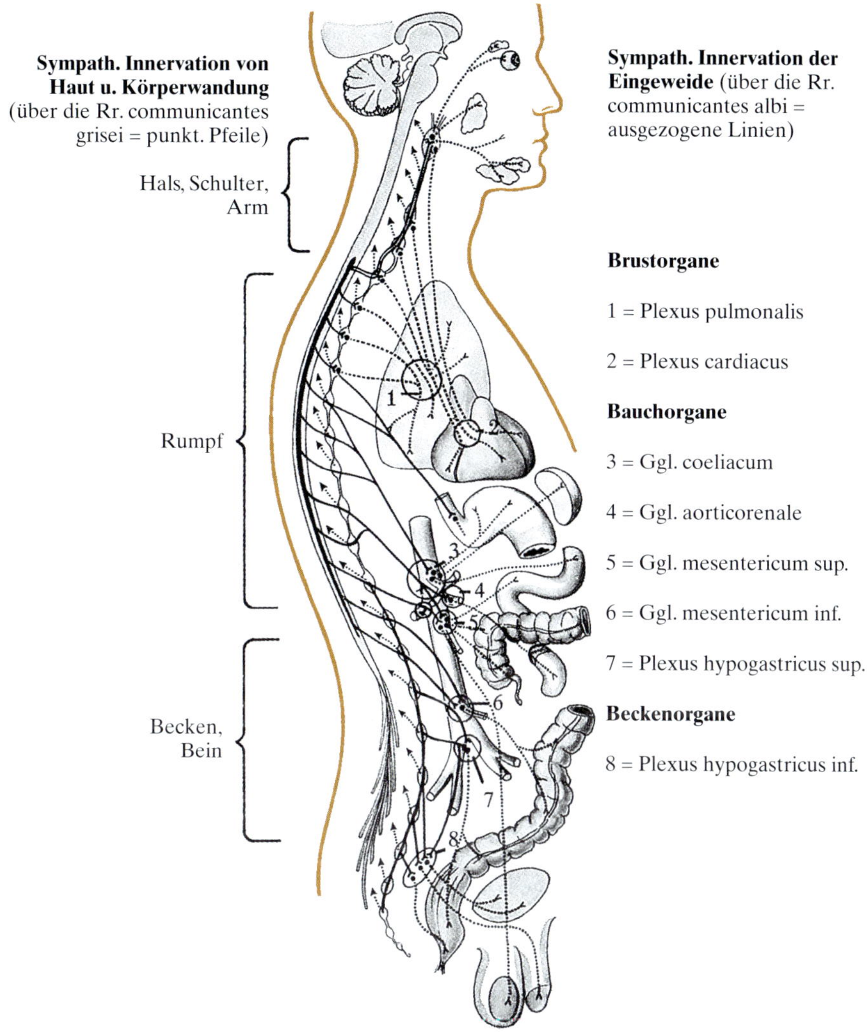

Abb. 155. Übersicht über die sympathische Innervation des Körpers. Die Ursprungskerne des Sympathikus im Rückenmark reichen von C_8 bis L_3. Rr. communicantes grisei sind in allen Segmenten ausgebildet, Rr. communicantes albi nur im Bereich der Ursprungskerne. Die präganglionären Neurone sind als ausgezogene Linien, die postganglionären punktiert gezeichnet. Die prävertebralen Schaltganglien und Plexus wurden mit Kreisen umrahmt. Die punktierten, vom Grenzstrang abgehenden Pfeile sollen die Verbindungen des Sympathikus mit der Haut und Körperwandung, die über die Rr. communicantes grisei und die jeweiligen Spinalnerven laufen, andeuten.

gegliederte Ganglienkette *(Truncus sympatheticus)*, der durch die Rami communicantes mit den Spinalnerven Verbindung hat. Nach medial gehen von den beiden Grenzsträngen längere Nerven aus *(Nn. splanchnici)*, die zu den prävertebralen Ganglien ziehen. Diese liegen an den Ursprüngen der großen Gefäßstämme vor der Aorta, an der Lungenwurzel oder der Herzbasis. Von diesen Ganglien gehen keine Einzelnerven mehr aus, sondern engmaschige Nervengeflechte, die in der Wand der Arterien liegen *(periarterielle Plexus)* (Abb. 153). Die periarteriellen Plexus bringen die Axone der postganglionären Neurone des Sympathikus zu den intramuralen Plexus. Da die Vagusäste und die Verbindungsäste des sakralen Parasympathikus auch in den prävertebralen Ganglien enden, lassen sich in den periarteriellen Geflechten sympathische und parasympathische Fasern makroskopisch nicht mehr unterscheiden. Mikroskopisch können jedoch hier die etwas dickeren, markhaltigen Axone der präganglionären Neurone des Parasympathikus von den dünneren, markarmen oder marklosen Axonen der postganglionären Neurone durchaus differenziert werden.

7.2.1 Sympathikus

Die Ursprungskerne des Sympathikus liegen im Nucl. intermediolateralis der Seitensäule des Rückenmarks und nehmen nur die thorakolumbalen Segmente (C_8–L_3) ein. Von diesem begrenzten Ursprungsgebiet breitet sich der Sympathikus peripherwärts stark aus. Seine Fasern gelangen über den Grenzstrang des Halses aufsteigend zum Kopf und über den lumbosakralen Teil des Grenzstranges absteigend zu den Beckenorganen und zu den unteren Extremitäten (Abb. 156 u. 157).

Para- und prävertebrale Ganglien. Der beiderseits neben der Wirbelsäule verlaufende **Grenzstrang (Truncus sympatheticus, paravertebrale Ganglien)** zeigt im thorakolumbalen Bereich eine strenge Metamerie. Jedes Segment besitzt ein Grenzstrangganglion, das durch Rami interganglionares mit den Nachbarganglien verknüpft ist. Kranialwärts wird die Zahl der Grenzstrangganglien auf drei reduziert *(Ggl. cervicale sup., med.* und *inf.).* Kaudal finden sich meist nur vier lumbale und vier sakrale Ganglien. Vor dem Steißbein verschmelzen die Grenzstränge beider Seiten zu einem unpaaren rudimentären Ganglienkomplex *(Ggl. coccygeum impar,* Abb. 157). Von den Grenzstrangganglien gehen im Halsbereich die *Rr. cardiaci,* im Brustbereich die *Nn. pulmonales* und *Nn. splanchnici* (major et minor), im Lenden- und Sakralbereich die *Nn. splanchnici lumbales* und *sacrales* zu den jeweiligen Organen aus. Die Verbindung mit den Spinalnerven stellen die Rr. communicantes her. Die *Rr. communicantes albi* enthalten vornehmlich präganglionäre Fasern des Sympathikus, die markhaltig sind und daher gelblich erscheinen. Die *Rr. communicantes grisei* enthalten dagegen postganglionäre Fasern, die marklos oder markarm sind und daher mehr grau aussehen. Die Rr. communicantes grisei führen den Spinalnerven die postganglionären Fasern des Sympathikus für die Extremitäten und Dermatome der Haut zu. Da diese Bereiche keine parasympathischen Zuflüsse erhalten, setzen hier die sympathischen Fasern peripher statt wie sonst Katecholamine Acetylcholin frei.

Die Verbindungsäste des Grenzstranges zu den unpaaren prävertebralen Ganglien der Brust- und Bauchhöhle enthalten im Brustbereich postganglionäre, im Bauchbereich präganglionäre Neurone. Die Umschaltung von prä- auf postganglionär erfolgt also bei den Brustorganen (Lungen, Herz) bereits in den Grenzstrangganglien der Hals- und oberen Brustsegmente (C_8–Th_5), bei den Bauch- und Beckenorganen jedoch erst in den prävertebralen Ganglien, die ihre Zuflüsse durch die Nn. splanchnici major und minor sowie die Nn. splanchnici pelvici (Segmente Th_6–S_4) erhalten (Abb. 155 u. 156).

Die Axone der präganglionären Neurone geben meist zahlreiche auf- und absteigende Kollateralen ab, so daß sie in mehreren (6–8) Grenzstrangganglien Synapsen bilden können. Bei Reizung eines R. communicans albus stellt sich daher eine starke Erregungsausbreitung über mehrere Segmente ein. Im Gegensatz dazu führt die Reizung eines R. communicans griseus nur zur Erregung des zugehörigen Segments, ist daher mehr lokalisiert. Die postganglionären Neurone erreichen ihre Erfolgsorgane beim Sympathikus mehr über die adventitiellen Plexus der versorgenden Arterien, während diejenigen des

Parasympathikus oft eigene Nerven bilden (z.B. N. vagus) oder sich anderen Nerven anschließen (z.B. N. oculomotorius). Generell führt die Erregung postganglionärer Neurone des Sympathikus zur Erregungsausbreitung, die des Parasympathikus mehr zur Lokalisation. Die Umschaltung von prä- auf postganglionäre Neurone erfolgt beim Sympathikus im allgemeinen organfern (z.B. in den Grenzstrangganglien), beim Parasympathikus dagegen meist erst im Erfolgsorgan selbst.

Die **prävertebralen Ganglien** sind unpaare Ganglien mit Ausnahme der Ganglia pelvica, die beiderseits des Rektums oberhalb des Beckenbodens lokalisiert sind (Abb. 157). Die prävertebralen Ganglien gruppieren sich im Bauchraum um die großen Arterienstämme an der Aorta (Truncus coeliacus, A. mesenterica sup. und inf.). Im Brustraum liegen sie in der Lungenwurzel sowie an der Herzbasis. Von ihnen gehen die periarteriellen Plexus aus, die in der Regel den Namen der jeweiligen Arterien (Plexus hepaticus, gastricus, testicularis, renalis usw.) tragen. Peripher gehen diese dann kontinuierlich in die intramuralen Plexus über.

Sympathische Versorgung von Kopf und Extremitäten. Da die Ursprungskerne des Sympathikus auf die Rückenmarkssegmente C_8–L_3 beschränkt sind, muß die sympathische Versorgung für die Kopf- und Beckenorgane über den Hals- bzw. Beckenteil jedes Grenzstranges divergierend nach kranial bzw. kaudal erfolgen. Die Perikarien der

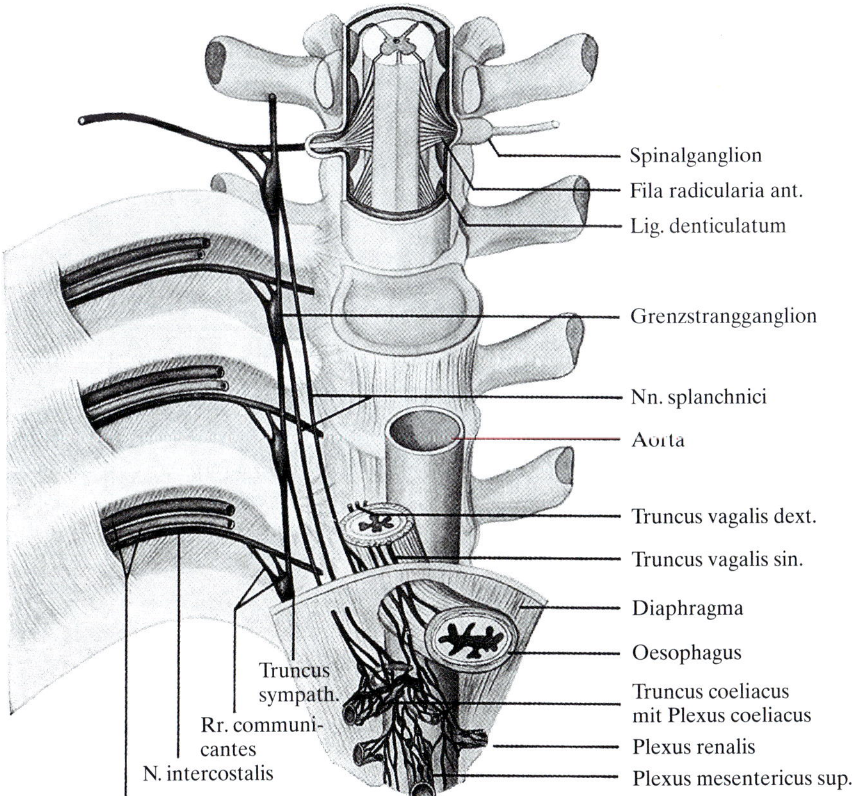

Abb. 156. Anatomischer Aufbau des autonomen Nervensystems im Rückenmarksbereich. Zwei Wirbelkörper wurden entfernt, der Rückenmarkskanal von ventral eröffnet.

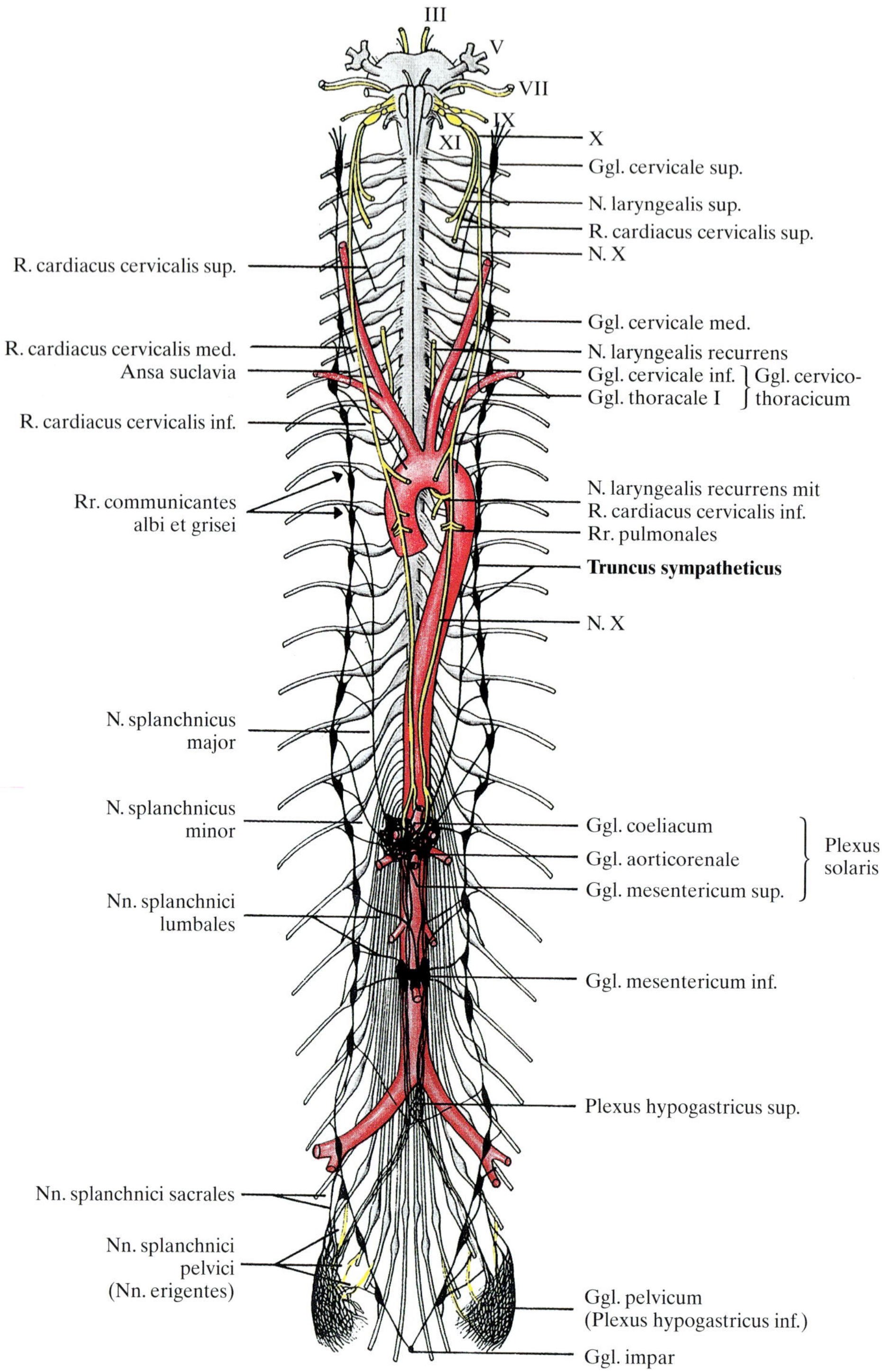

Abb. 157. Anatomie des autonomen Nervensystems im Verhältnis zum spinal-metameren Bereich des Rückenmarks (etwas vereinfacht nach Mattuschka). Schwarz = Sympathikus; gelb = Parasympathikus; rot = Aorta und deren Äste.

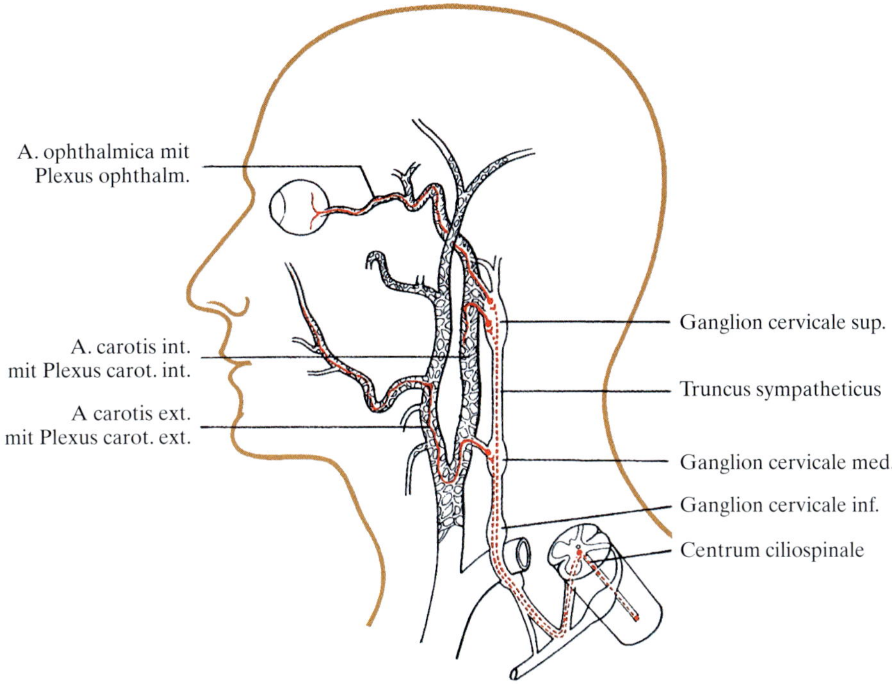

Abb. 158. Schematische Darstellung der sympathischen Innervation des Kopfes. Rot gestrichelt = präganglionäres Neuron; rot ausgezogene Linien = postganglionäre Neurone.

Ursprungsneurone für die *sympathische Versorgung des Kopfes* liegen in der Seitensäule der Segmente von C_8–Th_3 (für die sympathische Innervation des Auges z.B. im Centrum ciliospinale [C_8 und Th_1). Die Axone der präganglionären Neurone erreichen über den Halsgrenzstrang aufsteigend das Ggl. cervicale sup., wo dann die Umschaltung auf die postganglionären Neurone erfolgt (Abb. 158). Deren Axone erreichen dann über die periarteriellen Plexus der großen Kopfgefäße, d.h. den Plexus caroticus int. oder Plexus caroticus ext., ihre Erfolgsorgane im Kopfbereich (Drüsen, glatte Muskulatur, Mund- und Nasenschleimhaut usw.).

Die *sympathische Versorgung zur Körperwand und zu den Extremitäten* geht rückläufig über die Spinalnerven, und zwar mittels der Rr. communicantes grisei. Diese sind im Gegensatz zu den Rr. communicantes albi in allen Segmenten vorhanden. Die präganglionären Neurone werden in den Grenzstrangganglien umgeschaltet. Die postganglionären Neurone erreichen über die Rr. communicantes grisei die Spinalnerven und damit die Extremitätenplexus. Das Ggl. cervicale sup. und medium versorgen die Spinalnerven C_1–C_4 und damit den Plexus cervicalis mit postganglionären sympathischen Fasern. Das Ganglion cervicale inf., das meist mit dem ersten thorakalen Grenzstrangganglion zu einem größeren Ganglienkomplex verschmolzen ist *(Ggl. cervicothoracicum* oder *stellatum),* schickt Fasern in den Plexus brachialis und wird damit zur wichtigsten Quelle für die sympathische Versorgung des Armes. Die präganglionären Ursprungszellen für die obere Extremität finden sich in den oberen Thorakalsegmenten des Rückenmarks (Th_4–Th_7). Im Brustbereich erhält jeder Spinal- bzw. Interkostalnerv einen Zuschuß sympathischer Fasern über den R. communicans griseus vom benachbarten Grenzstrangganglion.

Die Ursprungszellen für die untere Extremität liegen in den Segmenten Th_{10}–L_2. Die Axone der präganglionären Neurone verlaufen im Grenzstrang abwärts und werden in den lumbalen und sakralen Grenzstrangganglien umgeschaltet. Die postganglionären Neurone erreichen über den Plexus lumbosacralis die untere Extremität, Bekkenboden und Genitalorgane. Die sympathische Versorgung der inneren Genitalorgane erfolgt über die Nn. splanchnici pelvici, deren Fasern im Ggl. pelvicum umgeschaltet werden (Abb. 156).

7.2.2 Parasympathikus

Der parasympathische Teil des vegetativen NS läßt sich in ein kranial-autonomes und ein sakral-autonomes System gliedern. Auch hier müssen prä- und postganglionäre Neurone unterschieden werden. Ganglien, in denen die prä- auf die postganglionären Neurone umgeschaltet werden, liegen jedoch meist näher am Erfolgsorgan als beim Sympathikus, wodurch die präganglionäre Strecke teilweise sehr lang wird. Im Gegensatz zum Sympathikus formieren sich die Ursprungszellen des Parasympathikus im Hirnstamm zu lokalisierbaren, umschriebenen Kernen. Während der Sympathikus peripher Gefäßgeflechte bildet, schließen sich die efferenten parasympathischen Fasern entweder den Hirnnerven an oder bilden eigene Nerven.

Kranial-autonomes System. Die Ursprungszellen für den Kopfteil des Parasympathikus liegen in den viszeromotorischen Kerngruppen des III., VII., IX. und X. Hirnnerven am Boden der Rautengrube und im Mittelhirn. Ihre Neuriten schließen sich diesen Hirnnerven an und werden in der Peripherie in den parasympathischen Ganglien dieser Nerven (Ggl. ciliare, Ggl. pterygopalatinum, Ggl. oticum, Ggl. submandibulare) auf die postganglionären Neurone umgeschaltet (Abb. 159).

Die parasympathischen Fasern des **N. oculomotorius** (N. III) entspringen im Nucl. mesencephali caudalis centralis (Perlia-Kern) und Nucl. accessorius autonomicus (Westphal-Edinger-Kern), die median zwischen den motorischen Ursprungskernen des N. oculomotorius, ventral vom Aquaeductus mesencephali, im Mittelhirn gelegen sind. Die präganglionären Neurone verlaufen mit dem N. oculomotorius bis zum Ggl. ciliare der Orbita, wo die Umschaltung auf die postganglionären Neurone erfolgt (parasympathische Innervation des M. ciliaris und M. sphincter pupillae).

Der parasympathische Anteil des **N. facialis** (N. VII) entspringt im dorsalen, viszeromotorischen Fazialiskern am Boden der Rautengrube (Nucl. visceromotorius dors. u. salivarius sup.). Die Neuriten dieser Zellen begleiten den N. facialis entweder bis zum Ggl. pterygopalatinum (hier Umschaltung auf das postganglionäre Neuron für die Innervation der Hirnhautgefäße, Kopfdrüsen, Nasen- und Gaumenschleimhaut sowie der Tränendrüse) oder bis zum Ggl. submandibulare, wo die Umschaltung auf das postganglionäre Neuron für die sekretorische Innervation der Gl. sublingualis und Gl. submandibularis sowie der vorderen Zunge erfolgt.

Die parasympathischen Fasern des **N. glossopharyngeus** (N. IX) kommen aus dem dorsalen, viszeromotorischen Kern des N. IX (Nucleus salivarius inf.) und verlassen den Hirnnerven als N. tympanicus, der bis zum Ggl. oticum zieht. Hier erfolgt die Umschaltung auf die postganglionären Neurone, die die Gl. parotidea sowie das hintere Drittel der Zunge und den oberen Pharynx versorgen.

Die Ursprungszellen für die parasympathischen Fasern des **N.vagus** (N. X.) liegen im dorsalen, viszeromotorischen Vaguskern (Nucl. dors. nervi vagi). Ihre Neuriten ziehen im N. vagus abwärts bis zum Osophagus und Magen. Die meisten enden im Plexus solaris oder im ventralen Magengeflecht (Plexus gastricus ventralis). Die synaptische Umschaltung auf die postganglionären Neurone erfolgt aber nicht in den prävertebralen Ganglien, sondern erst in der Wand der

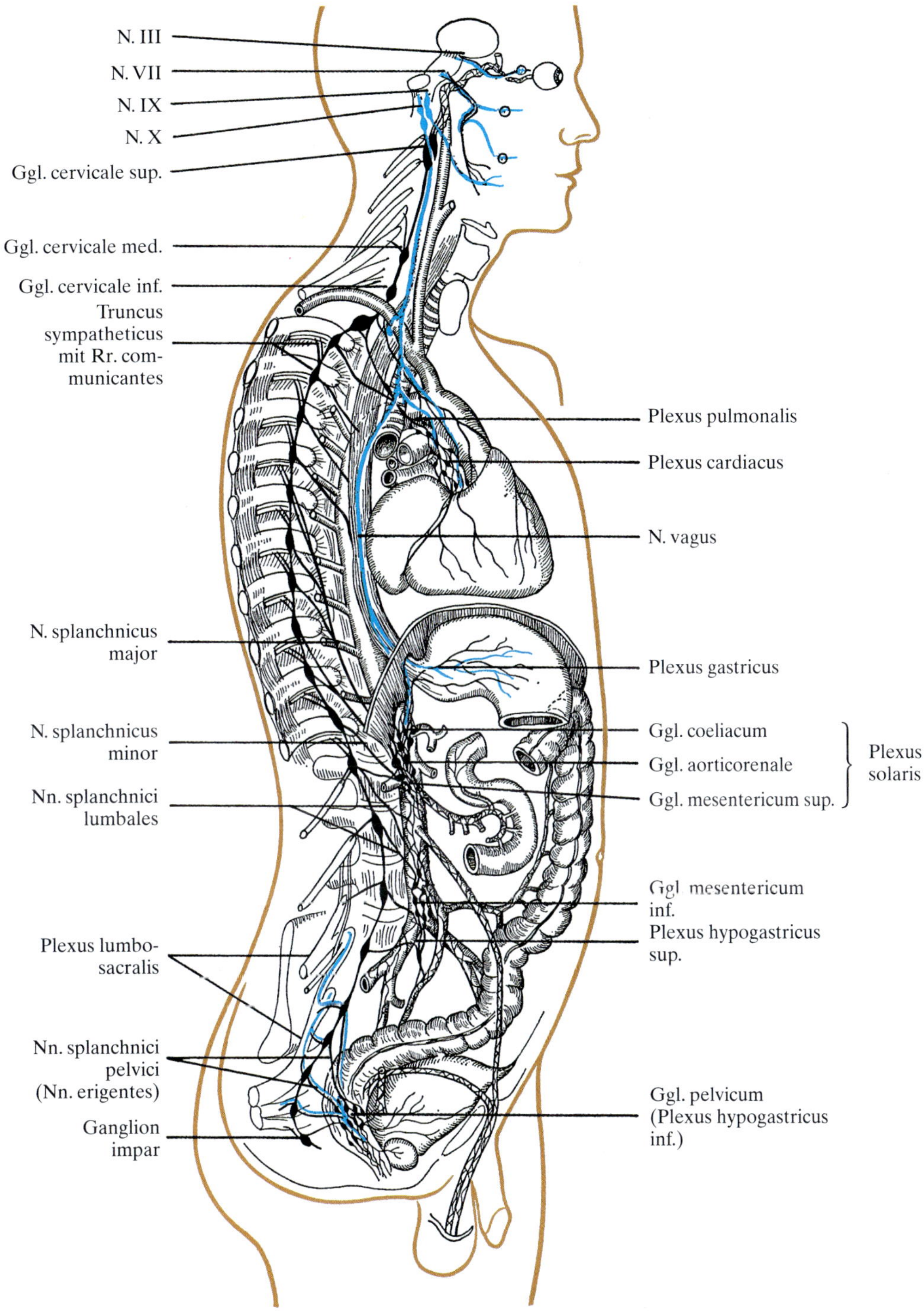

Abb. 159. Übersicht über den Aufbau des autonomen Nervensystems (modif. nach Krieg). Blau = Parasympathikus; schwarz = Sympathikus.

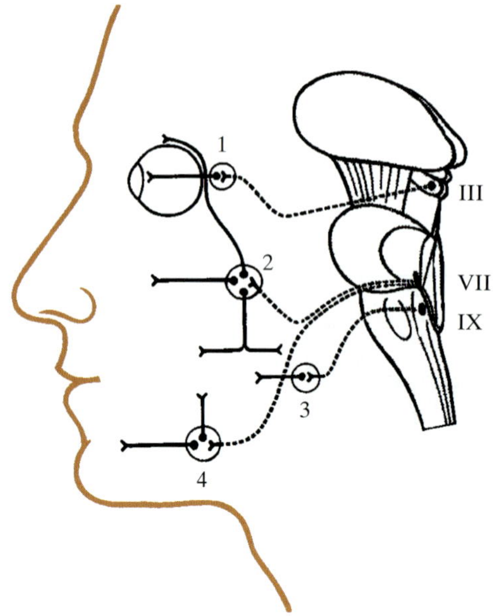

Abb. 160. Schematische Darstellung der parasympathischen Innervation des Kopfes. Gestrichelte Linie = präganglionäres Neuron; durchlaufende Linie = postganglioäres Neuron. III, VII, IX = Kerne der zugehörigen Hirnnerven. 1 = Ggl. ciliare; 2 = Ggl. pterygopalatinum; 3 = Ggl. oticum; 4 = Ggl. submandibulare.

Erfolgsorgane selbst. Im Hals- und Brustteil des Vagus zweigen Äste zu den Halsorganen, zum Herzen und zur Lunge ab. Das Versorgungsgebiet des parasympathischen Vagusanteils (Abb. 159 u. 160) reicht kaudal etwa bis zum Cannon-Böhm-Punkt am Colon transversum. Das distal anschließende Kolon wird vom sakral-autonomen Anteil des Parasympathikus, dessen Ursprungszellen in den sakralen Rückenmarkssegmenten (S_1–S_3) gelegen sind, versorgt. Reizung des Vagus führt zu einer Kontraktion der Bronchiolen sowie einer Dämpfung der Herzaktivität. Die Durchblutung der Koronararterien nimmt ab. Im Bereich des Magen-Darm-Kanals bewirkt Vagusreizung eine Förderung der Peristaltik und der sekretorischen Aktivität der Verdauungsdrüsen sowie eine Durchblutungssteigerung (Vasodilatation).

Klinischer Hinweis. Bei chronischen Ulzerationen der Magenschleimhaut kann die operative Durchtrennung der vorderen Vagusäste im Kardiabereich angezeigt sein. Dadurch wird die sekretorische Aktivität der Magendrüsen, insbesondere die Salzsäuresekretion, gehemmt und der Muskeltonus herabgesetzt.

Sakral-autonomes System. Die Ursprungszellen des sakralen Parasympathikus sind im Nucl. intermediolateralis der Seitensäule des Rückenmarks im Bereich von S_1–S_3 lokalisiert. Die Axone der präganglionären Neurone verlassen das Rückenmark mit den ventralen Wurzeln der zugehörigen Spinalnerven (Plexus pudendalis) und bilden anschließend eigene Nerven *(Nn. splanchnici pelvici, Nn. erigentes),* die zu beiden Seiten des Rektums bogenförmig nach vorn ziehen, um schließlich in das Ggl. pelvicum einzumünden (Abb. 157 u. 159). Hier findet die Umschaltung auf die postganglionären Neurone statt. Häufig erfolgt diese Umschaltung auch erst in den intramuralen Ganglien der Erfolgsorgane (Harnblase, Geschlechtsorgane). Aufsteigend erreichen parasympathische Fasern auch den Plexus hypogastricus sup. und von dort das Sigmoid sowie das distale Kolon bis zum Cannon-Böhm-Punkt.

Reizung der Nn. splanchnici pelvici bewirkt eine Steigerung der sekretorischen Aktivität der Geschlechts- und Darmdrüsen, der Peristaltik sowie eine Stimulation zur Darmentleerung (Defäkation). Durch Kontraktion der Harnblasenwand wird bei gleichzeitiger Erschlaffung des M. sphincter urethrae (Sphincter int.) die Harnblasenentleerung (Miktion) eingeleitet. Am Genitale erzeugt die Reizung dieser Nerven eine Vasodilatation innerhalb der Schwellkörper und damit eine Erektion des Penis bzw. der Klitoris. Gleichzeitig ergibt sich eine Hyperämie an Samenblasen, Ductus deferens und Nebenhoden. Die Ejakulation erfolgt jedoch erst durch die Stimulation sympathischer Nerven.

7.2.3 Leitungsbögen im spinotegmentalen Bereich

Die neuronalen Gliederungen, d.h. die Leitungs- oder Reflexbögen, sind im autonomen NS komplexer und weniger übersichtlich als im sensomotorischen oder rein sensorischen Bereich des NS. Es herrscht eine Tendenz zur Netzbildung und Vermaschung auch in den zentralen Steuerungsbereichen vor. Früher glaubte man, daß die Retikularisformation im Rückenmark und Hirnstamm weitgehend ungegliedert sei. Es ist jedoch heute klar, daß die funktionelle Ordnung der autonomen Kerngebiete um so größer wird, je weiter man zentralwärts aufsteigt. Elementare Reflexschaltungen vollziehen sich bereits in den intramuralen Geflechten. Größere Organbereiche können dann von den prävertebralen Ganglien aus beherrscht werden. Im Rückenmark erfolgt der Anschluß an die sensomotorischen Systeme. Die Kerngruppen der Retikularisformation im Rauten-, Mittel- und Zwischenhirn bedienen sich dann dieses peripheren Reflexapparates nach Art einer »gemeinsamen Endstrecke« zur stufenweisen Realisierung umfassenderer Funktionsziele. Stehen die autonomen Reflexschaltungen des Rückenmarks noch im Zusammenhang mit einzelnen Organfunktionen, wie z.B. mit der Magenmotorik, Blasenentleerung oder Herztätigkeit, so übernehmen die bulbären Zentren bereits übergeordnete Funktionen, an denen mehrere Organe beteiligt sind, wie etwa die Regulation der Atmung, des Blutdrucks usw. Den umfassendsten Wirkungsbereich haben die hypothalamischen Kerne, die für die Korrelation der Tätigkeit verschiedener Organsysteme im Dienst des Gesamtorganismus verantwortlich sind und auf diese Weise z.B. den Wasserhaushalt, die Wärmekonstanz (Homöothermie) oder den Stoffwechsel als Ganzes regulieren können.

Viszerale Leitungsbögen. Die über das Rückenmark gezogenen Leitungsbögen des autonomen NS (Abb. 161) bestehen im einfachsten Fall aus drei Neuronen, einem viszeroafferenten Neuron und zwei viszeroefferenten Neuronen (prä- und postganglionäres Neuron). Schaltkreise dieser Art können in jedem Segment mit den sensomotorischen Leitungsbögen in Verbindung treten. Die Ursprungszellen der sympathischen viszeroefferenten Neurone liegen im *Nucl. intermediolateralis* des Rückenmarks. Ihre Axone verlassen in der vorderen (gelegentlich auch in der hinteren) Wurzel das Rückenmark und treten über die Rr. communicantes albi in den Grenzstrang ein (Abb. 161). Für die Innervation der Brustorgane erfolgt die Umschaltung auf das postganglionäre Neuron bereits in den Grenzstrangganglien, für diejenigen der Bauch- und Beckenorgane erst weiter distal in den prävertebralen Gangliengruppen (Abb. 157 u. 161). Die viszeralen Afferenzen werden dem Rückenmark über viszerosensible Neurone, die auch in den Nn. splanchnici verlaufen, zugeleitet. Die Zellkörper dieser afferenten Neurone liegen im Spinalganglion.

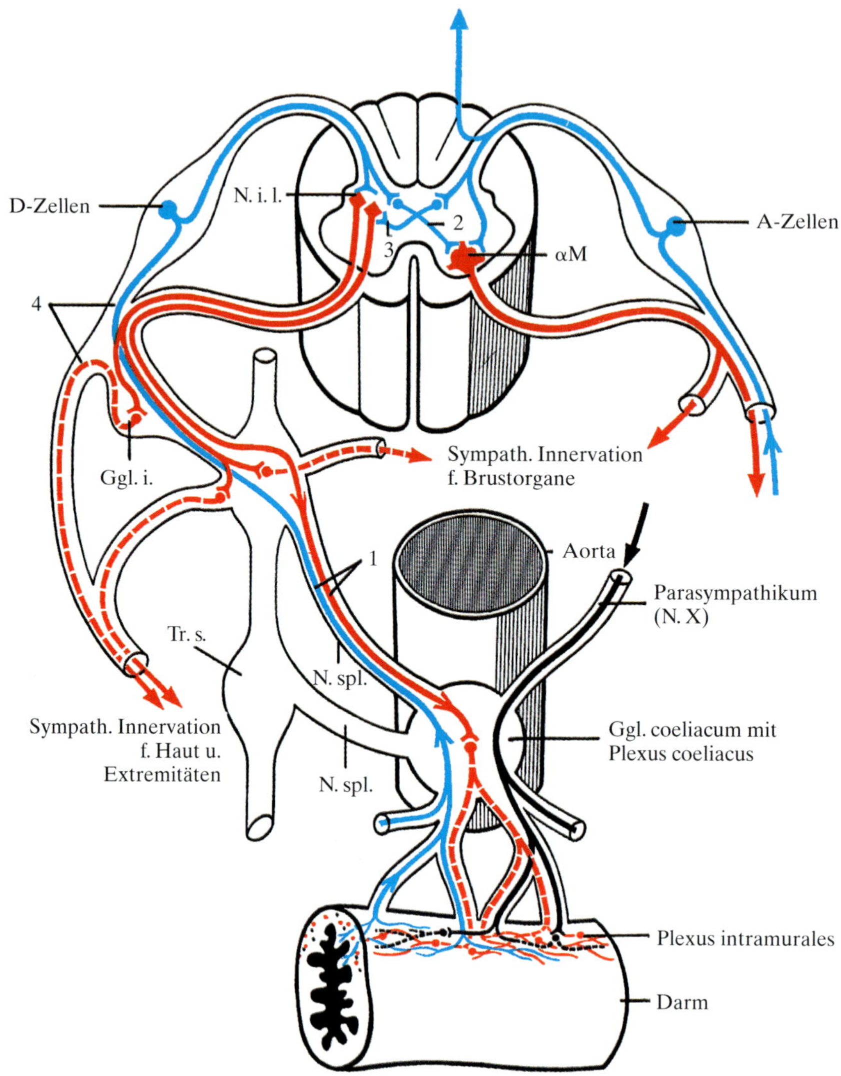

Abb. 161. Leitungsbögen im mittleren Bereich des autonomen Nervensystems. Ggl. i. = Ganglion intermedium; N. i. l. = Nucl. intermediolateralis; N. spl. = N. splanchnicus; Tr. s. = Truncus sympatheticus; ausgezogene Linien = präganglionäre Neurone; gestrichelte Linien = postganglionäre Neurone; schwarz = Parasympathatikus; αM = α-Motoneuron im somatischen Leitungsbogen. 1 = Viszeroviszeraler Leitungsbogen; 2 = viszerosomatomotorischer Leitungsbogen (Koppelung durch Schaltzellen); 3 = kutiviszeraler Leitungsbogen (Koppelung durch Schaltzellen, gekreuzt und ungekreuzt); 4 = viszerokutaner Leitungsbogen (das hypothetische Schaltneuron ist nicht dargestellt). Blau = afferente Neurone; rot = efferente Neurone.

Es handelt sich um kleine pseudounipolare Ganglienzellen (D-Zellen), deren zentrale dendritische Axone im Rückenmark mit den Zellen des Nucl. intermediolateralis ausgedehnte Synapsen bilden (Abb. 161, Nr. 1).

Viszerosomatomotorische Leitungsbögen. Die afferenten Neurone aus den vegetativ versorgten Organen stehen über Kollateralen oder Schaltzellen auch mit somatomotorischen Funktionskreisen in Verbindung

(Abb. 161, Nr. 2). So können z. B. gesteigerte Afferenzen aus den Eingeweiden die quergestreifte Muskulatur der zugehörigen Segmente verstärkt in Erregung versetzen und dadurch lokalisierte Tonuserhöhungen (Spasmen o. ä.) erzeugen.

Klinischer Hinweis. Bei einer Blinddarm- oder Gallenblasenentzündung kann es durch Miterregung sensomotorischer Reflexkreise zu regional begrenzten Tonuserhöhungen der Bauchmuskulatur kommen (sog. Abwehrspannung).

Kutiviszerale Leitungsbögen. Umgekehrt können auch Erregungen aus der Haut auf die vegetativ versorgten Organe zurückwirken, da zwischen den somatoafferenten und den viszeroefferenten Neuronen im Rükkenmark durch Schaltzellen Verbindungen bestehen (Abb. 161, Nr. 3). Auf diese Weise wirken z. B. Hautreize (Schmerz, Temperatur, Berührung) auf die autonome Innervation der Eingeweide ein (Haut-Eingeweide-Reflexe und Haut-Gefäß-Reflexe).

Klinische Hinweise. Diese Leitungsbögen bilden die Grundlagen für zahlreiche klinisch-therapeutische Maßnahmen bei inneren Erkrankungen (Massagen, Bäder- oder Hydrotherapie, warme oder kalte Umschläge, Akupunktur). Da die Schaltungen segmentbezogen sind, ergeben sich vielfach projektive Beziehungen zwischen bestimmten Hautarealen und den inneren Organen, sog. Head-Zonen (Abb. 162).

Viszerokutane Leitungsbögen. Ebenso wie Hautreize die Funktion der Eingeweide zu beeinflussen vermögen, kann sich umgekehrt auch eine übersteigerte Erregbarkeit der inneren Organe auf die Reizsituation in

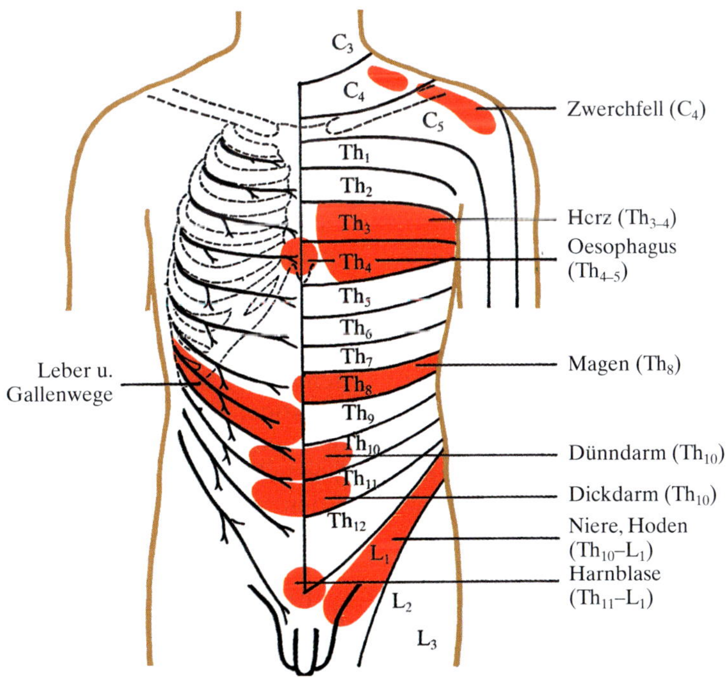

Abb. 162. Verteilung der sog. Head-Zonen am Rumpf. Die segmentalen Hautfelder sind durch entsprechende Zahlen gekennzeichnet (aus Hansen und Schliack).

der Haut auswirken. Hierbei ist der autonome Leitungsbogen im zugehörigen Rückenmarkssegment an das somato-afferente Neuron angeschlossen, vermutlich durch Relaiszellen zwischen den pseudounipolaren A- und D-Zellen im Spinalganglion. Man »projiziert« dann die Sensibilitätsveränderungen, die in den Eingeweiden aufgetreten sind, in den Bereich des entsprechenden Dermatoms der Haut. Solche Reaktionen sind auch objektiv an lokalisierbaren Überempfindlichkeitszonen (Hyperästhesie) oder an regional begrenzten Temperatur- bzw. Durchblutungsänderungen erkennbar. Vielfach manifestieren sich ausstrahlende Schmerzen bei inneren Erkrankungen in den zugehörigen Hautfeldern.

Die **Head-Projektionsfelder** der inneren Organe an der äußeren Haut sind in der Hauptsache durch klinische Erfahrungen ermittelt worden (Abb. 162). Die genaueren neuroanatomischen Zusammenhänge sind heute noch weitgehend ungeklärt.

Klinisch wichtige autonome Reflexe.
Blasenreflexe. Das *sympathische* Zentrum liegt im oberen Lendenmark (Th_{11}–L_3). Efferente viszeromotorische Neurone verlaufen durch die Nn. splanchnici lumbales zum Plexus hypogastricus sup. (Umschaltung auf die postganglionären Neurone) – von dort über den Plexus hypogastricus inf. (Plexus pelvicus) zur Blase – Reizung bewirkt Harnverhaltung durch Kontraktion des Sphincter vesicae und Hemmung des Detrusor vesicae (thorakolumbaler Reflexbogen).

Das *parasympathische* Zentrum liegt im Sakralmark (S_2–S_5). Efferente Neurone verlaufen über die Nn. splanchnici pelvici zum Plexus pelvicus und weiter zur Blasenmuskulatur (Umschaltung auf die postganglionären Neurone meist erst in der Blasenwandung oder im Plexus hypogastricus inf.) – Reizung bewirkt Harnentleerung durch Kontraktion des Detrusors und Hemmung des Sphincter vesicae.

Diese Reflexmechanismen müssen mit den somatischen Leitungsbögen für die Innervation der willkürlichen Beckenbodenmuskulatur koordiniert werden, um die willkürliche Harnentleerung (Miktion) zu ermöglichen.

Mastdarmreflexe. Die Zentren und Neuronengliederungen sind die gleichen wie bei den Blasenreflexen; Reizung der sympathischen Fasern bewirkt eine Kontraktion des M.sphincter ani int. und eine Hemmung der Rektummuskulatur (Kotverhaltung). Reizung der parasympathischen Fasern bewirkt Darmentleerung (Defäkation) durch Kontraktion der Rektummuskulatur und Erschlaffung des glattmuskulären Sphinkterorgans.

Die somatischen Systeme der quergestreiften Muskulatur des Beckenbodens, der Bauchmuskulatur, des Zwerchfells und der Atemmuskulatur unterstützen den Defäkationsvorgang und ermöglichen eine willkürliche Beeinflussung.

Erektionsreflex. Hautreize von den erogenen Zonen, die durch den N. dors. penis (bzw. clitoridis) und N. pudendus dem Sakralmark zugeleitet werden, bewirken eine erhöhte Aktivität des parasympathischen, sakral-autonomen Sexualzentrums (S_2–S_5), dessen efferente präganglionäre Fasern über die sog. Nn. erigentes (Nn. splanchnici pelvici) den Plexus pelvicus erreichen. Hier erfolgt die Umschaltung auf das postganglionäre Neuron. Reizung dieser Bahn bewirkt Vasodilatation in den genitalen Schwellkörpern und damit Erektion. Die Erektion kann willkürlich nicht ausgelöst werden, doch ist durch Vorstellungen, Sinneseindrücke oder Erinnerungen indirekt eine Aktivierung der sakralen, parasympathischen Zentren möglich.

Ejakulationsreflex. Dieser verläuft über die sympathischen Zentren des unteren Lumbalmarkes. Auch hier ist zunächst eine gewisse Summation von Hautreizen, deren Afferenzen ebenfalls über den N.

dors. penis und den N. pudendus gehen, nötig, um das sympathische Sexualzentrum in Th_{12}–L_2 in Erregung zu versetzen. Die Neuriten der präganglionären Neurone verlaufen über die Rr. communicantes albi zu den lumbalen Grenzstrangganglien und über die Nn. splanchnici lumbales und sacrales zum Plexus hypogastricus sup., wo die Umschaltung auf das postganglionäre Neuron erfolgt. Reizung dieser Bahn bewirkt eine Kontraktion der glatten Muskulatur des Ductus deferens, der Vesiculae seminales und Prostata sowie eine Lösung des reflektorischen Verschlusses der Ductus ejaculatorii im Bereich des Colliculus seminalis. Die Wollustempfindung (Orgasmus) setzt mit der Kontraktion dieser Muskeln ein. Zur Ausschleuderung der Samenflüssigkeit ist allerdings außerdem noch die Kontraktion der quergestreiften Muskulatur des Beckenbodens und des Genitales, insbesondere des M. sphincter urethrae und M. bulbocavernosus, erforderlich.

7.2.4 Autonome Zentren in der Retikularisformation von Rauten- und Mittelhirn

Die Retikularisformation zieht sich durch den ganzen Hirnstamm bis zum Hypothalamus und stellt eine netzförmige Nervenmasse dar, in der stellenweise Zellverdichtungen auftreten, wie z. B. der Nucl. ruber oder der Deiters-Kern. In der Retikularisformation des Mittel- und Rautenhirns sind zahlreiche autonome Kerne vorhanden. Drei Hauptareale lassen sich unterscheiden, die ihrerseits wiederum vom Hypothalamus beherrscht werden (Abb. 163).

1. Ein *kaudales Hauptareal,* das sich vornehmlich um die Vaguskerne herumgruppiert und funktionell mit dem Eingeweide-, Atmungs- und Kreislaufapparat in Beziehung steht.
2. Ein *rostral davon gelegenes Kerngebiet,* das mehr der Korrelation von aus dem Gleichgewichtsorgan, Kleinhirn und Mittelhirn einlaufenden Erregungen dient. Außerdem finden sich hier auch übergeordnete Zentren für die Atmungs- und Kreislaufregulation.
3. Ein mesenzephales Kerngebiet, wo die Retikularisformation Anschluß an die großen Sinnessysteme (optischer und akustischer Apparat) gewinnt. Auch übergeordnete Kontrollfunktionen im Zusammenhang mit der sensorischen Raumorientierung, der Nahrungsaufnahme (Saugakt, Kaugeschäft, Lecken) und der Regulation von Atmung und Kreislauf spielen hier eine Rolle.

Innerhalb der Retikularisformation des Rautenhirns liegt ventral in der Nähe der unteren Olive und des Tr. solitarius ein *Inspirationszentrum,* dorsal davon, mehr am Boden der Rautengrube, ein *Exspirationszentrum.* Diese beiden bulbären Atemzentren beeinflussen sich gegenseitig (reziproke Innervation). Das Exspirationszentrum hemmt also die Aktivität des Inspirationszentrums und umgekehrt. Beide werden von höher gelegenen Gebieten beeinflußt, z. B. von dem weiter rostral gelegenen *pneumotaktischen Zentrum.* Auch vom Hypothalamus und vom limbischen Kortex kommen ordnende Impulse.

Zellgruppen mit vasokonstriktorischen, vasodilatatorischen und kardialen Funktionen finden sich am Boden der Rautengrube von der Mitte der Brücke bis zum Beginn des Zentralkanals *(Kreislaufzentren).* Reizung der lateralen Retikularisgebiete im Bereich der rostralen zwei Drittel der Medulla führt zu einer Blutdrucksteigerung *(pressorisches Zentrum),* Reizungen der zentral und kaudal davon gelegenen Regionen umgekehrt zu depressorischen Effekten (depressorisches Kreislaufzentrum).

Im hinteren Teil der Rautengrube wird ein *Schluckzentrum* beschrieben, das eigentlich zur Sensomotorik zu zählen ist. Es han-

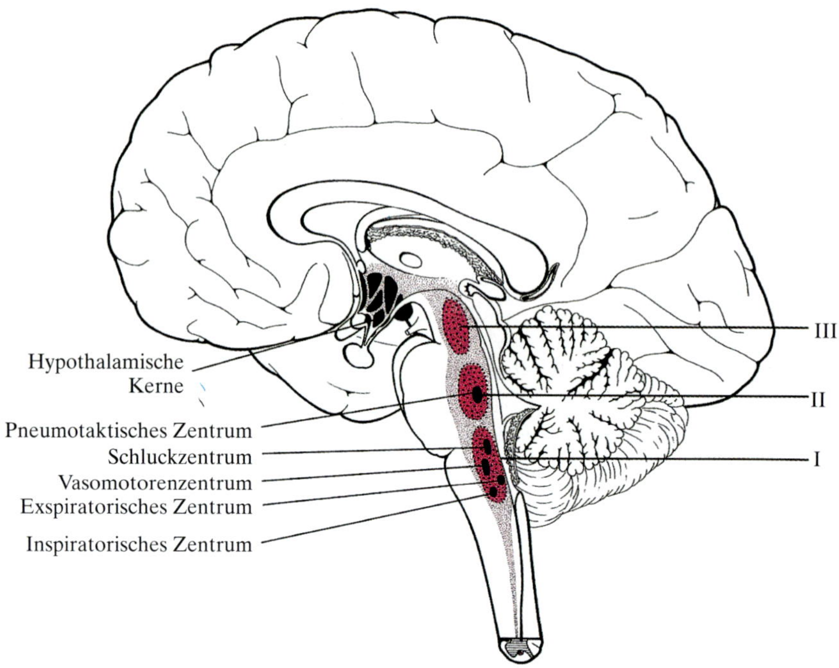

Abb. 163. Gliederung der Retikularisformation im Hirnstamm und Rückenmark (rot). Wichtige Kerngruppen durch Punktierung und durch schwarze Felder hervorgehoben (Hypothalamische Kerne vgl. a. Abb. 164).
Kerngruppen in der Formatio reticularis:
I = Kaudale Gruppe (um Kerne von N. IX, X und XII herum gelegen). Vegetative Einzelfunktionen für Gefäßweite, Herztätigkeit, Inspiration, Exspiration, Blutdruck, Blut-pH u. a. Koordination mit somatischen Reflexen bei Nahrungstransport (Schlucken, Erbrechen usw.).
II = rostrale Gruppe (um Kerne von N. V, VII und VIII herum gelegen). Übergeordnete vegetative Koordinationen von Atmung und Kreislauf mit der vestibulären und akustischen Raumorientierung sowie mit der Nahrungsaufnahme (Saugen, Lecken, Kauen).
III = Mesenzephale Gruppe (um die Kerne von N. III und IV herum gelegen). Übergeordnete vegetative Koordination im Zusammenhang mit der optischen Raumorientierung.

delt sich ebenfalls um Komplexe von Schaltneuronen, die auf die Aktivität der zugehörigen motorischen Hirnnervenkerne Einfluß nehmen und dadurch die verschiedenen Phasen des Schluckaktes zeitlich funktionsgerecht koordinieren. Ähnliche Schaltungen spielen beim Erbrechen und bei anderen Eingeweidereflexen eine Rolle.

Ein besonderes Charakteristikum der Zellen dieser autonomen Retikulariskerne ist ihre Fähigkeit zur rhythmischen Erregungsbildung *(Spontanaktivität)*. So senden z.B. die Zellen der Atemzentren ständig Erregungen aus, ohne durch entsprechende Afferenzen dazu veranlaßt zu werden. Auch für die Kreislaufzentren wurde eine Spontanaktivität nachgewiesen. Bei niederen Wirbeltieren zeigen die bulbären Atemzentren eine rhythmische Eigenaktivität, die dem Rhythmus der normalen Atmung ähnelt. Auch bei fehlenden oder experimentell ausgeschalteten afferenten Erregungen bleibt dieser Spontanrhythmus erhalten. Bei den Primaten ist allerdings kein Spontanrhythmus, sondern nur noch eine chronische Daueraktivität nachweisbar, die allein dann nicht mehr genügt, eine normale rhythmische Atmung aufrechtzuerhalten. Hier wird dann die Atemrhythmik entweder durch direkte Antriebe über das Blut (CO_2 bzw. pH) oder indirekt durch nervöse Einflüsse (afferente Erregungen von den peripheren Chemorezeptoren und aus dem Atemtrakt) induziert. Auch die Zellen der bulbären Kreislaufzentren sprechen auf Änderungen im Blutchemismus direkt an. Erhöhte Konzentrationen von CO_2 im Blut (Hyperkapnie) bewirken zum Beispiel unmittelbar eine Aktivierung der Vasomotorenzentren in der Medulla und damit eine Aktivierung des Kreislaufes (Blutdrucksteigerung, Herzfrequenzsteigerung usw.).

7.3 Prosenzephale Organisationsstufe (Hypothalamus und limbisches System)

Stellt man die peripheren Wirkungen von Sympathikus und Parasympathikus unbefangen einander gegenüber, so ergeben sich scheinbar zunächst Widersprüche. *Erregung des Sympathikus,* etwa bei körperlichen Leistungen, bewirkt eine Konstriktion der Darmgefäße mit Blutdrucksteigerung und gleichzeitig eine Dilatation der Herzkranzgefäße sowie eine Gefäßerweiterung innerhalb der tätigen Muskeln bei gleichzeitiger Vasokonstriktion in den ruhenden Muskeln. Der *Parasympathikus* aktiviert die Drüsensekretion, hemmt aber die Ausschüttung von Glukose aus der Leber. Er steigert die Kontraktilität der glatten Muskulatur des Darmes, setzt aber den Tonus der Gefäße herab. Diese scheinbar widersprüchlichen Reaktionen werden erst verständlich, wenn man nicht mehr nach den Einzelleistungen, sondern nach den übergeordneten Funktionszielen fragt. Die verschiedenen Organe werden nämlich von den beiden Systemen (Sympathikus und Parasympathikus) entsprechend den jeweiligen Erfordernissen für den Gesamtzusammenhang der Leistung unterschiedlich aktiviert. Eine Gesamtleistung kann ja immer nur durch eine gerichtete Synergie verschiedener Aktivitäten zustande kommen, wobei die Effektivität von der Koordination der Teilfunktionen abhängt. Diese leistungsbezogene Integration ist die wesentlichste Aufgabe des Hypothalamus, der, überspitzt ausgedrückt, immer die autonome *Gesamtfunktion* im Auge hat. Hier werden die Einzelleistungen der noch weitgehend reflektorisch arbeitenden, peripheren und spinotegmentalen Systeme im Hinblick auf die übergeordneten Funktionsziele integriert. Derartige Funktionsziele stellen z.B. die allgemeine Regulation des Wasserhaushaltes oder des Stoffwechsels, die Wärmeregulation oder die Fortpflanzungsmechanismen dar.

Die allgemeine Funktionslage des Organismus kann nun zwei verschiedene Grundtendenzen haben, nämlich entweder umweltpositiv und leistungsbezogen oder umweltnegativ, sich selbst zugewandt und »leistungsfeindlich« sein. Entsprechend muß auch die Gesamtsituation der Erregungslage im autonomen Nervensystem verschieden sein. Betätigt sich der Organismus z.B. bei körperlichen Leistungen aktiv, so werden Energiereserven benötigt und die Muskulatur stärker durchblutet. Blutdruck und Herzaktivität steigen. Umgekehrt müssen andere Stoffwechselprozesse zurücktreten und die intestinale Aktivität sowie die Exkretion ruhiggestellt werden. Man bezeichnet dies als **ergotrope Reaktionslage,** bei der der Sympathikus dominiert. Die katabolen, dissimilatorischen Prozesse überwiegen. Energieumsatz, Körpertemperatur und Blutdruck steigen, die Herzfrequenz nimmt zu. Der Organismus ist auf Leistung eingestellt. Er greift handelnd und tätig in seine Umwelt ein. Eine Übersteigerung dieser Reaktionen etwa in Gefahrensituationen oder bei extremen äußeren Reizen, auch bei plötzlichen psychischen Belastungen, wird als *»Streß«* bezeichnet.

Klinischer Hinweis. Längerfristige, persistierende Streßreaktionen können schwerwiegende organische Schädigungen zur

Folge haben. Plötzlicher Herztod kann z.B. durch einen durch Streß bedingten, akuten Myokardinfarkt eintreten.

Umgekehrt baut der Organismus in der **trophotropen Reaktionslage** wieder seine Leistungsreserven auf. Die assimilatorischen, anabolen Prozesse überwiegen. Die Exkretionsprodukte werden ausgeschieden, neue Glykogenvorräte in der Leber gestapelt, die Darm- und Drüsentätigkeit angeregt, der Blutdruck gesenkt, die Herztätigkeit verlangsamt und der Energieumsatz erniedrigt. Diese Reaktionslage steht im Zeichen des Parasympathikus, der deshalb auch als »Erholungsnerv« bezeichnet wird. Der Sympathikus arbeitet gleichsam für den Organismus verschwenderisch und veräußerlichend, der Parasympathikus ökonomisierend und haushälterisch. Die parasympathische Reaktionslage überwiegt verständlicherweise daher auch in der Nacht, die sympathische am Tage. Diese periodisch wechselnde Umstellung des gesamten autonomen NS wird vom Hypothalamus gesteuert. Sie wirkt sich auch auf die Großhirnrinde und damit auf die Bewußtseinshelligkeit aus (vgl. S. 264). Bei der sympathisch betonten Reaktionslage wird die Wachheit gesteigert und die Leistungsfähigkeit der Sinnesapparate erhöht. Bei der parasympathischen Reaktionslage ist das Bewußtsein gedämpft. Die Sinnestätigkeit tritt zurück. Im Schlaf herrscht eine trophotrope Reaktionslage.

Hypothalamuskerne. Der Hypothalamus stellt gewissermaßen das oberste Ende der Formatio reticularis von Hirnstamm und Rückenmark dar, die sich hier in zahlreiche, z.T. gut abgrenzbare Kerne gliedert (Abb. 164). Der Hypothalamus liegt unterhalb des Sulcus hypothalamicus zwischen Lamina terminalis und Zwischenhirnboden, in der Wand des III. Ventrikels. Der Boden des Zwischenhirns ist trichterförmig ausgezogen *(Infundibulum)* und geht in die *Neurohypophyse* über.

Entwicklungsgeschichtlich hat sich die Hypophyse aus 2 Anlagen gebildet. Der Hypophysenvorderlappen entsteht aus einer taschenförmigen Ausstülpung des (ektodermalen) Rachendaches (Rathke-Tasche), die sich bläschenartig erweitert und bald mit der vom Zwischenhirn auswachsenden Hinterlappenanlage Kontakt bekommt (Abb. 164). Man nennt diese Verbindung zwischen einem endokrinen Organ (Vorderlappen) und einem Hirnteil (Hinterlappen) *Neurotropismus.* In der Grenzzone zwischen Vorder- und Hinterlappen entwickelt sich die Pars intermedia (nicht eigentlich ein Zwischenlappen), in der häufig noch Reste des ursprünglichen Lumens der Rathke-Tasche erhalten sind. Der Stiel des Vorderlappenbläschens geht nach Ausbildung der Sella turcica zugrunde. Durch den direkten Kontakt des Hypothalamus (Neurohypophyse) mit dem Hypophysenvorderlappen (Adenohypophyse) gewinnt das ZNS Einfluß auf das gesamte endokrine System.

Klinischer Hinweis. Aus persistierenden Epithelresten des Vorderlappenstieles können »Hypophysen-Tumoren« hervorgehen. Im Rachendachbereich bleiben gelegentlich Reste der Hypophysenvorderlappenanlage zurück (sog. *Rachendachhypophyse),* die nach Hypophysenexstirpation eventuell Teilfunktionen der Adenohypophyse übernehmen können.

Im Hypothalamus herrschen markarme, dünne Axone vor (sog. markarmer Hypothalamus). Nur der hintere laterale Bereich (Corpus mamillare usw.) besitzt dickere, markhaltige Fasern (markreicher Hypothalamus). Die oft ohne scharfe Grenze ineinander übergehenden Kerngruppen ordnen sich in drei longitudinale Zonen an, und zwar 1. in die dünne *periventrikuläre Zone,* die keine abgrenzbaren Kerngebiete beherbergt mit Ausnahme des *Nucleus infundibularis* am Eingang des Recessus infundibuli, 2. die *mediale Zone,* die aus drei Kerngruppen besteht und die wichtigsten hypothala-

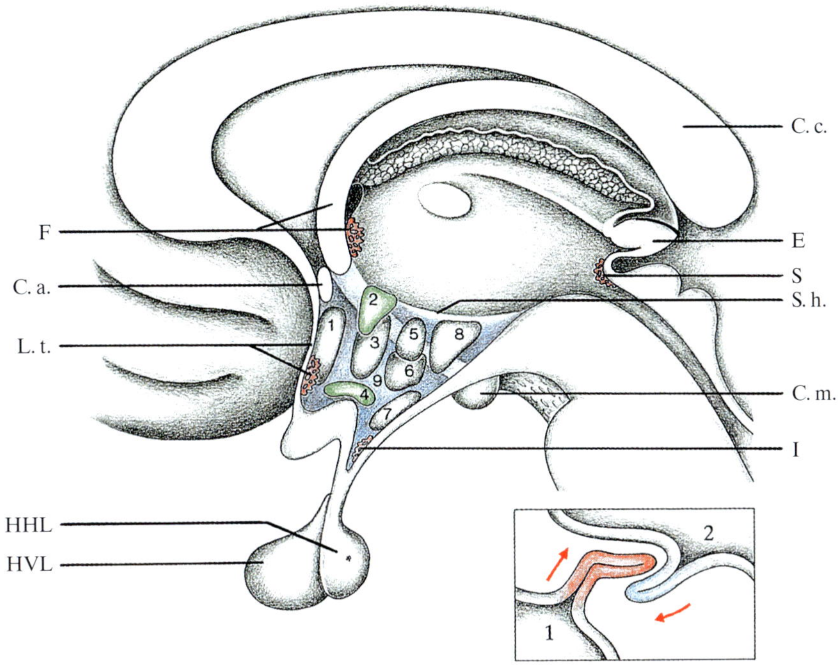

Abb. 164. Lokalisation der Hypothalamuskerne und der neurohämalen Organe (rot). *Nebenabbildung:* Hypophysenentwicklung aus 2 Anlagen: (Pfeile = Wachstumsrichtungen). 1. Adenohypophyse – Ausstülpung aus der ektodermalen Mundbucht (rot = Rathke-Tasche); 2. Neurohypophyse – Ausstülpung des Zwischenhirnbodens (blau = Infundibulum).

C. a. = Commissura ant.
C. c. = Corpus callosum
C. m. = Corpus mamillare
E = Epiphyse
F = Columna fornicis und subfornikales Organ
HHL = Hypophysenhinterlappen
HVL = Hypophysenvorderlappen
I = Infundibulum und Eminentia mediana
L. t. = Lamina terminalis und Organon vasculosum der Lamina terminalis
S = Subkommissurales Organ
S. h. = Sulcus hypothalamicus

Hypothalamuskerne
1 Nucl. praeopticus med.
2 *Nucl. paraventricularis* (grün)
3 Nucl. ant. hypothalami
4 *Nucl. supraopticus* (grün)
5 Nucl. dorsomedialis
6 Nucl. ventromedialis
7 Nucl. infundibularis
8 Nucl. post. hypothalami
9 Lateraler Hypothalamus (blau)

mischen Kerne enthält, und 3. die *laterale Zone,* die durch eine lockere Zellanordnung charakterisiert ist und den Bereich zwischen Fornixsäulen und Capsula int. einnimmt (Abb. 164).

Die *mediale Zone* besteht aus einer vorderen Kerngruppe, die den Nucl. paraventricularis, den Nucl. supraopticus und den Nucl. ant. hypothalami umfaßt; einer mittleren Kerngruppe (Nucl. ventromedialis und dorsomedialis) und einer hinteren Kerngruppe, zu der der Nucl. post. und die Nuclei mamillares med. und lat. gerechnet werden (Abb. 164).

Stimulation der mittleren Kerngruppe der medialen Zone löst Sympathikuseffekte aus (Blutdrucksteigerung, Vasokonstriktion, Herzfrequenzsteigerung usw.). Die Nahrungsaufnahme sistiert (»Sättigungszentrum«). Stimulation der vorderen Kerngruppe und der lateralen Zone kann Parasympathikuseffekte hervorrufen (Blutdrucksenkung, Vasodilatation, Anregung von Nahrungs- und Wasseraufnahme [»Hunger- und Durstzentrum«]). Auch der Blutzuckerspiegel wird von hieraus beeinflußt.

Man darf sich aber nicht vorstellen, daß sich der Hypothalamus in eine parasympathische und sympathische Zone gliedern ließe. Die Kerngebiete sind viel stärker differenziert und wirken sich zur Erzielung übergeordneter Einzelfunktionen (z.B. Wärmeregulation, Wasserhaushalt) peripher immer auf beide Systeme aus. Die morphologischen Grundlagen dieser Gesamtfunktionen sind heute erst teilweise bekannt. Im Folgenden sollen nur die wichtigsten, einigermaßen überschaubaren Funktionszusammenhänge zur Darstellung kommen.

Steuerung viszeraler Funktionen. Die wichtigsten efferenten Bahnen, durch die die hypothalamischen Kerne, vor allem der ventromedialen Kerngruppe, das spinotegmentale System über die viszeralen Hirnnervenkerne und die Formatio reticularis steuern können, sind der *Fasciculus longitudinalis dors.* (Schütz-Bündel) und der *Fasciculus telencephalicus med.* (mediales oder auch basales Vorderhirnbündel) (Abb. 165). Das Vorderhirnbündel hat ausgedehnte Verbindungen mit dem olfaktorischen System und reicht tief in die Formatio reticularis des Hirnstammes herunter, so daß über Riechreize viszerale Reflexe wie z.B. Schleim- und Speichelsekretion ausgelöst werden können *(olfaktoviszerale Reflexe).* Das Schütz-Bündel geht von der periventrikulären Zone und den ventromedialen Kerngruppen des Hypothalamus aus und zieht zum Tegmentum (Umschaltung u.a. im Nucl.tegmentalis dors.), zu den viszeralen Kernen am Boden der Rautengrube und weiter bis zur Seitensäule des Rückenmarks. Diese doppelläufigen (!) Bahnverbindungen spielen bei den Steuerungen vegetativer Prozesse, wie z.B. Blutdruckregulation, Konstanterhaltung des Blutzuckers, Regelung der Nahrungsaufnahme und Nahrungsverarbeitung usw., eine wichtige Rolle.

Retinohypothalamische Bahn. Vom Tractus opticus zweigen Fasern zu dem unmittelbar über dem Chiasma gelegenen *Nucleus suprachiasmaticus* (nicht supraopticus) und zum Tuber cinereum ab, durch die die hypothalamischen Steuerungsprozesse vom Sehorgan aus beeinflußt werden können. Die Lichtreize wirken für das gesamte Vegetativum als Zeitgeber. Die Synchronisation biologischer Rhythmen (Zirkadianrhythmus u.a.) erfolgt hauptsächlich über diese Bahnverbindungen, in die auch der Epithalamus (Corpus pineale) eingeschaltet ist.

Hypothalamus und limbisches System. Die lateralen Kerne des Hypothalamus und die hinteren Kerne der medialen Zone des Hypothalamus (Nuclei mamillares, Nucl. post.) besitzen vornehmlich Verbindungen mit dem limbischen System und der Amygdala. Dadurch können der limbische Cortex und über diesen die sensomotorischen Systeme auf das Vegetativum einwirken. Die einfachen viszeralen Steuerungen z.B. für die Nahrungs- oder Wasseraufnahme (Speichelsekretion usw.) können auf diesem Wege mit bestimmten Verhaltensmustern gekoppelt werden, was z.B. bei den Sexualreflexen der Tiere, dem Abwehr- oder Angriffsverhalten, bei Hunger- oder Durstreaktionen eine zentrale Rolle spielt.

Die wichtigste efferente Bahn, durch die die Hippokampusformation auf den Hypothalamus und die Retikularisformation des Hirnstammes Einfluß nehmen kann, ist der **Fornix,** der vom Subiculum ausgeht und im Corpus mamillare endet (Abb. 165). Vom Mamillarkörper geht der *Tractus mamillothalamicus* zum Nucl. ant. des Thalamus (Anschluß an den Cortex) und der Tractus mamillotegmentalis zu den viszeralen Hirnnervenkernen und zur Retikularisformation des Mittel- und Rautenhirns.

Die wichtigste efferente Bahn des Corpus amygdaloideum ist die **Stria terminalis,** die über den Thalamus hinweg nach vorne zu den Hypothalamuskernen zieht. Da die Amygdala ausgedehnte Verbindungen mit den sensomotorischen Systemen, insbeson-

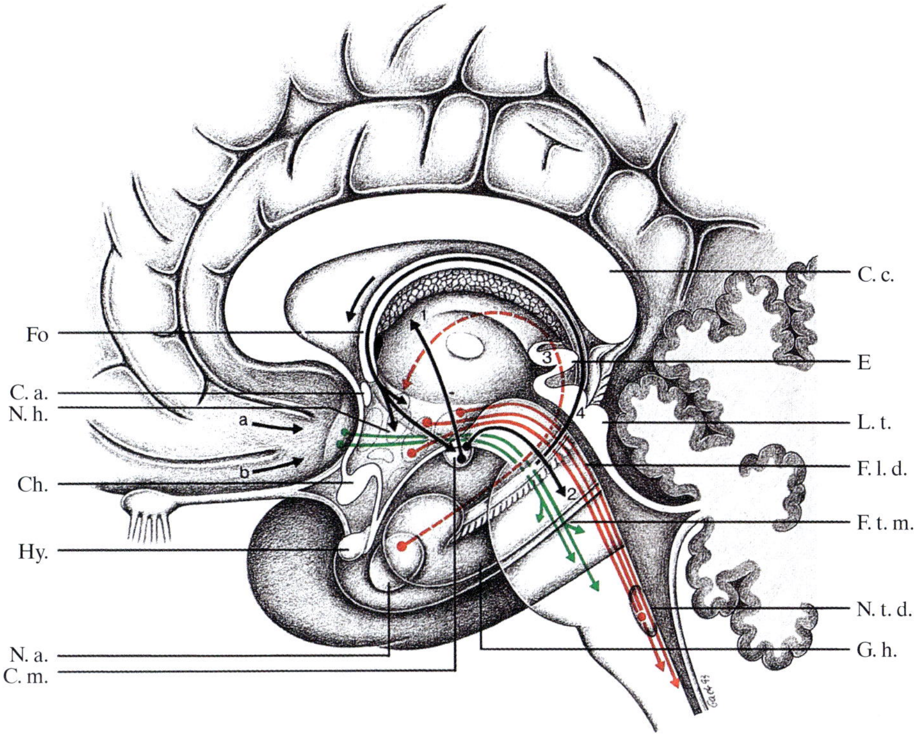

Abb. 165. Hauptbahnverbindungen des Hypothalamus mit dem limbischen System und der Formatio reticularis des Hirnstammes.

C. a.	= Commissura ant.	L. t.	= Lamina tectalis
C. c.	= Corpus callosum	N. a.	= Nucl. amygdaloideum (Amygdala)
C. m.	= *Corpus mamillare*	N. t. d.	= Nucl. tegmentalis dors.
Ch.	= Chiasma opticum	N. h.	= Nuclei hypothalami
E	= Epiphyse	1	= Tractus mamillothalamicus
Fo	= *Fornix*	2	= Tractus mamillotegmentalis
F. l d.	= Fasciculus longitudinalis dors. (Schütz) (rot)	3	= Stria terminalis (rot, gestrichelt)
F. t. m.	= Fasciculus telencephalicus med. (grün)	4	= Fornix (schwarz)
G. h.	= Gyrus hippocampi	a	= Einflüsse vom Frontalhirn
Hy	= Hypophyse	b	= Einflüsse vom olfaktorischen System

dere den subkortikalen Kernen besitzt, können sich die unwillkürlichen, nicht vollbewußten Bewegungsformen (Angewohnheiten, erlernte Verhaltensweisen usw.) auf die viszeralen hypothalamischen Steuerungen auswirken.

Diese Zusammenhänge spielen auch beim Schlaf-Wach-Rhythmus sowie bei den Weckreaktionen eine Rolle.

Funktionelle Bedeutung der Retikularisformation als Ganzes. Die Retikularisformation hat nicht nur für das autonome NS, sondern auch für die sensomotorischen Systeme und die Sinnessysteme eine zentrale Bedeutung. Einige dieser funktionellen Zusammenhänge sollen hier kurz geschildert werden.

Weckreaktionen und Schlaf. Die Retikularisformation des gesamten Stammhirns erhält von allen Sinnessystemen Kollateralen (Abb. 166). Jeder einlaufende Sinnesreiz wird dadurch doppelt ausgewertet. Die spezifische Projektion auf die sensorischen

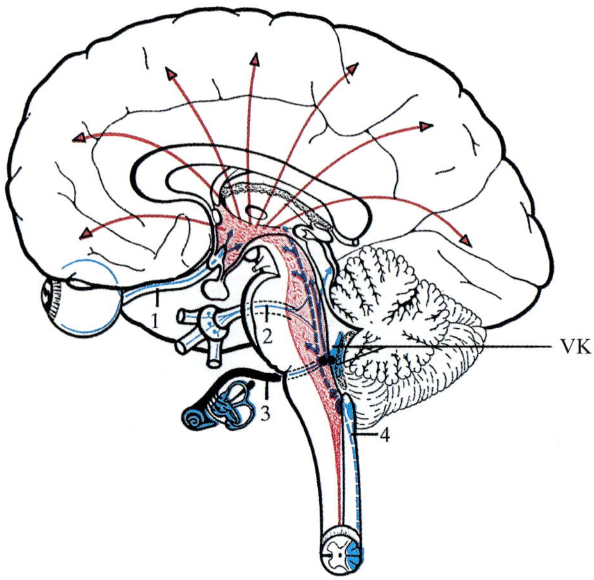

Abb. 166. Beziehungen zwischen der Retikularisformation des Hirnstammes (rot) und den Sinnessystemen (blau) sowie der Großhirnrinde (rote Pfeile). VK = Vestibulariskerne. 1 = optische Afferenzen; 2 = Trigeminusafferenzen; 3 = vestibuläre und akustische Afferenzen; 4 = Hinterstrangbahnen (periphere Afferenzen, proprio- und exterozeptive Sensibilität).

Hirnrindenareale ermöglicht die bewußte Verarbeitung der jeweiligen Sinnesmodalitäten. Die unspezifischen Verknüpfungen mit der Retikularisformation jedoch aktivieren die autonomen Kerngebiete des Hirnstammes und der Hirnrinde. Diese Stimulation (sog. *Weckreize*) löst eine gesteigerte Rindenaktivität, gegebenenfalls sogar eine »Alarmreaktion« aus, die zu höchster Wachsamkeit anspornt und das gesamte Vegetativum in eine ergotrope Reaktionslage mit Blutdrucksteigerung, Adrenalinausschüttung, Herzfrequenzerhöhung usw. versetzt (Streß). Erweist sich der Sinneseindruck jedoch als ungefährlich, wird die Retikularisformation abgeschaltet. Die Retikularisformation des Hirnstammes besitzt damit einen entscheidenden Einfluß auf das Aktivitätsniveau der Großhirnrinde und damit auf die allgemeine Bewußtseinslage sowie auch die motorische Aktivität. Diese *Weckeffekte* lassen sich auch experimentell im Elektroenzephalogramm (EEG) nachweisen. Narkotika und Sedativa wirken nicht, wie man früher dachte, direkt auf die Hirnrinde, sondern dämpfen vornehmlich die von der Retikularisformation ausgehenden, diffus aktivierenden Erregungen, wodurch der Bewußtseinsgrad sinkt. Der Schlaf beruht wahrscheinlich weniger auf einer Ermüdung der kortikalen Zellsysteme als vielmehr auf dem Nachlassen dieser rindenstimulierenden Aktivität der Retikularisformation. Der **Schlaf-Wach-Rhythmus** wäre damit ein endogen verankerter Arbeitsrhythmus der Formatio reticularis. Tatsächlich fand W R. Hess, der als erster den Schlaf als eine trophotrope Reaktion erkannt hat, im dorsalen Sektor des Zwischenhirns ein »somnogenes Feld«, von dem aus mit schwachen Gleichstromimpulsen niedriger Frequenz ein »physiologischer« Schlaf ausgelöst werden kann. Weiterhin konnte auch im medialen Teil des Thalamus, etwas neben der Adhaesio interthalamica, ein hochempfindliches hypnogenes Substrat nachgewiesen werden (intralaminäres System). Vielleicht existieren ähnlich wie bei den Atem- und Kreislaufzentren zwei »Schlafzentren«, deren Aktivitäten im Hypothalamus integriert werden. Während die thalamischen Zentren hemmend wirken, stimuliert die Formatio reticularis die Aktivität der Großhirnrinde. Im Schlaf ist jedoch die neuronale Aktivität des gesamten ZNS keineswegs abgeschaltet oder langdauernd gehemmt. Vielmehr findet man bei hirnelektrischen Untersuchungen (z.B. EEG) verschiedene Phasen mit wechselnd erhöhter und herabgesetzter Neuronentätigkeit. Neben der Einschlafperiode lassen sich der integrierte Erholungsschlaf (Tiefschlaf, auch synchronisierter Schlaf), der vor allem durch langsame EEG-Wellen, herabgesetzte Atemtätigkeit und enge Pupillen gekennzeichnet ist, und der sog. »paradoxe Schlaf« oder auch dissoziierte Traumschlaf, bei dem flache EEG-Wellen, wechselnd weite Pupillen, rasche Augenbewegungen (»rapid eye movements« = REM-Stadium), Verlust des Muskeltonus und beim Manne Erektionen gefunden werden, unterscheiden. Der Traumschlaf geht mit einer partiellen Aktivierung der Großhirnrinde sowie bestimmter Hirnstamm- und Rückenmarksabschnitte einher, wobei dennoch eine höhere Weckschwelle festgestellt wurde. Die in dieser Phase auftretenden Traumerlebnisse werden in der Regel nicht erinnert, mit Ausnahme kurz vor dem Aufwachen am Morgen. Die periodischen Erektionen sind meist ohne sexuelle Trauminhalte und können ihrer Natur nach noch nicht gedeutet werden. Nach heutiger Auffassung stellt der paradoxe Schlaf (REM-Stadium) einen regulativen Vorgang dar, durch den starke innere, affektive Spannungen gestauter Trieb- und Instinktmechanismen entladen und ohne soziale Konsequenzen gefahrlos abreagiert werden können. Wird der Traumschlaf längere Zeit unmöglich gemacht, entwickeln sich im Wachzustand Aggressionen sowie unkontrollierte Triebhandlungen verschiedenster Art.

Die Retikularisformation beeinflußt aber nicht nur (aufsteigend) die Aktivität der Großhirnrinde und der subkortikalen Zentren, sondern (absteigend) auch die viszeralen und sensomotorischen Systeme. Sinnesreize können daher das Vegetativum mobilisieren und viszerale Reflexe auslösen (z.B. Wirkung von Geruchs- und Sehreizen auf den Sexualapparat, Schwindel oder Erbrechen nach Reizung des Bogengangsapparates usw.). Vielfach wird hierbei auch das subkortikale, sensomotorische System, dessen Kerne ja auch mit der Formatio reticularis des Mittel- und Rautenhirns Verbindungen haben, eingeschaltet. Dadurch kann es im Schlaf auch zu unwillkürlichen Begleitbewegungen kommen. Im Retikularisgebiet des Hirnstammes ist also morphologisch und funktionell eine besonders enge Verknüpfung der sensorischen, sensomotorischen und viszeralen Systeme möglich.

Monoaminerge Systeme. Innerhalb der Retikularisformation hat man neuerdings mit modernen Methoden eine große Zahl spezifischer Kerne gefunden, deren Zellen biogene Amine, vor allem Dopamin, Noradrenalin und Serotonin, bilden und als Transmitter freisetzen können. Von diesen Kernen gehen lange und weitverzweigte Bahnen aus, die wahrscheinlich in der Hauptsache Aktivierungssysteme im weitesten Sinne des Wortes darstellen (Körpermotorik, limbische Aktivitäten, zentrale autonome Systeme). Die geschilderten Weckreaktionen gehen vermutlich vom Noradrenalinsystem aus, das sich durch den ganzen Hirnstamm bis zum Cortex zieht.

Der wichtigste Kern des Noradrenalinsystems ist der *Locus coeruleus*, ein bläulichschwarz gefärbter Kern im vorderen Bereich der Rautengrube, der vorne bis zum Eingang des Aquädukts reicht. Von hier gehen aufsteigende Bahnen vor allem zum Gyrus cinguli, zum limbischen Cortex, Corpus amygdaloideum und zum Hypothalamus. Absteigende Bahnen versorgen den Nucl. dors. n. vagi sowie den unteren Olivenkomplex und bilden eine starke Bahn über die ganze Länge des Rückenmarks.

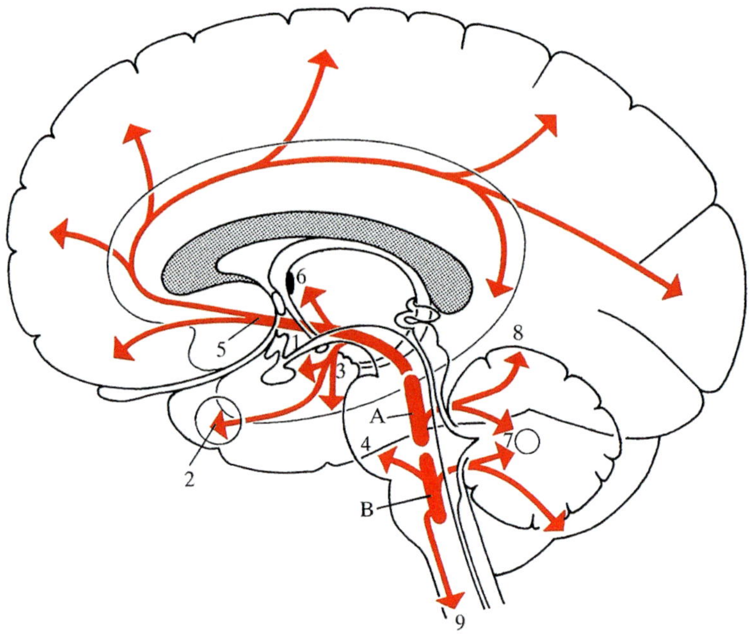

Abb. 167. Schematische Darstellung der wichtigsten serotoninergen Bahnen im ZNS: 1 = zum Hypothalamus; 2 = zum Mandelkern; 3 = zum Uncus hippocampi; 4 = zum Tegmentum; 5 = zum Großhirn; 6 = zu den Stammganglien; 7 = zu den Dachkernen des Kleinhirns; 8 = zur Kleinhirnrinde; 9 = zum Rückenmark. A = Nucl. centralis sup. u. Nucl. raphae pontis; B = Nucl. raphae magnus.

Da viele noradrenerge Fasern in enger Nachbarschaft von Hirnarteriolen verlaufen, wird vermutet, daß dieses System u.a. auch für die Regulation der Hirndurchblutung von Bedeutung sein könnte.

Serotoninproduzierende Zellen finden sich besonders in den *Raphe-Kernen* nahe der Mittellinie am Boden der Rautengrube und innerhalb des zentralen Höhlengraus des Mittelhirns *(Nucl. raphae dors., Nucl. raphae magnus* u.a.). Auch die serotoninergen Bahnen zeichnen sich durch auf- und absteigende Verbindungen aus, die meist aus dünnen, marklosen Fasern mit vielen Varikositäten bestehen (Abb. 167).

Serotonin wirkt vornehmlich inhibitorisch und ist wahrscheinlich auch bei der Schmerzleitung im Rückenmark beteiligt. Da viele Psychopharmaka sowie die halluzinogene Droge LSD an Serotoninrezeptoren angreifen, kann man annehmen, daß Serotonin normalerweise auf die Retikularisformation und das limbische System dämpfend wirkt, d.h. eine zentralnervöse und emotionale Übererregbarkeit hemmt.

Hypothalamus – Hypophysensystem. Neurosekretion und Neurohypophyse. Die vordere Kerngruppe der medialen Zone des Hypothalamus geht funktionelle Verbindungen mit der Hypophyse ein und dient hauptsächlich der Regulation des Wasserhaushaltes und der osmotischen Verhältnisse im Organismus. Auch beim Geburtsvorgang sind diese Kerne von Bedeutung. *Nucleus supraopticus* und *paraventricularis* senden Axone aus, die im Hypophysenhinterlappen enden *(Tractus supraopticohypophysialis).* In den Zellkörpern werden sog. *Neurosekrete* gebildet, die sich jeweils aus einem Trägerprotein (Neurophysin) und einem Peptidhormon (Oxytocin oder Vasopressin) zusammensetzen. Die Perikarya dieser beiden Kerne enthalten 120–180 nm große Vesikel (Elementargranula), die mit Neurosekret angefüllt sind. Dieses wird dann *in* den Axonen zur Neurohypophyse transportiert (zum Teil in Form sog. Herring-Körper) und dort ins Blut abgegeben *(Neurosekretion)*. Vasopressin (auch Adiuretin genannt) erhöht die Permeabilität der Sammelrohrepithelien in der Niere und steigert damit die Wasserrückresorption, d.h. die Konzentration des Endharns (Antidiurese). Oxytocin erhöht die spontane Kontraktionsbereitschaft des Uterus und löst Wehen aus. Es ist wichtig für den normalen Ablauf der Geburt. Oxytocin wirkt auch auf die Myoepithelien der Milchdrüse und bringt nach der Geburt die Milchsekretion in Gang.

Die Zellen des Nucl. supraopticus und paraventricularis sind auffallend gut durchblutet. Auf Änderungen des osmotischen Druckes im Blut reagieren sie mit Freisetzen von Neurosekret und Potentialveränderungen. Die vordere Zellgruppe des Hypothalamus ist also zugleich auch an der Osmoregulation des Blutes und wahrscheinlich ebenso an der Thermoregulation beteiligt.

Hypothalamus und Hypophysenvorderlappen. Beziehungen zum Endokrinium. Der Hypophysenvorderlappen bildet außer direkt wirkenden Hormonen (z.B. Somatotropin, Prolaktin) vor allem glandotrope Hormone, die die nachgeschalteten inkretorischen Drüsen stimulieren, z.B. Corticotropin (ACTH) für die Nebennierenrinde, Follitropin (FSH) und Lutropin (LH) für die Keimdrüsen, Thyrotropin (TSH) für die Schilddrüse. Dadurch wird der Hypophysenvorderlappen (Adenohypophyse) zum übergeordneten Steuerungsorgan für das gesamte endokrine System. Auf dieses zentrale Organ gewinnt nun auch der Hypothalamus und durch ihn das gesamte ZNS einen direkten Einfluß, und zwar durch sog. Releasing-Hormone (Steuerhormone), die spezifisch die Freisetzung (= release) der jeweiligen Vorderlappenhormone bewirken und daher Liberine genannt werden (Folliliberin für die FSH-Freisetzung, Corticoliberin für die ACTH-, Thyroliberin für die TSH-Freisetzung usw.). Die **Liberine** werden aber interessanterweise nicht wie im Bereich des Hinterlappens über Nervenfasern (Neurosekretion) zum Vorderlappen gebracht, sondern auf dem Blutweg. Die Adenohypophyse besitzt nämlich keine eigene arterielle Blutversorgung, sondern erhält ihr Blut vermittels sog. Portalgefäße aus dem Infundibulumbereich des Hypothalamus (Abb. 168). Äste der oberen Hypophysenarterie (A. hypophysialis sup. aus der A. carotis int.) bilden um den proximalen Teil der Neurohypophyse zunächst einen Mantelplexus, von dem lange Kapillarschlingen (Spezialgefäße) ausgehen, die in die Infundibularwand eindringen und dort einen Primärplexus bilden. Dieser wird durch längere oder kürzere Portalvenen drainiert, die zum Vorderlappen ziehen und sich dort in den Sekundärplexus auflösen. Der Primärplexus wölbt die Ependymwand des Infundibulums, die durch langgestreckte Gliazellen *(Tanyzyten)* und eine charakteristische Schichtengliederung eine spezielle Struktur erhält, etwas vor und bekommt hier Kontakt mit den Endigungen hypothalamischer Neurone, deren Perikarya hauptsächlich im Nucl. infundibularis und in den Nuclei tuberis lokalisiert sind. Diese Neurone produzieren die Releasing-Hormone, die dann in den Axonen zu den primären Gefäßgeflechten des Infundibulums und von dort mit dem Blut der portalen Gefäße weiter zum Sekundärplexus der Adenohypophyse transportiert werden, wo sie direkt an den hormonproduzierenden Zellen des Vorderlappens wirksam werden (Abb. 168). Der *Nucleus infundibularis* ist der einzige hypothalamische Kern, der alle Proopiomelanocortin-Abkömmlinge bilden kann (ACTH, α-Melanotropin, β-Lipotropin und β-Endorphin). Er erhält Afferenzen aus der präoptischen Region des Hypothalamus, aus dem Corpus amygdaloideum und der Hippokampusformation. Die vom Nucl. infundibularis ausgehenden Nervenfasern bilden den *Tractus tuberoinfundibularis*, der die Steuerhormone zur Gefäßregion des Infundibulums bringt, die eine neurohämale Region darstellt.

Neurohämale Regionen und zirkumventrikuläre Organe. Im Bereich der infundibulären Kontaktzone zwischen Nervenendigungen und Kapillargeflechten entstehen Spezialstrukturen, die in ähnlicher Form auch an anderen Stellen der ventrikulären Hirnwand vorkommen. Hier ist die Hirnwand verdünnt, das Ependym aber verdickt

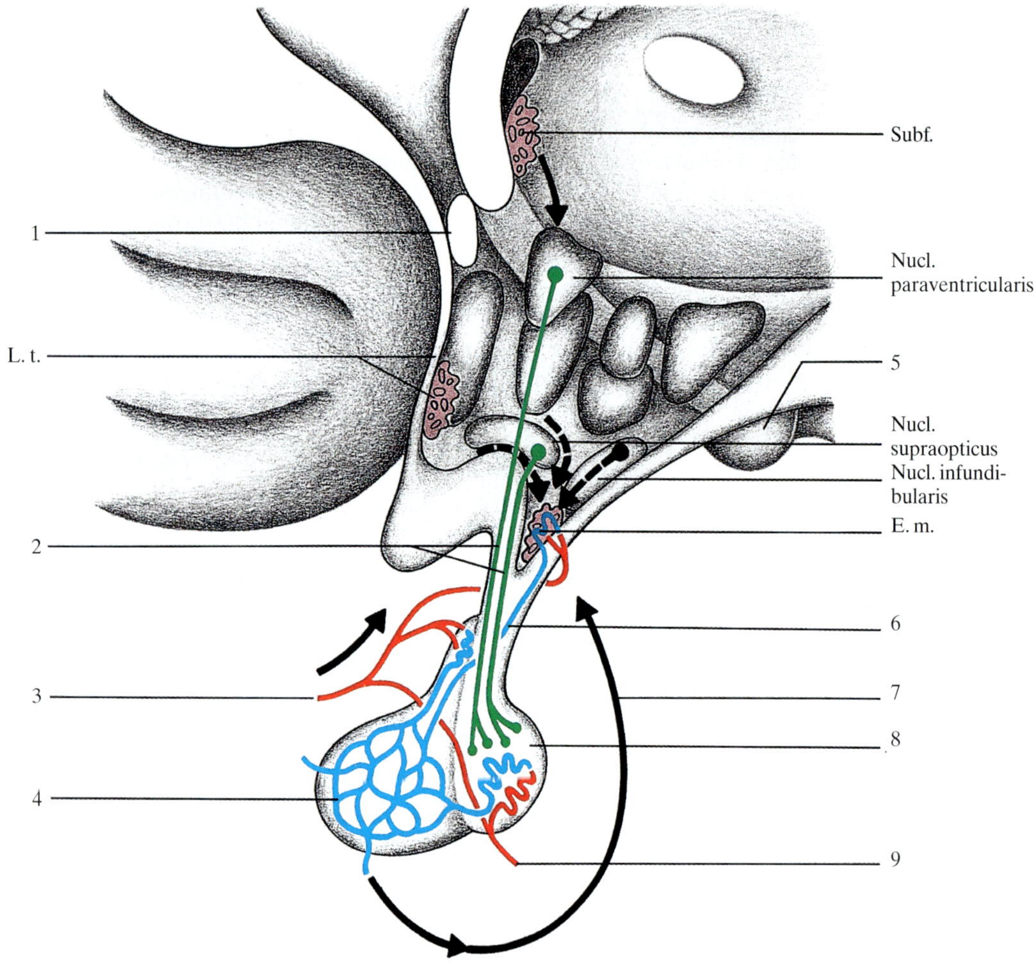

Abb. 168. Schema vom Bau des Hypothalamus-Hypophysen-Systems mit hypophysärem Pfortadersystem, dargestellt am Sagittalschnitt. Grün = neurosekretorische Bahnen; rot = Arterien; blau = Venen. Gestrichelte Pfeile = neurohypophysäre Einflüsse auf die neurohämale Region des Infundibulums (Eminentia mediana).

E. m. = Eminentia mediana
L. t. = Lamina terminalis und Organon vasculosum laminae terminalis
Subf. = Subfornikales Organ
1 Commissura ant.
2 Neurosekretorische Bahnen zum Hypophysenhinterlappen
3 A. hypophysialis
4 Hypophysenvorderlappen mit Venenplexus
5 Corpus mamillare
6 Hypophysäre Pfortader
7 Rückkoppelungskreis; Blut – neurohämale Regionen
8 Neurohypophyse
9 A. hypophysialis inf.

und besonders stark durchblutet. Im Gegensatz zu den übrigen Hirnregionen fehlt hier aber die Blut-Hirn-Schranke, so daß im Blute kreisende Stoffe an diesen Stellen aus dem Gefäßsystem austreten und auf die Neurone einwirken können. Die spezialisierten Ependymzellen (Tanyzyten) sind langgestreckt und zum Ventrikellumen durch Zonulae occludentes abgegrenzt. So entsteht ein geschlossener subependymaler Extrazellularraum, in dem sowohl von den Neuronen als auch vom zirkulierenden Blut (wegen der fehlenden Blut-Hirn-Schranke) Stoffe (Hormone etc.) abgegeben werden können. Man nennt solche Organe zirkumventrikuläre Organe (Abb. 168). Das im Bereich der infundibulären neurohämalen Region entwickelte zirkumventrikuläre Organ bezeichnet man als Eminentia mediana. Da hier die Liberine freigesetzt werden, die ihrerseits wieder die Absonderung der Vorderlappenhormone stimulieren, diese dann im Blut zirkulieren und rückläufig in der Eminentia mediana wieder austreten und damit auf die Liberinfreisetzung einwirken können, entsteht ein Rückkoppelungskreis, der für die Regulationen im endokrinen System von zentraler Bedeutung ist.

Die funktionelle Bedeutung der übrigen zirkumventrikulären Organe ist weniger klar. Ein ähnlich wie die Eminentia mediana strukturiertes, neurohämales Gefäßorgan findet sich an der Rückseite der Lamina terminalis **(Organum vasculosum laminae terminalis)** (Abb. 168). Hier werden die Steuerhormone Somatostatin, Luliberin und Motilin freigesetzt. Das Organ ist außerdem Vermittler neuronaler Verbindungen (Triggerzone) und besitzt Angiotensin-II-empfindliche Zellen, deren Zerstörung vermehrtes Trinken nach Salzbelastung verhindert. In Zusammenhang mit den vorderen Hypothalamuskernen spielt dieses zirkumventrikuläre Organ wahrscheinlich auch eine Rolle bei der Osmo- und Thermoregulation.

Das stecknadelkopfgroße **subfornikale Organ (Organum subfornicale)** liegt zwischen den beiden Foramina interventricularia unterhalb der Fornixsäulen. Dieses Organ ist der Abgabeort für Somatostatin und Luliberin. Luliberin scheint an der zyklischen Freisetzung von LH und FSH aus der Adenohypophyse beteiligt zu sein. Außerdem spielt das subfornikale Organ als Triggerzone für die Nuclei supraoptici und paraventriculares und damit für die Regulation des Wasserhaushaltes eine wichtige Rolle. Im Blut zirkulierendes Angiotensin II z.B. führt über das subfornikale Organ zur Ausschüttung von Vasopressin im Hypophysenhinterlappen. Durchtrennung der neuronalen Verbindungen zu den Hypothalamuskernen hat Polyurie, mangelnde Harnkonzentration und gestörtes Trinkverhalten zur Folge.

Das unterhalb der Epiphyse gelegene **Subkommissuralorgan** spielt beim Menschen offenbar keine größere Rolle. Bei den meisten Wirbeltieren geht von hier ein strukturloser Faden (Reissner-Faden) von 50 µm Dicke aus, der den Aquädukt, den IV. Ventrikel sowie den Zentralkanal des gesamten Rückenmarks durchzieht. Die Funktion des Reissner-Fadens ist unbekannt.

Am kaudalen Ende der Rautengrube findet sich schließlich noch eine neurohämale Region, die **Area postrema,** die beim Menschen in der 2. Lebenshälfte atrophiert, bei Säugern aber eine wichtige Triggerzone für Eingeweidereflexe, auch für Freß- und Trinkverhalten darstellt. Experimentell läßt sich von hier aus ein Brechreflex auslösen.

7.4 Autonomes Nervensystem – Zusammenfassende Übersicht

Funktionell können drei Organisationsstufen unterschieden werden: 1. Peripherer Bereich (intramurale Plexus und Ganglien); 2. spinotegmentaler Bereich (autonome Kerngruppen im Rückenmark und Hirnstamm, polar organisiert in Sympathikus und Parasympathikus); 3. zentraler Bereich (Hypothalamus und limbisches System).

7.4.1 Peripherer Bereich

Im Gegensatz zur Innervation der quergestreiften Muskulatur durch ein vom Rückenmark ausgehendes Motoneuron, existieren beim autonomen NS immer mindestens zwei periphere efferente Neurone: ein präganglionäres, vom Rückenmark oder ZNS ausgehendes und ein postganglionäres, von peripheren Ganglien ausgehendes Neuron. Beide besitzen beim Sympathikus und Parasympathikus unterschiedliche Größen und Transmitter. In den intramuralen Plexus verwischt sich durch Schaltneurone und Rückkoppelungskreise die Polarität von Symphatikus und Parasympathikus.

Enterisches NS – intramurale Plexus und Ganglien im Magen-Darm-Trakt (etwa 100 Mio. Ganglienzellen unterschiedlichster Form und Funktion) sowie drei Plexus in der Darmwand: 1. Plexus submucosus int. (Meissner) in der Innenzone der Submukosa; 2. Plexus submucosus ext. (Schabadasch) in der Außenzone der Submukosa; 3. Plexus myentericus (Auerbach) zwischen Ring- und Längsmuskelschicht.

	Sympathikus	Parasympathikus
Präganglionäre Strecke	Kurz	Lang
Umschaltung vom prä- auf das postganglionäre Neuron	Organfern	Organnah oder erst im Organ selbst
Weg zum Erfolgsorgan	Mit den Arterien (adventitielle Plexus)	Mit den Nerven (selbständige oder andere Nerven, insbesondere Hirnnerven)
Postganglionäres Neuron	Adrenerg (Ausnahmen: Vasodilatoren, Piloarrektoren u. Schweißdrüsen der Haut und Extremitäten)	Cholinerg
Funktionelle Tendenz	Zur Erregungsausbreitung (Irradiation)	Zur Begrenzung und Lokalisation (Dämpfung)

Ganglionäre Geflechte	Schichten der Darmwand	Aganglionäre Geflechte
	1. *Mukosa*	
	– Epithel m. Drüsen	
	– Lamina propria	← Plexus mucosus
	– Lamina muscularis mucosae	← Plexus muscularis mucosae
Plexus submucosus int. (Meissner) →		
	2. *Tela submucosa*	
Plexus submucosus ext. (Schabadasch) →		
	3. *Lamina muscularis propria*	
	– Strat. circulare	← Plexus muscularis prof.
Plexus myentericus (Auerbach) →		
	– Strat. longitudinale	← Plexus muscularis superf.
	4. *Serosa*	← Plexus subserosus

7.4.2 Spinotegmentaler Bereich

Der spinotegmentale Bereich umfaßt 1. die autonomen Kerne von Mittelhirn und Hirnstamm (Formatio reticularis, Nuclei tegmentales) mit den autonomen Steuerungszentren für Kreislauf, Atmung, Nahrungsaufnahme und -verarbeitung, Speichelsekretion usw., 2. die autonomen Kerngruppen der Hirnnerven und des Rückenmarks sowie 3. die peripheren Nerven des Sympathikus (Truncus sympatheticus) und Parasympathikus (N. vagus) samt den zugehörigen peripheren Ganglien (paravertebrale und prävertebrale Ganglien).

Sympathikus – Ursprungszellen (präganglionäre Neurone) liegen in der Seitensäule des Rückenmarks (Nucl. intermediolat.) – Umschaltung auf die postganglionären Neurone für Kopf- und Brustorgane in den Grenzstrangganglien (vom Ggl. cervicale sup. geht die sympathische Innervation des Kopfes aus), Umschaltung auf die postganglionären Neurone für Bauch- und Beckenorgane in den prävertebralen Ganglien (Ggl. coeliacum, mesentericum sup. und inf., Plexus hypogastricus inf.) (vgl. Abb. 155). Verbindungen zwischen Truncus sympatheticus und prävertebralen Ganglien sind die Rr. cardiaci (für Herz und Lungen) und die Nn. splanchnici (major, minor, lumbales und sacrales).

Parasympathikus – gliedert sich in das kranial-autonome und sakral-autonome System (vgl. Abb. 159). Das kranial-autonome System umfaßt die parasympathischen Anteile der Hirnnerven N. III, N. VII, N. IX und N. X. Die Kerne liegen im Mittelhirn und Hirnstamm am Boden der Rautengrube. Umschaltung auf die postganglionären Neurone erfolgt im Ggl. ciliare (N. III), Ggl. pterygopalatinum (N. VII), Ggl. oticum (N.

Sympathikus	Grenzstrangganglien (paravertebral)	Verbindungsäste	Prävertebrale Gangliengruppen	Erfolgsorgan (sympath. Innervation)
Halsteil	Ggl. cervicale sup. Ggl. cervicale medium Ggl. cervicale inf.	R. cardiacus cervicalis sup. R. cardiacus cervicalis med. R. cardiacus cervicalis inf.	Ggl und Plexus cardiacus	Herz
Brustteil	Ggll. thoracalia (Th_1–Th_4)	Rr. cardiaci thoracici Rr. pulmonales	Ggl. und Plexus cardiacus Plexus und Ggll. pulmonalia	Herz Lungen, Trachea
	Ggll. thoracalia (Th_5–Th_9) Ggll. thoracalia (Th_9–Th_{12}) Ggll. thoracalia (Th_{12})	N. splanchnicus major N. splanchnicus minor N. splanchnicus imus	Plexus solaris (Ggl. coeliacum u. mesentericum sup.) Plexus solaris (Ggl. coeliacum u. mesentericum sup.) Plexus renalis	Oberbauchorgane Keimdrüsen und Nieren
Bauch- und Beckenteil	Ggll. lumbalia (L_1–L_4) Ggll. sacralia (S_1–S_4)	Nn. splanchnici lumbales Nn. splanchnici sacrales	Plexus hypogastricus sup. (Ggl. mesentericum inf. Plexus hypogastricus inf. (Ggl. pelvicum)	Colon transversum bis Rektum Beckenorgane

Efferente sympathische Innervation (nach Monnier)

	Organ	Lokalisation der Zellkörper		Reizeffekt
		Präganglionäre Neurone (RM, Nucl. intermediolat.)	*Postganglionäre Neurone in para- oder prävertebralen Ganglien*	
Kopf	**Auge**	C_8–Th_1	Ggl. cervicale sup.	Weite Lidspalte, Mydriasis, **Exophthalmus**
	Hirn- und Kopfgefäße	C_8–Th_1	Ggl. cervicale sup.	Vasokonstriktion
	Tränendrüse **Speicheldrüsen**	C_8–Th_1 Th_{1-2}	Ggl. cervicale sup. Ggl. cervicale sup.	Keine Sekretionsabgabe
Rumpf	**Haut**	Th_1–L_2	Grenzstrangganglien der jeweiligen Segmente	Vasokonstriktion, Piloarrektion, Schweißsekretion (cholinerg)
	Herz	Th_{1-4}	Ggl. cervicale sup., med., inf. und Ggl. thoracale 1–4	Tachykardie, Verengung der Koronararterien
	Lunge	Th_{1-6}	Ggl. cervicale inf. und thoracale 1–6	Bronchodilatation
	Obere Extremität	Th_{2-7}	Ggl. cervicothoracicum (stellatum), Ggl. cervicale medium	Vasokonstriktion, Piloarrektion, Schweißsekretion
Bauchorgane	**Kardia**	Th_{2-6}	Ggl. cervicothoracicum (stellatum), Ggl. cervicale medium	Kontraktion
	Magen	Th_{6-9}	Ggl. coeliacum	Sekretionshemmung, Vasokonstriktion, Hemmung der Peristaltik
	Darm	Th_{9-11}	Ggl. coeliacum	Sekretionshemmung, Vasokonstriktion, Hemmung der Peristaltik
	Proximales Kolon	Th_{12}–L_1	Ggl. mesentericum sup.	Sekretionshemmung, Vasokonstriktion, Hemmung der Peristaltik
	Leber	Th_{6-9}	Ggl. coeliacum	Glukoneogenese, Glykogenolyse
	Pankreas	Th_{6-10}	Ggl. coeliacum	Insulinsekretion vermindert
	Niere	Th_{12}–L_1	Ggl. renale und Ggl. coeliacum	Hemmung der Diurese
	Nebennierenmark	Th_{10}–L_1	Chromaffine Zellen	Ausschüttung von Adrenalin und Noradrenalin

Efferente sympathische Innervation (nach Monnier)

	Organ	Lokalisation der Zellkörper		Reizeffekt
		Präganglionäre Neurone (RM, Nucl. intermediolat.)	*Postganglionäre Neurone in para- oder prävertebralen Ganglien*	
Becken-organe	**Distales Kolon**	L_1–L_2	Ggl. mesentericum inf., Plexus hypogastricus sup.	Hemmung der Peristaltik, Kotverhaltung (Kontraktion der Sphinkteren)
	Blase Genitale	Th_{12}-L_2	Plexus hypogastricus sup. et inf.	Harnverhaltung, Ejakulation
	Prostata	Th_{12}-L_2	Plexus pelvicus	Kontraktion der Prostata- und Bläschendrüsenmuskulatur
	Samenbläschen	Th_{12}-L_2	Plexus pelvicus	
	Uterus	Th_{12}-L_2	Plexus pelvicus	Kontraktion sub partu
	Untere Extremität	Th_{11}-L_1	Lumbale und sakrale Grenzstrangganglien	Vasokonstriktion, Sekretionshemmung, Piloarrektion

IX) und Ggl. coeliacum, Ggl. mesentericum sup. und inf. (N. X). Ursprungszellen liegen in der Seitensäule des Rückenmarks der Segmente S_1–S_3. Umschaltung auf die postganglionären Neurone im Ggl. pelvicum (Plexus hypogastricus inf.). Versorgungsgebiet: Beckenorgane, innere Geschlechtsorgane, Rektum, Sigmoid und Colon descendens bis zum Cannon-Böhm-Punkt.

Funktionell sind sympathische und parasympathische Innervation in der Peripherie gegensätzlich. Der Sympathikus ist mehr ergotrop (Leistungsnerv, fördert Wachheit und körperliche Leistungen), der Parasympathikus mehr trophotrop (Erholungsnerv, fördert Schlaf, Regeneration und Wiederaufbau der Kraftreserven).

7.4.3 Zentraler Bereich (prosenzephale Organisationsstufe)

Oberstes Steuerungszentrum ist der Hypothalamus. Zahlreiche Kerngruppen für Kreislaufregulation, Wärmehaushalt, Blutzuckerregulation, Wasserhaushalt, Nahrungs- und Flüssigkeitsaufnahme und Fortpflanzungsprozesse. Regulation von Schlaf-Wach-Rhythmus.

Neurosekretion: Ganglienzellen im Nucleus supraopticus und paraventricularis produzieren Hormone (Vasopressin [auch Adiuretin genannt] als antidiuretisches Prinzip und Oxytocin, das die Wehen fördert [Austreibungsperiode]). Die Hormone wandern im Axon abwärts bis in die Neurohypophyse, wo sie ins Blut übertreten.

Zirkumventrikuläre Organe: 1. Eminentia mediana (im Bereich des Infundibulum), 2. Organon vasculosum (an der Lamina terminalis), 3. subfornikales Organ (im Bereich der Forr. interventricularia), 4. Subkommissuralorgan (unterhalb der Epiphyse), 5. Area postrema (am Ende der Rautengrube). Es handelt sich um Organe, bei denen die Blut-Hirn-Schranke fehlt und der Extrazellulärraum unter dem Ependym erweitert ist. Funktionen noch weitgehend unklar.

Limbisches System – besteht aus drei spiralig gekrümmten Bögen an der Innenseite der

Efferente parasympathische Innervation (nach Monnier)

	Organ	Lokalisation der Zellkörper			Reizeffekt
		Präganglionäre Neurone		*Postganglionäre Neurone*	
Kopf	**Auge**	Mediane Okulomotoriuskerne (Perlia, Westphal-Edinger)	*Medulla oblongata (Bulbus und Mittelhirn)*	Ggl. ciliare	Akkommodation, Miosis
	Hirn- und Kopfgefäße	Nucl. dors. n. VII Nucl. dors. n. IX et X			Vasodilatation (?)
	Speicheldrüsen a) Tränendrüsen, Nasendrüsen, Gaumendrüsen b) Gl. submandibularis, Gl. sublingualis c) Gl. parotidea	 Nucl. salivarius sup. (des N. VII) Nucl. salivarius sup. (des N. VII) Nucl. salivarius inf. (des N. IX)		 Ggl. pterygopalatinum Ggl. submandibulare Ggl. oticum	 Vasodilatation, Sekretion Sekretion Sekretion
Rumpf	**Herz**	Nucl. dors. n. X		Plexus cardiacus superf. et prof.	Herzverlangsamung, Abnahme der Kontraktionskraft
	Lunge	Nucl. dors. n. X		Plexus pulmonalis	Bronchokonstriktion, Sekretion
	Magen-Darm-Kanal	Nucl. dors. n. X		Plexus myentericus et submucosus	Förderung der Peristaltik, Sekretion, Vasodilatation
	Leber	Nucl. dors. n. X		Plexus hepaticus (Ggl. coeliacum?)	Kein
	Proximales Kolon	Nucl. dors. n. X		Ggl. mesent. inf.	Sekretion, Peristaltikförderung
Beckenorgane	**Distales Kolon**	Nucl. intermediomedialis des Rückenmarks (S_2–S_4)	*Rückenmark*	Plexus pelvicus (und intramurale Ggll.)	Defäkation, Erschlaffung der Sphinkteren
	Genitale	Nucl. intermediomedialis des Rückenmarks (S_2–S_4)		Plexus pelvicus (und intramurale Ggll.)	Vasodilatation, Erektion
	Blase	Nucl. intermediomedialis des Rückenmarks (S_2–S_4)		Plexus pelvicus (und Plexus vesicalis)	Harnentleerung

Zusammenfassende Übersicht über die Wirkung von Sympathikus und Parasympathikus

Organ	**Wirkung des (Ortho-)Sympathikus** (adrenerge Wirkungen)	**Wirkung des Parasympathikus** (cholinerge Wirkungen)
Auge		
Iris	Mydriasis	Miosis
Ziliarmuskel	Desakkommodation	Akkommodation
Herz		
Frequenz	Beschleunigend	Verlangsamend
Kontraktionskraft	Verstärkt	–
Rhythmus	Ventrikuläre Extrasystolen, Tachykardie, Flimmern	Bradykardie, AV-Block Vagaler Herzstillstand
Überleitungszeit	Verkürzt	Verlängert
Gefäße		
Aa. coronariae	Erweiterung	?
Muskelgefäße	Verengung	–
Darmgefäße	Verengung	–
Lungen		
Bronchialmuskulatur	Erschlaffung	Kontraktion
Bronchialdrüsen	?	Sekretion
Magen-Darm-Kanal		
Peristalik		Gesteigert
Sphinkteren	Kontraktion gehemmt	Erschlaffung
Drüsensekretion	?	Gefördert
Extrahepatische Gallenwege und Gallenblase	Erschlaffung	Kontraktion
Milz (Muskulatur)	Kontraktion	Erschlaffung
Speicheldrüsen	Sekretion (dickflüssiges Sekret)	Sekretion (dünnflüssiges Sekret)
Pankreas		
Inselorgan		Insulinsekretion
Leber	Glykogenolyse	Gallenabsonderung
Nebennierenmark	Absonderung von Adrenalin und Noradrenalin	
Harnblase		
Muskulatur	Erschlaffung	Kontraktion
Sphinkter	Kontraktion	Erschlaffung
Gehirnrinde	Allg. Aktivierung, Bewußtseinssteigerung	Hemmung, Bewußtseinsdämpfung
Allgemeine Reaktionslage	*Ergotroper »Leistungsnerv«*	*Trophotroper »Erholungsnerv«*

Hemisphären: 1. Gyrus cinguli und Gyrus hippocampi, 2. Fornix (unter dem Balken verlaufend), 3. Striae longitudinales med. und lat. (Indusium griseum) (oberhalb des Balkens verlaufend), Fortsetzung in den Gyrus dentatus. Am vorderen Ende der Hippokampusformation liegt der Mandelkernkomplex (Corpus amygdaloideum), der als das wichtigste Zentrum des limbischen Systems angesehen wird.

Das limbische System hat vielgliedrige Verbindungen mit dem Hypothalamus und der Retikularisformation des Hirnstammes sowie mit den sensomotorischen Systemen, insbesondere den subkortikalen Kernen (bes. Striatum). Alle Sinnessysteme geben Kollateralen an das limbische System ab. Funktion: emotionale Tingierung der Sinnesempfindungen, Stimulierung motorischer Aktionen, Koordinierung vegetativer Steuerungen mit spezifischen Verhaltensweisen, z.B. bei Tieren bei Fortpflanzungsakten, Nahrungsaufnahme oder Ausscheidungsprozessen. Beim Menschen soll hier auch ein wesentliches Moment der Persönlichkeit (»soziales Ich«) verankert sein.

8. Hirnhäute und Liquorzirkulation

Wirbelkanal und Schädelinnenraum, die zusammen ein Gesamtvolumen von etwa 1650 ml haben, werden nicht vollständig vom Hirngewebe ausgefüllt. Zwischen Hirnoberfläche und Schädelknochen befindet sich vielmehr ein Flüssigkeitsmantel. Die Flüssigkeit (Liquor cerebrospinalis, Gesamtvolumen beim Erwachsenen 110–160 ml) umspült allseitig Gehirn und Rückenmark und befindet sich in den Ventrikeln (Liquor cerebrospinalis int.) sowie zwischen den Blättern der Hirnhäute, im Subarachnoidalraum (Liquor cerebrospinalis ext.).

Hirnhäute. Man unterscheidet eine harte und eine weiche Hirnhaut (Pachy- und Leptomeninx). Die harte Hirnhaut **(Dura mater),** die vornehmlich aus straffem, kollagenem Bindegewebe besteht, kleidet die Schädelinnenfläche vollständig aus. Die Dura übernimmt auch die Aufgaben des Periosts. Zwischen die Großhirnhemisphären schiebt sich ein sagittales Duraseptum ein, die *Falx cerebri,* zwischen Großhirn und Kleinhirn dagegen ein horizontales, zeltartiges Septum, das *Tentorium cerebelli,* das in der Medianebene mit der Falx in Verbindung steht. Im Rückenmarkskanal ist die Dura selbständig und vom Periost getrennt. Zwischen beiden bildet sich hier der relativ weite, mit Fettgewebe und Gefäßen angefüllte, extradurale Raum. Im Bereich des For. magnum vereinigen sich Periost und Dura dann wieder zu einer einheitlichen Schicht.

Die weiche Hirnhaut *(Leptomeninx)* besteht aus zwei lockermaschigen Bindegewebsblättern, der Arachnoidea (außen) und der **Pia mater** (innen). Die **Arachnoidea** oder Spinnwebenhaut folgt der Dura, die Pia dagegen der Hirnoberfläche mit all ihren Furchen und Windungen. Auf diese Weise ist der Abstand der beiden Blätter regional sehr verschieden. Die Pia muß als die eigentliche Gefäßhaut des Gehirns angesehen werden. Sie dringt mit ihren Gefäßen in die Sulci ein, während die Arachnoidea die Furchen überspringt und an der Dura haftet. Somit entstehen überall dort, wo sich größere Vertiefungen an der Hirnoberfläche bilden oder wo das Hirngewebe von der Schädel- bzw. Durainnenfläche zurückweicht, größere, mit Liquor gefüllte Räume, die **Zisternen.** Pia und Arachnoidea sind durch trabekuläre Bindegewebsstränge miteinander verbunden. Dieser flächenhaft ausgebreitete Maschenraum mit seinen zisternenartigen Erweiterungen wird **Subarachnoidalraum** (Spatium subarachnoideum) genannt. Der Subarachnoidalraum in seiner Gesamtheit enthält den Liquor cerebrospinalis ext. (Abb. 169).

Liquorzirkulation. Der Liquor cerebrospinalis int. wird hauptsächlich in den Plexus choroidei der Seitenventrikel und zwar nicht allein durch Filtration, sondern auch unter aktiver Beteiligung des Plexusepithels gebildet (etwa 500 ml/Tag bzw. 0,35 ml/Min.). Der Liquor strömt durch die beiden Foramina interventricularia in den III. Ventrikel und weiter durch den Aquaeductus mesencephali (Abb. 169) in den IV. Ventrikel. Durch die Adergeflechte im Velum medullare post. entsteht weiterer Liquor. Der Inhalt des IV. Ventrikels entleert sich dann durch drei Öffnungen, nämlich die beiden Aperturae laterales (Luschkae) in die Cisterna pontis und durch die unpaare Apertura mediana (Magendi) in die Cisterna cerebellomedullaris.

Klinischer Hinweis. Eine Verlegung der Aperturen des IV. Ventrikels oder auch ein Verschluß des Aquädukts verursacht eine Stauung der Liquorzirkulation und

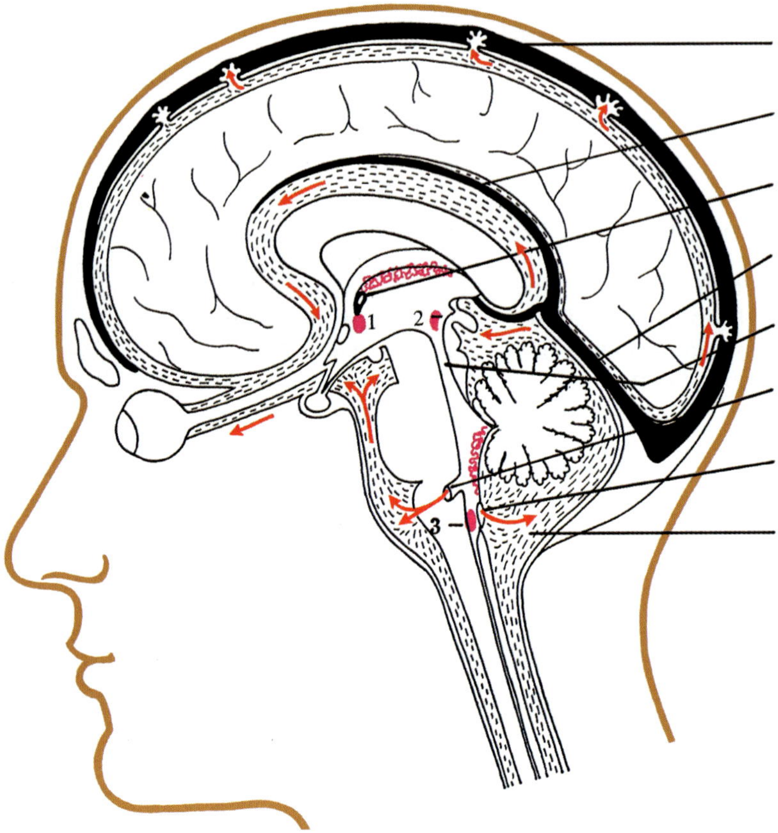

Abb. 169. Schema über die Liquorzirkulation (dargestellt am Sagittalschnitt). Die Pfeile deuten die Strömungsrichtungen des Liquors an. Punktiert = Liquor cerebrospinalis ext. in den Zisternen; weiß = innere Liquorräume (Liquor cerebrospinalis int.); Seitenventrikel nicht dargestellt; rot = Plexus choroideus. Zirkumventrikuläre Organe (rot): 1. subfornikales Organ; 2. subkommissurales Organ; 3. Area postrema.

dadurch eine Erweiterung der Ventrikel, evtl. mit kompensatorischer Verdünnung des Gehirnmantels. Dabei kann es zu einer Verformung des Kopfes kommen **(Hydrocephalus int.,** Wasserkopf).

Der **Liquorabfluß aus dem Subarachnoidalraum** erfolgt vor allem auf 3 Wegen:

1. Arachnoidalzotten *(Granulationes arachnoideae, Pacchioni)* durchbrechen die Wand der Sinus durae matris bzw. die Innenlamelle des Schädelknochens. Sie lagern sich an die Dura an oder stülpen sich in das Lumen der Sinus bzw. Diploevenen vor, so daß sie den Liquor ins Venensystem drainieren können.
2. Liquor diffundiert aber auch direkt durch die Wand der durch den Subarachnoidalraum verlaufenden Venen.
3. Der Subarachnoidalraum geht peripher in die Lymphscheiden der großen Hirnnerven über (Endoneuralraum). Besonders der Sehnerv, der Trigeminus und die Fila olfactoria werden von geräumigen Liquorscheiden umgeben, aus denen Liquor in die benachbarten Lymphgefäße übertreten kann.

Auch in den Rückenmarkshäuten existieren den Pacchioni-Granulationen vergleichbare Gebilde, die den spinalen Liquor in die Wirbelvenengeflechte ableiten.

Funktionelle Bedeutung des Liquorsystems. Die Zusammensetzung des Liquors differiert von der des Serums. Der Eiweißgehalt ist sehr niedrig, die Konzentrationen von K^+, Ca^{++}, Bikarbonat und Glukose sind wesentlich geringer als im Blut (s. Tabelle). Während der Embryonalzeit ist der Zuckergehalt (vornehmlich Fruktose statt Glukose) ausnehmend hoch, da der Liquor während dieser Zeit auch nutritive Aufgaben für das Gehirn erfüllt. Man nimmt heute allgemein an, daß dem Liquor ähnliche Aufgaben zufallen wie der Lymphe im übrigen Körper. Das Ionenmilieu im Extrazellulärraum, der nur die schmalen Interzellularspalten zwischen den Axonen und Zellkörpern umfaßt, ist für die Erregungsvorgänge von entscheidender Bedeutung, so daß die »Liquordrainage« einen lebenswichtigen Prozeß darstellt. Die Ependymzellen, die die Ventrikel auskleiden, besitzen keine Zonulae occludentes, so daß der Liquor frei in die Hirnsubstanz übertreten kann. Nur im Bereich der zirkumventrikulären Organe ist die Ependymwand abgedichtet. Die mit der Pia in das Gehirn eindringenden Gefäße sind von einer perivaskulären Liquorscheide umgeben, die mit dem Subarachnoidalraum in Verbindung steht. Auf diesem Wege können Stoffwechselendprodukte, Proteine oder andere Substanzen, auch Zellen aus dem Gehirn entfernt werden. Über den Subarachnoidalraum und die Liquorscheiden der Hirnnerven können Fremdstoffe dann ins Lymphgefäßsystem gelangen und gegebenenfalls Immunreaktionen auslösen. Normalerweise ist dies aber nicht der Fall, da die Arachnoidea auffallend viele Makrophagen enthält und das Gehirn zu den immunologisch »privilegierten Organen« zählt, ähnlich wie Auge und Plazenta, so daß innerhalb der Hirnsubstanz (aus ungeklärter Ursache) normalerweise keine normalen Immunreaktionen auftreten.

Injiziert man einem Versuchstier einen (ungiftigen) Vitalfarbstoff, wie z.B. Trypanblau, färben sich alle Organe an, nur das Gehirn bleibt weiß. Es existiert also eine **Blut-Hirn-Schranke,** die im Bereich der Kapillarendothelien zu lokalisieren ist. Da die Interzellularspalten der Endothelzellen der Gehirngefäße durch Zonulae occludentes abgedichtet sind, werden sie für zahlreiche Stoffe (auch viele Pharmaka) impermeabel. Nur im Bereich der zirkumventrikulären Organe besitzen die Kapillaren fenestrierte (also offene) Endothelwände, so daß hier Substanzen aus der Zirkulation austreten können. Andererseits ist die Ependymwand an diesen Stellen aber abgedichtet.

Eine zweite Schranke existiert an den Orten der Liquorbildung im Bereich der Plexus choroidei **(Blut-Liquor-Schranke).** Diese Schranke liegt in Höhe der Zonulae occludentes zwischen den Plexusepithelien und ist für die aktiven Transportvorgänge des Epithels von Bedeutung.

Das Liquorsystem erfüllt schließlich auch mechanische Aufgaben, da es das Gehirn mit einem Flüssigkeitsmantel umgibt. Würde es diese »Wasserhülle« nicht besitzen, müßte jeder Stoß an den Kopf eine Hirnblutung zur Folge haben. So aber schwimmt das Gehirn vollständig im Liquor. Liquor und Gehirn haben annähernd das gleiche spezifische

Zusammensetzung des Liquor cerebrospinalis im Vergleich zum Blutserum (nach Fishman 1980, aus E. Kandel, J. Schwartz u. Th. Jessel)

	Liquor %	Serum %
Wassergehalt	99	93
Protein (mg/dl)	35	7000
Glukose (mg/dl)	60	90
Osmolarität (mOsm/l)	295	295
Na^+ (meq/l)	138	138
K^+ (meq/l)	2,8	4,5
Ca^{++} (meq/l)	2,1	4,8
Mg^{++} (meq/l)	0,3	1,7
Cl^- (meq/l)	119	102
pH	7,33	7,41

Gewicht. Ein Schlag gegen den Kopf pflanzt sich daher in beiden Elementen gleichmäßig fort, ohne lokalisierte Schädigungen zu verursachen. Außerdem spielt auch das archimedische Prinzip eine Rolle. Der Auftrieb reduziert das Hirngewicht auf etwa 50 g. Da die Hirngefäße allseitig von Flüssigkeit umgeben sind, können keine einseitigen Druckbelastungen, sondern nur hydrostatische, allseitig wirkende Drücke auftreten. So werden die Gefäße nicht abgeklemmt und die Zirkulation nicht gefährdet.

9. Schnittserien durch den menschlichen Kopf[1]

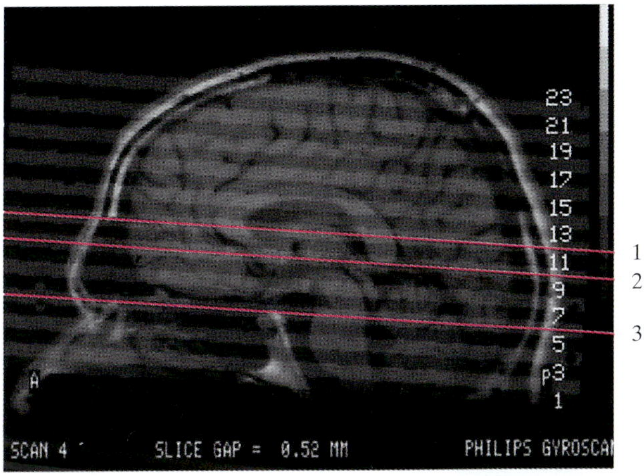

Abb. 170. a) MR-Aufnahme des Kopfes, Sagittalschnitt. Rote Linien 1–3 = Schnittebenen der Abb. 171, 172 und 173.

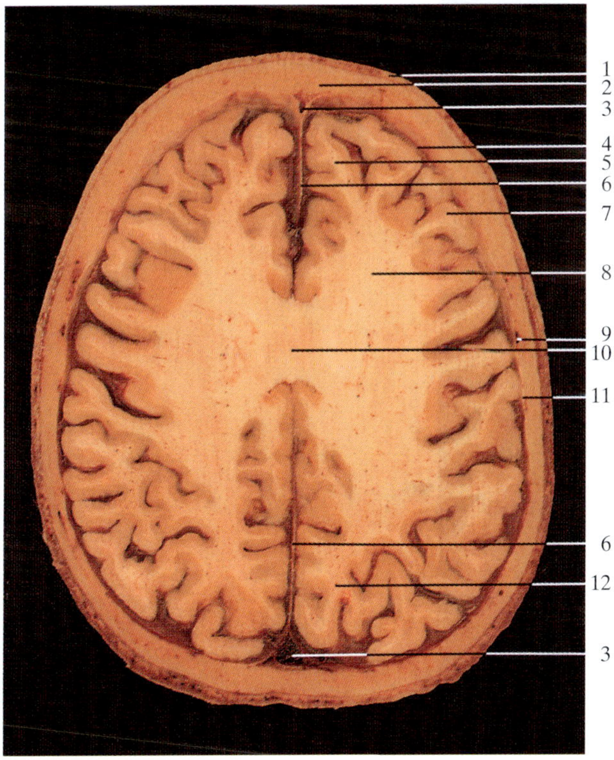

1 Kopfhaut
2 Schädelknochen (Calvaria)
3 *Sinus sagittalis sup.*
4 Arachnoidea und Pia mater
5 Lobus frontalis
6 *Falx cerebri*
7 Cortex
8 Centrum semiovale (Marklager)
9 A. meningea media
10 *Corpus callosum*
11 Dura mater
12 Lobus occipitalis

Abb. 170. b) Horizontalschnitt durch den Kopf in Höhe des Balkens.

[1] Die MR-Aufnahmen wurden uns freundlicherweise von Herrn Prof. Dr. A. Heuck, Radiologisches Zentrum München-Pasing, zur Verfügung gestellt.

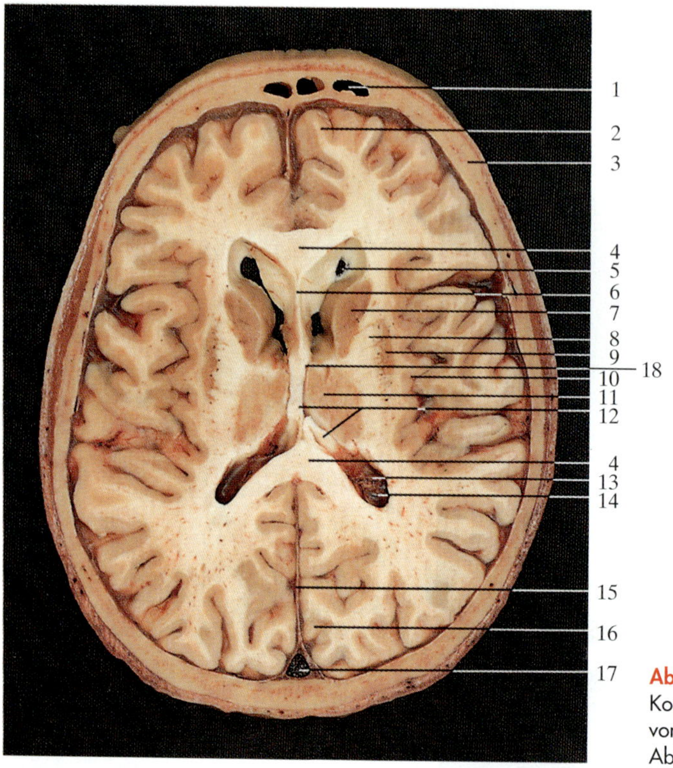

1 Sinus frontalis
2 Lobus frontalis
3 Calvaria mit Diploë
4 *Corpus callosum*
5 Cornu frontale ventriculi lat.
6 Septum pellucidum
7 *Caput nuclei caudati*
8 Capsula int.
9 *Putamen*
10 Lobus insularis
11 *Thalamus*
12 *Corpus fornicis,* Übergang in Crus fornicis
13 Plexus choroideus
14 Cornu occipitale ventriculi lat.
15 Falx cerebri
16 Lobus occipitalis
17 Sinus sagittalis sup.
18 Columna fornicis

Abb. 171. a) Horizontalschnitt durch den Kopf in Höhe des Fornixkörpers (Ansicht von oben) (entspricht Schnittebene 1 in Abb. 170a).

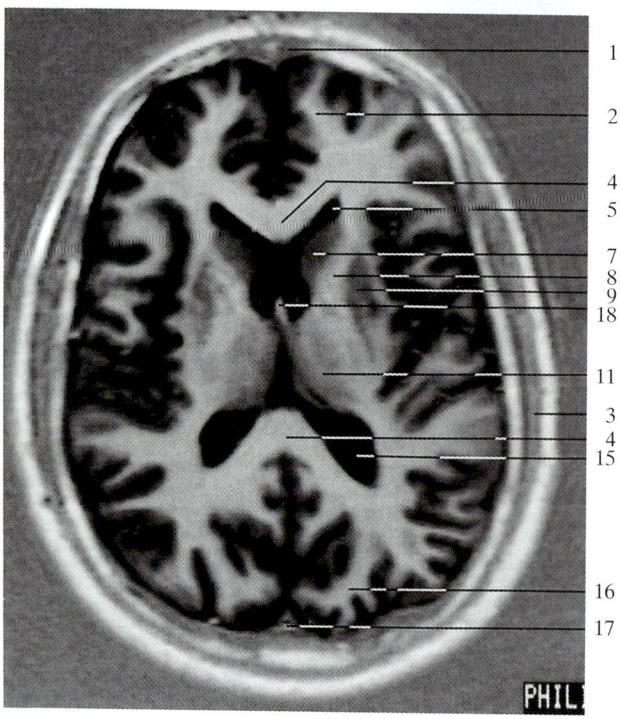

Abb. 171. b) Kernspintomogramm (MR-Aufnahme) in Höhe der Schnittebene 1 in Abb. 170a.

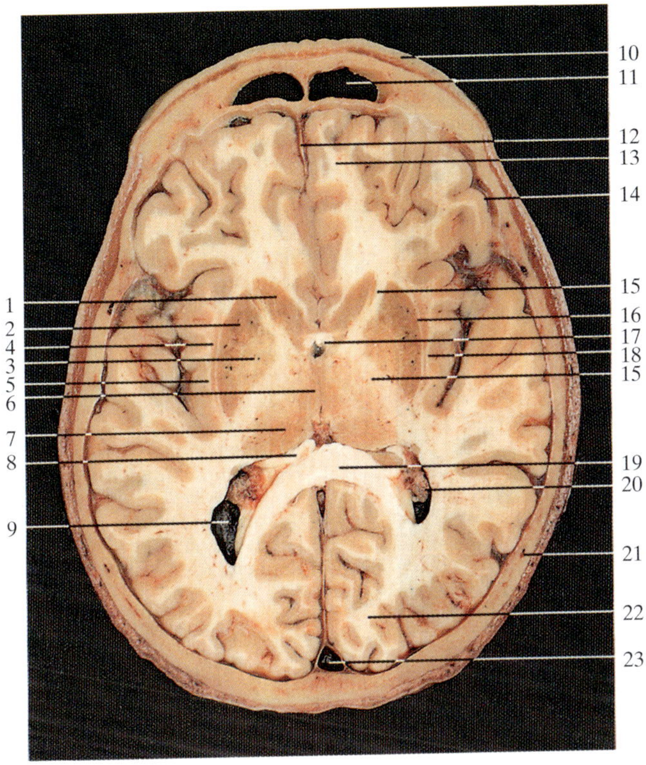

1 *Nucleus caudatus* (Caput)
2 *Putamen*
3 *Globus pallidus*
4 Claustrum
5 Lobus insularis
6 III. Ventrikel
7 *Thalamus*
8 Crus fornicis
9 Cornu occipitale ventriculi lat.
10 Kopfhaut
11 Sinus frontalis
12 Falx cerebri
13 Lobus frontalis
14 Subarachnoidalraum (Spatium subarachnoideum)
15 *Capsula int.*
16 Capsula ext.
17 *Columna fornicis*
18 Capsula extrema
19 *Corpus callosum*
20 Plexus choroideus
21 Calvaria mit Diploë
22 Lobus occipitalis
23 Sinus sagittalis sup.

Abb. 172. a) Horizontalschnitt durch den Kopf in Höhe der Stammganglien und des III. Ventrikels (Ansicht von oben) (entspricht Schnittebene 2 in Abb. 170a).

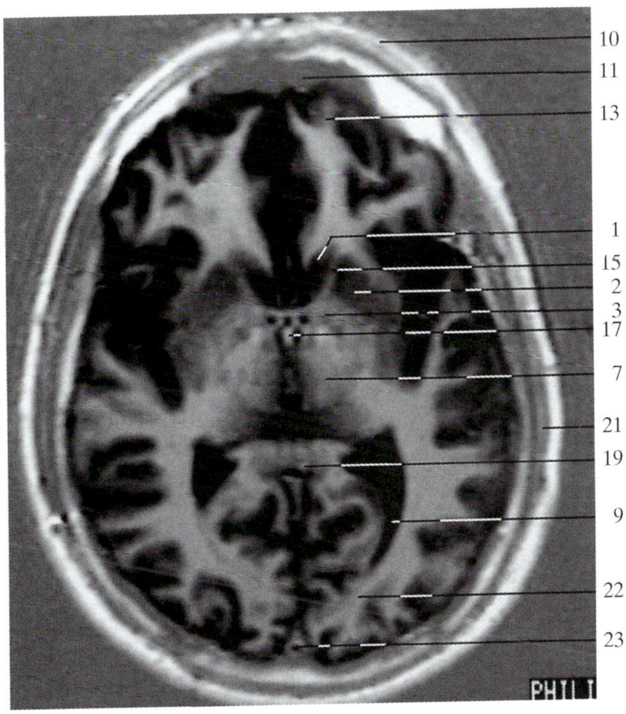

Abb. 172. b) Kernspintomogramm (MR-Aufnahme) in Höhe der Schnittebene 2 in Abb. 170a.

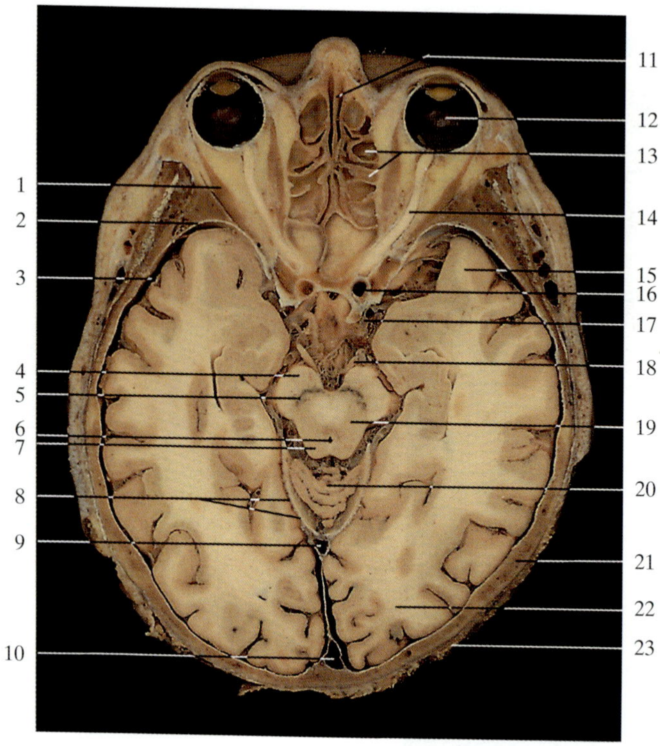

1 M. rectus lat.
2 Dura mater
3 Subarachnoidalraum (Spatium subarachnoideum)
4 Pedunculus cerebri
5 *Substanlia nigra*
6 Aquaeductus mesencephali
7 *Lamina tectalis*
8 *Tentorium cerebelli*
9 Sinus rectus
10 Sinus sagittalis sup.
11 Septum nasi
12 *Auge* (Bulbus oculi) mit Linse
13 Cellulae ethmoidales
14 *N. opticus*
15 Lobus temporalis
16 A. carotis int.
17 *Sinus cavernosus*
18 N. oculomotorius (N. III)
19 Tegmentum (Mittelhirn)
20 *Vermis cerebelli*
21 Calvaria mit Diploë
22 Lobus occipitalis
23 Kopfhaut

Abb. 173. a) Horizontalschnitt durch den Kopf in Höhe des Auges (entspricht Schnittebene 3 in Abb. 170a)

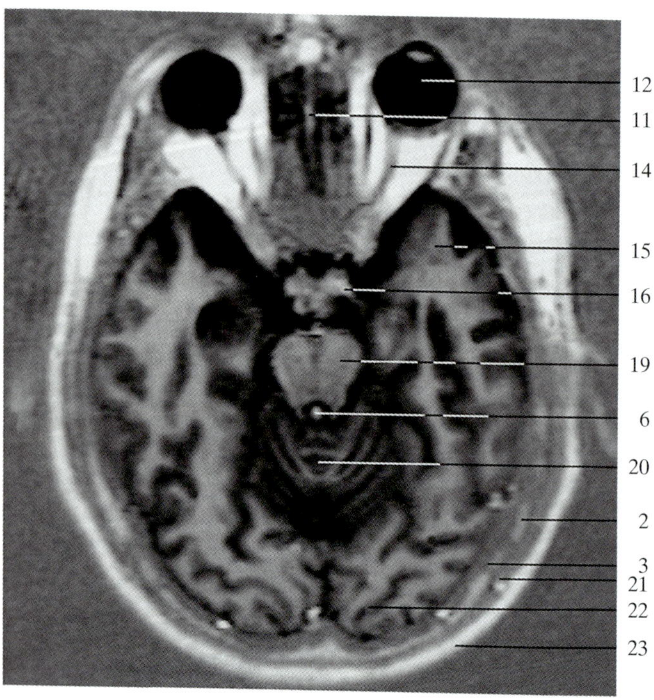

Abb. 173. b) Horizontalschnitt durch den Kopf in Höhe des Auges (entspricht Schnittebene 3 in Abb. 170a)

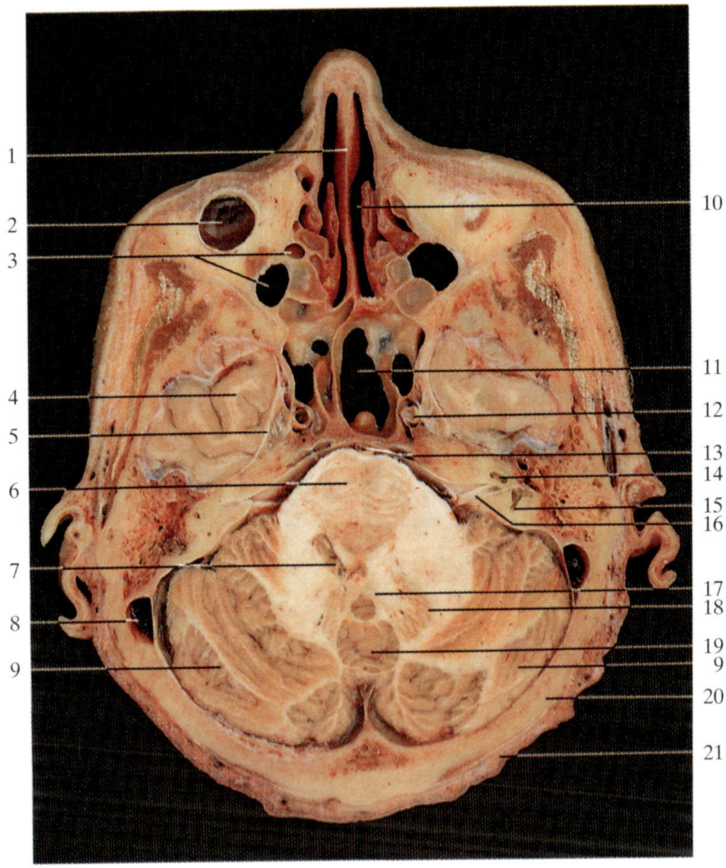

1 Septum nasi
2 Bulbus oculi
3 Cellulae ethmoidales
4 *Lobus temporalis*
5 Dura mater
6 *Pons* (Nuclei pontis)
7 IV. Ventrikel
8 Sinus sigmoideus
9 Kleinhirnhemisphären
10 Cavitas nasi
11 *Sinus sphenoidalis*
12 A. carotis int.
13 A. basilaris
14 *Cochlea*
15 *Labyrinth* (Ductus semicircularis post.)
16 *N. vestibulocochlearis* (N. VIII) u. *N. facialis* (N. VII) innerhalb des Meatus acusticus int.
17 Nucl. fastigii
18 *Nucleus dentatus*
19 Vermis cerebelli
20 Calvaria mit Diploë
21 Kopfhaut

Abb. 174. Horizontalschnitt durch den Kopf in Höhe des Meatus acusticus int. (Ansicht von oben).

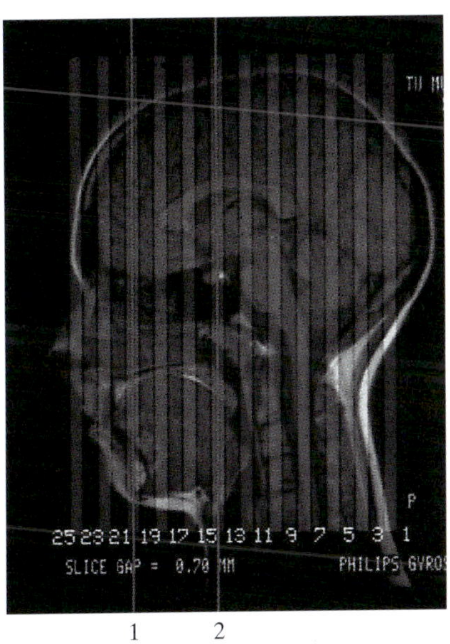

Abb. 175. MR-Aufnahme. Sagittalschnitt durch den Kopf. Die roten Linien 1 und 2 geben die Ebenen der Frontalschnitte von Abb. 176b u. 177b an.

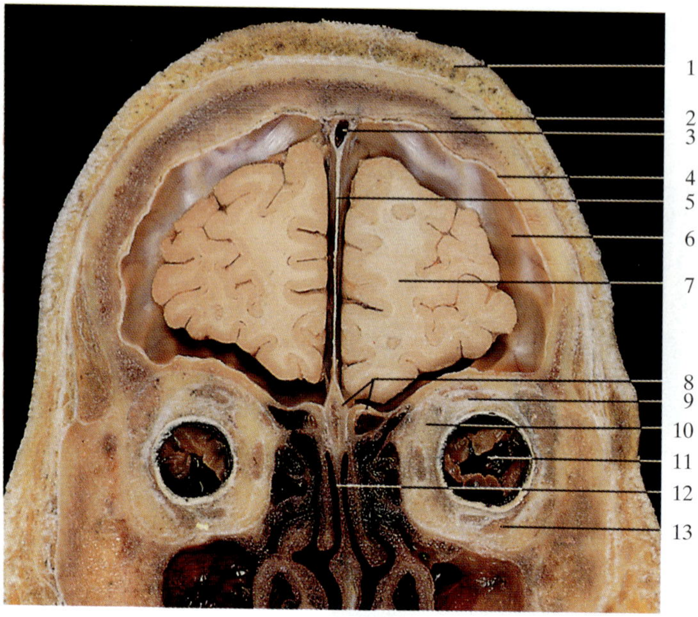

1 Kopfschwarte
2 Calvaria mit Diploë
3 Sinus sagittalis sup.
4 Dura mater
5 Falx cerebri
6 Subarachnoidalraum (Spatium subarachnoideum)
7 *Lobus frontalis*
8 Crista galli und Lamina cribrosa
9 M. rectus sup.
10 Trochlea, M. obliquus sup.
11 *Bulbus oculi*
12 Septum nasi
13 M. obliquus inf.

Abb. 176. a) Frontalschnitt durch den Kopf in Höhe des Auges. Der Subarachnoidalraum erscheint infolge Schrumpfung des Gehirns stark erweitert (entspricht Schnittebene 1 in Abb. 175).

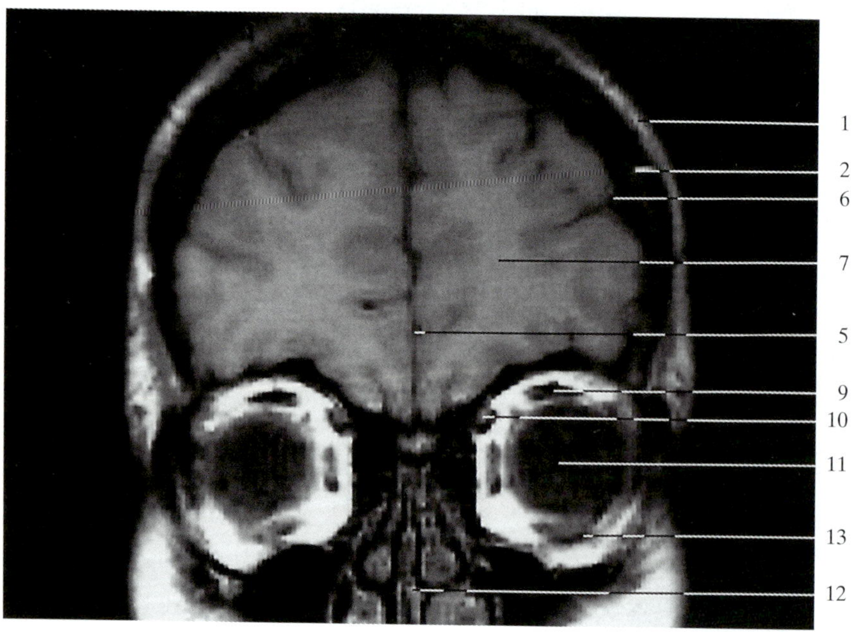

Abb. 176. b) Kernspintomogramm (MR-Aufnahme). Frontalschnitt durch Vorderhirn und Orbita in Höhe der Schnittebene 1 von Abb. 175.

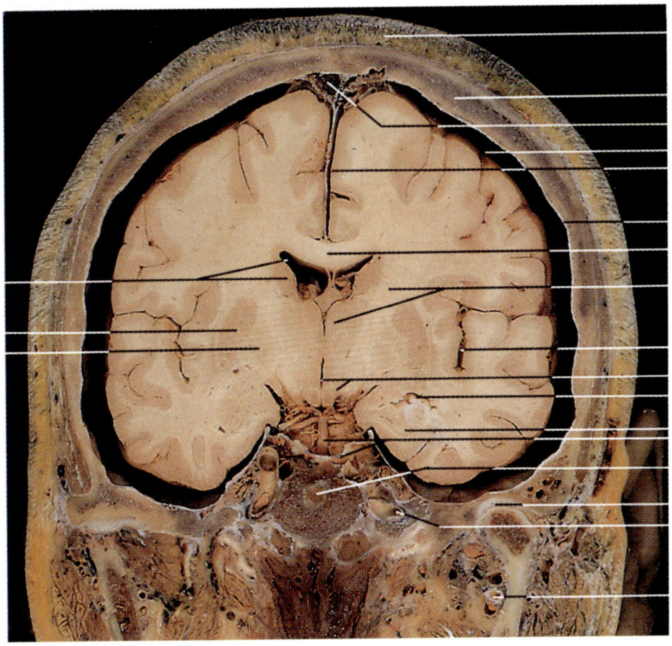

1 Kopfschwarte
2 Calvaria mit Diploë
3 Sinus sagittalis sup.
4 Subarachnoidalraum
5 Falx cerebri
6 Dura mater
7 Corpus callosum
8 *Thalamus* und *Capsula int.*
9 Lobus insularis
10 III. Ventrikel und Hypothalamus
11 Cornu temporale ventriculi lat.
12 Corpus amygdaloideum
13 *Hypophyse* und Sella turcica
14 Os sphenoidale (Sinus sphenoidalis)
15 Kiefergelenk (Discus articularis)
16 *A. carotis int.*
17 A. maxillaris

Abb. 177. a) Frontalschnitt durch den Kopf in Höhe der Sella turcica und Hypophyse. Der Subarachnoidalraum ist artefiziell erweitert (entspricht Schnittebene 2 in Abb. 175).

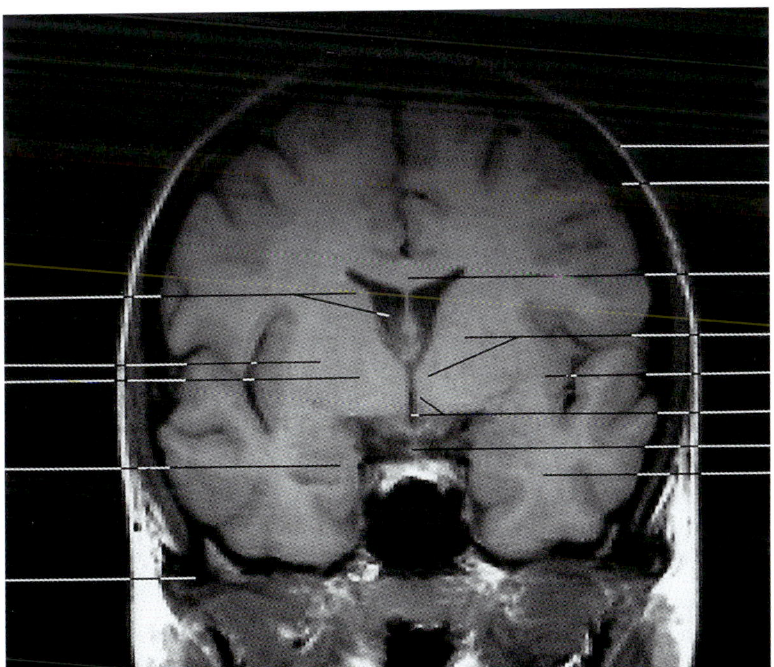

18 *Nucleus caudatus* und Cornu frontale ventriculi lat.
19 *Putamen*
20 Globus pallidus
21 Infundibulum mit Hypophysenstiel
22 Lobus temporalis

Abb. 177. b) MR-Aufnahme. Frontalschnitt durch den Kopf in Höhe der Hypophyse (entspricht Schnittebene 2 in Abb. 175).

10. Zusammenfassende Übersicht (nach topographischen Gesichtspunkten)

Am zentralen Nervensystem unterscheidet man fünf Hirnabschnitte:

1. Endhirn (Telencephalon).
2. Zwischenhirn (Diencephalon).
3. Mittelhirn (Mesencephalon).
4. Nachhirn (Metencephalon, d.h. Kleinhirn und Pons).
5. Myelencephalon (Medulla oblongata, Tegmentum).

Tel- und Diencephalon gehören zum Prosencephalon (Vorderhirn), Met- und Myelencephalon zum Rhombencephalon oder Rautenhirn (Abb. 178). Die beiden Hemisphären des Endhirns (Großhirns, Neocortex) sind durch die Kommissurenbahnen des Balkens (Corpus callosum) miteinander verbunden. Die alten Rindengebiete (Archi- und Palaeocortex), die die Hippokampusformation und den Gyrus parahippocampalis bilden, sind durch die relativ kleine Commissura ant. miteinander verbunden. Innerhalb der Hemisphären werden die verschiedenen Rindenareale durch Assoziationsfasern (Fibrae arcuatae breves und longae, Fasciculus uncinatus, Fibrae longitudinales sup. und inf., Cingulum) miteinander verknüpft. Die Projektionsfasern laufen durch die Capsula int. und bilden die Hirnstiele (Pedunculi cerebri) und die langen Bahnen von Hirnstamm und Rückenmark.

Capsula int. Man unterscheidet einen vorderen und hinteren Schenkel sowie ein Knie. Durch den vorderen Schenkel laufen die kortikopontozerebellaren Bahnen vom Stirnhirn (Tractus frontopontinus) und die vorderen Kleinhirnstiele, durch das Knie ziehen das Pyramidenbahnsystem (Tractus corticonuclearis und Tractus corticospinalis), dahinter der hintere Kleinhirnstiel und die okzipito-

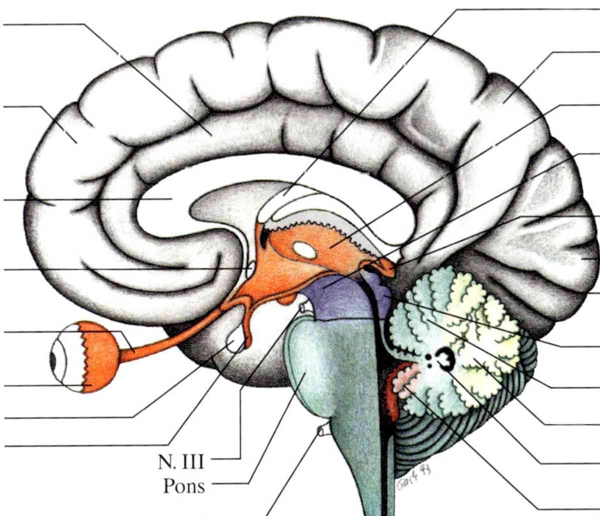

Abb. 178. Medianschnitt durch das Gehirn zur Darstellung der 5 Hirnabschnitte. Grau = Telencephalon; orange = Diencephalon; blau = Mesencephalon; grün/gelb = Rhombencephalon mit Kleinhirn und Übergang zum Rückenmark.

temporopontinen Bahnen zum Kleinhirn. Am hinteren Ende der Capsula int. ziehen die Sehbahn (Radiatio optica) zum Okzipitallappen (Area striata) und die Hörbahn (Radiatio auditiva) zur Inselrinde und zum Temporallappen (Abb. 179).

10.1 Endhirn (Telencephalon)

Man unterscheidet vier Lappen:

1. Stirnlappen (Lobus frontalis) – reicht bis zum Sulcus centralis.
2. Scheitellappen (Lobus parietalis) – zwischen Sulcus centralis und Sulcus parieto-occipitalis.
3. Hinterhauptslappen (Lobus occipitalis).
4. Schläfenlappen (Lobus temporalis) – unterhalb vom Sulcus lateralis.

Der Stirnlappen hat vornehmlich motorische, der Scheitellappen sensorische Funktionen. An der Innenseite des Okzipitallappens liegt die Sehrinde (Area striata) im Bereich des Sulcus calcarinus. Die sekundären und tertiären Rindenfelder des visuellen Systems sind an der Außenseite des Okzipitallappens lokalisiert (Area 18 und 19). Die Hörzentren finden sich auf der Inselrinde (Gyri temporales transversi, Heschl-Querwindungen) und anschließend im oberen Teil des Temporallappens (Area 41, 42 und 22). Das motorische Sprachzentrum (Broca) ist nur auf einer Hirnhälfte ausgebildet (meist links – im Gyrus frontalis inf.) (Abb. 180a).

An der Innenseite des Temporallappens befindet sich der Archi- und Palaeocortex (Cingulum, Gyrus hippocampi, Gyrus dentatus, Gyrus parahippocampalis). Über dem Balken verläuft das Indusium griseum (Fasciculus longitu-

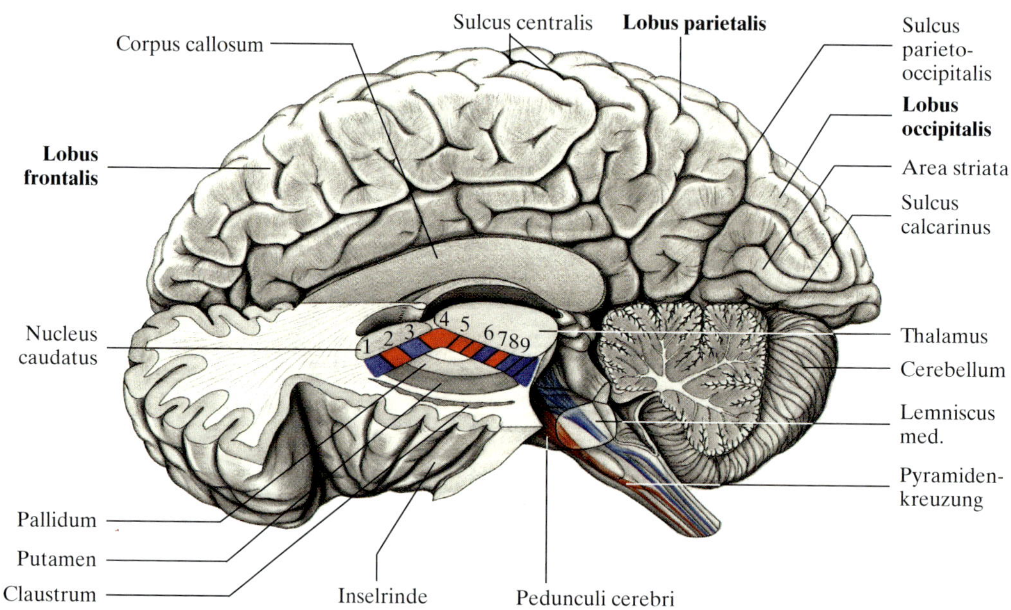

Abb. 179. Lokalisation und Gliederung der Capsula int. mit den großen efferenten (rot) und afferenten (blau) Bahnsystemen.

Capsula int.:
1 = Vorderer Thalamusstiel
2 = Tr. frontopontinus
3 = Mittlerer Thalamusstiel
4 = Tr. corticonuclearis
5 = Tr. corticospinalis
6 = Hinterer Thalamusstiel
7 = Tr. occipitotemporopontinus
8 = Radiatio optica (Sehstrahlung)
9 = Radiatio auditiva (Hörstrahlung)

dinalis med. und lat.), das sich in den Gyrus dentatus fortsetzt, unter dem Balken der Fornix, der am Hippocampus die Fimbria fornicis bildet. Zusammen mit dem Mandelkernkomplex (Corpus amygdaloideum) bilden sie das limbische System, das für das Kurzzeitgedächtnis, die emotionale Tingierung der Sinneseindrücke, einschließlich vegetativer Reaktionen und Verhaltensweisen verantwortlich gemacht wird.

Der Bulbus olfactorius (ursprünglich ein Hirnlappen) setzt sich in den Tractus olfactorius fort, der sich in die Stria olfactoria med. und lat. aufspaltet. Die Stria lat. zieht zum Gyrus piriformis (primäre Riechrinde) und hat Verbindung mit dem limbischen System (Abb. 180b).

10.1.1 Großhirnrinde

Neocortex – alle Rindengebiete außer Gyrus cinguli (Archicortex) und Hippocampusformation (Palaeocortex). Der Neocortex hat sechs Schichten:

I. Molekularschicht.
II. und IV. äußere und innere Körnerschicht (Lamina granularis ext. und int.).
III. und V. äußere und innere Pyramidenschicht (Lamina pyramidalis ext. und int.).
VI. Multiforme Schicht.

Die Pyramidenschichten enthalten große und kleine Pyramidenzellen mit langen efferenten Neuriten, die Körnerschichten hauptsächlich Assoziationsneurone (Körnerzellen, Sternzellen). Horizontal verlaufende Assoziations- und Kommissurenfasersysteme bilden die Stria ext. in Schicht IV und die Stria int. in Schicht V. In der Molekularschicht verläuft ein tangentialer Faserzug (Lamina zonalis superf.).

Allocortex (Archicortex) umfaßt Ammonshorn, Gyrus dentatus, Subiculum. Er hat drei Schichten:

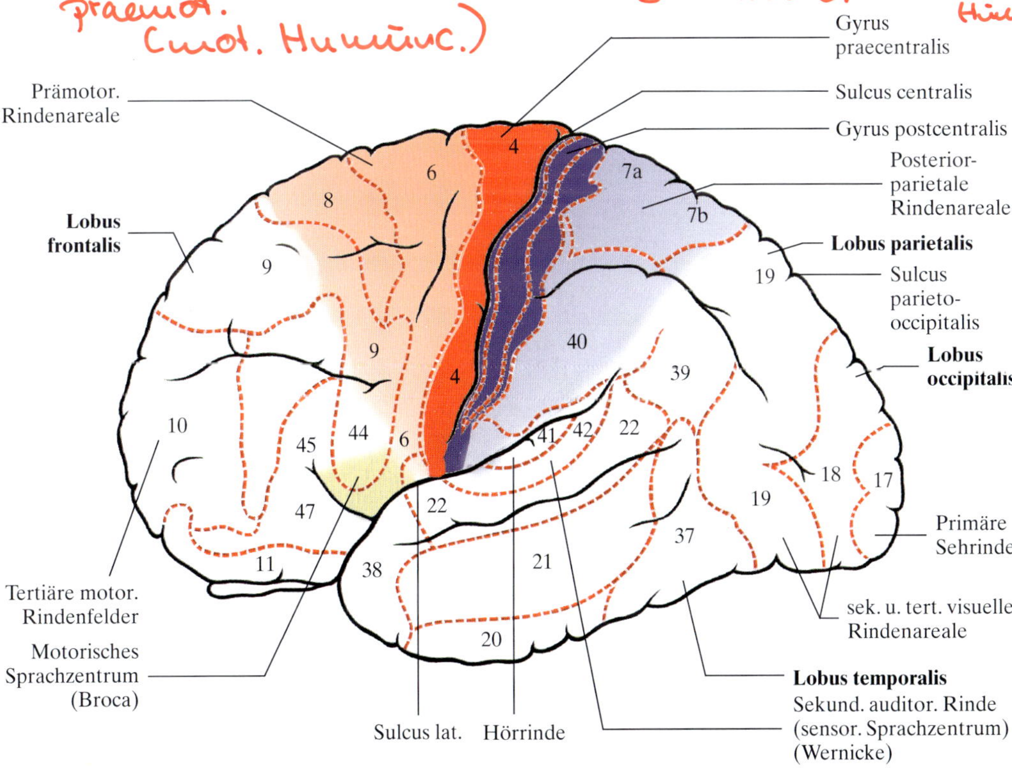

Abb. 180. a) Funktionelle Gliederung der linken Hemisphäre mit den Rindenfeldern nach Brodmann.

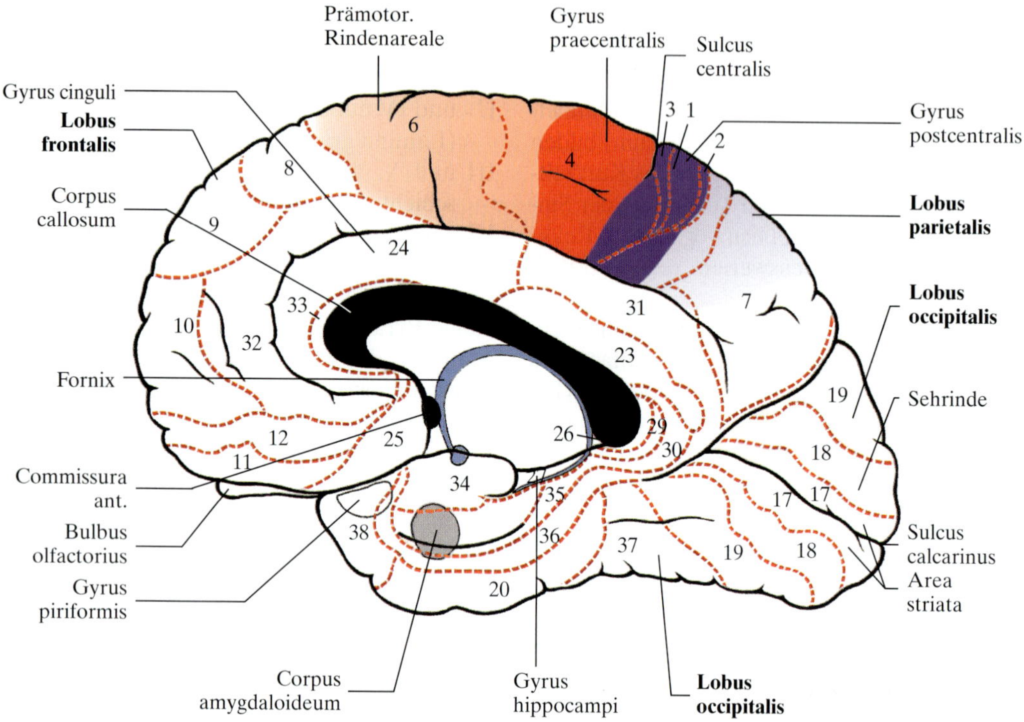

Abb. 180. b) Rindenfelder (nach Brodmann) und funktionelle Gliederung der Hirnrinde.

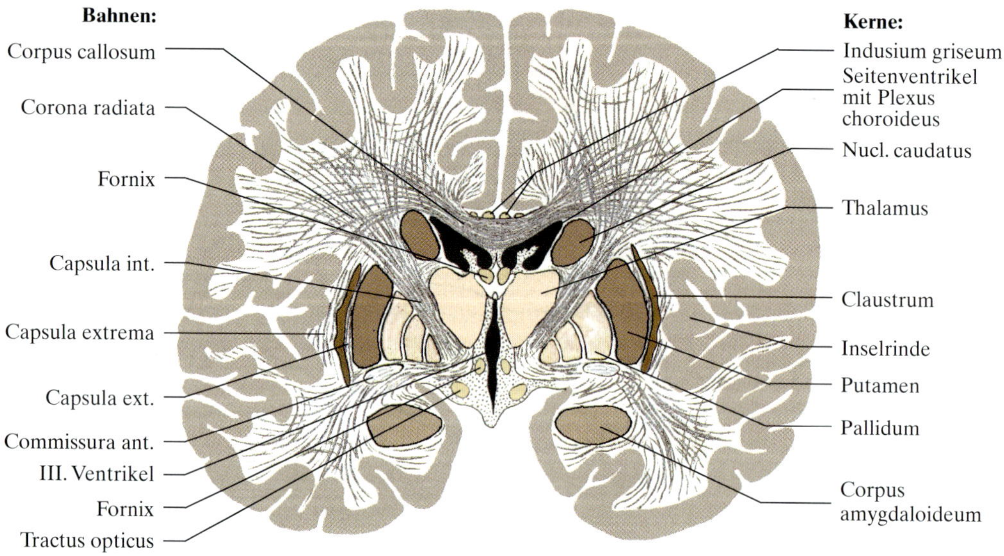

Abb. 181. Frontalschnitt durch das Gehirn im Bereich der Basalganglien.

1. Stratum moleculare,
2. Stratum granulosum (pyramidale) mit großen Pyramidenzellen,
3. Stratum multiforme.

Das Übergangsgebiet zum Neocortex, der Gyrus hippocampi, ist noch relativ einfach strukturiert, aber bereits 6schichtig (Mesocortex).

Subkortikale Kerngebiete (Basalganglien) (Abb. 181). Unter der Inselrinde befindet sich das Claustrum und etwas tiefer das Striatum, das sich aus dem Nucleus caudatus und Putamen zusammensetzt (beide werden durch die Capsula int. getrennt). Medial davon liegen Thalamus und Pallidum, die ebenfalls durch die Capsula int. getrennt werden. Thalamus und Pallidum gehören schon zum Zwischenhirn.

10.2 Zwischenhirn (Diencephalon)

Das Zwischenhirn ist durch den Sulcus terminalis gegenüber dem Striatum (Nucleus caudatus und Putamen) vom Endhirn abgegrenzt und geht kaudal breitflächig in das Mittelhirn über. In der Mitte liegt der III. Ventrikel (Abb. 181 u. 182). Man unterscheidet vier große Kerngebiete: Epithalamus, Hypothalamus und Metathalamus, Thalamus.

Epithalamus – Epiphyse (Corpus pineale) mit Habenulae – produziert Melatonin, das für zirkadiane Rhythmik funktionell wichtig ist.

Hypothalamus – zentrales Steuerorgan für das autonome NS. Nucleus supraopticus und paraventricularis produzieren Vasopression (antidiuretisches Hormon, ADH) und Oxytocin. Beide Hormone gelangen durch die Axone in die Neurohypophyse (Neurosekretion) und dann ins Blut. Der Hypothalamus enthält zahlreiche Kerne, die z.T. Releasinghormone produzieren oder durch Bahnen die vegetativen Funktionen steuern (Wasserhaushalt, Wärmeregulation, Zuckerhaushalt, Kreislaufregulation, Fortpflanzungsprozesse usw.).

Metathalamus – Pulvinar thalami, Corpus geniculatum lat. (Schaltkern in der Sehbahn),

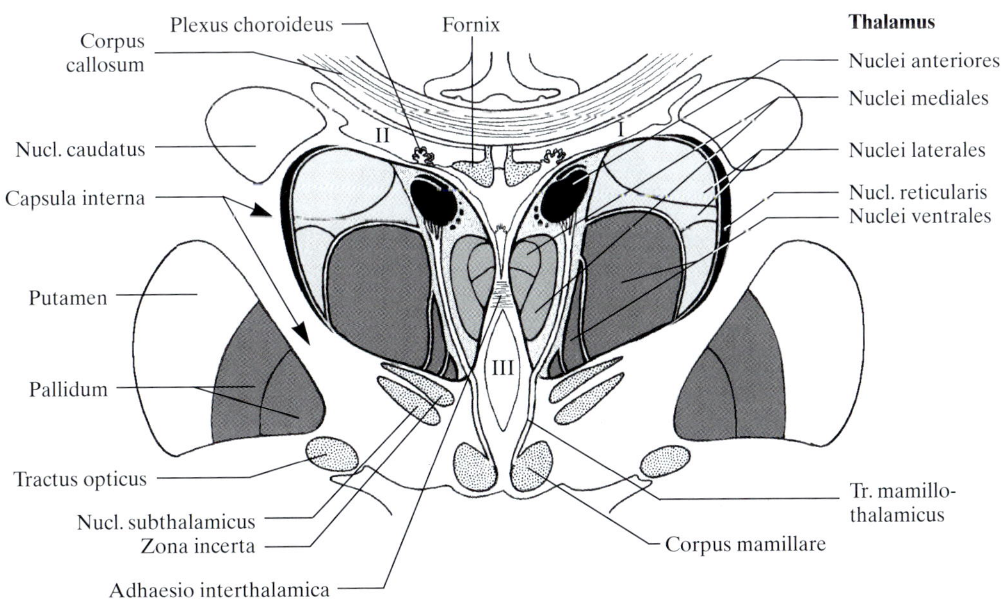

Abb. 182. Querschnitt durch das Zwischenhirn im vorderen Bereich des Thalamus. I und II = Seitenventrikel; III = III. Ventrikel.

Corpus geniculatum med. (Schaltkern in der Hörbahn).

Thalamus – Ansammlung zahlreicher Kerne – Schaltstelle für alle afferenten Bahnen zum Cortex (Ausnahme Riechbahnen). Thalamuskerne:

1. Ventro-anteriorer und ventrolateraler Kernkomplex – Eingänge vom Globus pallidus und den subkortikalen Kernen – Projektion zum präfrontalen, motorischen und Assoziationskortex.
2. Ventrolateraler Komplex und posterolaterales Segment (Area X) – Eingänge vom Kleinhirn (Tr. cerebellothalamicus).
3. Ventroposteriorer Komplex (medialer und lateraler Teil) – Eingänge von den langen sensiblen Bahnen (Hinterstrang-, Vorderseitenstrangbahnen, Trigeminusbahn, Schmerzbahn) – projizieren zum Gyrus postcentralis und Assoziationskortex.
4. Mediodorsale und posteriore Kerngruppen – projizieren zum Assoziationskortex aller Hirnlappen.
5. Posteriore Kerne (Pulvinar thalami) – Verbindungen mit Sehbahn (Corpus geniculatum lat.) und Hörbahn (Corpus geniculatum med.).

10.3 Mittelhirn (Mesencephalon)

Man kann drei Stockwerke unterscheiden: dorsal die Vierhügelplatte (Lamina tecti), ventral die Großhirnstiele (Pedunculi cerebri) und dazwischen die vielfach retikulär geformte Haube (Tegmentum). Oben verläuft der Auqaeductus cerebri (Verbindung zwischen III. und IV. Ventrikel), der vom zentralen Höhlengrau umgeben ist (Abb. 183).

Lamina tecti – besteht aus den Colliculi sup. (zum visuellen System gehörig) und den Colliculi inf. (zum auditiven System gehörig). Verbindungen mit dem Metathalamus durch Brachium colliculi sup. zum Corpus geniculatum lat. (Sehbahn) und dem Brachium colliculi inf. mit dem Corpus geniculatum med. (Hörbahn).

Tegmentum – beherbergt die Formatio reticularis, die sich an vielen Stellen zu motorischen und vegetativen Kerngruppen verdichtet (zentrale Haubenbahn (Fasciculus tegmentalis centralis), Tr. reticulospinales med. und lat.).

Nucleus ruber – große, ovoide, rötlich erscheinende Verdichtung in der Retikula-

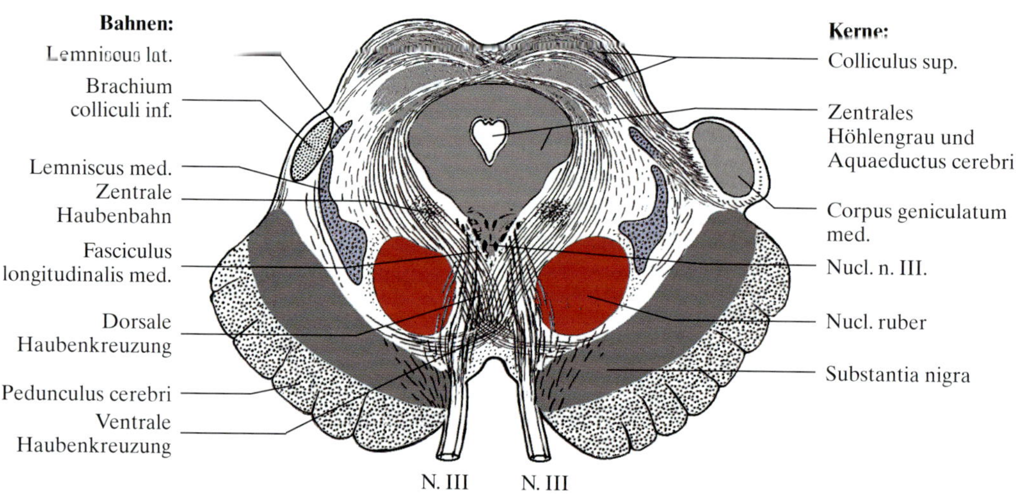

Abb. 183. Querschnitt durch das Mittelhirn in Höhe der oberen Vierhügel (Colliculi sup.).

risformation – Verbindungen mit Rückenmark (Tr. rubrospinalis), Thalamus und Großhirnrinde. Wichtiger Schaltkern innerhalb des Kleinhirnsystems (Tr. cerebellorubralis).

Substantia nigra – stark pigmentierter Kern zwischen Tegmentum und Pedunculi cerebri. Man unterscheidet eine Pars reticularis und eine Pars compacta (stark pigmentiert, dopaminhaltige Neurone) – Verbindungen mit Striatum und Thalamus. – Wichtig für subkortikale Motorik – Degeneration beim Parkinson-Syndrom.

Lemniscus med. und lat. – die mediale Schleife (Lemniscus med.) – bogenförmig erscheinender, kräftiger Faserzug – enthält die Hinterstrangbahnen der Gegenseite (Tr. bulbothalamicus, Tr. spinothalamicus und die afferenten Trigeminusbahnen). Die laterale Schleife gehört zur Hörbahn.

Hirnnervenkerne – ventral vom zentralen Höhlengrau liegen die Okulomotoriuskerne (N. III) (motorische und parasysmpathische Kerne, Westphal-Edinger) – weiter kaudal der motorische Kern des N. trochlearis, der nach Kreuzung nicht ventral wie der N. III., sondern dorsal austritt.

Fasciculis longitudinalis med. – geht vom Nucleus interstitialis aus (ventral vom zentralen Höhlengrau gelegen). – Wichtiges Assoziationsfasersystem zwischen den Hirnnervenkernen, besonders der Augenmuskelkerne – reicht bis ins Rückenmark.

Pedunculi cerebri – kortikale motorische Projektionsbahnen in somatotopischer Anordnung. Von medial nach lateral: Tr. frontopontini, Tr. corticonuclearis, Tr. corticospinales (Pyramidenbahn), Tr. occipitotemporopontini (kortikozerebellare Bahnen).

10.4 Nachhirn (Metencephalon)

Rautenhirn (Rhombencephalon) umfaßt das Kleinhirn mit den Kleinhirnstielen und die Pons (Metencephalon) sowie das verlän-

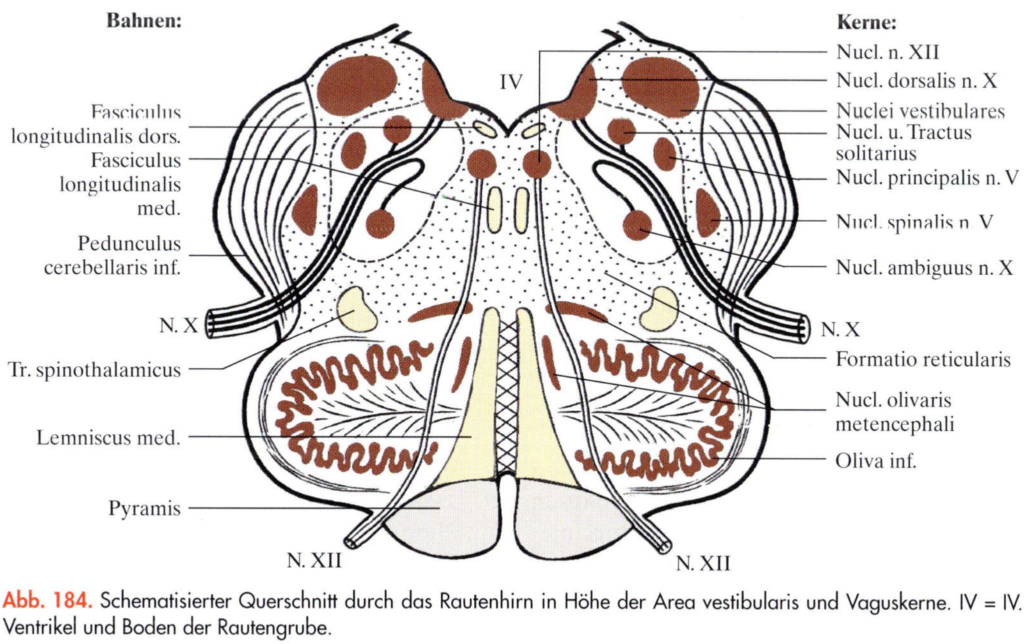

Abb. 184. Schematisierter Querschnitt durch das Rautenhirn in Höhe der Area vestibularis und Vaguskerne. IV = IV. Ventrikel und Boden der Rautengrube.

gerte Mark (Medulla oblongata, Myelencephalon). Der IV. Ventrikel geht kaudal in den Canalis centralis des Rückenmarks, kranial in den Aquaeductus cerebri des Mittelhirns über (Abb. 184 u. 186).

Kleinhirn (Cerebellum). Man unterscheidet Wurm (Vermis) und die beiden Hemisphären, die in einen Lobus ant. (vorne) und post. (hinten) gegliedert werden. Im Inneren liegen die Dachkerne Nucleus dentatus (für Neocerebellum), Nucleus fastigii (Verbindungen mit Nucl. ruber, Oliva inf., Vestibulariskernen) und Nucleus emboliformis und globosus (zusammen auch Nucl. interpositus genannt). Funktionell unterscheidet man drei Gebiete:

1. **Vestibulocerebellum** (Lobus flocculonodularis) – Vestibularissystem. Verbindung mit Labyrinthorgan und den Vestibulariskernen der Rautengrube – für Gleichgewichtsregulationen.
2. **Spinocerebellum** (mittlere, unpaare Abschnitte des Kleinhirns) – Verbindungen mit Rückenmark (Tr. spinocerebellares).
3. **Neocerebellum** (Hauptteil der Hemisphären) – Verbindungen über die Pons mit der Großhirnrinde (Tr. corticopontocerebellares).

Kleinhirnrinde – drei Schichten (von außen nach innen):

1. **Stratum moleculare** (wenig Zellen, viele markhaltige Fasersysteme (Parallelfasern usw.).
2. **Stratum ganglionare** (purkinjense) – eine Schicht großer Zellen (Purkinje-Zellen) mit riesigen Dendritenbäumchen (sagittal orientiert in der Molekularschicht).
3. **Stratum granulosum** (dicht gepackt liegende Ganglienzellen, hauptsächlich kleine Körnerzellen, Synapsenkomplexe (Glomerula cerebellaria).

Kletterfasern – Endigungen von Neuronen der Oliva inf. – bilden zahlreiche Synapsen an den Dendritenbäumchen der Purkinje-Zellen.

Moosfasern – afferente Fasern von Kernen des Hirnstamms und Mittelhirns, die innerhalb des Stratum granulosum auf die kleinen Körnerzellen umgeschaltet werden – bilden in der Molekularschicht mit Parallelfasern (transversal orientiert) synaptische Kontakte mit Purkinje-Dendriten.

Kleinhirnfunkionen – Gleichgewichtsregulationen – Kontrolle und Harmonisierung der willkürmotorischen Programme (einschließlich Sprachmotorik) – Feinabstimmung der Blickmotorik.

Kleinhirnstiele – Afferente und efferente Bahnen des Kleinhirns:

1. **Pedunculus cerebellaris sup.**
   Tractus spinocerebellaris ant. (Gowers)
   - afferent vom Rückenmark zum Spinocerebellum – ipsilateral

   Tractus cerebellorubralis (cerebello-dentato-rubralis)
   - efferent vom Neocerebellum zum Nucleus ruber (parvozellulärer Anteil) – kreuzen

   Tractus cerebellothalamicus (cerebello-dentato-thalamicus)
   - efferent vom Neocerebellum zum Thalamus (Kollateralen zur Formatio reticularis und zu den motorischen Augenmuskelkernen)
2. **Pedunculus cerebellaris medius**
   Tractus pontocerebellaris
   - afferent von den Nuclei pontis, bzw. Großhirnrinde zum Neocerebellum – kreuzen
3. **Pedunculus cerebellaris inf.**
   Tractus vestibulocerebellaris
   - afferent von den Vestibulariskernen, aber auch direkt vom Labyrinthorgan (direkte sensorische Kleinhirnbahn) zum Vestibulocerebellum (Lobus flocculonodularis)

   Tractus spinocerebellaris post. (Flechsig)
   - afferent vom Rückenmark zum Spinocerebellum – ipsilateral

   Tractus olivocerebellaris
   - afferent von der Oliva inf. zum Cerebellum (Kletterfasersystem) – gekreuzt

   Tractus cerebellovestibulares
   - efferent von den Nuclei fastigii zu den Vestibulariskernen – ipsilateral

Tractus cerebello-olivaris
– efferent von den Dachkernen zur unteren Olive – ipsilateral

10.5 Myelencephalon (Medulla oblongata, Tegmentum)

Hirnnervenkerne. Am Boden der Rautengrube (Fossa rhomboidea) liegen die Hirnnervenkerne von N. V – XII in Längsreihen von oben nach unten hintereinander (Abb. 185):

1. **N. trigeminus** – Nucleus principalis und spinalis n. V (Sensibilität des Kopfes), Nucleus motorius n. V (Kaumuskulatur).
2. **N. facialis** – Nucleus n. VII (mimische Muskulatur, M. stylohyoideus, M. digastricus, venter post., M. stapedius). Nucleus salivarius sup. (sekretorische Innervation von Tränen-, Gaumen-, Nasen- und Unterzungendrüsen).
3. **N. glossopharyngeus** – Nucleus ambiguus n. IX (Innervation der Pharynxmuskulatur und des M. stylopharyngeus). Nucleus salivarius inf. (sekretorische Innervation der Gl. parotidea). Nucleus und Tractus solitarius (Afferenzen von Geschmacksknospen der Zunge).
4. **N. vagus** – Nucleus ambiguus n. X (Innervation der Pharynx- und Kehlkopfmuskulatur). Nucleus dorsalis (visceromotorius) n. X (Innervation der Brust- und Bauchorgane, Colon bis Flexura coli sin.). Nucleus und Tractus solitarius (Afferenzen aus Schleimhaut und von Geschmacksknospen).
5. **N. accessorius** – Nucleus ambiguus und Nucleus spinalis n. XI (Innervation des M. trapezius und M. sternocleidomastoideus).
6. **N. hypoglossus** – Nucleus n. XII (Innervation der Zungenmuskulatur, des M. genioglossus, hypoglossus und styloglossus).

Area vestibularis. Im lateralen Winkel der Rautengrube (Kleinhirnbrückenwinkel) liegen vier Vestibulariskerne [Nucleus vestibularis med., sup., inf. und lat. (auch Deiters-Kern)], wo die Axone der Pars vestibularis des N. vestibulocochlearis (N. VIII) enden. Ausgangspunkt für Vestibularisbahnen.

Benachbart liegen die zwei Nuclei cochleares (dors. und ventr.), wo die Hörnerven enden (Pars cochlearis n. VIII) – Ausgangspunkt für Hörbahn.

Tegmentum. Das Tegmentum enthält retikuläres, stark vernetztes Nervengewebe (Formatio reticularis), durch das die langen Bahnen von und zum Rückenmark hindurch ziehen, z. B. der Tractus spinothalamicus und das Hinterstrangbahnsystem (Lemniscus med.), das im Nucleus gracilis und cuneatus der Medulla oblongata umgeschaltet worden ist und hier kreuzt, sowie der Lemniscus lat., der zur Hörbahn gehört.

Formatio reticularis. In der Formatio reticularis liegen mehrere autonome Kerne für Schluck- und Würgereflexe, Herz- und Kreislaufregulationen, Atemzentren und Augenbewegungen (pontines Blickzentrum).

Pyramiden. Distal von der Pons finden sich an der Ventralseite die Pyramiden (Tractus corticospinalis lat. und ant.) mit der Pyramidenkreuzung (Decussatio pyramidum).

Oliva inf. Die Oliven inf. ist ein mächtiges, stark gefaltetes Kerngebiet – Ausgangspunkt der Tractus olivocerebellares (Kletterfasersystem des Kleinhirns).

Hirnnervenaustritte. Ventral vor der Brücke tritt der N. III, hinter der Brücke der N. VI aus (Abb. 186),

- ventral (medial) zwischen Olive und Pyramide der N. XII
- lateral zwischen Olive und Tbc. nuclei cuneati die Nn. IX, X, XI
- im Kleinhirnbrückenwinkel die Nn. VII, VIII und XIII (sog. N. intermedius als Fazialisanteil) und lateral, die Brücke durchsetzend, der N. V.

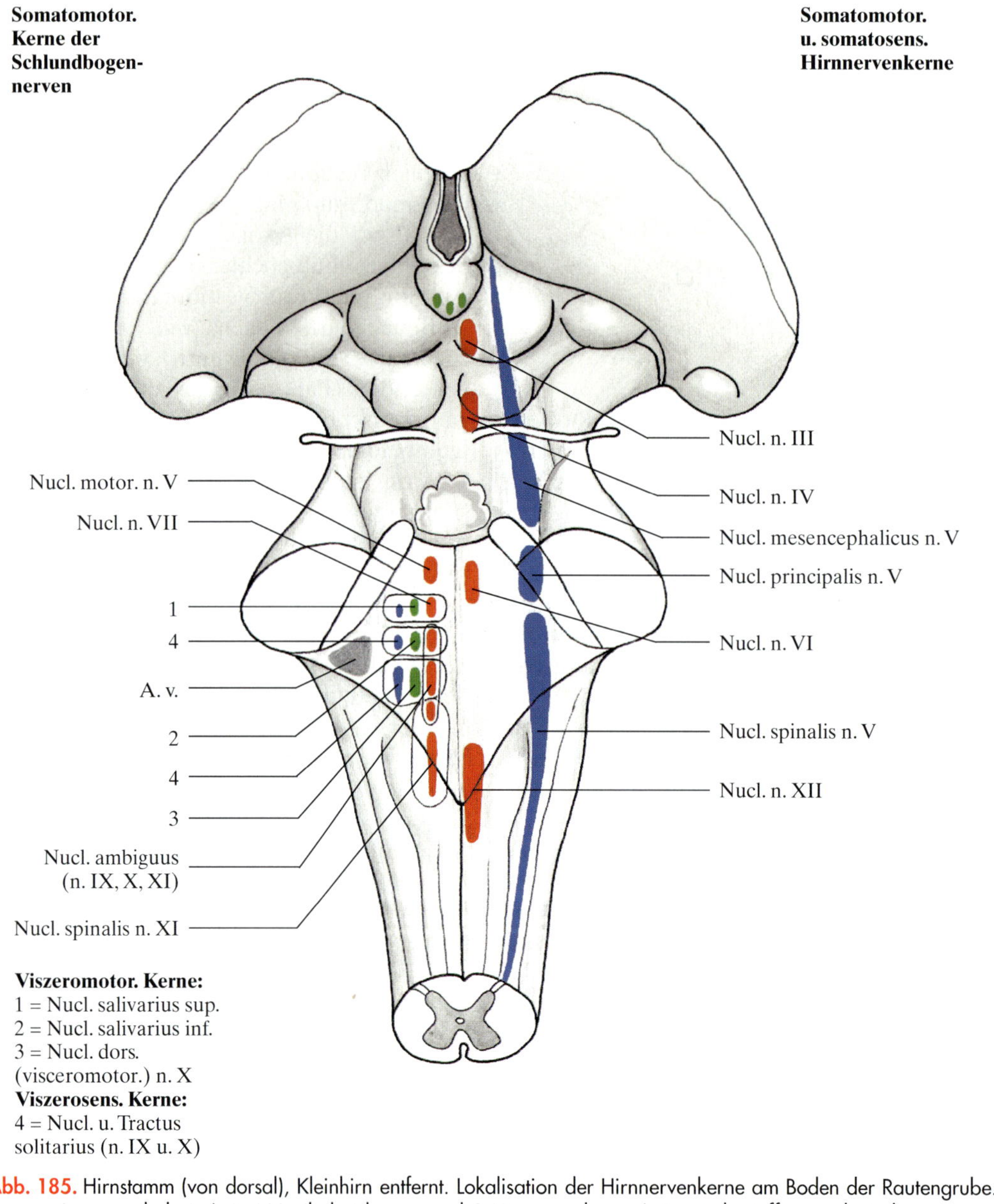

Abb. 185. Hirnstamm (von dorsal), Kleinhirn entfernt. Lokalisation der Hirnnervenkerne am Boden der Rautengrube. A. v. = Area vestibularis (mit 4 Vestibulariskernen und 2 Hörnervenkernen); Römische Ziffern und Markierungen = Kerngruppen der entsprechenden Hirnnerven.

10.6 Rückenmark

Graue Substanz (Substantia grisea) – vornehmlich Ganglienzellen – gliedert sich in das Vorderhorn (Cornu ant.) mit motorischen Vorderhornzellen (α- und γ-Motoneurone in somatotopischer Anordnung), in das Seitenhorn (Cornu lat.) mit Nucleus intermediolateralis für das autonome NS und in das Hinterhorn (Cornu post.) für die Schaltkerne der sensorischen Bahnsysteme (Abb. 187).

Grundbündel – Assoziations- und Kommissurensystem in der Umgebung der grauen Substanz.

Weiße Substanz (Substantia alba) – vornehmlich markhaltige Nervenfasern. Man unterscheidet den Hinterstrang (Funiculus post.) mit den Hinterstrangbahnen (Tractus spinobulbaris med. und lat.) und den Vorderseitenstrang (Funiculus lat. und ant.) mit den Vorderseitenstrangbahnen (Tractus spinothalamici ant. und. lat.), den Kleinhirnseitenstrangbahnen (Tractus spinocerebellares) und mehreren motorischen Bahnsystemen. Die Pyramidenbahn (Tractus corticospinalis lat.) verläuft im Seitenstrang. Sie ist, ebenso wie die entsprechenden sensiblen Bahnen, somatotopisch gegliedert.

Zwischen Hinter- und Seitenstrang liegt die Wurzeleintrittszone (Fila radicularia post.), zwischen Vorder- und Seitenstrang der Austritt der vorderen Wurzelfäden (Fila

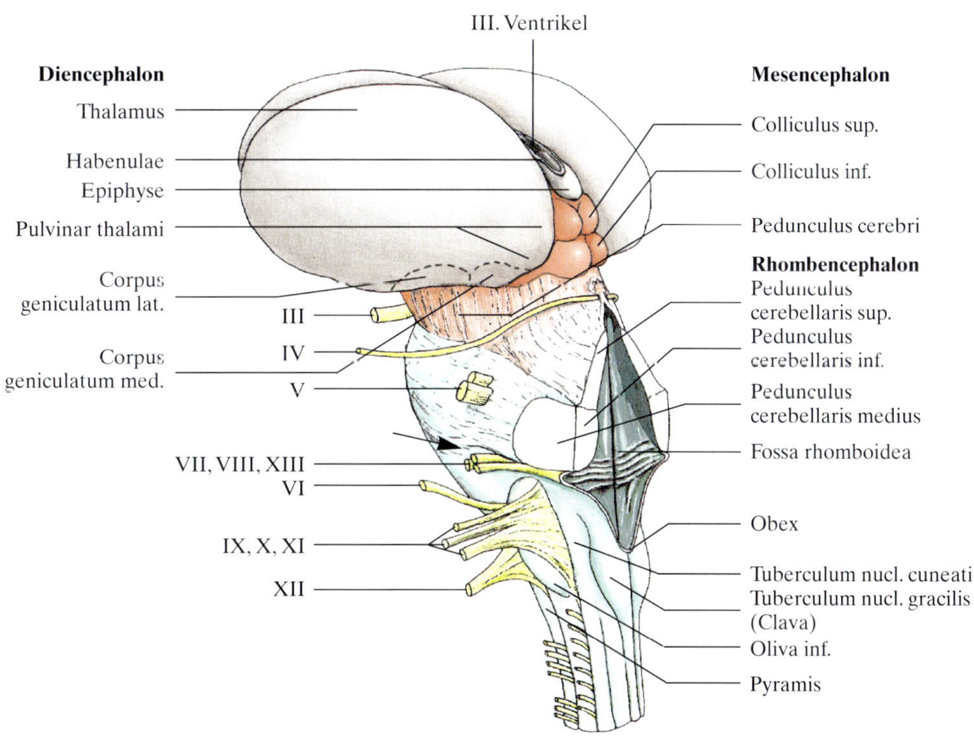

Abb. 186. Hirnstamm in schräger Seitenansicht. Rot = Mittelhirn; grau = Zwischenhirn; grün = Rautenhirn; Die römischen Zahlen bezeichnen die Hirnnerven (gelb). Pfeil = Kleinhirnbrückenwinkel.

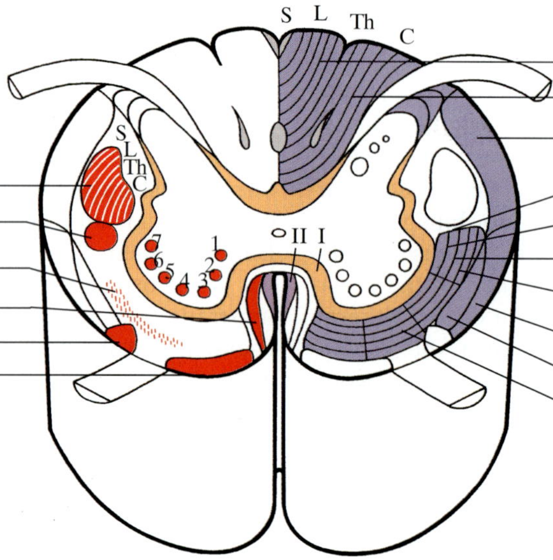

Abb. 187. Querschnitt durch das Rückenmark mit Darstellung der wichtigsten Bahnsysteme. Linke Hälfte: sensible Bahnen; rechte Hälfte: motorische Bahnen. I = Grundbündel; II = Fasciculus longitudinalis med. C, Th, L, S = entsprechende Segmente.

radicularia ant.), die sich segmentweise zur Radix ant. sammeln. Radix ant. und post. schließen sich in jedem Segment zu einem N. spinalis zusammen. In der Radix post. liegen die pseudounipolaren Ganglienzellen, die die Hinterstränge bilden.

Übersicht über die langen afferenten Bahnsysteme (RM = Rückenmark)

Bahn	Rezeptoren	Lage der Zellkörpeer (Perikarien) 1. Neuron	2. Neuron	3. Neuron	Endkerne der Bahn	Kreuzung	Funktion
Tractus spinobulbaris med. (Goll)	Haut- und Muskelrezeptoren	Pseudounipolare Spinalganglienzelle	Nucl. gracilis medullae oblongatae (Clava)	Thalamus (Nucl. ventromed.)	Cortex (Gyrus postcentralis)	In der Medulla (Schleifenkreuzung – Lemniscus med.)	Tiefensensibilität und epikritische Oberflächensensibilität (untere Körperhälfte)
Tractus spinobulbaris lat. (Burdach)	Haut- und Muskelrezeptoren	Pseudounipolare Spinalganglienzelle	Nucl. cuneatus medullae oblongatae	Thalamus (Nucl. ventromed.)	Cortex (Gyrus postcentralis)	In der Medulla (Schleifenkreuzung – Lemniscus med.)	Tiefensensibilität und epikritische Oberflächensensibilität (obere Körperhälfte)
Tractus spinothalamicus ant.	Hautrezeptoren	Pseudounipolare Spinalganglienzelle	Hinterhornkerne des RM	Thalamus (Nucl. ventrocaud.)	Thalamus (z. T. auch Gyrus postcentralis)	Im Rückenmark (meist 4–5 Segmente höher)	Oberflächensensibilität (Druck, Berührung, Vibration)
Tractus spinothalamicus lat.	Hautrezeptoren	Pseudounipolare Spinalganglienzelle	Nucl. centralis (Hinterhorn des RM)	Thalamus (Nucl. ventrocaud.)	Thalamus (z. T. auch Gyrus postcentralis)	Im Rückenmark (meist im gleichen Segment)	Oberflächensensibilität (Schmerz, Temperatur)
Tractus spinocerebellaris ant. (Gowers)	Muskelrezeptoren	Pseudounipolare Spinalganglienzelle	Hinterhornkerne des RM	∅	Vermis cerebelli (Vorderlappen des Kleinhirns)	Hauptsächlich gekreuzt (im RM)	Tonus- und Gleichgewichtsregulationen
Tractus spinocerebellaris post. (Flechsig)	Muskelrezeptoren	Pseudounipolare Spinalganglienzelle	Nucl. dors. des RM (Clarke-Säule)	∅	Vermis cerebelli (Hinterlappen des Kleinhirns)	Hauptsächlich ungekreuzt	Tonus- und Gleichgewichtsregulationen

Übersicht über die langen efferenten Bahnsysteme (RM = Rückenmark)

Bahn	1. Neuron	2. Neuron	Erfolgsneuron	Kreuzung	Funktion
Tractus corticospinalis lat.	Gyrus praecentralis (Betz-Pyramidenzellen)	Schaltzellen im RM	α-Motoneurone des RM, Interneurone	Decussatio pyramidum	Pyramidale Motorik von Rumpf und Extremitäten (hauptsächlich Hand u. Fuß)
Tractus corticospinalis med.	Gyrus praecentralis (Betz-Pyramidenzellen)	Schaltzellen im RM	α-Motoneurone des RM, Interneurone	Im RM	Haltungskontrolle von Rumpf und Extremitäten
Tractus corticonuclearis	Gyrus praecentralis (Betz-Pyramidenzellen)	Schaltzellen im Hirnstamm	α-Motoneurone der motorischen Hirnnervenkerne	Im Hirnstamm	Pyramidale Motorik der Kopfmuskulatur (Ausnahme Augenmuskulatur)
Tractus corticopontocerebellares	Cortex	Nuclei pontis	Körnerzellen (Moosfasern) (Lobus post. cerebelli)	In der Brücke	Kleinhirnafferenzen für die motorischen Koordinationen zwischen kortikalen u. subkortikalen Systemen
Tractus cerebellorubralis, dentatothalamicus	Purkinje-Zellen des Kleinhirns	Nucl. dentatus	Nucl. ruber (Neorubrum), Thalamus	Decussatio pedunculorum cerebellarium sup.	Efferente Hauptbahnen des Kleinhirns für die motorischen Koordinationen zwischen kortikalen u. subkortikalen Systemen
Tractus rubrospinalis	Nucl. ruber (Palaeorubrum)	∅	α- u. γ-Motoneurone im RM	Ventrale Haubenkreuzung	Efferente Bahn der Mittelhirnmotorik
Tractus reticulospinalis	Formatio reticularis tegmenti	∅	α- u. γ-Motoneurone im RM	Nicht gekreuzt	Efferente Bahn für Rückenmarksmotorik
Tractus vestibulospinalis	Nucl. terminalis lat. (Deiters) (N. VIII)	∅	α- u. γ-Motoneurone im RM	Nicht gekreuzt	Gleichgewichtsregulationen

Übersicht über die wichtigsten efferenten Systeme im Rückenmark

Lokalisation Rückenmark	Bahnen	Hirnabschnitte (Bahnursprung)	Funktion
Seitenstränge	Tractus corticospinalis lat.	Telencephalon (Gyrus praecentralis)	Pyramidale Motorik, Zielmotorik (gekreuzt)
	Tractus rubrospinalis	Mesencephalon (Nucl. ruber)	Subkortikale Motorik (gekreuzt)
Vorderstränge (laterale Abschnitte)	Tractus reticulospinalis med. u. lat.	Mes- und Rhombencephalon (Tegmentum)	Haltungskontrolle Gliedmaßenmotorik (ungekreuzt)
	Tractus vestibulospinalis	Rhombencephalon (Deiters-Kern)	Gleichgewichtsregulationen
	Tractus olivospinalis	Rhombencephalon (Oliva inf.)	Motorikkoordinationen
Vorderstränge (mediale Abschnitte)	Tractus tectopinalis	Mesencephalon (Lamina tectalis)	Koordination mit Sinnessystemen
	Tractus corticospinalis ant. (med.)	Telencephalon (Gyrus praecentralis)	Haltungskontrolle, Rumpf (ungekreuzt)

Übersicht über die wichtigsten afferenten Systeme im Rückenmark

Lokalisation Rückenmark	Bahnen	Terminale Hirnabschnitte	Funktion
Hinterstränge	Tractus spinobulbares [Fasciculus gracilis (Goll), Fasciculus cuneatus (Burdach)]	Telencephalon (Gyrus postcentralis)	Tiefensensibilität – bewußte Oberflächensensibilität
Vorderstränge Seitenstränge	Tractus spinothalamicus ant. Tractus spinothalamicus lat.	Diencephalon (Thalamus)	Druck, Berührung, Schmerz, Temperatur } Exterozeptive Sensibilität Oberflächensensibilität
Vorderseitenstränge	Tractus spinotectalis Tractus spinorubralis Tractus spinoreticularis Tractus spinoreticularis Tractus spino-olivaris	Mesencephalon Rhombencephalon (Oliva inf.)	Afferenzen für Mittel- und Rautenhirnkerne

Sachverzeichnis

I

K

L

M